U0344477

21世纪可持续能源丛书

“十二五”
国家重点图书

21世纪可持续能源丛书

太阳能利用技术

（第二版）

罗运俊　何梓年　王长贵　编著

化学工业出版社
·北京·

图书在版编目（CIP）数据

太阳能利用技术/罗运俊，何梓年，王长贵编著．—2版．—北京：化学工业出版社，2013.10（2022.9重印）
（21世纪可持续能源丛书）
ISBN 978-7-122-18487-0

Ⅰ.①太…　Ⅱ.①罗…②何…③王…　Ⅲ.①太阳能利用Ⅳ.①TK519

中国版本图书馆CIP数据核字（2013）第223761号

责任编辑：戴燕红　　文字编辑：丁建华
责任校对：蒋　宇　　装帧设计：韩　飞

出版发行：化学工业出版社（北京市东城区青年湖南街13号　邮政编码100011）
印　　装：北京虎彩文化传播有限公司
710mm×1000mm　1/16　印张27½　彩插2　字数487千字
2022年9月北京第2版第12次印刷

购书咨询：010-64518888　　售后服务：010-64518899
网　　址：http://www.cip.com.cn
凡购买本书，如有缺损质量问题，本社销售中心负责调换。

定　　价：98.00元　

第二版序

20 世纪末，随着人类社会发展对能源可持续供应的迫切需要，出现了“可持续能源”的理念，并受到全世界人们的关注。

21 世纪以来，能源更是渗透到了人们生活的每个角落，成为影响全球社会和经济发展的第一要素。目前中国已经成为全球能源生产与消费的第一大国，能源与经济的关系、能源与环境的矛盾、能源与国家安全等问题日显突出。因此，寻找新型的、清洁的、安全可靠并可持续发展的能源系统是广大能源工作者的历史使命。

2005 年，化学工业出版社出版了“21 世纪可持续能源丛书”，受到我国能源工作者的广泛好评；时隔 8 年，考虑到能源形势的变化和新技术的出现，又准备出版“21 世纪可持续能源丛书”（第二版），的确是令人高兴的事情。

“21 世纪可持续能源丛书”（第二版）共 12 册，仍然以每一个能源品种为一个分册，除对原有的内容做了更新，补充了最新的政策、技术和数据等外，增加了《储能技术》、《节能与能效》、《能源与气候变化》3 个分册。丛书第二版包括了未来能源与可持续发展的概念、政策和机制，各能源品种的资源评价、新工艺技术及特性以及开发和利用等；新增加的 3 个分册介绍了最新的储能技术，能源对环境与气候的影响以及提高能源效率等，使得丛书内容更加广泛、丰富和充实。

由于内容的广泛性和丰富性，以及参加编写的专家的权威性，本套丛书在深度和广度上依然保持了较高的学术水平和实用价值，是能源工作者了解能源政策及信息，学习先进的能源技术和广大读者普及能源科技知识的不可多得的好书。

让我们期待这套丛书的出版发行，能为我国 21 世纪可持续能源的发展作出贡献。

王大中

中国科学院院士

2013 年 11 月 6 日

第二版前言

本书自2005年1月出版以来，颇受广大读者的欢迎，到目前为止已出版印刷了9次。2007年9月台湾出版商新文京开发出版股份有限公司向化学工业出版社购买了本书的版权，并在台湾出版印刷和发行繁体中文版。但由于本书出版8年来，我国能源发展战略有了新的要求，太阳能利用技术也有了许多新的进展，为了更好地配合国家能源“十二五”规划，很有必要对本书内容进行补充和修改。

本书主要对太阳能光热转换和光电转换两大领域进行了叙述。具体内容包括太阳能集热器、太阳能热水系统、太阳灶、太阳房、太阳能干燥、太阳能温室、太阳能制冷与空调、太阳能热发电系统、太阳能光伏发电系统及太阳能其他利用技术。本书对上述内容从原理、类型、结构设计、安装施工、使用与维护和典型实例等几个方面进行了介绍和分析。其中第1、2、10、11章由王长贵编写，第3、7、9章由何梓年编写，第4、5、6、8、12章由罗运俊编写。

为了突出本书的重点内容，这次再版第11章“太阳能光伏发电系统”补充了控制器、铅酸蓄电池、逆变器等内容并增添了第12章“太阳能其他利用技术”。

本书在编写过程中，得到许多长期在太阳能行业工作，具有较好理论基础和丰富实践经验的企业家和科研技术人员的大力帮助和支持，尤其是罗鸣先生、吴兆流先生、邹怀松先生、王斯成先生，他们在百忙之中提供了许多宝贵技术资料，特表衷心感谢。由于作者的水平和掌握材料所限，难免有不足和欠妥之处，恳请广大读者和同行给予批评指正。

编者

2013年10月

第一版序

能源是人类社会存在与发展的物质基础。过去200多年，建立在煤炭、石油、天然气等化石燃料基础上的能源体系极大地推动了人类社会的发展。然而，人们在物质生活和精神生活不断提高的同时，也越来越感悟到大规模使用化石燃料所带来的严重后果：资源日益枯竭，环境不断恶化，还诱发了不少国与国之间、地区之间的政治经济纠纷，甚至冲突和战争。因此，人类必须寻求一种新的、清洁、安全、可靠的可持续能源系统。

我国经济正在快速持续发展，但又面临着有限的化石燃料资源和更高的环境保护要求的严峻挑战。坚持节能优先，提高能源效率；优化能源结构，以煤为主多元化发展；加强环境保护，开展煤清洁化利用；采取综合措施，保障能源安全；依靠科技进步，开发利用新能源和可再生能源等，是我国长期的能源发展战略，也是我国建立可持续能源系统最主要的政策措施。

面临这样一个能源发展的形势，化学工业出版社组织了一批知名学者和专家，撰写了这套《21世纪可持续能源丛书》是非常及时和必要的。

这套丛书共有11册，以每一个能源品种为一册，内容十分广泛、丰富和充实，包括资源评价，新的工艺技术特性介绍，开发应用中的经济性和环境影响，还涉及推广应用和产业化发展中的政策和机制等。可以说，在我国能源领域中，这套丛书在深度和广度上都达到了较高的学术水平和实用价值，不仅为能源工作者提供了丰富的能源科学技术方面的专业知识、信息和综合分析的政策工具，而且也能使广大读者更好地了解当今世界正在走向一个可持续发展的、与环境友好的能源新时代，因此值得一读。

我们期待本丛书的出版发行，在探索和建立我国可持续能源体系的进程中作出应有的贡献。

中国科学院院士 王大中

2004 年 7 月 8 日

第一版前言

能源是人类生存和社会发展的物质基础，而年人均能耗是评价一个国家贫富的重要标志。

我国的矿物能源储量虽然比较丰富，但是人均能源资源却只有世界人均能源资源的1/2左右，年人均能耗仅为美国的1/12，俄罗斯及西欧的1/5，日本的1/4。

从能源消费结构来看，我国是世界上最大的煤炭消费国，煤炭消费约占总能耗的67%，这是我国环境污染特别严重，生态恶化逐年加剧的重要原因。因此，大力发展新能源与可再生能源已成为中国21世纪发展国民经济和建设小康社会刻不容缓的主要任务和战略目标。

太阳能的开发和利用是开发和利用新能源与可再生能源的重要内容。太阳能具有资源丰富、取之不尽、用之不竭、处处均可开发应用、无需开采和运输、不会污染环境和破坏生态平衡等特点。因此太阳能的开发利用将有巨大的市场前景，它不仅带来很好的社会效益、环境效益，而且还具有明显的经济效益。我国十分重视太阳能的综合开发利用，在北京已建成集光电、光热、热泵、空调、采暖为一体的新能源综合示范楼（见彩图1）。

我国是太阳能资源十分丰富的国家之一，2/3的地区年辐射总量大于5 020MJ/m^2、年日照时数在2 200小时以上。尤其是大西北，太阳能的开发利用具有巨大的潜力，是一个十分诱人的产业。

为了普及、宣传和推广应用太阳能，我们编写了这本书。本书对太阳能光热转换和光电转换两大领域进行了叙述。具体内容包括太阳能热水器、太阳灶、太阳房、太阳能干燥、太阳能温室、太阳能制冷与空调、太阳能热发电系统和太阳能光伏发电系统等。本书对上述内容从原理、类型、结构设计、安装施工和典型实例等几个方面进行了介绍和分析。其中第 1、2、10、11 章由王长贵编写，第 3、7、9 章由何梓年编写，第 4、5、6、8 章由罗运俊编写。

本书在编写过程中，由于作者水平和掌握材料所限，难免有不足和欠妥之处，恳请广大读者给予批评指正。

编者

2004 年 8 月

目　录

第 1 章

概　论

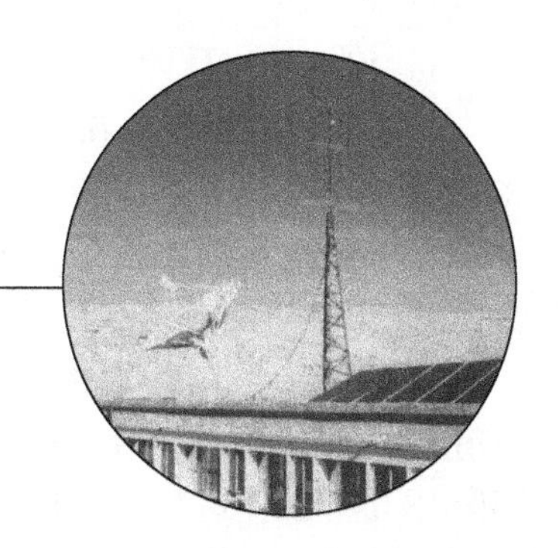

太阳能是新能源和可再生能源的一种，因此本章首先介绍新能源和可再生能源的含义、特点及种类和开发利用新能源和可再生能源的重大战略意义，然后介绍太阳能利用简史和太阳能利用基本方式。

1.1　新能源和可再生能源的含义、特点及种类

1.1.1　新能源和可再生能源的基本含义

1981 年联合国于肯尼亚首都内罗毕召开的新能源和可再生能源会议提出的新能源和可再生能源的基本含义为：以新技术和新材料为基础，使传统的可再生能源得到现代化的开发利用，用取之不尽、周而复始的可再生能源来不断取代资源有限、对环境有污染的化石能源；它不同于常规化石能源，可以持续发展，几乎是用之不竭，对环境无多大损害，有利于生态良性循环；重点是开发利用太阳能、风能、生物质能、海洋能、地热能和氢能等。

1.1.2　新能源和可再生能源的主要特点

新能源和可再生能源共同的特点，主要有：

① 能量密度较低并且高度分散；

② 资源丰富，可以再生；

③ 清洁干净，使用中几乎没有损害生态环境的污染物排放；

④ 太阳能、风能、潮汐能等资源具有间歇性和随机性；

⑤ 开发利用的技术难度大，并且目前的生产利用成本高。

1.1.3　新能源和可再生能源的种类

(1) 联合国开发计划署（UNDP）将新能源和可再生能源分为 3 大类：

① 大中型水电；

② 新可再生能源，包括小水电、太阳能、风能、现代生物质能、地热能

和海洋能等；

③ 传统生物质能。

(2) 新可再生能源在我国目前是指除常规化石能源和大中型水力发电及核裂变发电之外的生物质能、太阳能、风能、小水电、地热能、海洋能等一次能源以及氢能、燃料电池等二次能源。

① 生物质能。是绿色植物通过叶绿素将太阳能转化为化学能储存在生物质内部的能量。有机物中除矿物燃料以外的所有来源于动植物的能源物质均属于生物质能，通常包括木材及森林废弃物、农业废弃物、水生植物、油料植物、城市和工业有机废弃物、动物粪便等。生物质能的利用主要有直接燃烧、热化学转换和生物化学转换3种途径。生物质的直接燃烧在今后相当长的时期内仍将是我国农村生物质能利用的主要方式。当前改造热效率仅为10%左右的传统烧柴灶，推广热效率可达20%～30%的节柴灶这种技术简单、易于推广、效益明显的节能措施，被国家列为农村能源建设的重点任务之一。生物质的热化学转换是指在一定温度和条件下，使生物质汽化、炭化、热解和催化液化，以生产气态燃料、液态燃料和化学物质的技术。生物质的生物化学转换包括有生物质-沼气转换和生物质-乙醇转换等。沼气转换是有机物质在厌氧环境中，通过微生物发酵产生一种以甲烷为主要成分的可燃性混合气体即沼气。乙醇转换是利用糖质、淀粉和纤维素等原料经发酵制成乙醇。

② 太阳能。太阳能的转换和利用方式有光-热转换、光-电转换和光-化学转换。接收或聚集太阳能使之转换为热能，然后用于生产和生活的一些方面，是光-热转换即太阳能热利用的基本方式。太阳能热水系统是目前我国太阳能热利用的主要形式。它是利用太阳能将水加热储于水箱中以便利用的装置。太阳能产生的热能可以广泛地应用于采暖、制冷、干燥、蒸馏、温室、烹饪以及工农业生产等各个领域，并可进行太阳能热发电和热动力。利用光生伏打效应原理制成的太阳能电池，可将太阳的光能直接转换成为电能加以利用，称为光-电转换，即太阳能光电利用。光-化学转换尚处于研究试验阶段，这种转换技术包括半导体电极产生电而电解水制氢、利用氢氧化钙或金属氢化物热分解储能等。太阳辐射能作为一种能源，与煤炭、石油、天然气、核能等比较，有其独具的特点。其优点可概括以下几点。

a. 普遍。阳光普照大地，处处都有太阳能，可以就地利用，不需到处寻找，更不需火车、轮船、汽车等日夜不停地运输。这对解决偏僻边远地区以及交通不便的乡村、海岛的能源供应，具有很大的优越性。

b. 无害。利用太阳能作能源，没有废渣、废料、废水、废气排出，没有噪声，不产生对人体有害的物质，因而不会污染环境，没有公害。

c. 长久。只要存在太阳，就有太阳辐射能。因此，利用太阳能作能源，可以说是取之不尽、用之不竭的。

d. 巨大。一年内到达地面的太阳辐射能的总量，要比地球上现在每年消耗的各种能源的总量大上万倍。

它的缺点如下。

a. 分散性。也即是能量密度低。晴朗白昼的正午，在垂直于太阳光方向的地面上，$1m^2$ 面积所能接受的太阳能，平均只有 1kW 左右。作为一种能源，这样的能量密度，那是很低的。因此，在实际利用时，往往需要一套面积相当大的太阳能收集设备。这就使得设备占地面积大、用料多、结构复杂、成本增高，影响了推广应用。

b. 随机性。到达某一地面的太阳直接辐射能，由于受气候、季节等因素的影响，是极不稳定的。这就给大规模的利用增加了不少困难。

c. 间歇性。到达地面的太阳直接辐射能，随昼夜的交替而变化。这就使大多数太阳能设备在夜间无法工作。为克服夜间没有太阳直接辐射、散射辐射也很微弱所造成的困难，就需要研究和配备储能设备，以便在晴天时把太阳能收集并储存起来，供夜晚或阴雨天使用。

③ 风能。是太阳辐射造成地球各部分受热不均匀，引起各地温差和气压不同，导致空气运动而产生的能量。利用风力机捕获风能，然后可将其转换成电能、机械能和热能等加以利用。风能利用的主要形式有风力发电、风力提水、风力制热以及风帆助航等。

④ 小水电。所谓小水电，通常是指小水电站及与其相配套的电网的统称。1980 年联合国召开的第二次国际小水电会议，确定了以下 3 种小水电容量范围：小型水电站（small），1 001～12 000kW；小小型水电站（mini），101～1 000kW；微型水电站（micro），100kW 以下。我国国家发改委现行规定，电站总容量在 5 万千瓦以下的为小型；5 万～25 万千瓦的为中型；25 万千瓦以上的为大型。我国 20 世纪 70 年代以来，小水电一般是指单站容量在 1.2 万千瓦以下的小水电站及其配套小电网。但随着国民经济的发展，自 1996 年起小水电的容量范围提高为按单站 5 万千瓦计算。我国农村村级以下办的小水电站，目前多数属于容量为 100 千瓦左右的微型水电站。小水电的开发方式，按照集中水头的办法，可分为引水式、堤坝式和混合式 3 类。

⑤ 地热能。地热资源是指在当前技术经济和地质环境条件下，地壳内部能够科学、合理地开发出来的岩石的热能量和地热流体中的热能量及其伴生的有用组分。地热资源按赋存形式可分为水热型（又分为干蒸汽型、湿蒸汽型和热水型）、地压型、干热岩型和岩浆型 4 大类；按温度高低可分为高温型

（＞150℃）、中温型（90～149℃）和低温型（＜89℃）3大类。地热能的利用方式主要有地热发电和地热直接利用两大类。不同品质的地热能，可用于不同的目的。流体温度为200～400℃的地热能，主要可用于发电和综合利用；150～200℃的地热能，主要可用于发电、工业热加工、工业干燥和制冷；100～150℃的地热能，主要可用于采暖、工业干燥、脱水加工、回收盐类和双循环发电；50～100℃的地热能，主要用于温室、采暖、家用热水、工业干燥和制冷；20～50℃的地热能，主要用于洗浴、养殖、种植和医疗等。

⑥ 海洋能。是指蕴藏在海洋中的可再生能源，它包括潮汐能、波浪能、潮流能、海流能、海水温度差能和海水盐度差能等不同的能源形态。海洋能按储存能量的形式可分为机械能、热能和化学能。潮汐能、波浪能、海流能、潮流能为机械能，海水温度差能为热能，海水盐度差能为化学能。海洋能技术是指将海洋能转换成为电能或机械能的技术。

⑦ 氢能和燃料电池。氢能是世界新能源和可再生能源领域正在积极开发的一种二次能源。除空气以外，氢以化合物的形态储存于水中，特别是广阔海洋的海水中，资源极其丰富。在自然界中，氢和氧结合成水，必须用热分解或电分解的方法把氢从水中分离出来。如用煤炭、石油和天然气等化石能源产生的热或所转换的电去分解水制氢，既不经济又污染环境，显然不可行。现在看来，高效率制氢的基本途径，将是利用太阳能，走太阳能-氢能的技术路线。氢能不但清洁干净、效率高，而且转换形式多样，可以制成以其为燃料的燃料电池。在21世纪，氢能将会成为一种重要的二次能源，燃料电池将成为一种最具竞争力的全新发电方式。

1.2 开发利用新能源和可再生能源的意义

不论是从经济社会走可持续发展之路和保护人类赖以生存的地球的生态环境的高度来审视，还是从为世界上约20亿无电人口和特殊用途解决现实的能源供应出发，开发利用新能源和可再生能源都具有重大战略意义。

（1）新能源和可再生能源是人类社会未来能源的基石，是大量燃用的化石能源的替代能源

在当今的世界能源结构中，人类所利用的能源主要是化石能源。2009年全球一次能源消费总量约为173.71亿吨标准煤[1]，其中，煤炭占27.2%，石油占32.9%，天然气占20.9%，三者共占81%，核电占5.8%，水电占

[1] 1吨标准煤（1tce）发出热量为2 926×10^7J（700×10^7cal）。

2.3%，其他占10.9%。随着经济的发展，人口的增加，社会生活水平的提高，预计未来世界能源的消费量将以每年3%以上的速度递增，到2020年世界一次能源消费的总量，将达到200亿～250亿吨标准煤以上。但全球一次能源资源的储量是有限的，其中占世界一次能源消费量达80%左右的煤炭、石油和天然气是不可再生的化石能源，用一点少一点，会逐渐走向枯竭的。截至2010年底，全球煤炭剩余探明储量为8 609亿吨，储产比为118年；石油为1 888亿吨，储产比为46.2年；天然气为187.1万亿立方米，储产比为58.6年。

我国的能源资源储量不容乐观。我国煤炭剩余经济可采储量为1 636.9亿吨，石油为21.6亿吨，天然气为2.9万亿立方米，三种化石能源可采储量共为1 238.6亿吨标准煤，其中，煤炭占94.4%，石油占2.5%，天然气占3.1%。截至2010年底，我国煤炭储产比为35年，石油为9.9年，天然气为29.9年，仅相当于世界平均水平的29.7%、21.4%和49.5%。而我国所面临的却是能源需求量成倍增长的严重挑战。如果2050年我国的人口总数为15亿左右的话，届时一次能源的需求量将为35亿～40亿吨标准煤，约为目前美国能源消费总量的1.5～2倍，为届时世界一次能源消费总量的16%～22%。

由以上分析可见，在人类开发利用能源的历史长河中，以石油、天然气和煤炭等化石能源为主的时期，仅是一个不太长的阶段，它们终将走向枯竭而被新的能源所取代。人类必须未雨绸缪，及早寻求新的替代能源。研究和实践表明，新能源和可再生能源资源丰富，分布广泛，可以再生，不污染环境，是国际社会公认的理想替代能源。根据国际权威机构的预测，到21世纪60年代，即2060年，全球新能源和可再生能源的比例，将会发展到占世界能源构成的50%以上，成为人类社会未来能源的基石，世界能源舞台的主角，是目前大量应用的化石能源的替代能源。

(2) 新能源和可再生能源清洁干净，只有很少的污染物排放，是与人类赖以生存的地球的生态环境相协调的清洁能源

化石能源的大量开发和利用，是造成大气和其他类型环境污染与生态破坏的主要原因之一。如何在开发和使用能源的同时，保护好人类赖以生存的地球的环境与生态，已经成为一个全球性的重大问题。目前，世界各国都在纷纷采取提高能源效率和改善能源结构的措施，以解决这一与能源消费密切相关的重大环境问题。这就是所谓的能源效率革命和清洁能源革命，也就是我们通常所说的节约能源和发展清洁低碳的新能源和可再生能源。

全球气候变化是当前国际社会普遍关注的重大全球环境问题，它主要是发达国家在其工业化过程中燃烧大量化石燃料产生的CO_2等温室气体的排放所

造成的。因此，限制和减少化石燃料燃烧产生的CO_2等温室气体的排放，已成为国际社会减缓全球气候变化的重要组成部分。

自从工业革命以来，约80%的温室气体造成的附加气候强迫是人类活动引起的，其中CO_2的作用约占60%。可见，CO_2是大气中的主要温室气体类型，而化石燃料的燃烧是能源活动中CO_2的主要排放源。1990年全世界一次能源消费量114.76亿吨标准煤，其中煤炭、石油、天然气分别占到27.3%、38.6%和21.7%。2009年全球一次能源消费量进一步增长达到73.7亿吨标准煤，其中煤炭，石油和天然气分别占到27.2%、32.9%及20.9%，共达81%。据政府间气候变化专门委员会（IPCC）第一工作组1992年度工作报告报道，1990年全球化石燃料向大气排放了大约60亿～65亿吨碳。据统计，1998年全世界化石燃料向大气排放了约61亿吨碳。

观测资料表明，在过去的100年中，全球平均气温上升了0.3～0.6℃，全球海平面平均上升了10～25cm。如果不对温室气体采取减排措施，在未来几十年内，全球平均气温每10年将可升高0.2℃，到2100年全球平均气温将升高1～3.5℃。IPCC预测，21世纪全球平均气温升高的范围可能在1.4～5.8℃之间，实际上升多少，取决于21世纪化石燃料消耗量和气候系统的敏感程度。

我国的能源开发利用对环境造成的污染非常严重。我国是世界上少数几个能源结构以煤炭为主的国家，是世界上最大的煤炭消费国。2010年我国一次能源消费总量为32.5亿吨标准煤，其中煤炭占68%。2011年我国煤炭消费总量为35.8亿吨，在一次能源消费总量中约占70%。2011年我国CO_2的排放达到77亿吨，占世界CO_2排放量的22%左右，居世界第一位，其中85%左右是燃煤排放的。2005年，我国SO_2排放2 549.3万吨，居世界首位，其中90%是由燃煤排放的；排放烟尘1 182.5万吨，其中70%是由能源开发利用排放的。由于能源利用和其他污染源大量排放环境污染物，造成全国约有57%左右的城市颗粒物超过国家限制值；约有50%左右的城市SO_2浓度超过国家Ⅰ级排放标准；约有80%左右的城市出现过酸雨，面积达国土面积的30%左右；许多城市的NO_x有增无减。SO_2和酸雨造成的经济损失已约占全国GDP的3%以上。近年来，由于城市汽车拥有量大幅度增加，燃用汽油产生的汽车尾气，已成为城市环境的重要污染源。当前，严重的大气污染已成为我国环境破坏、生态恶化的尖锐问题、突出表现。从大气污染的指标来看，首要污染物可吸入颗粒物的大气不达标天数，竟占到总不达标天数的94%，是大气污染的主要控制指标，而能源活动污染则是大气污染的主要来源。能源活动污染，对于可吸入颗粒物污染的“贡献”达60%，对于SO_2、NO_x和挥发性有机物等3项指标几乎负全部“责任”，对于当前社会密切关注的PM2.5的“贡献”

可达70%左右。这里所说的能源活动污染，主要指的即是我国目前广泛使用的煤炭、石油、天然气等化石能源（特别是煤炭）的开发利用活动中产生的污染物，是造成我国环境污染、生态恶化的最基本来源。因此，必须下大力气优化我国能源生产和消费的结构，采取有力措施千方百计节约能源、降低能源消费强度，积极开发利用清洁、低碳、资源丰富的新能源与可再生能源。据国际权威机构报道，目前各种发电方式的碳排放率［g碳/(kW·h)］：煤发电为275，油发电为204，天然气发电为181，太阳能热发电为92，太阳能光伏发电为55，波浪发电为41，海洋温差发电为36，潮流发电为35，风力发电为20，地热发电为11，核能发电为8，水力发电为6。这些数据，是以各种发电方式用的原料和燃料的开采和输运、发电设备的制造、电源及网架的建设、电源的运行发电以及维护保养和废弃物排放与处理等所有循环中消费的能源，按照各种发电方式在寿命期间的发电量计算得出的。

由上述分析可见，新能源和可再生能源是保护人类赖以生存的地球的生态环境的清洁能源；采用新能源和可再生能源以逐渐减少和替代化石能源的使用，是保护生态环境、走经济社会可持续发展之路的重大措施。

（3）新能源和可再生能源是发展中国家约20多亿无电人口和特殊用途解决供电、用能问题的现实能源

迄今，世界上发展中国家还有约20多亿人口尚未用上电。到2012年底，我国仍有约300多万无电人口。由于无电，这些人口大多仍然过着贫困落后、日出而作、日落而息、远离现代文明的生活。这些地方，缺乏常规能源资源，但自然能源资源丰富，并且人口稀少、用电负荷不大，因而发展新能源和可再生能源是解决其供电和用能问题的重要途径。

有些领域如沿海与内河航标、高山气象站、地震测报台、森林火警监视站、光缆通信中继站、微波通信中继站、边防哨所、输油输气管道阴极保护站等，在无常规电源的特殊条件下，其供电电源采用新能源和可再生能源，不消耗化石燃料，可无人值守，最为先进、安全、可靠和经济。

1.3 太阳能开发利用简史

人类利用太阳能的历史悠久。许多外国文献，大多把人类利用太阳能的最早者首推古希腊的著名科学家阿基米德。相传公元前214年，古希腊科学家阿基米德让数百名士兵手持磨亮的盾牌这种反光器面对太阳，使照射在盾牌上的太阳光经过反射而聚焦，对准攻打西西里岛拉修斯港的古罗马帝国的木制战船，使得这支入侵的舰队被烧着而沉没和溃散。然而历史研究表明，人类利用

太阳能的历史并非源于阿基米德，还可追溯到更加久远的年代。

中国古代太阳能利用的历史远不及四大发明那样为世人所知，但实际上中国却是世界上利用太阳能最早的国家之一，中华民族的祖先是人类利用太阳能最早、最杰出的先驱。根据古籍记载，早在公元前11世纪（西周时代），我们的祖先就已发明利用铜制凹面镜汇聚阳光点燃艾绒取火，古书上称之为“阳燧取火”。这是一种原始的太阳能聚光器，在世界科学发明史上占有重要地位，大约比阿基米德利用太阳能聚焦要早900多年。现今在中国博物馆中还收藏着春秋、汉、唐、宋等朝代出土的利用太阳能取火的器具阳燧。古籍《周礼·司寇刑官之职》一书中记载有：“掌以夫遂取明火於日，以鉴取明水於月，以共祭祀之。”珍藏于天津博物馆的汉代阳燧上面镌有清晰的铭文：“五月五日，丙午，火遂可取天火，除不祥兮，”“宜子先君，子宜之，长乐未央。”公元前5世纪春秋战国时代的《墨经》中，更对凹面镜的光学成像原理进行了较为深刻、系统的分析。西汉（公元前206年至公元8年）淮南王刘安撰写的《淮南子·天文训》中写道：“故阳燧见日，则燃而为火”。在距今1 000多年前的西晋时代，又有人进一步发现了凸透镜聚焦的特性。由于当时还没有玻璃，就把冰磨成凸透镜，用来使太阳光聚焦而取火。这在张华所著的《博物志》中清楚明确地记载道：“削冰命圆，举以向日，以艾承其影，则得火。”冰遇热会融化，而我们的祖先却用其取火，这是多么奇巧的发明，充分显示了其高超的聪明才智。北宋时代（公元960～1127年），沈括在其《梦溪笔谈》卷三中曾详细地叙述了用阳燧取火的情况：“阳燧面洼，向日照之，光皆聚向内，离镜一二寸，光聚为一点，大如麻菽，着物则火发。”当时使用铜镜，以高超的抛光技术，创造了世界上最早的太阳能聚光器，它的原理与现在的旋转抛物面太阳能聚光器完全一样。

但是，由于受生产力和科学技术发展水平低下的制约，在人类社会相当长的一个历史时期内，太阳能除用来取火之外，始终处于自然利用的初级阶段，主要用以晾晒谷物、果蔬、肉鱼、衣被、皮革等。直到20世纪下半叶，伴随科学技术和现代工业生产的迅猛发展，在化石能源资源有限性和大量燃用化石燃料对生态环境破坏性日益显现和加剧的大背景下，才促进了人们对于太阳能利用的重视，进入应用现代科学技术开发利用太阳能的阶段。从世界范围来说，真正引起国际社会重视并有组织地对太阳能利用开展较大规模研究开发和试验示范工作，开始于20世纪60年代之初。1961年联合国在罗马召开的国际新能源会议，把太阳能开发利用作为主要议题之一。当时，许多国家十分重视在现代科学技术基础上开展的太阳能利用研究。以后，由于石油生产快速发展，对太阳能利用的兴趣一度降低。20世纪70年代初开始的影响全球的石油危机，再次激起人们对太阳能利用的热情，许多国家都以相当大的人力、物力和财力进行太阳能利用的研究，并制订了全国性的近、中、远期规划。1979年美国总统卡特正式宣布，到2000年以太阳能为主的可再生能源要发展到占全国能源构成的20%。日本政府也制订了著名的“阳光计划”，加速太阳能利用技术的研究开发。欧盟在好几个成员国合资建立了太阳能利用研究试验基地。很多国家建立了太阳能工业。我国于20世纪50年代末开始现代太阳能利用器件的研究，自70年代初开始把太阳能利用列入国家计划进行安排。自此，有目标、有计划、有步骤地进行了太阳能利用的研究开发、试验示范和推广应用，在世界范围内展开。经过近60年的努力，取得了众多的成果，使现代太阳能利用技术及其产业快速发展，为21世纪更加广泛地开发利用太阳能奠定了坚实的技术基础和产业基础。

人类利用太阳能虽然已有3 000多年的历史，但把太阳能作为一种能源和动力加以利用，却只有400年的历史。可按照太阳能利用发展和应用的状况，把现代世界太阳能利用的发展过程划分为如下9个阶段。

（1）第一阶段，1615～1900年

近代太阳能利用的历史，一般从1615年法国工程师所罗门·德·考克斯发明世界上第一台利用太阳能驱动的抽水泵算起。这一阶段的主要成果有：1878年法国人皮福森研制出以太阳能为动力的印刷机。1883年美籍瑞典人埃里克森制成太阳能摩托，夏季试验时可驱动一台1.6马力（1马力=735.499W）的往复式发动机。这些动力装置，几乎全部采用聚光方式采集阳光，发动机功率不大，工质大都是水蒸气，造价昂贵，实用价值不大。1860年法国人穆肖奉法皇之命研制出世界上第一台抛物镜太阳灶，供在非洲的法军使用。

（2）第二阶段，1901～1920年

这一阶段是世界太阳能研究的重点，仍然是太阳能动力装置。但采用的聚光方式多样化，并开始采用平板式集热器和低沸点工质。同时，装置的规模也有扩大，最大者输出功率已达73.55kW，实用价值增大，但造价仍然很高。这一阶段值得提出的主要成果有：1901年美国的伊尼斯在加州建成1台太阳能抽水装置，采用自动追踪太阳的截头圆锥聚光器，功率为7.36kW。1902～1908年维尔斯在美国建造了5套双循环太阳能发动机，其特点是采用氨、乙醚等低沸点工质和平板式集热器。1913年舒曼与博伊斯合作，在埃及开罗以南建造了1台由5个每个长62.5m、宽4m的抛物槽镜组成的太阳能动力灌溉系统，总采光面积达1 250m^2，功率为5.4×10^4W。

（3）第三阶段，1921～1945年

由于化石燃料的大量开采应用及爆发了第二次世界大战的影响，此阶段太阳能利用的研究开发处于低潮，参加研究工作的人数和研究项目及研究资金大为减少。

(4) 第四阶段，1946～1965 年

第二次世界大战结束之后的 20 年间，一些有识之士开始注意到石油、天然气等的大量开采利用，其资源必将日渐减少，仅仅依靠资源有限的化石燃料来满足人类日益增长的能源需求终非长久之计，呼吁有关方面，早做准备，寻找新的能源，重视太阳能的研究开发。这一阶段，太阳能利用的研究开始复苏，加强了太阳能基础理论和基础材料的研究，取得了太阳能选择性涂层和硅太阳能电池等关键技术的重大突破；平板式集热器有了很大发展，技术上逐渐成熟；太阳能吸收式空调的研究取得进展；建成了一批实验性的太阳房；对技术难度较大的斯特林发动机和太阳能热发电技术等进行了初步研究。主要业绩和成果有：1952 年法国国家研究中心于比利牛斯山东部建成 1 座功率为 50kW 的太阳炉。1954 年 10 月于印度新德里成立了应用太阳能协会，即现在的国际太阳能协会（ISES)，并紧接着又于 1955 年 12 月在美国召开了有 37 个国家的约 3 万多名代表与会的国际太阳能会议和展览会。1954 年美国贝尔实验室研制成功光电转换效率为 6%的实用型硅太阳能电池，为太阳能光伏发电技术的应用奠定了基础。1955 年以色列泰伯等人在第一次国际太阳能热科学会议上提出选择性涂层的基础理论，并研制成功实用的黑镍等选择性涂层，为太阳能高效集热器的发展创造了条件。1958 年太阳能电池首次在空间应用，装备于美国先锋 1 号卫星。1960 年法勃于美国佛罗里达州用平板式集热器建成世界首套氨-水吸收式太阳能空调系统，制冷能力为 5 冷吨。1961 年 1 台带有石英窗的斯特林发动机问世。

(5) 第五阶段，1966～1973 年

此阶段世界太阳能利用工作停滞不前，发展缓慢，主要原因是太阳能利用技术还不成熟，尚处于成长阶段；投资巨大，效果不佳，难以与常规能源相竞争；尚得不到公众、企业和政府的重视和支持。

(6) 第六阶段，1973～1980 年

自石油取代煤炭在世界能源构成中居主角之后，它就成了左右世界经济和一个国家生存与发展的重要因素。1973 年 10 月爆发的中东战争，迫使石油输出国组织，以石油为武器，采取减产与提价等办法支持中东人民的斗争，维护各产油国的利益。结果，使得依靠从中东大量进口廉价石油的发达国家在经济上遭到沉重打击。于是，这些西方国家的一些人士惊呼，世界发生了“石油危机”。这次危机，在客观上促使人们认识到，现时的能源结构必须改变，应加

速向新的能源结构过渡，许多国家、特别是发达国家重新加强了对于太阳能和其他可再生能源的支持，在世界范围再次掀起了开发利用太阳能的热潮。这一阶段是世界太阳能利用前所未有的大发展时期，具有如下特点。

① 各国加强了太阳能研究工作的计划性，不少国家制定了近期和远期的阳光计划，开发利用太阳能成为政府行为，支持力度大大加强。如：1973 年美国制定了国家太阳能光发电计划，太阳能研究资金大幅度增加，并成立了太阳能开发银行，大大促进了太阳能产品的商业化进程。1974 年日本公布了政府制定的“阳光计划”，太阳能利用的研究项目有太阳房、工业太阳能系统、太阳能热发电、太阳能电池生产技术、分散型和集中型太阳能光伏发电系统等，投入了大量人力、物力和财力。同时，国际合作十分活跃，一些发展中国家也相继开始参与太阳能开发利用工作。

② 研究领域不断扩大，研究工作日益深入，取得了一批较为重要的成果，如复合抛物面镜聚光集热器（CPC）、真空集热管、非晶硅太阳能电池、太阳能热发电、太阳池发电、光解水制氢等。

③ 太阳能热水器和太阳能电池等产品开始实现商品化，初步建立起太阳能产业，但规模较小，经济效益尚不理想。

④ 这一阶段许多国家制定的太阳能发展计划都存在要求过高、过急的问题，希望在较短的时间取代化石能源，实现太阳能的大规模利用，而对实施过程中遇到的问题和困难估计不足。例如美国 1985 年建造 1 座小型太阳能示范卫星电站和 1995 年建成 1 座 500 万千瓦空间太阳能电站的计划就属此类项目，后来由于经费等原因不得不加以调整，至今空间太阳能电站尚未升空。

这一世界性的太阳能开发利用热潮，也对中国产生了重大影响，推动了中国太阳能开发利用工作的发展。一些有远见的科技人员纷纷投身太阳能事业，积极向政府有关部门提出建议，出书办刊，介绍国外太阳能利用动态和技术。太阳能推广应用工作发展迅速，在农村推广太阳灶，在城市研发应用太阳能热水器，把空间用的太阳能电池应用于地面。1975 年国家有关部门在河南省安阳市召开的“全国第一次太阳能利用经验交流会”，极大地推动了中国太阳能事业的发展。会议之后，太阳能研究和推广工作纳入了国家计划，获得专项经费及短缺物资专项供应的支持；一些高等院校和科研院所纷纷设立太阳能研究室或课题组，有的地方并开始筹建太阳能研究所。1979 年国家经委和国家科委于西安市召开“全国第二次太阳能利用经验交流会”，制定了太阳能利用国家发展规划，成立了中国太阳能学会，进一步推动了中国太阳能事业的发展。

（7）第七阶段，1981～1991 年

20 世纪 70 年代掀起的太阳能开发利用热潮进入 80 年代后不久开始落潮，

逐渐进入低谷，许多国家相继大幅度削减太阳能研究资金，其中以美国最为突出。导致这一状况的原因主要是：世界石油价格大幅度回落，而太阳能产品价格居高不下，缺乏竞争力；太阳能利用技术无重大突破，提高效率和降低成本的目标没能实现，动摇了一些国家和一些人开发利用太阳能的信心；核电发展较快，对太阳能利用的发展起了一定的抑制作用。虽然研究经费大幅度减少，但这一阶段仍有一些研究项目并未中断，并取得了很好的进展。如：1981～1991年全世界建造了500kW以上的太阳能热发电站约20多座，其中1985～1991年仅在美国加州沙漠就建造了9座槽式太阳能热发电站，总装机容量达353.8MW；1983年美国建成1MW光伏电站，接着又于1986年建成6.5MW光伏电站。

（8）第八阶段，1992～2000年

化石能源的大量耗用造成了全球性的环境污染和生态破坏，对人类的生存和发展构成严重威胁。在这样的背景下，联合国于1992年6月在巴西召开了“世界环境与发展大会”，会议通过了《里约热内卢环境与发展宣言》、《21世纪议程》、《气候变化框架公约》和《关于森林问题原则声明》等一系列重要文件，把环境与发展紧密结合，确立了经济社会走可持续发展之路的模式。会议之后，世界各国加强了对于清洁能源技术的研究开发，把利用太阳能与环境保护紧密结合在一起，使太阳能的开发利用工作走出低谷，逐步得到重视和加强。1996年联合国又在津巴布韦首都哈拉雷召开了“世界太阳能高峰会议”，会上讨论了《世界太阳能10年行动计划（1996～2005）》、《国际太阳能公约》、《世界太阳能战略规划》等重要文件，会后发表了《哈拉雷太阳能与持续发展宣言》。这次会议进一步表明了联合国和世界各国对开展利用太阳能的坚定决心和信心，号召全球共同行动，广泛开展利用太阳能。世界环境与发展大会之后，中国政府对环境与发展高度重视，十分强调太阳能等新能源和可再生能源的发展，1992年8月，国务院批准了《中国环境发展十大对策》，明确提出要“因地制宜地开发和推广太阳能、风能、地热能、潮汐能、生物质能等清洁能源”；1994年3月发布了《中国21世纪议程——中国21世纪人口、环境与发展白皮书》，着重指出：“可再生能源是未来能源结构的基础”，要“把开发可再生能源放到国家能源发展战略的优先地位”，“广泛开展节能和积极开发新能源和可再生能源”。1995年国家计委、国家科委、国家经贸委制定并印发了《新能源和可再生能源发展纲要（1996～2010）》，提出了我国1996～2010年新能源和可再生能源的发展目标、任务及相应的政策与措施。2000年8月国家经贸委制定并印发了《2000～2015年新能源和可再生能源产业发展规划要点》，提出了中国新能源和可再生能源产业建设的任务、目标和相关的方针政策与办法措施。所有这些，都对推动中国太阳能事业更快、更好、更健康地发展发挥了重要作用。从总体上来说，1992年以后，世界太阳能利用进入了一个快速发展的新阶段。

(9) 第九阶段，2001年至今

21世纪的第一个十年，有如下一些主要特点。

① 太阳能开发利用与世界可持续发展和生态环境保护紧密结合，全球共同行动，为实现世界太阳能等新能源和可再生能源的发展战略而努力。

② 发展目标明确，重点突出，措施得力，众多国家相继制定和出台了一系列推进太阳能等新能源和可再生能源发展的法律法规、方针政策和行动规划及路线图。

③ 在加大研发力度的同时，十分注意将研究成果转化为产品，不断扩大太阳能等新能源和可再生能源的应用领域和应用规模，努力降低成本，大力提高经济效益，积极发展太阳能利用等新兴产业，加速工业化生产和商业化应用进程。

在短短的十年中，取得了许多可圈可点的成绩和进展。

① 美国、德国、西班牙、日本、意大利、加拿大、英国、澳大利亚等发达国家，以及中国、印度、巴西等发展中国家，相继制定实施了可再生能源法及与之相配套的规划与措施，大力推进新能源和可再生能源的研发生产、产业建设和商业化应用，成果累累，形势喜人。如德国，2001年以来先后3次制定并修改可再生能源法，采取有效措施大力贯彻实行，使可再生能源在一次能源消费总量中的比重大为提升，由1998年的仅占2.1%，到2008年提升到占7.1%。如中国，2005年颁布可再生能源法，自2006年1月1日起实施；2009年向国际社会郑重承诺，到2020年全国非化石能源占一次能源消费总量的比重达到15%，单位GDP的排放比2005年下降40%～45%；2007年8月，发布了《中国可再生能源中长期规划（2010～2020）》；2008年3月，发布了《中国可再生能源“十一五”规划（2006～2010）》；2007年9月18～21日，在中国北京召开了世界太阳能大会。

② 世界太阳能等新能源和可再生能源的工业化生产与商业化应用飞速发展。2011年6月8日BP公司发布的《2011世界能源统计报告》中称：2010年可再生能源占到全球能源消费总量的1.8%，除水电以外的世界可再生能源消费总量为158.6百万吨油当量，其中：美国为39.1百万吨油当量，占24.7%；德国为18.6百万吨油当量，占11.7%；西班牙为12.4百万吨油当量，占7.8%；中国为12.1百万吨油当量，占7.6%（不包括中国香港、中国澳门和中国台湾地区的统计）。到2010年底，全球风力发电总装机容量达到

199.520GW，其中：中国为44.78GW，占22.4%；美国为40.274GW，占20.2%，德国为27.364GW，占13.7%；西班牙为20.3GW，占10.2%；印度为12.966GW，占6.5%。到2010年底，全球地热发电设备总容量达到10 751MW，地热直接利用设备总容量达到50 583MW。到2009年底，世界太阳能热水器总产量达到5 385万平方米，累计保有量达到2.7亿平方米。2002年中国启动了一个令世界惊叹的"送电到乡"的"光明工程"，经过几年的建设，到2005年末，共在中国西部的七个省、自治区，建成268座小水电站、721座光伏电站和光/风混合电站，总投资47亿元人民币，为30万农牧业户、共约130万无电人口解决了基本生活用电的大难题。中国的沼气利用世界闻名，到2010年底，共建设大、中、小型沼气工程73 017处（其中：大型4 963处，中型22 795处，小型45 259处），生活污水沼气工程191 600处，农村户用沼气池3 850万户，使4 000多万户、约1.5亿人口受益，年产沼气总量达142.6亿立方米，可替代约2 500万吨标准煤，可减排CO_2约5 000万吨。

③ 太阳能建筑快速发展。建筑物的使用能耗，约占世界能源消费总量的35%～40%左右，可以说抓住它就抓住了世界节能减排的"牛鼻子"。太阳能建筑主要有被动式太阳能建筑、主动式太阳能建筑和"零能建筑"等形式（见彩图1）。早在20世纪30年代，美国就开始太阳房的研究试验，先后建成了一批实验太阳房；20世纪70年代，一些工业发达国家均将太阳房列入研究计划，到80年代末，世界建成的太阳房已超过上万座；从20世纪中叶到21世纪初，世界兴起了"太阳能屋顶"热，美国、日本、德国、西班牙等相继提出"10万屋顶"、"百万屋顶"甚至"千万屋顶"计划，中国则提出了利用建筑物屋顶积极发展"用户侧分布式光伏发电"的方向，把太阳能建筑推向一个新的阶段。刚刚开始的21世纪的第二个十年，发展势头更为喜人。到2012年底，全球光伏发电的累计装机容量达到101.271GW。截止到2012年底，德国太阳能光伏发电累计装机容量达到32.278GW，居世界第一位。中国的太阳能利用发展飞快，到2012年底，光伏发电累计装机容量达到7GW；到2011年底，全国太阳能热水器运行保有量达到1.936亿平方米，居世界第一位，年可代替约2 900万吨标准煤；到2010年底，全国共建成太阳房达2 000万平方米。2011～2013年以来，中国政府编制规划、出台方针政策、制定贯彻实施措施，大力发展太阳能利用事业，千方百计开拓国内应用市场，成为全球新能源与可再生能源发展的一大亮点。中国提出：到2015年，太阳能发电的总装机容量达到3 500万千瓦，太阳能热利用累计集热面积达到4亿平方米；到2020年，太阳能发电总装机容量达到5 000万千瓦，太阳能热利用累计集热面积达到8亿平方米。

从上述发展历程可以看出，太阳能利用事业的发展并非一帆风顺，有高潮，也有低潮，是在克服各种障碍和困难中不断前进。但是，由于它是资源无限的可再生能源，是与生态环境和谐的清洁能源，因此前景无限美好，必将逐步发展成为人类未来能源构成的重要成员之一。

1.4 太阳能利用基本方式

太阳能利用基本方式可以分为如下4大类。

（1）光热利用

它的基本原理是将太阳辐射能收集起来，通过与物质的相互作用转换成热能加以利用。目前使用最多的太阳能收集装置，主要有平板型集热器、真空管集热器和聚焦型集热器等3种。国际能源机构（IEA）根据所能达到的温度和用途的不同，把太阳能光热利用分为低温利用（40～100℃）、中温利用(100～400℃）和高温利用（400～800℃)。目前低温利用主要有太阳能热水器、太阳能干燥器、太阳能蒸馏器、太阳房、太阳能温室、太阳能空调制冷系统等，中温利用主要有太阳灶、太阳能热发电等，高温利用主要有太阳能热发电、高温太阳炉等。

（2）太阳能发电

未来太阳能的大规模利用主要是用来发电。利用太阳能发电的方式有多种，目前已实用的主要有以下两种。

① 光-热-电转换。即利用太阳辐射所产生的热能发电。一般是用太阳能集热器将所吸收的光能转换为工质蒸汽的热能，然后由蒸汽驱动汽轮机带动发电机发电。前一过程为光-热转换，后一过程为热-电转换。

② 光-电转换。其基本原理是利用光生伏打效应将太阳辐射能直接转换为电能，它的基本装置是太阳能电池。

（3）光化利用

这是一种利用太阳辐射能直接分解水制氢的光-化学转换方式。

（4）光生物利用

通过植物的光合作用来实现将太阳能转换成为生物质的过程。目前主要有速生植物（如薪炭林)、油料作物和巨型海藻等。

本书下面的介绍主要是太阳能光热利用和太阳能发电，不包括光化利用和光生物利用。

第 2 章

太阳和太阳能

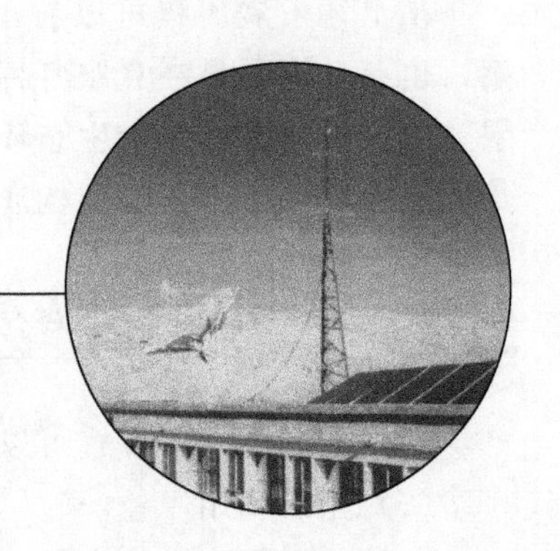

2.1 巨大的火球

万物生长靠太阳。太阳以它灿烂的光芒和巨大的能量给人类以光明，给人类以温暖，给人类以生命。太阳和人类的关系再密切不过了，没有太阳，便没有白昼；没有太阳，一切生物都将死亡。人类所用的能源，不论是煤炭、石油、天然气，还是风能和水力，无不直接或间接来自太阳。人类所吃的一切食物，无论是动物性的，还是植物性的，无不有太阳的能量包含在里面。完全可以说，太阳是光和热的源泉，是地球上一切生命现象的根源，没有太阳便没有人类。

那么，太阳到底是个什么样子，它距离我们有多远，究竟有多大，是由什么组成的，构造又是怎样的呢?

我们肉眼看见的太阳，高悬在蔚蓝的天空，金光灿烂，绚丽多姿，轮廓清晰，表面十分平静。但是，实际上太阳却是一个巨大的球状炽热气团，整个表面是一片沸腾的火海，极不平静，每时每刻都在不停地进行着热核反应。据科学家们的研究和探索，可把太阳分为大气和内部两大部分。

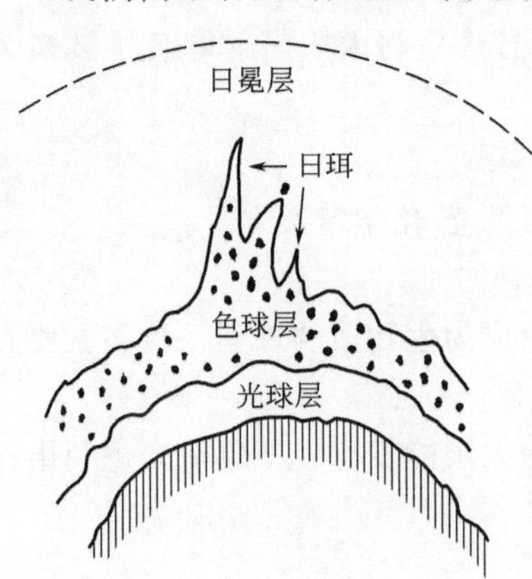

图 2-1　太阳大气结构示意图

太阳大气的结构，有 3 个层次，最里层为光球层，中间为色球层，最外面为日冕层（见图 2-1）。

（1）光球层

人们平常所见的那个光芒四射、平滑

如镜的圆面，就是光球层。它是太阳大气中最下面的一层，也就是最靠近太阳内部的那一层，厚度约为500km，仅约占太阳半径的万分之七，相对来说非常薄。其温度在5 700K左右，太阳的光辉基本上就是从这里发出的。它的压力只有大气压力的1%，密度仅为水的几亿分之一。

(2) 色球层

在发生日全食时，在月轮的四周可以看见一个美丽的彩环，那就是太阳的色球层。它位于太阳光球层的外面，是稀疏透明的一层太阳大气，主要由氢、氦、钙等离子构成。厚度各处不同，平均约为2 000km左右。温度比光球层要高，从光球顶部的4 600K，到色球层顶部，温度可增加到几万度，但它发出的可见光的总量却不及光球层。

(3) 日冕层

在发生日全食时，我们可以看到在太阳的周围有一圈厚度不等的银白色环，这便是日冕层。日冕层是太阳大气的最外层，在它的外面，便是广漠的行星际空间了。日冕层的形状很不规则，并且经常变化，同色球层没有明显的界线。它的厚度不均匀，但很大，可以延伸到500万～600万公里的范围。它的组成物质特别稀少，只有地球高空大气密度的几百万分之一。亮度也很小，仅为光球层的百万分之一。可是它的温度却很高，达到100多万摄氏度。根据高度的不同，日冕层可分为两个部分：高度在17万公里以下范围的叫内冕，呈淡黄色，温度在100万摄氏度以上；高度在17万公里以上的叫外冕，呈青白色，温度比内冕略低。

太阳的物质，几乎全部集中在内部，大气在太阳总质量中所占的比重极小，可以说是微不足道的。在太阳内部的最外层，紧接着光球层的，是对流层。这一区域的气体，经常处于升降起伏的对流状态。它的厚度大约为几万公里。

科学家利用太阳光谱分析法，已经初步揭示了太阳的化学组成。目前在地球上存在的92种自然元素中，有68种已在太阳上先后发现。构成太阳的主要成分是氢和氦。氢的体积占到整个太阳体积的78.4%，氦的体积占到整个太阳体积的19.8%。此外，还有氧、镁、氮、硅、硫、碳、钙、铁、钠、铝、镍、锌、钾、锰、铬、钴、钛、铜、钒等60多种元素，但它们所占的比重极小，仅为1.8%。

太阳是距离地球最近的一颗恒星。地球与太阳的平均距离，最新测定的精确数值为149 598 020km，一般可取为1.5亿公里。

用肉眼观看，太阳的大小和月亮的大小差不多，都宛如一个大圆盘子。但实际上，太阳的体积却是极其巨大的，是一个庞大的星球。据到目前为止最精确的测定，太阳的直径为1 392 530km，一般可取为139万公里，是地球直径大 109.3 倍，是月球直径的 400 倍。太阳的体积为 $1.4122\times10^{18}\text{km}^3$，为地球体积的 130 万倍。我们肉眼观看太阳和月亮的大小差不多，那是因为月亮到地球的平均距离仅是太阳到地球距离的四百分之一。

太阳的质量，据推算，约有 1.9892×10^{27} t，相当于地球质量的 333 400倍。

太阳的密度，是很不均匀的，外部小，内部大，由表及里逐渐增大。太阳的中心密度为 160g/cm^3，为黄金密度的 8 倍，是相当大的；但其外部的密度却极小。就整个太阳来说，它的平均密度为 1.41g/cm^3，比水的密度（在 4℃时）大将近半倍，仅为地球平均密度 5.58g/cm^3 的1/4。

这就是太阳的外观。

2.2 无比的能量

太阳的内部具有无比的能量，一刻也不停息地向外发射着巨大的光和热。

太阳是一颗熊熊燃烧着的大火球，它的温度极高。众所周知，水烧到 100℃就会沸腾；炼钢炉里的温度达到 1 000℃，铁块就会化成火红的铁水，如果再继续加热到 2 450℃以上，铁水就会变成气体。太阳的温度比炼钢炉里的温度高多了。太阳的表面温度为 5 770K，或 5 497℃。可以说，不论什么东西在那里都将化为气体。太阳内部的温度，那就更高了。天体物理学的理论计算告诉我们，太阳的中心，温度高达 1 500 万～2 000 万摄氏度，压力高达 340 多亿兆帕，密度高达 160g/cm^3。这真是一个骇人听闻的高温、高压、高密度的世界。

太阳是耀入人们眼帘中的一颗最明亮的恒星，人们称它为“宇宙的明灯”。骄阳当空，光芒四射，使人不敢正视。对于生活在地球上的人类来说，太阳光是一切自然光源中最明亮的。那么，太阳究竟有多亮呢？据科学家计算，太阳的总亮度大约为 2.5×10^{27} cd。这里还要指出，地球周围有一层厚达 100 多公里的大气，使太阳光大约减弱了 20%，在修正了大气吸收的影响之后，我们得到的太阳的真实亮度就更大了，大约为 3×10^{27} cd。这真是一个大得惊人的天文数字。

太阳的温度既然如此之高，太阳的亮度既然如此之大，那么它的辐射能量也一定会是很大的了。是的。平均来说，在地球大气外面正对着太阳的 1m^2 的面积上，每分钟接受的太阳能量大约为 1 367W。这是一个很重要的数字，叫做太阳常数。这个数字表面上看来似乎不大。但是不要忘记，太阳距离地球远在 1.5 亿公里之外，它的能量只有二十二亿分之一到达地球之上。整个太阳每秒钟释放出的能量是无比巨大的，高达 3.865×10^{26}J，相当于每秒钟燃烧 1.32×10^{16}吨标准煤所发出的能量。

太阳的巨大能量是从哪里产生的呢？是在太阳的核心由热核反应产生的。太阳核心的结构，可以分为产能核心区、辐射输能区和对流区 3 个范围非常广阔的区带，如图 2-2 所示。太阳实际上是一座以核能为动力的极其巨大的工厂，氢便是它的燃料。在太阳内部的深处，由于有极高的温度和上面各层的巨大压力，使原子核反应不断地进行。这种核反应是氢变为氦的热核聚变反应。4 个氢原子核经过一连串的核反应，变成 1 个氦原子核，其亏损的质量便转化成了能量向空间辐射。太阳上不断进行着的这种热核反应，就像氢弹爆炸一样，会产生巨大能量。其所产生的能量，相当于 1s 内爆炸 910 亿个 100 万吨 TNT 级的氢弹，总辐射功率达 3.75×10^{26}W。

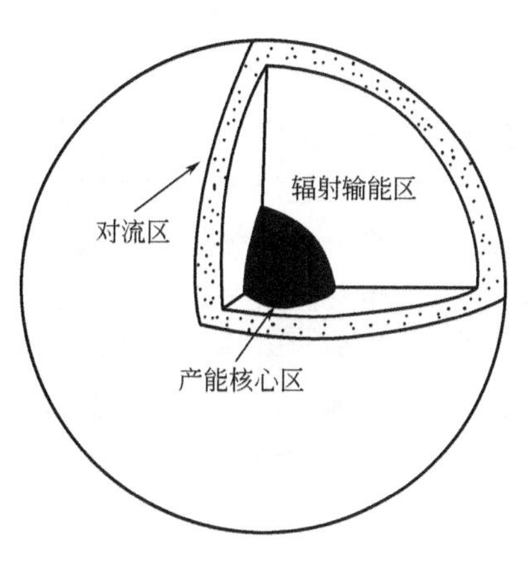

图 2-2　太阳内部结构示意图

2.3　太阳能量的传送

太阳是地球上的光和热的主要源泉。太阳一刻也不停息地把它巨大的能量源源不断地传送到地球上来。它是如何传送的呢？

大家知道，热量的传播有传导、对流和辐射 3 种形式。太阳主要是以辐射的形式向广阔无垠的宇宙传播它的热量和微粒的。这种传播的过程，就称作太阳辐射。太阳辐射不仅是地球获得热量的根本途径，并且也是影响人类和其他一切生物的生存活动以及地球气候变化的最重要的因素。

太阳辐射可分为两种。一种是从光球表面发射出来的光辐射，因为它以电磁波的形式传播光热，所以又叫做电磁波辐射。这种辐射由可见光和人眼看不见的不可见光组成。另一种是微粒辐射，它是由带正电荷的质子和大致等量的带负电荷的电子以及其他粒子所组成的粒子流。微粒辐射平时较弱，能量也不稳定，在太阳活动极大期最为强烈，对人类和地球高层大气有一定的影响。但是，一般来说不等它辐射到地球表面上来，便在漫长的日地遥远的路途中逐渐消失了。所以不会给地球送来什么热量。因此，下面介绍的太阳辐射，主要是指光辐射。

太阳辐射送往地球，不但要经过遥远的旅程，并且还要遇到各种阻拦，受到各种影响。大家知道，我们生息居住的地球表面，是被对流层、平流层和电离层这样3层大气紧紧地包围着的，总厚度高达1 200km以上。从地面到10～12km以内的一层大气，叫对流层。从对流层之上到50km以内的一层大气，叫平流层。从平流层之上到950km左右的一层大气，叫电离层。当太阳从1.5亿公里的远方把它的光热和微粒流以每秒30万公里的速度向地球辐射时，就要受到地球大气层的干扰和阻挡，不能畅行无阻地投射到地球表面上来。

地球是个大磁体，在它周围形成了一个很大的磁场。磁场控制的1 000km以上、直至几万公里、甚至高达几十万公里的广大区域，叫做地球的磁层。当太阳微粒辐射直奔地面而来时，磁层就有如一堵坚厚的墙壁一样把它挡住，使其不能到达地面。即使会有少数微粒闯入，也往往被磁层内部的磁场当场“俘获”。这可以说是地球对太阳辐射所设置的“第一道防线”。

在地球磁层下面的地球大气层中，对流层、平流层和电离层都对太阳辐射有吸收、反射和散射作用。其中电离层不仅可以将太阳辐射中的无线电波吸收或反射出去，而且会使有害的紫外线部分和X射线部分在这里被阻，不能到达地面。这就是“第二道防线”。

“第三道防线”是在平流层里24km左右的高空中，有一个臭氧特别丰富的层次，叫做臭氧层。它的作用很大，可以将进入这里的绝大部分紫外线吸收掉。

由于地球设置了这样“三道防线”，把太阳辐射中的有害部分消除了，从而使得人类和各种生物得到保护，能够在地球上平安地生存下来。

下面，再介绍一下地球大气层中的各种物质对太阳辐射的影响。

大气中的氧、臭氧、水、二氧化碳和尘埃等，对太阳辐射均有不同的吸收作用。其中：氧在大气中的含量约占21%，它主要吸收波长小于0.2μm的太阳辐射波段，特别是对于0.155μm的辐射波段的吸收能力最强，所以在低层大气内很难找到小于0.2μm的太阳辐射；臭氧主要吸收紫外线，它吸收的能量占太阳辐射总能量的21%左右；大气中如果含水汽较多，太阳的位置又不太高，水汽可以吸收太阳辐射总能量的20%，液态水吸收的太阳辐射能量则更多；二氧化碳和尘埃吸收的太阳辐射能量则很少。

大气中的水分子、小水滴以及灰尘等大粒子，对太阳辐射有反射作用。它们的反射能力约占平均太阳常数的7%左右。特别是云层的反射能力很大。但云层的反射能力同云量、云状和云的厚度有关。厚3 000m的高积云反射能力可达72%，积云层的反射能力为52%。据测算，以地球的平均云量为54%计，大约就有近1/4的太阳辐射能量被云层反射回到宇宙空间去了。

当太阳辐射以平行光束射向地球大气层时，要遇到空气分子、尘埃和云雾等质点的阻挡而产生散射作用。这种散射不同于吸收，它不会将太阳辐射能转变为各个质点的内能，而只能改变太阳辐射的方向，使太阳辐射在质点上向四面八方传出能量，从而使一部分太阳辐射变为大气的逆辐射，射出地球大气层之外，无法来到地球表面。这是太阳辐射能量减弱的一个重要的原因。

由于大气的存在和影响，到达地球表面的太阳辐射能可分成两个部分，一个部分叫直接辐射，一个部分叫散射辐射，这两个部分的总和叫总辐射。直接投射到地面的那部分太阳光线，叫直接辐射。不是直接投射到地面上，而是通过大气、云、雾、水滴、灰尘以及其他物体的不同方向的散射而到达地面的那部分太阳光线，叫散射辐射。这两种辐射的能量，差别是很大的。一般来说，晴朗的白天直接辐射占总辐射的大部分，阴雨天散射辐射占总辐射的大部分，夜晚则完全是散射辐射。利用太阳能，实际上是利用太阳的总辐射。但是，对于大多数太阳能设备来说，则主要是利用太阳辐射能的直接辐射部分。

总之，太阳发射出来的总辐射能量大约为 3.75×10^{26} W，是极其巨大的。但是只有 22 亿分之一到达地球。到达地球范围内的太阳总辐射能量大约为 173×10^4 亿千瓦。其中：被大气吸收的太阳辐射能大约为 40×10^4 亿千瓦，占到达地球范围内的太阳总辐射能量的 23%；被大气分子和尘粒反射回宇宙空间的太阳辐射能大约为 52×10^4 亿千瓦，占 30%；穿过大气层到达地球表面的太阳辐射能大约为 81×10^4 亿千瓦，占 47%。在到达地球表面的太阳辐射能中，到达地球陆地表面的大约为 17×10^4 亿千瓦，大约占到达地球范围内的太阳总辐射能量的 10%。到达地球陆地表面的这 17×10^4 亿千瓦是个什么量级呢？形象地说，它相当于目前全世界一年内消耗的各种能源所产生的总能量的 3.5 万多倍。在陆地表面所接受的这部分太阳辐射能中，被植物吸收的仅占 0.015%，被人们利用作为燃料和食物的仅占 0.002%，已利用的比重微乎其微。可见，利用太阳能的潜力是相当大的，开发利用太阳能为人类服务是大有可为的。

2.4　彩色的光谱

上面的介绍说明，太阳是以光辐射的方式把能量输送到地球表面上来的，我们所说的利用太阳能，就是利用太阳光线的能量。那么，太阳光的本质是什么，它有哪些特点呢？

现代物理学认为，各种光，包括太阳光在内，都是物质的一种存在的形式。光，既具有波动性，又具有粒子性，这叫做光的波粒二象性。一方面，任何种类的光都是某种频率或频率范围内的电磁波，在本质上与普通的无线电波没有什么差别，只不过是它的频率比较高，波长比较短罢了。比如太阳光中的白光，它的频率就比厘米波段的无线电波的频率至少要高1万多倍。所以，不管何种光，都可以产生反射、折射、绕射以及相干等波动所具有的现象，因此我们平常又把光叫做“光波”。另一方面，任何物质发出的光，都是由不连续的、运动着的、具有质量和能量的粒子所组成的粒子流。这些粒子极小极小，就是用现代最高倍的电子显微镜也无法看见它们的外貌。这些微观粒子称作光量子或光子，它们具有特定的频率或波长。单个光子的能量是极小的，它们是能量的最小单元。但是，即使在最微弱的光线中，光子的数目也超过千千万万。这样，集中起来就可以产生人们能够感觉得到的能量了。科学研究表明，不同频率或波长的光子或光线，具有不同的能量，频率越高能量越大。

人们眼睛所能看见的太阳光，叫可见光，呈白色。但是科学实践证明，它不是单色光，而是由红、橙、黄、绿、青、蓝、紫7种颜色的光所组成的，是一种复色光。

各种颜色的光都有相应的波长范围。红色光的波长为700nm，光谱范围为640～750nm；橙色光的波长为620nm，光谱范围为600～640nm；黄色光的波长为580nm，光谱范围为550～600nm；绿色光的波长为510nm，光谱范围为480～550nm；蓝-靛色光的波长为470nm，光谱范围为450～480nm；紫色光的波长为420nm，光谱范围为400～450nm。通常人们把太阳光的各色光按频率或波长大小的次序排列成的光带图，叫做太阳光谱。

太阳不仅发射可见光，同时还发射许多人眼看不见的光，可见光的波长范围只占整个太阳光谱的一小部分。整个太阳光谱包括紫外区、可见区和红外区3个部分。但其主要部分，即能量很强的骨干部分，是由0.3～3.0μm的波长所组成的。其中，波长小于0.4μm的紫外区和波长大于0.76μm的红外区，则是人眼看不见的紫外线和红外线；波长为0.4～0.76μm的可见区，就是我们所看到的白光。在到达地面的太阳光辐射中，紫外区的光线占的比例很小，大约为8.03%；主要是可见区和红外区的光线，分别占46.43%和45.54%。

太阳光中不同波长的光线具有不同的能量。在地球大气层的外表面具有最大能量的光线，其波长大约为0.48μm。但是在地面上，由于大气层的存在，太阳辐射穿过大气层时，紫外线和红外线被大气吸收较多，紫外区和可见区被大气分子和云雾等质点散射较多，所以太阳辐射能随波长的分布情况就比较复杂了。大体情况是：晴朗的白天，太阳在中午前后的4～5个小时这段时间，能量最大的光是绿光和黄光部分；而在早晨和晚间这两段时间，能量最大的光则是红光部分。可见，地面上具有最大能量的光线，其波长比大气层外表面的波长要长。

在太阳光谱中，不同波长的光线对物质产生的作用和穿透物体的本领是不同的。紫外线，很活跃，它可以产生强烈的化学作用、生物作用和激发荧光等；而红外线，则不很活跃，被物体吸收后主要引起热效应；至于可见光，因为它的频率范围较宽，既可起杀菌的生物作用，被物体吸收后也可转变成为热量。植物的生长主要依靠吸收可见光谱部分，大量的波长短于 0.3μm 的紫外线对植物是有害的，波长超过 0.8μm 的红外线仅能提高植物的温度并加速水分的蒸发，而不能引起光化学反应（光合作用）。太阳光线对人体皮肤的作用主要表现为：形成红斑和灼伤，这主要是由波长短于 0.38μm 的紫外线所引起的；使皮肤表层的脂肪光合成为可防止得佝偻病的维生素 D_3；皮肤生成黝黑色，这主要是由波长为 0.3～0.45μm 的光线引起的。

光的传播速度是非常快的。远在 1.5 亿公里之遥的太阳辐射光，传播到地面只要短短的 8min19s。实验得到的到目前最为精确的光速为每秒 299 792.456 2km，通常取每秒 30 万公里。

2.5　太阳辐照度及特点

上面讲过，利用太阳能就是利用太阳光辐射所产生的能量。那么，太阳光辐射能量的大小如何度量，它到达地面的量的多少受哪些因素的影响，有哪些特点呢？这是了解太阳能、利用太阳能不可不弄清楚的一个基本问题。

首先介绍几个太阳能的常用单位如下。

① 辐射通量。太阳以辐射形式发射出的功率称辐射功率，也叫做辐射通量，常用 ϕ 表示，单位为 W。

② 辐照度。投射到单位面积上的辐射通量叫做辐照度，常用 E 表示，单位为 W/m^2。

③ 曝辐射量。从单位面积上接收到的辐射能称曝辐射量，常用 H 表示，单位为 J/m^2。

这里顺便提一下有的太阳能文献资料常将辐照度和辐射强度混淆的问题。须知，辐射强度是指单位立体角内离开辐射源的辐射功率，其单位为瓦每球面度（W/sr），是不可混淆的。

太阳辐照度，可根据不同波长范围的能量的大小及其稳定程度，划分为常定辐射和异常辐射两类。常定辐射，包括可见光部分、近紫外线部分和近红外线部分 3 个波段的辐射，是太阳光辐射的主要部分，它的特点是能量大而且稳定，它的辐射占太阳辐射能的 90%左右，受太阳活动的影响很小。表示这种辐照度的物理量，叫做太阳常数。异常辐射，则包括光辐射中的无线电波部分、紫外线部分和微粒子流部分，它的特点是随着太阳活动的强弱而发生剧烈的变化，在极大期能量很大，在极小期能量则很微弱。

什么叫太阳常数呢？人们在利用太阳能的科研实验工作中，都很关心这样一个数值，即地球在单位面积上于单位时间内能够接收多少太阳能。在地球大气层的上界，由于不受大气的影响，太阳辐射能有一个比较恒定的数值，这个数值就叫做太阳常数。它指的是在平均日地距离时，在地球大气层的上界，在垂直于太阳光线的平面上，单位时间内在单位面积上所获得的太阳总辐射能的数值。常用单位为W/m^2。根据1981年10月在墨西哥城召开的世界气象组织仪器和观测方法委员会第八届会议通过的最新数值，太阳常数取值为（1 367±7）W/m^2。这个数值在太阳活动的极大期和极小期变化都很小，仅为2%左右。

上面所说的太阳辐照度，是指太阳以辐射形式发射出的功率投射到单位面积上的多少而言的。由于大气层的存在，真正到达地球表面的太阳辐射能的大小，则要受多种因素影响，一般来说太阳高度、大气质量、大气透明度、地理纬度、日照时间及海拔是影响的主要因素。

（1）太阳高度

即太阳位于地平面以上的高度角。常常用太阳光线和地平线的夹角即入射角θ来表示。入射角大，太阳高，辐照度也大；反之，入射角小，太阳低，辐照度也小。

由于地球的大气层对太阳辐射有吸收、反射和散射作用，所以红外线、可见光和紫外线在光射线中所占的比例，也随着太阳高度的变化而变化。当太阳高度为90°时，在太阳光谱中，红外线占50%，可见光占46%，紫外线占4%；当太阳高度为30°时，红外线占53%，可见光占44%，紫外线占3%；当太阳高度为5°时，红外线占72%，可见光占28%，紫外线则近于0。

太阳高度在一天中是不断变化的。早晨日出时最低，为0°；以后逐渐增加，到正午时最高，为90°；下午，又逐渐减小，到日落时，又降低到0°。太阳高度在一年中也是不断变化的。这是由于地球不仅在自转，而且又在围绕着太阳公转的缘故。地球自转轴与公转轨道平面不是垂直的，而是始终保持着一定的倾斜。自转轴与公转轨道平面法线之间的夹角为23.5°。上半年，太阳从低纬度到高纬度逐日升高，直到夏至日正午，达到最高点90°。从此以后，则逐日降低，直到冬至日，降低到最低点。这就是一年中夏季炎热、冬季寒冷和一天中正午比早晚温度高的原因。

对于某一地平面来说，由于太阳高度低时，光线穿过大气的路程较长，所以能量被衰减得就较多。同时，又由于光线以较小的角度投射到该地平面上，所以到达地平面的能量就较少；反之，则较多。

（2）大气质量

由于大气的存在，太阳辐射能在到达地面之前将受到很大的衰减。这种衰减作用的大小，与太阳辐射能穿过大气路程的长短有着密切的关系。太阳光线在大气中经过的路程越长，能量损失得就越多；路程越短，能量则损失得就越少。通常把太阳处于天顶即垂直照射地面时，光线所穿过的大气的路程，称为1个大气质量。太阳在其他位置时，大气质量都大于1。例如在早晨8～9点钟时，大约有2～3个大气质量。大气质量越多，说明太阳光线经过大气的路程就越长，受到衰减就越多，到达地面的能量也就越少。因此，我们把大气质量定义为太阳光线通过大气路程与太阳在天顶时太阳光线通过大气路程之比。例如在此值为1.5时，就称大气质量为1.5，通常写为AM1.5。在大气层外，大气质量为0，通常写为AM0。

（3）大气透明度

在大气层上界与光线垂直的平面上，太阳辐照度基本上是一个常数；但是在地球表面上，太阳辐照度却是经常变化的。这主要是由于大气透明程度的不同所引起的。大气透明度是表征大气对于太阳光线透过程度的一个参数。在晴朗无云的天气，大气透明度高，到达地面的太阳辐射能就多些。在天空中云雾很多或风沙灰尘很多时，大气透明度很低，到达地面的太阳辐射能就较少。可见，大气透明度是与天空中云量的多少以及大气中所含灰尘等杂质的多少关系是很大的。

（4）地理纬度

太阳辐射能量是由低纬度向高纬度逐渐减弱的。这是什么原因呢？假定高纬度地区和低纬度地区的大气透明度是相同的，在这样的条件下进行比较，如图2-3所示。取春分中午时刻，此时太阳垂直照射到地球赤道F点上，设同一经度上有另外两点B、D。B点纬度比D点纬度高，由图中可明显地看出阳光射到B点所需经过的大气层的路程AB比阳光射到D点所需要经过的大气层的路程CD更长，所以B点的垂直辐射通量将比D点的小。在赤道上F点的垂直辐射通量最大，因为阳光在大气层中经过的路途EF最短。例如地处高纬度的圣彼得堡（北纬60°），每年在$1cm^2$的面积上，只能获得335kJ的热量；而在我国首都北京，由于地处中纬度（北

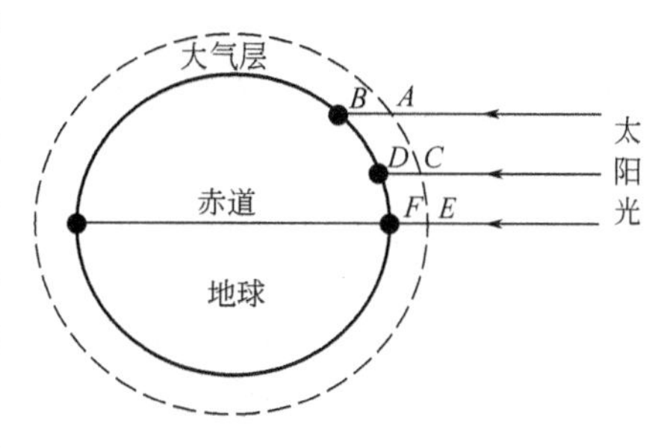

图2-3　太阳辐射通量与地理纬度的关系

纬 39°57′)，则可得到 586kJ 的热量；在低纬度的撒哈拉地区，则可得到高达 921kJ 的热量。正是由于这个原因，才形成了赤道地带全年气候炎热，四季一片葱绿，而在北极圈附近，则终年严寒，银装素裹，冰雪覆盖，宛如两个不同的世界。

(5) 日照时间

这也是影响地面太阳辐照度的一个重要因素。如果某地区某日白天有 14h，其中有 6h 是阴天，8h 出太阳，那么，就说该地区那一天的日照时间(也称日照时数) 是 8h。日照时间越长，地面所获得的太阳总辐射量就越多。

(6) 海拔

以平均海水面做标准的高度称海拔。海拔越高，大气透明度也越高，从而太阳直接辐射量也就越高。

此外，日地距离、地形、地势等，对太阳辐照度也有一定的影响。例如地球在近日点要比远日点的平均气温高 4℃。又如在同一纬度上，盆地要比平川气温高，阳坡要比阴坡热。

总之，影响地面太阳辐照度的因素很多，但是某一具体地区的太阳辐照度的大小，则是由上述这些因素的综合所决定的。

2.6 中国的太阳能资源

中国的疆界，南从北纬 4°附近南沙群岛的曾母暗沙以南起，北到北纬 53°31′黑龙江省漠河以北的黑龙江江心，西自东经 73°40′附近的帕米尔高原起，东到东经 135°05′的黑龙江和乌苏里江的汇流处，土地辽阔，幅员广大。中国的国土面积，从南到北纵长约5 500km，自东至西跨度约5 200km，总面积达 960 万平方公里，为世界陆地总面积的 7%，居世界第 3 位。在中国广阔富饶的土地上，有着十分丰富的太阳能资源。全国各地太阳年辐射总量为 3 340～8 400MJ/m²，中值为 5 852MJ/m²。从中国太阳年辐射总量的分布来看，西藏、青海、新疆、宁夏北部、甘肃、内蒙古南部、山西北部、陕西北部、辽宁、河北东南部、山东东南部、河南东南部、吉林西部、云南中部和西南部、广东东南部、福建东南部、海南岛东部和西部以及台湾省的西南部等广大地区的太阳辐射总量很大。尤其是青藏高原地区最大，这里平均海拔在 4 000m以上，大气层薄而清洁，透明度好，纬度低，日照时间长。例如人们称为“日光城”的拉萨市，1961～1970 年的平均值，年平均日照时间为 3 005.7h，相对日照为 68%，年平均晴天为 108.5d、阴天为 98.8d，年平均云量为 4.8，年太阳总辐射量为 8 160MJ/m²，比全国其他省区和同纬度的地区都高。全国以四川盆地（包括重庆市）和贵州省的太阳年辐射总量最小，尤其是四川盆地，那里雨多、雾多、晴天较少。例如素有“雾都”之称的重庆市，年平均日照时间仅为1 152.2h，相对日照为 26%，年平均晴天为 24.7d、阴天达 244.6d，年平均云量高达 8.4。其他地区的太阳年辐射总量居中。

中国太阳能资源分布的主要特点有：

① 太阳能的高值中心和低值中心都处在北纬 22°～35°这一带，青藏高原是高值中心，四川盆地是低值中心；

② 太阳年辐射总量，西部地区高于东部地区，而且除西藏和新疆两个自治区外，基本上是南部低于北部；

③ 由于南方多数地区云多雨多，在北纬 30°～40°地区，太阳能的分布情况与一般的太阳能随纬度而变化的规律相反，太阳能不是随着纬度的增加而减少，而是随着纬度的升高而增长。

为了按照各地不同条件更好地利用太阳能，20 世纪 80 年代中国的科研人员根据各地接受太阳总辐射量的多少，将全国划分为如下 5 类地区。

（1）一类地区

全年日照时间为 3 200～3 300h。在每平方米面积上一年内接受的太阳辐射总量为 6 680～8 400MJ，相当于 225～285kg 标准煤燃烧所发出的热量。主要包括宁夏北部、甘肃北部、新疆东南部、青海西部和西藏西部等地。是中国太阳能资源最丰富的地区，与印度和巴基斯坦北部的太阳能资源相当。尤以西藏西部的太阳能资源最为丰富，全年日照时间达 2 900～3 400h，年辐射总量高达7 000～8 000MJ/m^2，仅次于撒哈拉大沙漠，居世界第 2 位。

（2）二类地区

全年日照时间为 3 000～3 200h。在每平方米面积上一年内接受的太阳辐射总量为 5 852～6 680 MJ，相当于 200～225kg 标准煤燃烧所发出的热量。主要包括河北西北部、山西北部、内蒙古南部、宁夏南部、甘肃中部、青海东部、西藏东南部和新疆南部等地。为中国太阳能资源较丰富区。相当于印度尼西亚的雅加达一带。

（3）三类地区

全年日照时间为 2 200～3 000h。在每平方米面积上一年接受的太阳辐射总量为 5 016～5 852MJ，相当于 170～200kg 标准煤燃烧所发出的热量。主要包括山东东南部、河南东南部、河北东南部、山西南部、新疆北部、吉林、辽宁、云南、陕西北部、甘肃东南部、广东南部、福建南部、江苏北部、安徽北部、天津、北京和台湾西南部等地。为中国太阳能资源的中等类型区。相当于美国的华盛顿地区。

(4) 四类地区

全年日照时间为1 400～2 200h。在每平方米面积上一年内接受的太阳辐射总量为4 190～5 016 MJ，相当于140～170kg标准煤燃烧所发出的热量。主要包括湖南、湖北、广西、江西、浙江、福建北部、广东北部、陕西南部、江苏南部、安徽南部以及黑龙江、台湾东北部等地。是中国太阳能资源较差地区。相当于意大利的米兰地区。

(5) 五类地区

全年日照时间为1 000～1 400h。在每平方米面积上一年内接受的太阳辐射总量为3 344～4 190 MJ，相当于115～140kg标准煤燃烧所发出的热量。主要包括四川盆地（包括现重庆市）及贵州等地。此区是中国太阳能资源最少的地区。相当于欧洲的大部分地区。

一、二、三类地区，年日照时间大于2 200h，太阳年辐射总量高于5 016MJ/m^2，是中国太阳能资源丰富或较丰富的地区，面积较大，约占全国总面积的2/3以上，具有利用太阳能的良好条件。四、五类地区，虽然太阳能资源条件较差，但是也有一定的利用价值，其中有的地方是有可能开发利用的。总之，从全国来看，中国是太阳能资源相当丰富的国家，具有发展太阳能利用得天独厚的优越条件，只要我们扎扎实实地努力工作，太阳能利用在我国是有着广阔的发展前景的。

中国的太阳能资源与同纬度的其他国家相比，除四川东部、重庆大部、贵州中北部和与其毗邻的地区外，绝大多数地区的太阳能资源相当丰富，和美国类似，比日本、欧洲条件优越得多，特别是青藏高原的西部和东南部的太阳能资源尤为丰富，接近世界上最著名的撒哈拉大沙漠。

太阳能资源的研究计算工作，不能做一次即可一劳永逸。近些年的研究发现，随着大气污染的加重，各地的太阳辐射量呈下降趋势。上述中国太阳能资源分布，主要是依据20世纪80年代以前的数据计算得出的，因此其代表性已有所降低。为此，中国气象科学研究院根据20世纪末期最新研究数据又重新计算了中国太阳能资源分布。

太阳能资源的分布具有明显的地域性。这种分布特点反映了太阳能资源受气候和地理等条件的制约。1971～2000年中国陆地表面年均接受太阳总辐射量相当于1.7万亿吨标准煤，太阳能总辐射资源总体上西部大于东部、高原大于平原、内陆大于沿海、干燥区大于湿润区，直接辐射年总量的空间分布特征与总辐射量基本一致，西藏西南部、青海中部、内蒙古西部、新疆南部是直接辐射资源最丰富地区。根据太阳年曝辐射量的大小，可将中国划分为4个太阳能资源带，这4个太阳能资源带的相关数据，如表2-1所列。

表 2-1　中国 4 个太阳能资源带的相关数据

名称	年总曝辐射量/(MJ/m²)	年总辐照量/(kW·h/m²)	年平均总辐照度/(W/m²)	占国土面积/%	主要分布地区	等级符号
Ⅰ最丰富带	≥6 300	≥1 750	约≥200	约 22.8	内蒙古额济纳旗以西、甘肃酒泉以西、青海100°E以西大部分地区，西藏94°E以西大部分地区，新疆东部边缘地区，四川甘孜部分地区	A
Ⅱ很丰富带	5 040～6 300	1 400～1 750	160～200	约 44.0	新疆大部、内蒙古额济纳旗以东大部、黑龙江西部、吉林西部、辽宁西部、河北大部、北京、天津、山东东部、山西大部、陕西北部、宁夏、甘肃酒泉以东大部、青海东部边缘、西藏94°E 以东、四川中西部、云南大部、海南、台湾西南部	B
Ⅲ较丰富带	3 780～5 040	1 050～1 400	120～160	约 29.8	内蒙古 50°N 以北、黑龙江大部、吉林中东部、辽宁中东部、山东中西部、山西南部、陕西中南部、甘肃东部边缘、四川中部、云南东部边缘、贵州南部、湖南大部、湖北大部、广西、广东、福建、江西、浙江、安徽、江苏、河南、台湾东北部	C
Ⅳ一般带	<3 780	<1 050	约<120	约 3.3	四川东部、重庆大部、贵州中北部、湖北 110°E 以西、湖南西北部	D

第 3 章

太阳能集热器

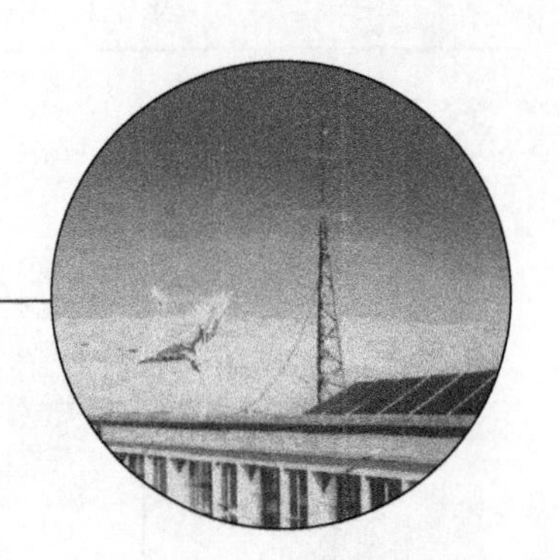

3.1 概述

太阳能集热器的定义是：吸收太阳辐射并将产生的热能传递到传热工质的装置。这短短的定义却包括了丰富的含义：第一，太阳能集热器是一种装置；第二，太阳能集热器可以吸收太阳辐射；第三，太阳能集热器可以产生热能；第四，太阳能集热器可以将热能传递到传热工质。

太阳能集热器本身虽然不是直接面向消费者的终端产品，但是太阳能集热器是组成各种太阳能热利用系统的关键部件。无论是太阳能热水器、太阳灶、主动式太阳房、太阳能温室，还是太阳能干燥、太阳能工业加热、太阳能热发电等，都离不开太阳能集热器，都是以太阳能集热器作为系统的动力或者核心部件。所以，在分别介绍太阳能热水器、太阳灶、太阳房、太阳能温室、太阳能干燥、太阳能工业加热、太阳能热发电等内容之前，有必要先介绍太阳能集热器的有关知识，其中包括太阳能集热器的分类、结构特点、运行性能等，以便对各种太阳能热利用系统有更深入的理解。

太阳能集热器是太阳能热利用系统的关键部件，是用于吸收太阳辐射并将产生的热能传递到传热工质，因此太阳能集热器与传热学有密切的联系。为便于分析太阳能集热器的运行性能，本章首先简要介绍一些跟太阳能集热器及太阳能热利用系统有关的传热学基础知识。

3.2 太阳能热利用中的传热学基础

3.2.1 热量传递的基本方式

传热学是研究物体之间或物体内部因存在温差而发生热能传递的规律。这里所说的物体包括固体、液体和气体。在自然界，无论哪里有温差，哪里就会发生传热过程。

热能的传递可以通过三种方式来实现，它们就是：传导、对流和辐射，这三种方式在本质上是不同的。

（1）热传导

热传导是依靠物体质点的直接接触来传递能量的。例如：在气体中，这种传递是在气体分子之间碰撞时完成；在绝缘体中，这种传递是借助于邻近分子的振动；在导体中，这种传递主要是自由电子的热运动。热传导的特点是：在传热过程中，物体的各个部分并不发生明显的宏观位移。

在不透明的固体中，热传导是热能传递的唯一方式。当物体中存在温差时，热能将自动地由高温处向低温处传递。根据傅里叶（Fourier）热传导定律，物体中的热传导速率（亦称热流率）是与温度梯度及热流通过的截面积成比例，即

$$q_{\mathrm{k}}=-\lambda A\frac{\mathrm{d}T}{\mathrm{d}X} \tag{3-1}$$

式中 q_{k}——热传导速率，W；

λ——导热系数❶，W/(m·K)；

A——截面积，m^2；

T——温度，K；

X——沿热流方向的距离，m。

在热流方向上，由于随着距离 X 的增加，温度 T 总是下降，这使得温度梯度总为负值。因此，在热传导公式（3-1）右边，加上负号，使热传导速率 q_{k} 为正值，表示热流是和距离 X 的正方向一致的。

表 3-1 给出了几种常用材料的导热系数值。

表 3-1 常用材料的导热系数 λ

材料名称	λ/[W/(m·K)]	材料名称	λ/[W/(m·K)]
纯铜	387	混凝土	1.84
纯铝	237	平板玻璃	0.76
硬铝	177	玻璃钢	0.50
铸铝	168	聚四氟乙烯	0.29
黄铜	109	玻璃棉	0.054
碳钢	54	岩棉	0.0355
镍铬钢	16.3	聚苯乙烯	0.027

❶ 导热系数（热导率）：太阳能热利用名词术语中仍将热导率叫作导热系数，全文同。

(2) 对流传热

对流传热只能在流体（液体和气体）中发生。当流体的微团在空间改变自己的位置时，它们起着载热体的作用，并实现热能的传递。

对流传热过程可分为自然对流传热和强迫对流传热两大类。自然对流传热是指由流体中因密度不同而产生浮升力所引起的换热现象；强迫对流传热是指在外力作用下流体与所接触的温度不同的壁面所发生的换热现象。对流传热过程总是伴随着质点与质点直接接触的热传导过程。

无论是自然对流传热还是强迫对流传热，流体的流动状态及热物理性质对于对流传热的换热速率起着非常重要的作用。根据牛顿（Newton）冷却定律，对流传热的换热速率是跟表面与流体的温度差以及与流体接触的表面积成比例，即

$$q_c = h_c A (T_s - T_f) \tag{3-2}$$

式中 q_c——对流换热速率，W；

h_c——对流换热系数，$W/(m^2 \cdot K)$；

A——与流体接触的表面积，m^2；

T_s——表面温度，K；

T_f——流体温度，K。

表 3-2 给出了几种工作流体在不同换热方式下对流换热系数 h_c 的量级及近似值。

表 3-2 对流换热系数 h_c 的量级及近似值

工作流体及换热方式	$h_c/[W/(m^2 \cdot K)]$	工作流体及换热方式	$h_c/[W/(m^2 \cdot K)]$
空气,自然对流	6～30	水,强迫对流	300～6 000
过热蒸汽或空气,强迫对流	30～300	水,沸腾	3 000～60 000
油,强迫对流	60～1 800	蒸汽,凝结	6 000～120 000

(3) 辐射传热

辐射传热的过程是，物体的部分热能转变成电磁波——辐射能向外发射，当电磁波碰到其他物体时，又部分地被后者吸收而重新转变成热能。

所有的物体只要其温度高于绝对零度，总可以发出电磁波；与此同时，所有的物体也吸收来自外界的辐射能。与传导和对流不同，电磁波的传递即使在真空中也可进行，到达地面的太阳辐射就是其中一例。

通常，把物体因有一定的温度而发射的辐射能称为热辐射。热辐射所包括的波长范围近似为 0.3～50μm。在这个波长范围内有紫外、可见和红外三个波段，其中 0.4μm 以下为紫外波段，0.4～0.7μm 为可见波段，0.7μm 以上

为红外波段。热辐射的绝大部分集中在红外波段。

根据斯蒂芬-玻耳兹曼（Stefan-Boltzmann）定律，物体的辐射功率是跟物体温度的4次方及物体的表面积成比例，即

$$q_R = \varepsilon\sigma A T^4 \tag{3-3}$$

式中 q_R——辐射功率，W；

σ——斯蒂芬-玻耳兹曼常数，5.669×10^{-8} W/(m^2·K^4)；

ε——发射率；

A——表面积，m^2；

T——表面温度，K。

发射率是物体发射的辐射功率与同温度下黑体发射的辐射功率之比值。发射率有法向发射率和半球向发射率的区分。在工程应用情况下，一般可用法向发射率近似代替半球向发射率。

表3-3给出了几种常用材料表面的法向发射率值。

表3-3 常用材料表面的法向发射率 ε

材料名称及表面状态	ε	材料名称及表面状态	ε
金：高度抛光的纯金	0.02	钢：抛光的钢	0.07
铜：高度抛光的电解铜	0.02	轧制的钢板	0.65
轻微抛光的	0.12	严重氧化的钢板	0.80
氧化变黑的	0.76	各种油漆	0.90～0.96
铝：高度抛光的纯铝	0.04	平板玻璃	0.94
工业用铝板	0.09	硬质橡胶	0.94
严重氧化的	0.20～0.31	碳：灯黑	0.95～0.97

实际上，传导、对流和辐射这三种传热方式是经常同时发生的，只是在特定的条件下，有时以这种方式为主，有时则以另一种方式为主。这在以后章节的讨论中，将分别举例说明。

3.2.2 太阳辐射的吸收、反射和透射

当太阳辐射投射在一个物体上时，部分辐射能量将被吸收，部分辐射能量将被反射，其余的辐射能量将透过物体。根据能量守恒定律，应有

$$\alpha+\rho+\tau=1 \tag{3-4}$$

式中 α——太阳吸收比；

ρ——太阳反射比；

τ——太阳透射比。

如果物体是不透明的，也就是说如果物体不能透过太阳辐射，则有

$$\alpha+\rho=1 \tag{3-5}$$

有的物体即使不是很厚，也只在一些特定的波长范围才能透过辐射，而在大部分波长范围不能透过辐射。例如，普通平板窗玻璃几乎不能透过波长大于 3μm 的辐射。

对于物体的反射表面，可以有以下 4 种不同的类型。

（1）镜反射表面

物体表面非常平整光洁，它对投射太阳辐射的反射性能如同镜子，符合反射定律，反射角等于入射角，这种表面称为“镜反射表面”，它的反射称为“镜反射”。

（2）漫反射表面

物体表面非常均匀，它对投射太阳辐射无差别地向所有的方向反射，这种表面称为“漫反射表面”，它的反射称为“漫反射”。

（3）镜-漫反射表面

固体表面以镜反射为主，但围绕镜反射的还有部分漫反射，这种表面称为“镜-漫反射表面”。

（4）混合型反射表面

固体表面既有漫反射，又有镜反射，这种表面称为“混合型反射表面”。

跟反射的情况相类似，固体表面对太阳辐射的透射也有 4 种类型，分别是“镜透射表面”、“漫透射表面”、“镜-漫透射表面”和“混合型透射表面”。

3.3 太阳能集热器的分类

太阳能集热器可以用多种方法进行分类，例如：按传热工质的类型；按进入采光口的太阳辐射是否改变方向；按是否跟踪太阳；按是否有真空空间；按工作温度范围等。

3.3.1 按集热器的传热工质类型分类

按集热器的传热工质类型，太阳能集热器可分为两大类型。

（1）液体集热器

液体集热器是用液体作为传热工质的太阳能集热器。

（2）空气集热器

空气集热器是用空气作为传热工质的太阳能集热器。

3.3.2 按进入采光口的太阳辐射是否改变方向分类

按进入采光口的太阳辐射是否改变方向，太阳能集热器可分为两大类型。

（1）聚光型集热器

聚光型集热器是利用反射器、透镜或其他光学器件将进入采光口的太阳辐射改变方向并会聚到吸热体上的太阳能集热器。

（2）非聚光型集热器

非聚光型集热器是进入采光口的太阳辐射不改变方向也不集中射到吸热体上的太阳能集热器。

3.3.3　按集热器是否跟踪太阳分类

按集热器是否跟踪太阳，太阳能集热器可分为两大类型。

（1）跟踪集热器

跟踪集热器是以绕单轴或双轴旋转方式全天跟踪太阳视运动的太阳能集热器。

（2）非跟踪集热器

非跟踪集热器是全天都不跟踪太阳视运动的太阳能集热器。

3.3.4　按集热器内是否有真空空间分类

按集热器内是否有真空空间，太阳能集热器可分为两大类型。

（1）平板型集热器

平板型集热器是吸热体表面基本上为平板形状的非聚光型集热器。

（2）真空管集热器

真空管集热器是采用透明管（通常为玻璃管）并在管壁和吸热体之间有真空空间的太阳能集热器。其中吸热体可以由一个内玻璃管组成，也可以由另一种用于转移热能的元件组成。

3.3.5　按集热器的工作温度范围分类

按集热器的工作温度范围，太阳能集热器可分为三大类型。

（1）低温集热器

低温集热器是工作温度在100℃以下的太阳能集热器。

（2）中温集热器

中温集热器是工作温度在100～200℃的太阳能集热器。

（3）高温集热器

高温集热器是工作温度在200℃以上的太阳能集热器。

以上分类的各种太阳能集热器实际上是相互交叉的。譬如：某一台液体集热器，可以是平板型集热器，自然也是非聚光型集热器及非跟踪集热器，属于低温集热器；另一台液体集热器，可以是真空管集热器，又是聚光型集热器，但是非跟踪集热器，属于中温集热器等。

以上分类的各种太阳能集热器还可以进一步细分，而且细分又有不同的分类方法。下面仅以聚光型集热器为例。

聚光型集热器可以用几种方法进行分类。

（1）按聚光是否成像

① 成像集热器。成像集热器是使太阳辐射聚焦，即在接收器上形成焦点（焦斑）或焦线（焦带）的聚光型集热器。

② 非成像集热器。非成像集热器是使太阳辐射会聚到一个较小的接收器上而不使太阳辐射聚焦，即在接收器上不形成焦点（焦斑）或焦线（焦带）的聚光型集热器。

（2）按聚焦的形式

① 线聚焦集热器。线聚焦集热器是使太阳辐射会聚到一个平面上并形成一条焦线（或焦带）的聚光型集热器。

② 点聚焦集热器。点聚焦集热器是使太阳辐射基本上会聚到一个焦点（或焦斑）的聚光型集热器。

（3）按反射器的类型

① 槽形抛物面集热器。又称为抛物槽集热器，它是通过一个具有抛物线横截面的槽形反射器来聚集太阳辐射的线聚焦集热器。

② 旋转抛物面集热器。又称为抛物盘集热器，它是通过一个由抛物线旋转而成的盘形反射器来聚集太阳辐射的点聚焦集热器。

（4）其他聚光型集热器

① 复合抛物面集热器。又称为 CPC 集热器，它是利用若干块抛物面镜组成的反射器来会聚太阳辐射的非成像集热器。

② 多反射平面集热器。多反射平面集热器是利用许多平面反射镜片将太阳辐射会聚到一小面积上或细长带上的聚光型集热器。

③ 菲涅耳集热器。菲涅耳集热器是利用菲涅耳透镜（或反射镜）将太阳辐射聚焦到接收器上的聚光型集热器。

本章将着重介绍最常用的太阳能集热器，即用液体作为传热工质的平板型集热器和真空管集热器。有关它们的进一步分类方法，将在文中分别叙述。

3.4 平板型太阳能集热器

3.4.1 平板型集热器的基本结构

平板型集热器是太阳能低温热利用的基本部件，也一直是世界太阳能市场的主导产品。平板型集热器已广泛应用于生活用水加热、游泳池加热、工业用水加热、建筑物采暖与空调等诸多领域。用平板型太阳能集热器部件组成的热水器即平板太阳能热水器（见彩图 2）。

平板型集热器主要由吸热板、透明盖板、隔热层和外壳等几部分组成，如

图 3-1 所示。

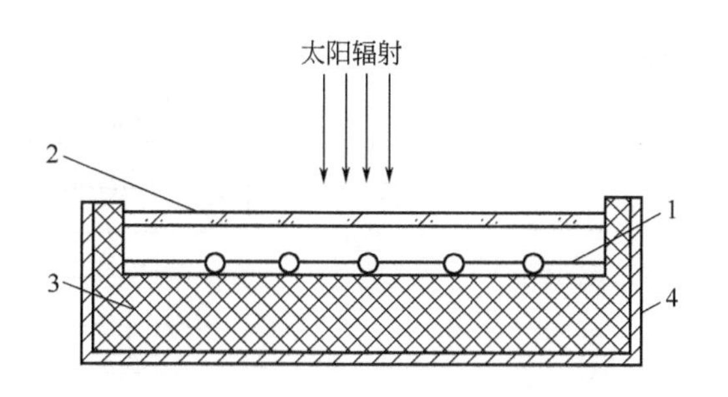

图 3-1　平板型集热器的结构示意图

1—吸热板；2—透明盖板；3—隔热层；4—外壳

当平板型集热器工作时，太阳辐射穿过透明盖板后，投射在吸热板上，被吸热板吸收并转换成热能，然后将热量传递给吸热板内的传热工质，使传热工质的温度升高，作为集热器的有用能量输出；与此同时，温度升高后的吸热板不可避免地要通过传导、对流和辐射等方式向四周散热，成为集热器的热量损失。

3.4.1.1　吸热板

吸热板是平板型集热器内吸收太阳辐射能并向传热工质传递热量的部件，其基本上是平板形状。

(1) 对吸热板的技术要求

根据吸热板的功能及工程应用的需求，对吸热板有以下主要技术要求。

① 太阳吸收比高。吸热板可以最大限度地吸收太阳辐射能。

② 热传递性能好。吸热板产生的热量可以最大限度地传递给传热工质。

③ 与传热工质的相容性好。吸热板不会被传热工质腐蚀。

④ 一定的承压能力。便于将集热器与其他部件连接组成太阳能系统。

⑤ 加工工艺简单。便于批量生产及推广应用。

(2) 吸热板的结构形式

在平板形状的吸热板上，通常都布置有排管和集管。排管是指吸热板纵向排列并构成流体通道的部件；集管是指吸热板上下两端横向连接若干根排管并构成流体通道的部件。

吸热板的材料种类很多，有铜、铝合金、铜铝复合、不锈钢、镀锌钢、塑料、橡胶等。

根据国家标准 GB/T 6424—2007《平板型太阳能集热器技术条件》，吸热板有如下主要结构形式（见图 3-2）。

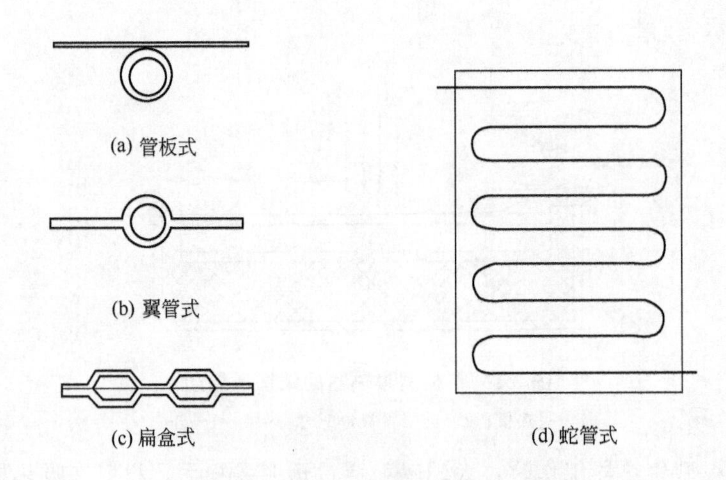

图 3-2　吸热板结构形式示意图

① 管板式。管板式吸热板是将排管与平板以一定的结合方式连接构成吸热条带，如图 3-2（a）所示，然后再与上下集管焊接成吸热板。这是目前国内外使用比较普遍的吸热板结构类型。

排管与平板的结合有多种方式，早期有捆扎、铆接、胶粘、锡焊等，但这些方式的工艺落后，结合热阻也比较大，后来已逐渐被淘汰；目前主要有：热碾压吹胀、高频焊接、超声焊接等。

北京市太阳能研究所于 1986 年从加拿大引进一条具有国际先进水平的铜铝复合太阳条生产线，使我国平板型集热器技术跨上一个新的台阶。之后，该项技术先后辐射到沈阳、烟台、广州、昆明、兰州等地，在全国又相继建立起十几条铜铝复合太阳条生产线。该项技术是将一根铜管置于两条铝板之间热碾压在一起，然后再用高压空气将它吹胀成型。铜铝复合太阳条的优点是：

a. 热效率高，热碾压使铜管和铝板之间达到冶金结合，无结合热阻；

b. 水质清洁，太阳条接触水的部分是铜材，不会被腐蚀；

c. 保证质量，整个生产过程实现机械化，使产品质量得以保证；

d. 耐压能力强，太阳条是用高压空气吹胀成型的。

近年来，全铜吸热板正在我国逐步兴起，它是将铜管和铜板通过高频焊接或超声焊接工艺而连接在一起。全铜吸热板具有铜铝复合太阳条的所有优点。

a. 热效率高，无结合热阻；

b. 水质清洁，铜管不会被腐蚀；

c. 保证质量，整个生产过程实现机械化；

d. 耐压能力强，铜管可以承受较高的压力。

② 翼管式。翼管式吸热板是利用模子挤压拉伸工艺制成金属管两侧连有翼片的吸热条带，如图 3-2（b）所示，然后再与上下集管焊接成吸热板。吸热板材料一般采用铝合金。

翼管式吸热板的优点是：

a. 热效率高，管子和平板是一体，无结合热阻；

b. 耐压能力强，铝合金管可以承受较高的压力。

缺点是：

a. 水质不易保证，铝合金会被腐蚀；

b. 材料用量大，工艺要求管壁和翼片都有较大的厚度；

c. 动态特性差，吸热板有较大的热容量。

③ 扁盒式。扁盒式吸热板是将两块金属板分别模压成型，然后再焊接成一体构成吸热板，如图 3-2（c）所示。吸热板材料可采用不锈钢、铝合金、镀锌钢等。通常，流体通道之间采用点焊工艺，吸热板四周采用滚焊工艺。

扁盒式吸热板的优点是：

a. 热效率高，管子和平板是一体，无结合热阻；

b. 不需要焊接集管，流体通道和集管采用一次模压成型。

缺点是：

a. 焊接工艺难度大，容易出现焊接穿透或者焊接不牢的问题；

b. 耐压能力差，焊点不能承受较高的压力；

c. 动态特性差，流体通道的横截面大，吸热板有较大的热容量；

d. 有时水质不易保证，铝合金和镀锌钢都会被腐蚀。

④ 蛇管式。蛇管式吸热板是将金属管弯曲成蛇形，如图 3-2（d）所示，然后再与平板焊接构成吸热板。这种结构类型在国外使用较多。吸热板材料一般采用铜，焊接工艺可采用高频焊接或超声焊接。

蛇管式吸热板的优点是：

a. 不需要另外焊接集管，减少泄漏的可能性；

b. 热效率高，无结合热阻；

c. 水质清洁，铜管不会被腐蚀；

d. 保证质量，整个生产过程实现机械化；

e. 耐压能力强，铜管可以承受较高的压力。

缺点是：

a. 流动阻力大，流体通道不是并联而是串联；

b. 焊接难度大，焊缝不是直线而是曲线。

⑤ 其他形式。除了上述四种主要结构形式之外，吸热板还有一种结构形式。它的流体通道不是在吸热板内，而是在呈V字形的吸热板表面。集热器工作时，液体传热工质不封闭在吸热板内而从吸热板表面缓慢流下，这种集热器称为“涓流集热器”（trickle collector）。涓流集热器大多应用于太阳能蒸馏。

（3）吸热板上的涂层

为使吸热板可最大限度地吸收太阳辐射能并将其转换成热能，在吸热板上应覆盖有深色的涂层，这称为太阳能吸收涂层。

太阳能吸收涂层可分为两大类：非选择性吸收涂层和选择性吸收涂层。非选择性吸收涂层是指其光学特性与辐射波长无关的吸收涂层；选择性吸收涂层则是指其光学特性随辐射波长不同有显著变化的吸收涂层。

“选择性吸收涂层”的概念是世界著名学者、以色列科学家泰伯（Tabor）于20世纪50年代初首先提出来的，它是利用太阳辐射光谱与物体热辐射光谱之间的不同特性而专门用于太阳能集热器的一种涂层材料。

太阳辐射可近似地认为是温度6 000K的黑体辐射，约90%的太阳辐射能集中在0.3～2μm波长范围内；而太阳能集热器的吸热体一般为400～1 000K，其热辐射能主要集中在2～30μm波长范围内。因此，采用对不同波长范围的辐射具有不同辐射特性的涂层材料，具体地讲就是采用既有高的太阳吸收比又有低的发射率的涂层材料，就可以在保证尽可能多地吸收太阳辐射的同时，又尽量减少吸热板本身的热辐射损失。

一般而言，要单纯达到高的太阳吸收比并不十分困难，难的是要在保持高的太阳吸收比的同时又达到低的发射率。对于选择性吸收涂层来说，随着太阳吸收比的提高，往往发射率也随之升高；对于通常使用的黑板漆来说，其太阳吸收比可高达0.95，但发射率也在0.90左右，所以属于非选择性吸收涂层。

选择性吸收涂层可以用多种方法来制备，如喷涂方法、化学方法、电化学方法、真空蒸发方法、磁控溅射方法等。采用这些方法制备的选择性吸收涂层，绝大多数的太阳吸收比都可达到0.90以上，但是它们可达到的发射率范围却有明显的区别，如表3-4所示。

表3-4 各种方法制备的选择性吸收涂层的发射率ε

制备方法	涂层材料举例	ε
喷涂方法	硫化铅、氧化钴、氧化铁、铁锰铜氧化物	0.30～0.50
化学方法	氧化铜、氧化铁	0.18～0.32
电化学方法	黑铬、黑镍、黑钴、铝阳极氧化	0.08～0.20
真空蒸发方法	黑铬/铝、硫化铅/铝	0.05～0.12
磁控溅射方法	铝-氮/铝、铝-氮-氧/铝、铝-碳-氧/铝、不锈钢-碳/铝	0.04～0.09

由表3-4可见，单从发射率的性能角度出发，上述各种方法优劣的排列顺序应是：磁控溅射方法、真空蒸发方法、电化学方法、化学方法、喷涂方法。当然，每种方法的发射率值都有一定的范围，某种涂层的实际发射率值取决于制备该涂层工艺优化的程度。

3.4.1.2　透明盖板

透明盖板是平板型集热器中覆盖吸热板、并由透明（或半透明）材料组成的板状部件。它的功能主要有三个：一是透过太阳辐射，使其投射在吸热板上；二是保护吸热板，使其不受灰尘及雨雪的侵蚀；三是形成温室效应，阻止吸热板在温度升高后通过对流和辐射向周围环境散热。

（1）对透明盖板的技术要求

根据透明盖板的上述几项功能，对透明盖板有以下主要技术要求：

① 太阳透射比高，透明盖板可以透过尽可能多的太阳辐射能；

② 红外透射比低，透明盖板可以阻止吸热板在温度升高后的热辐射；

③ 导热系数小，透明盖板可以减少集热器内热空气向周围环境的散热；

④ 冲击强度高，透明盖板在受到冰雹、碎石等外力撞击下不会破损；

⑤ 耐候性能好，透明盖板经各种气候条件长期侵蚀后性能无明显变化。

（2）透明盖板的材料

用于透明盖板的材料主要有两大类：平板玻璃和玻璃钢板。但两者相比，目前国内外使用更广泛的还是平板玻璃。

① 平板玻璃。平板玻璃具有红外透射比低、导热系数小、耐候性能好等特点，在这些方面无疑是可以很好地满足太阳能集热器透明盖板的要求。然而，对于平板玻璃来说，太阳透射比和冲击强度是两个需要重视的问题。

平板玻璃中一般都含有三氧化二铁（Fe_2O_3）成分，而Fe_2O_3是会吸收波长范围集中在2μm以内的太阳辐射。玻璃中Fe_2O_3含量越高，则吸收太阳辐射的比例越大。图3-3示出了不同Fe_2O_3含量、厚度6mm玻璃的单色透射比与波长的关系。在Fe_2O_3含量为0.02%的情况下，玻璃对太阳辐射的吸收可以忽略不计，整个波长范围内的单色透射比基本保持不变，因而玻璃的太阳透射比很高；在Fe_2O_3含量提高到0.10%的情况下，玻璃对太阳辐射的吸收开始明显，波长2μm以内的单色透射比出现下降，因而玻璃的太阳透射比降低；在Fe_2O_3含量高达0.50%的情况下，玻璃对太阳辐射的吸收非常厉害，波长2μm以内的单色透射比严重下降，因而玻璃的太阳透射比很低。从图3-3还可看出，不管Fe_2O_3含量多少，各种平板玻璃在波长2.5μm以上的单色透射比都是微乎其微，所以具有红外透射比低的特点。

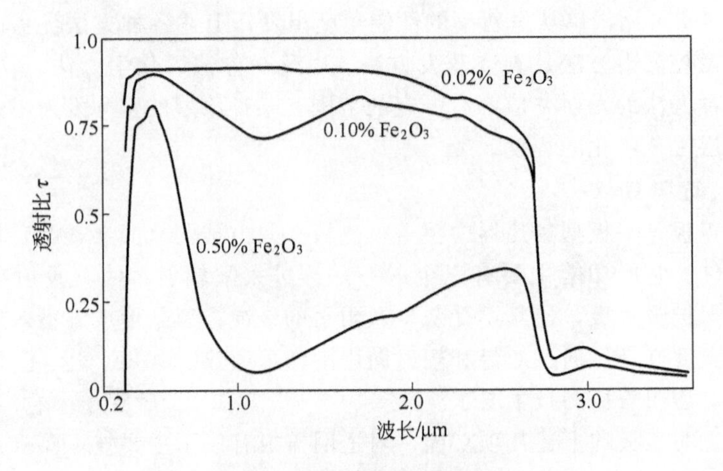

图 3-3　不同 Fe_2O_3 含量、厚度 6mm 玻璃的单色透射比与波长的关系

我国目前常用的透明盖板材料是普通平板玻璃，由于玻璃中有较多的 Fe_2O_3，也就是通常所说的含铁量较高，造成玻璃的太阳透射比不高。据了解，国内 3mm 厚普通平板玻璃的太阳透射比一般都在 0.83 以下，有的甚至低于 0.76，而根据国家标准 GB/T 6424—1997 的规定，透明盖板的太阳透射比应不低于 0.78。相比之下，发达国家的市场上已有专门用于太阳能集热器的低铁平板玻璃，其太阳透射比高达 0.90～0.91。因此，我国太阳能行业面临的一项任务是：在条件成熟时，联合玻璃行业，专门生产适用于太阳能集热器的低铁平板玻璃。

我国普通平板玻璃的冲击强度低，易破碎，但只要经过钢化处理，就可以有足够的冲击强度。因此，我国太阳能行业面临的另一项任务是：尽可能选用钢化玻璃作为透明盖板，确保集热器可以经受防冰雹试验的考验。

② 玻璃钢板。玻璃钢板（即玻璃纤维增强塑料板）具有太阳透射比高、导热系数小、冲击强度高等特点，在这些方面无疑也是可以很好地满足太阳能集热器透明盖板的要求。然而，对于玻璃钢板来说，红外透射比和耐候性能是两个需要重视的问题。

玻璃钢板的单色透射比与波长关系曲线表明，单色透射比不仅在 2μm 以内有很高的数值，而且在 2.5μm 以上仍有较高的数值。因此，玻璃钢板的太阳透射比一般都在 0.88 以上，但它的红外透射比也比平板玻璃高得多。

玻璃钢板通过使用高键能树脂和胶衣，可以减少受紫外线破坏的程度，具有较好的耐候性能。但是，玻璃钢板的使用寿命是无论如何不能跟作为无机材料的平板玻璃相比拟的。

当然，玻璃钢板具有一些平板玻璃所没有的特点。例如：玻璃钢板的质量轻，便于太阳能集热器的运输及安装；玻璃钢板的加工性能好，便于根据太阳能集热器产品的需要进行加工成型。

（3）透明盖板的层数及间距

透明盖板的层数取决于太阳能集热器的工作温度及使用地区的气候条件。绝大多数情况下，都采用单层透明盖板；当太阳能集热器的工作温度较高或者在气温较低的地区使用，譬如在我国南方进行太阳能空调或者在我国北方进行太阳能采暖，宜采用双层透明盖板；一般情况下，很少采用三层或三层以上透明盖板，因为随着层数增多，虽然可以进一步减少集热器的对流和辐射热损失，但同时会大幅度降低实际有效的太阳透射比。

如果在气温较高地区进行太阳能游泳池加热，有时可以不用透明盖板，这种集热器被称为“无透明盖板集热器”，国际标准 ISO 9806-3 就是专门适用于无透明盖板集热器的热性能试验。

对于透明盖板与吸热板之间的距离，国内外文献提出过各种不同的数值，有的还根据平板夹层内空气自然对流换热机理提出了最佳间距。但有一点结论是共同的，即透明盖板与吸热板之间的距离应大于 20mm。

3.4.1.3　隔热层

隔热层是集热器中抑制吸热板通过传导向周围环境散热的部件。

（1）对隔热层的技术要求

根据隔热层的功能，要求隔热层的导热系数小，不易变形，不易挥发，更不能产生有害气体。

（2）隔热层的材料

用于隔热层的材料有：岩棉、矿棉、聚氨酯、聚苯乙烯等。根据国家标准 GB/T 6424—1997 的规定，隔热层材料的导热系数应不大于 0.055W/(m·K)，因而上述几种材料都能满足要求。目前使用较多的是岩棉。

从表 3-1 所列的数值来看，虽然聚苯乙烯的导热系数很小，但在温度高于 70℃时就会变形收缩，影响它在集热器中的隔热效果。所以在实际使用时，往往需要在底部隔热层与吸热板之间放置一层薄薄的岩棉或矿棉，在四周隔热层的表面贴一层薄的镀铝聚酯薄膜，使隔热层在较低的温度条件下工作。即便如此，时间长久后，仍会有一定的收缩，所以使用聚苯乙烯时，应给予足够的重视。

（3）隔热层的厚度

隔热层的厚度应根据选用的材料种类、集热器的工作温度、使用地区的气候条件等因素来确定。应当遵循这样一条原则：材料的导热系数越大、集热器的工作温度越高、使用地区的气温越低、则隔热层的厚度就要求越大。一般来说，底部隔热层的厚度选用30～50mm，侧面隔热层的厚度与之大致相同。

3.4.1.4　外壳

外壳是集热器中保护及固定吸热板、透明盖板和隔热层的部件。

(1) 对外壳的技术要求

根据外壳的功能，要求外壳有一定的强度和刚度，有较好的密封性及耐腐蚀性，而且有美观的外形。

(2) 外壳的材料

用于外壳的材料有铝合金板、不锈钢板、碳钢板、塑料、玻璃钢等。为了提高外壳的密封性，有的产品已采用铝合金板一次模压成型工艺。

3.4.2　集热器的基本能量平衡方程

根据能量守恒定律，在稳定状态下，集热器在规定时段内输出的有用能量等于同一时段内入射在集热器上的太阳辐照能量减去集热器对周围环境散失的能量，即

$$Q_U = Q_A - Q_L \tag{3-6}$$

式中　Q_U——集热器在规定时段内输出的有用能量，W；

Q_A——同一时段内入射在集热器上的太阳辐照能量，W；

Q_L——同一时段内集热器对周围环境散失的能量，W。

式(3-6) 是集热器的基本能量平衡方程。

3.4.3　集热器总热损系数

集热器总热损系数定义为：集热器中吸热板与周围环境的平均传热系数。只要集热器的吸热板温度高于环境温度，则集热器所吸收的太阳辐射能量中必定有一部分要散失到周围环境中去。

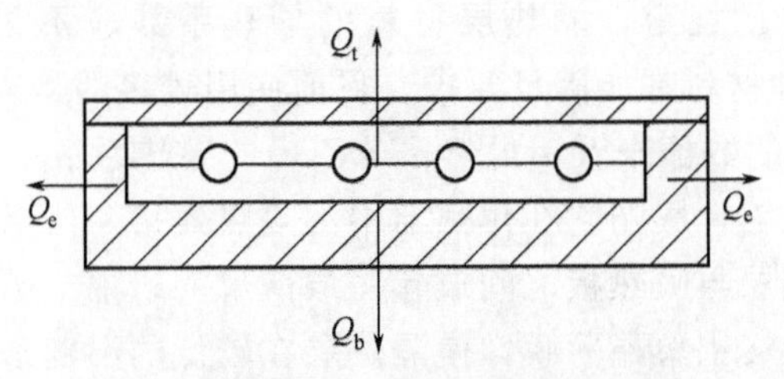

图 3-4　平板型集热器散热损失示意图

如图 3-4 所示，平板型集热器的总散热损失是由顶部散热损失、底部散热损失和侧面散热损失三部分组成，即

$$\begin{aligned} Q_L &= Q_t + Q_b + Q_e \\ &= A_t U_t (t_p - t_a) + A_b U_b (t_p - t_a) + A_e U_e (t_p - t_a) \end{aligned} \tag{3-7}$$

式中　Q_t、Q_b、Q_e——顶部、底部、侧面散热损失，W；

U_t、U_b、U_e——顶部、底部、侧面热损系数，W/(m^2·K)；

A_t、A_b、A_e——顶部、底部、侧面面积，m^2。

3.4.3.1　顶部热损系数 U_t

集热器的顶部散热损失是由对流和辐射两种换热方式引起的，它既包括吸热板与透明盖板之间的对流和辐射换热，又包括透明盖板与周围环境的对流和辐射换热。一般来说，顶部散热损失在数量上比底部散热损失、侧面散热损失都大得多，因而是集热器总散热损失的主要部分。顶部热损系数 U_t 的计算比较复杂，因为在吸热板温度和环境温度数值都已确定的条件下，透明盖板温度仍是个未知数，需要通过数学上的迭代法才能计算出来。

为了简化计算，克莱恩（Klein）提出了一个计算 U_t 的经验公式

$$U_t=\left[\frac{N}{\frac{344}{T_p}\times\left(\frac{T_p-T_a}{N+f}\right)^{0.31}}+\frac{1}{h_w}\right]^{-1}+\frac{\sigma(T_p+T_a)\times(T_p^2+T_a^2)}{\frac{1}{\varepsilon_p+0.0425N(1-\varepsilon_p)}+\frac{2N+f-1}{\varepsilon_g}-N} \tag{3-8}$$

在式(3-8) 中

$$f=(1.0-0.04h_w+5.0\times10^{-4}h_w^2)\times(1+0.058N) \tag{3-9}$$

$$h_w=5.7+3.8v \tag{3-10}$$

式中　N——透明盖板层数；

T_p——吸热板温度，K；

T_a——环境温度，K；

ε_p——吸热板的发射率；

ε_g——透明盖板的发射率；

h_w——环境空气与透明盖板的对流换热系数，W/(m^2·K)；

v——环境风速，m/s。

对于40～130℃的吸热板温度范围，采用克莱恩（Klein）公式的计算结果跟采用迭代法的计算结果非常接近，两者偏差在±0.2W/(m^2·K)之内。

3.4.3.2　底部热损系数 U_b

集热器的底部散热损失是通过底部隔热层和外壳以热传导方式向环境空气散失的，一般可作为一维热传导处理，有

$$Q_b=A_b\frac{\lambda}{\delta}(t_p-t_a) \tag{3-11}$$

将式(3-7) 和式(3-11) 进行对照，可得底部热损系数 U_b 的计算公式

$$U_b=\frac{\lambda}{\delta} \tag{3-12}$$

式中 λ——隔热层材料的导热系数，W/(m·K)；

δ——隔热层的厚度，m。

由式(3-12) 可见，如果底部隔热层的厚度为0.03～0.05m，底部隔热层材料的导热系数为0.03～0.05W/(m·K)，那么底部热损系数 U_b 的范围为0.6～1.6W/(m^2·K)。

3.4.3.3 侧面热损系数 U_e

集热器的侧面散热损失是通过侧面隔热层和外壳以热传导方式向环境空气散失的。侧面热损系数 U_e 的计算公式也可表达为

$$U_e=\frac{\lambda}{\delta} \tag{3-13}$$

如果侧面隔热层的厚度及隔热层材料的导热系数跟底部相同，那么侧面热损系数 U_e 的数值范围也跟底部相同。然而，由于侧面的面积远小于底部的面积，所以侧面散热损失远小于底部散热损失。

3.4.4 集热器效率方程及效率曲线

3.4.4.1 集热器效率方程

在式(3-6) 中，Q_A 和 Q_L 的表达式分别为

$$Q_A=AG(\tau\alpha)_e \tag{3-14}$$

$$Q_L=AU_L(t_p-t_a) \tag{3-15}$$

式中 A——集热器面积，m^2；

G——太阳辐照度，W/m^2；

$(\tau\alpha)_e$——透明盖板透射比与吸热板吸收比的有效乘积；

U_L——集热器总热损系数，W/(m^2·K)；

t_p——吸热板温度，℃；

t_a——环境温度，℃。

将式(3-14) 和式(3-15) 代入式(3-6)，可得到

$$Q_U=AG(\tau\alpha)_e-AU_L(t_p-t_a) \tag{3-16}$$

集热器效率的定义为：在稳态（或准稳态）条件下，集热器传热工质在规定时段内输出的能量与规定的集热器面积和同一时段内入射在集热器上的太阳辐照量的乘积之比，即

$$\eta=\frac{Q_U}{AG} \tag{3-17}$$

式中，η 为集热器效率。

将式(3-17) 代入式(3-16)，整理后可得到

$$\eta=(\tau\alpha)_e-U_L\frac{t_p-t_a}{G} \tag{3-18}$$

由于吸热板温度不容易测定，而集热器进口温度和出口温度比较容易测定，所以集热器效率方程也可以用集热器平均温度 $t_m=(t_i+t_e)/2$ 来表示

$$\eta=F'\left[(\tau\alpha)_e-U_L\frac{t_m-t_a}{G}\right]$$
$$=F'(\tau\alpha)_e-F'U_L\frac{t_m-t_a}{G} \tag{3-19}$$

式中　F'——集热器效率因子；

t_m——集热器平均温度，℃；

t_i——集热器进口温度，℃；

t_e——集热器出口温度，℃。

集热器效率因子 F'的物理意义是：集热器实际输出的能量与假定整个吸热板处于工质平均温度时输出的能量之比。

以管板式集热器为例，吸热板的翅片结构如图 3-5 所示。

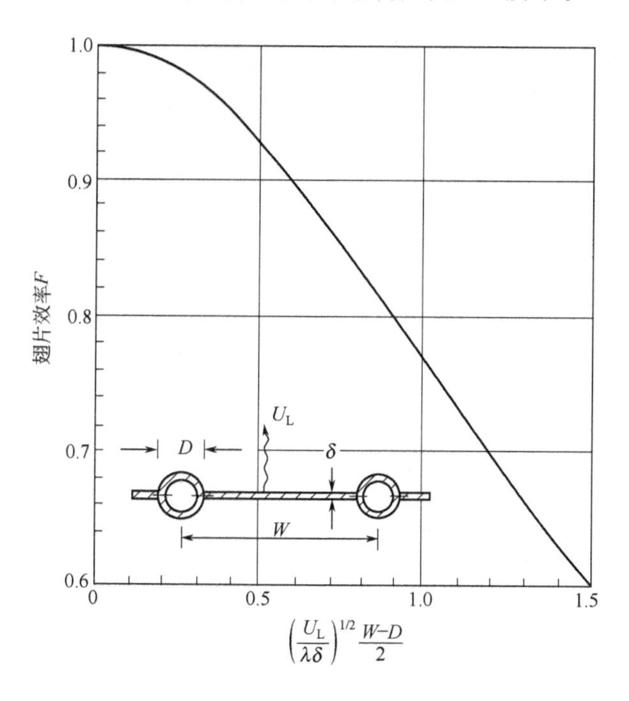

图 3-5　管板式集热器的翅片结构示意以及翅片效率曲线

经推导，集热器效率因子 F'的表达式为

$$F'=\frac{\dfrac{1}{U_L}}{W\left[\dfrac{1}{U_L[D+(W-D)F]}+\dfrac{1}{C_b}+\dfrac{1}{\pi D_i h_{f,i}}\right]} \tag{3-20}$$

式中 W——排管的中心距，m；

D——排管的外径，m；

D_i——排管的内径，m；

U_L——集热器总热损系数，W/(m^2·K)；

$h_{f,i}$——传热工质与管壁的换热系数，W/(m^2·K)；

F——翅片效率；

C_b——结合热阻，W/(m·K)。

在式(3-20) 中

$$F=\frac{\tanh[m(W-D)/2]}{m(W-D)/2} \tag{3-21}$$

$$m=\sqrt{\frac{U_L}{\lambda\delta}} \tag{3-22}$$

$$C_b=\frac{\lambda_b b}{\gamma} \tag{3-23}$$

式中 λ——翅片的导热系数，W/(m·K)；

δ——翅片的厚度，m；

λ_b——结合处的导热系数，W/(m·K)；

γ——结合处的平均厚度，m；

b——结合处的宽度，m；

tanh——双曲正切函数。

由式(3-20) 可见，集热器效率因子 F' 是跟翅片效率 F，管板结合热阻 C_b，管内传热工质与管壁的换热系数 $h_{f,i}$，吸热板结构尺寸 W、D、D_i 等有关的参数。

由式(3-21) 和式(3-22) 可见：翅片效率 F 是跟翅片的厚度、排管的中心距、排管的外径、材料的导热系数、集热器的总热损系数等有关的参数，它表示出翅片向排管传导热量的能力。如图 3-5 所示，随着材料导热系数 λ 增大，翅片厚度 δ 增大，排管中心距 W 减小，则翅片效率 F 就增大，但 F 增大到一定值之后，便增加非常缓慢。因此，从技术经济指标综合考虑，应当在翅片效率曲线的转折点附近选取 F 所对应的上述各项参数。

尽管集热器平均温度可以测定，但由于集热器出口温度随太阳辐照度变化，不容易控制，所以集热器效率方程也可以用集热器进口温度来表示

$$\eta=F_{\mathrm{R}}\left[(\tau\alpha)_{\mathrm{e}}-U_{\mathrm{L}}\frac{t_{\mathrm{i}}-t_{\mathrm{a}}}{G}\right]=F_{\mathrm{R}}(\tau\alpha)_{\mathrm{e}}-F_{\mathrm{R}}U_{\mathrm{L}}\frac{t_{\mathrm{i}}-t_{\mathrm{a}}}{G} \tag{3-24}$$

式中，F_{R} 为集热器热转移因子。

集热器热转移因子 F_{R} 的物理意义是：集热器实际输出的能量与假定整个吸热板处于工质进口温度时输出的能量之比。

集热器热转移因子 F_{R} 与集热器效率因子 F'之间有一定的关系

$$F_{\mathrm{R}}=F'F'' \tag{3-25}$$

式中，F''为集热器流动因子。

由于 $F''<1$，所以 $F_{\mathrm{R}}<F'<1$。

式(3-18)、式(3-19)、式(3-24) 称为集热器效率方程，或称为集热器瞬时效率方程。

3.4.4.2　集热器效率曲线

将集热器效率方程在直角坐标系中以图形表示，得到的曲线称为集热器效率曲线，或称为集热器瞬时效率曲线。在直角坐标系中，纵坐标 y 轴表示集热器效率 η，横坐标 x 轴表示集热器工作温度（或吸热板温度，或集热器平均温度，或集热器进口温度）和环境温度的差值与太阳辐照度之比，有时也称为归一化温差，用 T^{*} 表示。所以，集热器效率曲线实际上就是集热器效率 η 与归一化温差 T^{*} 的关系曲线。若假定 U_{L} 为常数，则集热器效率曲线为一条直线。

上述三种形式的集热器效率方程，可得到三种形式的集热器效率曲线，见图 3-6（a）、（b）、（c）。

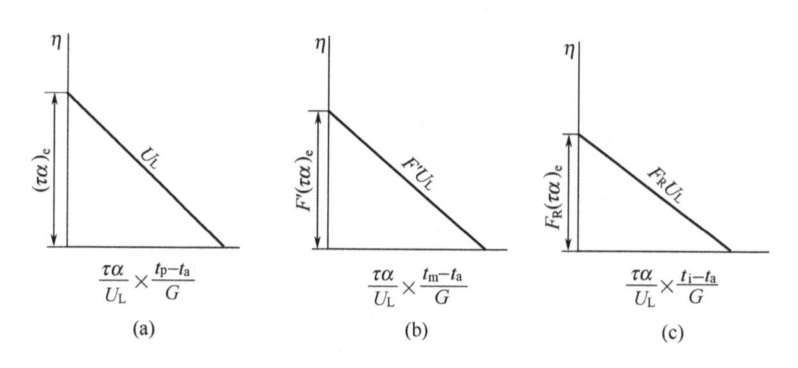

图 3-6　三种形式的集热器效率曲线

从图 3-6（a）、（b）、（c）可以得出如下几点规律。

（1）集热器效率不是常数而是变数

集热器效率与集热器工作温度、环境温度和太阳辐照度都有关系。集热器工作温度越低或者环境温度越高，则集热器效率越高；反之，集热器工作温度越高或者环境温度越低，则集热器效率越低。因此，同一台集热器在夏天具有较高的效率，而在冬天具有较低的效率；而且，在满足使用要求的前提下，应尽量降低集热器工作温度，以获得较高的效率。

(2) 效率曲线在 y 轴上的截距值表示集热器可获得的最大效率

当归一化温差为零时，集热器的散热损失为零，此时集热器达到最大效率，也可称为零损失集热器效率，常用 η_0 表示。在这种情况下，效率曲线与 y 轴相交，η_0 就代表效率曲线在 y 轴上的截距值。在图 3-6(a)、(b)、(c) 中，η_0 值分别为 $(\tau\alpha)_e$、$F'(\tau\alpha)_e$、$F_R(\tau\alpha)_e$。由于 $1>F'>F_R$，故 $(\tau\alpha)_e>F'(\tau\alpha)_e>F_R(\tau\alpha)_e$。

(3) 效率曲线的斜率值表示集热器总热损系数的大小

效率曲线的斜率值是跟集热器总热损系数直接有关的。斜率值越大，即效率曲线越陡峭，则集热器总热损系数就越大；反之，斜率值越小，即效率曲线越平坦，则集热器总热损系数就越小。在图 3-6(a)、(b)、(c) 中，效率曲线的斜率值分别为 U_L、$F'U_L$、F_RU_L。同样由于 $1>F'>F_R$，故 $U_L>F'U_L>F_RU_L$。

(4) 效率曲线在 x 轴上的交点值表示集热器可达到的最高温度

当集热器的散热损失达到最大时，集热器效率为零，此时集热器达到最高温度，也称为滞止温度或闷晒温度。用 $\eta=0$ 代入式(3-18)、式(3-19)、式(3-24) 后，发现有

$$\frac{t_p-t_a}{G}=\frac{t_m-t_a}{G}=\frac{t_i-t_a}{G}=\frac{(\tau\alpha)_e}{U_L} \tag{3-26}$$

这说明，此时的吸热板温度、集热器平均温度、集热器进口温度都相同。在图 3-6(a)、(b)、(c) 中，三条效率曲线在 x 轴上有相同的交点值。

3.4.4.3 集热器面积

在定义集热器效率的式(3-17) 中，曾使用过一个参数——集热器面积 A。这意味着，集热器效率的大小在很大程度上取决于所用集热器面积的数值。

在国内外太阳能界中，经常会遇到由于采用不同的集热器面积定义而得到不同的集热器效率数值。为了使世界各国对于集热器面积的定义得以规范，国标标准 ISO 9488—1999《太阳能术语》提出了三种集热器面积的定义，它们分别是：吸热体面积、采光面积、总面积（毛面积）。

下面就平板型集热器的具体情况，对上述三种集热器面积的定义及其计算方法做简要的说明。

(1) 吸热体面积 (A_A)

平板型集热器的吸热体面积是吸热板的最大投影面积，见图 3-7。

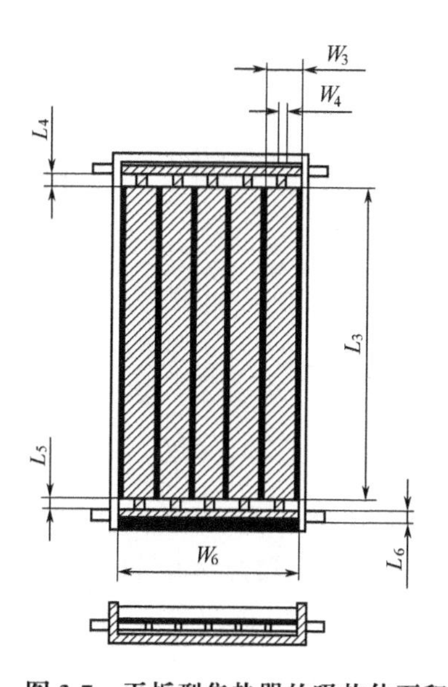

图 3-7　平板型集热器的吸热体面积

$A_A = (Z \times L_3 \times W_3) + [Z \times W_4 \times (L_4 + L_5)] + (2W_6 \times L_6)$

式中，Z 为翅片数量；L_3 为翅片长度；W_3 为翅片宽度；W_4，W_6，L_4，L_5，L_6 见图

（2）采光面积（A_a）

平板型集热器的采光面积是太阳辐射进入集热器的最大投影面积，见图 3-8。

（3）总面积（毛面积）（A_G）

平板型集热器的总面积是整个集热器的最大投影面积，见图 3-9。

3.4.5　平板型集热器的热性能试验

在集热器的热性能试验方面，国家标准 GB/T 4271—2000《平板型太阳能集热器热性能试验方法》跟国际标准 ISO 9806-1：1994《太阳能集热器试验方法——第一部分：带压力降的有透明盖板的液体集热器的热性能》是接轨的，两者在试验条件、测试方法、数据整理、公式表达、参数符号、表格形式等方面都基本保持一致。

集热器的热性能试验项目包括：瞬时效率曲线、入射角修正系数、时间常数、有效热容量、压力降等。其中，瞬时效率曲线是最主要的。

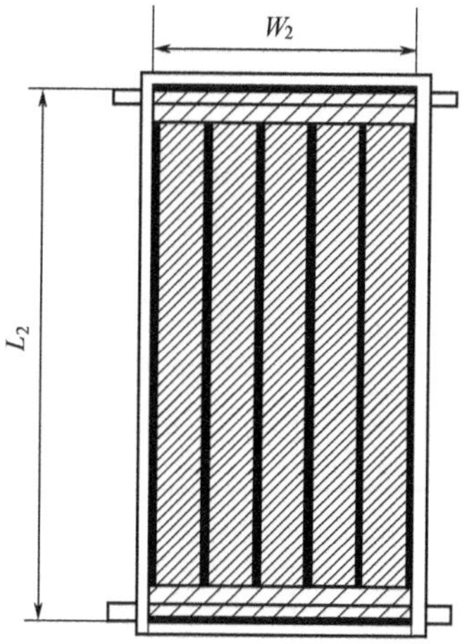

图 3-8　平板型集热器的采光面积

$A_a = L_2 \times W_2$

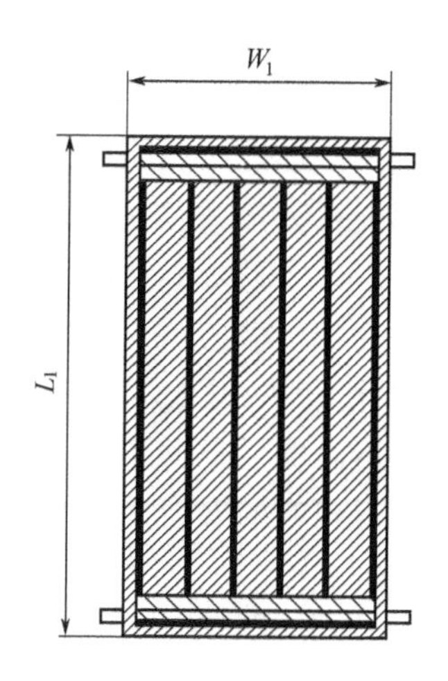

图 3-9　平板型集热器的总面积

$A_G = L_1 \times W_1$

L_1 为最大长度（不包括固定支架和连接管道）

W_1 为最大宽度（不包括固定支架和连接管道）

在测定瞬时效率曲线时，提出以下几点主要注意事项。

3.4.5.1 集热器有用功率的测定

集热器实际获得的有用功率由下列公式计算

$$Q=\dot{m}c_f(t_e-t_i) \tag{3-27}$$

式中 Q——集热器实际获得的有用功率，W；

$\dot{m}$——传热工质流量，kg/s；

c_f——传热工质比热容，J/(kg·℃)；

t_i——集热器进口温度，℃；

t_e——集热器出口温度，℃。

3.4.5.2 集热器效率的计算

由于集热器效率跟选择的集热器面积有直接的关系，所以在计算集热器效率之前，必须先确定计算以哪一种面积为参考，即：吸热体面积 A_A、采光面积 A_a、总面积 A_G 中的哪一个，然后计算出以相应面积为参考的集热器效率

$$\eta_A=\frac{Q}{A_AG} \tag{3-28}$$

$$\eta_a=\frac{Q}{A_aG} \tag{3-29}$$

$$\eta_G=\frac{Q}{A_GG} \tag{3-30}$$

式中 η_A——以吸热体面积为参考的集热器效率；

η_a——以采光面积为参考的集热器效率；

η_G——以总面积为参考的集热器效率；

G——太阳辐照度，W/m^2。

3.4.5.3 归一化温差的计算

在3.4.4.2中已经介绍过，集热器效率可以由归一化温差 T^* 的函数关系表示。在计算归一化温差之前，先要确定采用计算以哪一种温度为参考，即：集热器平均温度 t_m、集热器进口温度 t_i 中的哪一个，其中 $t_m=(t_i+t_e)/2$，然后计算出以相应温度为参考的归一化温差

$$T_m^*=\frac{t_m-t_a}{G} \tag{3-31}$$

$$T_i^*=\frac{t_i-t_a}{G} \tag{3-32}$$

式中 T_m^*——以集热器平均温度为参考的归一化温差，(m^2·K)/W；

T_i^*——以集热器进口温度为参考的归一化温差，(m^2·K)/W。

3.4.5.4 瞬时效率曲线的测定

假定试验选择以采光面积 A_a 和集热器进口温度 t_i 为参考。通过试验，取得 t_i、t_e、t_a、$\dot{m}$、G 等参数的一批测试数据，然后画在由集热器效率～归一化温差组成的坐标系中，如图 3-10 所示。

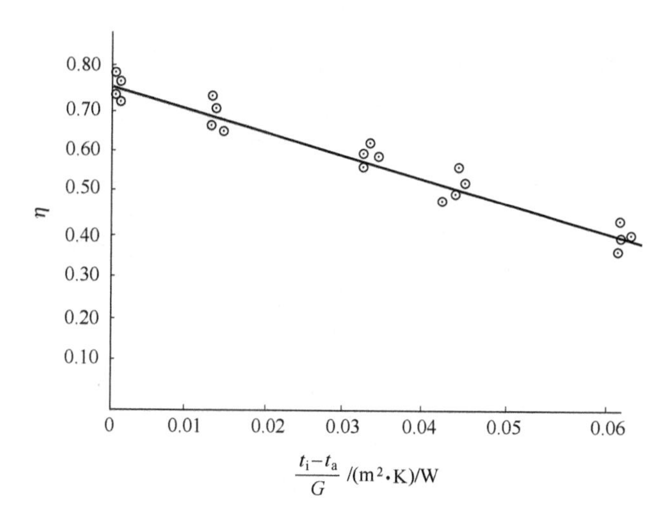

图 3-10 集热器瞬时效率曲线

根据这些数据点，用最小二乘法进行拟合，得到集热器瞬时效率方程的表达式，即

$$\eta_a = \eta_{0a} - U_a T_i^* \tag{3-33}$$

或

$$\eta_a = \eta_{0a} - a_{1a} T_i^* - a_{2a} G (T_i^*)^2 \tag{3-34}$$

式中 η_a——以采光面积为参考的集热器效率；

T_i^*——以集热器进口温度为参考的归一化温差，(m^2·K)/W；

η_{0a}——以采光面积为参考、$T_i^*=0$ 时的集热器效率；

U_a——以采光面积及 T_i^* 为参考的常数；

a_{1a}——以采光面积及 T_i^* 为参考的常数；

a_{2a}——以采光面积及 T_i^* 为参考的常数。

由线性方程式(3-33) 可见，η_{0a} 是效率曲线的截距，U_a 是效率曲线的斜率。将式(3-33) 和式(3-24) 进行对比后求得，截距 $\eta_{0a}=F_R(\tau\alpha)_e$，斜率 $U_a=F_R U_L$。

3.4.6 平板型集热器的技术要求

以上几节着重讨论了平板型集热器的热性能问题。其实，一台高品质的集热器产品不仅要有良好的热性能，而且要有卓越的耐久、可靠性能。

国家标准 GB/T 6424《平板型太阳能集热器技术条件》对平板型集热器提出了较为全面的技术要求，其主要内容归纳在表 3-5 中。

在 GB/T 6424 中，除了规定热性能试验方法之外，还分别规定了上述各项耐久、可靠性能的试验方法。

这里，有必要强调一下有关太阳能集热器性能检测的重要性问题。

表 3-5　平板型集热器的技术要求

试验项目	技术要求
热性能试验	$F_R(\tau\alpha)_e$ 不低于 0.68 F_RU_L 不高于 6.0W/(m^2·K)
空晒试验	应无变形、开裂及其他损坏
闷晒试验	应无泄漏及明显变形
内通水热冲击试验	应无泄漏、变形、破裂及其他损坏
外淋水热冲击试验	应无明显变形及其他损坏
淋雨试验	应无渗水和破坏
强度试验	应无损坏及明显变形，塑料透明盖板应不与吸热板接触
刚度试验	应无泄漏、损坏及过度永久性变形
耐压试验	应无传热工质泄漏
防雹（耐冲击）试验	应无划痕、翘曲、裂纹、破裂、断裂或穿孔
外观检查	吸热板在外壳内应安装平整，间隙均匀 涂层应无剥落、反光及发白现象 透明盖板应与外壳密封接触，应无扭曲及明显划痕 隔热层应当填塞严实，不应有明显萎缩或膨胀隆起，不允许有发霉、变质或释放污染物质的现象 外壳的外表面应平整，无扭曲、破裂、应采取充分的防腐措施

太阳能集热器是组成各种家用太阳能热水器和大中型太阳能热水系统的关键部件。虽然太阳能集热器本身不是直接面向消费者的终端产品，但是太阳能集热器确实已是一种相对独立的产品。就平板型太阳能集热器而言，既有产品技术条件的国家标准 GB/T 6424，又有热性能试验方法的国家标准 GB/T 4271。

太阳能集热器性能的优劣将直接影响到太阳能热水器性能的好坏，太阳能集热器性能的检测结果将是设计各种家用太阳能热水器和大中型太阳能热水系统的重要依据。根据集热器瞬时效率曲线及储水箱保温性能的检测结果，就可以运用一定的计算程序，计算出太阳能热水器或太阳能热水系统在不同地理位置、不同气象条件、不同安装方式的全天、全月乃至全年的得热量及其他有关参数。

正因如此，世界上各发达国家都十分重视太阳能集热器的性能检测，都将集热器的性能检测作为太阳能检测机构的首要任务，每年都要承担大量的太阳能集热器检测业务，而只开展少量的家用太阳能热水器检测工作，因为依据相关国际标准 ISO 9459-2 规定的要求，每台家用太阳能热水器的多天热性能试验实际上需要 9～15 天才能完成。

然而近 10 年来，在我国部分太阳能热水器生产企业中出现一种轻视太阳能集热器性能检测的倾向，误认为只有家用太阳能热水器的性能检测才是重要的，不愿意将太阳能集热器送往检测机构进行性能检测。因此，我国太阳能界应当共同努力，尽早改变目前这种不正常现象，将太阳能集热器（特别是平板型太阳能集热器）产品性能检测工作摆在足够重视的位置。

3.4.7　提高平板型集热器产品性能与质量的主要途径

综上所述，为了提高平板型集热器产品的性能与质量，既要提高它的热性能，又要提高它的耐久、可靠性能，甚至还要改善它的外观质量。现将提高产品性能与质量的主要途径归纳如下。

(1) 重视集热器吸热板的优化设计，综合考虑材料、厚度、管径、管间距、管与板连接方式等因素对热性能的影响，以提高吸热板的翅片效率。

(2) 完善和提高吸热板加工工艺，将管与板之间或者不同材料之间的结合热阻降低到可以忽略的程度，以提高集热器效率因子。

(3) 研究开发适用于平板型太阳能集热器的选择性吸收涂层，要具有高太阳吸收比、低发射率、强耐候性，将吸热板的辐射换热损失降到最低程度。

(4) 重视透明盖板与吸热板之间距离的优化设计，保证集热器边框加工及组装的严密性，将集热器内空气的对流换热损失降到最低程度。

(5) 选用导热系数低的保温材料做集热器底部和侧面的隔热层，保证足够的厚度，将集热器的传导换热损失降到最低程度。

(6) 选用高太阳透射比的盖板玻璃，在条件成熟时，联合玻璃行业，专门生产适用于太阳能集热器的低铁平板玻璃。

(7) 在有条件的情况下，建议研究开发适用于太阳能集热器的减反射涂层，尽可能提高透明盖板的太阳透射比。

(8) 对于在寒冷地区使用的太阳能集热器，建议采用双层透明盖板或透明蜂窝隔热材料，尽可能抑制透明盖板与吸热板之间的对流和辐射换热损失。

(9) 提高吸热板的加工质量，确保集热器可以经受耐压、闷晒、内通水热冲击等各项试验的考验。

(10) 提高集热器部件的材料质量、加工质量及组装质量，确保集热器可以经受淋雨、空晒、强度、刚度、外淋水热冲击等各项试验的考验。

（11）建议选用钢化玻璃做透明盖板，确保集热器可以经受防冰雹（耐冲击）试验的考验。

（12）选择高质量的材料及工艺用于吸热板、涂层、透明盖板、隔热层、外壳等各个部件，确保集热器有令消费者满意的外观。

3.5 真空管太阳能集热器

在介绍平板型太阳能集热器的工作过程中已经了解到，吸热板在吸收太阳辐射能并将其转换成热能后，温度升高，一方面用以加热吸热板内的传热工质，作为集热器的有用能量输出；另一方面又不可避免地要通过传导、对流和辐射等方式向周围环境散热，成为集热器的热量损失。在集热器的这些热量损失中，传导热损是由底部和侧面隔热层通过传导换热而向环境散热的；对流热损是由吸热板与透明盖板之间的空气通过对流换热面向环境散热的；辐射热损是由吸热板与透明盖板之间以及透明盖板与天空之间通过辐射换热而向环境散热的。

为了减少集热器的传导换热损失、对流换热损失和辐射换热损失，国外很早就有人提出“真空集热器”的设想。所谓“真空集热器”，就是将吸热体与透明盖层之间的空间抽成真空的太阳能集热器。用真空管集热器部件组成的热水器即为真空管热水器（见彩图3）。

早期的真空集热器是利用平板型集热器，将吸热板与透明盖板之间的空间抽成真空。但这样做带来两个很大的困难：第一，平板形状的透明盖板很难承受因内部真空而造成外部空气如此巨大的压力，例如对于一台 $2m^2$ 的平板型集热器，在透明盖板上将有200kg左右的外力，这绝不是普通平板玻璃所能承受的，非用足够厚度的钢化玻璃不可；第二，也是更重要的，方盒形状的集热器很难抽成并保持真空，因为在透明盖板和外壳之间有既多又长的连接处，这些连接处是很难达到气密性要求的。

从受力情况和密封工艺这两个角度出发，将太阳能集热器的基本单元做成圆管形状是非常科学的，也是完全可以实现的，这就是目前所说的真空管集热器。一台真空管集热器通常由若干只真空集热管组成，真空集热管的外壳是玻璃圆管，吸热体可以是圆管状、平板状或其他形状，吸热体放置在玻璃圆管内，吸热体与玻璃圆管之间抽成真空。

由于每台真空管集热器是由若干只真空集热管组成的，因而真空管集热器的分类，实际上主要是真空集热管的分类。

按吸热体的材料种类，真空管集热器可分为两大类。

① 全玻璃真空管集热器。吸热体由内玻璃管组成的真空管集热器。

② 金属吸热体真空管集热器。吸热体由金属材料组成的真空管集热器，有时也称为金属-玻璃真空管集热器，其中最具代表性的是热管式真空管集热器。

20世纪70年代中期，美国欧文斯（Owens）公司首先研制开发出全玻璃真空集热管。之后，中国、日本、德国、荷兰、英国、加拿大、以色列、澳大利亚等国家对各种类型的真空管集热器进行了研究开发，其中有些还形成了一定的生产规模。目前，真空管集热器应用于太阳能热水、开水、泵水、采暖、制冷空调、物料干燥、海水淡化、工业加热、热发电等诸多领域。

3.5.1 全玻璃真空管集热器

20世纪80年代初期，美籍华人贝律昆先生送给我国几只全玻璃真空集热管样品，引起国内太阳能同行的关注。不久，沈阳玻璃计器厂首先研制成功全玻璃真空管集热器，并代表中国参加了1982年在美国举办的世界能源博览会。接着，清华大学对全玻璃真空集热管的选择性吸收涂层及其生产制作工艺进行了卓有成效的研究开发，对其中有关工艺和技术还进行了重大改进，并逐步实现了产业化。进入90年代后，该项技术迅速向全国辐射，我国全玻璃真空管热水器产业得到快速发展，目前产销量均已居世界首位。

3.5.1.1 全玻璃真空集热管的基本结构

全玻璃真空集热管是由内玻璃管、外玻璃管、选择性吸收涂层、弹簧支架、消气剂等部件组成，其形状犹如一只细长的暖水瓶胆，如图3-11所示。

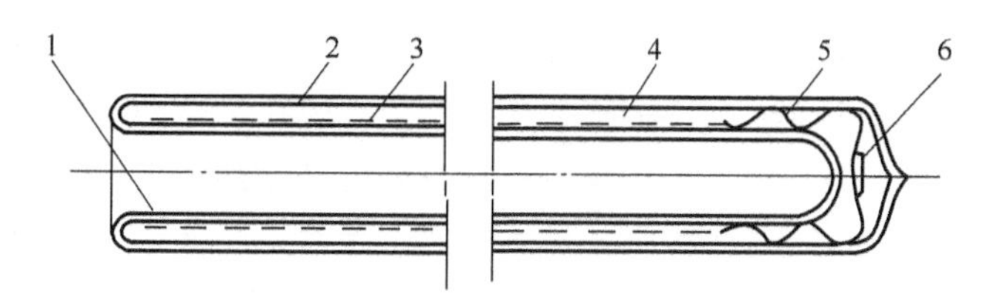

图3-11 全玻璃真空集热管结构示意图

1—内玻璃管；2—外玻璃管；3—选择性吸收涂层；4—真空；5—弹簧支架；6—消气剂

全玻璃真空集热管采用一端开口，将内玻璃管和外玻璃管的一端管口进行环状熔封；另一端都密闭成半球形圆头，内玻璃管用弹簧支架支撑，而且可以自由伸缩，以缓冲它热胀冷缩引起的应力；内玻璃管和外玻璃管之间的夹层抽成高真空。全玻璃真空集热管的结构跟制冷技术常用的杜瓦瓶十分相似，因而国外也有人将全玻璃真空集热管称为“杜瓦管”(Dewar tube)。内玻璃管的外表面涂有选择性吸收涂层。弹簧支架上装有消气剂，它在蒸散以后用于吸收真空集热管运行时产生的气体，保持管内真空度。

（1）玻璃

全玻璃真空集热管所用的玻璃材料应具有太阳透射比高、热稳定性好、热膨胀系数低、耐热冲击性能好、机械强度较高、抗化学侵蚀性较好、适合于加工等特点。

根据理论分析和实践证明，硼硅玻璃3.3是生产制造全玻璃真空集热管的首选材料。其热膨胀系数为3.3×10^{-6}/℃，玻璃中的三氧化二铁含量为0.1%以下，耐热温差大于200℃，机械强度较高，完全可以满足全玻璃真空集热管的要求。

（2）真空度

确保全玻璃真空集热管的真空度是提高产品质量、延长使用寿命的重要指标。真空集热管内的气体压强很低，常用来描述真空度，管内气体压强越低，说明其真空度越高。

要使真空集热管长期保持较高的真空度，就必须在排气台排气时先对真空集热管进行较高温度、较长时间的保温烘烤，以消除管内的水蒸气及其他气体。此外，还应在真空集热管内放置一片钡-钛消气剂，将它蒸散在抽真空封口一端的外玻璃管内表面上，像镜面一样，能在真空集热管运行时吸收集热管内释放出的微量气体，以保持管内的真空度。一旦银色的镜面消失，则说明真空集热管的真空度已受到破坏。

（3）选择性吸收涂层

全玻璃真空集热管的又一重要特点是采用选择性吸收涂层作为吸热体的光热转换材料。要求选择性吸收涂层有高的太阳吸收比、低的发射率，可最大限度地吸收太阳辐射能，同时又尽量抑制吸热体的辐射热损失；另外，还要求选择性吸收涂层有良好的真空性能、耐热性能，在涂层工作时不影响管内的真空度，本身的光学性能也不下降。

全玻璃真空集热管的选择性吸收涂层都采用磁控溅射工艺。目前我国绝大多数生产企业采用铝-氮/铝选择性吸收涂层，也有少数生产企业采用不锈钢-碳/铝选择性吸收涂层。

3.5.1.2 全玻璃真空集热管的技术要求

根据国家标准GB/T 17049《全玻璃真空太阳集热管》的规定，全玻璃真空集热管的主要技术要求归纳如下：

（1）玻璃管材料应采用硼硅玻璃3.3，玻璃管太阳透射比$\tau\geqslant0.89$；

（2）选择性吸收涂层的太阳吸收比$\alpha\geqslant0.86$（AM1.5），半球向发射率

$\varepsilon_h \leqslant 0.09$（80℃±5℃）；

（3）空晒性能参数 $Y \geqslant 175m^2 \cdot ℃/kW$（当太阳辐照度 $G \geqslant 800W/m^2$，环境温度 t_a 为 8～30℃）；

（4）闷晒太阳曝辐量 $H \leqslant 3.8MJ/m^2$（当太阳辐照度 $G \geqslant 800W/m^2$，环境温度 t_a 为 8～30℃）；

（5）平均热损系数 $U_{LT} \leqslant 0.90W/(m^2 \cdot ℃)$；

（6）真空夹层内的气体压强 $p \leqslant 5 \times 10^{-2}Pa$；

（7）耐热冲击性能，应能承受 25℃以下冷水与 90℃以上热水交替反复冲击 3 遍而不损坏；

（8）耐压性能，应能承受 0.6MPa 的压力；

（9）抗冰雹性能，应在径向尺寸不大于 25mm 的冰雹袭击下无损坏。

关于全玻璃真空集热管的外形尺寸，国家标准 GB/T 17049—1997 只规定了外玻璃管直径为 47mm、内玻璃管直径为 37mm 一种规格，长度为 1 200mm 和 1 500mm 两种规格。目前，市场上又相继出现外玻璃管直径为 58mm、70mm、90mm 等若干种规格，因而国家标准 GB/T 17049—2005 进行了修订。

3.5.1.3　全玻璃真空集热管的热性能测试

在国家标准 GB/T 17049 中，较为详细地阐述了全玻璃真空集热管的热性能测试方法。此处，简要介绍如下。

（1）空晒性能参数的测定

空晒性能参数的定义是：空晒温度和环境温度之差与太阳辐照度的比值。

此处所述空晒温度的定义是：全玻璃真空集热管内只有空气，在规定的太阳辐照度下，在滞流状态和准稳态时，全玻璃真空集热管内空气达到的最高温度。

试验时，全玻璃真空集热管内以空气为传热工质，开口端放置保温帽。在太阳辐照度 $G \geqslant 800W/m^2$ 及环境温度 $8℃ \leqslant t_a \leqslant 30℃$ 的条件下，每隔 5min 记录一次太阳辐照度、空晒温度、环境温度，共记录四次数据，取四次数据的平均值，再按式(3-35) 计算出全玻璃真空集热管的空晒性能参数 Y

$$Y=\frac{t_s-t_a}{G} \tag{3-35}$$

式中　Y——空晒性能参数，$m^2 \cdot ℃/kW$；

t_s——空晒温度，℃；

t_a——环境温度，℃；

G——太阳辐照度，W/m^2。

（2）闷晒太阳曝辐量的测定

闷晒太阳曝辐量的定义是：充满水的全玻璃真空集热管，在滞流状态下，管内水温升高一定温度范围所需的太阳曝辐量。

试验时，全玻璃真空集热管内以水为传热工质，初始水温低于环境温度。在太阳辐照度 $G \geqslant 800\mathrm{W/m^2}$ 及环境温度 $8℃ \leqslant t_a \leqslant 30℃$ 的条件下，记录全玻璃真空集热管内水温升高 35℃时所需的太阳曝辐量 H。

(3) 平均热损系数的测定

平均热损系数的定义是：在无太阳辐照的条件下，全玻璃真空集热管内平均水温与平均环境温度相差 1℃时，吸热体单位表面积散失的功率。

试验时，全玻璃真空集热管内以水为传热工质，放在室内无阳光直射处，管内自上而下布置三个测温点，它们与开口端的距离分别为集热管长度的1/6、1/2、5/6，三个测点的平均值为平均水温。集热管内注入 90℃以上的热水，自然降温至三个测点平均水温为 80℃时开始记录水温和环境温度，再每隔 30min 记录一次数据，共记录三次数据，最后按式(3-36)～式(3-38) 计算出全玻璃真空集热管的平均热损系数 U_{LT}

$$U_{\mathrm{LT}}=\frac{c_f M(t_1-t_3)}{A_{\mathrm{A}}(t_m-t_a)\Delta\tau} \tag{3-36}$$

$$t_m=\frac{t_1+t_2+t_3}{3} \tag{3-37}$$

$$t_a=\frac{t_{a1}+t_{a2}+t_{a3}}{3} \tag{3-38}$$

式中 U_{LT}——平均热损系数，W/(m² · ℃)；

t_m——平均水温，℃；

t_a——平均环境温度，℃；

$\Delta\tau$——总的测试时间，s；

M——集热管内水的质量，kg；

c_f——水的比热容，J/(kg · ℃)；

A_{A}——吸热体的外表面积，m²。

下脚标 1、2、3 分别表示在测试时间内的三次数据点。

3.5.1.4 全玻璃真空集热管的改进形式

尽管全玻璃真空集热管有许多优点，但由于管内装水，在运行过程中若有一只管破损，整个系统就要停止工作。为了弥补这个缺陷，可以在全玻璃真空集热管的基础上，采用两种方法进行改进：一种是将带有金属片的热管插入真空集热管中，使金属片紧紧靠在内玻璃管的内表面，见图 3-12(a)；另一种是将带有金属片的 U 形管插入真空集热管中，也使金属片紧紧靠在内玻璃管的内表面，见图 3-12(b)。

这两种改进形式的全玻璃真空集热管，由于管内没有水，不会发生因一只破损而影响系统的运行，因而提高了产品运行的可靠性，可以广泛应用于家用太阳能热水器或太阳能热水系统中。

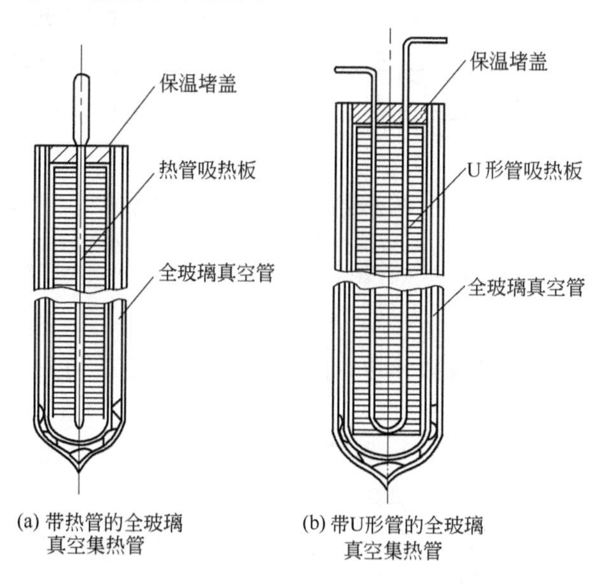

图 3-12 两种改进形式的全玻璃真空集热管

3.5.2 热管式真空管集热器

为进一步提高太阳能集热器运行温度，拓宽太阳能应用领域，北京市太阳能研究所自 1986 年起研究开发热管式真空管集热器，先后经历了实验室研究、中试研究、中试生产、规模化生产等几个阶段。“热管式真空管集热器项目”引起国际上的关注，曾被列为联合国开发计划署（UNDP）支持下的国际科技合作项目及中德两国政府间科技合作项目。近年来，国内又有一些企业涉足该项技术，热管式真空集热管及其太阳能集热器、太阳能热水器都已成为我国太阳能行业中的高科技产品，也已成为国际市场中极具竞争力的太阳能产品。

3.5.2.1 热管式真空集热管的基本结构

热管式真空集热管是金属吸热体真空集热管的一种，它由热管、金属吸热板、玻璃管、金属封盖、弹簧支架、蒸散型消气剂和非蒸散型消气剂等部分构成，其中热管又包括蒸发段和冷凝段两部分，如图 3-13 所示。

在热管式真空集热管工作时，太阳辐射穿过玻璃管后投射在金属吸热板上。吸热板吸收太阳辐射能并将其转换为热能，再传导给紧密结合在吸热板中间的热管，使热管蒸发段内的工质迅速汽化。工质蒸气上升到热管冷凝段后，在较冷的内表面上凝结，释放出蒸发潜热，将热量传递给集热器的传热工质。

凝结后的液态工质依靠其自身的重力流回到蒸发段，然后重复上述过程。

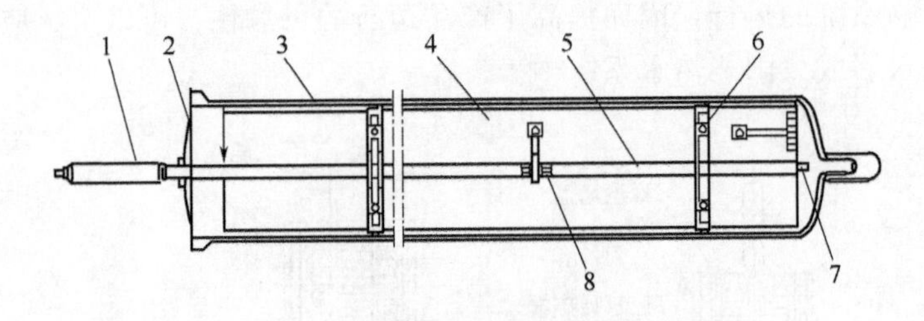

图 3-13　热管式真空集热管结构示意图

1—热管冷凝段；2—金属封盖；3—玻璃管；4—金属吸热板；
5—热管蒸发段；6—弹簧支架；7—蒸散型消气剂；8—非蒸散型消气剂

（1）热管

热管是利用汽化潜热高效传递热能的强化传热元件。在热管式真空集热管中使用的热管一般都是重力热管，也称为热虹吸管。重力热管的特点是管内没有吸液芯，冷凝后的液态工质依靠其自身的重力流回到蒸发段，因而结构简单，制造方便，工作可靠，传热性能优良。

目前国内大都使用铜-水热管，国外也有使用有机物质作为热管工质的，但必须满足工质与热管材料的相容性。

由于采用了热管技术，热管式真空集热管具有许多优点，例如：真空集热管内没有水，因而耐冰冻，即使在－40℃的环境温度下也不冻坏；热管工质的热容量小，因而真空集热管启动快；热管有“热二极管效应”，热量只能从下部传递到上部而不能从上部传递到下部，因而真空集热管保温好等。当然，由于热管的液态工质是依靠其自身的重力流回到蒸发段，所以在安装时要求热管式真空集热管与地面保持一定的倾角。

（2）玻璃-金属封接

采用金属吸热板是热管式真空管集热器的另一个特点。由于金属和玻璃的热膨胀系数差别很大，所以存在玻璃与金属之间如何实现气密封接的技术难题。

玻璃-金属封接技术大体可分为两种：一种是熔封，也称为火封，它是借助一种热膨胀系数介于金属和玻璃之间的过渡材料，利用火焰将玻璃熔化后封接在一起；另一种是热压封，也称为固态封接，它是利用一种塑性较好的金属作为焊料，在加热加压的条件下将金属封盖和玻璃管封接在一起。

目前国内玻璃-金属封接大都采用热压封技术，热压封使用的焊料有铅、铝等。与传统的火封技术相比，热压封技术具有以下几个优点：

① 封接温度低，封接是在玻璃的应变温度以下进行，封接后不需要经过

退火；

② 封接速度快，封接过程是在几分钟内完成，明显提高了生产效率；

③ 封接材料匹配要求低，对金属封盖和玻璃管之间热膨胀系数的差别要求降低，比较容易找到替代材料。

(3) 真空度与消气剂

由于热管式真空集热管采用金属吸热板，因而在制造过程中的真空排气工艺不同于全玻璃真空集热管，有其自身独特的真空排气规律。

为了使真空集热管长期保持良好的真空性能，热管式真空集热管内一般应同时放置蒸散型消气剂和非蒸散型消气剂两种。蒸散型消气剂在高频激活后被蒸散在玻璃管的内表面上，像镜面一样，其主要作用是提高真空集热管的初始真空度；非蒸散型消气剂是一种常温激活的长效消气剂，其主要作用是吸收管内各部件工作时释放的残余气体，保持真空集热管的长期真空度。

3.5.2.2　热管式真空集热管的技术要求

国家标准《热管式真空太阳集热管》正在制订之中，现将对热管式真空集热管的主要技术要求归纳如下。

(1) 玻璃管材料应采用硼硅玻璃 3.3，玻璃管太阳透射比 $\tau\geqslant 0.89$，玻璃管内应力——双折射光程差 $\delta\leqslant 120\text{nm/cm}$。

(2) 热管的启动温度≤30℃。在热源温度为 30℃的状况下，热管的冷凝段温度 $T_q\geqslant 23$℃。

(3) 选择性吸收涂层的太阳吸收比 $a\geqslant 0.88$ (AM1.5)，发射率 $\varepsilon\leqslant 0.10$ (80℃±5℃)。

(4) 金属与玻璃管封接的漏气率 $Q\leqslant 1.0\times 10^{-10}\text{Pa}\cdot\text{m}^3/\text{s}$。

(5) 真空空间内的气体压强 $p\leqslant 5\times 10^{-2}\text{Pa}$。

(6) 空晒性能参数 $Y\geqslant 0.175\text{m}^2\cdot$℃/W (当太阳辐照度 $G\geqslant 800\text{W/m}^2$，环境温度 t_a 为 0～30℃，风速 $v\leqslant 4\text{m/s}$)。

(7) 抗冰雹性能，应在径向尺寸不大于 25mm 的冰雹袭击下无损坏。

关于热管式真空集热管的外形尺寸，正在制订的国家标准并不做规定。目前国内产品以玻璃管直径 100mm 居多，近来也有玻璃管直径 70mm、120mm 等若干种规格问世。

3.5.2.3　热管式真空集热管的热性能测试

正在制订的国家标准中，热管式真空集热管的热性能指标仅有空晒性能参数一项。下面，简要介绍空晒性能参数的测试方法。

空晒性能参数的定义是：空晒温度和环境温度之差与太阳辐照度的比值。

此处所述空晒温度的定义是：热管式真空集热管在规定的太阳辐照度、环境温度和风速条件下，热管冷凝段达到的最高温度。

试验时，热管式真空集热管的玻璃管以外部分（包括冷凝段、金属封盖等）均要做到良好保温，测温元件放置在冷凝段的中部且与其接触良好。在太阳辐照度 $G \geqslant 800\mathrm{W/m^2}$、环境温度 $8℃ \leqslant t_a \leqslant 30℃$、风速 $v \leqslant 4\mathrm{m/s}$，且 G 的变化不大于 $\pm 30\mathrm{W/m^2}$ 的条件下，每隔 5min 同时记录一次冷凝段上的空晒温度、太阳辐照度、环境温度，共记录四次数据，取四次数据的平均值，再按式(3-39) 计算出热管式真空集热管的空晒性能参数 Y

$$Y=\frac{t_s-t_a}{G} \tag{3-39}$$

式中 Y——空晒性能参数，$\mathrm{m^2 \cdot ℃/W}$；

t_s——空晒温度，℃；

t_a——环境温度，℃；

G——太阳辐照度，$\mathrm{W/m^2}$。

3.5.2.4 热管式真空管集热器的基本结构

热管式真空管集热器由真空集热管、导热块、连集管、隔热材料、保温盒、支架、套管等部分组成，如图 3-14 所示。

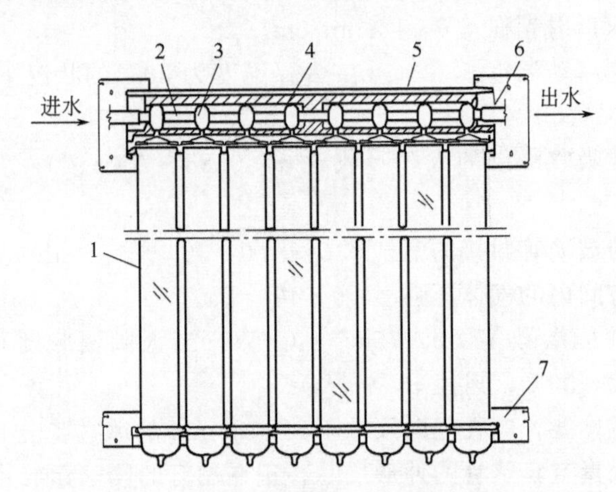

图 3-14 热管式真空管集热器结构示意图

1—真空集热管；2—连集管；3—导热块；4—隔热材料；5—保温盒；6—套管；7—支架

在热管式真空管集热器工作时，每只真空集热管都将太阳辐射能转换为热能，并将热量传递给吸热板中间的热管，热管内的工质通过汽化、凝结的无数次重复过程，将热量从热管冷凝段释放出去，然后再通过导热块将热量传导给连集管内的传热工质（比如水）。其结果是，若干根真空集热管连续不断地加热传热工质，使传热工质的温度逐步上升，直至达到使用的目的。与此同时，真空集热管不可避免地通过辐射形式向环境散失一些热量；保温盒通过传导形式也向环境散失一部分热量。

值得提一下的是，热管式真空集热管与连集管的连接是属于“干性连接”，即连集管内的传热工质与真空集热管之间是不相通的，因而特别适用于大中型太阳能热水系统。

综上所述，热管式真空管集热器具有如下优点：

(1) 热管工质热容量小，启动快；

(2) 真空集热管内没有水，耐冰冻；

(3) 真空集热管内没有水，耐热冲击；

(4) 热管和连集管是金属，承压能力强；

(5) 热管有“热二极管效应”，保温好；

(6) “干性连接”不漏水，运行安全可靠；

(7) 真空集热管“干性连接”，易于安装维修。

3.5.3　其他形式金属吸热体真空管集热器

金属吸热体真空管集热器是国际上随后发展起来的新一代真空管集热器。前面介绍的热管式真空管集热器就是其中的一种。尽管金属吸热体真空管集热器有各种不同的形式，但它们具有一个共性：吸热体都采用金属材料，而且真空集热管之间也都用金属件连接。

金属吸热体真空管集热器的共同优点如下。

① 运行温度高。所有集热器的运行温度都可达到70～120℃，有的集热器甚至可达300～400℃，使之成为太阳能中高温热利用必不可少的集热部件。

② 承压能力强。所有真空集热管及其系统都能承受自来水或循环泵的压力，多数集热器还可用于产生10^6Pa以上的热水甚至高压蒸汽。

③ 耐热冲击能好。所有真空集热管及其系统都能承受急剧的冷热变化，即使对空晒的集热器系统突然注入冷水，真空集热管也不会因此而炸裂。

正由于金属吸热体真空集热管具有诸多优点，世界各国科学家和工程师已竞相研制出各种形式的真空集热管，以满足不同用途的需求，扩大了太阳能的应用领域，从而展示出当今世界真空管集热器发展的重要方向。

下面简要介绍几种金属吸热体真空管集热器（热管式真空管集热器除外），包括真空集热管的结构特点以及真空管集热器的性能特点。这些金属吸热体真空管集热器有：同心套管式、U形管式、储热式、内聚光式、直通式等。

3.5.3.1　同心套管式真空管集热器

同心套管式真空集热管（或称为直流式真空集热管）主要由同心套管、吸热板、玻璃管等几部分组成，如图 3-15 所示。所谓同心套管，就是两根内、外相套的金属管，它们位于吸热板的轴线上，跟吸热板紧密连接。

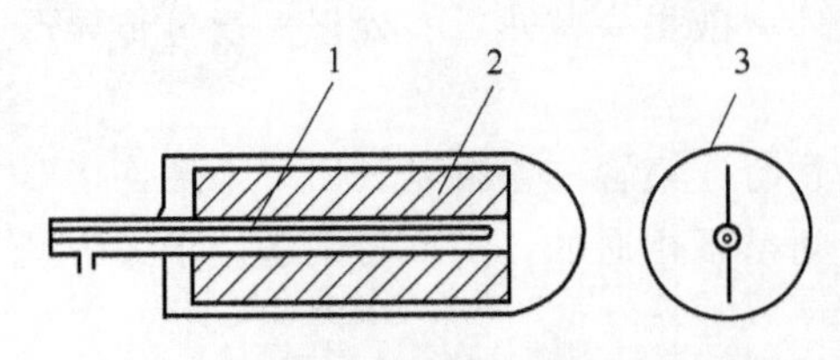

图 3-15　同心套管式真空集热管示意图

1—同心套管；2—吸热板；3—玻璃管

工作时，太阳光穿过玻璃管，投射在吸热板上；吸热板吸收太阳辐射能并将其转换为热能；传热介质（通常是水）从内管进入真空管，被吸热板加热后，热水通过外管流出。

同心套管式真空管集热器除了具有运行温度高、承压能力强和耐热冲击性能好等金属吸热体真空管集热器共同的优点之外，还有其自身显著的特点。

（1）热效率高

由于传热介质进入真空管后，被吸热板直接加热，减少了中间环节的传导热损，因而可更大限度地利用太阳辐射能。

（2）可水平安装

在有些场合下，可将真空管东西向水平安装在建筑物的屋顶上或南立面上，通过转动真空管将吸热板与水平方向的夹角调整到所需要的数值，这样既可简化集热器的安装支架，又可避免集热器影响建筑外观。

3.5.3.2　U 形管式真空管集热器

U 形管式真空集热管主要由 U 形管、吸热板、玻璃管等几部分组成，如图 3-16 所示。国外有些文献将同心套管式真空集热管和 U 形管式真空集热管统称为直流式真空管，因为两者的基本结构和工作原理几乎一样，只是前者的冷、热水从内、外两根同心套管进出，而后者的冷、热水从连接成 U 字形的两根平行管进出。

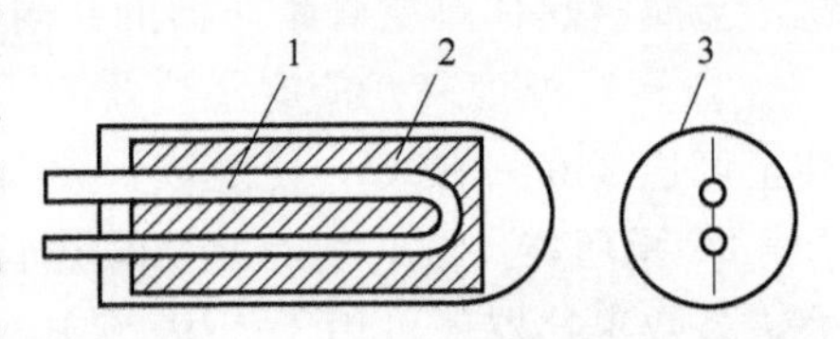

图 3-16　U 形管式真空集热管示意图

1—U 形管；2—吸热板；3—玻璃管

U 形管式真空管集热器的主要特点如下。

（1）热效率高

由于传热介质进入真空管后，被吸热板直接加热，减少了中间环节的传导热损，因而可更大限度地利用太阳辐射能。

（2）可水平安装

可将真空管东西向水平安装在建筑物的屋顶上或南立面上，这样既可简化集热器的安装支架，又可避免集热器影响建筑外观。

（3）安装简单

真空管与集管之间的连接比同心套管式真空管简单。

3.5.3.3 储热式真空管集热器

储热式真空集热管主要由吸热管、内插管、玻璃管等几部分组成，如图3-17所示。吸热管内储存水，外表面有选择性吸收涂层。白天，太阳辐射能被吸热管转换成热能后，直接用于加热吸热管内的水；使用时，冷水通过内插管渐渐注入，同时将热水从吸热管顶出；夜间，由于真空夹层隔热，吸热管内的热水降温很慢。

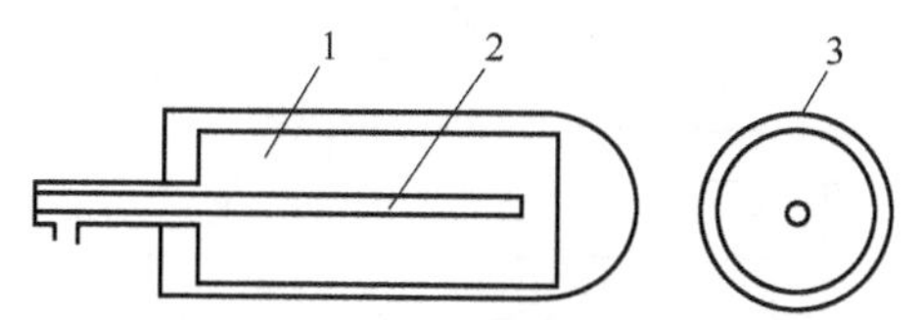

图3-17 储热式真空集热管示意图

1—吸热管；2—内插管；3—玻璃管

储热式真空集热管组成的系统有以下主要特点。

(1) 不需要储水箱

真空管本身既是集热器，又是储水箱，因而由储热式真空管组成的热水器也可称为真空闷晒式热水器，不需要附加的储水箱。

(2) 使用方便

打开自来水龙头后，热水可立即放出，所以特别适合于家用太阳能热水器。

3.5.3.4 内聚光真空管集热器

内聚光真空集热管主要由吸热体、复合抛物聚光镜、玻璃管等几部分组成，如图3-18所示。复合抛物聚光镜亦可简称为CPC。由于CPC放置在真空管的内部，故称为内聚光真空管。

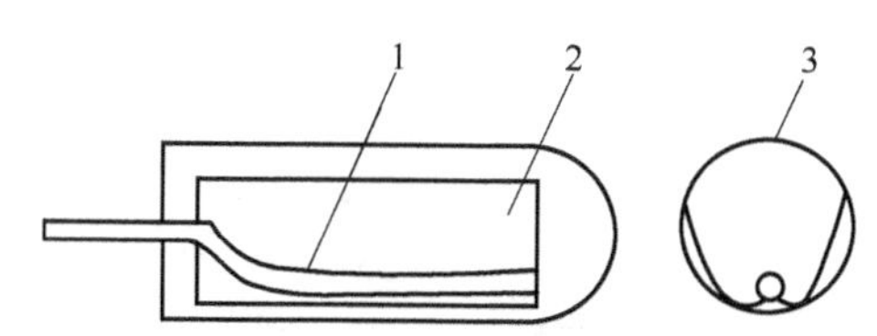

图3-18 内聚光式真空集热管示意图

1—吸热体；2—复合抛物聚光镜；3—玻璃管

吸热体通常是热管，也可是同心套管（或U形管），其表面有中温选择性吸收涂层。平行的太阳光无论从什么方向穿过玻璃管，都会被CPC反射到位于其焦线处的吸热体上，然后仍按热管式真空集热管或直流式真空集热管的工作原理运行。

内聚光真空管集热器的主要特点如下。

(1) 运行温度较高

由于CPC的聚光比大于1，所以内聚光真空管的运行温度可达100～150℃。

(2) 不需要跟踪系统

这是由CPC的光学特性所决定的，从而避免了复杂的自动跟踪系统。

3.5.3.5 直通式真空管集热器

直通式真空集热管主要由吸热管和玻璃管这两部分组成，如图 3-19 所示。

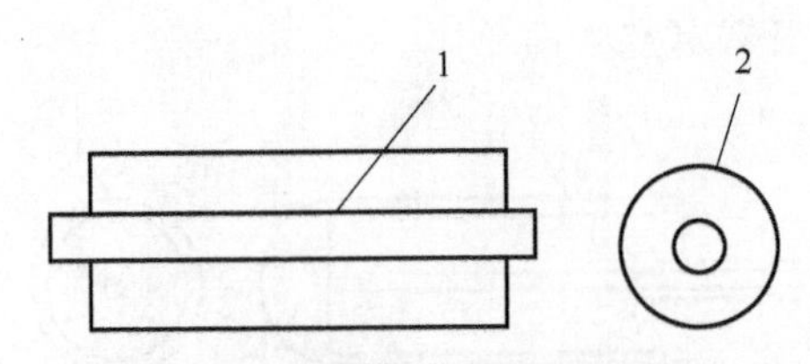

图 3-19 直通式真空集热管示意图

1—吸热管；2—玻璃管

吸热管表面有高温选择性吸收涂层。传热介质从吸热管的一端流入，经太阳辐射能加热后，从吸热管的另一端流出，故称为直通式。由于金属吸热管与玻璃管之间的两端都需要封接，因而必须借助于波纹管过渡，以补偿金属吸热管的热胀冷缩。直通式真空管通常跟抛物柱面聚光镜配套使用，组成一种聚光型太阳能集热器。

直通式真空管集热器的主要特点如下。

(1) 运行温度很高

由于抛物柱面聚光镜的开口可以做得很大，使集热器的聚光比很高，所以直通式真空管集热器的运行温度可高达 300～400℃。

(2) 比较易于组装

由于传热介质从真空管的两端进出，因而便于将直通式真空管串联连接。

当然，以上介绍的这些真空管未必概括了金属吸热体真空管的全部形式。随着世界各国太阳能热利用技术的不断发展，人们必将创造出性能更加优越、用途更为广泛的各种新型真空管太阳能集热器。

3.5.4 真空管集热器的热性能试验

3.5.4.1 瞬时效率曲线的测定

国家标准 GB/T 17581《真空管太阳能集热器》对真空管集热器的热性能试验做了明确的规定，其试验方法也是参照了国际标准 ISO 9806-1《太阳能集热器试验方法——第一部分：带压力降的有透明盖板的液体集热器的热性能》，内容跟本章 3.4.5 节所述的平板型集热器的热性能试验方法基本一致，其中包括：用于计算集热器有用功率的式(3-27)；用于计算集热器效率的式(3-28)～式(3-30)；用于计算归一化温差的式(3-31) 和式(3-32)；用最小二乘法进行拟合后得到的集热器瞬时效率方程 (3-33) 和式(3-34)。为了节省篇幅，此处不再复述。

3.5.4.2 真空管集热器面积

由于真空管集热器效率的计算也取决于所参考的面积，即在吸热体面积、采光面积、总面积（毛面积）中参考哪一种面积，因此明确定义真空管集热器的这几种面积是十分重要的。

为了使世界各国对于集热器面积的定义得以规范，国际标准 ISO 9488

《太阳能术语》对真空管集热器也提出了三种集热器面积的定义，它们分别是：吸热体面积、采光面积、总面积（毛面积）。

下面，就真空管集热器的具体情况，对上述三种集热器面积的定义及其计算方法做简要的说明。

（1）吸热体面积（A_A）

真空管集热器的吸热体面积是吸热体的最大投影面积，见图 3-20。

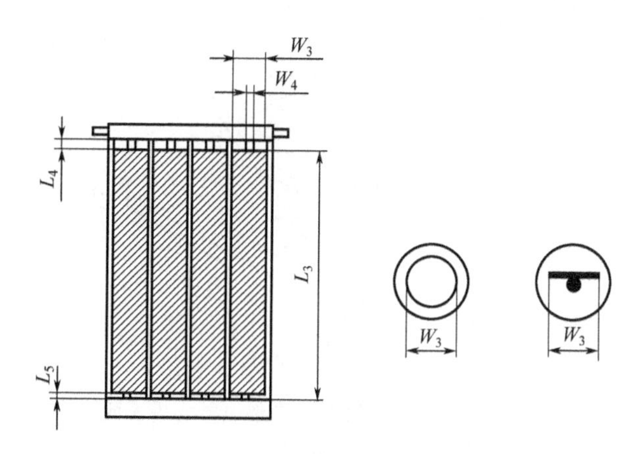

图 3-20　真空管集热器的吸热体面积

$A_A = N\times(L_3\times W_3)+N\times W_4\times(L_4+L_5)$

N 为真空管数量；L_3 为吸热体长度；W_3 为吸热体直径或宽度；W_4，L_4，L_5 见图

（2）采光面积（A_a）

真空管集热器的采光面积是非会聚太阳辐射进入集热器的最大投影面积。

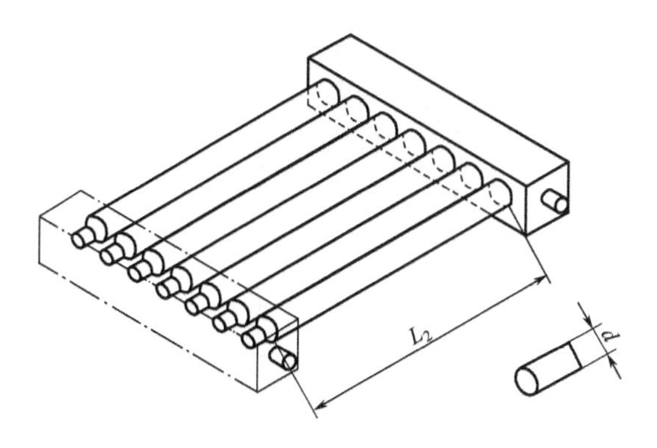

图 3-21　无反射器的真空管集热器的采光面积

$A_a = L_2\times d\times N$

L_2 为真空管未被遮挡的平行和透明部分的长度；

d 为外玻璃管内径；N 为真空管数量

真空管集热器分为两种情况：一种是无反射器的真空管集热器；另一种是有反射器的真空管集热器。

无反射器的真空管集热器的采光面积，见图 3-21。

有反射器的真空管集热器的采光面积，见图 3-22。

(3) 总面积（毛面积）(A_G)

真空管集热器的总面积是整个集热器的最大投影面积，不包括那些固定和连接传热工质管道的组成部分，见图 3-23。

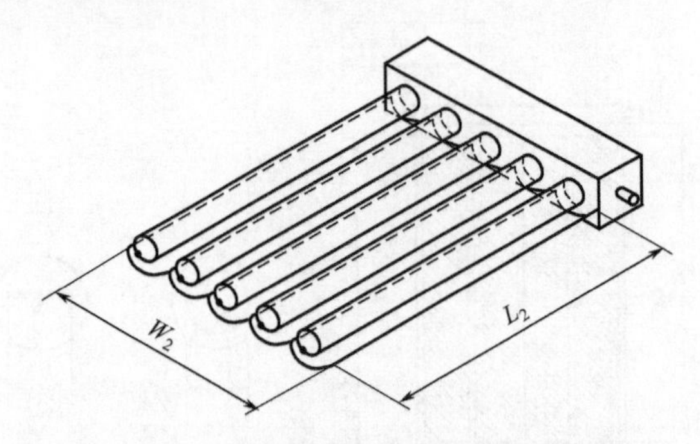

图 3-22 有反射器的真空管集热器的采光面积

$A_a = L_2 \times W_2$

L_2 为外露反射器长度；W_2 为外露反射器宽度

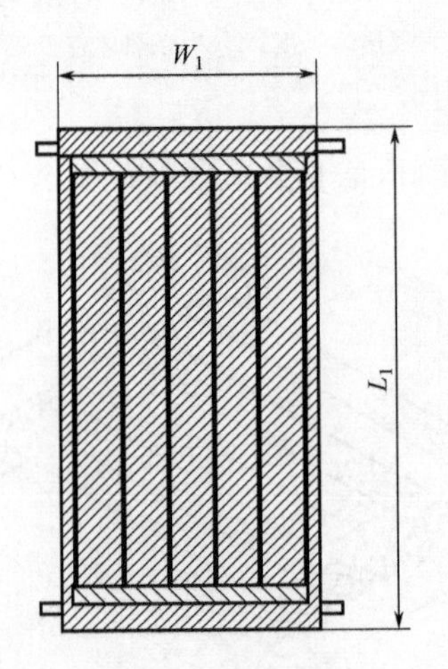

图 3-23 真空管集热器的总面积

$A_G = L_1 \times W_1$

L_1 为最大长度（不包括固定支架和连接管道）；

W_1 为最大宽度（不包括固定支架和连接管道）

第 4 章

太阳能热水系统

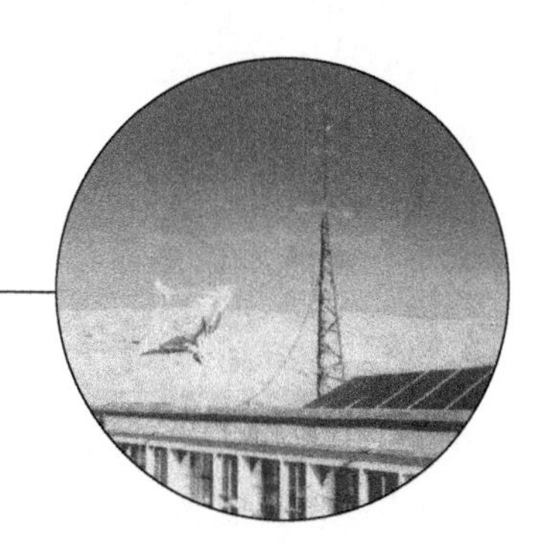

4.1 概述

太阳能热水系统是太阳能热利用产品中，技术最成熟、热效率最高、使用领域最广，经济效益最好的产品。

近年来，我国太阳能热水系统产业获得了突飞猛进的发展，取得了举世瞩目的辉煌成就，2009 年全国太阳能热水系统企业达三千多家，产品年产量约 4 000 万平方米，总保有量达 1.45 亿平方米，分别占全世界的 78%和 54%，成为名副其实的太阳能热水系统最大的生产国和应用国，目前正向太阳能热水系统强国而努力。

太阳能热水系统下乡是国家商务部、财政部为拉动内需，提升农民生活水平推出的一项主要惠民政策，自 2009 年以来，全国共有四百多家企业近 80 多个型号产品参加了太阳能下乡中标活动，开创了新农村建设的环保时代。

2007 年国家发展和改革委员会、建设部发布了“关于加快太阳能热水系统推广应用工作的通知”。各地方政府纷纷出台了在大中城市推行强制安装太阳能热水系统的政策，有的省、市、自治区政府还制定了地方建筑标准，写入了强制安装执行条款，并要求与建筑同步规划、同步设计、同步施工安装、同步验收交用。

为了提高太阳能热水系统的工程质量和性能，北京地区一些企业已开始应用远程自动控制技术与网络相结合，可以实时监控任何一个太阳能热水工程的运行状态并进行能量的计量，这不仅能为政府和有关管理部门提供确切的节能减排数量统计，还可以为企业用户和服务商提供工程运行性能和品质的保证。

太阳能热水系统是太阳能热利用主要产品之一。它是利用温室原理，将太阳的能量转变为热能，并向水传递热量，从而获得热水的一种装置。

太阳能热水系统也称家用太阳能热水器或太阳能热水工程，但严格来说是有区别的。按国标 GB/T 18713 和行标 NY/T 513 的规定，太阳能热水系统储热水箱的容水量在 0.6t 以下的为家用太阳能热水器，大于 0.6t 则称为太阳能热水系统或太阳能热水工程（见彩图 3、彩图 4、彩图 5 和彩图 6）。

太阳能热水器是由集热器、储热水箱、辅助热源、循环水泵、管道、支架、控制系统及相关附件组成的。

根据集热器的结构和集热温度范围不同，一般太阳能热水器可分为四种工作状况：低温集热指低于 100℃；中温集热指 100～200℃；中高温集热指 200～400℃；高温集热指大于 400℃。

太阳能热水器的用途和它的集热温度有着密切的关系。例如，低温和中温热水器主要用于预热锅炉给水、民用生活热水、地下加热除湿工程、采暖和工农业中低温热水的应用。中高温、高温热水器主要用于采暖、制冷或发电。

太阳能热水器可根据不同情况进行分类。

集热器和储热水箱合为一体的称闷晒热水器；集热器和储热水箱紧密结合的称整体（或紧凑）热水器；集热器和储热水箱分离的称分离热水器。阳台拦板热水系统就属于这种系统。

根据集热器结构不同，可分为闷晒热水器、平板热水器和真空管（包括全玻璃真空管和热管真空管）热水器。

按集热器工质的循环特点，可分为自然（被动）循环热水器、强迫（主动）循环热水器和直流热水器。

若按工质循环次数，又可分为一次循环热水器（直接循环或单回路循环）和二次循环热水器（间接循环或双回路循环）。我国绝大多数热水系统均属于一次循环热水系统，而发达国家大多数为二次循环热水系统。

按集热器所使用的材料不同，可分为金属、玻璃和塑料三大类型。按储热水箱内胆材料不同，又可分为不锈钢水箱、搪瓷水箱、防锈铝水箱、镀锌钢板及塑料水箱等。

太阳能热水器还可根据热水的使用时间，分为季节性太阳能热水器（无辅助热源)、全年使用太阳能热水器（有辅助热源）和全天候（有辅助热源及自动控制仪表）太阳能热水器。

另外，太阳能热水器还可以根据系统是否承压，分为非承压热水器（常压）和承压热水器，我国绝大多数热水系统属常压系统，而国外发达国家大多数是承压热水系统。

太阳能热水系统的推广应用必须与建筑相结合，它在建筑上的位置有多种安装方法，具体的设置如图 4-1 所示。

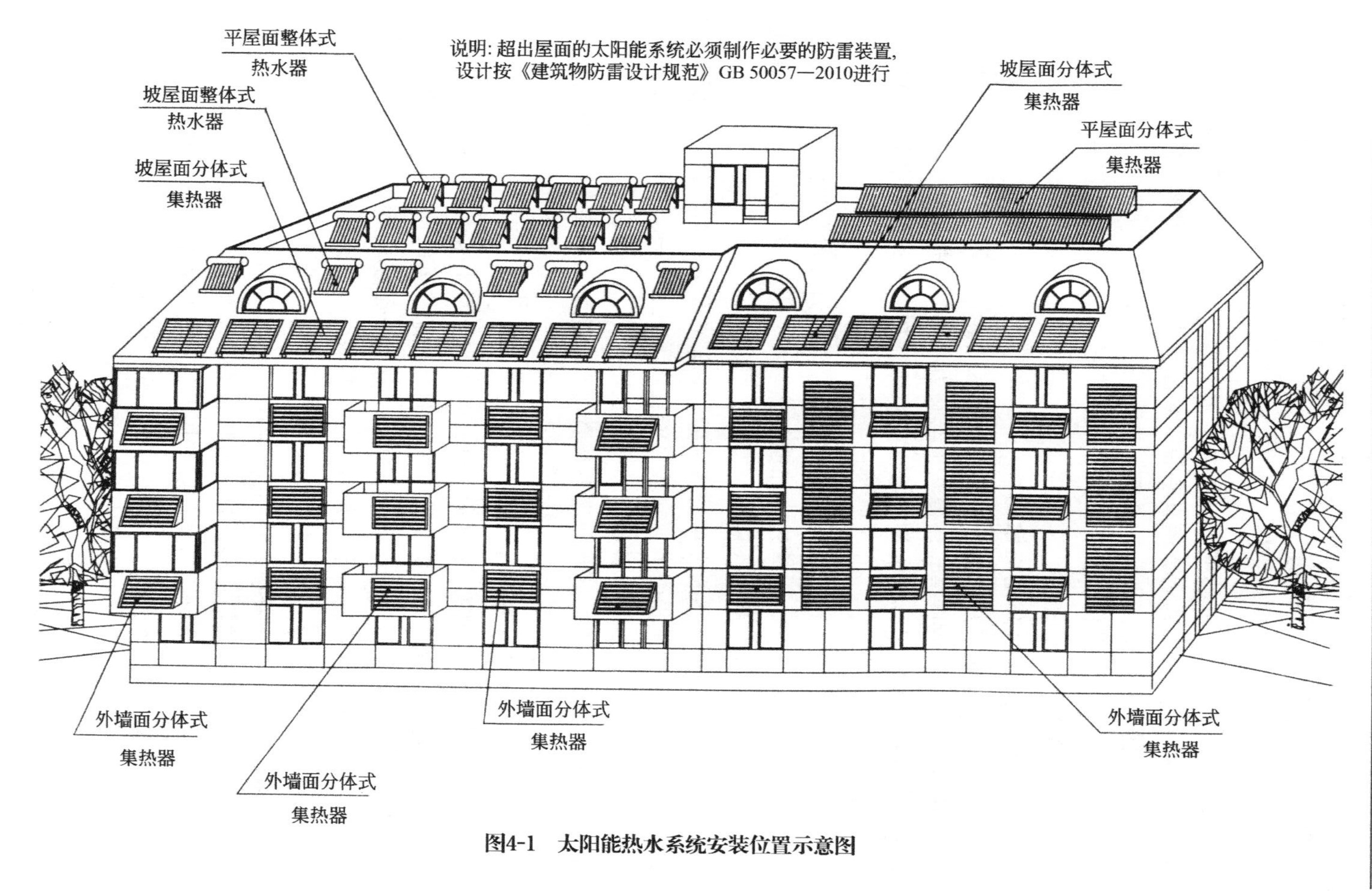

图4-1　太阳能热水系统安装位置示意图

4.2 家用太阳能热水器

家用太阳能热水器的基本类型有：家用闷晒式太阳能热水器、家用平板太阳能热水器、家用紧凑式全玻璃真空管太阳能热水器和家用紧凑式热管真空管太阳能热水器。除去这四种太阳能热水器市场上常见的品种以外，家用太阳能热水器还可根据是否承压、是否分离、工质的循环特点和循环次数分成很多类型和品种，在此不详细介绍。

4.2.1 家用闷晒式太阳能热水器

家用闷晒式太阳能热水器是一种结构比较简单、使用可靠及容易普及推广的太阳能热水器。其特点是集热器和水箱合为一体，冷热水的循环和流动是在水箱内部进行的，经过一天的闷晒（内部自然循环）可将容器中的水加热到一定的温度。

在一些地区，如北京等城市一些平房上，居民自己找个汽油桶，经清洗后焊上上下水管和通气管，桶体外表面刷黑漆就可以使用了。这是一种最原始，不是商品的闷晒式太阳能热水器。

闷晒式太阳能热水器的优点是结构简单，造价低廉，易于推广和使用。缺点是保温效果差，热量损失大，热水只能在当天晚上十一二点钟以前使用。尽管这种热水器结构简单，但其类型和品种也很复杂，要使它完全可靠地工作也有许多技术、材料和工艺问题，需要认真研究。这里只简要介绍几种有代表性的闷晒式太阳能热水器。

（1）塑料袋式热水器

塑料袋式热水器如图 4-2 所示。打开阀 7 后，自来水进入袋内，水满后溢流口 4 向外溢水，立即关闭阀 7。经过若干小时和一天的日照后，水热时，打开阀 5 喷头 6 会有热水喷出，即可使用。上膜 2 一般采用透明塑料，下膜 1 采用黑色塑料。为防止底部散热，最好放一支撑保温板 3。这种热水器的最大特点是，质量轻便于携带，很适合旅游、野外作业或外出使用。此外，它的价格极为低廉。缺点是使用寿命短。

图 4-3 所示为囊式热水器，它是塑料袋式太阳能热水器的改进方案，这种改进形式，在塑料袋表面上有透明隔热膜，以弥补塑料袋式热水器在寒冷季节散热快的缺点，同时水箱为自动给水式。隔热膜以按扣固定在上膜上，每隔 2～3年更换一次，除有隔热效果外，还有提高塑料袋耐久性的作用。

（2）池式热水器

池式热水器像一个浅水池子，既能储水又能集热，如图 4-4 所示。

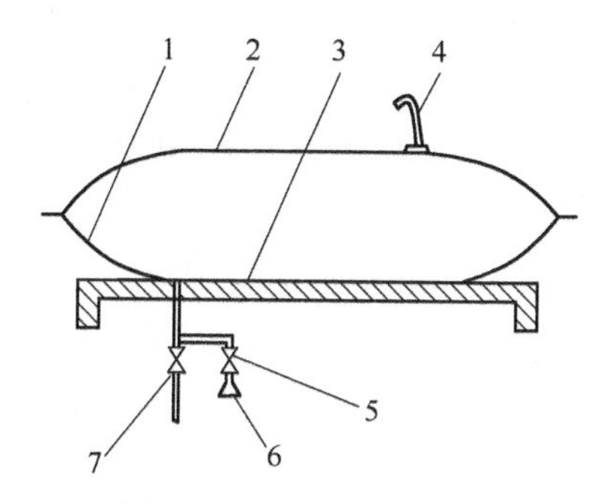

图 4-2　塑料袋式热水器

1—下膜（黑色塑料）；2—上膜（透明塑料）；3—支撑保温板；4—溢流口；5，7—阀；6—喷头

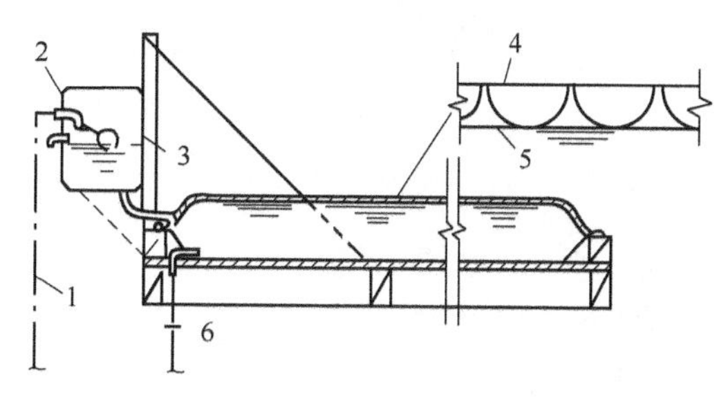

图 4-3　囊式热水器

1—给水管；2—塑料水箱；3—反射板；4—聚乙烯泡沫（纽扣按住连接，耐用 2 年）；5—塑料薄膜（黑色，耐用 4 年）；6—供热水管（软聚乙烯管）

池内水深一般为 10cm 左右，上面盖一层与水平面倾斜的玻璃 1，池底与地面平行，其四周和底部加防水层 3 并涂上黑色涂料，池子底部和周围加以保温并和外壳 2 可以做成一个整体。在池内的一侧离底部约 10cm 高度，安装溢流管 4 以控制池内的容水量。当水热时打开热水阀 5 即可使用。水用完后，打开冷水阀 6 重新上水。这种热水器的特点是：水平放置，结构简单，便于安装和制造，成本低廉。其缺点是在高纬度地区不能充分利用太阳辐射能；其次是玻璃内表面往往有水蒸气，降低了玻璃的透过率，对热效率有一定影响；另外池内易长青苔，使水质和使用寿命受到影响，需定期维护。

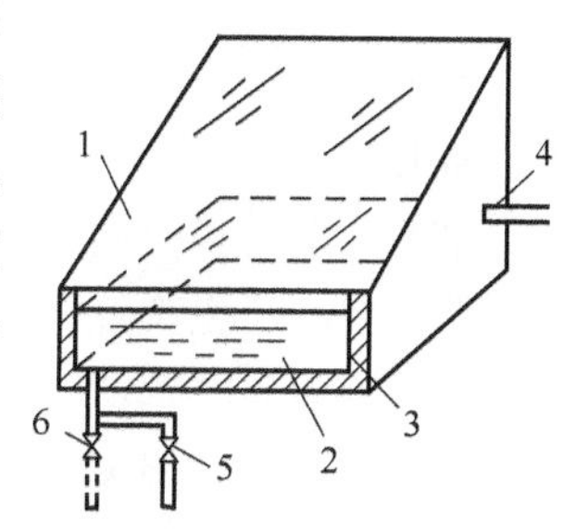

图 4-4　池式热水器

1—玻璃；2—外壳（保温壳体）；3—防水层；4—溢流管；5—热水阀；6—冷水阀

（3）筒式热水器

筒式热水器如图 4-5 和图 4-6 所示，它比池式热水器有所改进。其改进的

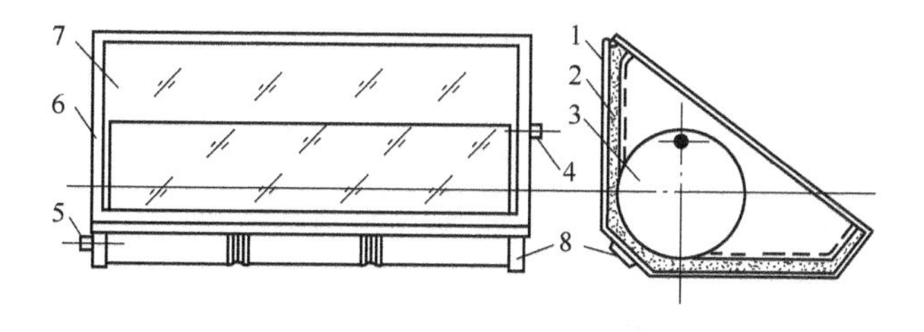

图 4-5　单筒式热水器

1—保温壳体；2—反射层；3—筒体；4—出水管口；5—进水管口；6—壳体；7—透明盖板；8—支架

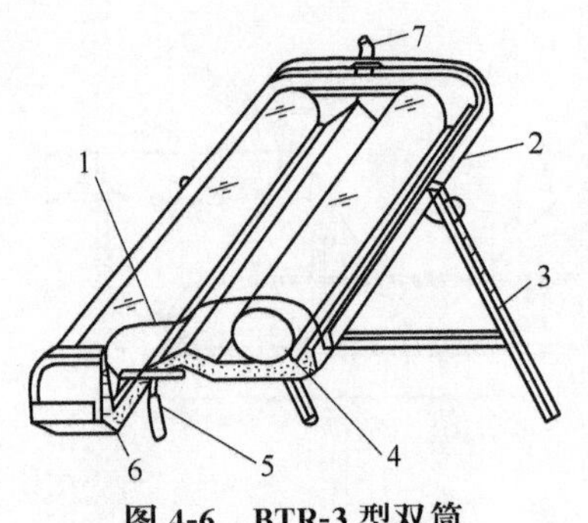

图 4-6　BTR-3 型双筒太阳能热水器

1—盖板；2—外框；3—支架；4—筒体；5—进出水管；6—保温层；7—溢流管

主要方面，是在结构上由敞开式改为密闭式，这样水质干净不长青苔。这种类型的热水器，其平均热效率要比前两种高，保温效果也好些。

筒式热水器可以根据需要做成单筒、双筒或多筒热水器。由于单筒热水器焊缝和焊口均比双筒和多筒热水器大大减少。故不漏水的可靠性大大增加，同时又省工省料，因而具有一定的销售市场。但它的容水量受到限制，为了增大热水器的采光面积和水容量，在确保筒体焊接质量的基础上，双筒或多筒热水器也受到了客户的欢迎。

多筒热水器外形如图 4-7 所示。在盖板的下面装有直径 10～12cm 的塑料集热筒 7 根。储热水量为 200L。

集热面积约 2.5m^2。单位集热面积的储热水量为 80L/m^2。

在采用塑料集热筒的情况下，盖板材料可采用同为塑料的增强聚酯板或聚碳酸酯；若使用金属或不锈钢作集热筒时，则可采用玻璃盖板。

聚乙烯圆筒价格便宜，耐腐蚀性最好，是人们最常采用的材料。但是，聚乙烯的导热系数即使在塑料中也特别小，$\lambda=1.2$kJ/(m·h·℃)，壁厚约为 2mm 时，在其他条件一样的情况下，集热性能比金属的差。聚乙烯本来耐紫外线较差，但因筒体材料中掺有炭黑以便更好地吸收日照，而且外表面还有盖板，所以抗老化性是不成问题的，耐热性也很好，只要内部装有水，尽管若干天不供热水也无妨。关于耐冻问题，因筒内容量大，即使一时下降到冰点以下，也不至于冻坏。

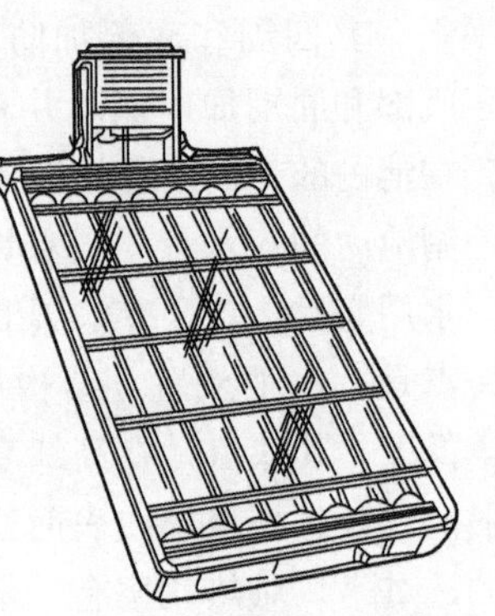

图 4-7　多筒太阳能热水器的外形

塑料的集热筒，盖板以及外壳等，应注意的是它们的热膨胀远比金属的大，若不采取有效的防伸缩措施，会将连管胀裂而漏水，并且有可能加速老化。

4.2.2　家用平板太阳能热水器

家用平板太阳能热水器如图 4-8 所示（见彩图 2)。

其产品特点是集热器和水箱结合紧密，上下循环管很短，不仅省料而且又减少了管道的热损失。此外水箱前侧板对太阳光还起到一定的反射作用，增强射入盖板的太阳辐射量，有利于整体热水器热效率的提高。

4.2.3　家用紧凑式全玻璃真空管太阳能热水器

家用紧凑式全玻璃真空管太阳能热水器如图 4-9 所示。

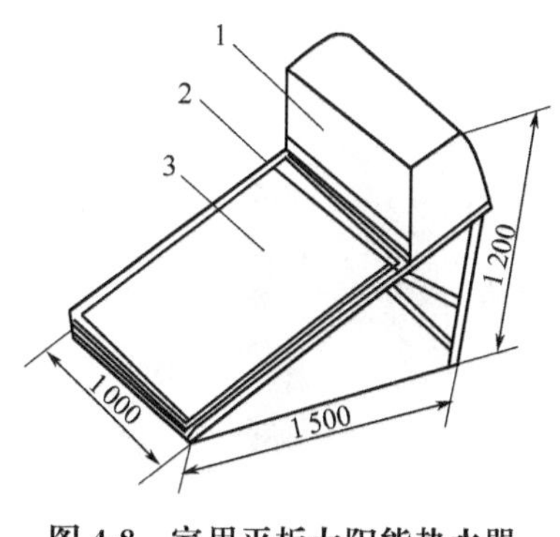

图 4-8　家用平板太阳能热水器

1—水箱；2—支架；3—集热器

图 4-9　全玻璃真空管太阳能热水器

1—水箱；2—支架；3—管子；4—底托；5—反射板

该产品水箱的容水量主要取决于真空集热管的直径大小、长度及根数。

目前市场上真空集热管的外径符合国标要求的有 ϕ47mm、ϕ58mm，非国标要求的有 ϕ70mm 和 ϕ90mm，共 4 种，管长有 1.2m、1.5m、1.8m 和 2m 4 种。

真空集热管下方分有反射板和无反射板两种。但目前因反射板易积存脏物及冰雪会降低真空管的吸光效果以及冻坏管子，因此绝大多数产品已不采用反射板。

真空集热管与水箱内胆用硅橡胶密封圈进行密封装配，以防水的渗漏，它与水箱外壳连接则采用抗老化橡胶或塑料密封圈加以密封，防止或减少水箱向环境对流散热。使用寿命应在 15 年以上。家用真空管太阳能热水器还可改进为 U 形管式热水器，其特点是真空管内不存水，即便单管炸裂也不影响使用，但造价要高些。

4.2.4　家用紧凑式热管真空管太阳能热水器

该类型太阳能热水器如图 4-10 所示。它可分三种类型。一是在全玻璃真空集热管内插入一根金属热管，热管的另一端（冷凝端）插入水箱，它要求热管的外径和长度必须与全玻璃真空集热管相匹配。如图 4-10(a) 所示。第二种是北京市太阳能研究所专门采用热压封技术生产的单玻热管真空管，该产品具有耐冰冻、启动快、保温好、承压能力强，易安装等特点。目前市

场上主要品种是 ϕ70mm 和 ϕ100mm 两种，长度有 1.5m、1.8m 和 2.0m 三种。如图 4-10(b) 所示。第三种是全玻璃热管真空管热水器，是清华阳光推出的新一代全玻璃热管真空管技术，成功实现真空管封闭式运行及管内无水热循环，避免了传统热管易冰冻、易炸管、易漏水、易结垢等隐患。如图 4-10(c) 所示。

(a) 金属热管真空管热水器

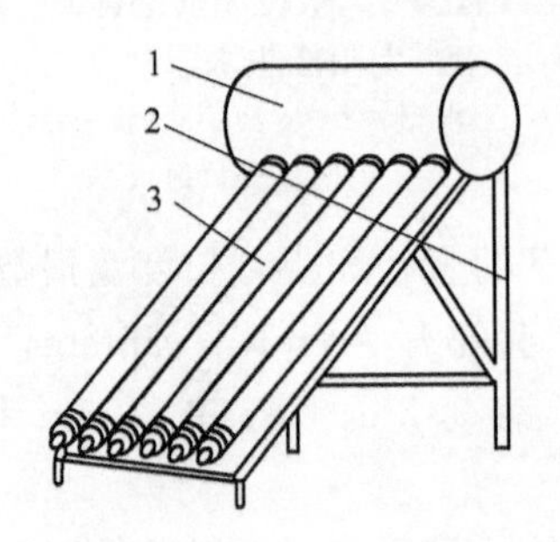

(b) 单玻热管真空管热水器

(c) 新一代全玻璃热管真空管热水器

图 4-10 热管真空管太阳能热水器

1—水箱；2—支架；3—热管真空管

单玻热管真空管太阳能热水器的性能优劣和使用寿命，主要取决于热管的质量。要使热管能正常工作并不难，但难的是热管要长期稳定地运行。因此在选用热管时，一定要采用按严格热管技术工艺加工的优质产品，否则会严重影响或降低它的使用寿命。

4.3 太阳能热水系统

太阳能热水系统目前国内市场主要有三种型式，即集中式供热水系统、集中-分散式供热水系统、分散式供热水系统。该三种系统均各有其特点，但从今后推广应用太阳能热水系统而言，集中式供热水系统应列为首选。这是因为它有以下特点：①热水资源可以互相共享，从而可减少约30%的集热器面积，降低了工程造价；②同等的热水量，其储热水箱的造价要比分散式低得很多，热损失也要小得多，经济性十分突出；③便于与建筑相结合，利于城市观瞻；④维护与修理工作量大大降低；⑤有利于远程监控与计量技术的推广应用，以便于进行节能减排的交易。可见集中式供热水系统今后将成为大中城市推广的主流。

太阳能热水系统（或工程）按运行原理基本上可分为三类，即自然循环系统、强制（迫）循环系统和直流式循环系统。

4.3.1　自然循环太阳能热水系统

自然循环太阳能热水系统如图4-11所示。

该系统依靠集热器与蓄水箱中的水温不同产生的密度差进行温差循环（热虹吸循环），水箱中的水经过集热器被不断地加热。由补水箱与蓄水箱的水位差所产生压头，通过补水箱中的自来水将蓄水箱中的热水顶出供用户使用，与此同时也向蓄水箱中补充了冷水，其水位由补水箱内的浮球阀控制。

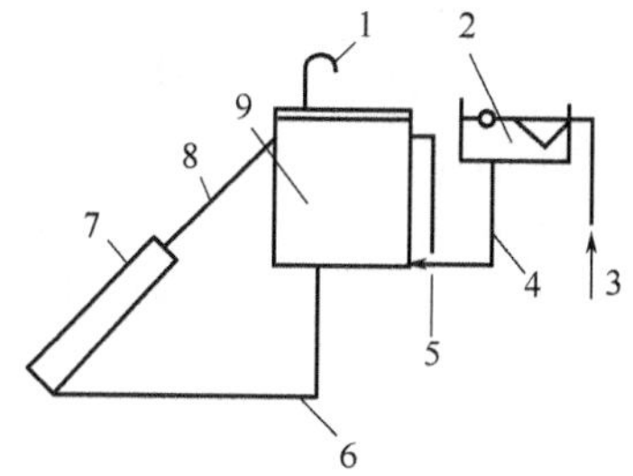

图4-11　自然循环式热水系统

1—排气管；2—补给水箱；3—自来水；4—补给水管；5—供热水管；6—下循环管；7—集热器；8—上循环管；9—蓄水箱

这是国内最早采用的一种系统，具有结构简单、运行安全可靠、不需要循环水泵、管理方便等优点，在缺电地区，无自动控制装置情况下，只要阳光较好，就可以可靠地供应热水，故目前仍是大量应用而且是值得推广的一种太阳能热水系统。其缺点是为防止系统中热水倒流及维持一定的热虹吸压头，蓄水箱必须置于集热器的上方0.5～1.5m之间。这对于与建筑结合不太有利，尤其是坡屋顶，不仅安装施工有困难，而且也影响观瞻。对于大型系统，由于循环阻力太大，管道太多，给建筑布置、结构承重及安装工作都带来一些问题，所以该类型较适合用于中小型太阳能热水系统。值得关注的是，如果把多组集热器阵列分别与同一个水箱并联的话，循环阻力可大大减小，该系统也可以做成较大的热水系统。

经理论计算和实践验证，一天中，整箱水通过集热器一次的流量为最佳流量，也就是说通过集热器一次所需时间刚好等于一天的日照时间，这时系统的日效率最高。但考虑到一天中可能存在晴天、阴天的实际情况，因此应确保一天时间内能循环1～2遍。

为了克服自然循环式太阳能热水器的缺点，在此基础上发展了自然循环定温放水式太阳能热水系统，如图4-12所示，它与自然循环式的不同点在于：

循环水箱被1个只有原来容积的1/4～1/3的小水箱代替，大容积的蓄水箱可以放在任意位置（当然必须高于浴室热水喷头的位置）。增加一套电控线路，在循环水箱上部一定位置装有电接点温度计，当水箱上部水温升到预定的温度时，电接点温度计通过控制器立即给信号接通线路，使装在热水管上的电磁阀打开，将热水排至蓄水箱内，同时补水箱也会自动向循环水箱补充冷水。此时，循环水箱内水温下降，当降到预定的温度时，电接点温度计下限接点接通线路，电磁阀关闭。这样，系统周而复始向蓄水箱输送设定恒温热水。

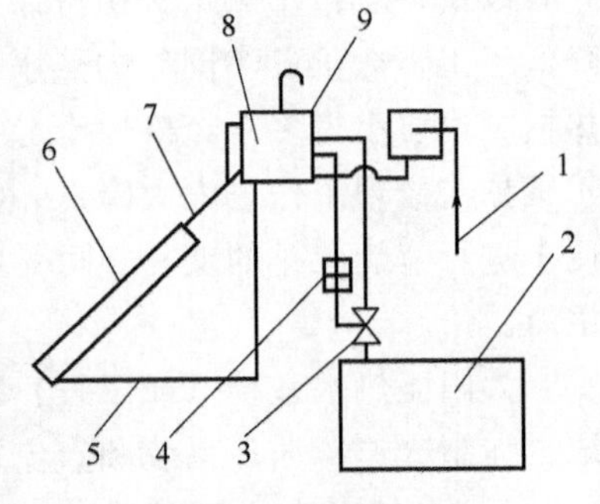

图 4-12　自然循环定温放水式热水系统

1—自来水；2—蓄水箱；3—电磁阀；4—继电器；5—下循环管；6—集热器；7—上循环管；8—循环水箱；9—电接点温度计

该装置的优点是：笨重的蓄水箱不必高架于集热器之上，缺点是系统中增加一个水箱，安装麻烦，由于电磁阀需要一定自来水压力才能关严，故要求有一定的安装条件，即循环水箱必须高于集热器，这就大大影响使用范围。

4.3.2　强制循环太阳能热水系统

强制（迫）循环太阳能热水系统，根据采用控制器的不同和是否需要抗冻和防冻要求，可以采用不同的强制循环系统方案。下面介绍几种典型的系统。

（1）温差控制直接强制循环系统

该系统如图4-13所示。它靠集热器出口端水温和水箱下部水温的预定温差来控制循环泵（一般是离心泵）进行循环。当两处温差低于预定值时，循环泵停止运行，这时集热器中的水会靠重力作用流回水箱，集热器被排空。在集热器的另一侧管路中的冷水，则靠防冻阀予以排空，这样整个系统管路就不会被冻坏。

（2）光电控制直接强制循环系统

光电控制直接强制循环系统，如图4-14所示。它是由太阳光电池板所产生的电能来控制系统的运行。当有太阳时，光电板就会产生直流电启动水泵，系统即进行循环。无太阳时，光电板不会产生电流，泵就停止工作。这样整个系统每天所获得的热水决定当天的日照情况，日照条件好，热水量就多，温度也高。日照差，热水就少。该系统在天冷时，靠泵和防冻阀也能将集热器中的水排空。

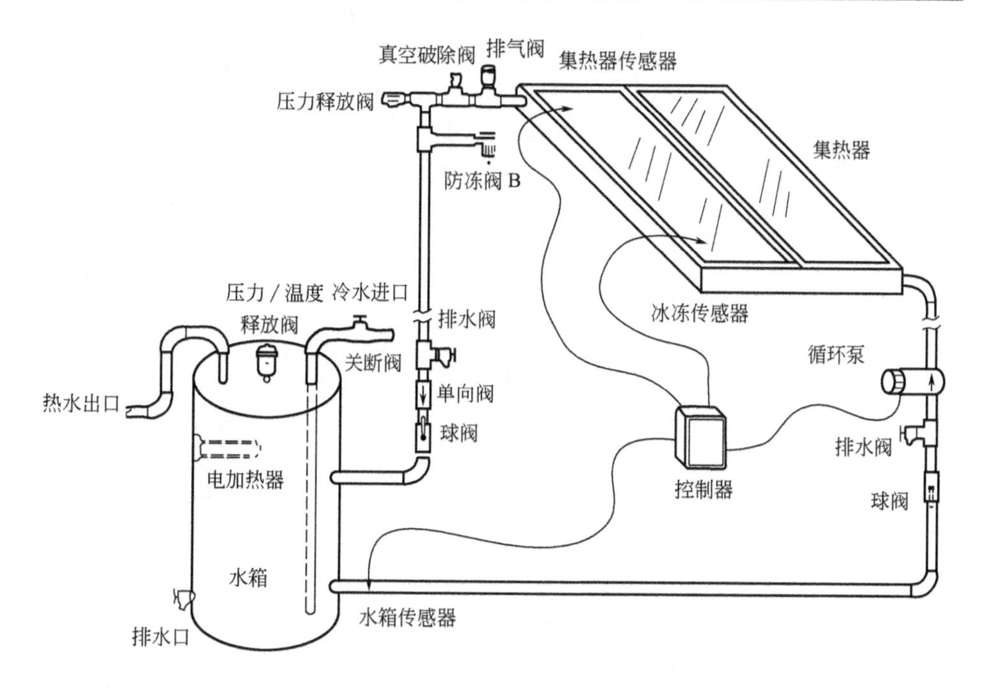

图 4-13　温差控制直接强制循环系统

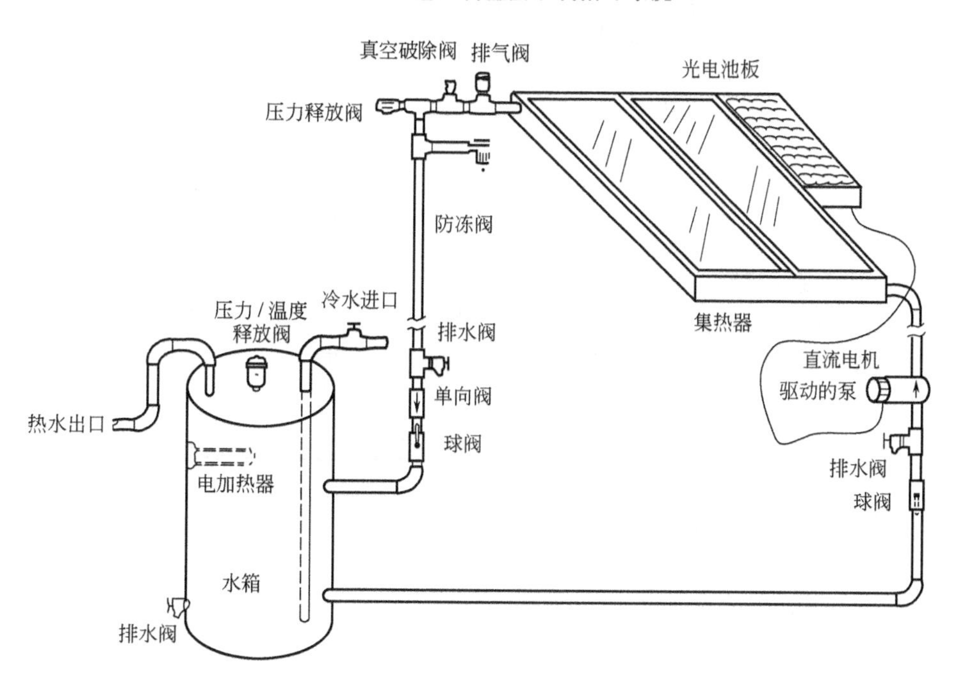

图 4-14　光电控制直接强制循环系统

（3）定时器控制直接强制循环系统

图 4-15 所示为定时器控制直接强制循环系统，它的控制是根据人们事先设定的时间来启动或关闭循环泵的运行。这种系统运行的可靠性主要取决于人为因素，往往比较麻烦。如下雨或多云启动定时器时，前一天水箱中未用完的热水会通过集热器循环时，造成热损失。因此若无专门的管理人员，最好不要轻易地采用该系统。

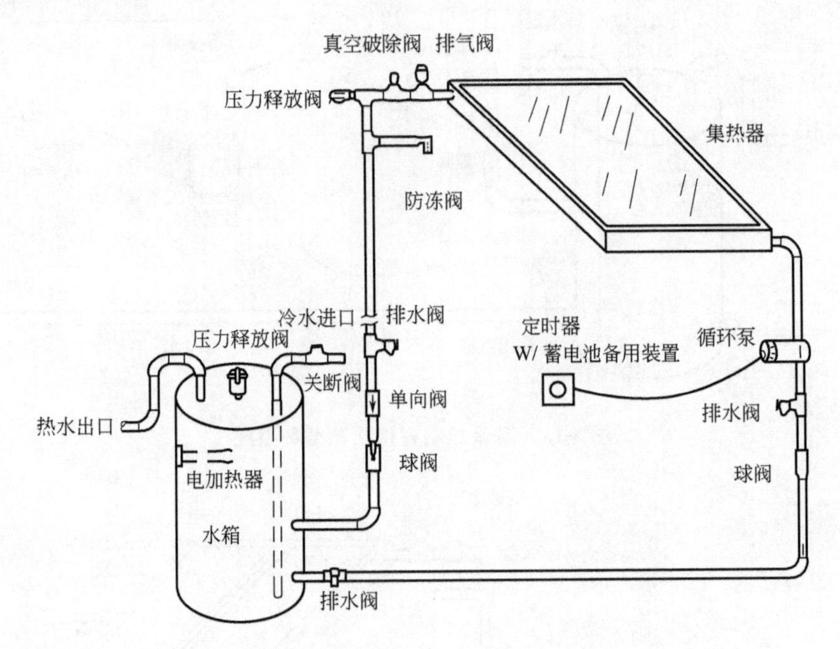

图 4-15　定时器控制直接强制循环系统

（4）温差控制间接强制循环系统

图 4-16 所示为温差控制间接强制循环系统，它的循环介质是采用防冻有机溶液，如乙二醇、丙二醇等，不存在管路被冻问题。防冻介质从集热器所获取的热量，通过换热器传给水箱中的水，经过一天的运行，将水箱中的冷水全部加热。考虑到防冻介质的热胀冷缩，特在系统中设置了膨胀箱。

（5）温差控制间接强制循环回排系统

图 4-17 所示为温差控制间接强制循环回排系统，该系统采用水作为工质，回排水箱用于收集系统管道中的存水，是专为防冻和抗冻而设置的。当泵停止工作时，集热器和管路中的水会靠重力自动排空。泵工作时，水又充满了系统，并进行循环。通过水箱中的换热器将集热器获得的热量传递给水箱中的水。

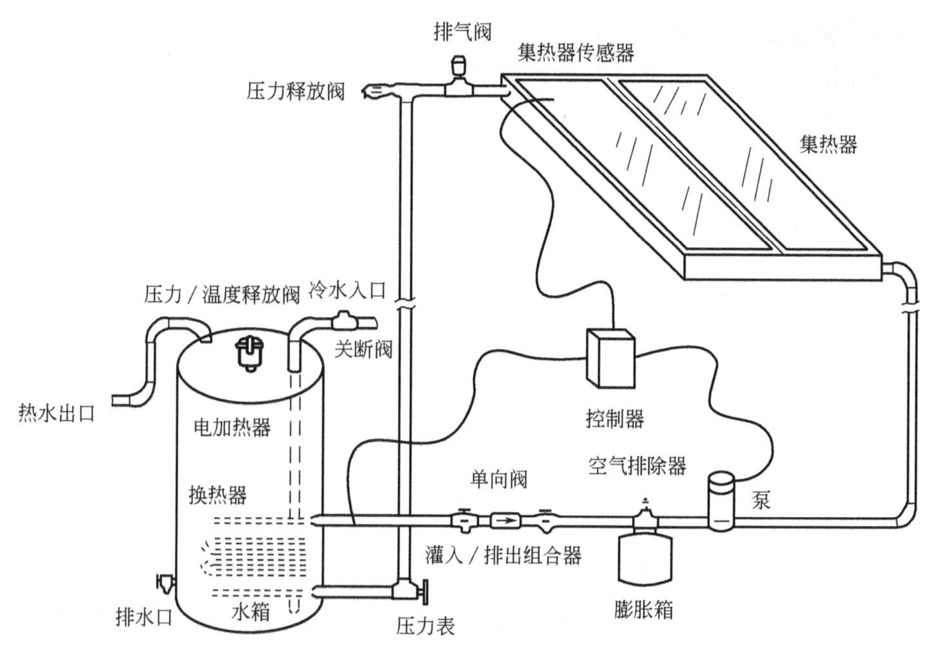

图 4-16　温差控制间接强制循环系统

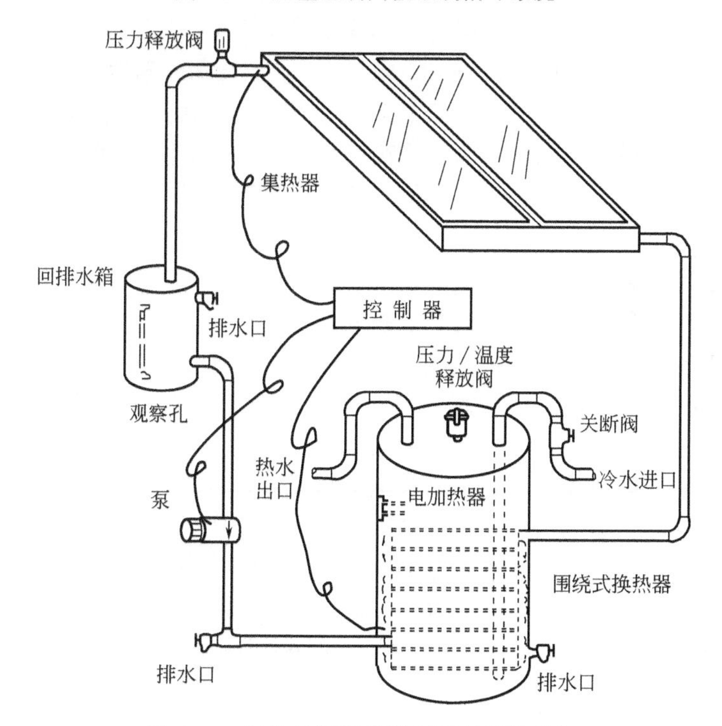

图 4-17　温差控制间接强制循环回排系统

4.3.3 直流式太阳能热水系统

直流式太阳能热水系统如图 4-18 所示。

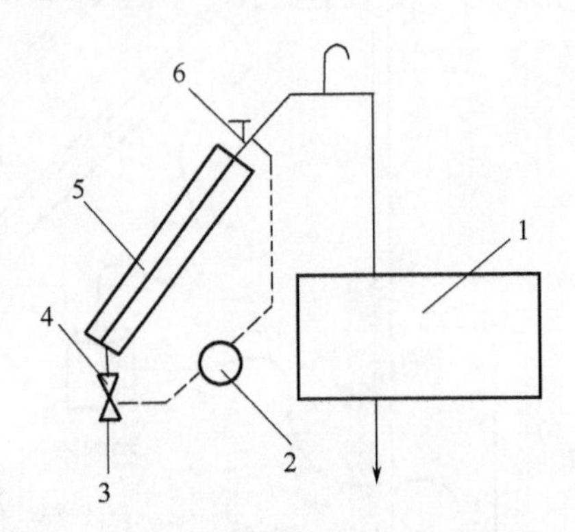

图 4-18 直流式太阳能热水系统

1—蓄水箱；2—控制器；3—自来水；4—电磁阀；
5—集热器；6—电接点温度计

该系统是在自然循环和强制循环的基础上发展成直流式。水通过集热器被加热到预定的温度上限，集热器出口的电接点温度计立即给控制器信号，并打开电磁阀后，自来水将达到预定温度的热水顶出集热器，流入蓄水箱。当电接点温度计降到预定的温度下限时，电磁阀又关闭，这样系统时开时关不断地获得热水。

该系统优点是水箱不必高架于集热器之上。由于直接与具有一定压头的自来水相接，故适用于自来水压力比较高的大型系统，布置也较灵活。也便于与建筑结合。在一天中，可用热水时间也比自然循环式的要早。特别适合白天需要用热水的用户。

缺点是需安装一套较复杂的控制装置，初投资有所增加。有的单位改用手工操作阀门开度代替电磁阀控制，效果同样很好。当然操作人员需有高度的责任心，每天及时根据太阳辐射强度来调节阀门的开度。

4.3.4 太阳能热水系统设计相关要求

太阳能热水系统设计时的相关要求有五大方面：即功能要求；与建筑结合的要求；与当地的地理环境位置及太阳能资源相匹配；系统安全运行要求及城市景观要求。

（1）功能要求：平均日有用得热量，按国家标准 GB/T 20095—2006《太阳能热水系统性能评定规范》直接太阳能热水系统 $Q \geqslant 7.5MJ/m^2$，间接太阳能热水系统 $Q \geqslant 7.0MJ/m^2$，太阳能热水系统储热水箱热损失 $U \leqslant 22W/(m^3 \cdot ℃)$。

（2）与建筑结合的要求

① 要按建筑允许的安装位置和允许的载荷进行设计。根据国内太阳能集热器单位面积每平方米的荷重均在20～50kg范围之内，故凡建筑屋面荷载在150kgf/m^2（1kgf/m^2=980.665MPa）以上的建筑，均能安装太阳能集热器。

② 要尽量避免建筑物的遮挡因素。

③ 要满足建筑用户墙体结构功能防护要求（包括隔热、保温、放水、排水、防火等）。

④ 满足建筑工程安装、检修通道通行的要求。

(3) 要与当地地理环境位置及太阳能资源相匹配，例如我国的重庆与贵州属太阳能资源Ⅳ类地区，不宜要求推广应用太阳能热水系统。

(4) 太阳能热水系统安全运行要求

太阳能热水系统的安全运行必须确保“八防”。即：①防过载；②防风灾和雷击；③防渗漏水；④防腐蚀；⑤防冰雪冻结；⑥防漏电及火灾；⑦防过热和干烧；⑧防水质污染。

(5) 太阳能热水系统与建筑结合要考虑协调美观，不能影响城市的景观和市容，并尽可能防止光污染。

4.3.5　太阳能热水系统的控制技术

太阳能热水系统发展到21世纪之后，逐步出现了集中安装大面积太阳能热水工程的市场需求，区别于20世纪末的家用单体太阳能热水器为单一的市场特点，这种需求推开了行业发展的另一扇重要的大门，那就是区别于家用产品的系统及系统集成的重要方向。随着太阳能热水系统的发展，自动控制系统也逐步发展起来，并反过来促进了系统本身及市场的发展，从而使太阳能热水工程安装量越来越多，工程质量越来越可靠，有中国特色的太阳能热水工程竞争力越来越强。

太阳能热水系统的控制技术不仅仅是太阳能热水系统本身的控制和运行问题，已经变成了集成太阳能控制的同时，要解决满足热力管网、机房、设备间、用户末端等要求的综合性需求；已经变成了不分太阳能集热的主辅争论，而是满足综合电能、煤气、空气源、水地源等多种能源形势供应的系统集成控制。

只有真实的能量可测量、可核查的远程控制系统的太阳能热水工程，才能推动并进入全球或国家节能减排交易的大门。

工程控制技术一般都由传感、控制（运算）、执行的三种功能综合而成，对应的是太阳能热水工程的收集能量、存储能量、转移或输出能量的三个过程，在满足甲方要求的同时，应最大程度降低常规辅助能源的使用，提高太阳能系统产出的有用得热量。

4.4 太阳能热水器的生产

太阳能热水器的主要部件是集热器和水箱，只要了解和掌握这两个部件的生产，整个太阳能热水器产品的生产就容易得多了。下面重点介绍平板集热器、真空管集热器（彩图7是真空集热管的生产车间）和水箱的生产中有关技术、工艺和设备。

4.4.1 平板集热器的生产

国内目前销售量比较大的集热器有：防锈铝板集热器、铜管铝板集热器、铜管铜板焊接集热器、不锈钢板扁盒式集热器，以及铜铝复合集热器等，其生产和工艺都有各自的特点，在此无法一一叙述，这里只就一些对产品质量影响比较大的共同性加工问题，主要是有关金属材料的加工工艺技术问题加以讨论。

4.4.1.1 吸热板的规格及关键结构尺寸

无论是管板式、扁盒式或其他类型集热器吸热板基本上可分外循环（四出口）和内循环（三出口）两大类。如图4-19(a)、(b) 所示。

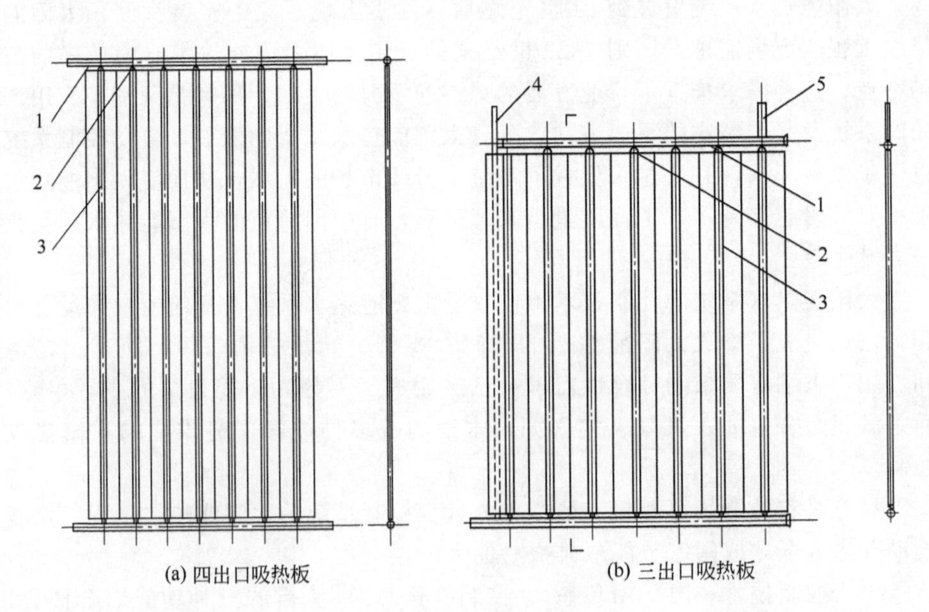

图4-19 吸热板结构

1—集管；2—连接管；3—条带；4—下循环管；5—上循环管

生产厂家可根据国家标准所规定的吸热板长、宽尺寸加以选用。在此推荐三种基本上能满足用户要求的规格尺寸及所允许的加工误差，供参考。

表4-1和表4-2分别列出了四出口、三出口三种规格吸热板芯的结构尺寸，这三种尺寸是常用的，其他规格尺寸，可参照确定。但集管间距H和左右管间距B的尺寸是根据国家标准而定，不能变动。

表4-1　四出口吸热板芯

采光面积/m^2	集管直径/mm	集管间距H/mm	排管数(n)
1.0	ϕ20	917(+0.5)	7～8
1.2	ϕ20	1 117(+0.5)	n
2.0	ϕ25	1 900(+0.5)	n

表4-2　三出口吸热板芯

采光面积/m^2	集管直径/mm	左右管间距B/mm	集管间距H/mm
1.0	ϕ16	830	917(+0.5)
1.2	ϕ16	830	1 117(+0.5)
2.0	ϕ25	830	1 900(+0.5)

4.4.1.2　吸热板集管的生产加工

集管是吸热板加工生产中难度较大的部件，吸热板渗漏水常常与集管的焊接有关。其材料有铜管、不锈钢管、铝管等。铝材吸热板与集管焊接采用氩弧焊，铜集管和铜排管的焊接采用高温焊，此两类集管的焊接，一般焊接强度较高，不会发生漏水现象。而紫铜集管和排管的焊接，则不许光打孔焊接，而必须先打孔且拨口后，才能焊接，如图4-20所示。图4-20(a)所示为未拨口焊接，图4-20(b)所示为拨口焊接。拨口的目的是为了提高焊接强度和质量，确保吸热板不渗漏水。紫铜管之间焊接必须采用铜焊或无银焊。若用锡焊则强度较低，经受不住运输颠簸，易发生渗漏水现象。另外排管插入集管内，应伸出1～2mm，这样能提高焊接强度。

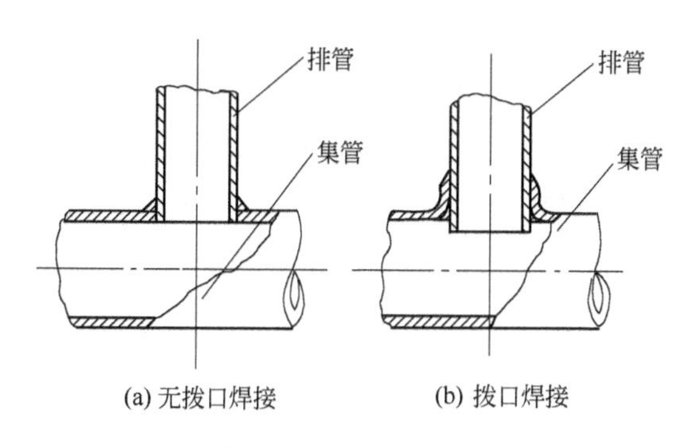

图4-20　集管两种焊法

集管钻孔、拨口可分别参考图 4-21 和图 4-22 所示进行设计生产。

图 4-21 所示为集管钻孔工装（确保加工时的尺寸和精度的夹具），它能确保每个集管孔距的一致性。图 4-22 所示为集管拨口工装，为的是确保拨口的工艺质量。

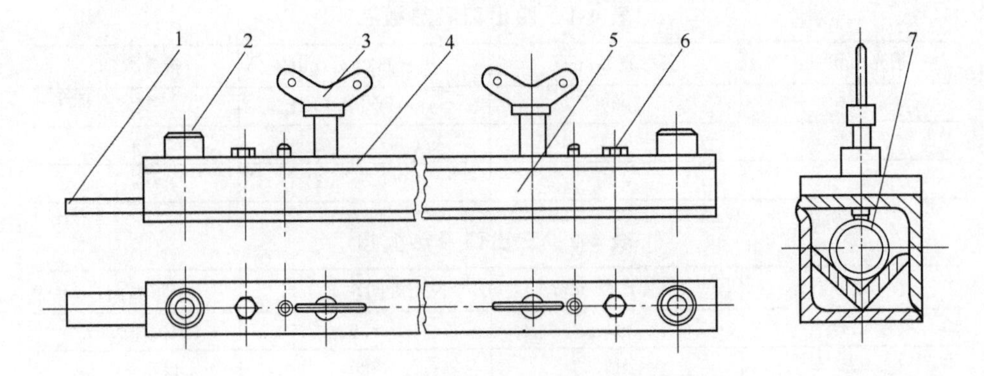

图 4-21 集管钻孔工装

1，5—角钢；2—钻孔模；3—固定螺丝；4—工装上板；6—固定装置；7—集管

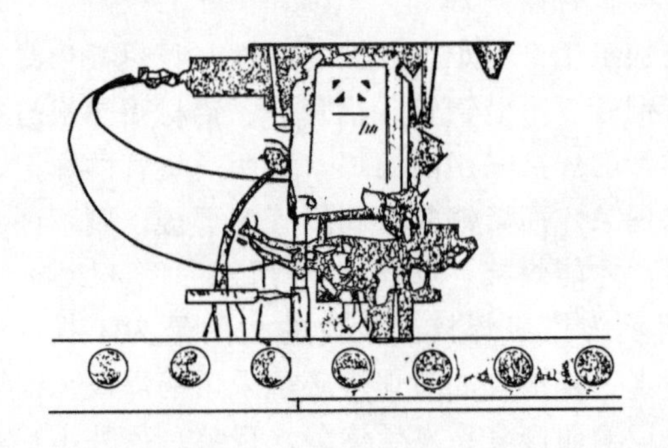

图 4-22 集管拨口工装

4.4.1.3 吸热板焊接和试压

为了确保吸热板外形及管间距的尺寸，以便顺利地和集热器外壳进行组装。故对排管的管间距、集管间的距离，在焊接过程中，必须严格加以限制。为此工厂必须具备吸热板焊接工装，如图 4-23 所示。

焊接工装架子可根据吸热板结构进行设计制造。它不仅要满足管间距的尺寸公差，同时也便于提高焊接质量。因为焊接时会产生高温，足使金属达到熔化程度，由于重力作用产生流动，所以焊接时，要求工装能够旋转到任何角度。

每块吸热板焊接完毕后，进行除锈、清洗并喷涂黑色涂层后，必须逐个进

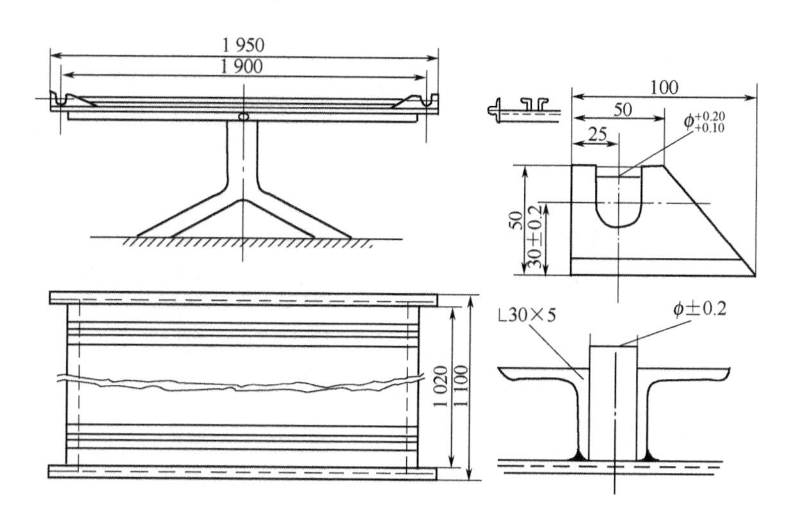

图 4-23　吸热板焊接工装

行耐水压试验，试验不渗不漏，即为合格产品。

吸热板水压试验工装，如图 4-24 所示。

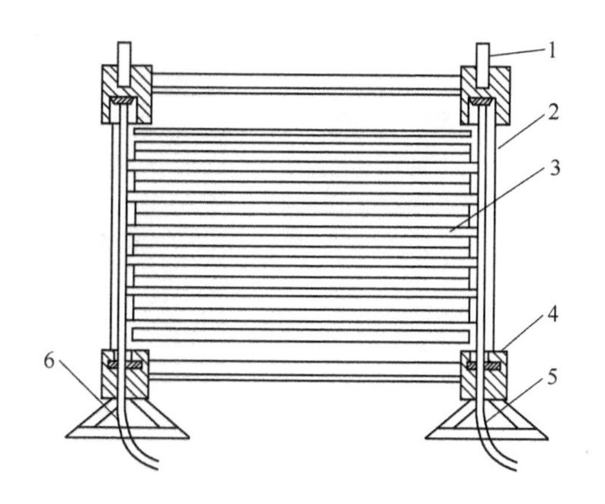

图 4-24　吸热板试压工装结构示意图

1—上移动堵头；2—工装支架；3—吸热板；
4—下固定堵头；5—进水管；6—出水管

4.4.1.4　集热器外壳的生产

集热器外壳种类视材料不同，其生产加工方法亦有区别。如铝合金边框采用挤压成形，而玻璃钢外壳则采用树脂与纤维压制整体成形。目前使用比较普遍的集热器外壳是采用钢板。采用钢板生产集热器外壳基本上由边框和压条组成，边框和压条均有长短之分。边框的生产图纸如图 4-25 所示。

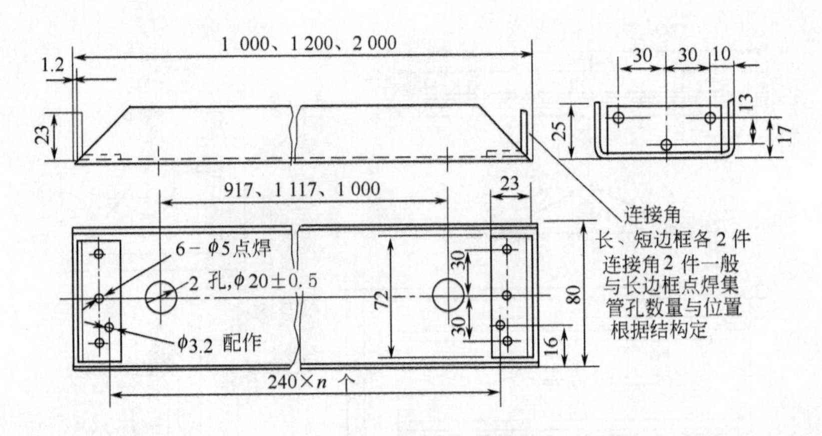

图 4-25 边框结构图

边框分长边框、短边框。长短边框的尺寸可根据国家标准 GB 6424 中有关集热器的外形平面尺寸而定。

压条的生产图纸如图 4-26 所示。

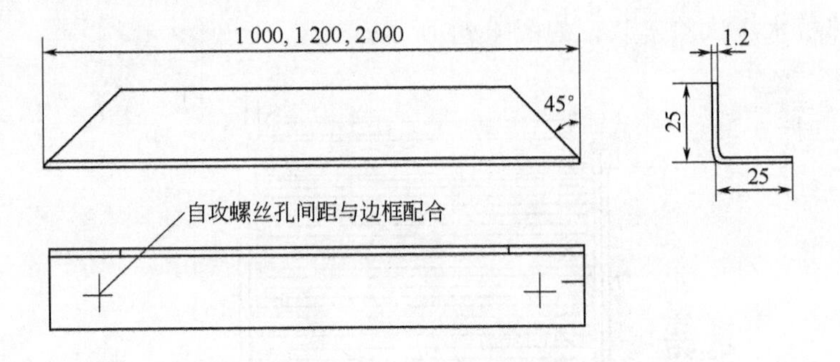

图 4-26 长短压条结构图

压条和边框一样分长压条和短压条，其尺寸同样从 GB 6424 中查得。

无论是边框还是压条其生产加工工序均一样。如图 4-27 所示。

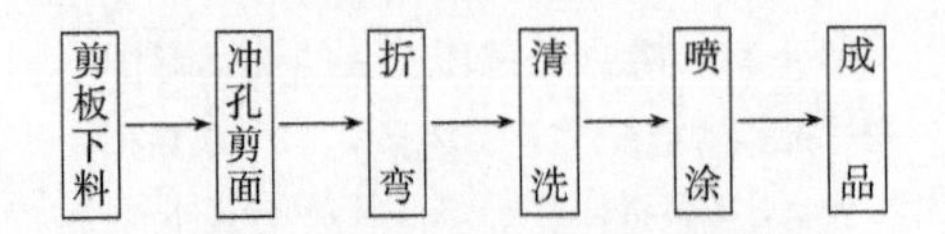

图 4-27 集热器外壳加工工序

在外壳生产中，冲孔、剪角和弯曲三工序要控制好。

冲孔和剪角如图 4-28 所示。要求利用模具采用冲床进行冲孔和剪角，这样既可保证加工精度又可提高工效。若采用钻床来钻孔，用人工手锯剪角，孔不圆，45°角也无法保证，而且还费工时。

边框和压条的弯曲。在生产加工过程中，由于金属有一定的弹性，弯曲后的实际角度与模具的角度不一致，这种现象称为弹性回跳，简称“回弹”。如图 4-29 所示。

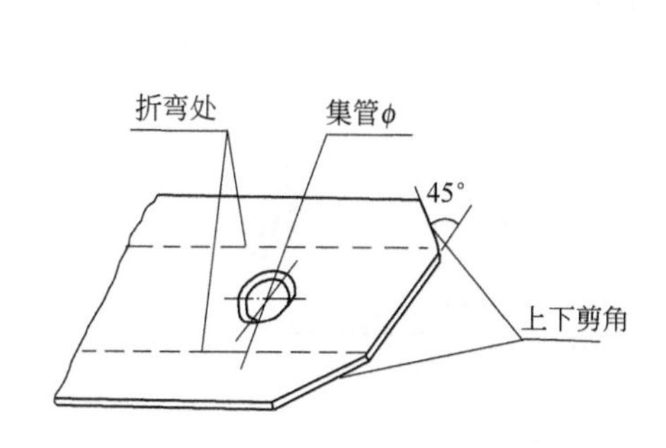

图 4-28　边框冲孔剪角示意图

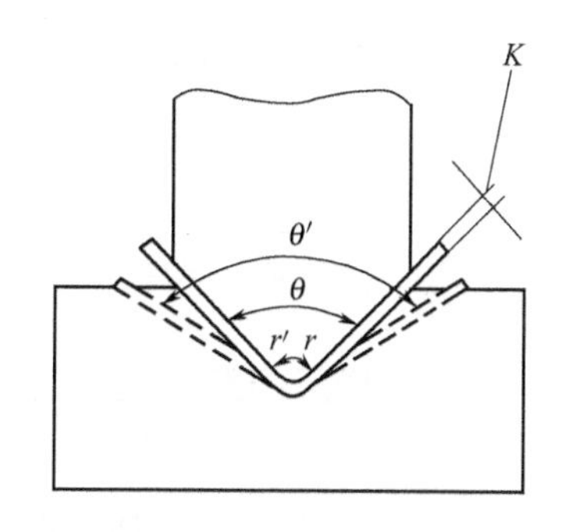

图 4-29　弯曲件的回弹

长短边框上下弯曲及长短压条弯曲均为 90°。考虑到“回弹”，边框在折弯时，弯曲度应小于 90°，尤其是压条，还要考虑组装时所承受的装配应力，故弯曲角度要更小些。

弯曲件的“回弹”角为

$$\Delta\theta=\theta'-\theta$$
$$\Delta r=r'-r$$

式中　$\Delta\theta$——回弹角，(°)；

θ'——回弹后零件的实际弯曲度，(°)；

θ——模具的弯曲角，(°)；

Δr——弯曲半径的回弹值，mm；

r'——回弹后的弯曲半径，mm；

r——模具的弯曲半径，mm。

材料的力学性能、相对弯曲半径及模具等是影响“回弹”的重要因素。当 σ_s/E（σ_s 为材料的屈服极限，E 为弹性模量）愈大，则“回弹”愈大。r/t 愈大，则回弹愈小。试验得知，在 90°直角弯曲中，当 $r/t=1\sim1.5$ 时，回弹角最小（其中，t 为板材厚度）。对 90°直角自由弯曲的回弹角，可参考表 4-3 所示处理。

表 4-3　90°弯曲回弹角　　单位：(°)

材　料	r/t	材料厚度 t/mm		
		<0.8	0.8～2	>2
普通	<1	5	2	0
冷轧	1～5	6	3	1
钢板	>5	8	5	3

4.4.2 真空集热管的生产

4.4.2.1 真空集热管的生产加工工艺

全玻璃真空集热管是由两根玻璃管（外管与内管）、内管外表面吸收膜层、支撑架、消气剂等组成并经封口和排气等工艺加工制成。如图 4-30 所示。其工艺流程如下。

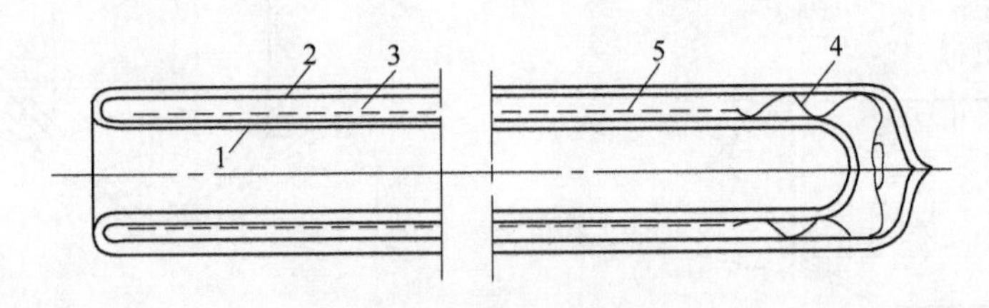

图 4-30 全玻璃真空集热管

1—外玻璃管；2—内玻璃管；3—真空；4—有支架的消气剂；5—选择性吸收表面

（1）玻璃管的初洗工艺。

① 先把清洗池清洗干净，包括池子四周。

② 将放管子的小车清洗干净。

③ 为避免擦伤管子，玻璃管应放在小车的木板或胶板上，松开管子的绳子，顺序放在清洗池中，严禁不解绳子，中间抽取。

④ 在清洗池中洗去灰尘和污垢，放在小车上沥干。

⑤ 烘干后送去下料。

（2）玻璃的下料工艺。首先必须检查管子的外伤，包括气泡、裂纹、划伤及平直度等，挑选合格管子下料。下料采用炸管方法，一种为电阻丝加热炸管，另一种为煤气炸管。无论哪种方法，其炸口必须平整，无马蹄形斜面。

（3）封圆底工艺。对下好料的管子进行封圆底有两种工艺：

① 煤气调好后自动进行封圆底；

② 人工转动的煤气封圆底。

要求封出的圆底光滑、管底不能太薄，要厚薄均匀对称。

（4）玻璃管二次清洗。洗管子前把清洗槽洗干净，检查去离子水的电阻率在 5MΩ·cm 左右，低于 3MΩ·cm 最好不用。

① 操作工必须穿工作服、雨鞋、围裙、手套。

② 把不合格的管子挑出，然后在清洗槽中清洗，再在自来水槽中漂洗，最后在去离子水槽中漂洗，取出装在小车上，最好再用去离子水喷淋一次。

（5）清洗好的管子装在小车上沥干后送进烘箱，在 120～150℃温度下烘 1～2h 后，自然冷却后取出。如生产有条件烘烤温度 400℃也可。

(6) 镀吸收膜。首先把镀膜机扩散泵抽真空到5Pa左右预热1～1.5h。开炉门把管子装入工件架上，转动无碰撞，平稳后，关炉门。炉膛抽真空到5Pa左右，再用扩散泵抽到1×10^{-2}Pa（或7×10^{-3}Pa），把反应气体工艺流量输入微型计算机内，检查氩气及反应气体的气瓶有无漏气后，打开总阀门并调节低压在0.1～0.2MPa，检查水、电、气无误后，炉内抽真空到1×10^{-2}Pa后，开转动架电源，通入氩气到需要压强（一般为0.1～0.6Pa）后，开溅射电源镀膜，稳定后开计算机程序，直到程序走完到最后10s左右，停止溅射。关高真空阀，充气取出镀好的管子，检查膜合格后送去车床封口。

(7) 清洗支撑架及焊消气剂。

(8) 已镀膜的管子，带消气剂的支撑架一起装入外玻璃管后，在车床上火焰封接。要求封口不偏、斜，光滑，无裂纹不漏气。

(9) 检漏。把封接好的玻璃真空集热管在检验台装好后，抽真空在10Pa左右，用火花检漏仪检查，如漏返工封接，合格管送排气台或送退火炉退火。

(10) 真空排气。把封接好的管子装入排气台架子上，抽预真空检漏，若漏重装。扩散泵腔体抽到10Pa左右，加热30～40min，使排气台装管子部分抽真空到5Pa左右开扩散泵高阀，抽空到10^{-1}Pa后，再加热排气台，温度在150℃左右有明显的放气必须保温5～10min，等真空回升后再加热到所需排气温度380～420℃，直到10^{-3}Pa后排气台停止加热，封死排气管自然冷却后，取下管子送烤消气剂工序。

(11) 烤消气剂。

① 高频炉必须先通冷却水。

② 检查灯和高压电位器是否在零位。

③ 合上总开关，调节参数，等预热后，烤消气剂。

(12) 退火。玻璃真空集热管可有两种退火程序，一种在排气前退火，另一种在排气后退火，两种程序都可，由厂家决定，但必须把封口的内应力消除到允许内应力值。

(13) 外表整体检查合格后，装箱入库。

4.4.2.2　关于真空集热管吸收膜层质量控制

(1) 对从镀膜室中取出的管子进行质量检查。

① 管子表面的膜层要有足够的厚度，在太阳光下，从管子内孔观察光线不透；

② 膜层颜色整根管子的上部、中部、下部应基本一致；

③ 膜层无脱落；

④ 膜层色泽为蓝黑色、紫黑色、黑色都可；

⑤ 其膜层试片检测太阳光谱吸收率 $\alpha \geqslant 0.9$，发射率 $\varepsilon \leqslant 0.09$ 都达标。

（2）膜层颜色的调整控制。吸收膜的色泽由反应气体与溅射铝原子的反应沉积到玻璃管表面生成的膜层，其色泽可生成银白色、灰色、粉红色、黄色、蓝黑色、紫黑色及黑色等。吸收膜要求色泽基本一致，其蓝黑色、紫黑色及黑色为合格色泽，其他颜色必须进行调整。

① 膜层为银白色：镀膜过程中忘了开微机，没有反应气体通入，则在镀膜开始就开微机即可。

② 整根玻璃管膜层上、中、下不均匀，则改变通气管的通气孔位置及孔径大小。

③ 膜层色泽合格，太薄，则增加镀膜时间，或加大靶功率。

④ 膜层金黄色，则减少反应气体流量。

⑤ 膜层青蓝色，则减少氩气流量或加大反应气体。

⑥ 膜层粉红或橘红色，则减少反应气体流量。

⑦ 膜层在管口颜色发黄或紫红色，调节管子下部的反应气体流量，如不成，则必须把工件架放低，或靶内磁场下端太弱，改变靶磁场分布，重新装磁铁。另外亦可能工件架长期未清理，结皮太多太厚而吸气太多，在镀膜时放气使炉膛内气氛改变了，这时必须清理打磨掉炉膛内的膜层。

4.4.3 水箱的生产

4.4.3.1 水箱的作用和分类

水箱是储存热水的装置，也是热水器装置中的重要部件。一般的太阳能热水器企业，水箱的生产都必须具备。水箱的容量、保温、结构和材料将直接影响热水器系统运行的好坏。

水箱的种类很多，按加工外形可分为方形水箱、圆柱形水箱和球形水箱；按水箱放置方法可分为立式水箱和卧式水箱；按水箱是否保温可分为保温水箱和非保温水箱；按承压状态可分承压式水箱和非承压式水箱；按是否有辅助热源又可分普通水箱和带电加热器水箱；按换热方式不同又可分为直接换热水箱和带换热器的间接热交换水箱。

4.4.3.2 水箱的技术要求

（1）水箱必须承受一定的水压且不渗漏。根据国家标准要求，耐压应相当工作压力的 1.5～2 倍。

（2）要求水箱在较高的温度（80～100℃）下，能确保水的质量，达到洁净水的标准。国内生活饮用水的标准，如表 4-4 所示。因此水箱内胆材料要求在 100℃不得释放有害物质或影响水质标准。由于多种原因，目前国内太阳能热水器水箱有关标准要求水质无铁锈、异味或其他有碍人体健康的物质，还没有规定要达到饮用水的标准。

表 4-4　国内生活饮用水水质标准

物质名称	允许值/(mg/L)	物质名称	允许值/(mg/L)
pH 值	6.5～9.0	硝酸盐	≤10
总硬度	≤25 度	氟化物	≤10
大肠菌类	≤3 个/升	氰化物	≤0.01
铁	≤0.3	砷	≤0.02
铜	≤0.1	汞	≤0.001
锌	≤0.1	镉	≤0.01
挥发酚	≤0.002	铅	≤0.1

（3）水箱应根据建筑现场考虑基础的配作，水箱内胆与支撑支架应有隔热材料，防止产生“热桥”现象，水箱内胆外必须用隔热材料加以保温。

（4）具有较长的使用寿命。

4.4.3.3　水箱的结构

根据用户的需要，可设计成各种各样的水箱装置，但目前使用比较多的是卧式圆柱形水箱和卧式方形水箱，也有采用直立圆柱形水箱的。无论何种形式的水箱，一般均由内胆、保温层、外壳三部分组成，如图 4-31 所示。

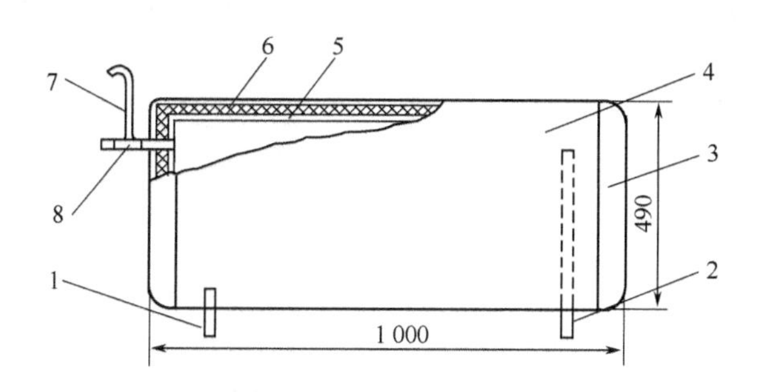

图 4-31　100L 卧式圆柱形封闭水箱

1—下循环管；2—上循环管；3—外壳封头；4—箱体；
5—水箱内胆；6—保温层；7—进排气管；8—三通

水箱的容水量大小必须和集热器采光面积相匹配，同时还要根据用户对水温的要求以及当地气候条件等因素来确定。

4.4.3.4　水箱的材料

水箱内胆一般常用不锈钢板、镀铝锌板、镀锌钢板或对钢板进行内防腐处理。近几年也有采用无毒塑料或玻璃钢材料的，高档次水箱可采用 SUS 3042B 不锈钢板。

水箱的保温材料基本上可参照集热器保温材料选用。目前常用聚氨酯，家用水箱发泡厚度为 20～50mm，大型工程水箱发泡厚度为 50～100mm。

水箱外壳材料可根据不同要求，选用铝板、镀锌板、彩色钢板、薄钢板外表面喷漆或烤漆，亦可采用喷塑工艺。如果考虑到成本，还可采用其他廉价方法，如用塑料、玻璃钢或用玻璃布包扎后外抹白灰水泥。

4.4.3.5　水箱的生产

水箱的品种规格很多，它和集热器外壳生产一样，因材料不同其生产加工方法也有很大的差别。下面以国内最为流行的以镀锌板为材料，生产加工的圆柱形卧式家用太阳能热水器小水箱为例，说明水箱的生产加工工艺，如图 4-31 所示。

这种普通水箱的生产加工工序，基本上为板材下料，筒体滚弯，钻孔，翻边，咬缝，焊接形成水箱内胆，然后进行保温并加保护外壳。

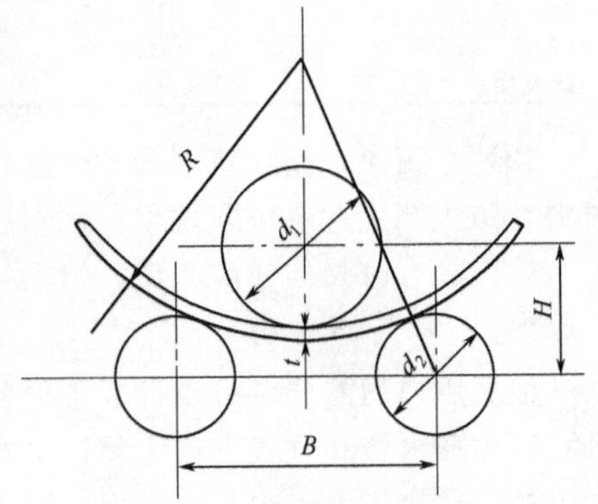

图 4-32　决定滚弯曲度的参数

板材滚弯的工艺如图 4-32 所示。钢板经滚弯后所得到的曲度，取决于滚轴的相对位置和钢板的厚度，它们之间的关系，可近似地用下式表示

$$\left(\frac{d_2}{2}+t+R\right)^2=\left(\frac{B}{2}\right)^2+\left(H+R-\frac{d_1}{2}\right)^2 \tag{4-1}$$

式中　d_1、d_2——滚轴的直径；

t——钢板的厚度；

R——圆形水箱的半径。

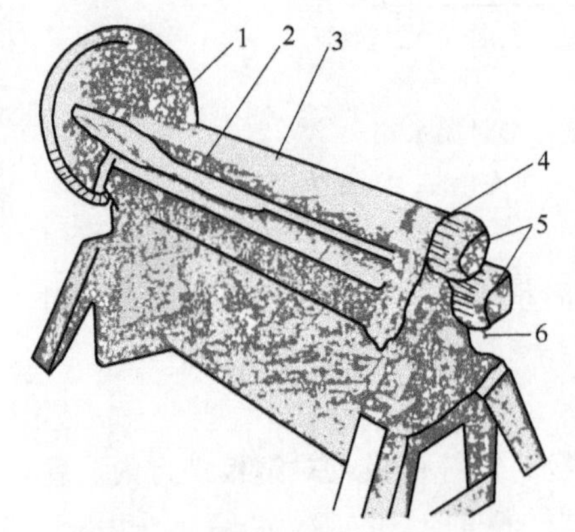

图 4-33　手动不对称三轴滚床

1—转动滚轴的手轮；2—零件；3—上滚轴；4—拆卸上轴的螺栓；5—齿轮；6—调整手柄；

滚轴之间相对的距离 H 和 B 都是变数，根据设备的结构，可以任意调整，以适应水箱不同半径的需要。由于改变 H 比改变 B 方便，所以一般都通过改变 H 来得到不同的半径。由于材料的回弹量事先难以计算确定，所以上述关系式计算出的 H 值，仅供初滚参考。实际生产中，大都采取试测的方法，即凭经验大体调好上滚轴的位置后，逐渐试滚修正，直至达到合乎要求的曲度为止。

目前国内许多厂家所使用的滚弯设备如图 4-33 所示。

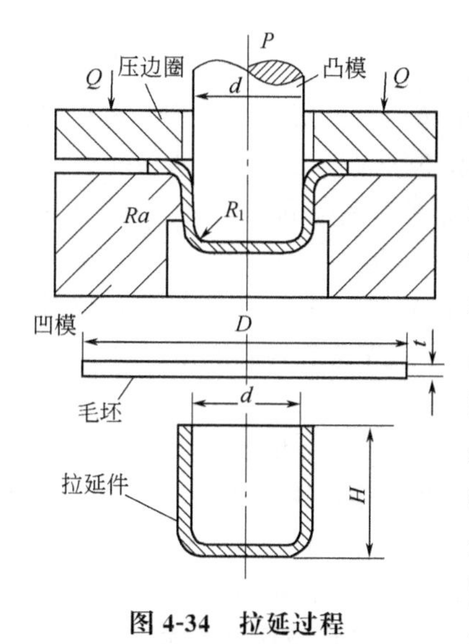

图 4-34　拉延过程

水箱筒体滚弯后可用钎焊、滚焊或咬缝工艺进行连接。由于大部分水箱产品均采用镀锌钢板，故咬缝加工工艺常被应用。

水箱与管道的连接十分重要，一般水箱漏水，绝大多数发生在水箱与管道连接处。管子和水箱相接有三种方式，一种是采用螺扣垫片压紧连接；第二种采用硅橡胶密封圈，管子直接插入水箱；第三种是采用焊接。这里重点讲一下焊接应注意的工艺问题。由于水箱内胆壁厚比较薄，若打孔后直接和管子焊接，则质量无法保证，因此也应采取冲孔拨口工艺，其原理和集管拨口相同。特别是水箱壁厚在 1mm 以下的镀锌板水箱，更需如此加工。

水箱外壳封头的加工可采用拉延（也称拉伸）工艺，如图 4-34 所示。毛坯不产生起皱的条件，可用下面公式作粗略估计。即

$$\frac{t}{D} \geqslant (0.09 \sim 0.17)(1-m) \tag{4-2}$$

式中　t/D——毛坯的相对厚度，mm；

t——材料的厚度，mm；

m——拉延系数，$m=d/D$。

拉延系数越小，越易起皱。为了防止试模时产生拉裂现象，有时需进一步修磨模具圆角，配制润滑油，恰当调节压边力等等，直到消除裂纹为止。

4.4.3.6　水箱制造工艺规程

（1）水箱的工艺质量要求

内在质量：不渗水、不漏水、不漏电、不堵塞、无任何保温碎块、焊渣和杂物。

外观质量：无凹陷、无损坏、无污渍和划痕。

配件质量：结构牢固、尺寸要精确、孔距要准直。

包装要求：无杂物，标贴粘贴牢固、周正，配件、附件、资料齐全。

水质要求：能满足生活用水的标准。

热损要求：应小于等于 22W/(m·℃)。

（2）水箱原材料要求

不得采购质量差的原材料非标产品及劣质配件；不得采购在生产中或使用

过程中污染环境的原材料或已报废的原材料。

（3）工艺操作规程

① 下料：下料时应按照要求尺寸剪切，水箱内外桶成型尺寸的工差应确保在±2mm，桶体板材四角应为直角，角度偏差不得大于0.5°；封头及小件下料尺寸的工差应控制在±1mm；下料时应注意不能使材料受到油、尘、水的污染。

② 冲压成型：冲孔应按标准定位，尺寸要求准确，单台水箱的真空管扦孔累计误差不得大于±3mm，累计工差要求内外壳一致；进出水孔定位尺寸工差不得大于±2mm；所有孔的成型不得有褶皱或龟裂口，高度应平齐，封盖的卷边必须圆滑无褶皱。

③ 内胆压筋、压平及外壳压筋：内胆压筋的目的是增加强度；压平的目的是确保真空管插孔处的平整；外壳两头压筋是起增加美观作用，压筋必须对齐重合，不得弯曲。

④ 内胆的焊接：焊接前应对各个焊接处进行清理，不得残留加工毛刺和碎屑，不得沾有油渍、灰尘、污渍等，必要时可以进行喷沙以去除焊接表面氧化层；焊缝的搭接宽度一般为10mm左右，焊痕要求为白色或金色，不得使焊痕变黑，脉冲斑纹不得大于3mm；焊机的冷却水应保持在40℃以下，焊接工件应浸泡在水中，不得无水焊接；焊接时不得使工件与焊机造成短路打火；通焊前点焊点应尽量以少为好，一般不得超过二点；焊接端盖时的电流应比焊接筒体时的电流稍大一些；焊机的气压一般在3～4kgf/cm^2（1kgf/cm^2=98.066 5kPa）为佳；焊接如果采用循环水冷却；应保持水质清洁，经常换水。

⑤ 内胆扣盖：扣盖前应将封盖修圆，清除毛刺；壳体拉边应平整，边宽应大于6mm，拉边时转速应小于80r/min，以免损伤材质；卷扣过程应保证卷缝口紧压实，不得将材料折伤或折断。

⑥ 外壳扣缝：外壳折扣时应保证折扣平齐，扣缝均匀，成榫牢固，折扣时应注意不得折伤材料，压扣时不得将扣缝压合过死，以免造成脱缝。

⑦ 内胆试水：试水时，先将所有孔嘴封堵，向内胆充气加压至0.04～0.06MPa然后将内胆完全浸入水中，保持1min以上，观察无气泡冒出为合格。

⑧ 保温发泡：目前保温发泡分为两类，即聚氨酯与聚苯分层复合发泡、聚氨酯整体发泡。

a. 聚氨酯与聚苯分层复合发泡工艺：先填装聚苯板，填充时应保证密实，且与水箱外壳填压紧密，确保没有大的孔隙；填充聚氨酯发泡前，应先将堵塞及模具表面均匀涂一层蜡油，然后插好堵塞，堵孔时应注意将堵塞放正，盖上两头封盖模具，两端的模具应用拉杆拉紧；发泡的原料温度应控制在20～30℃，注料应根据水箱的长度不同注料，1.2m以下两次注料，1.2～1.8m分三次注料，1.8m以上分四次注料，每次注料都应保持周边均匀；发泡前模具、内胆、外壳均匀进行预热；在恒温26～30℃时注料应根据实际发泡速度调整最佳时间，确保去堵塞之后工件光滑不揭皮，不起泡，并应保持15min以上；冬季环境温度低，发泡之后的水箱应在恒温内放置15h以上。

b. 聚氨酯整体发泡工艺：除按照上面的操作注意事项以外，还需要注意发泡材料的密度应控制在30～36kg/m³，注料次数应控制在4～6次，注料速度不能太快。

（4）生产安全

① 严禁湿手操作电器开关等带电设备，以防电击。

② 车间操作工应穿工作服、戴手套，女同志戴帽子，防止割伤等。

③ 车间内禁止吸烟和使用明火。

④ 应经常检查电、水、油路，消除安全隐患，确保生产安全。

4.5　太阳能热水系统的设计、安装与维修

4.5.1　家用太阳能热水器的设计

4.5.1.1　选择家用热水器的原则

（1）根据家庭人口数和国家有关规范，如表4-5(a)、(b)所示估计用水量，然后选择相应容水量的热水器。目前，国内家用热水器采光面积和容水量其规格有：采光面积1～8m²，水箱容水量为80～600L。

表4-5（a）　室内给水排水和热水供应设计规范

名　称	水温/℃	每人每次用水量/kg
浴室	40	35～40
理发室	45	8
营业餐厅	50	6

表4-5（b）　工业企业建筑的淋浴用水标准

分级	工作性质			每人每班淋浴用水量标准/kg
	有毒物质	生产性粉尘	其他	
1	极易经皮肤吸收引起中毒的剧毒物质		处理传染性材料，动物原料，高温，井下	60
2	易经皮肤吸收或有恶毒的高毒物质	烟尘污染或对皮肤有刺激性的粉尘	重体力劳动	60
3	其他毒物	一般粉尘		40
4	轻度污染			40

(2) 根据本地区气候条件选用不同形式的热水器。按季节性使用或全年使用，可首先选用集热器的类型，然后确定采用哪一类系统。任何一种系统都可配辅助加热装置。

(3) 为了使太阳能热水器与建筑很好结合，整体式太阳能热水器，已远远不能满足太阳能热水器与建筑一体化的需要，必须研制生产各种类型的集热器和水箱分离的太阳能热水器。

(4) 价格合理。选择热水器时，价格是一个不可忽视的因素，人们总会把太阳能热水器与其他种类的热水器作比较，觉得物有所值才会购买使用。

4.5.1.2 取放热水方式的选择

取放热水的方式有顶水法和落水法，详见表 4-6 说明。

表 4-6 取放热水的方式

方式	图 例	使用说明	选择条件
落水法	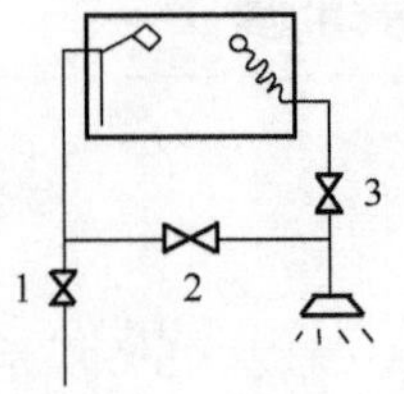 1 2 3	用热水时，打开阀 3，水箱中水面下降，带浮球的取水管也随水面下降，保持取水口始终抽取水箱上部的热水，同时，由于水面下降，自来水通过阀 1 经浮球阀补入水箱下部，当水满，自动关闭。若水温太热，可打开阀 2，调节水温	自来水压力高低均可使用
顶水法	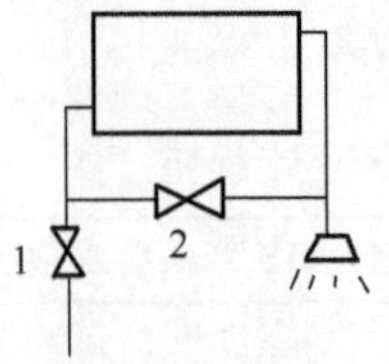 1 2	水箱为全封闭式，取热水时打开阀 1，用自来水将水箱中热水从上部顶出供使用，优点是水箱就不必放在高于人头的位置。当水温太热，可打开阀 2，调节水温	自来水压力低的用户不能使用

4.5.1.3 水位和水温测控方式的选择

一般水位指示有溢流管式，单管上水及水位显示器，浮球式和自动水位测控仪等。水温测控一般采用温度显示表或自动控温装置。具体根据安装场所和用户要求选择。

4.5.2 太阳能热水系统的设计计算

(1) 太阳能热水系统平均日用热水量的计算公式为：

$$Q_w = Kq_r m \tag{4-3}$$

式中 Q_w——日平均用热水量，L/d；

q_r——热水用量定额，L/(人·d) 或 L/(床·d)，按国标《建筑给水排水设计规范》(GB 50015—2003) 选取；

m——用水计算单位数，人数或床位数；

K——热水使用定额日平均修正系数，一般取 0.5～0.6。

(2) 太阳能热水系统集热器总面积按国标《民用建筑太阳能热水系统应用技术规范》(GB/T 50364—2005) 采用下式计算：

$$A_c=\frac{Q_w C_w \rho(t_e-t_i)f}{J_T\eta_{cd}(1-\eta_L)} \tag{4-4}$$

式中　A_c——直接系统集热器总面积，m^2；

C_w——水的定压比热容，4.187kJ/(kg·℃)；

ρ——水的密度，kg/L；

t_e——热水温度，℃；

t_i——水的初始温度，℃；

f——太阳能保证率，宜为 30%～80%，北京取 50%～60%；

J_T——当地集热器采光面上的年平均日太阳能辐照量，kJ/m^2；

η_{cd}——集热器的年平均集热效率，宜取 40%～50%；

η_L——贮水箱和管路的热损失率，宜取 10%～20%。

(3) 太阳能间接系统集热器总面积，可按下式简单计算：

$$A_i=1.10A_c \tag{4-5}$$

式中　A_i——间接系统集热器总面积，m^2；

1.10——换算系数；

(4) 全日供应热水的太阳能热水系统的设计小时耗热量应按下式计算：

$$Q_h=\frac{mq_r C_w(t_e-t_i)\rho}{3\,600T} \tag{4-6}$$

式中　Q_h——设计小时耗热量；W；

m——热水计算单位数，人数或床位数；

q_r——热水用水量定额，L/(人·d) 或 L/(床·d)；

C_w——水的定压比热容；4 187J/(kg·℃)；

t_e——热水温度，℃；

t_i——冷水温度，℃；

ρ——水的密度，kg/L；

T——定时供水时段，T 宜取 4h。

(5) 太阳能热水系统的设计小时热水量可按下式计算：

$$q_h=\frac{Q_h}{1.163(t_e-t_i)\rho} \tag{4-7}$$

式中　q_h——设计小时热水量，L/h；

Q_h——设计小时耗热量，W；

t_e——热水温度，℃；

t_i——冷水温度，℃；

ρ——热水密度，kg/L。

（6）辅助加热量的计算，容积式加热或储热容积加热，按下式计算：

$$Q_g = Q_h - 1.163\frac{\eta V_r}{T}(t_e - t_i)\rho \tag{4-8}$$

式中 Q_g——容积式水加热器设计小时供热量，W；

η——有效储热容积系数，宜取0.75；

V_r——总储热容积，单水箱取水箱容积40%，双水箱取供热水箱容积；

T——辅助加热时间，一般取2～4h。

（7）储热水箱容积的计算，一般来说，每平方米集热器总面积，需要储热水箱容积，就全国范围而言，可按40～100L设计，华北地区推荐采用70L设计。

（8）集热器抗风荷载的计算，按下式计算：

$$W = k_1 k_2 W_o F \tag{4-9}$$

式中 W——集热器抗风荷载值，kgf（或N）；

k_1——风载体形系数，一般取1.5；

k_2——风压高度变化系数，见表4-7；

W_o——基本风压，kgf/m^2（或N/m^2）；查全国基本风压分布图；

F——集热器阵列最高点的垂直面积，m^2。

表4-7 风压高度变化系数 k_2

离地面或海面高度/m	k_2	
	陆地	海上
L2	0.52	0.61
L5	0.78	0.84
L10	1.00	1.00
L15	1.15	1.10
L20	1.25	1.18
L30	1.41	1.29
L40	1.54	1.37
L50	1.63	1.43
L60	1.71	1.49
L70	1.78	1.54
L80	1.84	1.58

4.5.3 太阳能热水系统的安装

4.5.3.1 太阳能热水系统安装位置的选择

太阳能集热器的最佳布置方位是朝向正南，其偏差允许在±30°以内，这样集热器采光面上接收到的全年太阳辐射总量大于朝正南安装的90%以上，这个结论给设计安装带来更大的灵活性。否则影响集热器表面上的太阳辐照度。

为了保证有足够的太阳光照射在集热器上，集热器的东、西、南方向不应有挡遮的建筑物或树木；为了减少散热量，整个系统宜尽量放在避风口，如尽量放在较低处，能放一层楼顶的绝不放到二层楼顶上去；最好将蓄水箱放在建筑阁楼层内部，以减少热损失；为了保证系统效率，连接管路应尽可能短，集热器、水箱直接放在浴室顶上或其他用热水的场所，尽量避免分得太散，对自然循环式这一点格外重要。

4.5.3.2 太阳能集热器采光面积、倾角、距离和连接方式的确定

（1）集热器采光面积

集热器采光面积应根据热水负荷大小（水量和水温），集热器的种类，热水系统的热性能指标，使用期间的太阳辐射，气象参数来确定，详细计算按式(4-4)进行。热水系统的热性能指标可由国家认可的质量检验机构测试得出，各生产厂家应将自己生产的各类热水器的热性能指标编入产品说明书，以供设计人员选用。以下是经过计算和实验得出的华北地区采用普通平板集热器条件下的数据范围：每平方米采光面积可产40℃以上热水的容水量参考数值——春、秋季为70kg；夏季为100kg左右；冬季为30kg。如果要求较高的水温，则集热器与水箱水容量的配比可以适当缩小。反之，要求较低水温时，集热器与水箱的配比可加大。

（2）集热器的倾角θ

一般原则是：　　$\theta=\Phi\pm\delta$

春夏秋使用时：　　$\theta=\Phi-\delta$

全年使用时：　　$\theta=\Phi+\delta$

式中　θ——集热器的倾角；

Φ——当地纬度；

δ——赤纬角，一般取5°～10°。

当集热器放在特殊位置上时，其倾角决定于具体的安装条件。如多层住宅家用太阳能热水装置，将集热器作为阳台栏板的一部分，考虑到热性能及安全，其倾角一般选用75°以上，而不是按照上述公式的30°和50°。但最好不要垂直摆放，因垂直安装在夏季，阳光由东到西基本上从屋顶上掠过，照射不到集热器上，热效率极低，尤其是在低纬度地区。

（3）集热器前、后排间不遮阳的最小距离S

$$\sin\alpha=\sin\Phi\sin\delta+\cos\Phi\cos\delta\cos\omega \tag{4-10}$$

$$\sin\gamma=\cos\delta\frac{\sin\omega}{\cos\alpha} \tag{4-11}$$

$$S=H\frac{\cos\gamma}{\tan\alpha} \tag{4-12}$$

式中 S——不遮阳最小距离，m；

H——前排集热器的高度，m；

α——太阳的高度角，(°)；

γ——方位角（地平面正南方向与太阳光线在地平面投影间的夹角），(°)；

ω——时角（以太阳时的正午起算，上午为负，下午为正，它的数值等于离正午的时间钟点数乘以 15°）；

δ——赤纬角（太阳光线与赤道平面的夹角），(°)；

例如：计算北京地区春夏秋季使用的太阳能热水系统集热器最小不遮光距离。首先查得北京的纬度 $\Phi=40°$，对应春分（或秋分）的赤纬角 $\delta=0$，对应 9：00（或 15：00）的时角 $\omega=3\times15°=45°$，由式(4-10) 得

$$\sin\alpha=\sin\Phi\sin\delta+\cos\Phi\cos\delta\cos\omega=0.54 \quad \alpha=32.8°$$

$\sin\gamma=0.84$；$S=0.84H$，其他数据，可参考表 4-8。

表 4-8 北京地区集热器前、后排不挡光最小距离

时	间	高度角 α	方位角 γ	影长 d	距离 S
冬至日	8:00(16:00)	5°30′	53°	10.4H	6.2H
$\delta=-23.5°$	9:00(15:00)	13°50′	41°50′	4.1H	3.1H
全年使用	10:00(14:00)	20°41′	29°20′	2.7H	2.4H
	11:00(13:00)	25°	15°10′	2.1H	2.0H
	12:00	26°30′	0°	2.0H	2.0H
春分日	8:00(16:00)	22.5°	69.6°	2.4H	0.84H
秋分日	9:00(15:00)	32.8°	57.3°	1.6H	0.84H
春分	10:00(14:00)	41.3°	41.7°	1.1H	0.84H
夏至	11:00(13:00)	44.7°	22.6°	0.9H	0.84H
秋分	12:00	50°	0°	0.8H	0.84H

(4) 集热器的连接方式

集热器的连接方式有三种，如图 4-35 所示。

① 串联。一集热器的出口与另一集热器的入口相连，如图 4-35(b) 所示。

② 并联。一集热器的出入口分别与另一集热器的出入口相连，如图 4-35(a)所示。

③ 混联。若干集热器间并联，各并联集热器之间再串联或若干集热器间

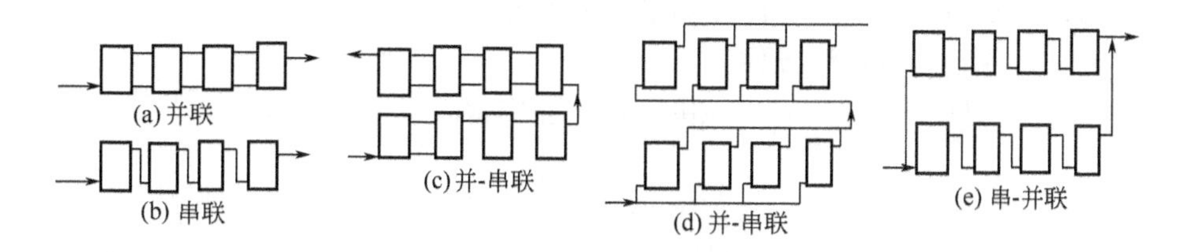

图 4-35　集热器组的不同连接方式

串联，各串联集热器间再并联，亦称并串联或串并联。如图 4-35(c)、(d)、(e) 所示。

在选择集热器连接方式时，若采用并联时，每组集热器数量应该相同，以利于流量的均衡。

4.5.3.3　自然循环系统的管道走向

对于自然循环太阳能热水系统，管道的连接和走向是确保系统是否正常运行的重要因素，如图 4-36 所示。储热水箱的下出口与上入口以及集热器进出口均应成对角线布置，水箱下出口应在水箱最低位置。

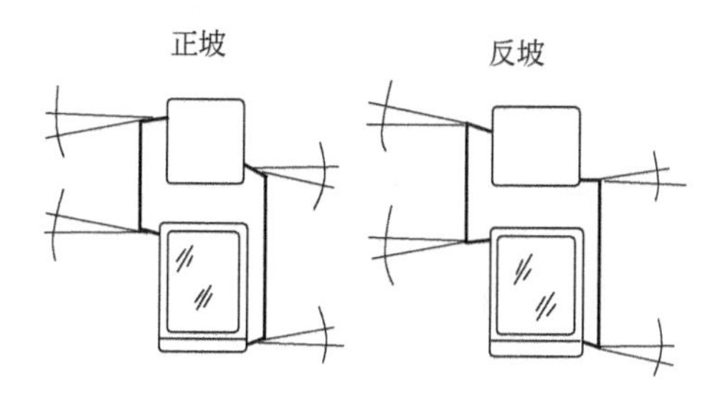

图 4-36　正反坡示意图

所有连接管道的走向，即沿水流流动方向均必须有 1%～3%的向上坡度。水箱底部与集热器顶部之间的垂直距离，一般取0.3～0.5m 高差。

图 4-36 的正反坡示意图中，左图为正确连接，右图为错误连接。

4.5.3.4　强制循环太阳能热水系统安装注意事项

(1) 水泵的选择和安装。水泵的扬程应和循环管路阻力相匹配，流量可按系统的采光面积选取，一般为 $1\sim2kg/(min \cdot m^2)$。水泵的安装位置最好设在水箱下部。若必须安装在室外，应采取防雨和隔声措施。

(2) 浴室喷头数量，一般由水箱容水量和洗浴时间来决定，一般 1t 水量，用热水时间为 2h，可选两个喷头。

(3) 电磁阀的安装应考虑满足水温 100℃的耐温要求，工作压力应大于自来水压力，必须水平安装，阀体的箭头方向应与水流方向一致，阀体两端应装活接头，以便于维修拆卸方便。

（4）感温件应安装在最后一块集热器上集管的出口处，水箱的下部（进冷水处）。

4.5.3.5　太阳能热水系统的保温措施

为了提高太阳能热水系统的热效率，除了选择性能良好的保温材料和保证一定厚度的保温层外，保温层的密封性及防止“热桥”出现，对保温效果有着举足轻重的影响。所谓密封性能是指保温层形成一个密封的整体，不应有任何缝隙和孔眼。所谓“热桥”是指水箱内壁上的管子、阀门、支撑架、接头等金属部件露在空气中或与金属或水泥基础相接触，热量通过它们大量往空气中散失，尤其对于冬季使用的热水系统这一点更加重要，但往往容易被忽视。对于特别场合如气温炎热的地区，若晚上 12 点以前用热水，则可考虑不保温，在一些海边地区只是在白天洗海水澡后使用的太阳能热水系统，整个系统可以不保温。

4.5.3.6　太阳能热水系统的排污和排气

在太阳能热水系统中，设置排气阀是维持系统正常运行必不可少的组成部分。排污阀的作用一方面在冬季到来之前，将系统中的水排空（对冬季不能运行的热水器而言），另一方面及时排除系统中的污物，尤其对于铁质制作的，内壁又无防透处理的集热器，更应经常排污，有个别单位长期无人管理，致使大块铁锈将管道堵塞，系统停止运行。

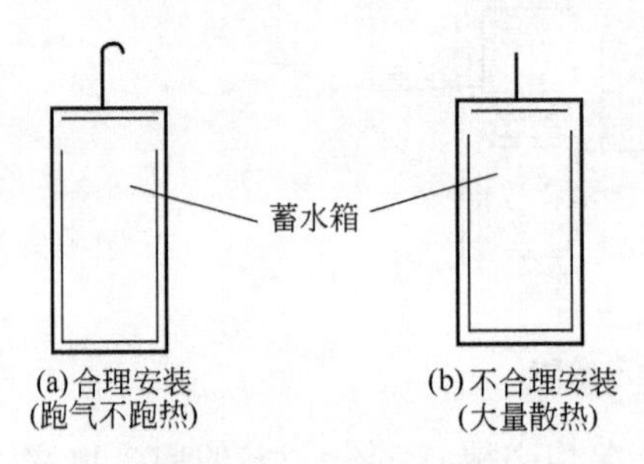

图 4-37　排气管的安装

在非承压太阳能热水系统中，设置排气管的作用，一方面是正常运行的需要，及时将系统及水中的气体排除，以免影响循环及系统热效率；另一方面是取热水和补冷水的需要。否则，热水箱被抽空，容器壁被抽变形或整个水箱及支架产生巨大的震动声响，甚至引起严重伤人事故。排气管的安装如图4-37所示。

图 4-37(a) 所示的排气管上端为倒 U 形，水箱内气体可以排出，但热量损失少，而图 4-37(b) 所示排气管不仅会散失热量而且易落入灰尘和沙粒，一般不采用这种安装方式。

4.5.4　太阳能热水系统的维护

（1）自然循环太阳能热水系统的常见故障

① 平板集热器盖板表面或真空管表面温度很高，用手摸着烫手。其原因

均为产生气堵。气堵常见有三种原因，如图 4-38～图 4-40 所示。

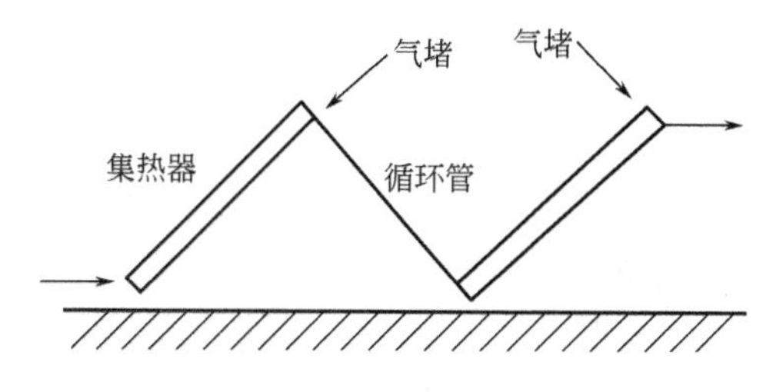

图 4-38　气堵现象之一

图 4-38 所示为前后排集热器循环管连接不当造成气堵。

图 4-39 所示为集热器与水箱连接的上循环管有反坡造成气堵。

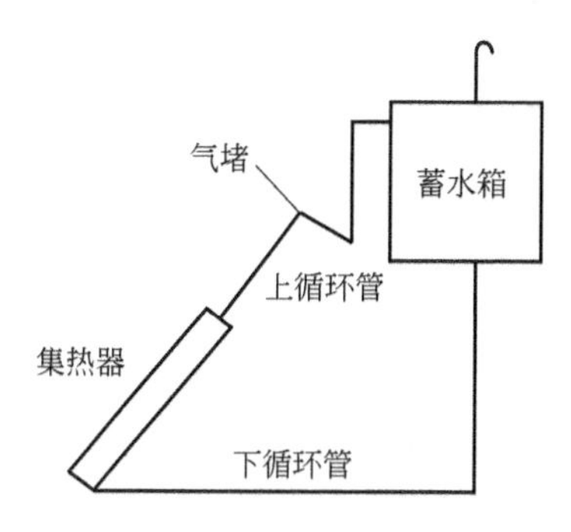

图 4-39　气堵现象之二

图 4-40 所示为整排集热器由东向西造成往下倾斜，致使循环不畅，形成气堵。

② 储水箱内水温已升高，但供热水量却少于设计值。原因可能是取热水管位置过低，应采用顶水方式。

③ 水位控制失灵是最常见的故障。目前水位控制器基本有两大类，即电子式水位控制器和机械式水位控制器。电子式水位控制器动作可靠性主要取决于水位敏感元件，因水位敏感元件长期泡在水中易结水垢，往往容易失灵，造成误动作，发生满水溢流现象。机械式水位控制器最常见的是浮球阀，由于浮球阀也是长时间安置在水箱中，连接转动部件结水垢，也会常常失灵。因此在选用时要特别注意，选择工作可靠的水位控制器，同时也要定期维护。

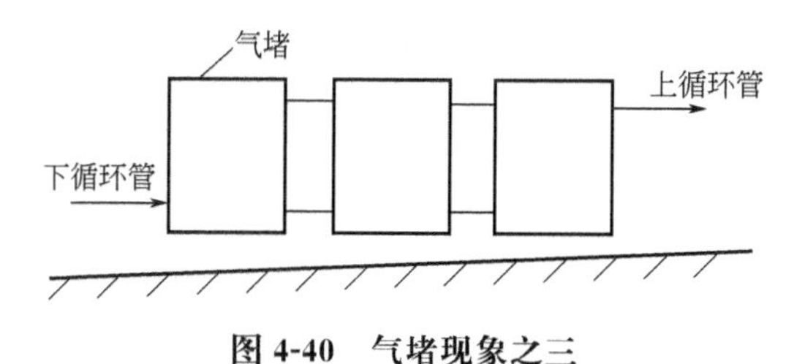

图 4-40　气堵现象之三

④ 太阳能热水器（或系统）最常见的故障还有密封件老化渗漏水、管路连接处未安装到位造成漏水，保温不好冻坏管路，软塑料管因老化或受热变形堵塞造成循环不畅，太阳能热水器安装固定不牢靠被大风刮倒，没有考虑防雷措施造成雷击，辅助电加热器没有过热保护或电路导线漏电以及采用电热带过

热烧坏等等均为常见故障。

建议维护单位或用户最好每年至少要全面对太阳能热水器进行1～2次检查维护，防止发生事故，减少损失。如果有条件对集热器玻璃盖板和真空管进行定期擦洗也是很有必要的。

取热水时，热水管口上部热水取不出来，影响了洗浴人数。此外，水压不足热水顶不出来也是影响热水供应量原因之一。

（2）自然循环定温放水热水系统的常见故障

该系统的常见故障是电接点温度计、继电器、控制器和电磁阀若有一处有问题则系统无法运行。

（3）强迫循环热水系统的常见故障

强迫循环热水系统的常见故障是控制系统和循环泵容易出毛病。控制系统品种类型很多，应选择可靠的控制器和循环泵。

（4）太阳能热水器（或系统）一般常见故障是对北方使用的太阳能热水器（或系统）如果没有防冻措施，均可能使集热器、循环管路冻坏。解决方法如下。

① 在结冰季节到来之前，将集热器和系统排空。

② 采用间接循环系统。

③ 采用防冻阀，当循环管路或集热器的水降到冻结温度时，防冻阀自动放水。

④ 采用电热带加热循环管路也是一种简便有效的方式。

第 5 章

太阳灶

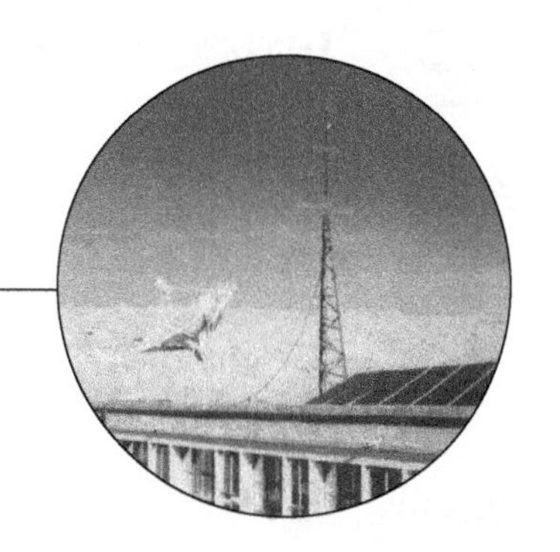

5.1 概述

太阳灶是利用太阳辐射能，通过聚光、传热、储热等方式获取热量，进行炊事烹饪食物的一种装置。

人类利用太阳能来烧水、做饭已有 200 多年的历史，特别是近二三十年来，世界各国都先后研制生产了各种不同类型的太阳灶。尤其是发展中国家，太阳灶受到了广大用户的欢迎和好评，并得到了较好的推广和应用。

我国是发展中国家，又是农业大国，农村人口占全国总人口的 80%以上，而国家供应农村的常规能源，只能满足需求量的一半。据统计，一台截光面积为 $2m^2$ 的聚光太阳灶，每年可节省 1t 左右的农作物秸秆。因此大力推广应用太阳灶，对于节省常规能源，减少环境污染，提高和改善农、牧民的生活水平具有重要意义，特别是在大西北农村和边远地区，那里太阳能资源极其丰富，交通又不方便，就更具有它的特殊现实意义。据统计，截至 2002 年，我国已推广应用太阳灶约 30 万台。2006～2007 年，农业部为了实施太阳能温暖工程，安排了大批资金，在四川、青海、甘肃、云南、宁夏等 14 个区县，为 122 947 户农牧民安装了太阳灶，产生了良好的经济社会效益，深受广大农牧民的欢迎。为了总结我国十余年来，聚光太阳灶的科研成果和生产实践经验，2003 年农业部制定了第一个聚光型太阳灶行业标准 NY 219—2003。该标准提出了设计、型号、规格和测试方法，规定了其技术要求、结构及性能试验方法。随着太阳灶研制生产技术工艺水平的不断改进和市场需求的增加，同时也由于环境污染日益严重，将会加速我国太阳灶行业的发展。

5.2 太阳灶的性能和结构类型

5.2.1 太阳灶的性能

太阳灶作为炊事烹饪食物的一种装置，应能满足烧开水、煮饭及煎、炒、蒸、炸的功能。

根据太阳灶的不同功能，对它所能提供的温度也有所区别。如蒸煮或烧开水、要求温度为100～150℃；如果需要煎、炒、炸，则需要提供500～600℃的高温。

太阳灶的功率大小，要根据用户的需求，一般家庭使用的太阳灶，其功率大多为500～1 500W之间，截光面积约1～3m^2。

通过试验和检测，太阳灶的热效率（即太阳灶提供的有效热能与它接收太阳的能量之比）约为50％。

太阳灶除以上性能以外，还要满足炊事人员操作的方便，如锅灶的高度，它与人体的距离，以及便于定时调整角度和方位，此外，还要考虑耐候性能和抗风载等要求。

5.2.2 太阳灶的结构类型

根据太阳灶收集太阳能量的不同，基本上可分为箱式太阳灶、聚光太阳灶和综合型太阳灶三种基本结构类型。

(1) 箱式太阳灶

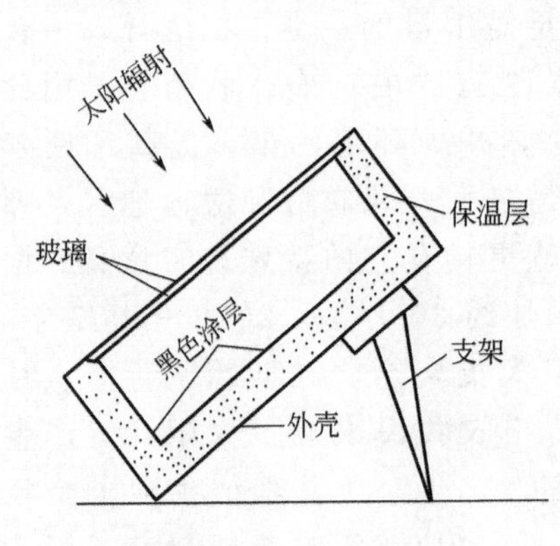

图5-1 箱式太阳灶

箱式太阳灶的基本结构为一箱体，如图5-1所示。箱体上面有1～3层玻璃（或透明塑料膜）盖板，箱体四周和底部采用保温隔热层，其内表面涂以太阳吸收率比较高（应大于0.90）的黑色涂料，此外还有外壳和支架。

蒸、煮食物可以放在箱内预制好的木架或铅丝弯成的托架上。

使用时，将箱体盖板与太阳光垂直方向放置、预热一定时间后，使箱内温度达100℃时，即可放入食物，箱子封严后即开始进行蒸煮食物，使用时要进行几次箱体角度的调整，一般1～2h后即熟。

箱式太阳灶可以蒸馒头、包子，焖米饭，炖肉，熬菜和煮红薯等。此外还可以用它蒸煮医疗器具和作消毒灭菌之用。

为了提高箱式太阳灶的热性能，人们又在箱式太阳灶朝阳玻璃面四周加装平面反射镜 1～4 块，如图 5-2 所示，这样太阳光照射到反射镜后，有很大一部分能量会进入玻璃面，使箱式太阳灶有效能量提高 1～2 倍。

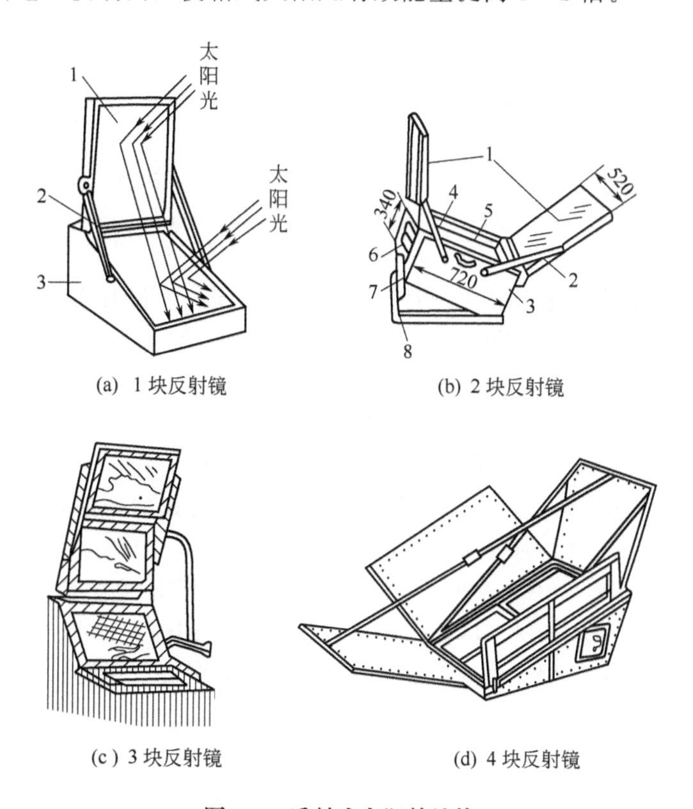

(a) 1 块反射镜　(b) 2 块反射镜

(c) 3 块反射镜　(d) 4 块反射镜

图 5-2　反射式太阳灶结构

1—反射镜；2—支架；3—灶体；4—铝板空箱体；
5—玻璃盖板；6—炉门；7—支柱；8—底框

此类太阳灶的优点是结构简单、成本低廉、使用方便。但由于聚光度低、功率有限，箱温不高，只能适合于蒸煮食物，而且时间较长，使用受到很大的限制。

(2) 聚光太阳灶

聚光太阳灶（彩图 8）是利用抛物面聚光的特性，大大提高了太阳灶的功率和聚光度，使锅圈温度可达 500℃以上，大大缩短了炊事作业时间，如图 5-3 所示。

聚光太阳灶又可以根据聚光方式的不同，分为旋转抛物面太阳灶、球面太

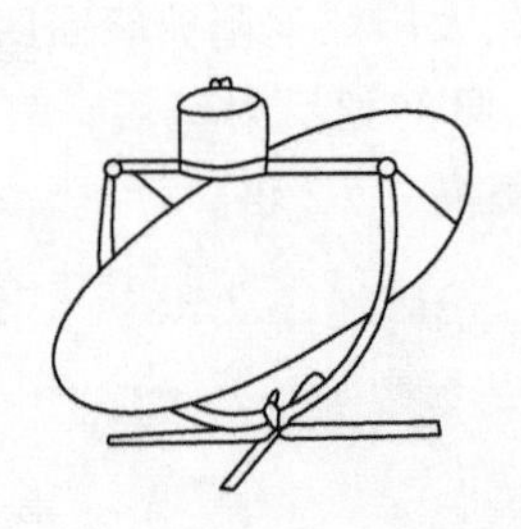

图 5-3 聚光太阳灶示意图

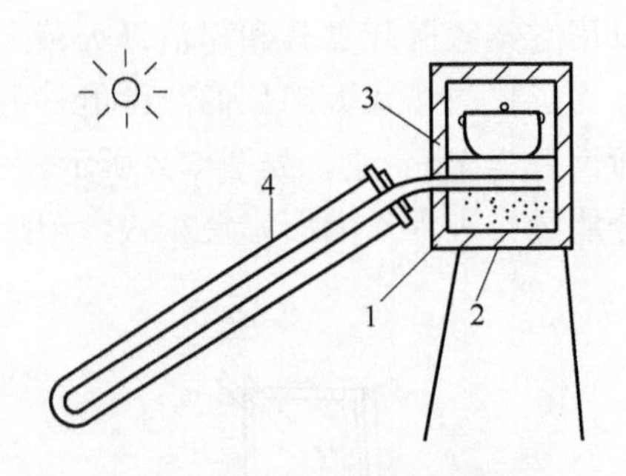

图 5-4 热管真空集热管太阳灶

1—散热片；2—蓄热材料；
3—绝热箱；4—热管真空集热管

阳灶、抛物柱面太阳灶、圆锥面太阳灶和菲涅耳聚光太阳灶等。由于旋转抛物面太阳灶具有较强的聚光特性、能量大，可获得较高的温度，因此使用最广泛。

(3) 综合型太阳灶

综合型太阳灶是利用箱式太阳灶和聚光太阳灶所具有的优点加以综合，并吸收真空集热管技术、热管技术研发的不同类型的太阳灶。下面简单介绍几种。

① 热管真空管太阳灶。利用热管真空管和箱式太阳灶的箱体结合起来形成热管真空管太阳灶，如图 5-4 所示。

② 储热太阳灶。图 5-5 所示为储热太阳灶，太阳光通过聚光器 1，将光线聚集照射到热管蒸发段 2，热量通过热管迅速传导到热管冷凝端 5，通过散热板 4 再将它传给换热器 6 中的硝酸盐 7，再用高温泵 9 和开关 10 使其管内传热

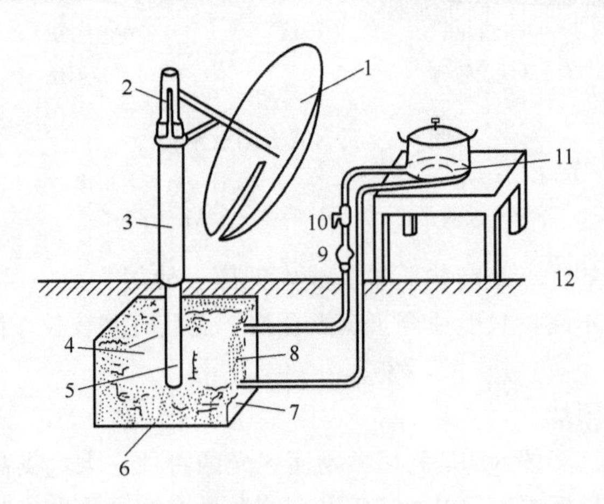

图 5-5 储热太阳灶

1—聚光器；2—热管蒸发段；3—支撑管；4—散热板；5—热管冷凝端；
6—换热器；7—硝酸盐；8—绝热层；9—高温泵；10—开关；11—炉盘；12—地面

介质把硝酸盐获得的热量传给炉盘 11，利用炉盘所达到的高温进行炊事操作。

这类太阳灶实际上是一种室内太阳灶，比室外太阳灶有了很大改进，但技术难度在于研制一种可靠的高温热管以及管道中高温介质的安全输送和循环，而且对工作可靠性要求很高，技术难度较大，目前尚无成熟的产品上市。

③ 聚光双回路太阳灶。图 5-6 所示也是一种典型的室内太阳灶。其工作原理是：聚光器 2 将太阳光聚集到吸热管 1，吸热管所获得的热量能将第一回路 3 中的传热介质（棉籽油）加热到 500℃，通过盘管换热器把热量传给锡，锡熔融后再把热量传给第二回路中的棉籽油，使其达到 300℃左右，最后通过炉盘 9 来加热食物。

这种太阳灶循环系统比较复杂，制作工艺要求高，生产成本也比较高，暂时难于推广和应用。

④ 抛物柱面聚光箱式灶。抛物柱面聚光箱式灶如图 5-7 所示，它吸收了两种太阳灶的优点研制而成。

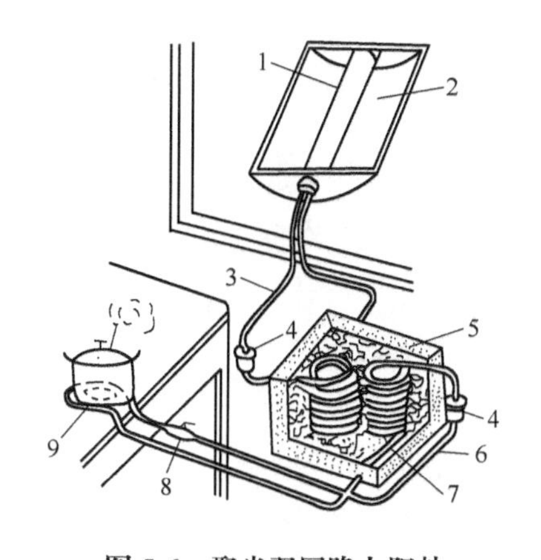

图 5-6　聚光双回路太阳灶

1—吸热管；2—聚光器；3—第一回路；
4—泵；5—隔热层；6—第二回路；
7—锡；8—开关；9—炉盘

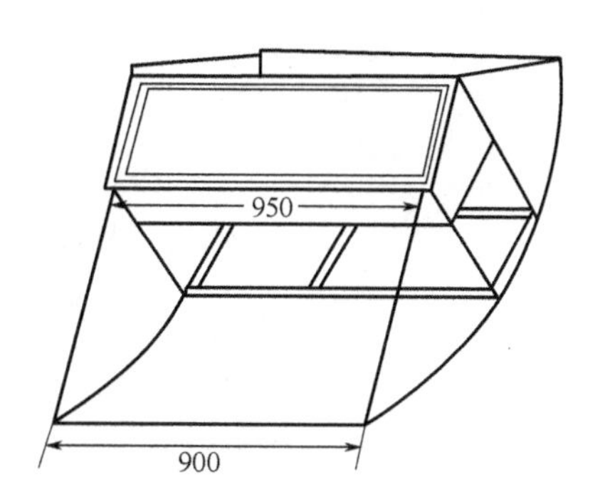

图 5-7　聚光箱式灶外形结构

（单位：mm）

图 5-8 所示为该太阳灶箱体剖面图。阳光分别由箱盖窗口直接入射，和由箱体下面两侧的抛物柱面镜聚光后射入箱内，以提高箱内功率和温度。

该灶型的光学反射示意图如图 5-9 所示。

此类太阳灶优点是功率较大、能量集中，散热损失小，升温快，灶温高达 200℃以上。

长条形箱内装有挂架，每次可放 12 个饭盒，比一般箱式灶容量大 1 倍，若在挂架上放置筒形水箱，则可用来烧开水，每小时可烧 3kg 左右开水。

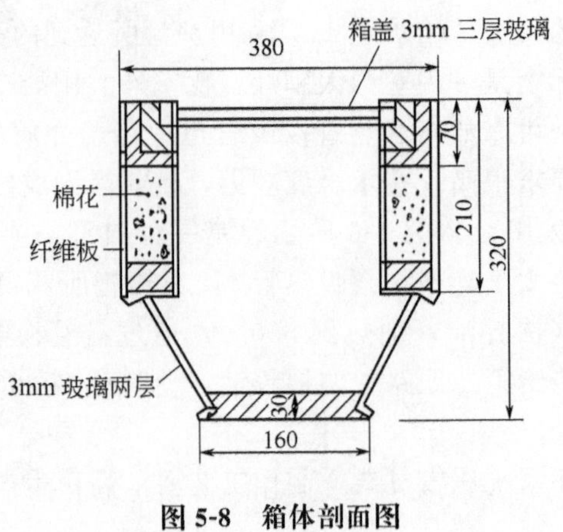

图 5-8　箱体剖面图

（单位：mm）

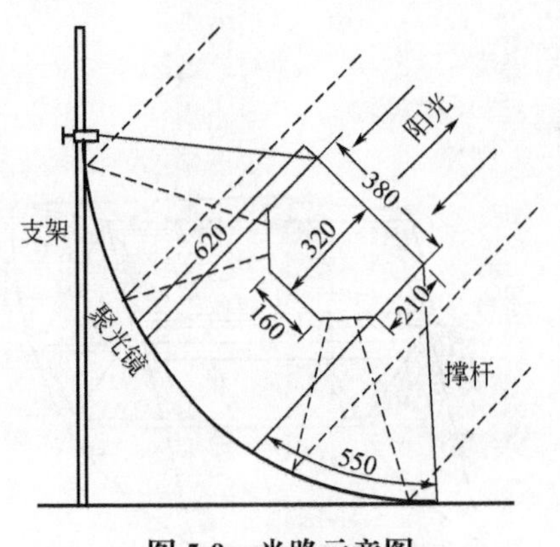

图 5-9　光路示意图

（单位：mm）

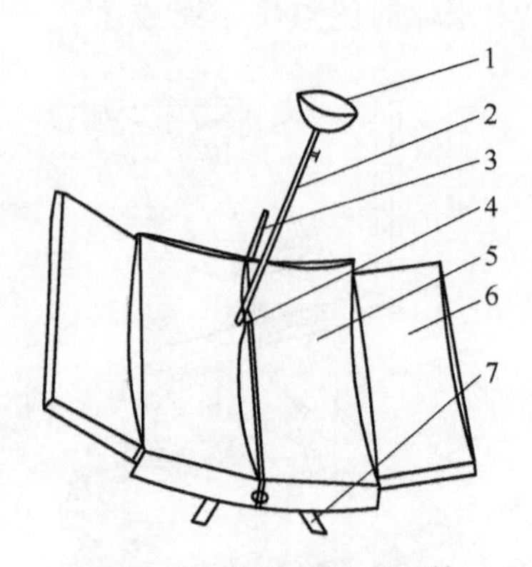

图 5-10　箱式聚光太阳灶

1—锅圈；2—支撑杆；3—调节把手；4—支点；5，6—镜面；7—支架

（4）介绍几种常用太阳灶

① 箱式聚光太阳灶。如图 5-10 所示（彩图 8）。该产品的特点是灶体像只箱子，可折叠，便于携带。使用时打开箱子，装好支撑杆 2 和锅圈 1，调节把手 3 使光线聚集于锅圈上即可使用，特别适合于野餐或室外工作人员使用。

② LZ 型太阳灶。如图 5-11 所示。该灶型截光面积约 1.5～3m²，一般分三块拼装而成，便于运输和操作使用，反光面较大，多采用聚酯镀铝反光薄膜。

③ YT-Ⅵ型折叠式太阳灶。如图 5-12 所示。此类太阳灶和 LZ 型太阳灶相近，也可以折叠，支架下有三个轮子，便于移动。

④ LZT 型薄铸铁太阳灶。如图 5-13 所示。该灶特点是便于大规模批量生产，便于运输和安装，使用寿命也比较长，只是反光材料需 2～3 年换一次。

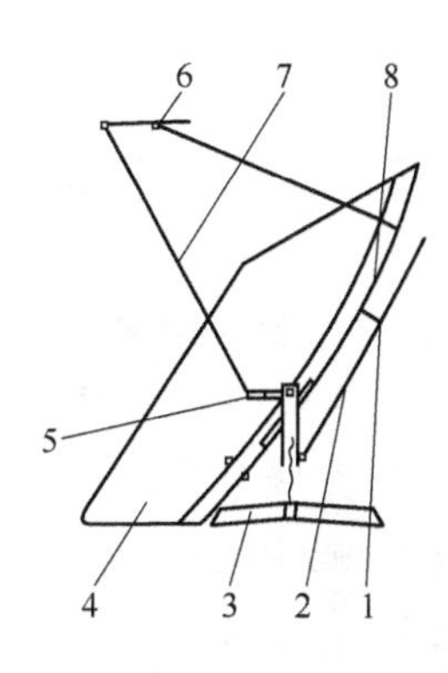

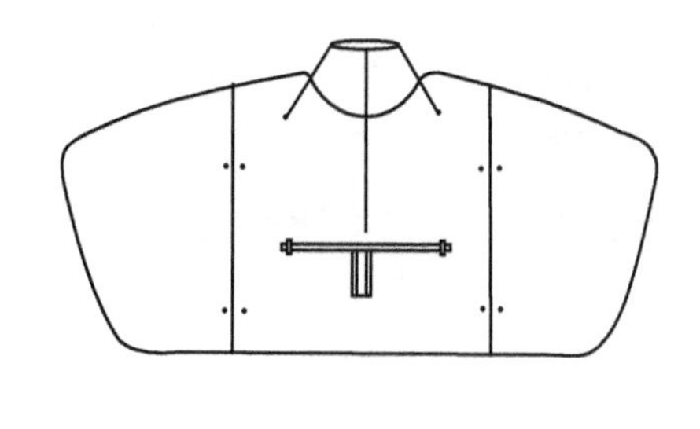

图 5-11　LZ 型太阳灶

1—齿杆支座；2—调节齿杆；3—底座；4—灶面；
5—丁字轴；6—锅圈；7—支撑杆；8—角铁

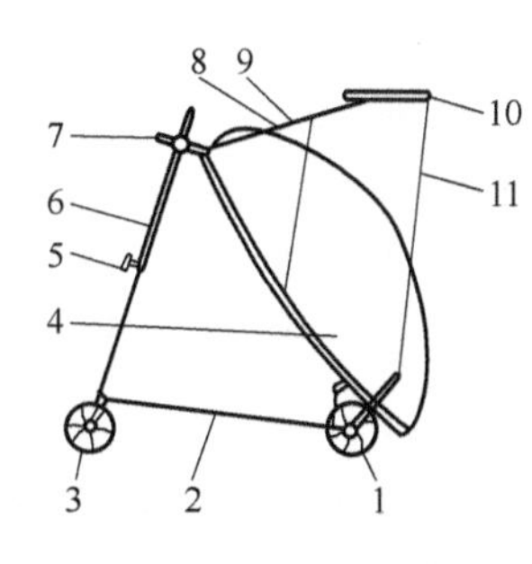

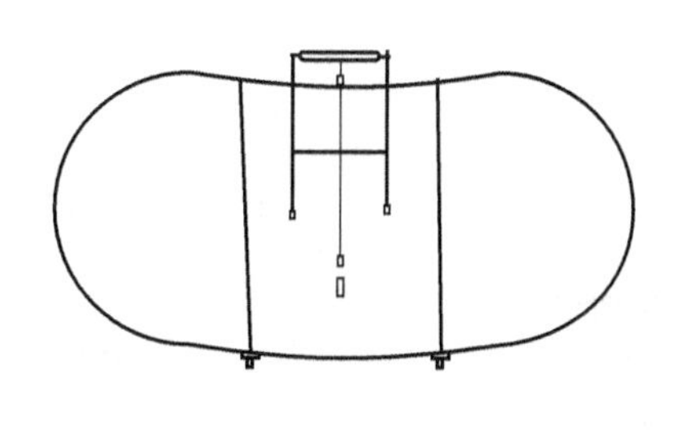

图 5-12　YT-Ⅵ型折叠式太阳灶

1—转动轮；2—底架；3—小轮；4—灶面；5—手轮；6—定位杆；
7—手柄；8—后支杆；9—前支杆；10—锅圈；11—平行拉杆

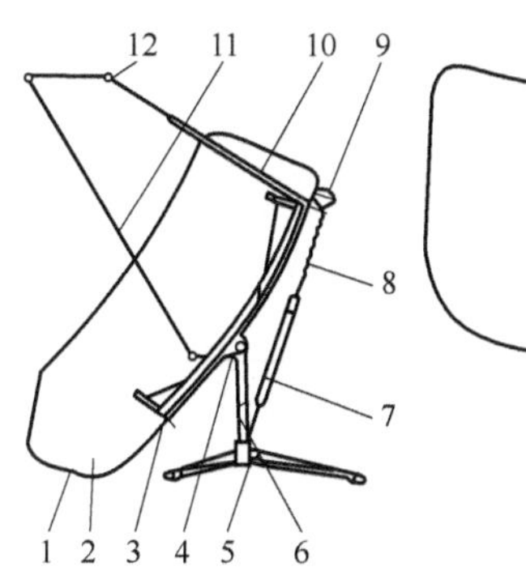

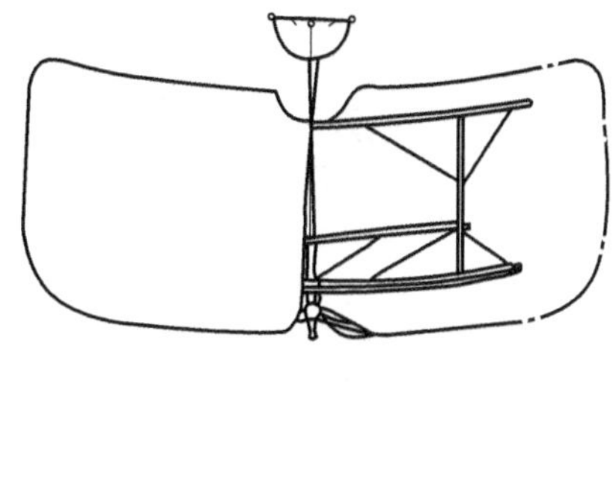

图 5-13　LZT 型薄铸铁太阳灶

1—灶壳；2—灶面；3—托架焊合；4—耳环；5—支撑脚；6—丁字轴；7—调节螺母；8—调节螺杆；9—手把；10—后支杆；11—前支杆；12—锅圈

5.3 太阳灶的设计

5.3.1 旋转抛物面聚光太阳灶的设计

目前我国的聚光太阳灶产品，基本上都属于旋转抛物面聚光太阳灶。

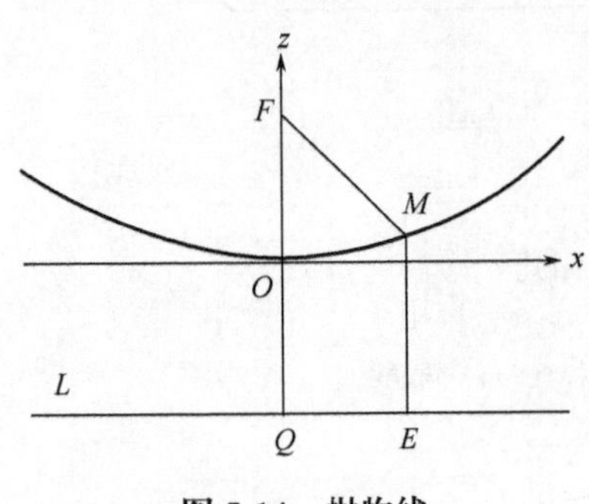

图 5-14 抛物线

所谓抛物线的数学含义是，有一动点 M 到定点 F 和定直线 L 的距离相等，则动点 M 的轨迹称为抛物线，如图 5-14 所示。

根据上述数学含义，用数学方法推导出抛物线的标准方程为：

$$x^2=2Pz \tag{5-1}$$

或

$$x^2=4fz \tag{5-2}$$

$P=|FQ|$，为定点 F 到准线 L 的距离。F 点为抛物线的焦点，O 点为抛物线的顶点，$f=|OF|=\frac{1}{2}P$，是抛物线的焦距。

FM 称为动径，$FM=ME$。

通过焦点和顶点的直线称抛物线的主光轴。

抛物线的聚光原理，如图 5-15 所示，太阳光线 S 与 z 轴平行方向射到抛物线 $x^2=4fz$ 上的 M（x_1，z_1）点。连接 MF，并过 M 点作切线 MT，与 z 轴交于 T（o，z_0）点，作直线 MN 使其与切线垂直，根据光的反射定律，入射角等于反射角，若能证明 $L_1=L_2$，就可以证明 MF 确实是反射光线。

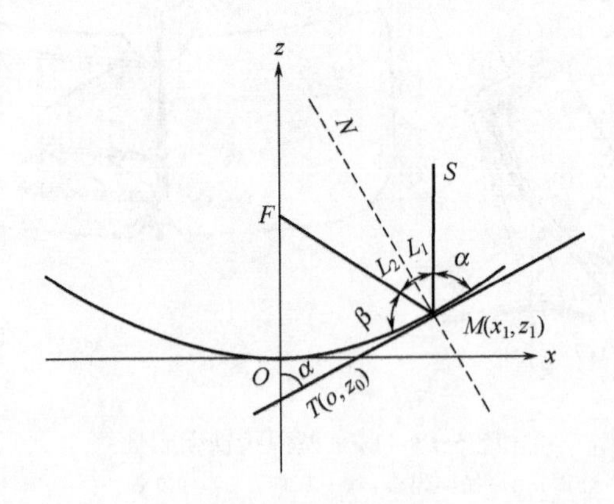

图 5-15 聚光原理

因为 MT 的斜率 $R=\frac{dz}{dx}=\frac{x}{2f}$

则：$\frac{z_1-z_0}{x_1}=\frac{x_1}{2f}$

代入式(5-2) 整理后得

$$z_0=-z_1$$

然后可求得 $|FM|=f+z_1$； $|FT|=f-z_0$

$$故\ |FT|=|FM|$$

这样△FTM 为等腰三角形，所以$\angle\alpha=\angle\beta$

于是 $L_1=L_2$

因为 M 点是任意选取的，所以抛物线上任何一点都具有同样的性质、即只要太阳光沿主轴平行入射、则所有反射光线都能汇聚于 F 点，而 F 点恰好是抛物线的定点。

由上述证明可知，抛物线聚光必须具备的两个条件是：

① 入射光线必须是平行光线；

② 入射光线的方向应与主轴平行。

5.3.2 抛物线的制作方法

抛物线制作如图 5-16 所示。

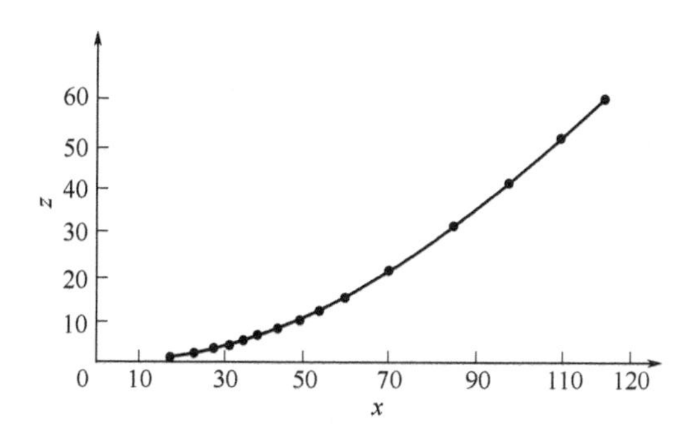

图 5-16 抛物线大样

(1) 画抛物线

根据抛物线公式 $x^2=4fz$ 进行比较准确的坐标计算。根据焦距 F 取值的不同，可得出不同的 x 与 z 值，如表 5-1 所示。

当选定 f 值后，从表 5-1 中找出 x 与 z 的相应坐标值，将它们精确地在坐标纸上定点，连接各点就可以得到太阳灶灶面抛物线曲线大样。

表 5-1　不同焦距抛物线 x、z 的坐标值

f /cm	z	$\pm x$	f /cm	z	$\pm x$	f /cm	z	$\pm x$	f /cm	z	$\pm x$
50	1	14.1	60	10	49.0	70	35	99.0	80	65	144.2
	2	20.0		12	53.7		40	105.8		70	149.7
	3	24.5		15	60.0		45	112.2		75	154.9
	4	28.3		20	69.3		50	118.3		80	160
	5	31.6		25	77.5		55	124.1	90	2	26.8
	6	34.6		30	84.9		60	129.6		5	42.4
	8	40.0		35	91.7		65	134.9		10	60.0
	10	44.7		40	98.0		70	140		15	73.5
	12	49.0		45	103.9	80	1	17.9		20	84.9
	15	54.8		50	109.5		2	31.0		25	94.9
	20	63.2		55	114.9		5	40.0		30	103.9
	25	70.7		60	120		8	50.6		35	112.2
	30	77.5	70	1	16.7		10	56.6		40	120.0
	35	83.7		2	23.7		15	69.3		45	127.3
	40	89.4		3	29.0		20	80.0		50	134.2
	45	94.9		4	33.5		25	89.4		55	140.7
	50	100		5	37.4		30	98.0		60	147.0
60	1	15.5		8	47.3		35	105.8		65	153.0
	2	21.9		10	52.9		40	113.1		70	158.7
	3	26.8		15	64.8		45	120.0		75	164.3
	4	31.0		20	74.8		50	126.5		80	169.7
	5	34.6		25	83.7		55	132.7		85	174.9
	6	37.9		30	91.7		60	138.6		90	180
	8	43.8									

（2）简易作图法

用 1∶1 的比例定出参数点坐标 M（x_0，z_0），并将 x_0，z_0 分成同样多的等分（如 n 等分）。假定 $n=4$，并在 x 轴和 z 轴上加以编号，如 0，1，2，3，4；和 0，1′，2′，3′，4′如图 5-17（a）、（b）所示。

连接 04′，03′，02′，01′并依次找出交点 4″，3″，2″，1″连接 4″，3″，2″，1″即可得到一条近似的抛物线。如果等分格足够多，如 $n>20$，则作出的抛物线就足够光滑和精确。

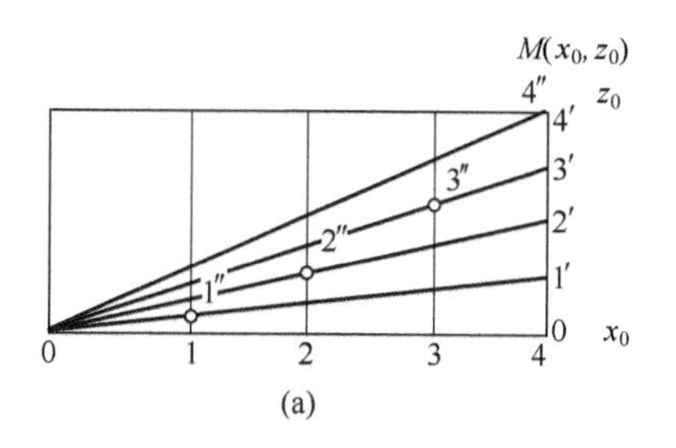

(a)

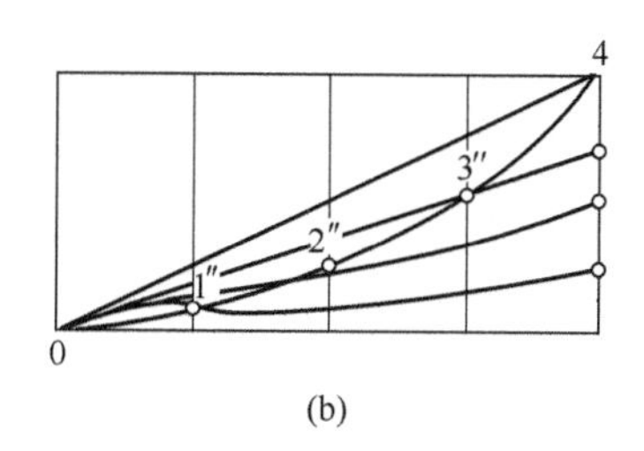

(b)

图 5-17　简易作图法

5.3.3　聚光太阳灶曲面的设计

聚光太阳灶曲面都是采用旋转抛物面的某一部分，根据选择的抛物面部位的不同，可分为正轴灶和偏轴灶两大类。

（1）正轴灶的设计

正轴灶的抛物面顶点恰好在抛物面的正中心，抛物面的主轴恰好为抛物面的对称中心轴。

该灶型结构简单，容易制造。如图 5-18 所示。它在太阳高度角比较高的季节以及中午时段使用能获较高的效率。当太阳高度角较小时，一部分阳光会返射在锅的侧面，效果不太理想。

正轴灶适合我国南方广大农村使用。如江苏盐城锅厂生产的薄壳铸铁灶就属此类产品。

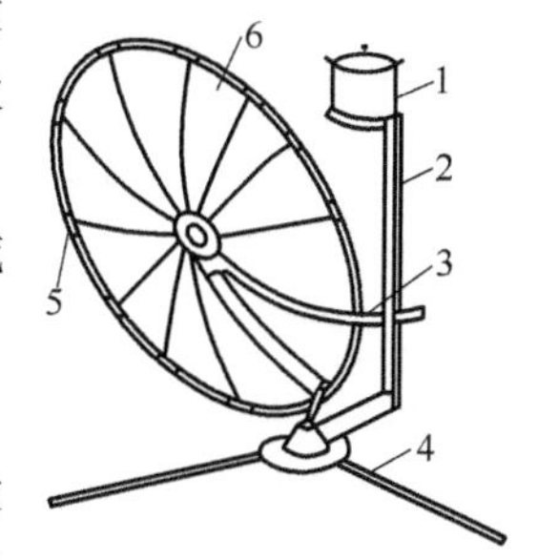

图 5-18　正轴聚光太阳灶

1—炊具；2—锅架；3—支架；4—底座；5—边框；6—反射面

（2）偏轴灶的设计

偏轴灶曲面的设计，通常采用三圆作图法进行设计，该灶型不仅能将反射光在高度角的使用范围内汇聚在锅底上，而且锅架靠近灶体，操作使用方便。适合我国很多地区，是一种常用灶型。

如图 5-19 所示，在 F-xyz 坐标系中，$\angle PFQ$ 为收集锥的顶角，F 为顶点，再建立 O-xyz 坐标系，抛物线 MON 的顶点设于该坐标系原点，焦点则与 F-xyz 坐标系原点 F 重合，M、N 分别为抛物线与 PF、QF 的交点。该图为三维空间，令 Fx 轴与 Ox 轴平行（垂直于图面向外），Fy 轴与 Oy 轴共面，则收集锥所包围的抛物面就是在高度角 h 值的灶面。

经数学推导和演算可得到三维方程式，即：

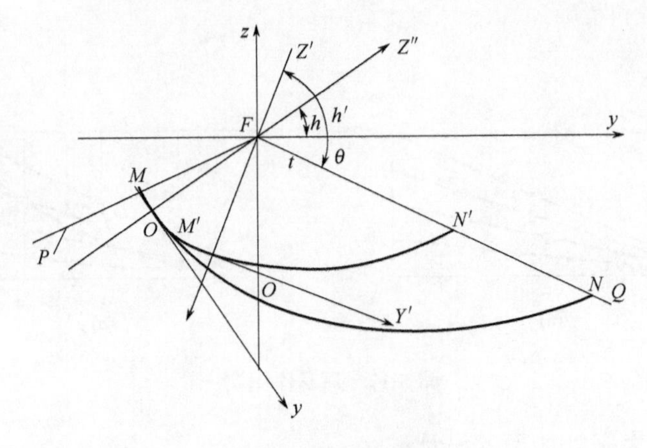

图 5-19　偏轴灶曲面

$$x^2+y^2-\cot^2\theta z^2=0$$

$$x^2+y^2-4fz=0 \tag{5-3}$$

$$x^2+(y-B)^2=R^2 \tag{5-4}$$

式中　$B=\dfrac{2f\cos h}{\sin\theta+\sin h}$

$R=\dfrac{2f\cos\theta}{\sin\theta+\sin h}$

式(5-4) 表示是一个圆，其圆心 y 坐标系为 B，半径为 R。

这样，给出 f、θ，在不同的太阳高度角 h 可得到不同的圆。

给出设计的 $h_{\min}$ 和 $h_{\max}$ 值，可得到圆（B_1，R_1）和圆（B_2，R_2），此两个圆公共面积作为太阳灶截光面。如图 5-20 所示。

为便于操作，F 点（即锅底平面）不能太高、需对上述两个圆决定的截光面在宽度方向进行修正。假定要求在 $h_{\min}$ 时，截光面下部边缘与 π_0 平面接触（考虑灶壳厚度、π_0 平面稍高于地面而且与地面平行），这时 F 到 π_0 距离为操作高度 H，则 π_0 平面与抛物面交线在 z 方向的投影仍具有式(5-4)的形式：

即：
$$x^2+(y-B_3)^2=R_3^2 \tag{5-5}$$

式中　$B_3=2f\tan h_{\min}$；

$R_3=\dfrac{2f}{\sin h_{\min}}\sqrt{1-\dfrac{H}{f}\sin h_{\min}}$ 。

该轮廓修正线仍为圆，圆心的 y 坐标值 B_2 与所选择的 $h_{\min}$ 不同而异，半径 R_3 还与 H 有关。

【例5-1】 假定某太阳灶，$h_{min}=h_2=30°$，$h_{min}=h_1=75°$，焦距 $f=0.80\text{m}$，投影角 $\theta_1=25°$，$\theta_2=20°$，当 $h=25°$时 $H=1.08\text{m}$

试用三圆作图法，画出灶面轮廓线。

解

计算

第一个圆 C_1 的参数：

$$B_1=\frac{2f\cos h_1}{\sin\theta_1+\sin h_1}=0.2982\text{m}$$

$$R_1=\frac{2f\cos\theta_1}{\sin\theta_1+\sin h_1}=1.0443\text{m}$$

第二个圆 C_2 的参数：

$$B_2=\frac{2f\cos h_2}{\sin\theta_2+\sin h_2}=1.6456\text{m}$$

$$R_2=\frac{2f\cos\theta_2}{\sin\theta_2+\sin h_2}=1.7856\text{m}$$

第三个圆 C_3 的参数：

$$B_3=2f\cot h=2f\cot 25°=2.4312\text{m}$$

$$R_3=\frac{2f}{\sin h}\sqrt{1-\frac{H}{f}\sin h}=\frac{2f}{\sin 25°}\sqrt{1-\frac{1.08}{0.8}\sin 25°}=2.4811\text{m}$$

作图

根据上述计算作图

如图5-20所示。

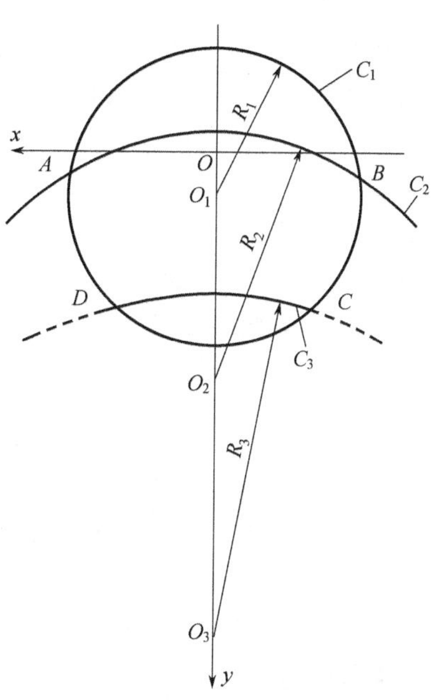

图5-20 【例5-1】图

ABCD 四条弧线组成的截光面（亦称三图四弧截光面）就是所要做的太阳灶灶面轮廓线。

该截光面的面积，可利用圆面积、弓形面积公式进行计算得到。

5.3.4 太阳灶各参数的设计与确定

（1）太阳高度角 h

太阳灶截光面应使在最大太阳角 h_{max} 和最小太阳角 h_{min} 范围内都能使光线集中于锅底。

太阳灶的太阳高度角是根据地理位置，海拔高度、气候条件、炊事习惯、使用期限及制作工艺条件多种因素来确定的。

根据计算和实践经验，推荐下列公式进行计算，即：

$$h_{\max}=\begin{cases}101^\circ-0.8\Phi\ (\Phi\geqslant 23.5^\circ)\\82^\circ\ (\Phi<23.5^\circ)\end{cases} \tag{5-6}$$

$$h_{\min}=39.5^\circ-0.4\Phi \tag{5-7}$$

式中，Φ 为当地的地理纬度，范围为 30°～45°。

【例 5-2】 已知地理纬度 Φ，可用以上两式求出太阳灶的太阳高度角

$\Phi=30^\circ$ 则 $h_{\max}=77^\circ$ $h_{\min}=27.5^\circ$

$\Phi=36^\circ$ 则 $h_{\max}=72.1^\circ$ $h_{\min}=25^\circ$

$\Phi=45^\circ$ 则 $h_{\max}=65^\circ$ $h_{\min}=21.5^\circ$

一般情况 $h_{\min}$ 可在 20°～30°之间选取。

(2) 太阳灶的投射角 θ 与光斑直径 d 有直接关系，如表 5-2 所示

表 5-2 θ 角与光斑直径 d 的关系

θ	5°	10°	15°	20°	30°	40°	50°	60°
d	11.4L	5.7L	3.8L	2.9L	2L	1.5L	1.3L	1.1L

L 值和灶面反光材料有关，如小玻璃镜片 L 值为 5cm 左右。对普通太阳灶而言 d 的范围以 15～20cm 为宜，这样 θ 值可在15°～20°之间选取。

θ 角的大小不仅影响 d，对吸热面的吸收率也有影响。θ 角越小、吸收率越低，θ 角过大，热效率无明显上升，而对太阳灶其他参数产生不利影响。

光斑直径大小决定于聚光比和焦面温度。光斑直径越小、聚光比越大、焦面温度越高。但若焦面温度太高，使锅底面上温度不均匀，局部地区会烧糊食物，热效率反而会下降，因此焦面温度最好低于 100℃为宜，光斑直径设计在 10cm 左右为好。

(3) 太阳灶的截光面积 A_c

太阳灶的截光面积可用下式进行估算

$$A_c=\frac{0.24N\times60\times4.1868}{10^4\times I\eta}=0.006\frac{N}{I\eta} \tag{5-8}$$

式中 A_c——截光面积，m^2；

N——太阳灶的有效功率，W；

I——垂直于太阳光平面上的太阳直接辐照度，J/(cm² · min)；

η——太阳灶的平均热效率，一般取 50%左右。

【例 5-3】 某太阳灶 $I=4.1868$ J/(cm² · min)，$\eta=50\%$，$N=700$W，求出 A_c。

解：$A_c=0.006\times\frac{700}{4.1868\times0.5}=2\ (m^2)$

（4）太阳灶的操作高度 H

太阳灶的操作高度 H 主要是考虑操作人员人体高度的要求，一般设计操作高度 H 取 0.9～1.2m，最大应不超过 1.25m。

（5）太阳灶的焦距 f

太阳灶焦距 f 是抛物线（面）的基本参数，f 确定后，则抛物线（面）随之确定。

选择焦距 f 主要考虑：

① 太阳灶要有较高的灶面采光系数（灶面采光系数 $\beta=S/S_m$，其中 S 是截光面积，S_m 是灶面曲面积）；

② 较低的操作高度。

一般家用太阳灶的焦距在 60～80cm 范围内选择。如 $A_c=1.5m^2$、选 $f=0.6\sim0.65m$；$A_c=2.0m^2$，选 $f=0.7\sim0.75m$；$A_c=2.5m^2$，选 $f=0.8m$。

5.3.5　太阳灶的结构设计

（1）太阳灶的灶面结构

太阳灶的灶面结构包括基面部分和反光材料。从曲面类型分，有旋转抛物面、球面、圆锥面、菲涅耳反射面、抛物柱面等。

从太阳灶的灶形来分，有正轴灶（正圆、椭圆、扁圆），偏轴灶（矩形、扇形、椭圆、扁圆）。而灶面结构也有整块、两块、三块或四块组合灶面。

（2）太阳灶的支撑和跟踪装置

① 太阳灶的支撑机构。太阳灶的支撑机构包括灶面支撑体和锅架支撑体。灶面支撑体常见的有重心支撑体和小车支撑体。而锅架支撑体也有两种形式，一是以地面作支撑体，锅架转动时，锅具位置不变。另一种是锅架被支撑在灶面上，隔十分钟左右要调一次灶面位置，以确保锅具处于焦点位置。

灶面支撑机构如图 5-21 所示，该灶采用小车支撑。其特点是移动十分方便，当阳光被遮挡后，人们可以很轻松地把太阳灶推移到太阳光线比较好的地方进行使用。

图 5-22 所示为锅架被支撑在地面上。其特点是稳定性好，炊事高度保持不变。

② 太阳灶的支撑和跟踪装置是相互关联的，它们应共同满足下列要求。

a. 确保锅底处在焦点（斑）位置。

b. 保持锅架水平稳定，不得倾斜。

c. 能及时跟踪太阳方位角和高度角的变化。

③ 太阳灶的跟踪装置。

太阳灶的跟踪装置可分为手动跟踪、自动跟踪和控放式自动跟踪装置。

a. 手动跟踪装置。太阳灶的高度角和方位角是在不断地变化的。但是高度角每天变化很小，几天内基本上可看成不变，因此几天调节一次即可，但方位角则需经常调整，太阳灶操作人员只要隔十几分钟调整一次方位角，就能满足太阳灶的正常工作需求。这种调整大多是用手动完成的。其特点是结构简单、造价低廉，运行可靠性高。

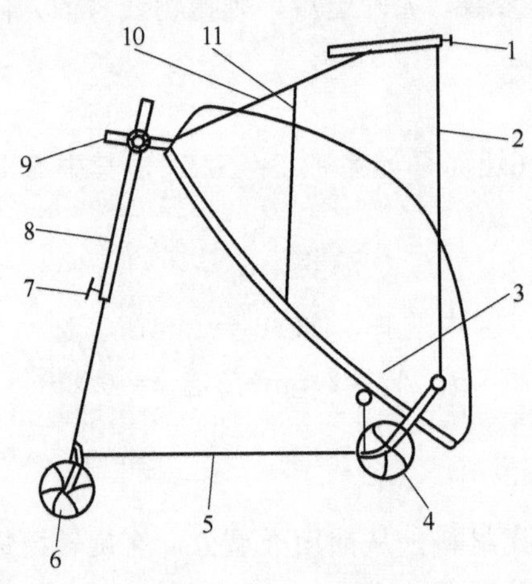

图 5-21　灶面支撑机构

1—锅架；2—平行拉杆；3—聚光器；4—转动轮；5—底架；6—小轮；7—手轮；8—定位杆；9—手柄；10—后支杆；11—前支杆

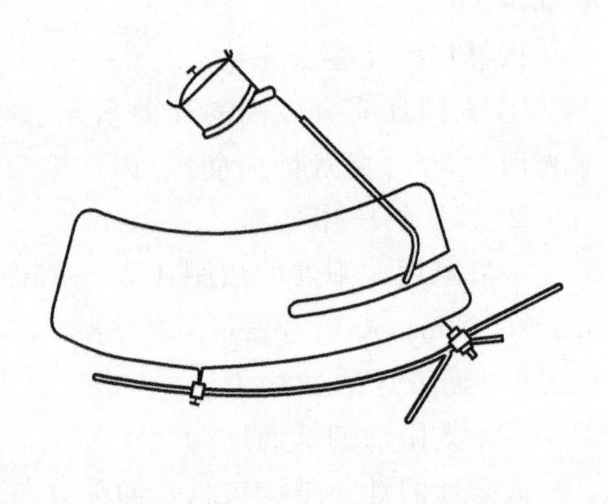

图 5-22　锅架支撑在地面上的太阳灶示意图

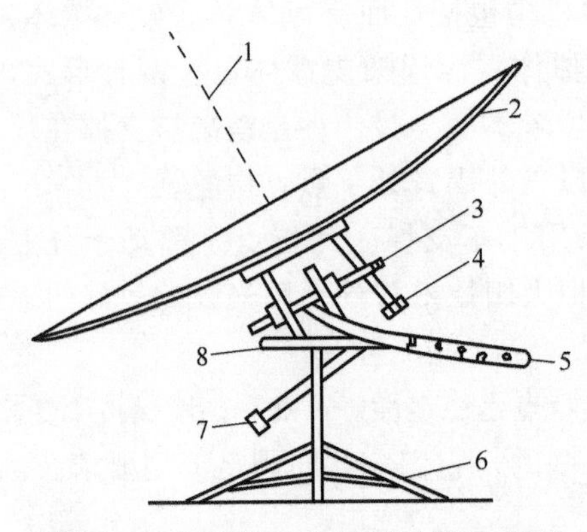

图 5-23　同步跟踪太阳灶结构示意图

1—主光轴；2—灶面；3—回转轴；4—赤纬调节杆；5—配重杆；6—支撑脚；7—地纬调节杆；8—支撑座

b. 自动跟踪装置。太阳灶的自动跟踪装置，应采用双轴跟踪系统，即在高度角方向上的南北向跟踪和在方位角方向上的东西向跟踪。这样的装置，需要两套信号传输、控制和传动系统。其特点是跟踪精度高，缺点是结构复杂，价格比较高。故无特殊情况，一般只采用单轴的东西向自动跟踪装置。图 5-23 所示，就是这种装置的典型实例。其中高度角变化靠赤纬调节杆 4 进行人工调节，几天调一次即可，调节时让太阳灶主轴与回转轴的交角等于 $90°-\delta$（δ 为赤纬角）。为使回转轴以每小时 15°的速度由东向西匀速转动，可采用电机驱动装置，也可采用钟表式传动机构。

由于电动机转速为每分钟达几百上千转，而太阳灶东西向转速很慢，因此变速装置较复杂，造价也比较高。

c. 控放式自动跟踪装置。该装置如图5-24所示。太阳灶转动的动力由偏重给出，每天早上将太阳灶转向东方，这时因偏重的作用，灶体就有一个和太阳运动方向一致的转运趋势，但制动装置则施以反向力控制着锅体的转动。当太阳运动时，焦面会偏离锅底，这时感受元件就发出信号，使制动装置放松制动绳索，灶体就自动转一下，这样焦点又回到锅底。

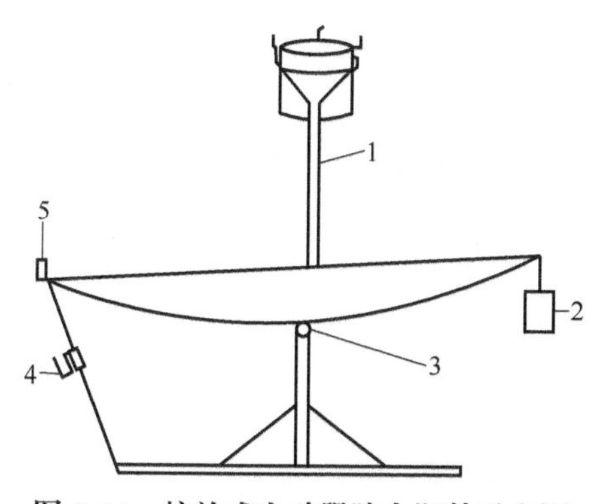

图5-24 控放式自动跟踪太阳灶示意图

1—锅架；2—偏重；3—回转轴；
4—制动装置；5—信号感受器

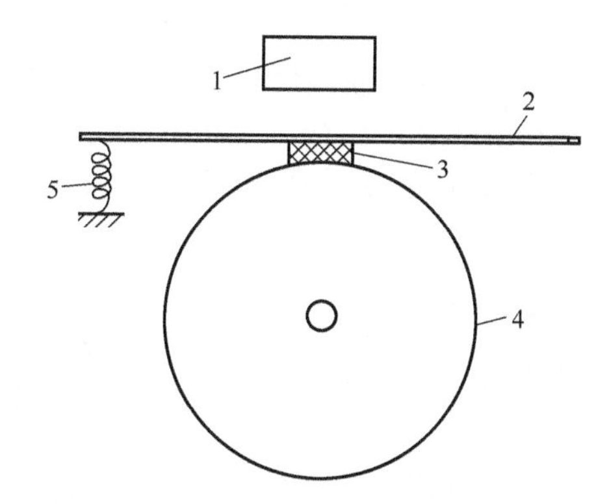

图5-25 制动装置

1—电磁铁；2—制动杆；3—制动橡皮；
4—制动轮；5—制动簧

图5-25所示为一套变速齿轮组和电磁制动器组成的制动装置。感受信号的元件是一个光控盒，它是由一组太阳能电池和遮阳板组成，如图5-26所示。一般安装在灶面边缘上。当太阳焦斑偏离锅底时，太阳光将直射光电池，产生较大电流，启动电磁铁，使制动轮失去阻尼，绳索放松，灶体自动转动一步，使焦

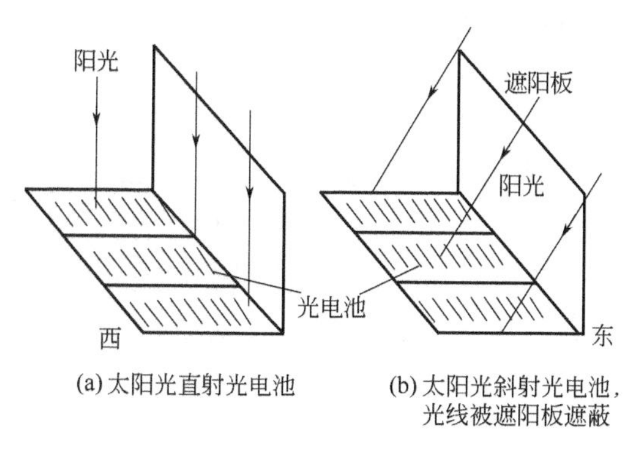

(a) 太阳光直射光电池　　(b) 太阳光斜射光电池，光线被遮阳板遮蔽

图5-26 光控盒

斑恰好位于锅底。这时电池的遮阳板又挡住太阳光线，电流减小，电磁铁磁性减弱，制动簧又拉紧制动橡皮，使制动轮停止转动。

太阳灶自动跟踪装置种类很多，但是要研制一套很可靠而价格又比较低廉的自动跟踪装置是很困难的，因为太阳灶在室外工作，条件恶劣，它不仅要承受阳光的曝晒，雨雪的侵蚀，还要抗击较大的风载以及沙尘的影响，因此研制简易的、性能可靠、低成本的自动跟踪装置是今后的主攻方向。

5.4 太阳灶的材料与制作

5.4.1 太阳灶的壳体材料

(1) 壳体材料的技术要求

① 要有一定的刚度，即保形性好，露天工作要求 5～10 年不变形。

② 耐水性好，能经受风、雨、雪、沙的侵蚀。

③ 能承受冷热变化的影响。

④ 力学性能好，能经受运输和中等撞击。

⑤ 便于工厂化、模具化、标准化生产。

(2) 太阳灶壳体材料

① 水泥灶壳。水泥灶壳具有良好的耐水性、保形性和抗自然环境侵蚀能力，稳定性和抗风性好，制作简单，价格较低。缺点是比较笨重。

水泥灶壳一般可分为混凝土和抗碱玻璃纤维增强水泥两种。混凝土是由水泥、水、沙、石子、钢筋等原料组成。水和水泥调成水泥浆，沙子为细骨料，石子为粗骨料，钢筋则为造型材料。

水泥的选择是确保灶壳质量的关键，水泥标号愈高，其黏结力愈强，故一般要选用 500 号以上的水泥。在配制混凝土时，应使用尽量清洁的水，不能含有脂肪、油、糖、酸和其他有害物质渗入。

抗碱玻璃纤维增强水泥是一种新的建筑材料，强度高、抗裂性强、工艺简单，可制成薄壳轻型灶。

② 玻璃钢灶壳。玻璃钢是一种用树脂为基体，以玻璃纤维布为增强材料的复合材料，便于工厂化生产，是一种轻质、高强度的材料，容易成型、坚固耐用，便于机械加工，表面可喷漆，使灶型光滑美观。缺点是易变形，故灶壳需考虑采用防止变形的加强筋支撑结构。

③ 菱苦土灶壳。菱苦土亦称高镁水泥。它是由一份木屑、三份菱苦土、加入少量植物纤维（如剑麻）和竹筋，用氯化镁溶液调和而成。其特点是比水泥灶轻，约为水泥灶质量的 1/3～1/2，而且具有很高的强度。缺点是可溶性

盐类（$MgCl_2$）的抗水性差，如养护不好，易变形，影响使用效果。

④ 薄壳铸铁灶壳。薄壳铸铁灶壳是采用我国传统的铁锅压铸工艺，使灶壳厚度仅有3mm，可分两块或四块组装而成。特点是便于大批量工厂化生产，坚固耐用，表面光滑，不易变形，还可以回收利用，运输和组装均很方便。缺点是机械加工性能较差。

⑤ 塑料灶壳。塑料是一种耐腐蚀、耐冲击、易加工、重量轻的材料，其成本也在不断地降低，抗老化问题也在逐步解决，是一种很有发展前景的灶壳材料。塑料成型可采用挤出成型、注射成型和模压成型三种工艺来制太阳灶壳体。

⑥ 其他材料的壳体。除以上五种灶壳材料以外，还可以利用其他材料来制造灶壳。如纸灶壳材料、石棉水泥材料、钢板材料等。值得一提的是利用抛光金属来制作灶壳也很有发展前途。如：把纯铝板压成抛物面，进行抛光和阳极化处理，可以直接得到具有反射面的灶壳，灶壳轻便耐用，便于运输、组装和使用。

5.4.2　太阳灶的反光材料

目前常用的太阳灶反光材料有普通玻璃镜片、高纯铝阳极化反光材料和聚酯薄膜真空镀铝反光材料三种。

(1) 普通玻璃镜片

一般的普通玻璃镜片厚2～3mm（特殊用途可更厚一些）。其优点是耐磨性好、光洁度高、价格便宜、易切割加工、购买方便，寿命可达4～5年（如果维护好寿命可提高1倍）。缺点是反光率不高（一般小于0.8），质量较大，粘贴比较麻烦，尤其镜片间的缝隙不易粘牢，雨水进入会造成反光层脱落，影响使用。为改进此缺陷，可将镜片尺寸改大，甚至用一大块曲面镜代替多块镜片，国外已有2m长的抛物柱面镜，其反射率高达0.90以上，已在太阳能热力发电站中应用。

(2) 高纯铝阳极氧化反光材料

选用高纯铝板进行冲压成型，然后进行抛光和阳极化处理，国外应用较多。

(3) 聚酯薄膜真空镀铝反光材料

利用聚酯薄膜作基材，采用高真空沉积技术，将高纯铝沉积在基材上，然后涂覆带有机硅材料的保护层，在薄膜背面涂上压敏胶。该材料具有较高的镜面反射率（一般为0.70～0.80），厚度极薄，便于剪贴，机械强度大，使用方便。缺点是使用寿命一般只有2～3年，但如果维护好，可延长使用寿命。必要时可几年更换一次反光材料来提高太阳灶的使用寿命。

5.4.3 太阳灶的制作

太阳灶的制作，主要是灶壳的加工生产，而各种类型的灶壳生产又离不开胎模和模具的制造。胎模和模具成型后就可以进行灶壳的生产加工。这里以水泥太阳灶为例，介绍太阳灶的制作工艺。其他类型太阳灶可以参照予以生产。

(1) 水泥太阳灶胎模的制作

利用镜面曲线样板（刮板）制作胎模过程如下。

① 镜面曲线样板的制作。灶面为偏焦灶面，即旋转抛物面的一部分。旋转抛物面为样板曲线绕 OZ 轴旋转一周而形成。灶面的焦点在 OZ 轴上，如图 5-27 所示。

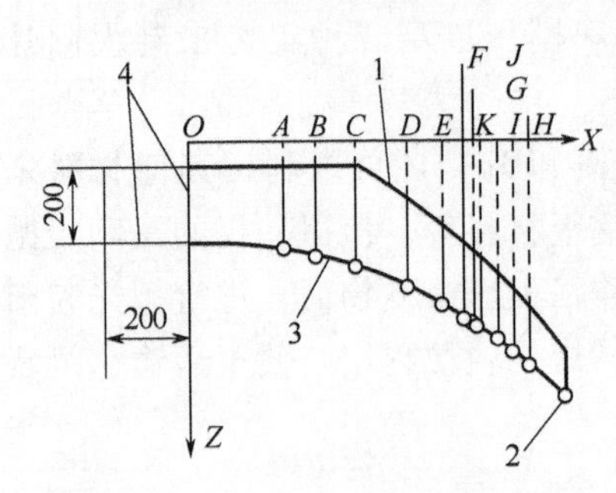

图 5-27 镜面曲线样板制作

1—样板外缘；2—校正点；3—抛物面；4—基准线

② 镜面（灶面）轮廓线样板的制作介绍如下。

样板由厚度 5mm 的钢板或五合板制成，样板（刮板）如为木质，其表面要作处理，如涂清漆或环氧树脂等，以增加刮板的耐磨性。

样板的用途：制作旋转抛物面胎模时作为刮板，在胎模上划灶面轮廓线时用，如安上旋转轴，便可划线。也可制作两块样板，一块作刮板用，另一块作划线用。

样板的制作：按照前面介绍的抛物线绘制法（坐标法）在板上划出对应的坐标点，打眼，用一条光滑的曲线把它们连接起来，便得到所求的抛物线。为了安装、校正准确起见，将最后的一点作为校正点（对于 $f=80$cm 的抛物线，最后一点的坐标点如取 $X=1\,400$mm，即有 $Z=616.9$mm)，并做出明显的标记。然后，细心地沿抛物线外缘切割钢板，并用大板锉沿曲线方向锉成光滑的型线，以便制成抛物线样板，此样板的精度直接影响到整个灶面的制作精度。

③ 旋转轴的制作。加工一根长 400mm，直径为 30mm 的轴，将轴的中段 200mm 的部分切去一半，使之成为长 200mm、宽 30mm 的平面，在该平面上划出中心线，再焊上一块 200mm 见方的铁板与之重合，便制成旋转轴，如图 5-28 所示。

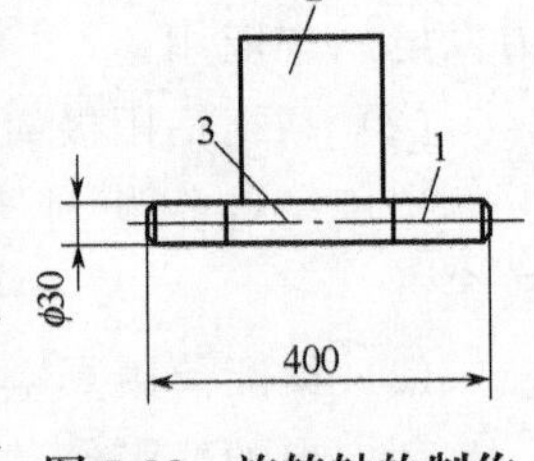

图 5-28 旋转轴的制作

1—旋转轴；2—铁板；3—轴平面

④ 旋转轴的安装与校正。安装旋转轴时，让样板的 OZ 轴与旋转轴之中心线重合，并用螺丝暂作固定，然后校正。校正方法如图 5-29 所示。将丁字尺尺尾紧靠在轴上，将校正点的 Z 坐标值 (616.9mm)

的刻度刚好处在刮板线上，再用一根直尺紧靠在丁字尺尺头上，小心地将校正点上、下转动，直至量得校正点到旋转轴中心线的尺寸为横坐标（X＝1 400mm）值为止。此时，拧紧螺丝，用焊锡将样板、旋转轴与小方铁板焊牢（可复校，无误后便可使用）。

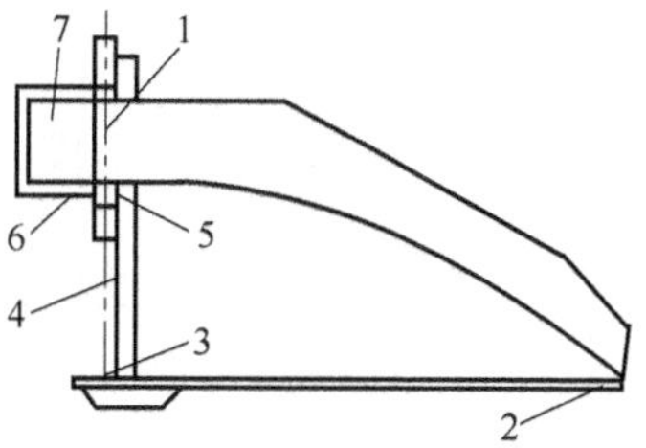

图 5-29　旋转轴校正方法
1—轴中心线、Z 轴线；2—校正点；3—校正点的 X 值（长直尺）；4—丁字尺；5—校正点、Z 值（丁字尺）；6—铁板；7—固定螺丝

⑤ 制作胎模。在胎模的制作过程中，为避免刮板的晃动，影响精度，刮板的另一端常制有滑轨面，如图 5-30 所示。胎模制成后，其凸表面应与刮板曲线处处吻合，其最大间隙不得大于 1mm。

（2）水泥膜的制作

水泥膜是最常见的制作太阳灶壳的模具，其制作方法如图 5-31 所示。可先在地面上做好水泥膜的地基，将刮板固定在支架上，刮板的下沿稍离地面，然后垒土坯和培土。培土时，一定要逐层夯实，防止出现塌落变形。最后，旋转刮板制凸模。

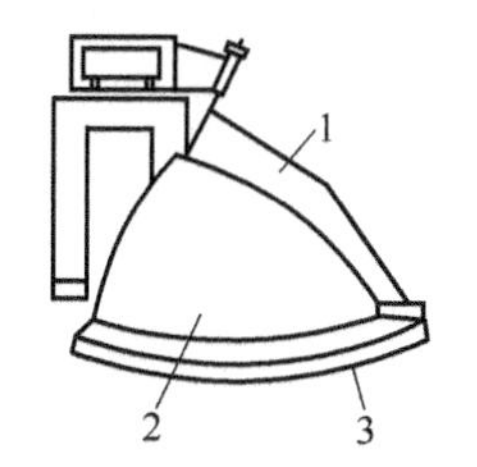

图 5-30　制作灶面胎模
1—样板；2—胎模；3—导轨

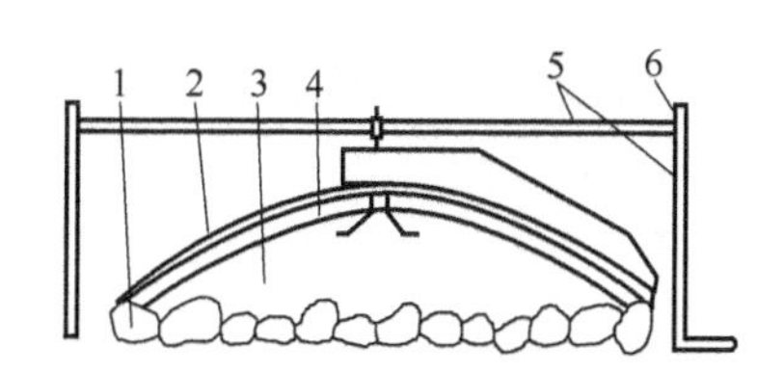

图 5-31　水泥膜制作方法
1—地基；2—水泥；3—砂浆土；4—草泥；5—支架；6—螺丝

在制好的胎模上打上一层混凝土（4～5cm）。混凝土先倒在土堆上，可用泥摔摊好压平，再将刮板缓慢旋转，直到刮板和混凝土表面接触均匀，外观整齐为止。当混凝土有一定的强度后，即可打砂浆，配比为 1∶2 或 1∶2.5，其施工方法与混凝土相同。

经过一天左右的保养后，可进行素灰净面。净面是凸模制作的关键，一定要认真仔细。水泥内不许有杂质掺入，其标号不低于 500 号。操作时，把搅拌好的素灰倒在凸模上，并旋转刮板，使其自然下流，直至表面光滑平整。待素灰达到一定强度，可用覆盖物进行覆盖，并洒水养护，一般水泥要 7 天左右，早强水泥 2 天即可。将养护好的凸模表面，用砂轮、油石或砂纸进行打磨，以手摸光滑平整，均匀一致为准。当胎模自然干燥后，即可开始画线。先找准旋转抛物面的原点，画出坐标轴，再按灶面图纸，用黑墨线画出轮廓线。

为防止制作灶壳时脱模困难，必须对胎模表面所用部分进行表面封孔处理。封孔材料采用冷干漆或漆片配制成泡立水，涂刷三遍不粘手即可。泡立水配方为漆水：酒精：丙酮＝1：1：1。混合后放置 6～8h，搅拌均匀无沉淀即可使用。

（3）太阳水泥灶壳的制造

制作混凝土灶壳时，首先应在一预备好的胎模表面上涂上脱模剂以便于脱模。一般采用石蜡、废机油等，或在模具表面上贴一层塑料薄膜，沿着已画好的灶面轮廓线，放置厚度为 3cm 的木框或角钢框。抹上厚 2～3mm 的砂浆，再抹 8mm 的砂灰浆（比例为1：3），铺放预制好的铁丝网（铁丝直径 1.5mm，网眼直径 10mm 左右）和钢筋骨架（钢筋直径 6mm）。在骨架上要绑扎各种附件，如供脱壳用的起重鼻、高度角跟踪支架安装孔、灶壳支撑轴孔、锅架支撑孔等。抹第二层砂浆厚约 6mm，最后抹上一层厚 2mm 的水泥灰浆。灶壳总厚约 2cm，为了增加强度，灶壳周边和内部可作水泥加强筋，加强筋的厚度为 3～4cm。灶壳适当凝固后，封湿土约 25cm，养护 28 天，脱模整修备用。

玻璃纤维增强水泥灶壳的制作程序类似混凝土灶壳，水泥采用硫铝酸盐早强水泥，水泥砂浆的配比为 1：1.2，另加 8%的 107 胶，3%的缓凝剂。抗碱玻璃纤维网眼织物分两层放置，第一层距模具 2mm，然后放置钢筋骨架（钢筋直径为 4mm），抹上厚约 8mm 的砂浆，再放第二层，或用短切玻璃纤维代替，最后压平抹光。壳体厚 1cm，周边和筋厚 2cm。值得注意的是，灶壳所采用的沙子，一定要洗干净，最好用洗过的河沙，否则将影响壳体的强度。

采用玻璃纤维增强水泥制作的太阳灶壳体，由于增强纤维是二度平面正交分布，能够充分发挥纤维的增强效果，使产品的抗裂、抗冲击性能大大提高。在抗碱性、集束性、硬挺性、分散性上，基本可满足纤维短切后与喷射水泥砂浆复合成型的工艺要求。采用这种工艺，可使水泥壳体从手工制作转向工厂化大量生产。

水泥灶壳的表面应平整、厚薄均匀，壳体周边的筋条均应抹制平整光滑，宽度一致。为了防止薄壳灶变形和运输方便，亦可采用分块的方式进行制作。

5.5 太阳灶的使用和维护

太阳灶应安放在开阔、避风的地方，使用期间不应受到任何建筑和物体对阳光的遮挡。

使用时，应调整灶面，使其轴对准阳光，并使焦斑处于锅圈中心处。一般每隔5～10min，应进行一次跟踪调整，使光斑始终落在锅底。

由于光斑温度很高，调整时要特别注意不要使光斑落到人体或其他物体上，以免造成人身伤害或烧坏、点燃其他东西。

保持太阳灶反射面的清洁，不仅可延长使用寿命，还可避免效率的降低。可用潮湿柔软纱布擦净或用水冲洗，切忌用硬物或带颗粒的清洁剂擦，以免破坏镜面。不用时，将灶面背向阳光，以延长反光材料的使用寿命。对于生产太阳灶的企业必须为产品配制一个太阳灶的外罩，外罩可用深色耐候塑料或布制作，以便于用户在停用太阳灶时，将它罩起来。这样不仅能避免阳光的照射，还能防止雨水和风沙的侵蚀，同时将会大大提高太阳灶的使用寿命。

太阳灶所使用的炊具底部应涂黑（可用煤、柴草烟熏黑），以提高锅底的吸热能力。但是空锅切忌放置在灶上，以免烧坏锅底。

太阳灶的调整转动部件，应经常注意，定期添加润滑油，使其操作方便、灵活并能防止生锈。

太阳灶焦斑处的温度可达400～1 000℃，操作人员使用时应避免接触易燃物体及照射人体任何部位，以免发生火灾及烫伤事故。特别是在不用时，更要加以重视，最好的办法是用遮盖物或外罩予以保护。

第 6 章

太阳房

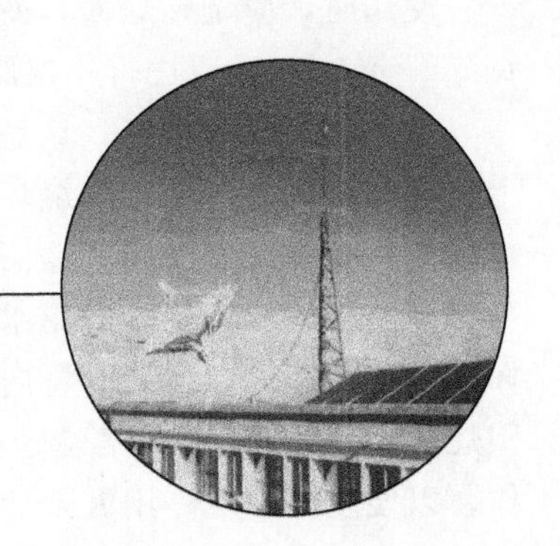

6.1 概述

太阳房是利用太阳能进行采暖和空调的环保型生态建筑，它不仅能满足建筑物在冬季的采暖要求，而且也能在夏季起到降温和调节空气之作用。这里需要指出的是，这种太阳房必须具有辅助热源，包括使用煤、气、油、生物质能或电能。因此严格来说太阳房是一种节能环保建筑。

太阳房的推广应用对于节约常规能源、减少环境污染、改善人们的生活水平具有十分重要的意义。

中国气候大体可分为严寒、寒冷、夏热冬冷、夏热冬暖、温和五大热工地区。其中东北、华北和西北（简称三北地区）累计年日平均温度低于或等于5℃的天数，一般都在 90 天以上，最长的满洲里达 211 天。这些地区历年来习惯称为采暖地区，其总面积约占国土面积的 70%。正是这些地区的太阳能资源又十分丰富，因此大力推广应用太阳房，不仅具有十分明显的经济效益（被动太阳房在广大农村和大、中城市郊区，主动式太阳能地板辐射采暖在城镇比电采暖、液化石油气采暖要便宜 30%～80%）而且具有明显的环境效益和社会效益，同时也是贯彻国民经济可持续发展的重要举措。

据统计，至 2000 年底全国已累计建成各种类型的太阳房建筑面积约1 000 万平方米，主要分布在“三北”地区的广大农村。如果每平方米建筑面积，每年节约标准煤按 20kg 计算，每年可为国家节约标准煤 20 万吨，减排 SO_2 6000t、NO_2 3000t、烟尘 4000 多吨、CO_2 43 万吨。这说明太阳房市场具有巨大的开发潜力。

中国“三北”地区城镇，仍以火炉采暖为主，约占 3/4，而火炉采暖的热效率只有 15%～25%。在大中城市，分散锅炉房供暖的比例最大，据北京、哈尔滨 29 个大、中城市的调查，锅炉房供暖占 84%。这充分说明中国的采暖效率低，烧煤多，给城镇环境造成严重的污染和恶劣的雾霾天气。因此采用清洁能源，尤其是新能源来替代煤进行采暖是今后中国采暖业的发展方向。

由于中国采暖地区的建筑围护结构保温水平低，门窗气密性差，采暖设备热效率低，导致平均每平方米年采暖能耗高达 30.5kg 标准煤。表 6-1 列出了国内外建筑围护结构导热系数的比较数据。从表中可以看出，符合热工规范要求的居住建筑技术指标约为发达国家的 3～4 倍，符合原标准要求的居住建筑技术指标约为发达国家的 2.5～3 倍，符合新标准要求的居住建筑技术指标约为发达国家的 1.5～2.2 倍，而且发达国家的采暖期一般比中国要长，居室温度也比中国高，这种状况亟待我们的重视和改善。

表 6-1　国内外建筑围护结构导热系数的比较数据

国别			屋顶	外墙	窗户
中国	北京	按热工规范	1.26	1.70	6.40
		按原标准	0.91	1.28	6.40
		按新标准	0.80,0.60	1.16,0.82	4.00
	哈尔滨	按热工规范	0.77	1.28	3.26
		按原标准	0.64	0.73	3.26
		按新标准	0.50,0.30	0.52,0.40	2.50
瑞典,南部地区(含斯德哥尔摩)			0.12	0.17	2.00
加拿大	度日数相当于哈尔滨地区		0.17(可燃的) 0.31(不燃的)	0.27	2.22
	度日数相当于北京地区		0.23(可燃的) 0.40(不燃的)	0.38	2.86
丹麦			0.20	0.30(质量≤100kg/m^2) 0.35(质量＞100kg/m^2)	2.90
英国			0.45	0.45	
日本	北海道		0.23	0.42	2.33
	青森、岩手县等		0.51	0.77	3.49
	宫城、山形县等		0.66	0.77	4.65
	东京都		0.66	0.87	6.51
德国			0.22	0.50	1.50

注：1. 表中导热系数的单位是 W/(m·K)。
2. 国外数据为该国现行标准规定的限值。
3. 瑞典、加拿大、丹麦、英国资料据建设部《建筑节能技术政策大纲背景材料》1992 年 9 月，日本资料据日本《住宅新节能标准与指南》1992 年 2 月。德国资料据德国《新节能规范》1995 年 1 月。

20 世纪 90 年代以后，发达国家用于开发新能源的投入，年均增幅已高达 18.5%～22%。近年来，随着中国国民经济的迅速发展，国家对环境保护、节约能源、改善居住条件等问题予以高度重视。1986 年颁布实施了部标《民用建筑热工设计规程》，1996 年根据国务院国发 66 号文的精神“中国严寒和寒冷地区城镇新建住宅全部按采暖能耗降低 50%设计建造”并颁布了建设部新标准《民用建筑节能设计标准》列入国家“十五”科技攻关项目加以实施。这标志着中国城镇供热体制改革进入了实质性阶段，必将进一步推进高效、节能、清洁的采暖方式的改进。

2008年7月由北京地区太阳能采暖工程调研组经过国内外理论资料的调研和实地考察，编写出“北京地区太阳能采暖工程调研报告”。该报告对北京地区太阳能采暖建筑物不同性质进行了分类统计，其中公共建筑的建筑面积19 284m^2，采用太阳能集热面积1 978m^2，分户民宅建筑的建筑面积148 219m^2，采用太阳能集热面积20 449m^2。

在本次调查的33个项目中，有24个采用平板太阳能集热器，6个项目采用真空管或U形管集热器，3个热管真空管集热器，辅助热源的应用类型多为生物质燃料或电辅助加热。

太阳能采暖储水箱的设计方案有两种；单水箱和双水箱系统，单水箱是指采暖与热水功能合用，双水箱是把采暖和热水分开设置。

太阳能采暖末端均采用低温地板辐射系统，地板采暖热水温度一般要求大于35℃以上，回水温度可按10℃温差进行控制，这样正好使太阳能集热系统始终在高效率运行区域。

本次调研数据显示，大部分采暖工程的太阳能集热器面积与建筑面积相比，基本取1∶6到1∶8，整个采暖季的太阳能采暖平均保证率约40%，通过测试表明，当气温不是很低的采暖初期和末期，在不启动辅助能源的情况下，房间温度可达16～18℃以上，在最冷的三个月里，不启动辅助能源，房间平均温度为10～12℃。

该调研报告也反映“非采暖季能源利用率低”成为制约太阳能采暖技术推广的一大技术瓶颈，其技术上可行的解决方案是“太阳能制冷技术”及“跨季节蓄热技术”。

第二个问题是集热器安装倾角大多随房屋坡度30°左右，部分工程还不到20°，而北京地区冬季采暖最佳倾角是50°左右，这也是造成采暖效率不高的原因之一。

最后是被动太阳能采暖技术基本上没有加以应用，实际上该技术应与主动技术相结合，这将会大大提高太阳能采暖保证率，降低工程系统造价。

6.2 太阳房的原理和类型

太阳房（或称太阳能采暖系统）基本上可分为主动式太阳房、被动式太阳房和热泵太阳能采暖系统三种类型。

6.2.1 主动式太阳房

主动式太阳房（或称主动式太阳能采暖系统）（彩图9）与常规能源的采暖的区别，在于它是以太阳能集热器作为热源替代以煤、石油、天然气、电等常规能源作为燃料的锅炉。主动式太阳房主要设备包括：太阳能集热器、储热水箱、辅助热源以及管道、阀门、风机、水泵、控制系统等部件。如图6-1所示，太阳能集热器获取太阳的热量，通过配热系统送至室内进行采暖。过剩热量储存在水箱内。当收集的热量小于采暖负荷时，由储存的热量来补充，热量不足时由备用的辅助热源提供。

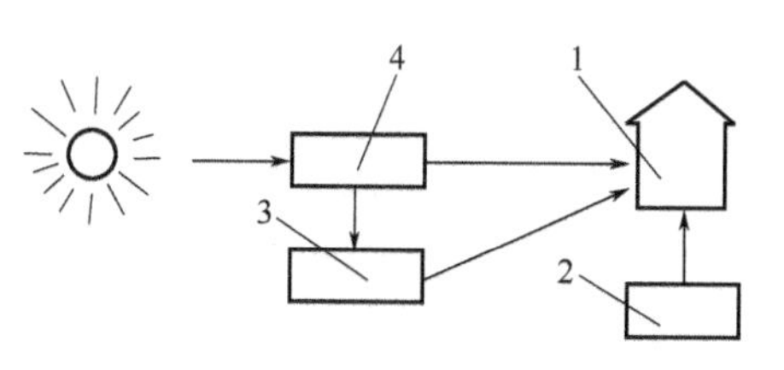

图6-1 主动式太阳能采暖示意图

1—室内；2—辅助热源；
3—储热器；4—太阳能集热器

（1）主动式太阳房的特点

① 主动式太阳房与常规采暖不同之处，只是用太阳能集热器代替采暖系统中的锅炉。但是，由于地表面上每平方米能够接收到的太阳能量有限，故集热器的面积就要足够大。一般要求太阳能利用率在50%以上，集热采光面积占采暖建筑面积的10%～30%（该比例数大小与当地太阳能资源、建筑物的保温性能、采暖方式、集热器热性能等因素有关）。

② 照射到地面的太阳辐射能受气象条件和时间的支配，不仅有季节之差，即便一天之内，太阳辐照度也是不同的，而且在阴雨天和夜晚几乎没有或根本没有日照。因此，太阳能不能成为连续、稳定的独立能源，要满足连续采暖的需求，系统中必须有储存热量的设备和辅助热源装置。储热设备通常按可维持1～2天的能量来计算。储热设备一种是储热水箱，另一种是卵石槽（工质为空气）。

③ 太阳房所采用的集热器要求构造简单、性能可靠、价格便宜。由于集热器的集热效率随集热温度升高而降低，因此尽可能降低集热温度，如采用太阳能地板辐射采暖的集热温度在30～40℃之间就可以了，而采用散热器采暖集热温度必须达到60℃以上，故太阳能采暖一般不采用散热器方案。

（2）主动式太阳房的集热工质（或介质）

① 空气加热采暖系统。图6-2所示为以空气为集热工质的太阳能采暖系统。

风机8驱动空气在集热器与储热器之间不断地循环。将集热器所吸收的太阳热量通过空气传送到储热器存放起来，或者直接送往建筑物。风机4的作用是驱动建筑物内空气的循环，建筑物内冷空气通过它输送到储热器中与储热介质进行热交换，加热空气并送往建筑物进行采暖。若空气温度太低，需使用辅助加热装置。此外，也可以让建筑物中的冷空气不通过储热器，而直接通往集

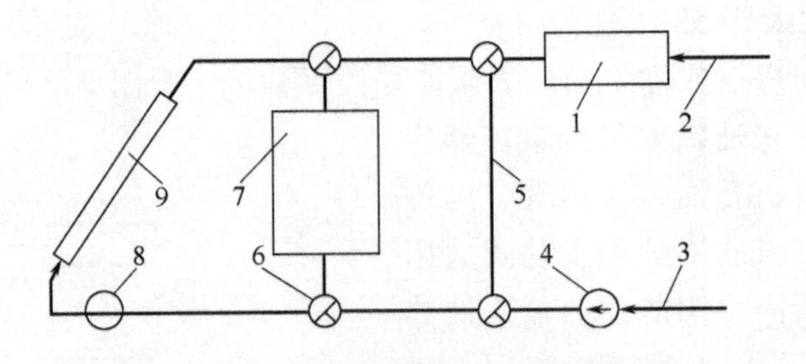

图 6-2　太阳能空气加热系统

1—辅助加热器；2,5—暖空气管路及旁通管；3—冷空气返回；4,8—风机；
6—三通阀；7—砾石床储热气；9—集热器

热器加热以后，送入建筑物内。

集热器是太阳能采暖的关键部件。应用空气作为集热介质时，首先需有一个能通过容积流量较大的结构。空气的容积比热较小［1.25kJ/(m^3·℃)］，而水的容积比热较大［4 187kJ/(m^3·℃)］。其次，空气与集热器中吸热板的换热系数，要比水与吸热板的换热系数小得多。因此，集热器的体积和传热面积都要求很大。空气集热器的类型很多，如图 6-3 所示。

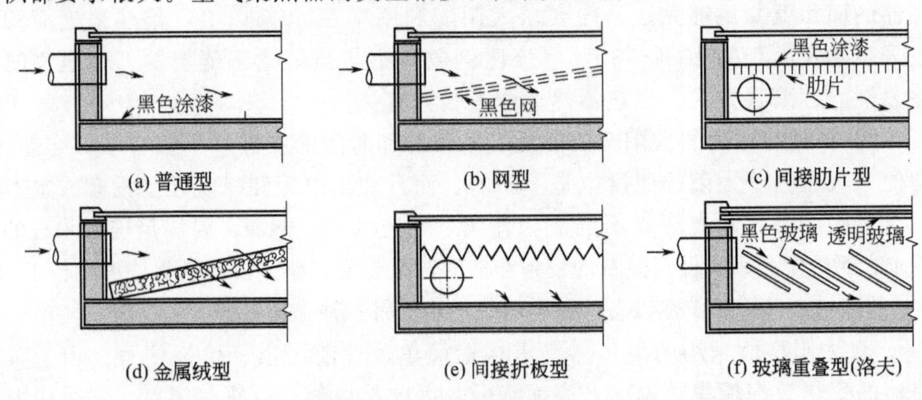

图 6-3　空气型集热器的种类

当集热介质为空气时，储热器一般使用砾石固定床，砾石堆有巨大的表面积及曲折的缝隙。当热空气流通时，砾石堆就储存了由热空气所放出的热量。通入冷空气就能把储存的热量带走。这种直接换热器具有换热面积大、空气流通阻力小及换热效率高的特点，而且对容器的密封要求不高，镀锌铁板制成的大桶、地下室、水泥涵管等都适合于装砾石。砾石的直径以 2～4cm 较为理想，用卵石更为合适。但装进容器以前，必须仔细刷洗干净，否则灰尘会随暖空气进入建筑物内。在这里砾石固定床既是储热器又是换热器，因而降低了系统的造价。

这种系统的优点是集热器不会出现冻坏和过热情况，可直接用于热风采暖，控制使用方便。缺点是所需集热器面积大。

② 水加热采暖系统。图 6-4 所示为以水为集热介质的太阳能采暖系统。此系统以储热水箱与辅助加热装置为采暖热源。当有太阳能可采集时开动水泵，使水在集热器与水箱之间循环，吸收太阳能来提高水温。该系统的集热器-储热部分-辅助加热部分-负荷部分可以分别控制。水泵 2 的作用是保证负荷部分采暖热水的循环，旁通管的作用是为了避免用辅助能量去加热储热水箱。

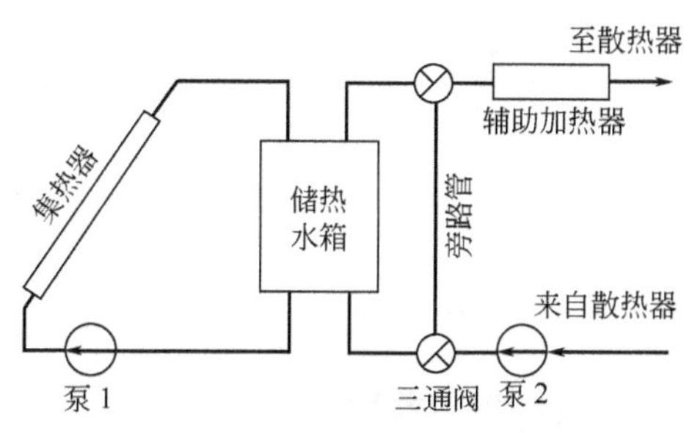

图 6-4　太阳能水加热系统

根据设计要求，在合理操作每个阀门的情况下，一般有三种工作状态：假设采暖热媒温度为 40℃、回水温度为 25℃时，集热器温度超过 40℃，辅助加热装置就不工作；当集热器温度在 25～40℃之间，辅助加热装置需提供部分热源；当集热器温度降到 25℃以下，系统中全部水量只通过旁通管进入辅助加热装置，采暖所需热量都由辅助加热装置提供，暂不利用太阳能。该系统储热介质是水，比热容较大，因此大大缩小了储热装置的体积，从而降低了造价。但应该特别注意防止集热器和系统管道的冻结和渗漏。

采暖选择空气加热系统还是水加热系统，需要根据储热介质而定。如储热介质是水，集热器流体也应该是水，以选用水加热系统为宜。空气加热系统适合于使用碎石或砾石进行储热。

6.2.2　被动式太阳房

被动式太阳房（或称被动式太阳能采暖系统）的特点是不需要专门的集热器、热交换器、水泵（或风机）等主动式太阳能采暖系统中所必需的部件，只是依靠建筑方位的合理布置，通过窗、墙、屋顶等建筑物本身构造和材料的热工性能，以自然交换的方式（辐射、对流、传导）使建筑物在冬季尽可能多吸收和储存热量，以达到采暖的目的。简而言之，被动式太阳房就是根据当地的气象条件，在基本上不添置附加设备的条件下，只在建筑构造和材料性能上下工夫，使房屋达到一定采暖效果的一种方法。因此，这种太阳能采暖系统构造简单、造价便宜。

被动式太阳房的设计原则是：

被动式太阳房采暖需要足够的阳光，应有合理的选址与朝向，在采暖季节日照理想的情况下，每天能够获得 4～6h 的有效日照（完全无遮挡）。

被动式太阳能采暖建筑应建造在南偏东或南偏西的 10°范围以内，设计原

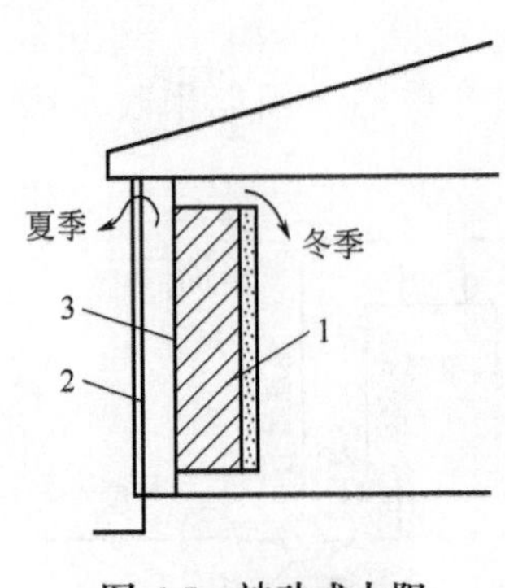

图 6-5　被动式太阳能采暖系统

1—墙体；2—玻璃；3—涂黑表面

则是冬季尽量增加得热，夏季尽量减少得热。

朝南的建筑意味着其长轴方向为东西向，矩形平面布局最佳，长宽比为（1∶1.3）～（1∶1.5）是最合理的。

在北半球，为了得到最佳的集热效果，门窗都必须设置在南向，而东、西、北墙面应减少开窗。

遮阳板或挑檐是建筑的构件，它决定了阳光入集热窗的起止时间，它对建筑物的采暖和制冷是很重要的。

蓄热体是被动太阳房建筑非常重要的组成部分。

墙体、顶棚、地板、基础和窗户的保温对房屋的采暖和制冷方面起着重要的作用，但要说明的是要尽量避免保温材料受潮。

此外被动式太阳房要尽可能扩大房间内阳光照射的空间，或将有温暖需求的房间布置在南向。

即使被动式太阳房可以满足建筑所需的热量，也必须按建筑部门的需求，安装辅助加热系统，这样做是为了确保安全。

如图 6-5 所示，将一道实墙外面涂成黑色，实墙外面再用一层或两层玻璃加以覆盖。将墙设计成集热器而同时又是储热器。室内冷空气由墙体下部入口进入集热器，被加热后又由上部出口进入室内进行采暖。当无太阳能时，可将墙体上、下通道关闭，室内只靠墙体壁温以辐射和对流形式不断地加热室内空气。为获取更多的太阳能，被动式太阳房可分为五种类型：

① 直接受益式——利用南窗直接照射的太阳能［图6-6(a)、(b)］；

② 集热-蓄热墙式——利用南墙进行集热-蓄热［图 6-6(c)、(d)］；

③ 综合式——温室和前两种相结合的方式［图 6-6(e)、(f)］；

④ 屋顶集热-蓄热式——利用屋顶进行集热-蓄热［图 6-6(g)］；

⑤ 自然循环（热虹吸）式——利用热虹吸作用进行加热循环［图 6-6(h)］。

(1) 直接受益式

这是被动式太阳房中最简单的一种形式（图 6-7），就是把房间朝南的窗扩大，或做成落地式大玻璃墙，让阳光直接进到室内加热房间。在冬季晴朗的白天，阳光通过南向的窗（墙）透过玻璃直接照射到室内的墙壁、地板和家具上，使它们的温度升高，并被用来储存热量，夜间，在窗（墙）上加保温窗帘，当室外和房间温度都下降时，墙和地储存的热通过辐射、对流和传导被释放出来，使室温维持在一定的水平（如图 6-8 所示）。

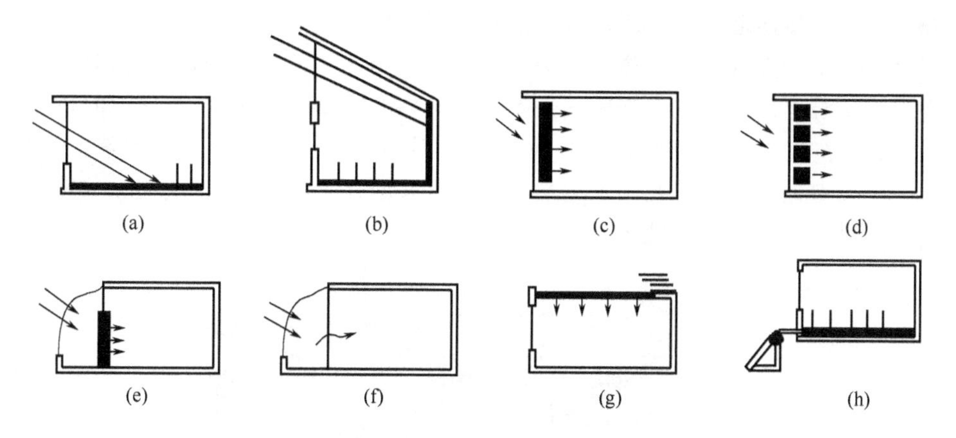

图 6-6　被动式太阳能采暖系统

(a)，(b) 直接受益式；(c)，(d) 集热-蓄热墙式；
(e)，(f) 综合式；(g) 屋顶集热-蓄热式；(h) 热虹吸式

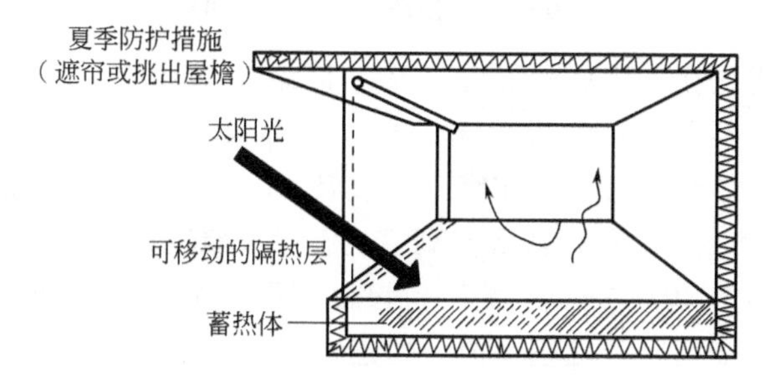

图 6-7　直接受益式工作原理

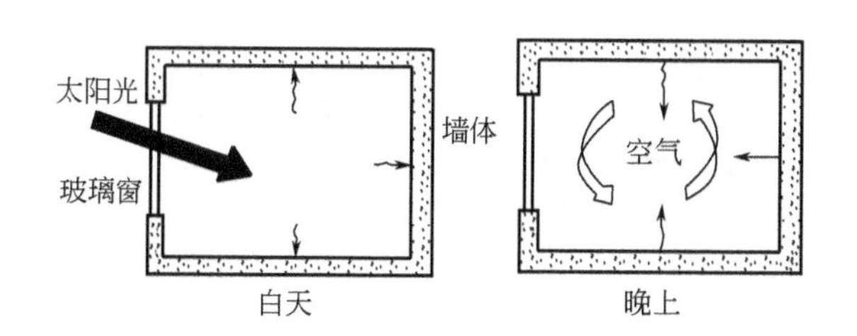

图 6-8　吸热（白天）**和放热**（晚上）

直接受益式太阳房对仅需要白天采暖的办公室、学校等公共建筑物更为适用。

(2) 集热-蓄热墙式

最早的著名蓄热墙就是法国的特朗勃墙（Trombe wall）。这是间接受益太阳能采暖系统的一种（图 6-9）。太阳光照射到南向、外面有玻璃的深黑色蓄

热墙体上，蓄热墙吸收太阳的辐射热后、通过传导把热量传到墙内一侧，再以对流和热辐射方式向室内供热。另外，在玻璃和墙体的夹层中，被加热的空气上升，由墙上部的通气孔向室内送热，而室内的冷空气则由墙下部的通气孔进入夹层，如此形成向室内输送热风的对流循环。以上是冬天工作的情况。夏天，关闭墙上部的通风孔，室内热空气随设在墙外上端的排气孔排出，使室内得到通风，达到降温的效果。

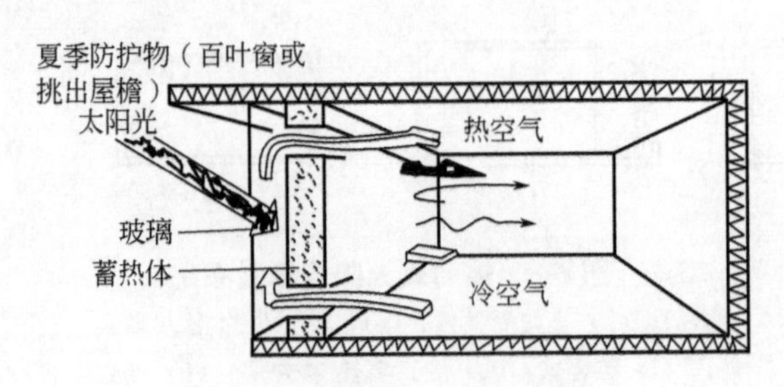

图 6-9　集热-蓄热墙式工作原理

另一种形式是在玻璃后面设置一道“水墙”，如图 6-10 所示。与特朗勃墙不同之处是墙上不需要开进气口与排气口。“水墙”的表面吸收热量后，由于对流作用，吸收的热量很快地在整个“水墙”内部传播。然后由“水墙”内壁通过辐射和对流，把墙中的热量传到室内。“水墙”内充满水，具有加热快、储热能力强及均匀的优点。“水墙”也可以用塑料或金属制作，有些设计采用充满水的塑料或金属容器堆积而成，使建筑别具一格。

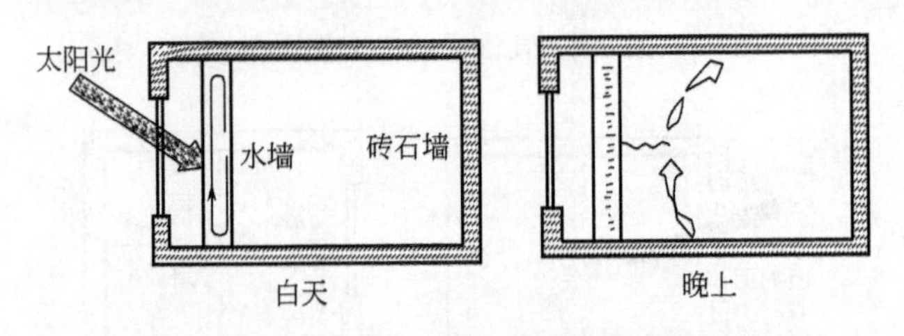

图 6-10　利用“水墙”的被动式太阳能采暖系统

（3）综合（阳光间）式

“综合式被动太阳房”是指附加在房屋南面的温室，即可用于新建的太阳房，又可在改建的旧房上附加上去。实际它是直接受益式（南向的温室部分）和集热-蓄热墙式（后面有集热墙的房间）两种形式的综合（图 6-11）。由于温室效应，使室内有效获热量增加，同时减小室温波动。温室可做生活间，也可作为阳光走廊或门斗，温室中种植蔬菜和花草、美化环境增加经济收益，缩短回收年限。附加温室外观立面增加了建筑的造型美、热效率略高于集热-蓄热墙式，

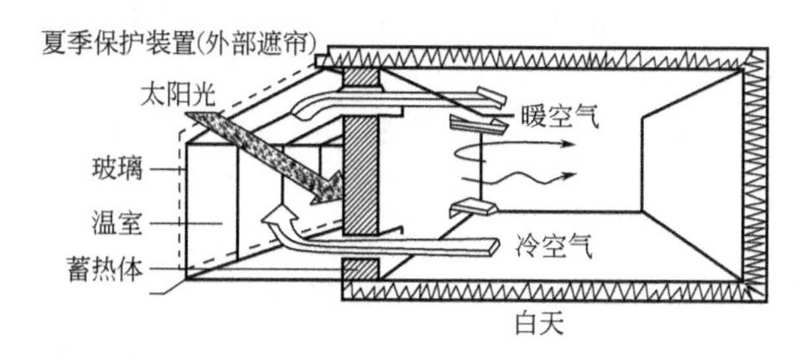

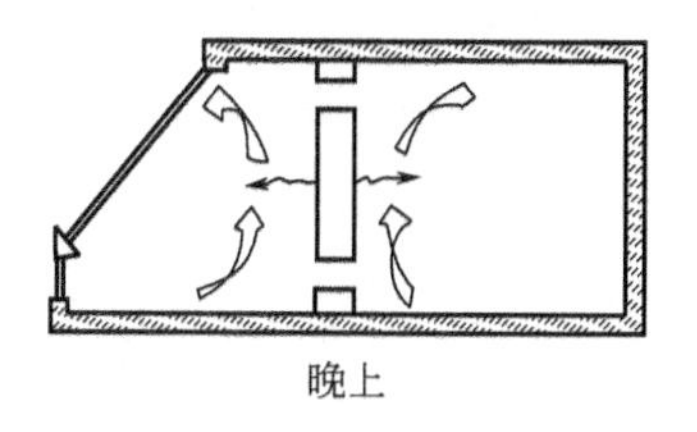

图 6-11　综合式被动太阳房工作原理

但是温室造价较高，在温室内种植物，湿度大，有气味，使温室的利用受到限制。

(4) 利用屋顶进行集热和蓄热

屋顶做成一个浅池（或将水装入密封的塑料袋内）式集热器，在这种设计中，屋顶不设保温层，只起承重和围护作用，池顶装一个能推拉开关的保温盖板。该系统在冬季取暖，夏季降温（图 6-12）。冬季白天，打开保温板，让水（或水袋）充分吸收太阳的辐射热；晚间，关上保温板，水的热容大，可以储存较多的热量。水中的热量大部分从屋顶辐射到房间内，少量从顶棚到下面房间进行对流散热以满足晚上室内采暖的需要。夏季白天，把屋顶保温板盖好，以隔断阳光的直射，由前一天暴露在夜间、较凉爽的水（或水袋）吸收下面室内的热量，使室温下降；晚间，打开保温盖板，借助自然对流和向凉爽的夜空进行辐射，冷却了池（水袋）内的水，又为次日白天吸收下面室内的热量做好

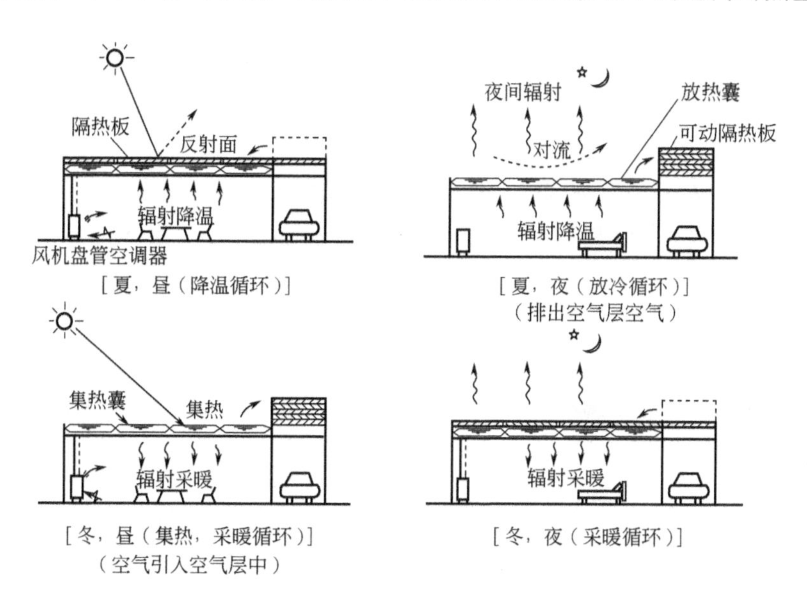

图 6-12　屋顶集热-蓄热式工作原理

了准备。该系统适合于南方夏季较热，冬天又十分寒冷的地区，为夏热冬冷的长江两岸地区，为一年冬夏两个季节提供冷、热源。

用屋顶作集热和蓄热的方法，不受结构和方位的限制。用屋顶作室内散热面，能使室温均匀，也不影响室内的布置。

(5) 自然循环（热虹吸）式

自然循环被动太阳房的集热器、储热器（蓄热器）是和建筑物分开独立设置的。它适用于建在山坡上的房屋。集热器低于房屋地面，储热器设在集热器上面，形成高差，利用流体的热对流循环，如图 6-13 所示。白天，太阳能集热器中的空气（或水）被加热后，借助温差产生的热虹吸作用，通过风道（用水时为水管），上升到它的上部岩石储热层，热空气被岩石堆吸收热量而变冷，再流回集热器的底部，进行下一次循环。夜间，岩石储热器通过送风口向采暖房间以对流方式采暖。该类型太阳房有气体采暖和液体采暖两种，由于其结构复杂，应用受到一定的限制。

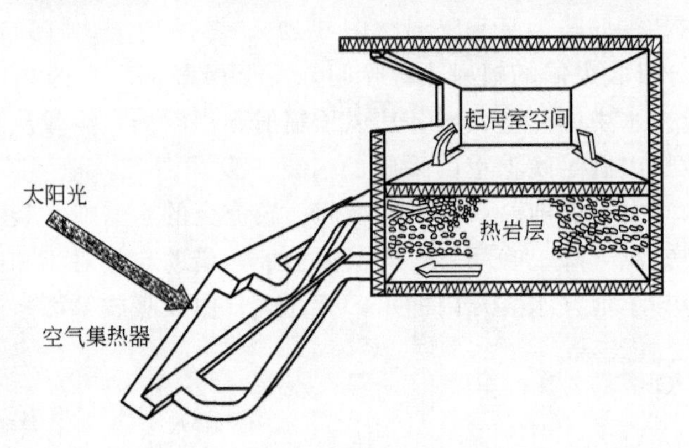

图 6-13　自然循环式工作原理

以上几种类型的被动式太阳房，在实际应用中，往往是几种类型结合起来使用，称为组合式或复合式。比以前三种形式单独应用在一个建筑物上更为普遍。其他还有主、被动结合在一起使用的情况。

6.2.3　热泵太阳能采暖系统

(1) 热泵的基本概念

热泵是一种反向使用的制冷机。它的热能大部分是来自周围环境，只有一部分是由电能转变而成。以花费少量电能作为代价，将低温环境的热

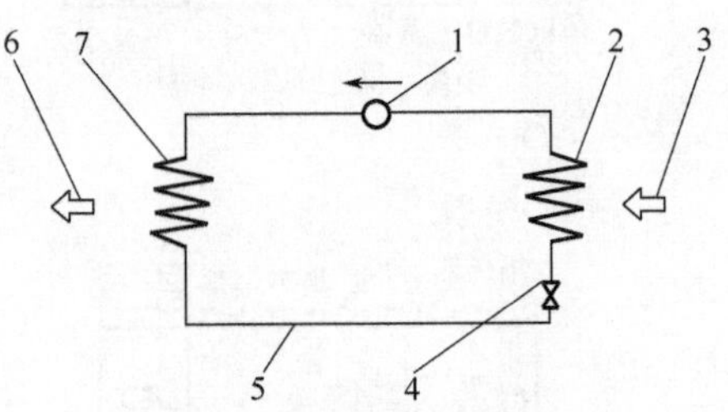

图 6-14　热泵工作原理

1—压缩机；2—蒸发器；3—热输入(低温热源)；4—节流阀；5—高压液体；6—热输出(高温冷源)；7—冷凝管

能转移到温度较高的环境中。就像水泵以机械功为代价将低处的水送到高处一样，因此称为热泵。热泵的构造和制冷机完全一样。同一台机器，如果目的是用来制冷，那么就叫做制冷机；如果目的是用来供热，就叫做热泵。如图6-14所示。制冷介质通过压缩机而升压和升温。进入冷凝器将热量放出，高压气体凝结成高压液体。然后通过节流阀，成为低压液体进入蒸发器，液体吸收热量迅速蒸发成为低压气体，再进入压缩机形成周而复始的循环。这种逆卡诺循环，可从低温处吸热，而在温度较高的地方放热。例如，应用于房屋采暖时，将蒸发器部分放在室外，冷凝器部分放在室内。采暖季开动压缩机就可将户外（低温区）的热量转移到室内（高温区）。

热泵性能的好坏以消耗每单位机械功对高温区所能供给的热量为衡量，它的性能系数可用下式表示：

$$\frac{Q}{W}=\frac{\text{传给高温区的热量}}{\text{输入功}} \tag{6-1}$$

在理想循环（卡诺循环）中，此性能系数与温度差成反比

$$\frac{Q}{W}=\frac{T'}{T'-T''} \tag{6-2}$$

式中 T'——高温区的温度，K；

T''——低温区的温度，K。

实际循环（朗金循环）给出的数值，将是上述数值的0.8倍与各部件的效率的乘积，因此还要减小。例如：

驱动压缩机的电动机 $\eta=0.95$

压缩机 $\eta=0.80$

换热器 $\eta=0.90$

总效率 $\eta_{总}=0.8\times0.95\times0.8\times0.9=0.55$

因此，假设热量从10℃（283K）的热源传给40℃（313K）的冷源，则得到的性能系数为

$$\frac{Q}{W}=0.55\times\frac{313}{313-283}=5.74$$

这就是说，当压缩机的电动机消耗1kW时，可以得到5.74kW的传递热量。目前，热泵一般的性能系数是在3～6之间。

(2) 太阳能热泵采暖系统

太阳能热泵采暖系统是利用集热器进行太阳能低温集热（10～20℃），然后通过热泵，将热量传递到温度为30～50℃的采暖热媒中去。冬季太阳辐照

量较小，环境温度很低，集热器中流体温度一般为 10～20℃，直接用于采暖是不可能的。使用热泵则可以直接收集太阳能进行采暖。将太阳能集热器作为热泵系统中的蒸发器，换热器作为冷凝器。这样，就可以得到较高温度的采暖热媒。这种采暖系统叫做直接式太阳能热泵，如图 6-15 所示。另一种系统是由太阳能集热器与热泵联合组成的，叫做间接式太阳能热泵，如图 6-16 所示。

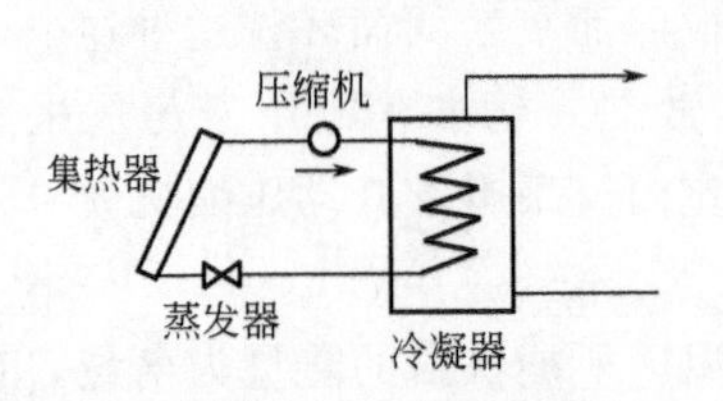

图 6-15　直接式太阳能热泵

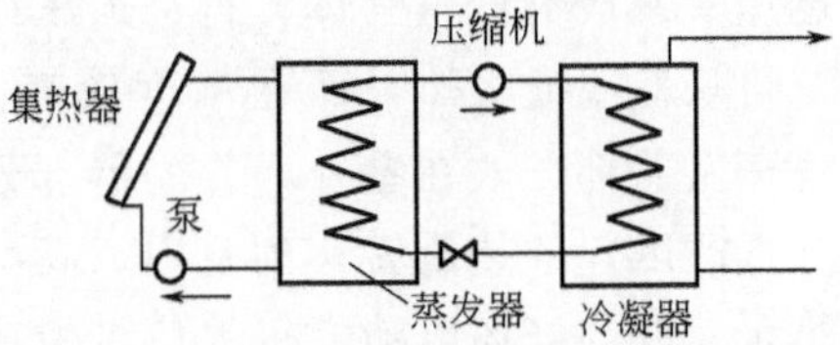

图 6-16　间接式太阳能热泵

太阳能热泵采暖系统主要特点是花费少量电能就可以得到几倍于电能的热量。同时，可以有效地利用低温热源，减少集热面积。这是太阳能采暖的一种有效手段。若与夏季制冷结合，应用于空调，它的优点更为突出。

6.3　太阳房的设计

6.3.1　太阳房的热工设计

太阳房的热工设计与常规建筑的采暖热工设计具有相同的目的，即都要采用一定的技术措施来实现房屋的采暖，以确保房屋内部达到符合一定热舒适标准的室内温度。

在建设部标准（JGJ 26）的规定中，对建筑的耗热指标和采暖耗煤指标的计算，做了明确的规定。

（1）太阳房的耗热指标　太阳房的耗热指标应按下式计算

$$q_{\mathrm{H}}=q_{\mathrm{HT}}+q_{\mathrm{INF}}-q_{\mathrm{IH}} \tag{6-3}$$

式中　q_{H}——太阳房的耗热指标，W/m²；

q_{HT}——太阳房单位建筑面积通过围护结构的散热损失，W/m²；

q_{INF}——太阳房单位建筑面积的空气渗透散热损失，W/m²；

q_{IH}——太阳房单位建筑面积的建筑物内部得热量（包括炊事、照明、家电和人体散热），W/m²，（一般住宅建筑取 3.8W/m²）。

① 太阳房单位建筑面积通过围护结构的散热损失，应按下列计算

$$q_{\mathrm{HT}}=\frac{(t_{\mathrm{i}}-t_{\mathrm{e}})\left(\sum\limits_{i=1}^{m}\varepsilon_i K_i F_i\right)}{A_0} \tag{6-4}$$

式中　t_i——室内平均温度，一般住宅取 16℃；

t_e——采暖期室外平均温度，℃，可从表 6-2 中查取；

ε_i——围护结构传热系数的修正系数，可从表 6-3 中选取；

K_i——围护结构的传热系数，W/(m^2・K)；见表 6-4；

F_i——围护结构的面积，m^2，围护结构的面积分内围护结构面积和外围护结构面积两类，包括墙体、屋顶、地板、地面和门窗；

A_0——建筑面积，m^2，建筑面积 A_0 应按各层外墙外包线围成面积的总和计算。

表 6-2　全国主要城市采暖建筑耗热量、耗煤量指标

地　　名	计算用采暖期			耗热量指标 q_H/(W/m^2)	耗标煤量指标 q_C/(kg/m^2)
	年采暖时间 Z/d	室外平均温度 t_e/℃	度日数 D_{di}/(℃・d)		
北京市	125	−1.6	2 450	20.6	12.4
天津市	119	−1.2	2 285	20.5	11.8
石家庄	112	−0.6	2 083	20.3	11.0
太原	135	−2.7	2 795	20.8	13.5
呼和浩特	166	−6.2	4 017	21.3	17.0
沈阳	152	−5.7	3 602	21.2	15.5
长春	170	−8.3	4 471	21.7	17.8
哈尔滨	176	−10.0	4 928	21.9	18.6
徐州	94	1.4	1 560	20.0	9.1
济南	101	0.6	1 757	20.2	9.8
郑州	98	1.4	1 627	20.0	9.4
拉萨	142	0.5	2 485	20.2	13.8
噶尔	240	−5.5	5 640	21.2	24.5
西安	100	0.9	1 710	20.2	9.7
兰州	132	−2.8	2 746	20.8	13.2
西宁	162	−3.3	3 451	20.9	16.3
银川	145	−3.8	3 161	21.0	14.7
乌鲁木齐	162	−8.5	4 293	21.8	17.0

表 6-3　围护结构传热系数的修正系数 ε_i 值

地　　名	窗户（包括阳台门上部）					外墙（包括阳台门下部）			屋顶
	类型	有无阳台	南	东、西	北	南	东、西	北	水平
西安	单层窗	有	0.69	0.80	0.86	0.79	0.88	0.91	0.94
		无	0.52	0.69	0.78				
	双层窗	有	0.60	0.76	0.84				
		无	0.28	0.60	0.73				
北京	单层窗	有	0.57	0.78	0.88	0.70	0.86	0.92	0.91
		无	0.34	0.66	0.81				
	双层窗	有	0.50	0.74	0.86				
		无	0.18	0.57	0.76				

续表

地名	窗户（包括阳台门上部）					外墙（包括阳台门下部）			屋顶
	类型	有无阳台	南	东、西	北	南	东、西	北	水平
兰州	单层窗	有 无	0.71 0.54	0.82 0.71	0.87 0.80	0.79	0.88	0.92	0.93
	双层窗	有 无	0.66 0.43	0.78 0.64	0.85 0.75				
沈阳	双层窗	有 无	0.64 0.39	0.81 0.69	0.90 0.83	0.78	0.89	0.94	0.95
呼和浩特	双层窗	有 无	0.55 0.25	0.76 0.60	0.88 0.80	0.73	0.86	0.93	0.89
乌鲁木齐	双层窗	有 无	0.60 0.34	0.75 0.59	0.92 0.86	0.76	0.85	0.95	0.95
长春	双层窗	有 无	0.62 0.36	0.81 0.68	0.91 0.84	0.77	0.89	0.95	0.92
	三玻窗	有 无	0.60 0.34	0.79 0.66	0.90 0.84				
哈尔滨	双层窗	有 无	0.67 0.45	0.83 0.71	0.91 0.85	0.80	0.90	0.95	0.96
	三玻窗	有 无	0.65 0.43	0.82 0.70	0.90 0.84				

表 6-4　不同采暖地区围护结构传热系数限值

单位：W/(m²·K)

室外平均温度/℃	代表城市	屋顶		外墙		不采暖楼梯		窗户（含阳台门上部）	窗户（含阳台门下部）	外门	地板		地面	
		体形系数≤0.3	体形系数＞0.3	体形系数≤0.3	体形系数＞0.3	隔墙	户门				接触室外	地下室	周边	非周边
2.0～1.0	郑州、洛阳、徐州	0.80	0.60	1.10 1.40	0.80 1.10	1.83	2.70	4.70 4.00	1.70	—	0.60	0.65	0.52	0.30
−1.1～−2.0	北京、天津、大连	0.80	0.60	0.90 1.16	0.55 0.82	1.83	2.00	4.70 4.00	1.70	—	0.50	0.55	0.52	0.30
−3.1～−4.0	西宁、银川	0.70	0.50	0.68	0.65	0.94	2.00	4.00	1.70	—	0.50	0.55	0.52	0.30
−5.1～−6.0	沈阳、大同、哈密	0.60	0.40	0.68	0.56	0.94	1.50	3.00	1.35	—	0.40	0.55	0.30	0.30
−8.1～−9.0	长春、乌鲁木齐	0.50	0.30	0.56	0.45	—	—	2.50	1.35	2.50	0.30	0.50	0.30	0.30

② 太阳房单位建筑面积的空气渗透散热损失，可按下列计算

$$q_{\mathrm{INF}}=\frac{(t_{\mathrm{i}}-t_{\mathrm{e}})(c_p\rho NV)}{A_0} \tag{6-5}$$

式中 c_p——空气比热容，取0.28W·h/(kg·℃)；

ρ——空气密度，kg/m³，取t_{e}条件下的值；

N——换气次数，住宅取0.51/h，也可适当取高些；

V——换气体积，m³。

当楼梯间不采暖时，应按$V=0.60V_0$计算，楼梯间采暖时，应按$V=0.65V_0$计算。

建筑体积V_0应按建筑物外表面和底层地面围成的体积计算。

(2) 太阳房的采暖耗煤量　太阳房的采暖耗煤量应按下列公式计算。

$$q_{\mathrm{c}}=\frac{24Zq_{\mathrm{H}}}{H_{\mathrm{c}}\eta_1\eta_2} \tag{6-6}$$

式中 q_{c}——采暖耗煤量，kg/m²标准煤；

q_{H}——太阳房耗热量，W/m²；

Z——年采暖时间，d，可从表6-2中查取；

H_{c}——标准煤热值，取8.14×10^3W·h/kg；

η_1——室外管网输送效率，采取节能措施后取0.90；

η_2——锅炉热效率，采取节能措施后取0.68。

不同地区的太阳房耗热指标和采暖耗煤量均不能超过表6-2中的规定数值。

(3) 设计与计算实例

【例6-1】 试求北京地区某住宅楼建筑耗热量指标。已知该住宅为砖混结构，4个单元6层楼，层高2.7m，南北向，单层钢窗，楼梯间不采暖；年采暖时间$Z=125$d，采暖期室外平均温度$\overline{t}_{\mathrm{e}}=-1.6$℃；建筑面积$A_0=3\ 258.8$m²，建筑体积$V_0=8\ 749.4$m³，外表面积$F_0=2\ 459.9$m²，体形系数$S=0.281$，换气体积$V=0.6\ V_0=5\ 249.6$m³。各部分围护结构的传热系数和传热面积见表6-5。建筑物耗热量指标计算见表6-6。

表6-5 各部分围护结构的传热系数和传热面积

名　称	构　　造	传热系数K /[W/(m²·K)]	传热面积F/m²
屋顶	二毡三油防水层；20mm厚水泥砂浆找平层；100mm厚加气混凝土保温层；70mm厚水泥焦砟找坡层；120mm厚钢筋混凝土圆孔板	1.26	492.6(已扣除楼梯间面积)

续表

名　称	构　　造	传热系数 K /[W/(m²·K)]	传热面积 F/m²
外墙	20mm 厚石灰砂浆内抹灰； 370mm 厚黏土砖墙	1.57	南 521.3，北 469.7 东 146.2，西 172.7
楼梯间隔墙	20mm 厚石灰砂浆内外抹灰； 240mm 厚黏土砖墙	1.83	644.5
户门	50mm 厚夹板门	2.91	105.8
窗户	单层钢窗	6.40	南，有阳台 151.2 无阳台 63.0 北，无阳台 131.0 东，有阳台 12.6 无阳台 20.2 西，无阳台 10.1
阳台门下部	单层钢板	6.40	南 40.2，东 3.8
地面	20mm 厚水泥砂浆抹面； 100mm 厚混凝土	周边 0.52 非周边 0.30	196.1(已扣除楼梯间面积) 257.9

表 6-6　建筑物耗热量指标的计算

项　　目	计算式及计算结果	占总耗热的百分比/%
传热耗热量	$Q_{HT}=(t_i-\overline{t}_e)\left(\sum_{i=1}^{m}\varepsilon_i K_i F_i\right)$ 式中：$t_i-\overline{t}_e=16+1.6=17.6$(℃)	
屋顶	$Q_R=17.6\times0.91\times1.26\times492.6=9\,940.7$(W)	8.6
外墙	$Q_{W\cdot S}=17.6\times0.70\times1.57\times521.3=10\,083.2$(W) $Q_{W\cdot N}=17.6\times0.92\times1.57\times469.7=11\,940.5$(W) $Q_{W\cdot E}=17.6\times0.86\times1.57\times146.2=3\,474.2$(W) $Q_{W\cdot W}=17.6\times0.86\times1.57\times172.7=4\,104.0$(W) $\sum Q_W=29\,601.9$(W)	8.7 10.3 3.0 3.5 25.5
楼梯间隔墙户门	$Q_{W\cdot S}=17.6\times0.60\times1.83\times644.5=12\,454.8$(W) $Q_{D\cdot S}=17.6\times0.60\times2.91\times105.8=3\,251.2$(W) $\sum Q_S=15\,706.0$(W)	10.7 2.8 13.5
窗户(含阳台门上部)	有：$Q_{G\cdot S}=17.6\times0.57\times6.40\times151.2=9\,707.8$(W) 无：$Q_{G\cdot S}=17.6\times0.34\times6.40\times63.0=2\,412.7$(W) 无：$Q_{G\cdot N}=17.6\times0.81\times6.40\times131.0=11\,952.2$(W) 有：$Q_{G\cdot E}=17.6\times0.78\times6.40\times12.6=1\,107.0$(W) 无：$Q_{G\cdot E}=17.6\times0.66\times6.40\times20.2=1\,501.7$(W) 无：$Q_{G\cdot W}=17.6\times0.66\times6.40\times10.1=750.9$(W) $\sum Q_G=27\,432.3$(W)	8.4 2.1 10.3 1.0 1.3 0.6 23.7
阳台门下部	$Q_{B\cdot S}=17.6\times0.70\times6.40\times40.2=3\,169.7$(W) $Q_{B\cdot E}=17.6\times0.86\times6.40\times3.8=368.1$(W) $\sum Q_B=3\,537.8$(W)	2.7 0.3 3.0
地面	周边：$Q_{F1}=17.6\times0.52\times196.1=1\,794.7$(W) 非周边：$Q_{F2}=17.6\times0.30\times257.9=1\,361.7$(W) $\sum Q_F=3\,156.4$(W)	1.5 1.2 2.7

续表

项目	计算式及计算结果	占总耗热的百分比/%
传热耗热量	$Q_{HT}=Q_R+\sum Q_W+\sum Q_S+\sum Q_G+\sum Q_B+\sum Q_F$ $=89\ 375.1(W)$	77.0
空气渗透耗热量	$Q_{INF}=(t_i-\overline{t}_e)c_p\rho NV$ $=17.6\times0.28\times1.29\times0.8\times5\ 249.6$ $=26\ 697.9(W)$	23.0
传热耗热量指标	$q_{HT}=Q_{HT}/A_0$ $=89\ 375.1/3\ 258.8=27.39(W/m^2)$	
空气渗透耗热量指标	$q_{INF}=Q_{INF}/A_0$ $=26\ 697.9/3\ 258.8=8.19(W/m^2)$	
内部得热指标	$q_{IH}=3.80(W/m^2)$	
建筑物耗热量指标	$q_H=q_{HT}+q_{INF}-q_{IH}$ $=27.43+8.19-3.80=31.82(W/m^2)$	

计算结果表明：北京地区某住宅楼，采取节能措施前，其建筑物耗热量指标为31.82W/m²。大大超过了表6-2的国家规定指标。

【例6-2】 根据【例6-1】求得北京地区某住宅楼建筑耗热量指标$q_H=31.82W/m^2$，试求出采暖耗煤量指标。

根据公式(6-6)，采暖耗煤量指标为

$$q_c=\frac{24Zq_H}{H_c\eta_1\eta_2}=\frac{24\times125\times31.82}{8.14\times10^3\times0.90\times0.68}=19.16\ (kg/m^2\ 标准煤)$$

计算结果表明，采取节能措施后其采暖耗煤量指标为19.16kg/m²标准煤，高于表6-2的数据。

6.3.2 太阳房墙体围护结构最佳保温厚度计算

太阳房外围护结构的保温性能越好，保温层越厚，则年采暖成本越低，保温材料耗量增大，即年保温成本增加，反之亦然。因此，要对保温措施进行技术经济分析，以确定最佳保温层厚度。所谓最佳保温层厚度是指当保温层厚度达到此值时，则年采暖成本和年保温成本之和最小，即年总费用最小。

(1) 年采暖成本H

$$H=JQ\ (元/年) \tag{6-7}$$

式中 Q——年采暖耗热量，W·h/年；

J——采暖价格，元/(W·h)。

$$Q=KFZ(t_h-\overline{t}_a) \tag{6-8}$$

$$K=\frac{1}{\frac{1}{K'}+\frac{X}{\lambda}} \tag{6-9}$$

式中　F——围护结构的散热面积，m^2；

Z——年采暖时间，h；

t_h——室内采暖设计温度，℃；

$\overline{t}_a$——采暖期间室外的平均温度，℃；

K——围护结构的总传热系数，$W/(m^2 \cdot K)$；

K'——未加保温材料的传热系数，$W/(m^2 \cdot K)$；

X——保温层厚度，m；

λ——保温材料导热系数，$W/(m \cdot K)$。

(2) 年保温成本 L

保温成本为一次性投资，其费用为使用的保温材料乘以单位价格，如果太阳房回收年限为 n，则折合到每年的保温成本应按复利计算，其计算表达式如下

$$L=FXP\frac{i(1+i)^n}{(1+i)^n-1}\ (\text{元/年}) \tag{6-10}$$

式中　F——保温材料面积，m^2；

X——保温材料厚度，m；

P——保温材料价格，元/m^3；

i——银行年利息率，%。

(3) 年总费用 C

$$C=H+L\ (\text{元/年}) \tag{6-11}$$

假定：

$$B=\frac{i(1+i)^n}{(1+i)^n-1} \tag{6-12}$$

式中　B——为 n 年内回收的利率系数，%。

将式(6-7) ～式(6-10) 代入式(6-11)

则：

$$C=\frac{JFZ(t_h-\overline{t}_a)}{\frac{1}{K'}+\frac{X}{\lambda}}+FXPB \tag{6-13}$$

(4) 最佳保温层厚度 X_{op}

为了求年总费用的最小值，其必要条件

$$\frac{dC}{dX}=0$$

由式（6-13）可求出最佳保温层厚度为

$$X_{op}=\left[\frac{JZ(t_h-\overline{t}_a)\lambda}{PB}\right]^{1/2}-\frac{\lambda}{K'} \tag{6-14}$$

该公式说明，最佳保温层厚度与采暖地区室外平均温度、保温材料性能及价格、房屋原有结构、供暖价格及回收年限等有关。

【例 6-3】 试求建于东北辽南地区太阳房外墙的最佳保温层厚度。

已知：$t_h=12℃$，$\overline{t}_a=-4.5℃$，$P=80$ 元/m^3　$\lambda=0.078\text{W}/(\text{m}\cdot℃)$

$J=40$ 元/$(1.163\times10^6\text{W}\cdot\text{h})$，$n=20$ 年，$i=6\%$

$K'=1.56\text{W}/(\text{m}^2\cdot℃)$，$Z=145\times24$（h）

根据式（6-14）有：

$$X_{op}=\left\{\frac{40\times145\times24(12+4.5)}{1.163\times10^6}\times\frac{0.078[(1+0.06)^{20}-1]}{80\times(1+0.06)^{20}\times0.06}\right\}^{\frac{1}{2}}-\frac{0.078}{1.56}$$
$$=98.6(\text{mm})\approx100\text{ mm}$$

求解结果，最佳保温厚度为 100mm。

6.3.3 遮阳装置的设计

由于地球的公转和自转，在地球上形成四季和昼夜。同一地点不同时节，太阳光照射的位置有所不同。根据这个特性，南向大窗应在上部设置水平式遮阳装置，以减少夏季室内过热现象。其挑出的长度，使冬季（太阳高度角小）不致挡住阳光射入室内，夏季（太阳高度角大）能够全部挡住太阳的入射光（图 6-17）。在窗顶和窗下可留出 5°的余地，注意窗不要开到遮檐的底部，因为窗顶一般是接收不到阳光的，只能增加热损失。檐长可根据建筑物所处地理纬度太阳高度角、方位角具体计算。

$$L=H\coth\ \cos\gamma \tag{6-15}$$

式中　L——遮阳挑出长度，m；

h——建筑物所在地的太阳高度角，可查表 6-7；

γ——建筑物墙面法线与太阳方位所夹的角，南向建筑的 γ 即与太阳方位角相等；

H——窗下部至遮阳板底的高度，包括窗高加窗顶至遮阳板下的距离 y，一般 y 可取窗高的 0.25 倍，或按实际尺寸计算（图 6-18）。

采用活动的百叶窗帘也可起到遮阳的作用。还可挂竹帘、帆布篷，用时放下，不用时收拢。另外，还有人在南面种落叶树、爬藤植物或搭葡萄架，夏天遮挡阳光，冬天树叶凋落不影响窗的采光。对于东、西向的窗，挑檐起不到遮阳作用，可采用能调节的垂直式百叶窗、遮蓬或铝箔窗帘等。图 6-19 所示为各种类型的遮阳装置。

表 6-7　几个典型地区的太阳位置数据表

1. 北京（北纬 39°57′）

季节	日出	日落	时间/h	午前 5	6	7	8	9	10	11	12
	时间方位	时间方位		午后 19	18	17	16	15	14	13	
夏至	4时34分47	19时25分13	高度角 h	4°13′	14°48′	25°57′	37°23′	48°50′	59°50′	69°12′	73°30′
	−121°16′	+121°16′	方位角 A	117°19′	108°24′	99°46′	90°43′	30°15′	65°55′	41°58′	0
			水平阴影长率 I	13.567 6	3.783 5	2.055 0	1.308 6	0.874 3	0.581 2	0.379 8	0.296 2
大暑	4时48分12	19时11分48	高度角 h	2°02′	12°49′	24°04′	35°33′	46°55′	57°39′	66°27′	70°15′
（小满）	−116°46′	+116°46′	方位角 A	114°54′	105°45′	96°50′	87°25′	76°20′	61°16′	37°26′	0
			水平阴影长率 I	28.140 0	4.397 9	2.238 2	1.399 2	0.935 0	0.633 4	0.436 0	0.359 0
春分	6时0分0	18时0分0	高度角 h		0	11°27′	22°32′	32°49′	41°36′	47°46′	50°03′
（秋分）	−90°	+90°	方位角 A		90°	80°14′	69°40′	57°18′	41°58′	22°39′	0
			水平阴影长率 I		∞	4.939 8	2.409 6	1.550 2	1.126 4	0.907 6	0.837 6
大寒	7时11分56	16时48分04	高度角 h				7°54′	16°39′	23°38′	28°13′	29°49′
（小雪）	−63°11′	+63°11′	方位角 A				55°07′	43°50′	30°48′	16°00′	0
			水平阴影长率 I				7.199 6	3.343 5	2.285 4	1.864 2	1.744 9
冬至	7时25分13	16时34分47	高度角 h				5°1′	13°59′	20°42′	25°04′	26°36′
	−58°44′	+58°44′	方位角 A				52°57′	41°57′	29°22′	15°12′	0
			水平阴影长率 I				10.356 1	4.013 5	2.645 9	2.137 3	1.997 0

2. 沈阳(北纬 41°46′)

季节	日出	日落	时间/h	午前	5	6	7	8	9	10	11	12
	时间方位	时间方位		午后	19	18	17	16	15	14	13	
夏至	4时28分50	19时31分10	高度角 h		5°03′	15°22′	26°15′	37°23′	48°30′	59°03′	67°49′	71°41′
	−122°15′	+122°15′	方位角 A		117°11′	107°56′	98°54′	89°22′	78°13′	63°08′	38°59′	0
			水平阴影长率 I		11.323 0	3.637 6	2.028 5	1.308 5	0.884 8	0.599 6	0.407 6	0.331 0
大暑(小满)	4时43分16	19时16分44	高度角 h		2°48′	13°18′	24°17′	35°27′	46°28′	56°45′	64°59′	68°26′
	−117°35′	+117°35′	方位角 A		114°49′	105°21′	96°02′	86°08′	74°28′	58°50′	35°03′	0
			水平阴影长率 I		20.453 7	4.231 2	2.217 9	1.404 5	0.950 1	0.655 8	0.466 8	0.395 3
春分(秋分)	6时0分0	18时0分0	高度角 h			0	11°08′	21°54′	31°50′	40°14′	46°05′	48°14′
	−90°	+90°	方位角 A			90°	79°53′	68°58′	56°20′	40°55′	21°55′	0
			水平阴影长率 I			∞	5.082 7	2.488 0	1.610 9	1.181 8	0.962 6	0.893 1
大寒(小雪)	7时16分52	16时43分08	高度角 h					6°52′	15°20′	22°04′	26°28′	28°00′
	−62°23′	+62°23′	方位角 A					54°56′	43°28′	30°25′	15°44′	0
			水平阴影长率 I					8.304 5	3.646 2	2.466 6	2.008 9	1.880 7
冬至	7时31分10	16时28分50	高度角 h					4°25′	12°38′	19°07′	23°19′	24°47′
	−57°45′	+57°45′	方位角 A					52°50′	41°40′	29°03′	14°59′	0
			水平阴影长率 I					12.938 7	4.460 2	2.884 9	2.319 7	2.165 9

3. 兰州(北纬36°01′)

季节	日出	日落	时间/h 午前	5	6	7	8	9	10	11	12
	时间方位	时间方位	午后	19	18	17	16	15	14	13	
夏至	4时46分28	19时13分32	高度角 h	2°24′	13°32′	25°13′	37°14′	49°21′	61°14′	71°57′	77°26′
	−119°28′	+119°28′	方位角 A	117°31′	109°20′	101°37′	93°45′	84°45′	72°25′	50°00′	0
			水平阴影长率 I	23.818 3	4.154 8	2.123 4	1.316 0	0.858 6	0.548 9	0.326 0	0.222 9
大暑（小满）	4时57分57	19时02分03	高度角 h	0°23′	11°43′	23°33′	35°38′	47°43′	59°22′	69°26′	74°11′
	−115°16′	+115°16′	方位角 A	114°58′	106°34′	98°34′	90°14′	80°31′	67°03′	43°45′	0
			水平阴影长率 I	152.114 4	4.822 5	2.294 6	1.395 1	0.909 5	0.592 2	0.375 2	0.283 3
春分（秋分）	6时0分0	18时0分0	高度角 h		0	12°05′	23°51′	34°53′	44°28′	51°23′	53°59′
	−90°	+90°	方位角 A		90°	81°03′	71°15′	59°33′	44°29′	24°30′	0
			水平阴影长率 I		∞	4.671 0	2.261 4	1.434 2	1.018 8	0.798 9	0.727 0
大寒（小雪）	7时02分10	16时57分50	高度角 h				10°09′	19°28′	27°00′	31°59′	33°45′
	−64°41′	+64°41′	方位角 A				55°38′	44°44′	31°46′	16°38′	0
			水平阴影长率 I				5.589 7	2.828 9	1.963 1	1.601 2	1.496 6
冬至	7时13分32	16时46分28	高度角 h				7°53′	16°54′	24°07′	28°52′	30°32′
	−60°32′	+60°32′	方位角 A				53°20′	42°41′	30°10′	15°44′	0
			水平阴影长率 I				7.229 4	3.291 4	2.233 6	1.814 1	1.695 4

4. 乌鲁木齐(北纬43°47′)

季节	日出	日落	时间/h	午前	5	6	7	8	9	10	11	12
	时间方位	时间方位		午后	19	18	17	16	15	14	13	
夏至	4时21分44	19时38分16	高度角 h		5°58′	15°59′	26°32′	37°20′	48°03′	58°06′	66°13′	69°40′
	−123°27′	+123°27′	方位角 A		117°00′	107°23′	97°54′	87°50′	76°01′	60°14′	36°05′	0
			水平阴影长率 I		9.569 8	3.491 3	2.002 4	1.310 9	0.898 9	0.622 5	0.440 6	0.370 6
大暑（小满）	4时37分24	19时22分36	高度角 h		3°39′	13°49′	24°28′	35°17′	45°54′	55°40′	63°18′	66°25′
	−118°34′	+118°34′	方位角 A		114°43′	104°53′	95°07′	84°42′	72°27′	56°17′	32°44′	0
			水平阴影长率 I		15.701 6	4.064 2	2.196 9	1.412 9	0.969 3	0.683 2	0.502 9	0.436 5
春分（秋分）	6时0分0	18时0分0	高度角 h			0	10°46′	21°10′	30°42′	38°42′	44°13′	46°13′
	−90°	+90°	方位角 A			90°	79°30′	68°13′	55°19′	39°51′	21°10′	0
			水平阴影长率 I			∞	5.257 4	2.583 4	1.684 4	1.248 2	1.027 8	0.958 4
大寒（小雪）	7时22分45	16时37分15	高度角 h					5°42′	13°52′	20°20′	24°31′	25°59′
	−61°23′	+61°23′	方位角 A					54°45′	43°07′	30°01′	15°29′	0
			水平阴影长率 I					10.010 1	4.050 3	2.699 7	2.192 2	2.051 8
冬至	7时38分16	16时21分44	高度角 h					3°12′	11°08′	17°21′	21°22′	22°46′
	−56°33′	+56°33′	方位角 A					52°44′	41°23′	28°43′	14°46′	0
			水平阴影长率 I					17.889 2	5.084 3	3.200 4	2.555 5	2.382 8

5. 拉萨(北纬29°43′)

季节	日出	日落	时间/h 午前	5	6	7	8	9	10	11	12
	时间方位	时间方位	午后	19	18	17	16	15	14	13	
夏至	5时2分40 −117°16′	18时57分20 +117°16′	高度角 h		11°23′	23°48′	36°34′	49°31′	62°32′	75°13′	83°44′
			方位角 A		110°39′	104°25′	98°28′	92°07′	84°00′	68°28′	0
			水平阴影长率 I		4.969 6	2.267 7	1.348 5	0.853 4	0.519 8	0.264 0	0.109 8
大暑 (小满)	5时11分32 −113°26′	18时48分28 +113°26′	高度角 h		9°51′	22°28′	35°22′	48°23′	61°17′	73°25′	80°29′
			方位角 A		107°43′	110°12′	94°44′	87°29′	77°37′	85°23′	0
			水平阴影长率 I		5.756 0	2.418 4	1.409 3	0.888 6	0.547 8	0.297 6	0.167 6
春分 (秋分)	6时0分0 −90°	18时0分0 +90°	高度角 h		0	12°59′	25°44′	37°53′	48°47′	57°01′	60°17′
			方位角 A		90°	82°26′	74°02′	63°38′	49°21′	28°24′	0
			水平阴影长率 I		∞	4.334 9	2.074 4	1.285 1	0.876 2	0.648 8	0.570 8
大寒 (小雪)	6时48分35 −66°32′	17时11分25 +66°32′	高度角 h			2°16′	13°39′	23°53′	32°18′	38°00′	40°03′
			方位角 A			65°06′	56°45′	46°31′	33°43′	17°57′	0
			水平阴影长率 I			25.315 0	4.117 4	2.259 1	1.582 1	1.279 9	1.189 6
冬至	6时57分20 −62°44′	17时02分40 +62°44′	高度角 h			0°31′	11°36′	21°29′	29°31′	34°55′	36°50′
			方位角 A			62°24′	54°12′	44°12′	31°49′	16°50′	0
			水平阴影长率 I			111.749 3	4.870 8	2.541 7	1.766 0	1.432 7	1.335 1

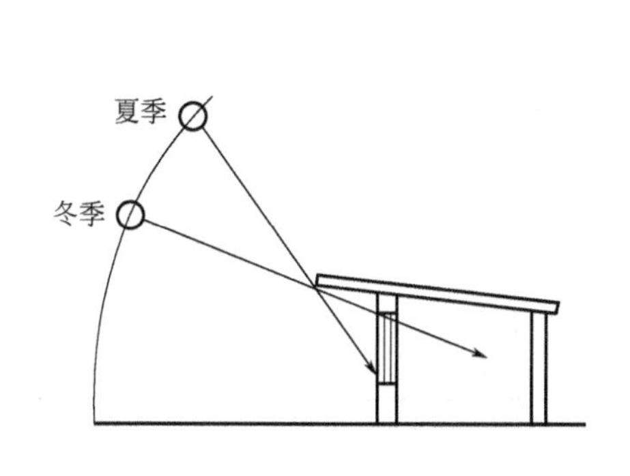

图 6-17 南窗水平遮阳装置

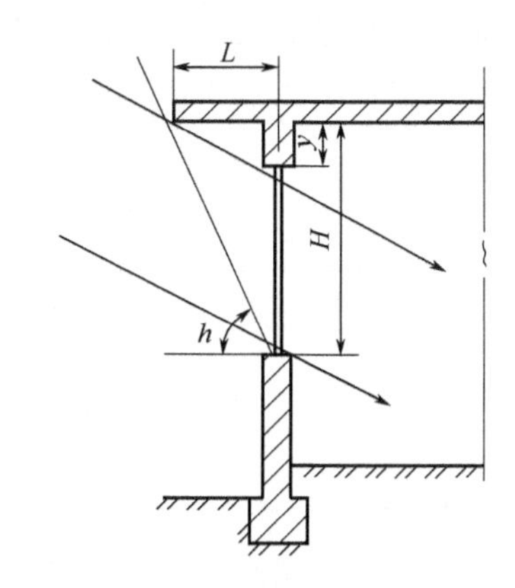

图 6-18 南窗檐长及遮阳板下结构尺寸

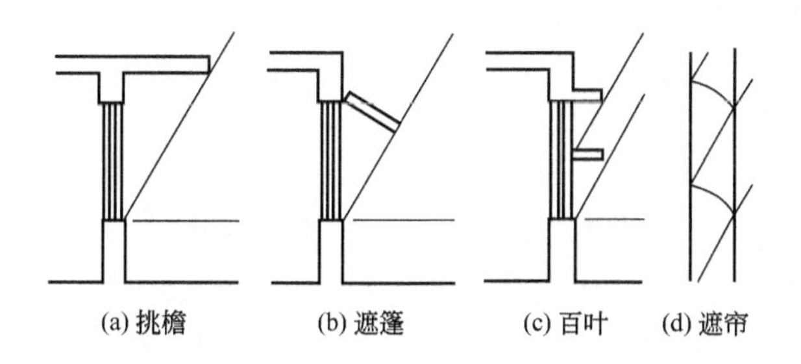

图 6-19 各种类型的遮阳装置

6.3.4 集热-蓄热墙式太阳房的设计原则

(1) 蓄热体

南向大玻璃窗或落地窗，容易使室内温度波动大，当蓄热体（石墙、砖墙、地面）表面积和窗玻璃面积比超过 9，则砖蓄热墙厚 10cm（约一块砖宽）就够了。若蓄热体表面积和窗玻璃面积比小于 9，则墙厚要加大，一般取一块砖长 24cm 厚。

若是直接受益式太阳房住宅，应考虑采用重质材料（如：砖、混凝土、土坯），这样蓄热性能好，室内温度波动不大。

(2) 集热墙面积

集热墙的面积取决于当地气候条件、地理纬度以及建筑物的保温状况。纬度的变化影响冬季照射到南墙面的太阳辐射量。一般来说，建筑物所处纬度越北，集热墙得到的太阳辐射热量越少，所需的集热面积就大；气候寒冷地区，冬季室内外温差大，房屋热量散失得快，为了提供和补充所损失的热量，需要集热墙的面积就大；房间保温不好，冷风渗透较大，同样也需要较大面积的集热墙来补充热量。表6-8中推荐的数值适用于不同气温条件下保温性能好的住宅，室内温度要求在65～75℉（18.3～23.9℃）范围。

表6-8 集热墙面积推荐值

气候类别	冬季最冷月(12月或1月)		每平方米地面所需集热墙面积/m²	
	平均室外温度/℃	度一日值DD	砖石墙	水 墙
寒冷气候	−9.4	833	0.72～>1.0	0.55～1.0
	−6.7	750	0.6～1.0	0.45～0.85
	3.9	667	0.51～0.93	0.38～0.70
	−1.1	583	0.43～0.78	0.31～0.55

表中每项比率均有一定变动范围，按照太阳房所处纬度选择适当的值。其“中值”适合于北纬40°地区；纬度低的偏南地区可选用较低值。

集热-蓄热墙虽具有使房间热稳定性能好的优点，但由于其本体构造等特点，如表面需涂黑，遮挡自然光线，维护管理复杂（相对于直接受益式）等原因，并不十分受欢迎。

(3) 集热墙厚度

集热墙使用材料的导热系数是决定集热墙厚度的关键。从实际统计表明：集热墙的最佳厚度随着墙体材料的导热系数增大而增加。因为墙体导热系数大，热量能很快地从墙的收集表面传到墙的内表面，故这样的墙要厚些，才能避免白天过多的热量传向室内，增高室温，并可减少室内温度的波动。而导热系数小的墙，传热慢，这种墙需要薄些，以便把充足的热量送入室内。

文献中给出的推荐厚度及不同厚度对室温波动的影响见表6-9，供参考。

表6-9 集热墙厚度推荐值

材 料	材料导热系数/[kcal/(m·h·℃)]	推荐厚度/mm	因墙厚度不同而引起的房间温度波动/℃				
			200(mm)	300(mm)	400(mm)	500(mm)	600(mm)
普通砖	0.63	250～300	13.3	6.1	3.9		
土坯	0.45	200～300	10.0	3.9	3.9	4.4	
密实混凝土	1.49	300～350	15.6	8.9	5.6	3.3	2.8
加镁砖	3.27	400～600	19.4	13.3	13.3	6.7	5
水		≥150	10	7.2	6.1	5.6	5

注：1kcal=4.18kJ。

表中数据适用于冬季晴朗天气，而且集热墙为双层玻璃。如果房间内有其他蓄热体（如砖石墙和地面），则实际温度波动还会低于表中所列数字。

此外，集热墙的最佳厚度应是能获得较高的年太阳能供热率。国外资料介绍，当墙体导热系数是 1.73W/(m² · ℃) 的混凝土墙时，最佳厚度为 23～38cm，年太阳能供热率为 68%；当墙体导热系数是 0.87W/(m² · ℃)（相当于砖墙）时，年太阳能供热率为 62%，最佳厚度为 18～25cm，所以砖的集热墙取一砖厚（24cm）较为合理。

（4）集热墙效率

集热墙效率表明照射在集热墙外玻璃表面上的太阳辐射热传送到室内的程度。如 $H(t)$ 表示 t 时刻照射在集热墙外玻璃表面的太阳辐照度（$kcal/m^2$），$q(t)$ 表示在 t 时刻集热墙向室内的供热量（$kcal/m^2$），则集热墙效率可表示为

$$\eta=\frac{\sum q(t)}{\sum H(t)}=\frac{\sum Q(t)}{A_c\sum H(t)} \tag{6-16}$$

$$Q(t)=A_c q(t)$$

集热墙效率主要与集热墙所用材料、透过材料层数、集热墙涂层、墙厚以及风口大小、室内外温度有关。

根据试验材料，一般 240mm 厚集热墙效率在 25%左右，室内温度愈高，则进入集热墙中的气流温度愈高，故热损失大，所以效率愈低。室外温度愈低，集热墙效率愈低。

（5）集热墙外表面的吸收率

墙外表面涂料及其颜色决定对太阳辐射吸收率的大小。黑色表面的吸收率为 95%，是吸收太阳能较有效的颜色。深蓝色吸收率为 85%，性能也不错。集热墙外表面吸收太阳的能量越多，通过墙体传到房间的热量就越多。但从建筑的美观角度来看，黑墙影响建筑的立面美，不仅建筑师，就是一般用户也不太欢迎。可以选用与建筑较协调的墨绿、军绿、橄榄绿、棕红、深红等色，我们曾测得墨绿色乳胶漆的吸收率为 93%，以上这些颜色的吸收率比黑色低一些，也是可以使用的。

（6）集热墙上下通风孔的尺寸

集热墙设上下通风孔可以和室内空气对流，增加对流传热，提高系统的性能。

如果集热墙上下设置通风孔，则集热墙获得的太阳辐射热将以两种方式传送给室内：一部分靠墙体导热，另一部分靠被加热的空气。风口面积的大小，根据房间的性质确定，一般上下风口面积等于集热墙面积的 1%～3%。如学校及公共建筑，主要在白天希望室温高些，所以风口面积取大些。

采用这种集热墙，关键要防止夜间气流的倒流。一般采用木门，靠人工关闭，管理不便可以利用塑料薄膜或薄纸，以达到自然开启和关闭。

集热墙也可以不设通风孔，其优点是减少了墙间层内的集灰，使用方便，不需开关通风孔的活门，舒适度更好一些，但热效率不如有孔集热墙。国外趋向使用无孔集热-蓄热墙。

(7) 集热墙的保温

对门窗、集热-蓄热墙最好加保温帘、保温板，白天打开，夜间关闭，保持室内热量在夜间向外散失最少，这是提高其热效率的有效办法。夏季，盖上保温板，深色的墙体不再吸收太阳的辐射而使室温增高。双层玻璃的间距以1.0～1.5cm为宜。另外，门窗最好增加密封措施。

6.3.5 附加温室（阳光间）太阳房设计原则

这种类型的太阳房，需要同时给附加温室和其后面邻接的房间进行太阳能采暖。附加温室是直接受益式采暖，邻接房间是间接的“扩大型集热墙式”采暖。即把集热墙和它前面玻璃罩之间的空间加大了几十倍。附加温室的南向玻璃除了为温室收集太阳热量外，还通过和它后面房间的“公共墙”，向后面房间提供一部分热量，这是一源二用、两室先后得益的“串联式系统”。

(1) 温室的尺寸。

一个较好的温室，在晴朗冬天收集到的太阳能量，应超过温室本身采暖需要的能量，有的会多，将近1～2倍，这些多余的热量就通过邻接房间的公共墙，以传导、开门窗或经通气孔对流等方式进入邻接房间。由于温室造价较高，一般都与直接受益式、集热-蓄热墙式组合使用。根据实践和模拟计算，温室进深不宜太大，宽度为0.6～1.0m，在热工效果和经济上都较为合适。还可以做成阳光式的门斗，罩在外门部分，既减少冷风渗透又可增加热量。结合中国具体条件而建的阳光走廊、阳光门斗及小型阳光间都受到用户的欢迎，又起到了美化建筑立面的效果。

(2) 外形构造

附加温室可以完全突出在建筑物外面［图6-20(a)］，也可以凹入建筑物内，只有一面或两面朝外［图6-20(b) 和 (c)］从热工及经济效果看，第2种［图6-20(b)］最好，第3种［图6-20(c)］次之。

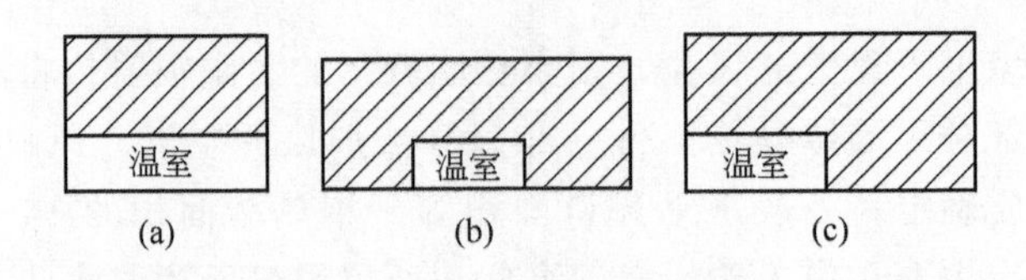

图6-20 不同外形的温室

温室顶部可以做成全玻璃透光的，也可利用挑出的阳台作顶。全透明的净得热量高于后者，但顶部玻璃易碎，施工复杂，一般多用后者。温室地面应用深色以增加吸收率。

（3）温室和邻近房间公共墙

“公共墙”起着集热和蓄热的作用，仍应采用厚重材料。若用砖墙，则以一砖厚（24cm）较好，并且将墙面涂成深色，墙的前面不要有东西遮挡。否则，妨碍阳光直射墙面。墙上开设门窗，在日光较好的冬季，打开门窗，使热量能进入室内。夜间将门窗关上。

常用的几种被动式太阳房的采暖形式是直接受益式、集热-蓄热墙式和附加温式，它们都各有优缺点。为了充分发挥它们的优势，取长补短，在应用中，经常把上述几种形式用于一幢建筑物中。有的将直接受益式与集热-蓄热墙组合；有的把附加温室的“公共墙”做成开孔式开窗的集热墙；或把温室做成小门斗和直接受益窗共同用在一个房间里。这都要根据房屋用途、立面处理、经济造价和热工性能综合考虑。在中国已建的被动太阳房中，以直接受益窗和集热墙组合的较多，有的把整个南墙面都用玻璃罩起来。近几年出现一些三种形式组合在一起的太阳房，如一楼采用附加温室和直接受益窗，二楼则采用直接受益窗和集热-蓄热墙。随着人民生活水平的提高，对建筑物的造型美比较注重，因此有附加温室的组合太阳房将受到青睐。

通过优化计算表明，直接受益和蓄热墙组合式，直接受益窗占整个南向采光面积的比例要根据窗的夜间保温性能好坏以及房间用途而定。用于居室时，窗的夜间热阻保持在0.64～1.16$(m^2\cdot℃)/W$之间，则直接受益窗占南墙采光面积的60%是较为理想的方案。若热阻值达不到0.64$(m^2\cdot℃)/W$，则窗的设计仅仅满足室内采光要求就可以了。

6.4　太阳房的评价方法

评价太阳房的采暖性能，一般可分为热性能评价和经济评价，下面分别论述。

6.4.1　热性能评价

评价太阳房热性能一般用太阳能保证率（SHF）、太阳房节能率（SSF）和热舒适度等指标。

太阳能保证率，其含义应该是在太阳房的供热负荷中，由太阳能得热量所占的百分数。

$$\mathrm{SHF}=\frac{\text{太阳房总净太阳能得热量}}{\text{太阳房维持设计室温度时的总耗热量}}(\%) \tag{6-17}$$

太阳房节能率是指太阳房较一般常规建筑节省的总能量。因此，在实际评价中均采用一个对比房，使其控制在和太阳房相同的设计温度条件，实测（或计算）两者所耗辅助能源量，即可求出太阳房的节能量：

$$SSF=1-\frac{\text{太阳房所需辅助热量}}{\text{对比房的热负荷}}=\frac{\text{太阳房总节能量}}{\text{对比房的热负荷}} \tag{6-18}$$

在航天、航空、空调工程中，人们很早就开始了对热舒适度的研究。热舒适度表示人体对环境的舒适感。影响热舒适度的因素很多，其主要影响因素有周围环境的温度、湿度、空气流速、人体与环境的辐射热交换，以及这些参数变化的速度等。

中国目前评价太阳房的热性能着重下面几项：

采暖季或月的平均室温 $\overline{T}_{季}$，$\overline{T}_{月}$；

室温的最大波动值，ΔT_{max}；

室温最低允许值，T_{min}；

集热部件的热效率，η。

太阳房中如果具有良好的蓄热性能，则日照条件好时，太阳辐射热被储存在墙体、地板以及家具等蓄热体中。当无日照时，则室内空气温度降低，各蓄热体陆续放出所储存的热量，因此可以减小室内温度变动的波幅。

6.4.2 经济评价方法

偿还年限是太阳房采暖经济评价的一项重要指标。偿还年限（N）是指太阳房采暖较常规采暖多投资的部分，用每年的经济效益回收的年限表示。它与建筑类型、增加初投资的大小，每年节能的数量、燃料价格、地区及气象条件等有密切关系，同时国家贷款的利息及优惠政策等亦有影响，因此，在同等的采暖效果情况下，其偿还年限差别很大。

偿还年限可由下式求出：

$$N=\frac{\ln B-\ln(B-Ai)}{\ln(1+i)} \tag{6-19}$$

式中 A——太阳房较对比房增加的初投资，元/m^2；

B——太阳房较对比房每年节省的费用，元/(m^2·a)；

i——年利率。

$$B=\frac{QP_c}{Q_H^P\eta} \quad [\text{元/(m}^2\cdot\text{a)}]$$

式中 Q——太阳房年节约热量，kJ/(m^2·a)；

Q_H^P——标准煤的热值，kJ/kg；

P_c——标准煤的价格，元/kg；

η——常规供暖系统的热效率。

$$Q=\mathrm{SSF}\cdot Q_c$$

式中 Q_c——对比房的热负荷。

【例 6-4】 某太阳房初投资较对比房每平方米增加 40 元，年节约热量 $120\,000\times4.186\,8\mathrm{kJ/m^2}$，当地燃料价格折合成标准煤每吨 200 元，年利率为 0.06，试计算该太阳房的偿还年限。

已知：$Q=120\,000\times4.186\,8\mathrm{kJ/(m^2\cdot a)}$

$P_c=200/1\,000=0.20$（元/kg）；$A=40$ 元/$\mathrm{m^2}$；$Q_H^P=7\,000\times4.186\,8\mathrm{kJ/kg}$；$i=0.06$；$\eta=0.4$

将上述已知数值代入式(6-19)，则得出：

$$B=\frac{120\,000\times4.186\,8\times0.20}{7\,000\times4.186\,8\times0.4}=8.57$$

$$N=\frac{\ln B-\ln(B-Ai)}{\ln(1+i)}=\frac{\ln\left(\frac{B}{B-Ai}\right)}{\ln(1+i)}$$

$$=\frac{\ln\left(\frac{8.57}{8.57-40\times0.06}\right)}{\ln(1+0.06)}=5.6\ (\mathrm{a})$$

由上例可知，在已知条件下，该太阳房的偿还年限为 5.6 年，显示了太阳房的经济性。

6.5 太阳房典型实例

6.5.1 中国甘肃省某被动式太阳房

甘肃省三居室（平房）被动式太阳房是 1986 年国家“七五”科技攻关项目，尽管当时的能源价格（煤价）和建材价格和目前市价有很大差别，但它的设计思路、工程结构预算方法和材料的选用都值得参考和选用。

该住宅的围护结构传热系数、设计室温、节能效益见表 6-10～表 6-12。

6.5.1.1 工程概况

（1）适用地区：甘肃地区。

（2）建筑轮廓：该太阳房为独院平房，坡屋顶，硬山搁檩，外装修为清水砖墙，勒脚高 1m，利用水泥砂浆抹面作假虎皮石墙面。户型为：起居室、三间卧室、厨房及储藏室，可供 2～3 代人居住。建筑外形如图 6-21(a) 所示。

表 6-10 围护结构传热系数

项目	K /kcal·m⁻²·h⁻¹·℃⁻¹	项目	K /kcal·m⁻²·h⁻¹·℃⁻¹
东、西、北外墙	0.34	地面	0.20
南外墙	1.342	北内墙 1	1.43
屋顶(一)	0.35	北内墙 2	0.61
屋顶(二)	0.45	东、西内墙	1.43
屋顶(三)	0.90	北窗	2.5
屋顶(四)	0.78	外门	2
屋顶(五)	0.60		

注：1kcal=4.18kJ。

表 6-11 设计室温

项目 温度/℃ 时间	卧室	起居室卧室	卧室	太阳能采暖受益房间平均值	储藏室	厨房走廊	辅助房间平均值
10 月	17.9	16	14.3	16.1	10.6	8.5	9.6
11 月	15	12	11.4	12.8	5.6	4.9	5.3
12 月	15.7	11.8	10.4	12.6	4	2.6	3.3
1 月	12.6	9	9	10.2	2.3	1.1	1.7
2 月	12.3	9.2	9.2	10.2	3	2	2.5
3 月	13.8	11.5	11.4	12.2	6.2	5.2	5.7
4 月	16.4	14.7	13.8	15.0	10	9.4	9.7
采暖季	14.8	12.0	11.4	13.2	6.0	4.8	5.4

表 6-12 节能效益

时间	太阳能保证率 SHF/%	太阳房节能率 SSF/%	年节煤量 /kg	年节能费用 /元	投资回收年限 /年
10 月	100	100			
11 月	87.5	95.4			
12 月	86	93.7			
1 月	74	89.4			
2 月	71	89			
3 月	82	94.4			
4 月	100	100			
采暖季	87	97	13 011	1 223	2

（3）面积指标：如图6-22所示。宅基尺寸：14m×14m＝196.00m^2

总建筑面积：86.31m^2

使用面积：55.56m^2

（4）建筑耐火等级：三级

（5）建筑抗震：7度设防。

（6）土建总造价：14 418.4元　单位面积造价：173.36元/m^2

6.5.1.2　太阳房采暖措施

（1）被动式采暖方式：直接受益与间接受益相结合。

（2）被动式采暖措施。

① 阳光间＋集热蓄热墙＋直接受益保温窗。

② 由阳光间入户，避免冬季冷风渗入。

③ 加强屋面、门窗及墙地面等处的构造保温，具体做法详见施工图及材料表。

（3）各房间集热方式、面积及比例，如表6-13所示。

表6-13　各房间面积分配

房间名称	集热方式	集热面积/m^2	集热面积(m^2)/房间净面积(m^2)	建筑面积(m^2)/南墙面积(m^2)
卧室1	蓄热墙＋直接受益保温窗	5.93	0.336	0.544
居室＋卧室2	阳光间	10.35	0.493	0.615
卧室3	蓄热墙＋直接受益保温窗	5.93	0.529	0.544

（4）辅助热源：将厨房置于建筑中心北侧，利用做饭余热加热火炕（由用户自理），同时提高相邻房间温度。

6.5.1.3　热式预测

太阳能采暖房间采暖季平均室温：13.2℃。

基准温度10℃时太阳能保证率：87%。

基准温度14℃时太阳房节能率：97%。

6.5.1.4　工程实施

（1）建筑剖面如图6-21(b)所示。

① 外墙：东、西、北外墙为双层夹墙，内墙240mm，外墙120mm，间距90mm，内填粒状珍珠岩，注意保持干燥，内外两墙设ϕ6mm拉筋，间距750mm，每10mm皮砖一道，呈梅花形布置。

② 墙身防潮，在－0.20m处周围设置60mm厚细石混凝土带一道，内配筋3ϕ6mm，作防潮层。

③ 门窗：本建筑地南向直接受益窗为带折叠扇的双层窗，其构造特点参见图 6-22，北向窗为普通双层玻璃窗。本建筑的所有门窗构造，除特殊注明者外，均参照当地保温门窗做法。

（2）结构

① 结构形式：砖混结构，机平瓦坡屋面，硬山搁檩，灰板条吊顶。

② 墙体；采用 75# 机红砖，25# 砂浆砌筑，勒脚以下用水泥砂浆砌筑。

③ 基础：由用户根据当地情况自理。

6.5.1.5　材料做法

材料做法见图 6-21（b）、图 6-22 及表 6-14。

表 6-14　材料做法

项目编号	材料做法	备注
屋面	机平瓦 100mm 厚挂瓦草泥，分三次铺油毛毡 5mm 厚 木屋面板（或纵横二道苇箔） 40mm×50mm 椽子、中距 300mm	
吊项	50mm×70mm 大龙骨，中距 1 000mm 50mm×50mm 小龙骨，中距 450mm，找平后用 50mm×50mm 方木吊挂钉牢，12 号镀锌铁丝隔一道绑一道 钉木条离缝 7～10mm，端头离缝 5mm，上置矿棉（厚度见备注） 3mm 厚麻刀灰掺 10％水泥打底 1∶25 白灰膏浆挤入底灰中 5mm 厚 1∶25 白灰膏浆 2mm 厚纸筋灰罩面，喷大白浆	矿棉厚度卧 1 为 80mm，起居室、卧 2、卧 3 为 50mm，其余各处为 10mm 厚
墙 1	20mm 厚 1∶3 白灰膏浆打底，纸筋灰罩面，喷大白	一般做法
墙 2	30mm 厚 1∶8 水泥珍珠岩抹灰打底纸筋罩面，喷大白	Ⓒ Ⓓ 轴墙双面抹灰
墙 3	同墙 2，厚度改为 20mm	Ⓒ 轴④～⑤段
地脚	12mm 厚 1∶3 水泥砂浆打底扫毛，刷素水泥聚一道（内掺水重 3％～5％的 107 胶） 10mm 厚 1∶2.5 水泥石子（米粒石内掺 30％石屑罩面，赶平压实，勾出虎皮石纹样）	
地 1	素土夯实 油毡一层，周圈上翻至 60mm 厚混凝土处 水泥珍珠岩 100mm 厚 250mm 厚焦砟干铺拍实 100mm 厚 1∶6 水泥焦砟 素水泥浆结合层一道，60mm 厚 100# 混凝土 20mm 厚 1∶2.5 水泥砂浆压实赶光	靠山墙房间
地 2	除去 100mm 厚水泥珍珠岩层，其余做法同地 1	

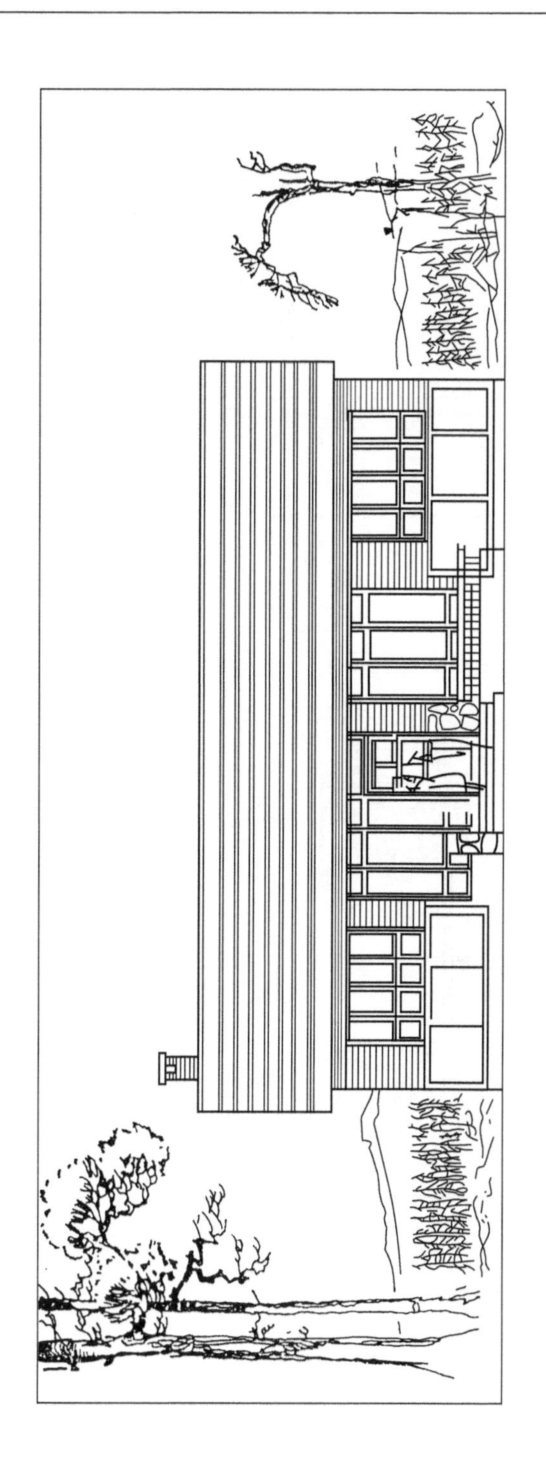

（a）外形图

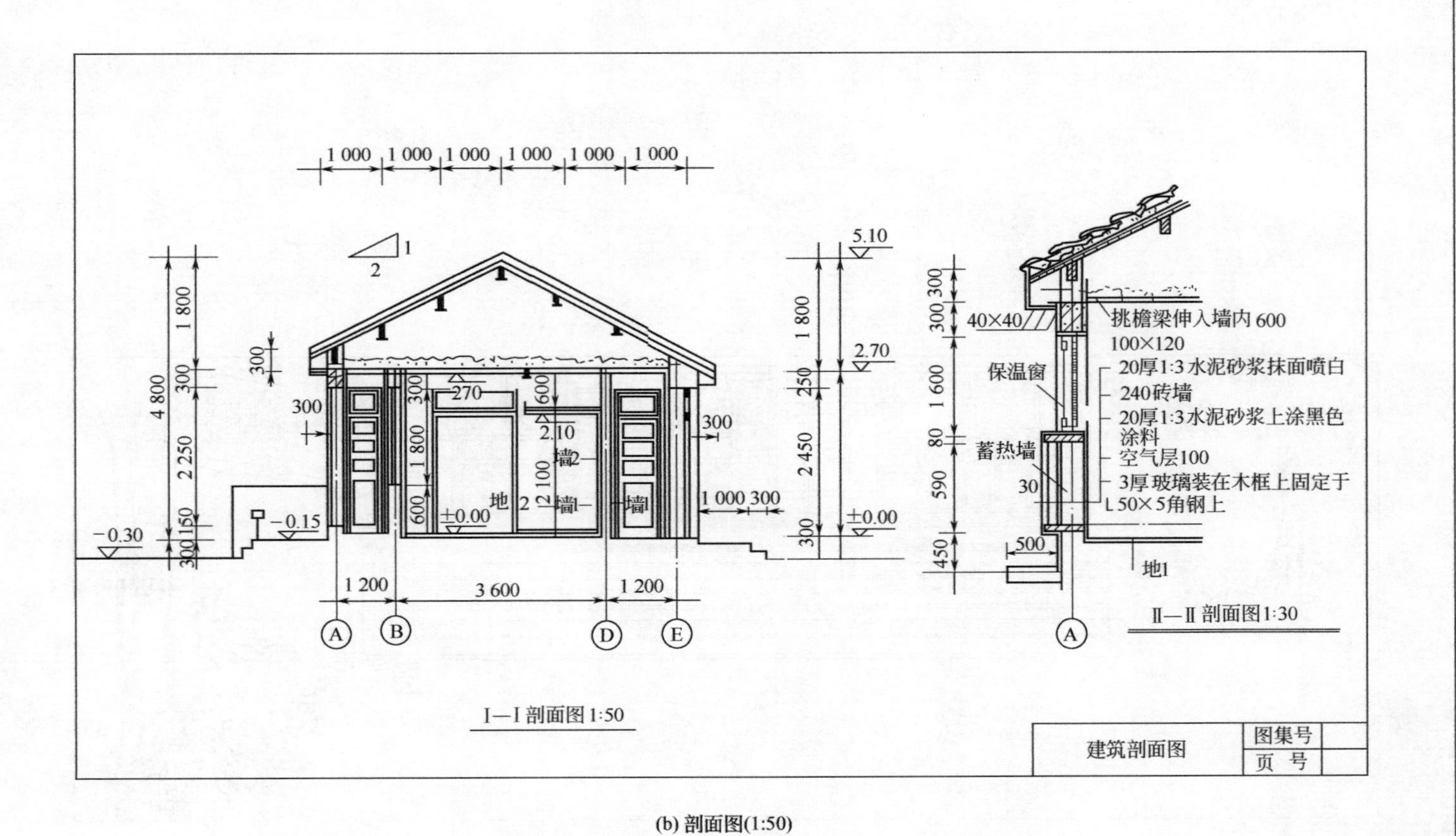

(b) 剖面图(1:50)

图6-21 被动式太阳房(剖面位置见图6-22)

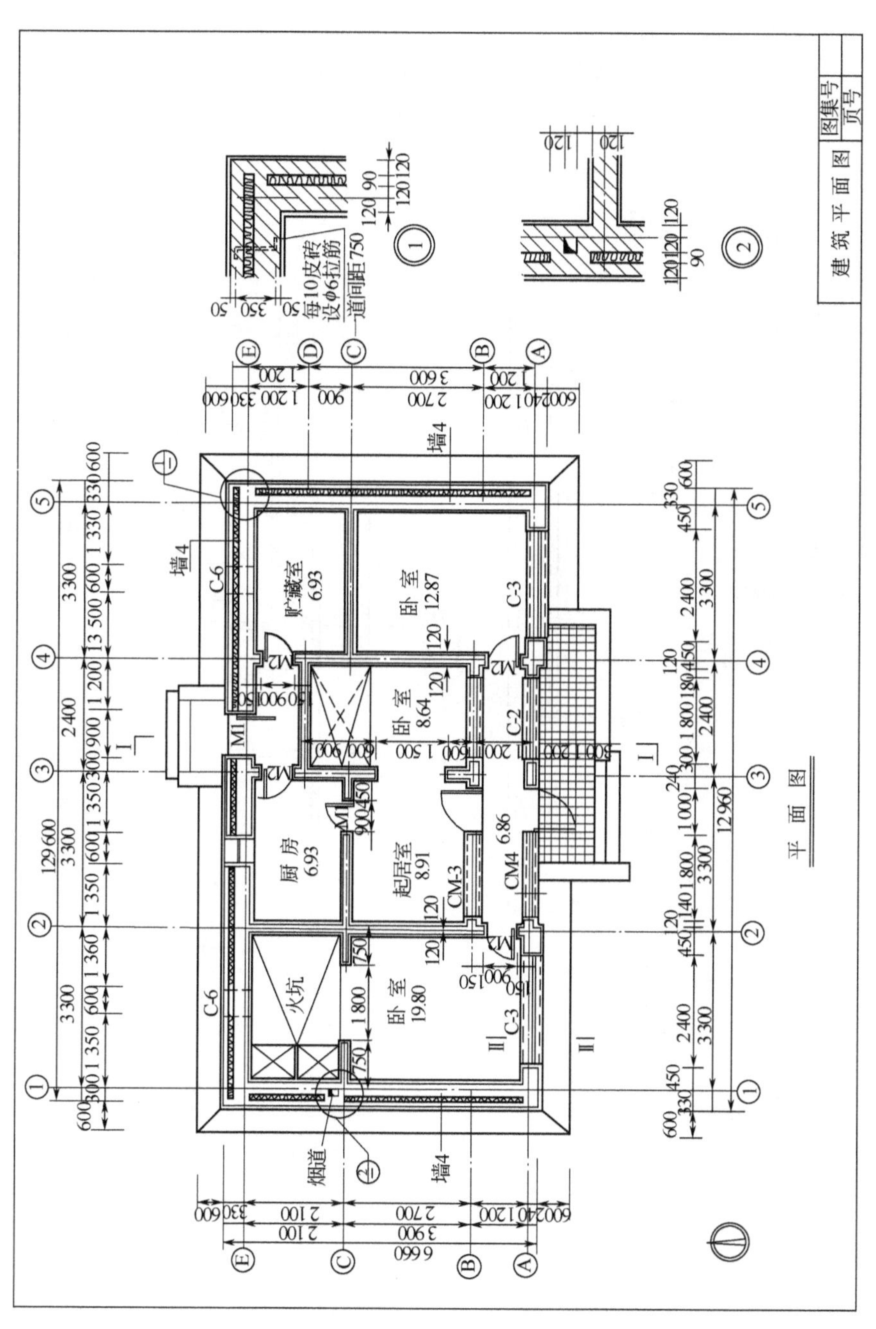

图6-22　被动式太阳房平面图

6.5.2 中国北京某主动式太阳房

6.5.2.1 设计内容

北京丰台诚苑南里住宅楼主动式太阳房为七层的六、七层复式建筑，建筑面积 131m²，使用面积 100m²，其平面图如图 6-23 和图 6-24 所示。

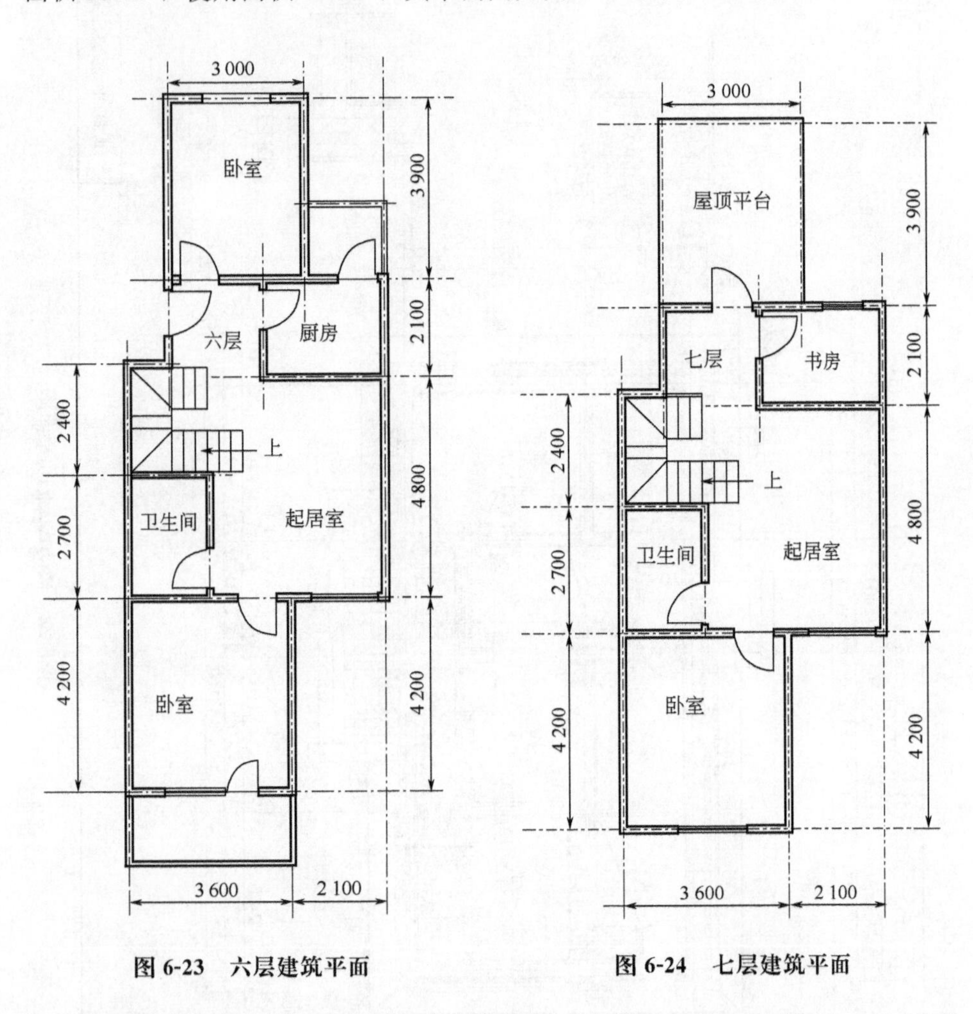

图 6-23　六层建筑平面　　　图 6-24　七层建筑平面

该主动式太阳房是对原有采暖系统进行了改造，采用太阳能（10m² 采光面积的真空管集热器）地板辐射的采暖方式，辅助热源采用燃气或电加热（4kW）。

6.5.2.2 围护结构形式

（1）外墙为内保温形式：150mm 钢筋混凝土＋10～20mm 厚空气隔层＋40mm聚苯板＋石膏面层。

表 6-15 丰台诚苑南里5号楼4单元601耗热量计算

房间名称编号	围护结构名称方向	宽度/m	高度/m	面积/m²	传热系数/[W/(m²·℃)]	室内温度/℃	温差/℃	窗缝长/m	渗透率/[m³/(m·h)]	修正率附加率	耗热量/W
六层南卧	东外墙	4.2	2.7	11.34	1.14	18	27			0.90	314.14
	南外墙	3.7	2.7	7.05	1.14	18	27			0.75	162.75
	南外窗	2.1	1.4	2.94	2.7	18	27			0.75	160.74
	芯门板	0.7	0.7	0.49	1.7	18	27			0.75	16.87
	小计										654.50
	门渗透				0.374	18	27	5.6	2		113.10
	计										767.60
	热源附加									0.2	153.52
	总计										921.12
六层门厅	东外墙	4.8	2.7	12.96	1.14	18	27			0.90	359.02
	南外墙	2.1	2.7	3.57	1.14	18	27			0.75	82.41
	南外窗	1.5	1.4	2.1	2.7	18	27			0.75	114.82
	内墙	2.1	2.7	3.67	1.83	18	27			0.70	126.93
	户门	1	2	2	2	18	27			0.70	75.60
	小计										758.78
	门渗透				0.374	18	27	6	5		302.94
	外门开启附加										
	计										1 061.72

续表

房间名称编号	围护结构名称方向	宽度/m	高度/m	面积/m^2	传热系数/[W/(m^2·℃)]	室内温度/℃	温差/℃	窗缝长/m	渗透率/[m^3/(m·h)]	修正率附加率	耗热量/W
	热源附加									0.2	212.34
	总计										1 274.07
六层北卧	东外墙	3.9	2.7	10.53	1.14	18	27			0.90	291.70
	北外墙	3.2	2.7	6.54	1.14	18	27			1.00	201.30
	北外窗	1.5	1.4	2.1	2.7	18	27			1.00	153.09
	内墙	3.9	2.7	10.53	1.83	18	27			0.70	364.20
	小计										1 010.29
	计										1 010.29
	热源附加									0.2	202.06
	总计										1 212.35
七层南卧	东外墙	4.2	2.7	11.34	1.14	18	27			0.90	314.14
	南外墙	3.7	2.7	7.89	1.14	18	27			0.75	182.14
	南外窗	1.5	1.4	2.1	2.7	18	27			0.75	114.82
	屋顶	3.7	4.3	15.91	0.45	18	27			1.00	193.31
	小计										804.41
	计										804.41
	热源附加									0.2	160.88
	总计										965.29

续表

房间名称编号	围护结构名称方向	宽度/m	高度/m	面积/m^2	传热系数/[W/(m^2·℃)]	室内温度/℃	温差/℃	窗缝长/m	渗透率/[m^3/(m·h)]	修正率附加率	耗热量/W
七层门厅	东外墙	4.9	2.7	13.23	1.14	18	27			0.90	366.50
	南外墙	2.1	2.7	3.57	1.14	18	27			0.75	82.41
	南外窗	1.5	1.4	2.1	2.7	18	27			0.75	114.82
	北外墙	7.5	2.7	18.45	1.14	18	27			1.00	567.89
	北外门	0.9	2	1.8	4.5	18	27			1.00	218.70
	屋顶			27.96	0.45	18	27			1.00	339.71
	小计										1 690.03
	门渗透				0.374	18	27	5.8	5		292.84
	外门开启附加										
	计										1 982.88
	热源附加									0.2	396.58
	总计										2 379.45
七层书房	东外墙	2.2	2.7	5.94	1.14	18	27			0.90	164.55
	北外墙	2	2.7	4.14	1.14	18	27			1.00	127.43
	北外窗	0.9	1.4	1.26	2.7	18	27			1.00	91.85
	屋顶	2.1	3	6.3	0.45	18	27			1.00	76.55
	小计										460.38
	窗渗透				0.374	18	27	7.4	3.5		261.54

续表

房间名称编号	围护结构名称方向	宽度/m	高度/m	面积/m^2	传热系数/[W/(m^2·℃)]	室内温度/℃	温差/℃	窗缝长/m	渗透率/[m^3/(m·h)]	修正率附加率	耗热量/W
	外门开启附加										
	计										721.92
	热源附加									0.2	144.38
	总计										866.30
六层厨房	东外墙	2.1	2.7	5.67	1.14	16	25			0.90	145.44
	北外墙	2.1	2.7	4.97	1.14	16	25			1.00	141.65
	北阳台门玻璃	0.7	1	0.7	2.7	16	25			1.00	47.25
	北阳台门	0.7	1	0.7	1.7	16	25			1.00	29.75
	小计										334.33
	门渗透				0.374	16	25	5.6	7		366.52
	计										700.85
	热源附加									0.2	140.17
	总计										841.02
总热负荷						18	27				8 460
						16	17.6				5 514
单位面积热负荷						18	27				64.6W/m^2
	住宅建筑面积按131m^2计算					16	17.6				42.1W/m^2

（2）外窗采用塑钢单框双玻窗。

（3）屋面为坡屋面：100mm聚苯板保温。

根据围护结构形式进行住宅耗热量计算，其数据如表6-15所示。

6.5.2.3 采暖系统的选择

由原采用燃气小锅炉供热，四柱铸铁型散热器形式进行采暖后，改造为太阳能地板辐射采暖方式，辅助热源用燃气或电。

（1）太阳能集热器采用全玻璃真空管集热器，每块2m^2，共5块为10m^2。安装在南坡屋顶上。

（2）集热器循环介质采用防冻液。热交换器置于水箱中，并与采暖系统的循环水进行热交换。

（3）地板采暖管道采用交联聚乙烯管道外径16mm、壁厚2mm，管间距为150～200mm。

（4）供水温度40℃，回水温度30℃。

6.5.2.4 工程资金投入

（1）太阳能采暖系统（真空管集热器＋格兰夫水泵＋控制系统＋0.5m^{3}不锈钢水箱＋电加热器）2万元。

（2）燃气炉0.6万元。

（3）地板管道、集水器及施工费1.2万元。

6.5.2.5 实测数据费用比较，如表6-16所示。

表6-16 住宅不同供暖方式实测费用比较

项目 \ 供热方式	液化石油气户用燃气炉	太阳能地板辐射采暖系统	
		液化石油气燃气辅助加热	电辅助加热
每平方米整个采暖季供暖费用/(元/m^2)	41.71	32.48	29.60
131m^{2}整个采暖季供暖费用/元	5 464	4 255	3 878
与太阳能地板辐射采暖系统供暖费用的差值/元	1 586	377	

注：1. 以上数据均换算成室内温度16℃，室外温度－1.6℃的情况的采暖费用。

2. 液化石油气按4.5元/m^{3}计算，此为小区供给的管道液化石油气，密度为1.15kg/m^3；电费按IC卡电价0.44元/(kW·h)计算。

6.5.3 日本供冷暖、供热水主动式太阳房

6.5.3.1 工程概况

日本某市区的两层联栋城镇公寓中的一个单元（供一户使用），建筑总面积为65.7m^2，占地面积为40.9m^2，如图6-25所示。

对于太阳能供冷暖来说，必须提高建筑物的隔热性，这栋建筑物的外墙、

顶棚、地板等有效地利用了 2×4 建筑法的特点，全部放入 100mm 厚的玻璃棉，外窗采用双层玻璃窗，外层是铝框双扇拉窗，内层是木制双扇拉窗。如图 6-25 所示。为了防止换气损失还采用了小型全热换热器。对供冷暖面积为 47.5m^2 来说，供冷高峰负荷为 186kJ/(m^2 · h)，采暖高峰负荷为 170kJ/(m^2 · h)，是相当小的。而实际上建成连接的住宅时，没有侧端墙的负荷，冷暖高峰负荷还要小些。

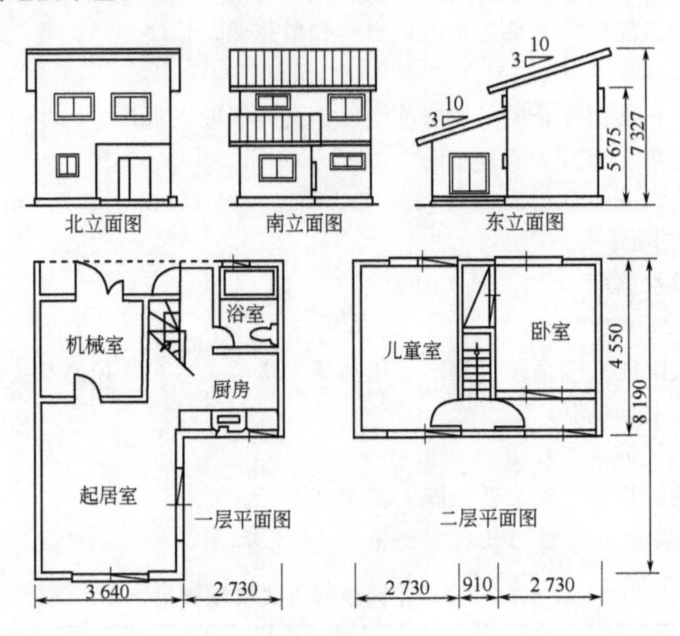

图 6-25　实验建筑物的平、立面图

集热器分别安装在南面，约有 17°倾斜的一、二层屋面上，有效集热面积约有 42m^2，相当于总面积的 64%左右，供冷暖面积的 88%。一层和二层屋顶分开，虽对集热方面是不理想的，但改善了二层部分在冬季的居住条件。

6.5.3.2　供冷暖系统的选择

该太阳房的供冷暖系统如图 6-26 及表 6-17 所示。集热器是平板型的，由特殊钢板焊成，在吸热板表面进行了选择膜处理（$\alpha=0.93$，$\varepsilon=0.10$），有两层增强玻璃盖板。制冷机是自然循环溴化锂吸收式制冷机（制冷能力 6 000kcal/h），发生器入口热水温度在 85℃以上能够运行，制冷系数约有 0.5。辅助热源不是锅炉，而是采用空气热源热泵（1.5kW）。

对供冷循环来说，首先通过日照，使集热器最上部的出口侧水温比高温蓄热槽（500L）的下部水温高出 5℃后，由温差起动器启动集热泵，当高温蓄热槽的上部水温达到 90℃时，吸收式制冷机就开始运行。当不进行日照时，温

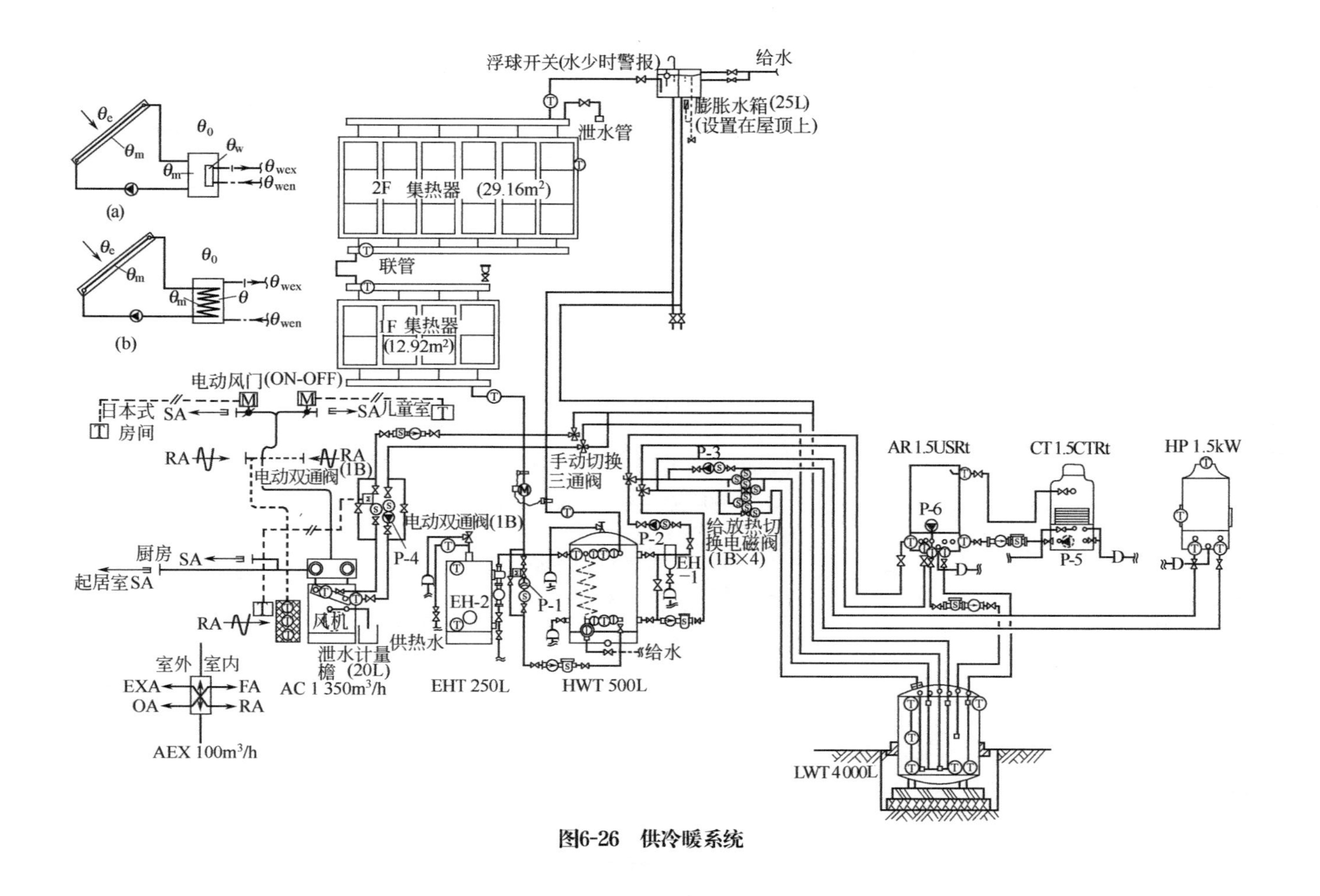
(a)
(b)
浮球开关(水少时警报)
给水
膨胀水箱(25L)
(设置在屋顶上)
泄水管
2F 集热器 (29.16m²)
联管
1F 集热器 (12.92m²)
电动风门(ON-OFF)
日本式房间
SA
儿童室
RA
RA (1B)
电动双通阀
手动切换三通阀
P-3
AR 1.5USRt
CT 1.5CTRt
HP 1.5kW
P-6
P-5
电动双通阀(1B)
P-4
P-2
给放热切换电磁阀 (1B×4)
EH-1
厨房 SA
起居室SA
EH-2
P-1
风机
供热水
给水
泄水计量槽 (20L)
AC 1 350m³/h
EHT 250L
HWT 500L
室外
室内
EXA
FA
OA
RA
AEX 100m³/h
LWT 4 000L

图6-26　供冷暖系统

表 6-17　太阳房供冷暖系统设备部件一览表

符　号	名　　称	规　　格	电动机功率
Ⓚ	流量计		
Ⓢ	过滤器		
ⓢ	流量计用过滤器		
P-6	冷水泵	ϕ1　100V　50Hz	200W
	热量计		
	温度调节器[按比例开关风门(起居室)]		
AC	空调机	ϕ1　100V　50Hz,1 350m^3/时	200W
EHT	电热水器	外径 ϕ690　1 380H(250L)	
HWT	高温蓄热槽	外径 ϕ700　内径 ϕ600　1 800H(500L)	
LWT	低温蓄热槽	外径 ϕ2 000　2 739H(4 000L)	
AR	吸收式制冷机	ϕ1　100V　50Hz,制冷能力 6 000kcal/h	30W
CT	冷却塔	ϕ1　100V　50Hz,冷却能力 15 300kcal/h	250W
HP	风冷式热泵	ϕ1　200V　50Hz,制冷能力 3 400kcal/h,供暖能力 3 550kcal/h	1 500W
AEX	空气全热换热器	ϕ1　100V　50Hz,100-80-70m^3/h 切换	40W
P-1	集热泵	ϕ1　100V　50Hz	150W
P-2	热源水泵	ϕ1　100V　50Hz	150W
P-3	HP 冷热水泵	ϕ1　100V　50Hz	200W
P-4	空调机冷热水泵	ϕ1　100V　50Hz	200W
P-5	冷却水泵	ϕ1　100V　50Hz	400W
EH-1	电加热器	ϕ1　200V　50Hz	3kW×3 段
EH-2	电加热器	ϕ1　100V　50Hz	3kW×1 段
Ⓣ	控制用检测器		
Ⓣ	热电偶温度计		

注：1kcal=4.18kJ。

差在恒定值以下时，集热泵便停止运行；而供热水温度降低到85℃以下时，吸收式制冷机也便停止运行。由吸收式制冷机制取的冷水被储存于玻璃钢制的密闭式低温蓄热槽（4 000L）中，根据需要送至空调机进行供冷气。空调机由定时器控制进行程序运转，室温将根据测出的回风温度用冷水双通阀进行调节。二层的两个房间有另一定时器，不需要供冷、暖气时以风门进行控制。

实际的运转方法是，即使第二天是阴雨天不能进行太阳能供冷，但在前一天夜间已先把建筑物供冷所需要的最低限度的冷量，经开起电动制冷机而蓄在室外地下的低温蓄热槽中。在前一天夜晚若供给浴池用水，高温蓄热槽的温度便降低至60℃左右。当天若是晴天，集热在9时前就开始，在10时达到90℃以上，吸收式制冷机便开始运行。到16时许停止集热，接着制冷机也停止工作。

供热水则在高温蓄热槽内的盘管中被预热，经深夜电力热水器供给各处热水。因为是用自力式混合阀控制在60℃，所以当太阳能能够加热到60℃以上时，就不使用电力热水器的热水，因而在夏季几乎不需要辅助热源。

供暖循环时高温蓄热槽和低温蓄热槽一起作为热水蓄热，集热温度为50～60℃。当连续阴雨天水温在37℃以下时，空气热源热泵便随时进行运转。

这些运转，除供冷、暖运转的切换由专人操作外，其余的完全自动进行，因此居住者原则上不需要操作设备。

太阳能供冷暖系统，在夏天，有因集热泵系统的故障、停电而使集热器过热发生气锤，以及选择膜发生劣化等问题；在冬天则有夜间的冻结问题。但此系统采取了措施，对前者，在集热器的最上部设置膨胀水箱，以便使蒸汽顺利地排出去，同时能够经常的补给水；对后者，则利用了防冻温差起动器，当有冻结危险时，可使集热泵进行短时间的运转。

6.5.3.3 实验检测结果与应注意的问题

实验刚做到第一个供冷期末，因为全过程的分析还没有结束，所以仅给出1975年8月11日的测定结果。图6-27所示为各处传热量随时间变化的情况与设备的运转状况。此日的日平均集热效率约为24%，吸收式制冷机的制冷系数为0.46，太阳能依存率约达60%。图6-28示出各部温度的变化。图6-29所示为高温蓄热槽和低温蓄热槽温度的分布情况。

从这些测定的结果与运转中的经验来看，对应该注意的几点问题介绍如下：

（1）落在集热器玻璃表面上的尘土是很严重的问题，比起国外资料中所说的尘土影响为透射率的5%左右，显然相差很远。这是因为该地区为工业区，

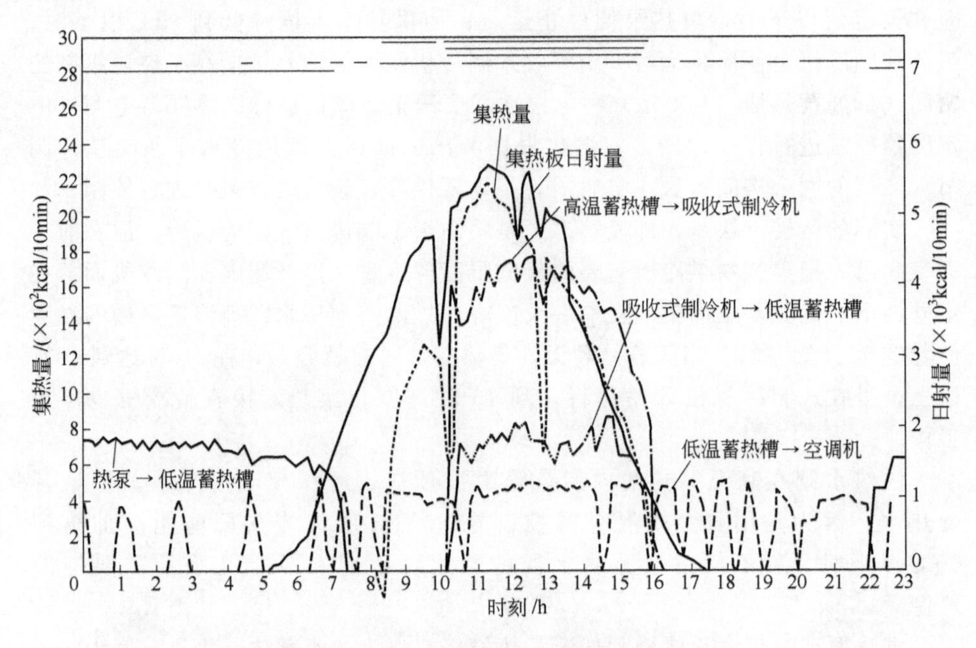

图 6-27　热量变化与设备的运转状况

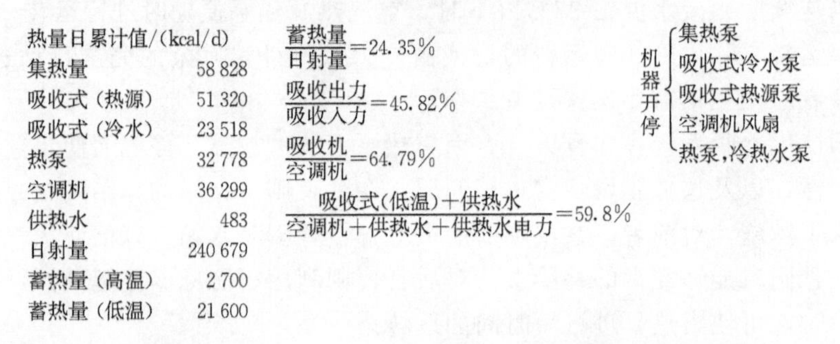

热量日累计值/(kcal/d)	
集热量	58 828
吸收式（热源）	51 320
吸收式（冷水）	23 518
热泵	32 778
空调机	36 299
供热水	483
日射量	240 679
蓄热量（高温）	2 700
蓄热量（低温）	21 600

$\frac{\text{蓄热量}}{\text{日射量}}=24.35\%$

$\frac{\text{吸收出力}}{\text{吸收入力}}=45.82\%$

$\frac{\text{吸收机}}{\text{空调机}}=64.79\%$

$\frac{\text{吸收式(低温)}+\text{供热水}}{\text{空调机}+\text{供热水}+\text{供热水电力}}=59.8\%$

机器开停：集热泵；吸收式冷水泵；吸收式热源泵；空调机风扇；热泵，冷热水泵

而且因集热器的倾斜角为 17°（3/10 坡度），比其他的集热器倾斜角小而造成的。虽然由于降雨可以改善些，但对太阳能利用仍是个重要的问题，必须对集热器盖板进行定期清洗。

（2）仪表耗电量是非常大的，当然由于是实验，因此也多消耗了些，特别是电磁阀平时也要消耗电力，即使耗电量仅数十瓦，整个期间消耗量就很大了，因此有必要注意。为解决这个问题应该考虑尽可能地简化系统，与此同时还可考虑用自力式控制阀及流体元件等。

（3）高温蓄热槽虽以 50mm 厚的聚氨酯保温，但如图 6-28 和图 6-29 所示那样，在夜间温降是相当大的。其保温要求，虽可按深夜电力热水器同样考虑，但从节能的意义出发，隔热厚度至少需要 100mm 以上。

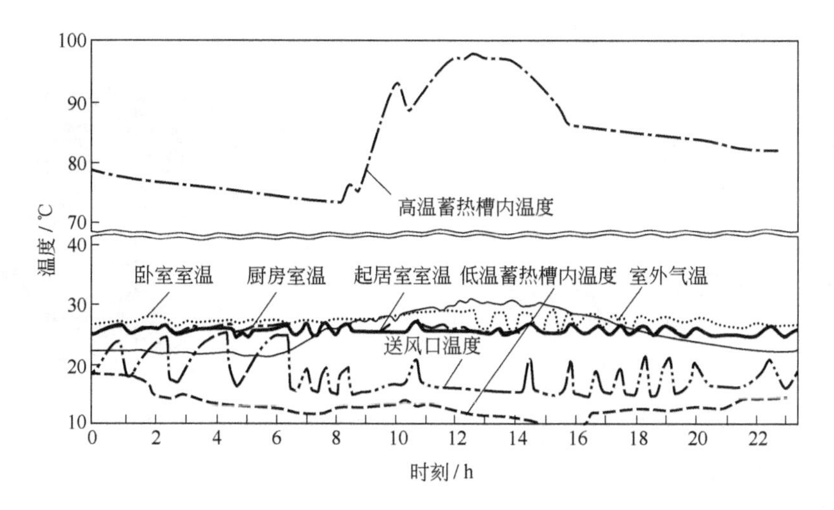

图 6-28　各部的温度变化

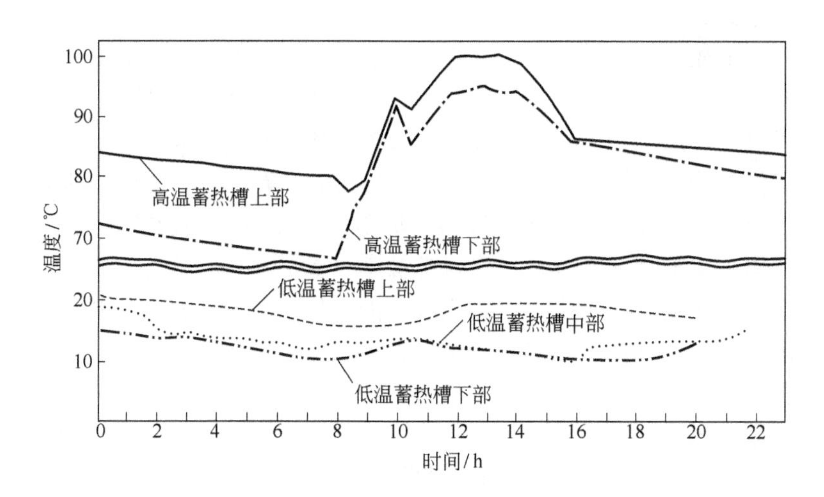

图 6-29　高温蓄热槽与低温蓄热槽的水温变化

第 7 章

太阳能干燥

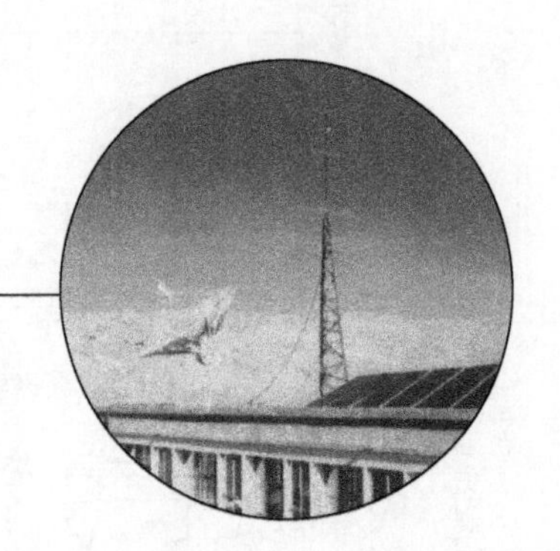

7.1 概述

7.1.1 太阳能干燥的意义

太阳能干燥是人类利用太阳能历史最悠久、最广泛的一种形式。早在几千年前，我们的祖先就开始把食品和农副产品直接放在太阳底下进行摊晒，待物品干燥后再保存起来。这种在阳光下直接摊晒的方法一直延续至今，可算为被动式太阳能干燥。但是，这种传统的露天自然干燥方法存在诸多弊端：效率低，周期长，占地面积大，易受阵雨、梅雨等气候条件的影响，也易受风沙、灰尘、苍蝇、虫蚁等的污染，难以保证被干燥食品和农副产品的质量。

本章介绍的太阳能干燥，是利用太阳能干燥器对物料进行干燥，可称为主动式太阳能干燥。到如今，太阳能干燥技术的应用范围有了进一步扩大，已从食品、农副产品，扩大到木材、中药材、工业产品等的干燥。因此，如果说本书前面所述的太阳能热水器、太阳灶和太阳房主要是应用于人们生活方面，那么太阳能干燥器主要是应用于工农业生产方面。

我国在 20 世纪 90 年代之前，太阳能干燥就有了一定程度的发展，主要表现在技术开发和推广应用方面都取得了较大的成绩。据不完全统计，全国安装各类太阳能干燥器的总采光面积已累计达到 15 000m^2。

各地已经报道的太阳能干燥实例很多。在食品、农副产品方面，有各种谷物、蔬菜、水果、鱼虾、香肠、挂面、茶叶、烟叶、饲料等的干燥；在木材方面，有白松、美松、榆木、水曲柳等的干燥；在中药材方面，有陈皮、当归、天麻、丹参、人参、鹿茸、西洋参等的干燥；在工业产品方面，有橡胶、纸张、蚕丝、制鞋、陶瓷泥胎等的干燥。

国际上对太阳能干燥的研究开发及实际应用一直都比较重视。在国际能源机构（IEA）太阳能加热和制冷计划（SHC）中，还专门设立了“太阳能干燥农作物”任务组（第29项任务），主要成员有加拿大、荷兰、美国等国家。该任务组研究开发的太阳能干燥项目有：咖啡、烟叶、谷物、水果、生物质、椰子皮纤维和泥煤等的干燥。

7.1.2 太阳能干燥的优点

太阳能干燥与常规能源干燥相比较，以及太阳能干燥与露天自然干燥相比较，都具有许多优点。

与常规能源干燥相比较，太阳能干燥的主要优点如下。

（1）节约常规能源

太阳能干燥是将太阳能转换成热能，可以节省干燥过程所消耗的大量燃料，从而降低生产成本，提高经济效益。

（2）保护自然环境

太阳能干燥是使用清洁能源，对保护自然环境十分有利，而且可以防止因常规能源干燥消耗燃料而给环境造成的严重污染。

与露天自然干燥相比较，太阳能干燥的主要优点如下。

（1）提高生产效率

太阳能干燥是在特定的装置内完成，可以改善干燥条件，提高干燥温度，缩短干燥时间，进而提高干燥效率。

（2）提高产品质量

太阳能干燥是在相对密闭的装置内进行，可以使物料避免风沙、灰尘、苍蝇、虫蚁等的污染，也不会因天气反复变化而变质。

7.2 太阳能干燥基本原理

7.2.1 干燥的基本概念

从机理上说，干燥过程是利用热能使固体物料中的水分汽化并扩散到空气中去的过程。物料表面获得热量后，将热量传入物料内部，使物料中所含的水分从物料内部以液态或气态方式进行扩散，逐渐到达物料表面，然后通过物料表面的气膜而扩散到空气中去，使物料中所含的水分逐步减少，最终成为干燥状态。因此，干燥过程实际上是一个传热、传质的过程。

按照传热和加热方式的不同，干燥方式主要可分为四种：传导干燥、对流干燥、辐射干燥和介电加热干燥。

7.2.2 太阳能干燥的基本原理

太阳能干燥就是使被干燥的物料，或者直接吸收太阳能并将它转换为热能，或者通过太阳能集热器所加热的空气进行对流换热而获得热能，继而再经过以上描述的物料表面与物料内部之间的传热、传质过程，使物料中的水分逐步汽化并扩散到空气中去，最终达到干燥的目的。

为要完成这样的过程，必须使被干燥物料表面所产生水汽的压强大于干燥介质中水汽的分压。压差越大，干燥过程就进行得越快。因此，干燥介质必须及时地将产生的水汽带走，以保持一定的水汽推动力。如果压差为零，就意味着干燥介质与物料的水汽达到平衡，干燥过程就停止。

太阳能干燥通常采用空气作为干燥介质。在太阳能干燥器中，空气与被干燥物料接触，热空气将热量不断传递给被干燥物料，使物料中水分不断汽化，并把水汽及时带走，从而使物料得以干燥。

7.2.3 物料的干燥特性

太阳能干燥的对象称为物料，譬如：食品、农副产品、木材、药材、工业产品等。不同的物料具有不同的干燥特性，而且即使同一种物料在不同的干燥阶段也会表现出不同的内部特性。

实践已经证明，只有充分掌握干燥过程中物料的内部特性及干燥介质的物理特性，才能确定合理的干燥工艺，并设计出有效的太阳能干燥器。物料的内部特性包括被干燥物料的成分、结构、尺寸、形状、导热系数、比热容、含水量、水分与物料的结合形式等。干燥介质的物理特性包括空气的温度、湿度、比热容和湿空气状态参数的变化规律等。

（1）物料中所含的水分

物料中所含的水分，根据其存在的状况，一般可分为：游离水分、物化结合水分和化学结合水分三类。

① 游离水分。存在于物料空隙或表面的水分，它对物料可以起到均匀的浸润作用，水分含量随物料浸润程度的不同而不同。此类水分与物料的结合力较弱或自由分散于物料表面，在干燥过程中易于除去。

② 物化结合水分。以一定的物理化学结合力与物料结合起来的水分，譬如：物料的吸附水分、结构水分和毛细管水分等。此类水分与物料结合比较稳定，且有较强的结合力，较难除去。所以，除去或部分除去此类水分是物料干燥的任务之一。

③ 化学结合水分。按照一定的数量或比例与化合物结合而生成带结晶水的化合物中的水分。此类水分与化合物的结合力很强，一般常温干燥过程难以除去。若要除去此种化合物的结晶水，必须在较高的温度下加热，才能够实现。因此，一般在干燥过程中不必考虑。

此外，根据水分除去的难易程度，物料中所含的水分又可分为：非结合水分和结合水分两类。

① 非结合水分。包括存在于物料表面的吸附水分以及物料孔隙中的水分等，其主要是以机械方式结合，它与物料的结合强度较弱。物料中非结合水分所产生的蒸汽压等于同温度下纯水的饱和蒸汽压，因而非结合水分的除去与水的汽化相同，比较易于除去。非结合水分也称为自由水分。

② 结合水分。包括物料细胞内的水分以及物料内部毛细管中的水分等，它与物料的结合力强，会产生不正常的低气压，其蒸汽压低于同温度下纯水的饱和蒸汽压，因而比较难于除去。

物料的干燥过程与物料中所含水分的特征关系极大。例如：砂粒、焦炭、石粉等疏松物料，以含有游离水分为主，干燥比较容易进行；谷物、烟草、瓷坯、棉织品等物料，虽然含有一定的游离水分，但物化结合水分含量较多，干燥过程比较缓慢；至于肉质水果、橡胶、蚕丝等特殊物料，干燥难度较大，往往需要经过长时间的缓慢干燥或尽量提高干燥温度，才能最后完成。

（2）物料的平衡含水率

物料的平衡含水率，是指一定的物料在与一定参数的湿空气接触时，物料中最终含水量占此物料全部质量的百分比。

实际上，当物料内部所维持的水蒸气分压等于周围空气的水蒸气分压时，物料的含水率即为该状态下的物料的平衡含水率，而此时物料周围空气的相对湿度则称为平衡相对湿度。

平衡含水率的概念对于研究物料的干燥过程是十分重要的，因为在任何已知或已设定的干燥状态下，可以由平衡含水率的关系，决定物料经过干燥后可能达到的最终含水量。这也就是说，掌握平衡含水率的规律，可以帮助人们确定物料的最终干燥状态。

不同物料的平衡含水率是不同的，可以通过实验予以测定。表7-1列出了各种谷物的平衡含水率。

（3）物料干燥过程的汽化热

从湿润物料中将单位质量的水分蒸发所需要的热量，称为物料干燥过程的汽化热，单位为kJ/kg。

物料的汽化热与物料的含水率及干燥温度有关。在干燥初期，物料含水较多，物料的汽化热与自由水分的汽化热比较接近；随着物料含水率降低，物料汽化热就逐渐增加，其原因是物料水分汽化时，除了使水分汽化需要能量之外，还需要克服水分子与物料表面的物化结合力而多消耗能量。此外，物料汽化热与干燥温度的关系，其规律性与自由水分汽化的规律性大致相同，即干燥温度越低，消耗的汽化热就越多。

表 7-1　各种谷物的平衡含水率/%（湿基）

谷物种类	温度/℃	平衡相对湿度/%					
		50	60	70	80	90	100
大　麦	25	10.8	12.1	13.5	15.8	19.5	26.8
荞　麦	25	11.4	12.7	14.2	16.1	19.1	24.5
燕　麦	25	6.8	7.9	9.3	11.4	15.7	—
稻　谷	25	12.2	13.3	14.3	15.2	19.1	—
高　粱	25	11.0	12.0	13.8	15.8	18.8	21.9
大　豆	25	8.0	9.3	11.5	14.8	18.8	—
小　麦	25	11.6	13.0	14.5	16.8	20.6	—
玉米粒	25	11.2	12.9	13.9	15.5	18.9	24.6
花生荚	10	7.1	8.6	9.8	11.9	—	—
花生仁	10	6.0	6.6	7.3	9.0	—	—

由上可见，物料干燥过程的汽化热必高于自由水分的汽化热，而且物料含水率越低时，汽化热高出的幅度越大。汽化热的这种规律在计算太阳能干燥器的干燥效率时必须加以注意。

表 7-2 给出了小麦和玉米在干燥过程的汽化热值。

表 7-2　谷物在不同含水率和不同温度下的汽化热　　单位：kJ/kg

谷物种类	含水率/%	温度/℃				
		0	10	21	38	66
小　麦	5	2 992.0	2 964.4	2 936.3	2 885.3	2 804.0
	10	2 855.1	2 827.5	2 801.9	2 753.0	2 676.3
	15	2 725.3	2 560.4	2 674.2	2 629.9	2 555.7
	20	2 555.7	2 532.7	2 509.2	2 465.3	2 479.1
玉　米	5	3 421.6	3 389.0	3 356.7	3 301.0	3 208.1
	10	3 212.7	3 182.5	3 141.9	3 098.8	3 013.0
	15	3 026.8	2 999.1	2 971.1	2 920.0	2 838.8
	20	2 790.2	2 764.7	2 739.1	2 692.7	2 616.0
自由水分		2 495.5	2 472.0	2 449.0	2 407.1	2 339.7

（4）物料的干燥特性曲线

如果把非常湿润的物料放在具有一定温度、湿度和流速的热风中，物料的温度和水分就将随着干燥时间而变化。物料含水率随时间变化的曲线，称为物料的干燥特性曲线。

通常，物料的干燥特性曲线包括三个阶段：预热干燥阶段、恒速干燥阶段和减速干燥阶段，如图 7-1 所示。

① 预热干燥阶段（$A \rightarrow B$）。干燥过程从 A 点开始，热风将热量转移给物料表面，使表面温度上升，物料水分蒸发，蒸发速度随表面温度升高而增加。

在热量转移与水分蒸发达到平衡时，物料表面温度保持一定值。

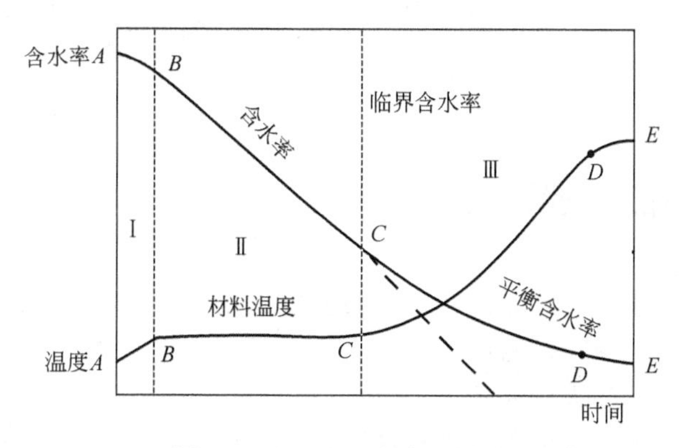

图 7-1　物料的干燥特性曲线

Ⅰ—预热干燥阶段；Ⅱ—恒速干燥阶段；Ⅲ—减速干燥阶段

② 恒速干燥阶段（$B \to C$）。干燥过程到达 B 点后，水分由物料内部向表面扩散的速度与表面蒸发的速度基本相同，移入物料的热量完全消耗在水分的蒸发，即达到新的平衡。在这一阶段中，物料表面温度保持不变，含水率随干燥时间成直线下降，干燥速度保持一定值，即保持恒速干燥。

③ 减速干燥阶段（$C \to D \to E$）。干燥过程过 C 点以后，水分的内部扩散速度低于表面蒸发速度，使物料表面的含水率比内部低。随着干燥时间增加，物料温度就增高，蒸发不仅在表面进行，而且还在内部进行，移入物料的热量同时消耗在水分蒸发及物料温度增高上。这一阶段称为减速干燥的第一阶段（$C \to D$）。

干燥过程继续进行，表面蒸发即告结束，物料内部水分以蒸汽的形式扩散到表面上来。这时干燥速度最低，在达到与干燥条件平衡的含水率时，干燥过程即告结束。这一阶段称为减速干燥的第二阶段（$D \to E$）。

从恒速干燥阶段转为减速干燥阶段时的含水率，称为临界含水率（C 点）。一般来说，物料的组织越致密，水分由内部向外部扩散的阻力就越大，这样临界含水率值也就越高。

国内外学者已经对多种被干燥物料，特别是对多种典型的谷物、蔬菜、水果、茶叶、木材、中药材等的干燥特性进行过深入的研究，设计了各具特色的物料干燥特性试验台，绘制了各种物料的干燥特性曲线，有的还建立了有关物料的干燥数学模型，这些都为太阳能干燥工艺的确定，以及太阳能干燥器的设计、建造和运行提供了科学依据。

有些学者还在研究物料干燥特性的基础上，对太阳能干燥器进行了物料平衡计算和热量平衡计算，提出了有关物料的干燥工艺，其中包括：干燥过程中不同阶段的工作温度、相对湿度、气流速度、干燥时间、空气与物料的接触方式等，从而为提高太阳能干燥效率、保证产品质量、降低生产成本，打下了良好的技术基础。

7.3 太阳能干燥器分类

太阳能干燥器是将太阳能转换为热能以加热物料并使其最终达到干燥目的的完整装置。太阳能干燥器的形式很多，它们可以有不同的分类方法。

(1) 按物料接受太阳能的方式分类

按物料接受太阳能的方式进行分类，太阳能干燥器可分为两大类。

① 直接受热式太阳能干燥器　被干燥物料直接吸收太阳能，并由物料自身将太阳能转换为热能的干燥器。通常亦称为辐射式太阳能干燥器。

② 间接受热式太阳能干燥器　首先利用太阳能集热器加热空气，再通过热空气与物料的对流换热而使被干燥物料获得热能的干燥器。通常亦称为对流式太阳能干燥器。

(2) 按空气流动的动力类型分类

按空气流动的动力类型进行分类，太阳能干燥器也可分为两大类。

① 主动式太阳能干燥器　需要由外加动力（风机）驱动运行的太阳能干燥器。

② 被动式太阳能干燥器　不需要由外加动力（风机）驱动运行的太阳能干燥器。

(3) 按干燥器的结构形式及运行方式分类

按干燥器的结构形式及运行方式进行分类，太阳能干燥器有以下几种形式。

① 温室型太阳能干燥器。

② 集热器型太阳能干燥器。

③ 集热器-温室型太阳能干燥器。

④ 整体式太阳能干燥器。

⑤ 其他形式的太阳能干燥器。

一般来说，温室型太阳能干燥器都是直接受热式干燥器；集热器型太阳能干燥器都是间接受热式干燥器；集热器-温室型太阳能干燥器是同时带有直接受热和间接受热的混合式干燥器；整体式太阳能干燥器则是将直接受热和间接受热二者合并在一起的太阳能干燥器。

温室型太阳能干燥器大多是被动式干燥器，也有少数是主动式干燥器；集热器型太阳能干燥器大多是主动式干燥器，尤其是较大规模的更是如此；集热器-温室型太阳能干燥器和整体式太阳能干燥器则都是主动式干燥器。

下面，将对这几种形式太阳能干燥器的基本结构、工作过程、适用范围等分别予以介绍，其中还将给出一些应用实例。

7.4　温室型太阳能干燥器

7.4.1　基本结构

温室型太阳能干燥器的结构与栽培农作物的太阳能温室相似，其主要特点是集热部件与干燥室结合成一体，如图 7-2 所示。

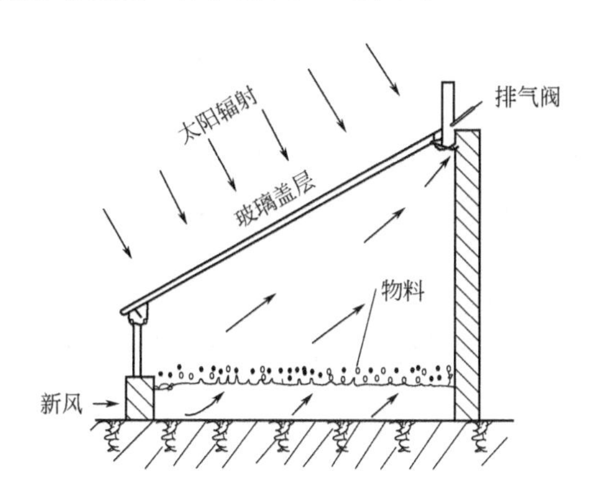

图 7-2　温室型太阳能干燥器结构示意图

太阳能干燥器的北墙是隔热墙，内壁面涂抹黑色，用以提高墙面的太阳吸收比。东、西、南三面墙的下半部也都是隔热墙，内壁面同样涂抹黑色。所谓隔热墙，就是墙体为双层砖墙，其间夹有保温材料。东、西、南三面墙的上半部都是玻璃，用以更充分地透过太阳辐射能。

北墙靠近顶部的部位装有若干个排气烟囱，以便湿空气随时排放到周围环境中去。通常在排气烟囱处还装有调节风门，以便控制通风量。

南墙靠近地面的部位开设一定数量的进气口，以便在湿空气排放到周围环境中后，新鲜空气及时补充进入干燥器。

太阳能干燥器的顶部是向南倾斜的玻璃盖板，其倾角跟当地的地理纬度基本一致。干燥器的地面也涂抹黑色。

这样，由四面墙和玻璃盖板组成的温室型太阳能干燥器，本身既是集热部件，同时又是干燥室。

7.4.2 工作过程

首先将被干燥物料堆放在干燥室内分层设置的托盘中，或者吊挂在干燥室内的支架上。太阳辐射能穿过玻璃盖板后，一部分直接投射到被干燥物料上，被其吸收并转换为热能，使物料中的水分不断汽化；另一部分则投射到黑色的干燥室内壁面上，也被其吸收并转换为热能，用以加热干燥室内的空气，温度逐渐上升，热空气进而将热量传递给物料，使物料中的水分不断汽化，然后通过对流把水汽及时带走，达到干燥物料的目的。

含有大量水汽的湿空气从北墙顶部的排气烟囱排放到周围环境中去；与此同时，环境中尚未加热的新鲜空气从南墙底部的进气口进入干燥室，实现干燥介质的自然循环。这种无需外加动力的太阳能干燥器，一般又称为被动式太阳能干燥器。

在太阳能干燥器工作过程中，可以调节安装在排气烟囱处的调节风门，以便控制干燥室的温度和湿度，使被干燥物料达到要求的含水率。

为了加快湿空气的排放速度，缩短物料的干燥周期，有时在排气烟囱的位置安装排风机，实现干燥介质的强制循环。这种需要外加动力的太阳能干燥器，一般又可称为主动式太阳能干燥器。

为了减少太阳能干燥器顶部的热量损失，可以在顶部玻璃盖板下面增加一层或两层透明塑料薄膜，利用各层间的空气提高保温性能。

7.4.3 适用范围

温室型太阳能干燥器结构简单，建造容易，成本较低，可因地制宜，因而在国内外有较广泛的应用。

温室型太阳能干燥器也存在一些不足，其主要缺点是干燥器的温升较小。一般，干燥器温度夏季比环境温度高出 20～30℃，可达到 50～60℃；冬季只比环境温度高出 10～20℃。由于这个原因，如果被干燥物料的含水率较高，温室型太阳能干燥器所提供的热量有时就不足以在较短的时间内使物料干燥到安全含水率以下。

因此，温室型太阳能干燥器的适用范围是：

① 要求干燥温度较低的物料；

② 允许接受阳光曝晒的物料。

据国内外资料报道，应用温室型太阳能干燥器进行干燥的物料主要有：辣椒、黄花菜等多种蔬菜；红枣 、桃、梅、葡萄等多种水果；棉花、兔皮、羊皮等多种农副产品；包装箱木材等工业产品。

7.4.4　应用实例

温室型太阳能干燥器在我国山西、河北、浙江、广东等地都有应用。

下面，以山西某地太阳能干燥红枣为例，简要介绍利用温室型太阳能干燥器进行干燥的一些情况。图 7-3 所示为这种温室型太阳能干燥器示意图。

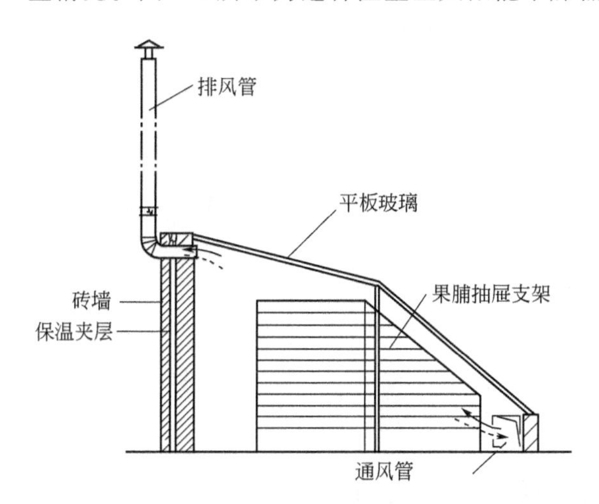

图 7-3　干燥红枣的温室型太阳能干燥器示意图

该太阳能干燥器的长度为 9m，宽度为 5.5m。玻璃盖板的倾角为 35°（当地的地理纬度 35.5°），采光面积为 54m^2。东、西、南三面墙的上半部都是玻璃，玻璃厚度为 3mm。墙壁都是隔热墙，双层砖墙的中间填充蛭石粉保温材料。墙壁的内壁面都涂抹掺有炭黑的黑色油漆。

干燥器的南墙底部设有三个进风口，北墙顶部装有四个排气烟囱。干燥室分为六层，各层按照阶梯形逐渐升高，每层装有长 90cm、宽 80cm、能沿着轨道滑行的托盘 10 个，可总共装红枣2～3t。

红枣的干燥过程可分为两个阶段。

（1）预热阶段

早晨将红枣放入干燥器，关闭干燥器的进气口和排气烟囱。随着太阳辐射逐渐增加，干燥器内的温度也逐渐上升。但温度上升不宜过快，否则红枣的表皮因急剧脱水而收缩，而此时红枣内部的水分却仍保持在体内，这样就会造成红枣破皮裂口，影响干燥的质量。

（2）排湿阶段

在红枣本身的温度升高后，表面水分不断蒸发，枣体内的水分又逐渐向表面扩散，其结果使干燥室的空气湿度迅速增加。此时，打开干燥器的进气口和排气烟囱，加速气流循环，以利于红枣排湿，时间约 15min；与此同时，还要不断翻动红枣，以保持干燥均匀。夜间，关闭干燥器的进气口和排气烟囱，并在玻璃盖板上覆盖草帘，保持干燥器的室温。

太阳能干燥红枣的主要优点。

(1) 缩短干燥时间

一般来说，红枣在太阳能干燥器内只需烘干 2 天，再晾晒 15 天，就可使红枣的含水率达到安全储存的要求（40%左右）；而利用自然干燥红枣，再在棚内晾晒，总共需要 45～60 天。

(2) 减少腐烂比例

利用太阳能干燥红枣，腐烂率仅有 2%～3%；而利用自然干燥红枣，腐烂率约为 16%～20%。

(3) 提高红枣质量

利用太阳能干燥红枣，外形丰满，色泽鲜红，含糖量也有一定的增加；而过去利用火坑干燥红枣，由于温度不均，外形多皱，颜色偏暗，品尝时还略带焦味。

7.5 集热器型太阳能干燥器

7.5.1 基本结构

集热器型太阳能干燥器是由太阳能空气集热器与干燥室组合而成的干燥装置，主要由空气集热器、干燥室、风机、管道、排气烟囱、蓄热器等几部分组成，如图 7-4 所示。

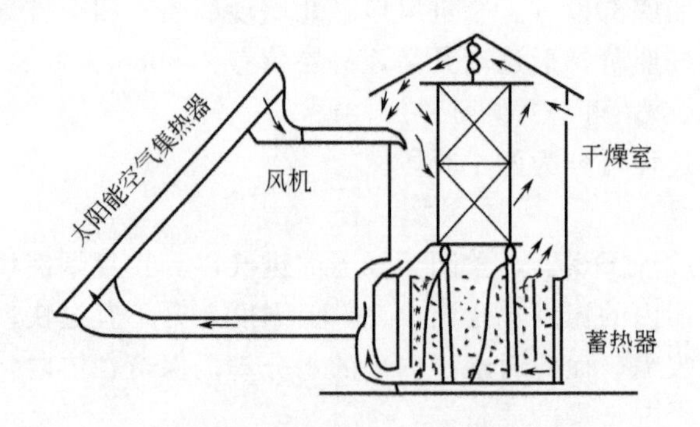

图 7-4 集热器型太阳能干燥器结构示意图

空气集热器是这种类型太阳能干燥器的关键部件。用于太阳能干燥器的空气集热器有不同的形式，以集热器吸热板的结构划分，可分为：非渗透型和渗透型两类。

非渗透型空气集热器有：平板式、V形板式、波纹板式、整体拼装平板式、梯形交错波纹板式等。

渗透型空气集热器有：金属丝网式、金属刨花式、多孔翅片式、蜂窝结构式等。

提高空气集热器效率的重要途径是：提高流经吸热板的空气流速，增强空气与吸热板的对流换热，以降低吸热板的平均温度。当然，在空气集热器的结构设计和连接方式上，应尽量降低空气的流动阻力，以减少动力消耗。

空气集热器的安装倾角应跟当地的地理纬度基本一致，集热器的进口和出口分别通过管道跟干燥室连接。

风机的功能是将由空气集热器加热的热空气送入干燥室进行干燥作业。根据热空气是否重复使用，可将这种类型的太阳能干燥器分为直流式系统和循环式系统两种。直流式系统是将干燥用空气只通过干燥室一次，不再重复使用；循环式系统是将部分干燥用空气通过干燥室不止一次，循环多次使用。

干燥室有不同的形式，以其结构特征来划分，有：窑式、箱式、固定床式、流动床式等。目前，窑式和固定床式干燥室应用较多。

干燥室的顶部设有排气烟囱，以便湿空气随时排放到周围环境中去。在排气烟囱的位置通常还装有调节风门，以便控制通风量。

为了弥补太阳辐照的间歇性和不稳定性，大型太阳能干燥器通常设有结构简单的蓄热器（如卵石蓄热器），以便在太阳辐射很强时储存富余的能量。

对于一些大型太阳能干燥器，有时还设有辅助加热系统，以便在太阳辐射不足时提供热量，保证物料得以连续地进行干燥。辅助加热系统既可以采用燃烧炉（如燃煤炉、木柴炉、沼气炉等），也可以采用红外加热炉。

7.5.2　工作过程

集热器型太阳能干燥器是一种只使用间接转换方式的太阳能干燥器。被干燥物料一般分层堆放在干燥室内，不直接受到阳光曝晒。

太阳辐射能穿过空气集热器的玻璃盖板后，投射到集热器的吸热板上，被吸热板吸收并转换为热能，用以加热集热器内的空气，使其温度逐渐上升。热空气通过风机送入干燥室，将热量传递给被干燥物料，使物料中的水分不断汽化，然后通过对流把水汽及时带走，达到干燥物料的目的。

含有大量水汽的湿空气从干燥室顶部的排气烟囱排放到周围环境中去。在太阳能干燥器工作过程中，可以调节安装在排气烟囱的调节风门，以便根据物料的干燥特性，控制干燥室的温度和湿度，使被干燥物料达到要求的含水率。

集热器型太阳能干燥器都是主动式太阳能干燥器。热空气是通过风机送入干燥室，实现干燥介质的强制循环，强化对流换热，缩短干燥周期。

7.5.3 适用范围

集热器型太阳能干燥器具有如下一些特点。

(1) 由于使用空气集热器，将空气加热到60～70℃，因而可提高物料的干燥温度，而且可以根据物料的干燥特性调节热空气温度；

(2) 由于使用风机，强化热空气与物料的对流换热，因而可增进干燥效果，保证干燥质量。

集热器型太阳能干燥器的适用范围如下。

(1) 要求干燥温度较高的物料。

(2) 不能接受阳光曝晒的物料。

据资料报道，应用集热器型太阳能干燥器进行干燥的物料主要有：玉米、小麦等谷物；鹿茸、切片黄芪等中药材；丝绵、烟叶、茶叶、挂面、腐竹、凉果、荔枝、龙眼、瓜子、啤酒花等多种农副产品；木材、橡胶、陶瓷泥胎等多种工业原料和产品。

7.5.4 应用实例

集热器型太阳能干燥器在我国山西、山东、陕西、河南、江西、北京、吉林、广东、海南、云南、四川等地都有应用。

(1) 直流式系统

下面，以山西某地太阳能干燥丝绵为例，简要介绍直流式集热器型太阳能干燥器的一些基本情况。

该太阳能干燥器使用铝刨花式空气集热器，集热器采光面积为88.4m^2。图7-5示出了铝刨花式空气集热器的横截面。为了减少材料消耗并提高效率，集热器采用整体并排的长通道阵列。共分八个通道，各通道之间用钢板隔开。每个通道宽1.3m，长9.2m，空气流通通道总高100mm，其中铺设60mm厚的铝刨花作为吸热材料，透明盖板为6mm厚的钢化玻璃。集热器采用橡胶条加压板的结构密封，四周及底部采用岩棉板作为保温。集热器倾角近似为当地的地理纬度35°。

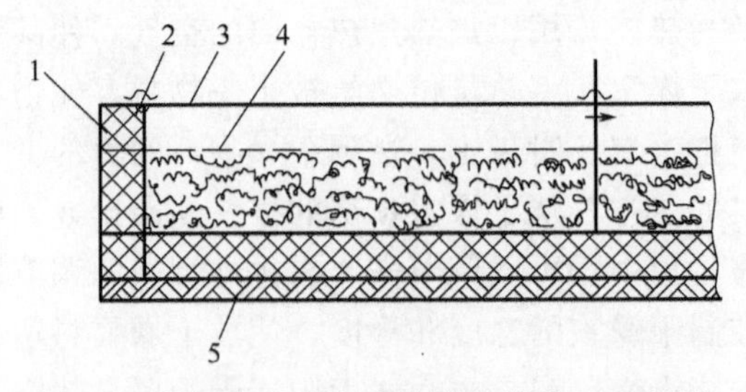

图7-5 铝刨花式空气集热器的横截面示意图

1—岩棉板；2—密封压板；3—玻璃盖板；4—铝刨花；5—底板

运行时，太阳辐射穿过集热器的透明盖板入射在铝刨花上，经过铝刨花的多次反射后被其吸收。当空气流经铝刨花时，在与之进行热交换的过程中被加热，而且铝刨花对空气流的扰动又提高了热交换的效率。

图7-6是用于干燥丝绵的集热器型太阳能干燥器示意图。太阳能干燥装置由空气集热器、干燥室、风机、连接管道、排气烟囱、蒸汽暖气片、锅炉房等几部分组成。

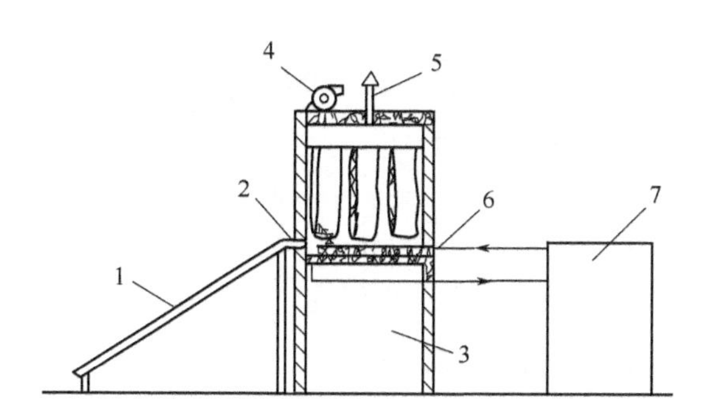

图7-6 干燥丝绵的集热器型太阳能干燥器示意图

1—空气集热器；2—连接管道；3—干燥室；4—风机
5—排气烟囱；6—蒸汽暖气片；7—锅炉房

该干燥室是利用一座原有的二层楼房改建的。楼房的四周墙壁外加砌了一层120mm厚的砖墙。新老墙之间相距50mm，间隙内填充散装的膨胀珍珠岩。楼房的天花板加装一层吊顶，上面也铺散装的膨胀珍珠岩。干燥室长5.83m，宽2.65m，高2.41m，容积为37.2m^3。干燥室内布置28根挂干燥物的铅丝，可挂丝绵65kg以上。

空气集热器与干燥室之间用8组矩形管道相连接。两台风机并联装设在干燥室顶上，将由空气集热器出来的热空气不断引入干燥室，使潮湿的丝绵逐渐干燥。整个系统是负压运行的。另外，在干燥室顶上还设有排气烟囱，可以根据干燥过程的要求，调节空气流量，提高干燥速度，同时还能降低风机能耗。

该装置空气流量64.5m^3/min。晴天，集热器的空气温度可达49～68℃，最高可达90℃，平均集热效率为45%～55%。

(2) 循环式系统

以河南某地太阳能干燥陶瓷泥胎为例，简要介绍循环式集热器型太阳能干燥器的一些基本情况。

图7-7所示为用于干燥陶瓷泥胎的集热器型太阳能干燥器示意图。太阳能干燥装置由空气集热器、干燥室、轴流风机、进气管道、排气管道、红外加热板等几部分组成。

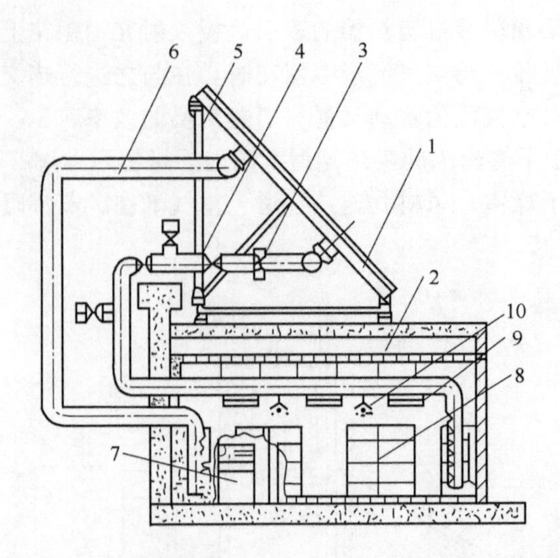

图 7-7　干燥陶瓷泥胎的集热器型太阳能干燥器示意图

1—空气集热器；2—干燥室；3—轴流风机；4—进气管道；5—支架；
6—排气管道；7—控制台；8—烘干架；9—红外加热板；10—照明灯

该装置采用拼装式空气集热器，总采光面积 125m²，平面吸热板上涂以选择性吸收涂料，双层玻璃盖板，倾角为 45°。空气在吸热板的下面流动。为了防止气流短路，吸热板与底部保温层之间安装隔板，构成空气通道。

干燥室是一座 72m² 的保温房，内设支架，可装 5t 陶瓷泥胎。为了满足连续化干燥作业的需要，在干燥室的上方安装了三块 12.32kW 的红外加热板，作为夜间和阴雨天的辅助热源。

为了适应干燥工艺条件的要求，空气集热器与干燥室之间用双回路管道连接，东、西两回路使干燥系统可分别实现开路、闭路和连续三种方式运行，从而使系统运行具有更大的灵活性。

运行时，室外空气由进气口进入空气集热器被加热，热空气穿流通过装有物料的筛屉，对物料进行干燥。变潮湿的空气经过出气口，部分排向室外，部分又进入空气集热器，重复上述过程。

该装置空气集热器的平均集热效率为 34.1%，干燥效率为 19.5%，干燥周期为 1～2 天，正品率为 90.7%。

7.6　集热器-温室型太阳能干燥器

7.6.1　基本结构

如前所述，温室型太阳能干燥器与集热器型太阳能干燥器相比，其优点是结构简单、建造容易、成本较低、效率较高，缺点是温升较小。在干燥含水率较高的物料（如水果、蔬菜等）时，温室型太阳能干燥器所获得的能量不足以在较短的时间内使物料干燥到安全含水率以下。为了增加能量以保证物料的干燥质量，在温室外再增加一部分空气集热器，这就组成了集热器-温室型太阳能干燥器。

如图 7-8 所示，集热器-温室型太阳能干燥器主要由空气集热器和温室两大部分组成。空气集热器的安装倾角跟当地的地理纬度基本一致，集热器通过管道跟干燥室连接。干燥室的结构与温室型干燥器相同，顶部有向南倾斜的玻璃盖板，内壁面都涂抹黑色，室内有放置物料的托盘或支架。

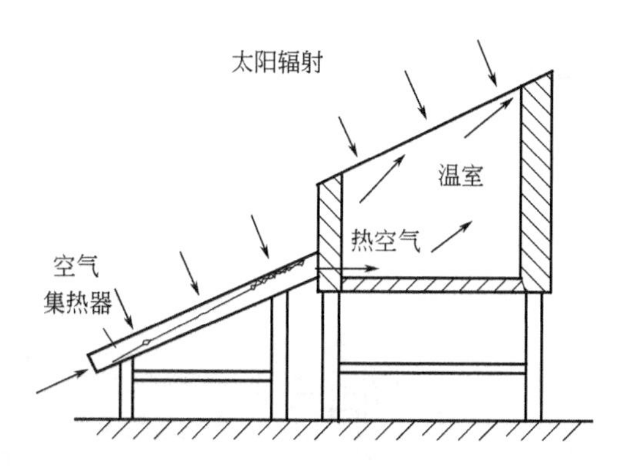

图 7-8　集热器-温室型太阳能干燥器结构示意图

7.6.2　工作过程

集热器-温室型太阳能干燥器的工作过程是温室型干燥器和集热器型干燥器两种工作过程的组合。

一方面，太阳辐射能穿过温室的玻璃盖板后，一部分直接投射到被干燥物料上，被其吸收并转换为热能，使物料中的水分不断汽化；另一部分则投射到黑色的干燥室内壁面上，也被其吸收并转换为热能，用以加热干燥室内的空气。热空气进而将热量传递给物料，使物料中的水分不断汽化。

另一方面，太阳辐射能穿过空气集热器的玻璃盖板后，投射到集热器的吸热板上，被吸热板吸收并转换为热能，用以加热集热器内的空气。热空气通过风机送入干燥室，将热量传递给被干燥物料，使物料的温度进一步提高，物料中的水分更多地汽化，然后通过对流把水汽及时带走，达到干燥物料的目的。

7.6.3　适用范围

在集热器-温室型太阳能干燥器中，由于被干燥物料不仅直接吸收透过玻璃盖板的太阳辐射，而且又受到来自空气集热器的热空气冲刷，因而可以达到较高的干燥温度。

由此可见，集热器-温室型太阳能干燥器的适用范围是：

① 含水率较高的物料；

② 要求干燥温度较高的物料；

③ 允许接受阳光曝晒的物料。

据资料报道，应用集热器-温室型太阳能干燥器进行干燥的物料主要有：桂圆、荔枝等果品；中药材、腊肠等农副产品；陶瓷泥胎等工业产品。

7.6.4 应用实例

集热器-温室型太阳能干燥器在我国广东、北京、四川、河南等地都有应用。

下面，以广东某地太阳能干燥桂圆、荔枝等果品为例，简要介绍利用集热器-温室型太阳能干燥器进行干燥的一些情况。

图 7-9 示出了干燥果品的集热器-温室型太阳能干燥器示意图。该装置由空气集热器、支架、风机、干燥室、排气管、回流管、燃烧炉等部分组成。

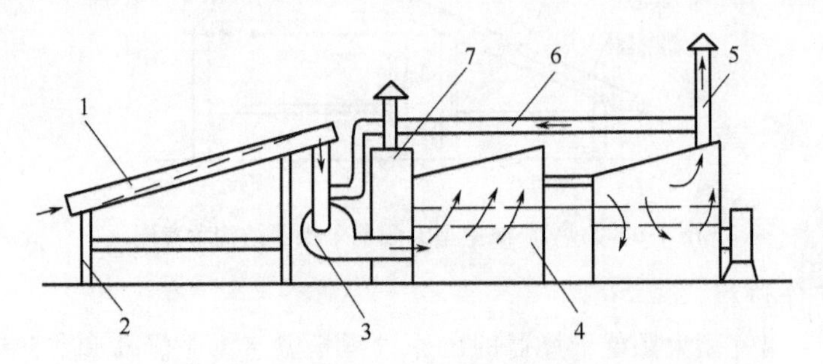

图 7-9 干燥果品的集热器-温室型太阳能干燥器示意图

1—空气集热器；2—支架；3—风机；4—干燥室；
5—排气管；6—回流管；7—燃烧炉

空气集热器的采光面积为 31m²，干燥室的采光面积为 27m²。干燥室是隧道窑式，顶部为玻璃盖板，水果用小车推入干燥室内。

来自空气集热器的热空气用风机输送，在干燥室内上下穿透，将热量传递给被干燥的水果，使水果中的水分汽化，然后通过对流把水汽及时带走。变潮湿后的热空气部分被排气管排向室外，部分经回流管回到干燥室的进口处，与新鲜热空气混合，再进入干燥室。系统中还安装了辅助燃烧炉，在必要时可满足需要。

该装置每次可装水果 2 800～3 500kg，空气流量 800m³/h，消耗功率 22kW。晴天，集热器的空气温度可达 75～80℃，温室的空气温度可达

50～70℃，经过6天干燥后即可得到干果，干果与所需鲜果之比为1∶3.3。与之相比，传统的水果干燥装置需要消耗大量的木炭，工人的劳动条件也比较恶劣，从鲜果到干果的周期大约为10～12天，而且干果与所需鲜果之比为1∶3.8。由此可见，太阳能干燥充分显示出它的优越性：节省了燃料消耗，改善了劳动条件，缩短了干燥周期，提高了成品率。

7.7　整体式太阳能干燥器

7.7.1　基本结构

整体式太阳能干燥器是将空气集热器与干燥室两者合并在一起成为一个整体。在这种太阳能干燥器中，干燥室本身就是空气集热器，或者说在空气集热器中放入物料而构成干燥室。

图7-10示出了整体式太阳能干燥器的截面结构示意图。整体式干燥器的特点是干燥室的高度低，空气容积小，每单位空气容积所占的采光面积是一般温室型干燥器的3～5倍，所以热惯性小，空气升温迅速。

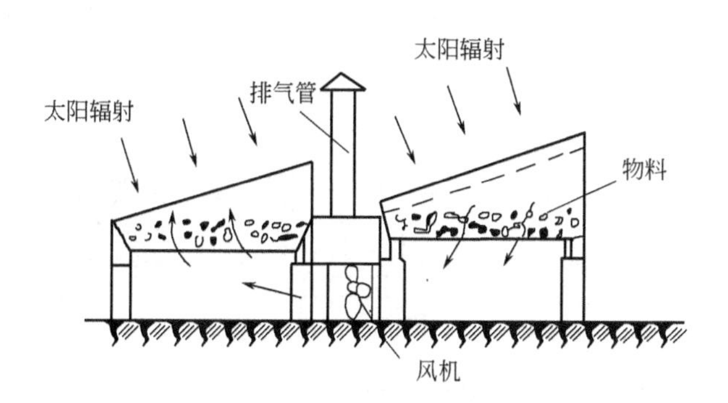

图7-10　整体式太阳能干燥器的截面结构示意图

7.7.2　工作过程

太阳辐射能穿过玻璃盖板后进入干燥室，物料本身起到吸热板的作用，直接吸收太阳辐射能；而在结构紧凑、热惯性小的干燥室内，空气由于温室效应而被加热。安装在干燥室内的风机将空气在两个干燥室中不断循环，并上下穿透物料层，使物料表面增加与热空气的接触机会。

在整体式太阳能干燥器内，由于辐射换热和对流换热同时起作用，因而强化了干燥过程。吸收了水分的湿空气从排气管排向室外，通过控制阀门还可以使部分热空气随进气口补充的新鲜空气回流，再次进入干燥室，既可提高进口风速，又可减少排气热损失。

7.7.3 适用范围

整体式太阳能干燥器具有如下优点：

① 热惯性小，温升迅速，温升保证率高；

② 太阳能热利用效率高；

③ 通过采用单元组合布置，干燥器规模可大可小；

④ 结构简单，投资较小。

据资料报道，应用整体式太阳能干燥器进行干燥的物料主要有：红枣、莲子、干果、香菇、木耳、中药材等农副产品。

7.7.4 应用实例

整体式太阳能干燥器我国广东、浙江等地都有应用。

广东某地建造了用于干燥红枣、莲子、干果、中药材等的整体式太阳能干燥器。图 7-11 所示为一个具有两列干燥室的整体式太阳能干燥器单元示意图。

图 7-11 中示出的两列温室只有 0.7m 高，其空气容积小，所以这种温室的热惯性小，空气升温迅速。每两列温室组成一个干燥单元。整个干燥器阵列视其总采光面积大小，可由若干单元组成。每个单元都有各自的进气口、排气口及风机，可独立运行。各单元连接在一起，可减少外侧边墙和地底的热损失。

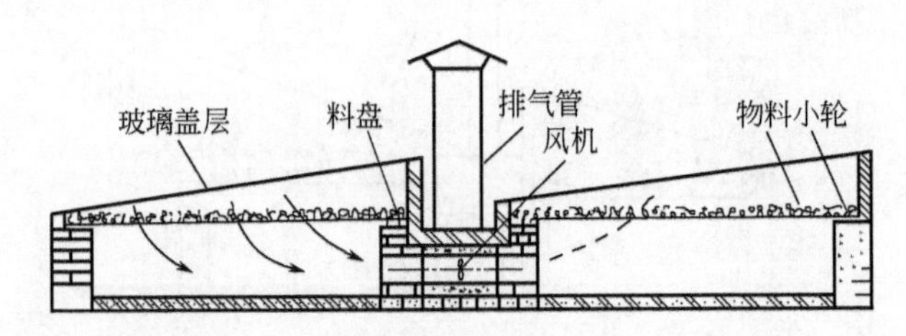

图 7-11 干燥果品的整体式太阳能干燥器示意图

该装置的总采光面积为 187m^2。物料放在装有四个小轮的料盘上，沿着轨道推入干燥室中。物料含水率从 40%降至 15%的日平均干燥物料数量为1.5～2t，最大投放物料数量为 5t。装置的太阳能利用效率高，日平均效率为30%～40%，最大可达 60%。干燥产品干净卫生，质量优良。

7.8 其他形式太阳能干燥器

据介绍，以上所述的温室型、集热器型、集热器-温室型和整体式四种形式的太阳能干燥器，在我国已经开发应用的太阳能干燥器中占了 95%以上。除此之外，还有以下几种形式的太阳能干燥器。

7.8.1 聚光型太阳能干燥器

聚光型太阳能干燥器是一种采用聚光型空气集热器的太阳能干燥器，可达到较高的温度，实现物料快速干燥，有明显的节能效果，多用于谷物干燥。但这种太阳能干燥器结构复杂，造价较高，机械故障较多，操作管理不便。

据报道，聚光型太阳能干燥器在河北、山西等地已有应用。河北某地建造的聚光型太阳能干燥装置用于干燥谷物，采用三组聚光器，采光面积总共 $90m^2$，集热效率约 40%，吸收器温度达 80～120℃。被干燥谷物用提升机输送到管状吸收器中，机械化连续操作，谷物从一端进，从另一端出，含水率降低 1.5%～2.0%，杀虫率可达 95%以上，日处理量为 20～25t。该装置比常规的火力滚筒式烘干机耗电少 50%，比高频介质烘干机省电 97%。

7.8.2 太阳能远红外干燥器

太阳能远红外干燥器是一种以远红外加热为辅助能源的太阳能干燥器，有明显的节能效果，可全天候运行。

据报道，太阳能远红外干燥器在广西已有应用。广西某地建造的太阳能远红外干燥装置用于干燥水果和腊味制品，装置的采光面积为 $100m^2$，安装倾角为 33°。利用该装置烘制腊鸭，干燥周期从自然摊晒的 6～8 天，缩短到只需 50h，而且质量符合食品出口标准。

7.8.3 太阳能振动流化床干燥器

太阳能振动流化床干燥器是一种利用振动流化床原理以强化传热的太阳能干燥器，有明显的节能效果。

据报道，太阳能振动流化床干燥器在四川已有应用。四川某地建造的太阳能振动流化床干燥装置用于干燥蚕蛹，装置的空气集热器分成四个阵列，总采光面积为 $120m^2$，安装倾角为 28°，吸热板采用 V 形板。该装置利用太阳能为干燥器提供热源，利用常规能源作为辅助能源，每天可干燥蚕蛹 800～1 000kg，产品含水率等质量指标均达到要求。

第 8 章

太阳能温室

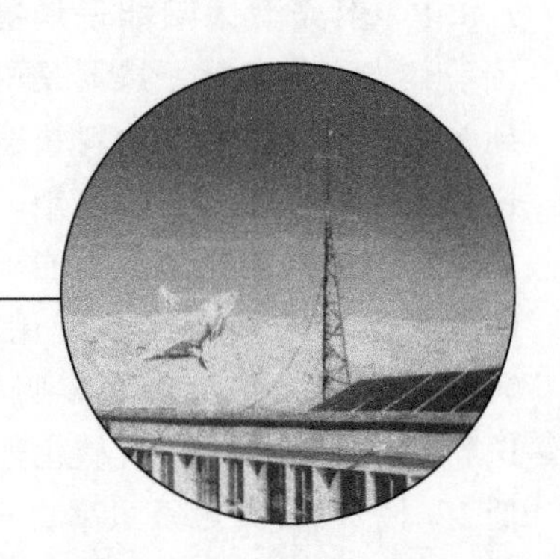

8.1 概述

太阳能温室就是利用太阳的能量，来提高塑料大棚内或玻璃房内的室内温度，以满足植物生长对温度的要求，所以人们往往把它称为人工暖房。

太阳能温室是根据温室效应的原理加以建造的。所谓“温室效应”就是太阳光透过透明材料（或玻璃）进入温室内部空间，使进入温室的太阳辐射能大于温室向周围环境散失的热量，这样温室内的空气、土壤、植物的温度就会不断升高，这种过程称为“温室效应”。

温室内温度升高后所发射的长波辐射（一般波长大于 5μm）能阻挡热量或很少有热量透过玻璃或塑料膜散失到外界，温室的热量损失主要是通过对流（温室内外的空气流动，包括门窗的缝隙中气体的流动）和导热（温室结构的导热物）的热损失。如果人们采取密封、保温等措施，则可减少这部分热损失。

太阳能温室在白天，进入温室的太阳辐射热量往往超过温室通过各种形式向外界散失的热量，这时温室处在升温状态，有时因温度太高，还要人为地放走一部分热量，以适应植物生长的需要。如果温室内安装储热装置，这部分多余的热量就可以储存起来了。

太阳能温室在夜间，没有太阳辐射时，温室仍然会向外界散发热量，这时温室处在降温状态，为了减少散热，故夜间要在温室上加盖保温层。若温室内有储热装置，晚间就可以将白天储存的热量释放出来，以确保温室夜间的最低温度。

太阳能温室只有在日照比较好时，才能发挥作用，当日照不好或阴雨天以及在夜间，需要辅助热源来给温室加温，一般是通过燃煤或燃气等方式进行供暖。

由于太阳能温室能够很好地利用太阳的辐射能并辅加其他能源，来确保室内所需的温度，同时对室内的湿度、光照、水分还可以进行人工或自动调节，完全可以满足植物生长发育所必需的各种生态条件，实际上是创造了一个人工的小气候环境，让一些不能在当地生长的植物能正常生长，并可以提前（3 个月）或延长(1～2 个月）植物的生长期，为农业产业化和市场化运作，提高产品质量开辟了广阔的发展前景。

据中国农业温室网统计，截止到 2000 年，全国温室栽培面积达 1 300 多万亩，其中 85%以上还是靠太阳能辅加燃煤供温室取暖。而采用先进的太阳能利用技术，最充分及最大限度的主动式太阳能温室数目极少。此外，也有极少数引进国外新技术的太阳能温室，由于不适合中国国情（例如用电供暖等），一般使用效果都不太好。

另外，太阳能温室对养殖业（包括家禽、家畜、水产等）同样具有很重要的意义，它不仅能缩短生长期，对提高繁殖率、降低死亡率都有明显的效果。因此，太阳能温室已成为中国农、牧、渔业现代化发展不可缺少的技术装备。

太阳能温室在中国北方，还能与沼气利用装置相结合，用它来提高池温，增加产气率，使沼气池在北方冬季也能正常供气。

目前国内的太阳能温室，绝大多数主要靠常规能源，利用太阳能都是处于被动状态，还没有主动地利用不同类型的太阳能热水（或空气）系统以及储热技术。为了减少国家外汇支出，避免大量引进不适合国情的太阳能温室，研制生产具有中国特色，价位不能太高，性能优越，以充分利用太阳能为主，其他能源为辅，结合储热技术的工厂化生产的太阳能温室是我国面临的首要任务。

8.2　太阳能温室的结构类型

中国国土辽阔，各地区的地理条件和气候相差极大，根据国家热工规范，全国基本上可分为五大区，如表 8-1 所示。

太阳能温室可根据不同情况进行分类。

8.2.1　根据用途分类

一般可分为展览温室（又称观赏温室）、栽培与生产温室、繁殖温室（如育种、育苗）。

8.2.2　根据室内温度分类

由于对温室内部温度要求不同，可分为高温温室（一般冬季要求 18～36℃）、中温温室（冬季要求 12～25℃）、低温温室（冬季要求 5～20℃）、冷室（冬季要求 0～15℃）。

表 8-1 建筑热工设计分区及设计要求

分区名称		严寒地区	寒冷地区	夏热冬冷地区	夏热冬暖地区	温和地区
分区指标	主要指标	最冷月平均温度≤−10℃	最冷月平均温度 −10℃~0	最冷月平均温度 0~10℃ 最热月平均温度 25~30℃	最冷月平均温度>10℃ 最热月平均温度 25~29℃	最冷月平均温度 0~13℃ 最热月平均温度18~25℃
	辅助指标	日平均温度≤5℃的天数≥145d	日平均温度≤5℃的天数90~145d	日平均温度≤5℃（0~90d） 日平均温度≥25℃（40~110d）	日平均温度≥25℃的天数100~200d	日平均温度≤5℃的天数 0~90d
设计要求		必须充分满足冬季保温要求，一般可不考虑夏季防热	应满足冬季保温要求，部分地区兼顾夏季防热	必须满足夏季防热要求，适当兼顾冬季保温	必须充分满足夏季防热要求，一般可不考虑冬季保温	部分地区应注意冬季保温，一般可不考虑夏季防热

注：本表据《民用建筑热工设计规范》（GB 50176—93）。

8.2.3 根据太阳能与温室结合方式分类

根据太阳能与温室结合方式不同，可分为被动太阳能温室（没有太阳能集热器，没有循环泵及储热装置），它是靠温室的本身结构进行太阳能加热，并设置常规能源进行辅助加热；另一种是主动太阳能温室，它不仅靠温室本身结构进行太阳能加热，还有太阳能集热器、循环泵和储热水箱组成的热水系统，对温室进行加热，当然也可采用空气集热系统。主动太阳能温室也有有辅助热源和无辅助热源之区别。

8.2.4 根据温室的结构分类

（1）土温室

温室北墙和东西墙均采用泥土筑墙而成，顶棚用塑料薄膜及保温帘。其特点是土墙保温性好，施工简单，造价低廉。缺点是使用寿命短，温度偏低可作低温温室或冷室使用。

（2）砖木结构温室

该温室北墙和东西墙均采用砖块垒砌而成，如图 8-1 所示，北墙顶部采用木板 2 支撑并覆盖防水材料，为加强结构强度采用木杆 5 支撑，4 为保温帘，6 为塑料薄膜。该温室投资要比土温室高些，使用寿命长。缺点是木材在温度较高、湿度较大的温室内，容易腐烂，需加以特别保护。

（3）混凝土结构温室

该温室是用钢筋混凝土替代土墙和砖木，其温室顶部可用玻璃（应有金属结构的框架）或塑料薄膜。其优点是坚固耐久，尽管一次投资较大，但从长远考虑还是合适的。缺点是混凝土构件截面较大，对室内植物采光比前两种温室要差些。

（4）钢（黑色金属）结构或有色金属（铝合金）结构温室

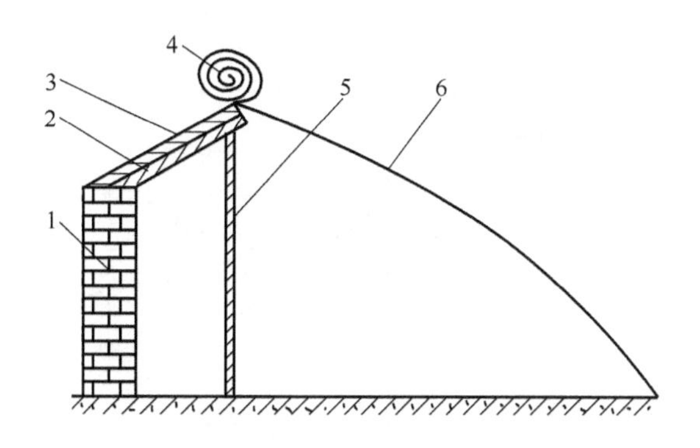

图 8-1　砖木结构温室

1—砖墙；2—木板；3—防水层；4—保温帘；5—木杆；6—薄膜

该温室是一种使用寿命最长，坚固耐用，极易组装成形的温室，而且便于大规模工业化生产。遮光不严重，是一种最理想的温室结构，具有巨大的市场潜力。缺点是一次投资大，而且钢材易生锈。因此研制强度高、防腐蚀、质量轻、价格低的结构材料是推广应用的关键。

（5）非金属结构温室

为了降低造价，减轻质量，便于加工和生产，利用非金属作为温室结构材料，也有很好的发展前景。如玻璃钢密度只有钢材的 1/5，铝材的 1/3，而强度却和钢材相当，而且耐腐蚀，使用寿命长，加工组装非常方便。此外聚丙烯材料等都有可能成为未来温室的结构材料。

8.2.5　根据温室透光材料分类

（1）玻璃窗温室

温室的透光材料应尽可能使太阳光线较多地透过，并能防止由温室内吸热体向外辐射的热损失，同时还要具有耐候性好，较好的强度、耐热性和耐火性。普通玻璃具有以上优点，但缺点是抗冲击性弱，易破碎。为了提高抗冲击能力，可采用钢化玻璃，但其造价是普通玻璃的 2～3 倍，是否采用需进行技术经济分析。另外玻璃的缺点是透太阳紫外光的性能比塑料差些。

（2）塑料薄膜温室

塑料薄膜的优点是柔软轻便，价格便宜，而且透紫外光性能较好，施工很方便，极受用户的欢迎。缺点是耐候性差，易老化，目前使用的产品有：聚乙烯、聚氯乙烯、聚苯乙烯，一般使用寿命为 1～3 年。

（3）其他透光材料的温室

为了改善塑料薄膜的抗老化性能，最近又研制出透光率比较高、使用寿命比较长的其他透光材料，如图 8-2 所示。

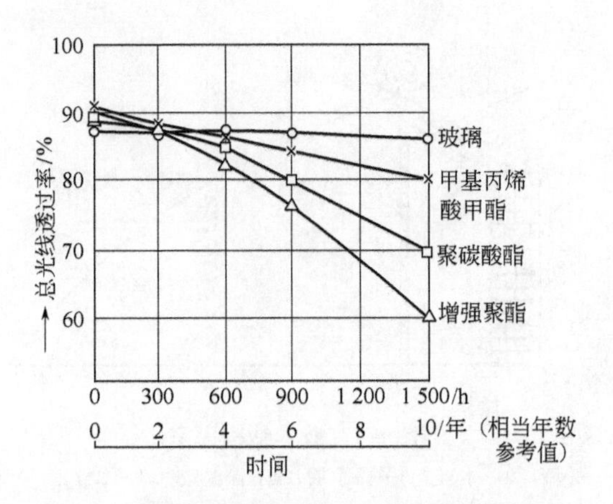

图 8-2　根据加速耐光试验，各种透过板透过率的变化（矢崎产品测定）

如甲基丙烯酸甲酯、聚碳酸酯、增强聚酯等透光材料，使用 6 年后，其透光率仍能维持在 80％左右。

所有这些新材料其造价都比较高，无法在普通太阳能温室中应用，只有在高技术、长寿命、高档太阳能温室中应用，才能显示其优越性。

8. 2. 6　按温室朝向和外形分类

（1）按朝向可分为南向温室和东西向温室

① 南向温室。不论在任何季节中午前后太阳光的照度均大于东西向温室，由于其北面多数是较厚的墙壁和屋顶，能有效地防御冬季来自西北方向的寒风侵袭，因而冬季的保温性能较好，吸收的光质（色谱成分和照度）较强，适合栽培喜光植物及各类蔬菜。缺点是白天吸收太阳的辐射热量多，室温较高；夜间散热快，冬季温室内的昼夜温差大；夏季中午前后降温的要求更为迫切。同时又由于入春以后，室内来自南向的光线照度增强，玻璃面上的温度也增高，易造成温室内部各个部分的受光和温度不平衡现象。由于植物本身具有向光性的生理特点，常会出现植物的幼苗和嫩枝向南倾斜的现象，尤其是温室内部北面墙壁为白色时，由于墙壁反射光较强，这种现象更突出。如果不采取经常转盆（地栽植物无法转动，只有听其自然）的管理措施，不仅对植物的生长发育不利，而且影响植物的株形。另外，南向温室由于东西两侧的采光面积较小，采光时间与东西向温室相比较短。

② 东西向温室。由于顶部玻璃面与太阳光线的角度在一年内的任何季节均小于南向温室，因而在一年内的任何季节中午前后，太阳光线的照度均小于南向温室。东西向温室的优点是：全天的温差较小，所吸收来自太阳的光质也

较弱，室内温度在中午前后与南向温室相比较偏低，但采光时间相对较长，这些有利条件相对更符合热带、亚热带的自然气候条件，因而适合常年栽培热带、亚热带植物，尤其是喜阴湿植物。其缺点是：由于西面也是面积较大的玻璃面，冬季直接受来自西北方向的寒风侵袭，冬季夜间的保温性能比南向温室差。

（2）按各种不同外形分类

① 外形规则温室。如各种类型的南向温室（采光面朝南方向的温室）和东西向温室。建筑投资较为经济，设计施工比较简易，建成后排列整齐、管理方便，适合作为栽培温室和生产温室。

② 外形不规则温室。如多角形温室、圆形温室、斜向温室等。造型活泼美观，适合作为展览温室。但这些温室由于结构的需要，构件的组合要比外形规则温室复杂，构件的数量也相应地增多，造价较高。同时在设计时需精心处理，尽量减少遮光。

8.3　太阳能温室的设计

8.3.1　太阳能温室设计的技术要求

（1）太阳能温室应满足植物对不同季节、不同地区、不同气候条件的需求。

（2）太阳能温室必须在工程技术上满足以下技术要求。

① 应具有良好的采光面，能最大限度接收太阳的能量。

② 要有良好的保温措施和蓄热装置。

③ 要有很好的结构强度，具有较强的抗风雪荷载的能力。

④ 温室应具备良好的通风、排湿、排水、降温等功能。

⑤ 温室建造要因地制宜，就地取材，注重实效，降低成本。

8.3.2　温室采光的设计

温室里热量的来源（含有加温设备的温室），大部分还是以吸收太阳的辐射热量为主，因此，采光也就成为了温室设计中的一项重要问题。太阳的辐照度，日照时间是随季节、地理纬度和天气条件而变化的。而照射到温室内的光强和辐射能量，既决定于太阳的辐照度，又决定于温室建筑的方位、屋顶角度、南向温室之间的距离、温室顶面覆盖材料的透光性能等因素，设计温室时，必须充分考虑。

（1）温室的方位和屋顶角度

温室的方位和屋顶角度，主要影响太阳直接辐射在温室顶面的入射角。设

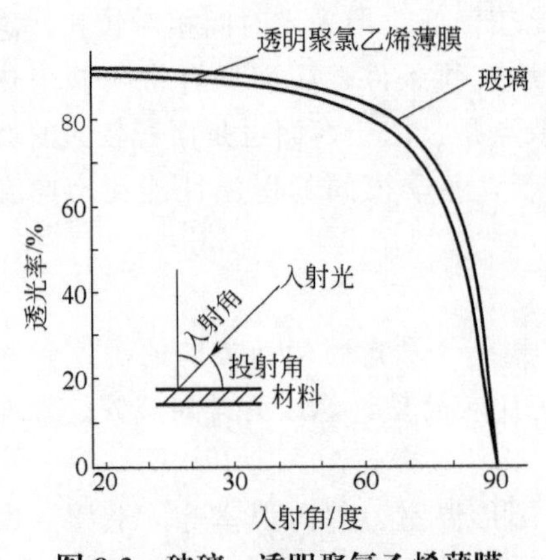

图 8-3　玻璃、透明聚氯乙烯薄膜入射角与透光率的关系

计时要确保直射光透过量为最大，如图 8-3 所示。当入射角在 0～40°时，两种材料透光率变化不超过 4%，40～45°之间变化也不大，只有当入射角大于 60°时，透光率急剧下降。由此可知，温室屋顶的倾角，必须因季节和地区不同，选择一个适中的倾角。

温室的利用是以冬季为主，而冬季在北半球又以冬至日的太阳高度角为最小，一年中的气温也以冬至前后为最低。温室玻璃面倾斜角度的计算，一般以冬至中午的太阳高度角为依据，我国境内各纬度地区，冬至中午的太阳高度角大小，见表 8-2。

表 8-2　我国境内各纬度地区冬至中午太阳高度角

纬度(北纬)	15°	20°	25°	30°	35°	40°	45°	50°
冬至太阳高度角	51.6°	46.6°	41.6°	36.6°	31.6°	26.6°	21.6°	16.6°

冬至中午，不同纬度地区的太阳辐照度是不同的。但在当地向南的坡度越大，太阳光线与屋顶面的交角就越大，吸收太阳的辐射热量也越多。表 8-3 是北京地区（按北纬 40°）计算得出的冬至中午温室玻璃面取不同倾斜度时的太阳辐照度。

表 8-3　北京地区冬至中午温室玻璃面不同倾斜度上的太阳辐照度

温室南向玻璃倾斜度	0°(地平线)	3.4°	13.4°	23.4°	33.4°	43.4°	53.4°	63.4°
太阳光与玻璃斜面交角	26.6°	30°	40°	50°	60°	70°	80°	90°
太阳辐照度/(kW/m^2)	0.265	0.293	0.383	0.453	0.516	0.543	0.585	0.592

由表 8-3 可以看出，温室南向玻璃面倾斜度越大，冬至中午照射到温室内的太阳辐照度就越强，当太阳光线与玻璃斜面交角为 90°（即入射角为 0°）时，太阳辐照度最大，照射到温室内的辐射量就最多。例如，北京地区（纬度以 40°计）、昆明地区（纬度以 25°计），冬至中午太阳高度角分别为 26.6°和 41.6°（见表 8-2），当温室南向玻璃倾斜角分别为 63.4°和

48.4°时，此时太阳光与玻璃斜面交角为 90°，照射到温室内的辐照度最高，室内接收到的热量最多。对于纬度较高的北部地区，由于太阳的高度角比较小，要求太阳光线与南向玻璃面交角保持 90°，在结构上不易处理。因此，为了做到既能更多地吸收太阳的辐射热量，又便于建筑结构上的处理，设计中应以冬季太阳光线与屋顶面（南向玻璃面）的交角不小于 50°（太阳入射角小于 40°）为宜。

（2）南向温室之间距离的设计

根据合理采光时段，一般以冬至日 10 时前后栋温室不遮光，稍有宽余为合适距离，如图 8-4 所示。其南向温室之间的距离计算公式如下

$$B=L_0-L_2-D=H\frac{\cos\gamma_{S10}}{\tan H_{S10}}-L_2-D$$

式中　H——温室高，m；

L_0——前栋温室顶在水平面上投影至后栋温室南脚距离，m，$L_0=H\frac{\cos\gamma_{S10}}{\tan H_{S10}}$；

γ_{S10}——冬至日 10 时太阳方位角，(°)，$\sin\gamma_{S10}=\frac{\cos\delta\sin W_{10}}{\cos H_{S10}}=\frac{0.4587}{\cos H_{S10}}$；

H_{S10}——冬至日 10 时太阳高度角，(°)，$\sin H_{S10}=\sin\phi\sin\delta+\cos\phi\cos\delta\cos W_{10}$；

ϕ——地理纬度；

δ——冬至日太阳赤纬角，为 $-23.45°$；

W_{10}——时角，为 $-30°$。

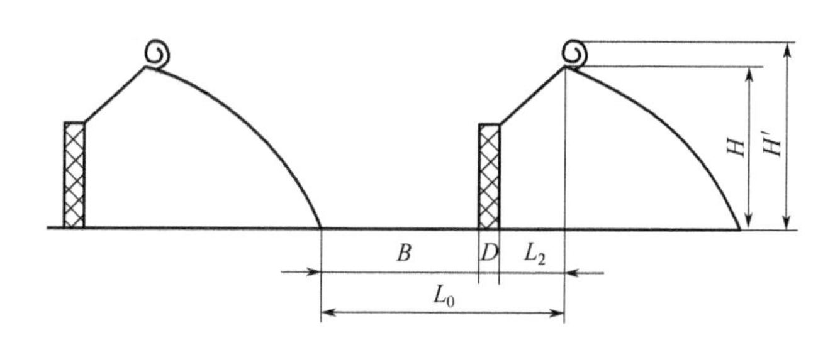

图 8-4　邻栋温室间距离示意图

经计算后，列出不同纬度地区相对棚高的 L_0 值，如表 8-4 所示。考虑留有适当富余可取 $B=L_0-L_2$。

至于东西向温室玻璃面的倾斜度，中午前后与此问题无关。也就是说不论玻璃倾斜度大小如何，太阳投向玻璃面的交角与水平面相同，这也就是东西向温室在中午前后温度低于南向温室的原因。

表 8-4　不同纬度地区相对于棚高的 L_0 值　　　单位：m

地理纬度 ϕ \ H'	2.5	2.7	2.9	3.1	3.3	3.5	3.7
32°	4.10	4.42	4.75	5.08	5.41	5.73	6.06
33°	4.26	4.60	4.94	5.28	5.63	5.97	6.31
34°	4.44	4.79	4.97	5.50	5.86	6.21	6.57
35°	4.62	4.99	5.18	5.73	6.10	6.48	6.85
36°	4.82	5.21	5.40	5.98	6.37	6.76	7.14
37°	5.04	5.44	5.64	6.25	6.65	7.04	7.44
38°	5.26	5.69	5.91	6.53	6.95	7.39	7.81
39°	5.51	5.95	6.16	6.82	7.29	7.74	8.18
40°	5.78	6.24	6.47	7.17	7.63	8.09	8.55
41°	6.07	6.55	6.80	7.52	8.01	8.49	8.98
42°	6.38	6.89	7.15	7.81	8.42	8.93	9.45
43°	6.72	7.26	7.53	8.34	8.88	9.42	9.95
44°	7.10	7.67	7.95	8.81	9.37	9.94	10.5
45°	7.52	8.13	8.42	9.33	9.93	10.5	11.1

（3）温室透光材料的选择

温室透光材料的透过率（即光线透过透光材料后的光强与未透过前光强的百分率）直接影响温室的透光能力和保温能力。透光材料对太阳光谱（λ=0.3～3μm）的透过率越高，则室内温度越高；对于 λ 大于 5μm 的红外辐射透过率越高，则温室保温性能越差。目前常用的温室透光材料为玻璃或无色塑料薄膜，较好的塑料薄膜（厚度为 0.1mm）对太阳光谱的透光率与 3mm 的玻璃相近，但对于 λ 大于 5μm 的红外辐射的透过率却高于玻璃，因而用塑料薄膜的温室保温性能较玻璃温室差（见表 8-5）。

表 8-5　常用塑料薄膜及玻璃的透过率

透过光线	波长/μm	无色透明聚氯乙烯/%	醋酸乙烯/%	聚乙烯/%	玻璃/%
紫外光	0.28	0	76	55	0
	0.36	20	80	60	0
	0.32	25	81	63	46
	0.35	78	84	66	80
可见光	0.45	86	82	71	84
	0.55	87	85	77	88
	0.65	88	86	80	91
红外线	1.0	93	90	88	91
	1.5	94	91	91	90
	2.0	93	91	90	90
	5.0	72	85	85	20
	9.0	40	70	84	0

注：无色透明聚氯乙烯、醋酸乙烯和聚乙烯的厚度为 0.1mm，玻璃厚度为 3.0mm。

无论是玻璃温室还是塑料薄膜温室，当透光层表面附有水滴和灰尘时，都影响温室透光性能。一般塑料薄膜上聚有水滴时，约有 20%的光能被反射回去。消除水滴的影响，除采用无滴薄膜外，可实行人工涂抹、敲打等措施，对提高透光率有明显效果。

8.3.3　温室的保温设计

温度是动植物生长极为重要的生态条件之一，温度同其他环境条件相比较，常成为决定性的因素。换句话说，不管其他条件怎样适合，如果温度条件不适合，动植物的生长便不可能。利用太阳能温室进行植物栽培或动物养殖的重要措施就是人为地控制温室里的温度，使其尽量符合动植物生长发育的需要。因此，温室建筑的保温设计，是温室设计中最关键的问题之一。

（1）年平均温度、气温日较差和年较差

地球表面各地区，由于纬度、海拔高度和距离海洋的远近不同，各地区的温度不同，所以生长在不同地区的植物有着不同温度的要求。在热带地区要求温度比较高的植物，而温、寒带地区则适应温度较低的植物。

另外，温度在某一个地区的垂直地表面上也有很大的变化，据气象规律，海拔高度上升 100m，温度就要下降 1℃。因此，即使终年炎热的赤道线上，海拔 4 000m 以上的高山地区，也会出现终年积雪的寒冷气候。所以，在分析各种植物对温度的具体要求时，必须根据某种植物原产地的纬度和海拔高度、年平均温度、气温日较差和年较差等数据综合考虑。这也是利用温室进行室内温度人工或自动控制、温室的保温或增温、降温设计的依据。表 8-6 列出了地球各纬度年平均温度。

表 8-6　地球各纬度线一年内平均温度　　单位：℃

纬度	全年	1月	7月	年较差	纬度	全年	1月	7月	年较差
北极	−19.0	−36.0	0	36.0	10°	24.7	25.2	23.6	1.6
80°	−17.2	−32.2	2.0	34.2	20°	22.8	25.3	20.1	5.2
70°	−10.4	−26.9	7.2	34.1	30°	18.3	22.6	15.0	7.6
60°	−0.6	−16.4	14.0	30.4	40°	12.0	15.3	8.8	6.5
50°	5.4	−7.7	18.1	25.8	50°	5.3	8.4	3.0	5.4
40°	14.4	4.6	23.9	19.3	60°	−3.4	2.1	−9.1	11.2
30°	20.4	13.8	26.9	13.1	70°	−13.6	−3.5	−23.0	19.5
20°	25.0	21.8	27.3	5.5	80°	−27.0	−10.8	−39.5	28.7
10°	26.0	25.4	26.1	0.7	南极	−33.0	−13.0	−48.0	35.0
赤道	25.4	25.3	25.3	0.0					

（2）温室内的最低温度

在纬度较高的地区，冬季的大气温度均比较低，因而温室所要求的温度（植物生长所需的温度），同室外相差很大，而且纬度越高，则差距越大。例如，北京地区（北纬 39°48′），冬季极端最低气温为 −27.4℃，昆明地区（25°1′），冬季极端最低气温为 −6.9℃，而要达到高温温室的最低温度 18℃，前者相差 45.4℃，后者相差 24.9℃，如表 8-7 所示。由于夜间没有太阳辐射，要使温室达到最低温度，则需通过增温系统，给温室补充热量，进行加温。

夜间温室的降温和温室大小有着紧密联系。大温室的保温性能比小温室好，温度下降慢，增温效应快。所以，最低气温的提高，大温室比小温室要显著。根据西北农业大学在西安进行的实验，两种不同大小塑料薄膜温室内的平均最低气温，可以提高 1～3℃，对于室内土壤温度而言，大型温室内的土温比中、小型温室要高（见表 8-8）。

表 8-7　国内不同纬度各大城市气温日较差和年较差

地　名	纬度（北纬）	海拔高度/m	气温日较差/℃				气温年较差/℃
			1月	4月	7月	10月	
齐齐哈尔	47°23′	145.9	13.3	14.2	10.0	12.2	43.6
长春	43°54′	236.8	12.0	13.4	10.3	12.7	39.9
沈阳	41°46′	41.6	10.5	13.4	10.1	12.8	37.9
呼和浩特	40°49′	1 063.0	14.9	16.2	12.9	14.7	36.8
北京	39°48′	31.2	11.3	13.8	10.2	13.5	30.7
天津	39°06′	3.3	9.9	13.0	9.7	11.2	32.7
大连	38°54′	93.5	10.2	9.1	6.0	8.4	29.4
济南	36°41′	51.6	9.1	11.4	9.4	11.7	29.9
青岛	36°09′	16.8	6.8	13.4	5.2	7.9	26.5
兰州	36°03′	1 517.2	14.4	14.1	12.9	12.7	29.5
南京	32°00′	8.9	7.8	9.8	8.1	9.5	25.5
上海	31°10′	4.5	8.1	9.8	8.7	10.4	23.9
成都	30°40′	505.9	5.4	8.2	7.0	6.2	20.8
汉口	30°38′	23.3	5.5	7.5	7.2	7.2	24.9
杭州	30°10′	7.2	8.2	9.1	8.9	9.4	24.3
重庆	29°35′	260.6	4.5	7.4	9.0	5.7	21.4
长沙	28°12′	44.9	5.7	7.5	9.0	8.9	25.6
贵阳	26°35′	1 071.2	7.3	9.7	9.5	11.0	20.4
福州	26°05′	84.0	5.5	7.2	7.2	6.9	18.2
桂林	25°14′	154.1	8.8	10.3	11.2	14.5	20.7
昆明	25°01′	1 891.4	14.0	12.8	8.0	9.0	11.4
广州	23°08′	6.3	8.4	6.4	7.3	8.5	14.8
南宁	22°42′	80.4	6.4	6.4	5.8	7.3	15.5
海口	20°02′	14.1	6.9	6.9	7.9	7.8	11.2

注：日较差为一天内最高和最低温度之差；

年较差为一年内最高月平均和最低月平均温度之差。

表 8-8　大、中型塑料薄膜温室内半月平均最低气温的比较（西安）

单位：℃

温室类别	表面积/m^2	比表面积/m^{-1}	4 月			5月
			上旬	中旬	下旬	上旬
大型温室（50.5m^3）	102.0	0.62	10.3	8.4	14.5	13.8
中型温室（15.3m^3）	47.5	0.95	8.6	5.8	12.3	13.0
大型与中型差	53.7	−0.33	1.7	2.6	2.2	0.8

此外，白天在不加热不通风的温室中，贴地气层的温度垂直分布和室外的没有很大的差异。日出后，室外的气温随高度而降低，而室内气温，在一定高度以上，则开始增加，在温室顶附近。

（3）提高温室内最低气温的措施

温室内热量的来源，主要来自太阳的辐射热能，而辅助加温设备只不过是在夜间或阴雨天气太阳辐射不足时起辅助作用。因此，提高温室白天的太阳吸收量，减少温室夜间向外散热，是提高温室内部温度的有力措施。

提高室内最低气温（用辅助热源除外），目前常采取的措施有：温室顶部使用双层薄膜（或玻璃）；夜间用帘子覆盖保温；温室内设小型覆盖；加强东、西、北三墙的保温等。

冬季温室设计时，室外参考温度，如表8-9所示。考虑到郊区及北风的影响，室外温度可在该表的基础上增加10个百分点。

表8-9　日光温室室外设计参考温度　　　单位：℃

城　市	哈尔滨	齐齐哈尔	牡丹江	长春	吉林	延吉
温　度	－29	－28	－27	－26	－29	－22
城　市	通化	白城	沈阳	大连	丹东	阜新
温　度	－26	－25	－21	－14	－17	－19
城　市	葫芦岛	乌鲁木齐	朝阳	鞍山	塔城	哈密
温　度	－16	－26	－18	－21	－27	－22
城　市	喀什	库车	西宁	格尔木	玉树	兰州
温　度	－14	－18	－16	－18	－15	－13
城　市	汪泉	张掖	山丹	天水	银川	固原
温　度	－19	－19	－21	－10	－18	－17
城　市	西安	延安	呼和浩特	赤峰	太原	大同
温　度	－8	－14	－21	－21	－14	－20

传统可靠的措施是利用煤、油、电等常规能源来提高夜间和阴雨天时的室温。值得指出的是，近年来常规能源的价格上涨，导致温室运行成本的升高，同时随着人们环保意识的增强，用太阳能取代传统燃料，已在全球范围内受到很大关注，而且获得了满意的经济效益，不仅被动太阳能温室发展迅速，而且主动太阳能温室也有了很好的示范效果。它们的节能效果显著、夜间可提高室温5～20℃，节约常规能源30％～85％。

8.3.4　温室的结构设计

太阳能温室的结构，除普通塑料大棚温室外，其工业化生产的太阳能温室结构，大多采用构架式结构，组装十分方便。例如钢结构温室，大跨度骨架上弦用3/4″钢管（19.05mm，壁厚2.75mm），下弦用ϕ14mm钢筋，加强筋用ϕ12mm钢筋焊接而成。当温室跨度为7～7.5m时，上弦用1/2″（12.7mm）钢管，下弦用ϕ12mm钢筋，加强筋用ϕ10mm钢筋。另一种温室骨架材料是GRC（抗碱玻璃纤维增强水泥）。

温室结构设计时应注意下列原则。

（1）温室的结构必须能承受可能的最大荷载，包括温室结构本身的重量、积雪量（按历年最深积雪量计）和风压荷载，具体要求如表8-10所示。

表8-10　雪压和风压强度

城　市	哈尔滨	齐齐哈尔	长春	沈阳	大连	天津
积雪深度/cm	41	17	18	20	16	16
雪压/(kgf/m²)	45	30	35	40	40	35
风压/(kgf/m²)	40	45	50	45	50	35
城　市	石家庄	呼和浩特	北京	太原	洛阳	济南
积雪深度/cm	14	30	24	16	25	15
雪压/(kgf/m²)	20	30	30	20	25	20
风压/(kgf/m²)	30	50	35	30	40	40
城　市	青岛	西安	乌鲁木齐	银川	兰州	西宁
积雪深度/cm	19	22	48	17	8	18
雪压/(kgf/m²)	25	20	60	10	15	25
风压/(kgf/m²)	50	35	60	50	30	35

（2）温室结构受力应合理，能将结构中的内力很均匀地传输到地面基础上，而且每根结构材料均能起到一定的作用。

（3）在确保温室坚固可靠的前提下，尽可能缩小材料的尺寸，以减小遮挡的影响。

（4）尽量把温室的基础设计得牢固些，如果基础不可靠，再好的结构也会倒塌。

8.4　太阳能温室的建造与管理

8.4.1　太阳能温室的建造

（1）温室地点的选择

温室地点选择时考虑以下原则。

① 地面平坦。便于温室的建造，减少平地工作量。

② 避风向阳。应尽可能选择避风而又无高大树木、建筑物的遮挡地方，以利采光和保温。

③ 土质良好。选择土质好的场所，便于温室内植物的生长。

④ 水源近处。用电及取用水方便，以利灌溉。

⑤ 便于排水。选择地下水位低、地势略高的地方，以便于雨季排放大量积水。

⑥ 交通便利。尽可能距交通干线近些，便于运输。

（2）温室的高度和跨度

温室的高度应在不影响温室内植物生长和管理人员操作方便的前提下，尽量压低高度（因为温室高，散热大），以节省材料。但顶部与植物的距离应不低于 50cm 即可。而跨度一般应略大于高度或与高度相等为宜。

（3）温室的基础和墙体

① 温室的基础。温室基础的选择和合理布置，对温室的使用寿命和安全有重要意义。温室基础的深度取决于各地区冬季的冻土层和温室凹入地下的深度，通常要比两者深 50～60cm，这样可防止冬季土地冻结时向上膨胀凸起，春季解冻时下沉。例如，北京地区冬季冻土层为 60～70cm，温室室内凹入地下多为 50cm，这样温室的基础深度应为 1.10～1.20m。基础的宽度应为墙壁厚度的两倍。

温室基础的加固措施首先应取决于基土的耐压力。若超过基土的允许耐压力时，必须进行加固措施。常用方法是用夯将基础底部夯实，然后用 3∶7 的石灰和细土混合，充分拌匀后，倒入基础槽内进行夯实，为了加固，最好做两层，如图 8-5 所示。

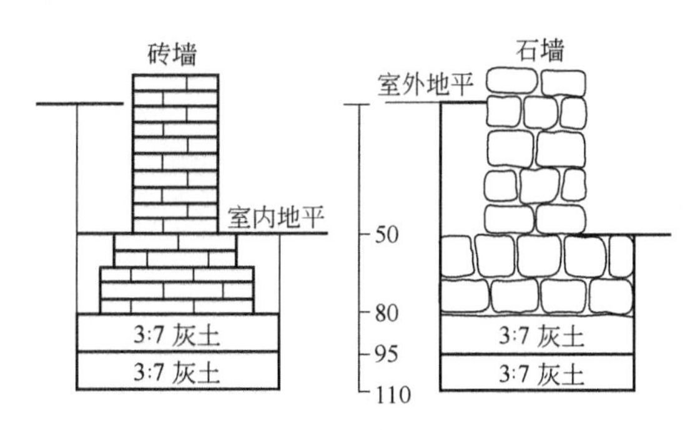

图 8-5　温室基础工程断面

② 温室的墙体。一般房屋的墙壁重心在中间，两个相对方向的墙壁所承受的压力比较均匀。温室的墙壁则有所不同，尤其是各类型南向温室，由于前后坡的结构不同，因而重心总是偏向高度较低的一方，致使南北两相对的墙壁

所承受的压力不均衡。因此，温室墙壁的保固应较一般房屋要求高，处理的方法为要加厚墙壁（采用 24cm）或适当提高砌筑时的沙浆标号。

温室的墙体多采用砖墙，用普通长砖砌筑。室外地平以上用混合沙浆，地平以下和承担屋架的砖柱部分要用高标号水泥沙浆砌筑，厚度可根据各地区冬季的寒冷程度决定，一般应不小于 37cm。砌后外部用水泥沙浆勾缝，内部抹白灰墙面，不喜强光的温室单元，可在白灰中加黄色或淡蓝色颜料以减少墙面的反射光。

在纬度较高的严寒地区建筑温室，为了提高墙壁的保温功能，外面的墙壁可用厚空心墙。即自室外地平以上外部先砌厚 37cm 砖墙，中间保留 12cm（半砖空隙），内部再砌厚 12cm 砖墙（砖柱部分仍采用实心墙）。为了使两层墙壁结合坚固，每隔 1m 左右可在两层墙壁之间加砌一块连接砖，向上每砌 4～5 层再砌一块连接砖（见图 8-6）。两层墙壁中间空隙部分，可装珍珠岩、木屑、稻草等绝热材料，即使不装，由于空气为热的不良导体，保温功能也优于同样厚度的实心墙。

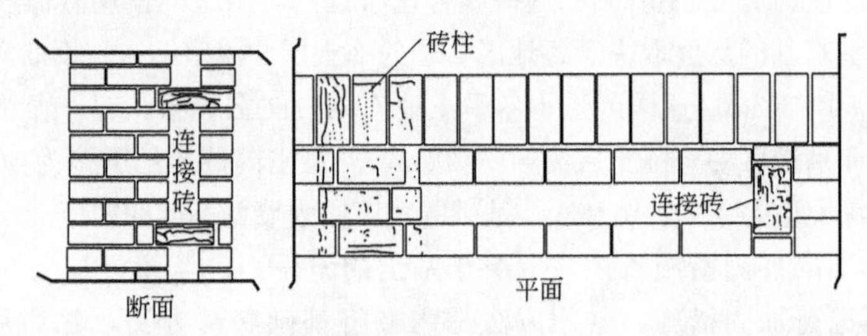

图 8-6　厚空心砖墙砌筑

③ 温室的后坡。温室的后坡主要要求是保温，其保温性能应优于墙体，一般其热阻要比墙体高 30%左右，其建造如图 8-7 所示。

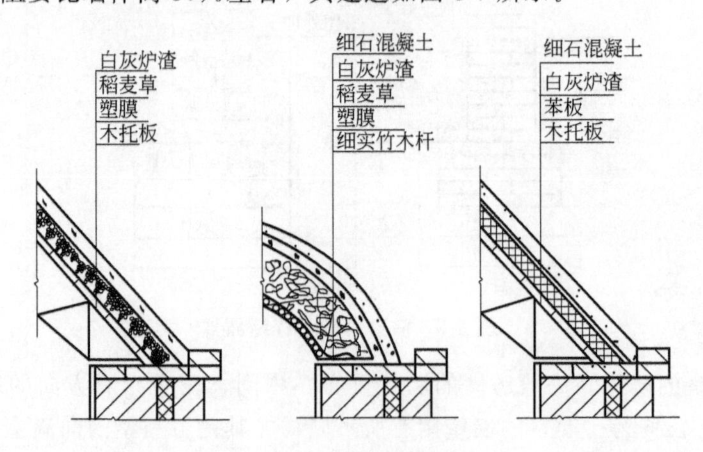

图 8-7　后坡做法示意图

最便宜的保温材料是采用稻草、麦秸。

以东北地区为例，后坡理想的做法自下而上是 20mm 厚木板（防腐处理)、120mm 厚苯板、1∶5 白灰炉渣 80mm 厚、30mm 厚 C20 细石混凝土（内配大孔目的钢丝网）防水层。

④ 屋架。温室的屋架是承重并保持其外形的重要结构。它与一般房屋的屋架要求不同，除了坚固耐久、外形美观外，还要求尽量减少对植物的遮光。因此，屋架各个构件的截面不宜太大，须选用优质材料制作。以下是几种常见温室屋架结构示意图，供设计建造温室时参考。

人字屋架一般用于东西向温室。图 8-8 中（a)～(d）为木结构屋架。其中(a)、(b）为跨度 10m 以内常用的两种；人字木（梁或称上弦）和卧梁跨度在 6m 以内时，木材截面可用 10cm×14cm；跨度在 6～10m 时，可用 16cm×20cm。图中（e)～(h）为钢结构屋架。(c）为跨度在 6m 以内时采用；(f),(g）可在跨度 6m 以上时采用，三种屋架均用角钢或工字钢制作。(h）为连接屋面温室玻璃顶做法。(i）为钢筋混凝土结构，跨度大小均可，其构件截面的大小，可根据跨度大小来计算决定。

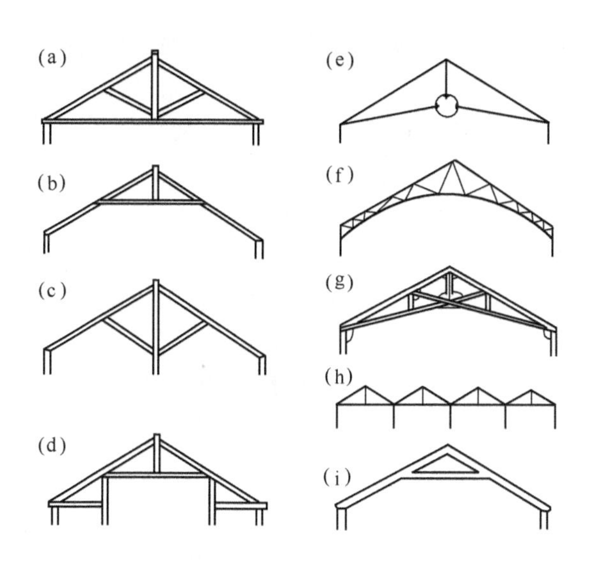

图 8-8　温室建筑常用的各种人字屋架

斜人字屋架用于南向双窗面温室（向南的采光面分为前窗和玻璃顶两部分)，图 8-9 中三种斜人字屋架均为木结构，其中（a)、(b）的跨度为 6～7m，后部为墙壁时采用。斜人字木、短人字木及卧梁的截面可用 12cm×16cm。(c）的跨度在 6m 以内，后部为木板墙或玻璃窗时采用。斜人字木、短人字木均为木制，截面可用10cm×14cm，不用木制卧梁，用三根直径为18～20mm的圆钢加螺栓，通过中部的圆形钢圈连接为一体，这种屋架仅适于冬季气温较暖日风压不大的地区。图中的斜人字屋架也可用钢结构，但所用角钢、工字钢、圆钢的具体型号，需根据跨度大小及所承受压力确定。

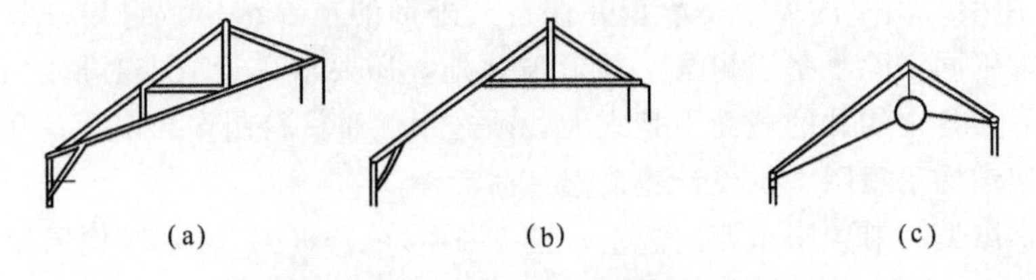

图8-9　温室建筑常用的各种斜人字屋架

8.4.2　太阳能温室的管理

利用温室栽培植物，植物所需要的一切生活条件几乎都是由人工来创造。其中温度、光线、湿度、通风等的调节，关系着植物的生存。如果超出了植物适应能力的范围，会使植物遭受损害，甚至引起死亡，必须加以注意。

(1) 温度

保证温室里适宜的温度，是温室管理工作中最关键的问题。应从以下几方面加以注意。

① 温度的高低。植物在不同生长发育阶段对温度的要求不同，并且对温度有最低度、最适度和最高度的要求。在具体掌握时，必须使温室里的温度经常保持在最低度和最高度之间，否则就会对植物的生长发育产生不良的影响。同时，还必须掌握温度的变化应该是：全天中以中午最高，清晨最低；全年中夏季最高，冬季最低。严格防止夜间温度高于白天的反常现象，同时还须注意防止温度骤然升降。

② 温差。在调节温室室温时，还要注意全天和全年的温差尽量符合植物在原产地区、原生长季节时的气温变化情况。若气温日较差和年较差变化较大会对植物产生不利影响。例如，热带、亚热带气温日较差和年较差均较小，在温室内种植热带、亚热带植物，常出现冬季夜间温度偏低，夏季白天温度偏高，若不采取相应的增温或降温措施，均会产生温度日较差过大的不良现象，影响植物正常生长。

③ 土壤温度。植物在生长发育期间，对温度的要求是多方面的，除了空气温度外，土壤温度也是一个重要的生态条件。在自然界里，在植物正常生长发育的时期，一般的情况是白天土壤温度略高于气温，夜间略低于气温。而温室内的气温白天比土壤温度高，有时甚至高出很多，极不利于植物生长。因

此，温室里栽培植物，要使土壤在白天能够尽量多地接受太阳的辐射热，提高土壤温度。

（2）光线

植物对光的要求主要为三个方面，即光照时间的长短（光量）、光谱成分的变化（光质）和辐照度。这些都随纬度、季节时间、地形、地貌、海拔高度以及气象因素等的不同而变化。利用温室栽培植物，植物要在与它原有生态习性不适合的地区和季节进行生长发育，并且植物与太阳之间，增添了一层玻璃（或塑料薄膜），光线本身已发生了很大变化。因此，在管理中应尽量满足各类植物对光线的要求。例如，原产在热带、亚热带地区的植物，由于该地区一年中阴雨天气较多，大量的云雾使空气透明度大为降低，光照时间减少，光质变弱。引种到纬度较高的温带、寒带地区栽培，大都不能适应高纬度地区强烈的光照，所以，当夏季光线强烈时，必须适当地给予荫蔽。又例如，在高纬度地区冬季利用温室栽培植物，每天的光照时间太短，对处于休眠或半休眠状态的热带、亚热带植物的越冬影响不大，但对原产在夏季生长的各种蔬菜（如黄瓜、番茄、茄子、辣椒等果菜类，其他叶菜类关系不大）和某些农作物（如玉米、高粱等），由于每天的光照时间不够，影响其正常的生长发育，拖长生长期，甚至出现落花、落果乃至不能开花、结果，应增加一定时数的人工补充光照。

（3）湿度

在自然界里，空气湿度和土壤湿度受天然降雨的影响。在温室里，植物所需要的水分主要是依靠人工补给。在补给水分时，对土壤湿度和空气湿度都要同等对待，土壤湿度和空气湿度对满足植物的生理需要是不相同的。一般所谓的“喜阴湿植物”是指空气湿度而言，当空气干燥超越了一定界限时，将严重影响植物的正常生长发育。在温室里，仅靠土壤灌水保持空气湿度是绝对不行的。为了满足植物对水分的生理要求，必须根据不同植物对空气湿度的不同要求，保持合适的空气湿度。表 8-11 是按温室室温划分的各类温室对湿度的要求，供参考。

表 8-11　各类温室对湿度的要求

温室类型	要求相对湿度/%		
	最　低	最　适	最　高
高温温室	80	90	100
中温温室	70	80	95
低温温室	60	70	90
冷室	50	60	80

调节室内湿度的常用方法是采取人工在室内地面经常淋水；在室内空闲地方修建储水池、装置人工喷雾设备、屋顶喷水等。

（4）通风

植物良好的生长发育要求经常有流动的新鲜空气。温室的通风换气，目的就是排除废气，换入新鲜空气，同时调节室内的温度、湿度。在冬季气候特别寒冷干燥的北方地区，通风换气往往同保温、保湿发生矛盾。为了达到通风的良好效果，应注意以下几点。

① 通风换气每天都须进行，冬季最好在中午外界气温较高时进行，以免影响保温。

② 通风的同时，必须注意保持温度。设有机动喷雾的温室，最好在通风的同时打开喷雾，既克服了通风与保湿的矛盾，又有利于雾气飞散。

③ 通风时应根据当时的风向，打开顺着风向的出气口（天窗）和对着风向的进风口。但在风力较大时，应少开或不开进风口，以免寒风吹向植物。通风时避免使过堂风吹入温室，尤其在冬季风力较大时要加倍注意。

8.5 太阳能温室实例

8.5.1 日光温室

中国北方地区，由于冬季日照时间短，太阳辐照度低，环境温度低，按常规设计的温室，一般都有采光较差、热损失大、能耗高、运行费用高和夜间管理麻烦等缺点。为克服上述缺点，经过不断探索与实践，近年来，设计并推广了各种类型的冬季不加温或少加温的日光温室，取得了较好的经济效益和节能效益，已成为北方地区生产新鲜蔬菜的主要生产基地。

所谓日光温室，是指在东、西、北三面堆砌具有较高热阻的墙体，上面覆盖透明塑料薄膜或平板玻璃，夜间用草帘子覆盖保温的加热或者不加热温室。根据覆盖透明材料的不同，分为玻璃日光温室和塑料薄膜日光温室。

图 8-10 所示为典型的塑料薄膜日光温室结构示意图。这种温室的特点是阳光能充分入射室内，冬季太阳光可以直接射到墙壁的内侧。后墙为厚土墙或双层空心墙，用竹木或钢筋作拱架上面覆盖塑料薄膜。此类温室结构简单、造

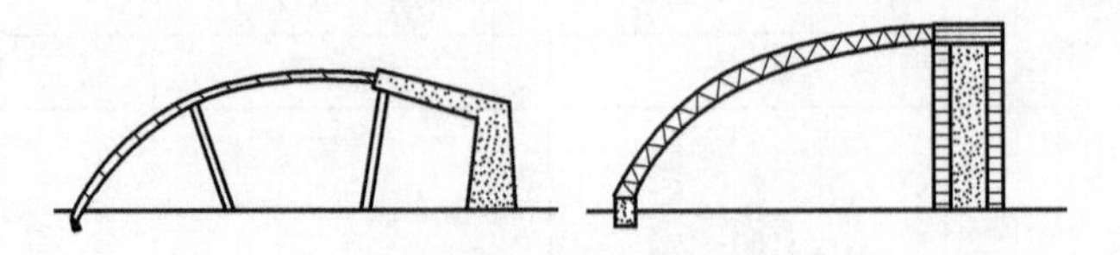

图 8-10 塑料薄膜日光温室结构示意图

价便宜、经济实用，并具有较好的温度性能。

在冬季遇到连续阴、雪天气时，日光温室中还必须有应急加温措施。需要辅助加热的日光温室叫日光加热温室。加热温室通常都带有半永久性质，因此，多用玻璃作覆盖材料，拱架多采用钢型材或铝合金型材，可承受较大的晚间覆盖保温层负载。日光加热温室常用型有单屋面、双屋面、连接屋面等几种形式。

图 8-11 所示为单屋面日光加热温室结构示意图。图中温室的倾斜度较大的一侧为玻璃屋面。夜间在玻璃屋面上覆盖蒲席保温；另一侧为厚土屋面，内部设有加热炉及散热系统，投资较大，适合冬季日照条件较差地区。

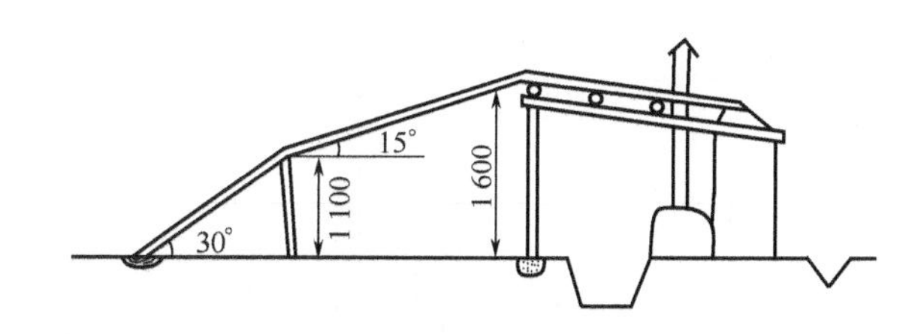

图 8-11　单屋面日光加热温室结构示意图（单位：mm）

图 8-12 所示为双屋面鞍形日光加热温室结构示意图。其结构特点是在侧壁或基础上，安装有玻璃立窗，可以改善室内光照条件和通风、换气条件，若将多栋双屋面温室连接起来，就成为连接屋面温室，如温室规模较大，通常在地面下设热风道采用燃煤或燃油锅炉加温。

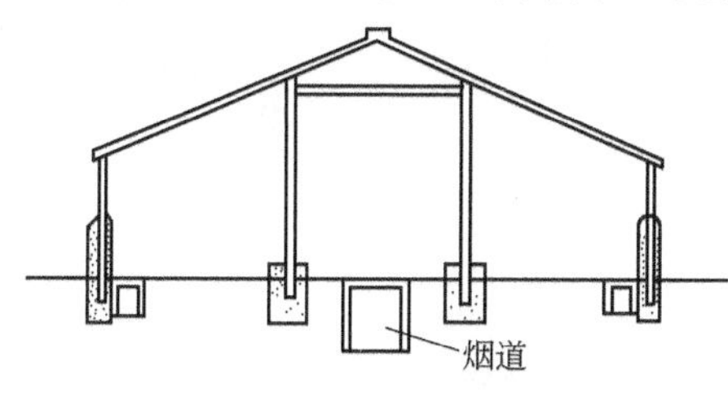

图 8-12　双屋面鞍形日光加热温室结构示意图

8.5.2　被动式太阳能温室

与太阳房的分类原理相同，人们把利用太阳能增温的温室分为主动式太阳能温室和被动式太阳能温室两大类。所谓被动式太阳能温室是指温室本身就是一个太阳能集热系统，其建筑结构与常规温室相同。不同之处是在室内（或外）设置一储热系统，白天将室内多余的热量输送到储热区，夜间再利用储存的热量满足温室的增温需要。

图 8-13 所示为采用水储热的被动式太阳能温室，其中图 8-13(a) 所示为把装满水的金属桶或塑料袋放置在沿植物行间通道的地面上，图 8-13(b) 所示为将盛水容器沿温室北侧放置。水作为储热介质白天吸收太阳辐射，晚上则通过自然对流及辐射将储存的热用来提高室温。当按每平方米温室表面积配 20～40L 水的容量设计时，该类温室晚上室内温度比最低环境温度高 2.5～

10℃，而白天室内最高气温可降低1～7℃。

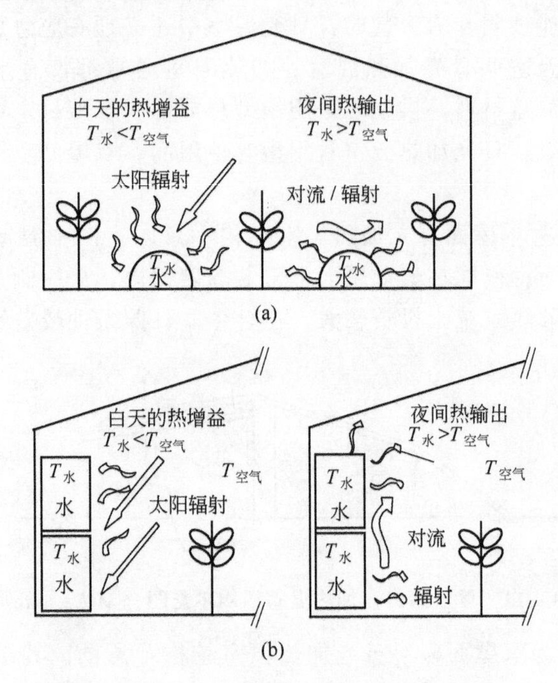

图 8-13 采用水储热的被动式太阳能温室

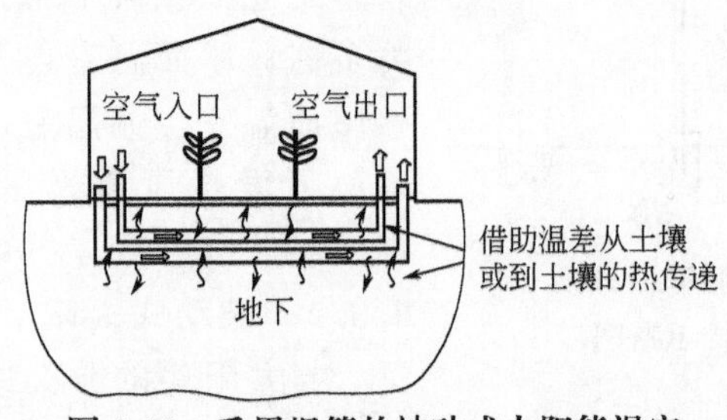

图 8-14 采用埋管的被动式太阳能温室

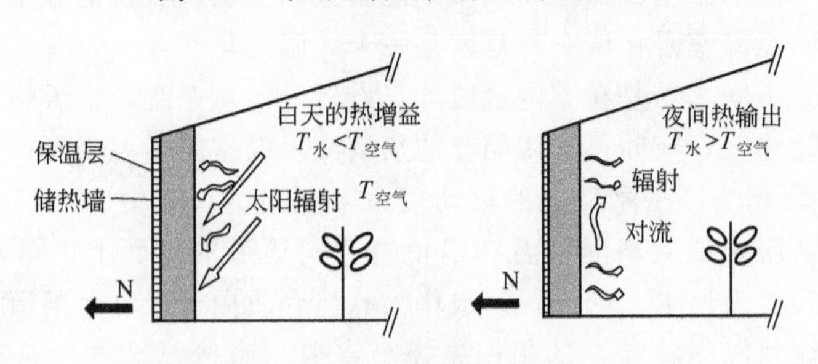

图 8-15 采用北墙储热的被动式太阳能温室

表 8-12　北纬 40°日光温室结构尺寸

要素 \ 编号		1	2	3	4	5	6	7	8	9	10	11	12	13	14	15	16	17	18	19
采光角度 α		36°	35°	33°	31°	29°	36°	34°	32°	31°	29°	36°	33°	32°	39°	38°	36°	31°	30°	33°
后坡仰角 β		38°	37°	37°	37°	32°	40°	39°	37°	39°	39°	39°	41°	39°	39°	38°	40°	41°	41°	40°
L_1/m		4.60	4.60	4.60	4.60	4.60	5.10	5.10	5.10	5.10	5.10	5.60	5.60	5.60	5.60	5.60	6.10	6.10	6.10	6.10
L_2/m		1.40	1.40	1.40	1.40	1.40	1.40	1.40	1.40	1.40	1.40	1.40	1.40	1.40	1.40	1.40	1.40	1.40	1.40	1.40
h/m		2.10	2.00	1.80	1.60	1.60	2.40	2.10	2.00	1.80	1.60	2.80	2.20	2.10	2.00	1.80	3.10	2.20	2.10	2.10
H/m		3.36	3.20	3.00	2.80	2.58	3.72	3.40	3.20	3.10	2.87	4.09	3.60	3.40	3.30	3.15	4.45	3.60	3.5	3.43
拱棚曲线节点数据 y_i/m	$x_i=0$	0	0	0	0	0	0	0	0	0	0	0	0	0	0	0	0	0	0	0
	$x_i=0.2$	0.76	0.70	0.62	0.56	0.52	0.78	0.68	0.63	0.56	0.53	0.82	0.72	0.66	0.62	0.56	0.77	0.64	0.60	0.56
	$x_i=0.5$	1.17	1.13	1.06	0.99	0.91	1.21	1.10	1.04	1.00	0.93	1.28	1.12	1.07	1.00	0.95	1.24	1.01	0.98	0.96
	$x_i=1.0$	1.68	1.60	1.50	1.40	1.29	1.73	1.58	1.48	1.44	1.33	1.77	1.56	1.48	1.42	1.36	1.79	1.45	1.41	1.38
	$x_i=1.5$	2.12	2.02	1.90	1.77	1.63	2.18	1.99	1.88	1.82	1.68	2.24	1.97	1.86	1.81	1.73	2.29	1.85	1.80	1.76
	$x_i=2.0$	2.49	2.37	2.22	2.07	1.91	2.58	2.36	2.22	2.15	1.99	2.67	2.35	2.22	2.15	2.05	2.74	2.21	2.15	2.11
	$x_i=2.5$	2.79	2.65	2.49	2.32	2.14	2.92	2.67	2.51	2.43	2.25	3.03	2.67	2.52	2.45	2.34	3.13	2.53	2.46	2.41
	$x_i=3.0$	3.03	2.89	2.71	2.53	2.33	3.20	2.92	2.75	2.66	2.47	3.35	2.95	2.78	2.70	2.57	3.47	2.81	2.73	2.67
	$x_i=3.5$	3.20	3.05	2.86	2.67	2.46	3.42	3.12	2.94	2.85	2.64	3.61	3.18	3.00	2.91	2.78	3.76	3.04	2.96	2.90
	$x_i=4.0$	3.31	3.15	2.95	2.76	2.54	3.58	3.27	3.08	2.98	2.76	3.81	3.35	3.16	3.07	2.93	4.00	3.24	3.15	3.08
	$x_i=4.5$	3.36	3.20	3.00	2.80	2.58	3.68	3.36	3.16	3.06	2.84	3.96	3.49	3.29	3.19	3.05	4.19	3.39	3.29	3.23
	$x_i=4.6$	3.36	3.20	3.00	2.80	2.58	—	—	—	—	—	—	—	—	—	—	—	—	—	—
	$x_i=5.0$	—	—	—	—	—	3.72	3.40	3.20	3.10	2.87	4.05	3.57	3.37	3.27	3.12	4.33	3.50	3.40	3.33
	$x_i=5.1$	—	—	—	—	—	3.72	3.40	3.20	3.10	2.87	—	—	—	—	—	—	—	—	—
	$x_i=5.5$		—	—	—	—	—	—	—	—	—	4.09	3.60	3.40	3.30	3.15	4.41	3.57	3.47	3.40
	$x_i=5.6$	—	—	—	—	—	—	—	—	—	—	4.09	3.60	3.40	3.30	3.15	—	—	—	—
	$x_i=6.0$	—	—	—	—	—	—	—	—	—	—	—	—	—	—	—	4.45	3.60	3.50	3.43
	$x_i=6.1$	—	—	—	—	—	—	—	—	—	—	—	—	—	—	—	4.45	3.60	3.50	3.43

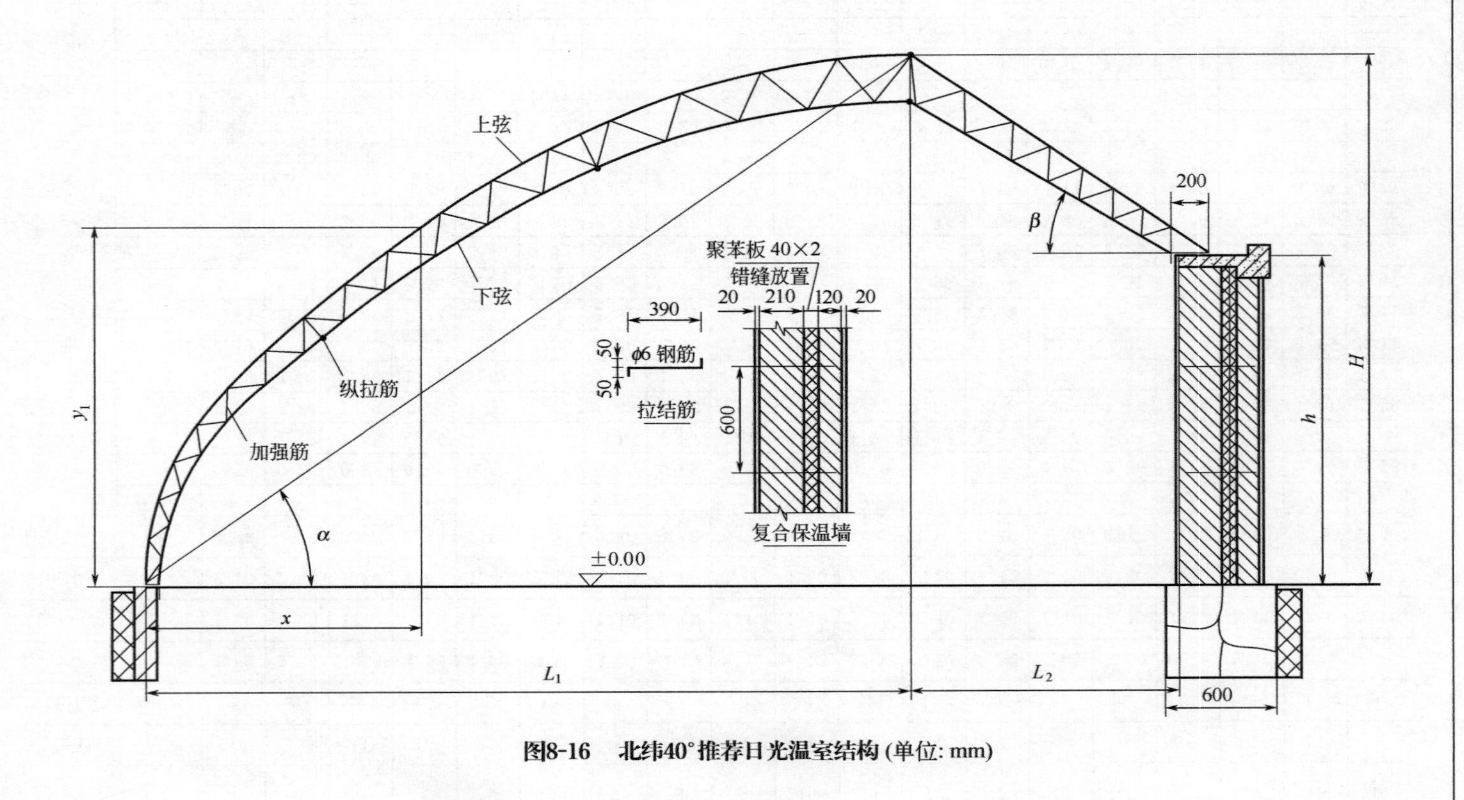

图8-16 北纬40°推荐日光温室结构（单位: mm）

图 8-14 所示为采用埋管的被动式太阳能温室，图 8-15 所示为采用北墙储热的被动式太阳能温室。多数应用场合，是将地下管道与北面储热墙相结合，室内气温比最低环境温度最高可提高 15℃左右。

被动式太阳能温室的初期投资和运行成本较低，用于对增温需求不很高的地方，特别是用于中小规模的温室，增温及节能效果显著，达到了不加温或少加温的效果，技术日趋成熟，并有希望很快商业化。主动式太阳能温室因太阳能收集器，占用的土地、辅助系统以及储热器等的成本较高，目前仅少量用于培育经济价值较高产品的场合，但由于节约了大量的常规能源及对作物生态环境优良的保护效果，显示出了巨大的发展潜力，必将在 21 世纪中取得突破性发展。

8.5.3　北纬 40°典型日光温室结构

这里选择了北京郊区作为典型的日光温室结构，如图 8-16 所示。其结构尺寸如表 8-12 所示。

该温室围护结构基础，在满足稳定和允许变形要求的前提下，应尽量浅埋，不必要求基础底面位于冻土层下 10～20cm 那样，这是由于日光温室墙体不高、荷载不大的缘故。

对图 8-16 的说明如下。

① 钢骨架材料：上弦采用 1/2″（12.7mm）钢管，下弦采用 ϕ12mm 钢筋，加强筋、纵拉筋采用 ϕ10mm 钢筋。排架间距为 0.9～1.1m。

② 钢骨架按图表尺寸放样焊接，焊后平整，刷防锈漆。

③ 棚上覆盖的透明塑料膜可选用聚氯乙烯（PVC）无滴膜、聚乙烯（PE）多功能复合膜、乙烯-醋酸乙烯（EVA）多功能复合膜。

④ 夜间棚膜上覆盖纸被加草苫或轻质保温被。

⑤ 复合保温墙的保温层为一次性发泡的聚苯板双层错缝放置，其厚度为 80mm。

⑥ 注意后坡保温，其热阻应较墙体大 30%：后墙内侧挂镀铝薄膜反光幕，以增加温室后部光照。

⑦ 围护结构的基础及卷帘机自定。

⑧ 温室方位：正南。

第 9 章

太阳能制冷与空调

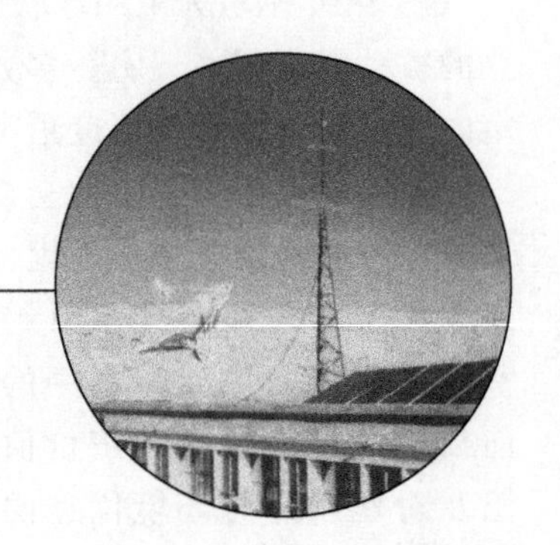

9.1 概述

9.1.1 太阳能空调的意义

近年来，我国城乡建筑的发展非常迅速。全国每年建成的房屋建筑面积高达16亿～19亿平方米。到2001年底，全国城乡现有的房屋建筑面积已超过360亿平方米。建筑耗能在全球总耗能中占有很大的份额。目前，全国建筑耗能量已超过全国总耗能量的1/3以上，而且有继续上升的趋势。众所周知，建筑耗能包括热水、采暖、空调、照明、家电等。其中，住宅和公共建筑的空调在全部建筑耗能中占有很大的比重。

人类赖以生存的地球正在逐渐变暖，地球表面的温度正在逐步上升，我国的年平均气温也正在逐年升高。以华北地区为例，1980～1989年期间的平均气温升高0.1～0.6℃，1990～1998年期间的平均气温升高0.3～0.8℃。正因为如此，人们对夏季空调的要求越来越强烈，安装空调已成为我国大部分地区的一股消费热潮。

随着我国国民经济的迅速发展和人民生活的逐步提高，在全国用能量不断增加的同时，温室气体的排放量也正在快速增长，我国目前已成为世界上温室气体排放第二大国。因此，节约能源、减少温室气体排放是一项需要全社会作出不懈努力的重要任务。

太阳能是一种取之不尽、用之不竭的洁净能源。在太阳能热利用领域中，不仅有太阳能热水和太阳能采暖，而且还有太阳能制冷空调。换句话说，在太阳能转换成热能后，人们不仅可以利用这部分热能提供热水和采暖，而且还可以利用这部分热能提供制冷空调。从节能和环保的角度考虑，用太阳能替代或部分替代常规能源驱动空调系统，正日益受到世界各国的重视。

当前，世界各国都在加紧进行太阳能空调技术的研究。据调查，已经或正在建立太阳能空调系统的国家和地区有意大利、西班牙、德国、美国、日本、韩国、新加坡、中国香港等，这是由于发达国家的空调能耗在全年民用能耗中比发展中国家占有更大的比重。因此，利用太阳能进行空调，对节约常规能源、保护自然环境都具有十分重要的意义。

9.1.2　太阳能空调的优点

太阳能空调的最大优点在于季节适应性好：一方面，夏季烈日当头，太阳辐射能量剧增，人们在炎热的天气迫切需要空调；另一方面，由于夏季太阳辐射能量增加，使依靠太阳能来驱动的空调系统可以产生更多的冷量。这就是说，太阳能空调系统的制冷能力是随着太阳辐射能量的增加而增大的，这正好与夏季人们对空调的迫切要求相匹配。

太阳能制冷空调可以用多种方式来实现，每种方式又都有其自身的特点，这些将在本章下面几节分别予以介绍。若以目前使用较多的太阳能吸收式空调为例，将太阳能吸收式空调系统与常规的压缩式空调系统进行比较，除了季节适应性好这个最大优点之外，它还具有以下几个主要优点。

(1) 传统的压缩式制冷机以氟利昂为介质，它对大气层有一定的破坏作用，特别是蒙特利尔协议书签订后，国际上将禁用氟氯烃化合物，迫切要求寻找代用工质；而吸收式制冷机以不含氟氯烃化合物的溴化锂为介质，无臭、无毒、无害，十分有利于保护环境。

(2) 压缩式制冷机的主要部件是压缩机，无论采取何种措施，都仍会有一定的噪声；而吸收式制冷机除了功率很小的屏蔽泵之外，无其他运动部件，运转安静，噪声很低。

(3) 同一套太阳能吸收式空调系统可以将夏季制冷、冬季采暖和其他季节提供热水三种功能结合起来，做到一机多用，四季常用，从而可以显著地提高太阳能系统的利用率和经济性。

9.1.3　太阳能空调在现阶段的局限性

当然，凡事都要一分为二。在强调太阳能空调具有诸多优点的同时，也应当看到它现阶段存在的一些局限性，因而需要进一步加强研究开发，努力在推广应用过程中逐步解决这些问题。

(1) 虽然太阳能空调可以显著减少常规能源的消耗，大幅度降低运行费用，但由于现有太阳能集热器的价格较高，造成太阳能空调系统的初始投资偏高，因此目前尚只适用于较为富裕的用户。要解决这个问题的途径，应当是坚持不懈地降低现有太阳能集热器的成本，使越来越多的单位和家庭具有使用太阳能空调的经济承受能力。

(2) 虽然太阳能空调可以无偿利用太阳能资源，但由于自然条件下的太阳能辐照密度不高，使太阳能集热器采光面积与空调建筑面积的配比受到限制，因此目前尚只适用于层数不多的建筑。要解决这个问题的途径，应当是加紧研制可产生水蒸气的中温太阳集热器，以便将中温太阳能集热器与蒸汽型吸收式制冷机结合，进一步提高太阳能集热器采光面积与空调建筑面积的配比。

(3) 虽然太阳能空调开始进入实用化示范阶段，愿意使用太阳能空调的用户不断增多，但由于已经实现商品化的都是大型的溴化锂吸收式制冷机，目前尚只适用于单位的中央空调。要解决这个问题的途径，应当是积极研究开发各种小型的溴化锂吸收式制冷机或氨-水吸收式制冷机，以便将小型制冷机与太阳能集热器配套，逐步进入千家万户。

9.2 太阳能制冷系统分类

9.2.1 制冷的基本概念及分类

所谓制冷，就是使某一系统的温度低于周围环境介质的温度并维持这个低温。此处所说的系统可以是空间或者物体；而此处所说的环境介质可以是自然界的空气或者水。为了使这一系统达到并维持所需要的低温，就得不断地从它们中间取出热量并将热量转移到环境介质中去。这个不断地从被冷却系统取出热量并转移热量的过程，就是制冷过程。

根据热力学第二定律，热量只能自发地从高温物体传向低温物体，而不能自发地从低温物体传向高温物体。人工制冷过程，就是在外界的补偿下将低温物体的热量向高温物体传送的过程。

以使用的补偿过程的不同，制冷大体上可以分为两大类。

一类是消耗热能，用热量由高温传向低温的自发过程作为补偿，来实现将低温物体的热量传送到高温物体的过程。

另一类是消耗机械能，用机械做功来提高制冷剂的压力和温度，使制冷剂将从低温物体吸取的热量连同机械能转换成的热量一同排到环境介质中，从而完成热量从低温物体传向高温物体的过程。

建筑中应用的太阳能空调，属于太阳能制冷的一种实例。也就是说，在太阳能空调的具体情况下，上面所述的系统就是建筑物内的空间，而以上所述的环境介质就是自然界的空气。

日常生活中应用的太阳能冰箱，属于太阳能制冷的另一种实例。也就是说，在太阳能冰箱的具体情况下，上面所述的系统就是冰箱内的物体，而以上所述的环境介质也是自然界的空气。

9.2.2　太阳能制冷系统的类型

从理论上讲，太阳能制冷可以通过太阳能光电转换制冷和太阳能光热转换制冷两种途径来实现。

太阳能光电转换制冷，首先是通过太阳能电池将太阳能转换成电能，再用电能驱动常规的压缩式制冷机。在目前太阳能电池成本较高的情况下，对于相同的制冷功率，太阳能光电转换制冷系统的成本要比太阳能光热转换制冷系统的成本高出许多倍，目前尚难推广应用。因此，本章介绍的内容将不包括太阳能光电转换制冷。

太阳能光热转换制冷，即本章介绍的太阳能制冷，首先是将太阳能转换成热能（或机械能），再利用热能（或机械能）作为外界的补偿，使系统达到并维持所需的低温。

如果按上述消耗热能及消耗机械能这两大类补偿过程进行分类的话，太阳能制冷系统主要有以下几种类型。

① 太阳能吸收式制冷系统（消耗热能）。

② 太阳能吸附式制冷系统（消耗热能）。

③ 太阳能除湿式制冷系统（消耗热能）。

④ 太阳能蒸汽压缩式制冷系统（消耗机械能）。

⑤ 太阳能蒸汽喷射式制冷系统（消耗热能）。

在下面 9.3～9.7 中，将对这五种太阳能制冷系统的工作原理及其有关问题分别予以介绍。

9.3　太阳能吸收式制冷系统

吸收式制冷是利用两种物质所组成的二元溶液作为工质来运行的。这两种物质在同一压强下有不同的沸点，其中高沸点的组分称为吸收剂，低沸点的组分称为制冷剂。吸收式制冷就是利用溶液的浓度随其温度和压力变化而变化这一物理性质，将制冷剂与溶液分离，通过制冷剂的蒸发而制冷，又通过溶液实现对制冷剂的吸收。由于这种制冷方式利用吸收剂的质量分数变化来完成制冷剂循环，所以被称为吸收式制冷。

常用的吸收剂-制冷剂组合有两种：一种是溴化锂-水，通常适用于大中型中央空调；另一种是水-氨，通常适用于小型家用空调。

9.3.1　溴化锂吸收式制冷

（1）溴化锂吸收式制冷的工作原理

在溴化锂吸收式制冷中，水作为制冷剂，溴化锂作为吸收剂。

溴化锂是由碱金属元素锂（Li）和卤族元素（Br）两种元素组成，分子式LiBr，相对分子质量86.844，密度346kg/m^3（25℃时），熔点549℃，沸点1 265℃。它的一般性质跟食盐大体类似，是一种稳定的物质，在大气中不变质、不挥发、不分解、极易溶解于水，常温下是无色粒状晶体，无毒、无臭、有咸苦味。

溴化锂水溶液是由溴化锂和水这两种成分组成，它的性质跟纯水很不相同。纯水的沸点只与压力有关，而溴化锂水溶液的沸点不仅与压力有关，而且与溶液的浓度有关。

由于溴化锂本身的沸点很高，极难挥发，所以可认为溴化锂饱和溶液液面上的蒸气为纯水蒸气；在一定温度下，溴化锂溶液液面上的水蒸气饱和分压力小于纯水的饱和压力；而且，浓度越高，液面上水蒸气饱和分压力越小。所以，在相同温度的条件下，溴化锂溶液的浓度越大，其吸收水分的能力就越强。这也就是通常采用溴化锂作为吸收剂、水作为制冷剂的原因。

溴化锂吸收式制冷机主要由发生器、冷凝器、蒸发器、吸收器、换热器、循环泵等几部分组成，如图9-1所示。

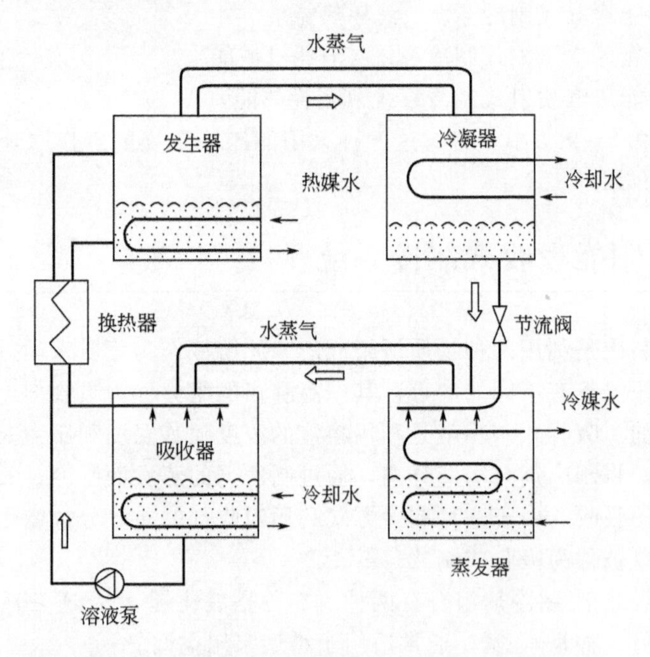

图9-1　溴化锂吸收式制冷机工作原理示意图

在溴化锂吸收式制冷机运行过程中，当溴化锂水溶液在发生器内受到热媒水的加热后，溶液中的水不断汽化；随着水的不断汽化，发生器内的溴化锂水溶液浓度不断升高，进入吸收器；水蒸气进入冷凝器，被冷凝器内的冷却水降温后凝结，成为高压低温的液态水；当冷凝器内的水通过节流阀进入蒸发器时，急速膨胀而汽化，并在汽化过程中大量吸收蒸发器内冷媒水的热量，从而达到降温制冷的目的；在此过程中，低温水蒸气进入吸收器，被吸收器内的溴化锂浓溶液吸收，溶液浓度逐步降低，再由循环泵送回发生器，完成整个循环。如此循环不息，连续制取冷量。由于溴化锂稀溶液在吸收器内已被冷却，温度较低，为了节省加热稀溶液的热量，提高整个装置的热效率，在系统中增加了一个换热器，让发生器流出的高温浓溶液与吸收器流出的低温稀溶液进行热交换，提高稀溶液进入发生器的温度。

(2) 溴化锂吸收式制冷机的主要特点

溴化锂吸收式制冷机具有以下主要优点：

① 利用热能为动力，特别是可利用低位势热能（太阳能、余热、废热等）；

② 整个机组除了功率较小的屏蔽泵之外，无其他运动部件，运转安静；

③ 以溴化锂水溶液为工质，无臭、无毒、无害，有利于满足环保的要求；

④ 制冷机在真空状态下运行，无高压爆炸危险，安全可靠；

⑤ 制冷量调节范围广，可在较宽的负荷内进行制冷量的无级调节；

⑥ 对外界条件变化的适应性强，可在一定的热媒水进口温度、冷媒水出口温度和冷却水温度范围内稳定运转。

溴化锂吸收式制冷机具有以下主要缺点：

① 溴化锂水溶液对一般金属有较强的腐蚀性，这不仅会影响机组的正常运行，而且会影响机组的寿命；

② 溴化锂吸收式制冷机的气密性要求高，即使漏进微量的空气也会影响机组的性能，这就对机组制造提出严格的要求；

③ 浓度过高或者温度过低时，溴化锂水溶液均容易形成结晶，因此防止结晶是溴化锂吸收式制冷机设计和运行中必须注意的重要问题。

(3) 溴化锂吸收式制冷机的主要附加措施

针对溴化锂吸收式制冷机存在的上述缺点，必须采取必要的措施以避免或减轻这些问题对机组的影响。

① 防腐蚀措施。为了解决这个问题，除保证机组的气密性以外，在溴化锂水溶液中加入缓蚀剂是一种有效的防腐措施。

在溶液温度不超过 120℃ 的条件下，往溶液中加入 0.3% 的铬酸锂（Li_2CrO_4）和 0.2% 的氢氧化锂（LiOH），使溶液呈碱性，保持 pH 值在 9.5～10.5 范围，这对碳钢-铜组合结构的防腐效果良好。

在溶液温度高于120℃的条件下，为防止缓蚀剂分解，应选用高温缓蚀剂。例如，在溶液中加入0.001%～0.1%的氧化铅（PbO），或加入0.2%的三氧化二锑（Sb_2O_3）与0.1%的铌酸钾（$KNbO_3$）的混合物，即使在165℃的高温条件下仍均有良好的防腐效果。

② 抽气措施。由于机组内的工作压力远低于大气压力，尽管设备密封性好，仍难免有少量空气渗入，况且因腐蚀也会经常产生一些不凝气体。所以，制冷机必须设有抽气设备，用于排除聚积在机组内的不凝气体，保证制冷机正常运行。

抽气设备通常由真空泵、阻油器、辅助吸收器等几部分组成。真空泵一般采用旋片式机械真空泵；阻油器的作用是当真空泵停车时，防止真空泵内润滑油倒流入机组内；辅助吸收器的作用是将一部分溴化锂溶液淋洒在冷的管壁上，在放热的条件下吸收所抽出气体中含有的水蒸气，使真空泵排出的只是不凝气体，以提高真空泵的抽气效果并减少制冷剂损失。

③ 防结晶措施。结晶现象一般首先发生在溶液换热器的浓溶液通路中，因为那里的溶液浓度最高、温度较低。发生结晶后，浓溶液通路被阻塞，引起吸收器的液位下降，发生器的液位上升，直至制冷机不能运行。

为了解决这个问题，一般在发生器中设有浓溶液溢流管，它不经过换热器而与吸收器的稀溶液相通。当浓溶液通路因结晶而被阻塞时，发生器的液位升高，浓溶液经溢流管直接进入吸收器。这样，不但可以保证制冷机至少在部分负荷下有效地工作，而且由于热的浓溶液在吸收器内直接与稀溶液混合，其温度较高，在通过溶液泵进入换热器时，将有助于浓溶液侧结晶现象的缓解。

9.3.2 氨-水吸收式制冷

氨-水吸收式制冷的工作原理与溴化锂-水吸收式制冷的工作原理基本相同，也是利用热能作为补偿并利用溶液的特性来完成制冷循环的。

在氨-水吸收式制冷中，氨作为制冷剂，水作为吸收剂。

在相同压力下，氨和水的汽化温度比较接近。例如，在一个物理大气压下，氨的沸点为－33.4℃，水的沸点为100℃，两者相差仅133.4℃；而溴化锂的沸点为1 265℃，水的沸点为100℃，两者相差达1 165℃。因此，在发生器中蒸发出来的氨蒸气中会带有较多的水蒸气组分。为了提高氨蒸气的浓度，就必须采用分凝和精馏设备，以提高整个制冷系统的经济性。

氨-水吸收式制冷机主要由发生器、冷凝器、蒸发器、吸收器、换热器、循环泵等几部分组成，如图9-2所示。

在氨-水吸收式制冷机运行过程中，当氨水溶液在发生器内受到热媒水的加热后，溶液中的氨不断汽化；随着氨的不断汽化，发生器内的氨水溶液浓度不断降低，进入吸收器；氨蒸气进入冷凝器，被冷凝器内的冷却水降温后凝结，成为高压低温的液态氨；当冷凝器内的液态氨通过节流阀进入蒸发器时，急速膨胀而汽化，并在汽化过程中大量吸收蒸发器内冷媒水的热量，从而达到降温制冷的目的；在此过程中，低温氨蒸气进入吸收器，被吸收器内的氨水稀溶液吸收，溶液浓度逐步升高，再由循环泵送回发生器，完成整个循环。如此周而复始地循环进行制冷。同样，由于氨水浓溶液在吸收器内已被冷却，温度较低，为了节省加热稀溶液的热量，提高整个装置的热效率，在系统中也增加一个换热器，让发生器流出的高温稀溶液与吸收器流出的低温浓溶液进行热交换，提高浓溶液进入发生器的温度。

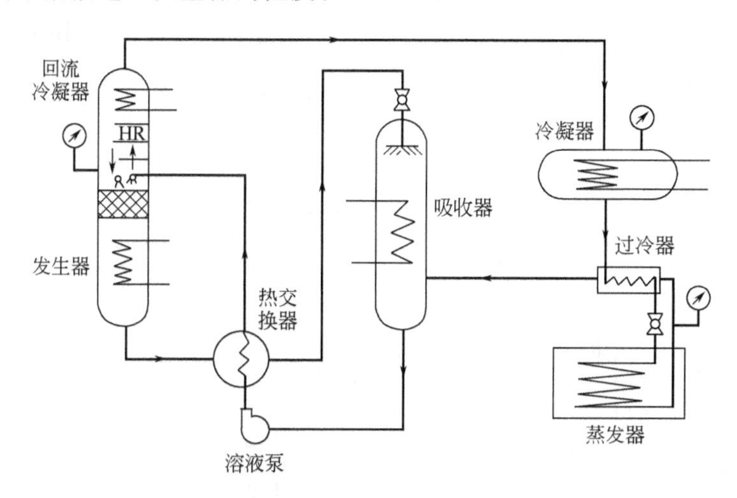

图 9-2　氨-水吸收式制冷机工作原理示意图

9.3.3　太阳能吸收式制冷的工作原理

太阳能吸收式制冷是目前各种太阳能制冷中应用最多的一种。

所谓太阳能吸收式制冷，就是利用太阳能集热器将水加热，为吸收式制冷机的发生器提供其所需要的热媒水，从而使吸收式制冷机正常运行，达到制冷的目的。

太阳能吸收式空调系统主要由太阳能集热器、吸收式制冷机、空调箱（或风机盘管）、锅炉、储水箱和自动控制系统等几部分组成。由此可见，太阳能吸收式空调系统是在常规吸收式空调系统的基础上，再增加太阳能集热器、储水箱和自动控制系统等主要部件。

用于太阳能吸收式空调系统的太阳能集热器，既可采用真空管太阳能集热器，也可采用平板型太阳能集热器。前者可以提供较高的热媒水温度，而后者只能提供较低的热媒水温度。理论分析与实验结果都已经证明，热媒水的温度越高，制冷机的性能系数（亦称 COP）就越高，这样空调系统的制冷效率也就越高。

太阳能吸收式空调系统可以实现夏季制冷、冬季采暖、全年提供生活热水等多项功能，其工作原理如图 9-3 所示。

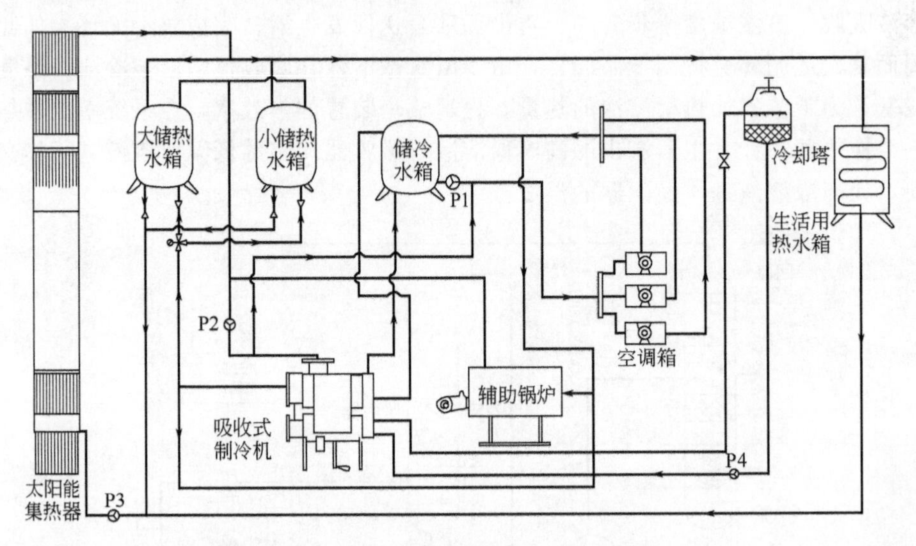

图 9-3　太阳能吸收式空调系统工作原理示意图

在夏季，被太阳能集热器加热的热水首先进入储水箱，当热水温度达到一定值时，从储水箱向吸收式制冷机提供热媒水；从吸收式制冷机流出并已降温的热水流回到储水箱，再由太阳能集热器加热成高温热水；吸收式制冷机产生的冷媒水流到空调箱（或风机盘管），以达到制冷空调的目的。当太阳能不足以提供高温的热媒水时，可由辅助锅炉补充热量。

在冬季，同样先将太阳能集热器加热的热水送入储水箱，当热水温度达到一定值时，从储水箱直接向空调箱（或风机盘管）提供热水，以达到供热采暖的目的。当太阳能不能满足要求时，也可由辅助锅炉补充热量。

在非空调采暖季节，只要将太阳能集热器加热的热水直接通向生活热水储水箱中的换热器，通过换热器就可把储水箱中的冷水逐渐加热以供使用。

正因为太阳能溴化锂吸收式制冷系统具有夏季制冷、冬季采暖、全年提供生活热水等多项功能，所以目前在世界各国应用较为广泛。日本的矢崎株式会社不仅生产大型溴化锂吸收式制冷机，而且还生产商品化多种规格的小型溴化锂吸收式制冷机，有制冷功率范围从 4.6～174kW 的系列产品。不过，由于我国目前尚未实现小型溴化锂吸收式制冷机的商品化生产，这就在一定程度上限制了太阳能吸收式空调在住宅建筑的推广应用。

9.3.4　多级太阳能吸收式制冷系统

以上介绍的溴化锂吸收式制冷机都是单级吸收式制冷，即系统只采用单级发生器，它的COP一般在0.75以下。为了进一步提高COP和减少加热功率，可以采用两级吸收式制冷，甚至三级吸收式制冷。

在两级溴化锂吸收式制冷机中，需要设置两级发生器。溴化锂水溶液在第一发生器中发生；发生后的高温溴化锂水溶液经过第一换热器和凝结水换热器，进入第二发生器；然后在第二发生器中被来自第一发生器的高温制冷剂水蒸气加热，溶液得到第二次发生；第二次发生后的溴化锂水溶液经过第二换热器，流入吸收器，与吸收器中的溶液混合组成中间溶液；由第二发生器出来的制冷剂水蒸气和由第一发生器出来并经过第二发生器后的制冷剂水蒸气一起进入冷凝器，然后继续进行如单级吸收式制冷一样的冷凝、蒸发、吸收过程。

在三级溴化锂吸收式制冷机中，则需要设置三级发生器，其工作原理跟两级溴化锂吸收式制冷机基本相类似，此处不再赘述。

图9-4示出了单级、两级和三级溴化锂吸收式制冷机COP值与热源温度的函数关系。这里假定三种溴化锂吸收式制冷机具有相同的结构尺寸及相同的运行条件（冷却水进口温度30℃，冷媒水出口温度7℃）。为了进行比较，图中还画出了相应的卡诺循环性能曲线。从图中可以看到：无论单级、两级和三级溴化锂吸收式制冷机，它们的COP值都是热源温度的函数；对于每一种吸收式制冷机，都有一个最低的热源温度，若热源温度低于该值，COP就会急剧地下降，甚至制冷机无法运行。

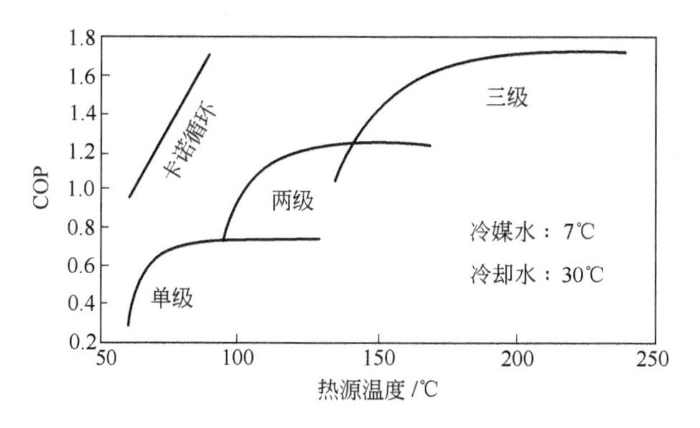

图9-4　单级、两级和三级溴化锂吸收式制冷机COP值与热源温度的函数关系

表9-1对单级、两级和三级太阳能溴化锂吸收式制冷系统进行了比较。

从表9-1可见，单级吸收式制冷机的COP为0.70左右，而两级吸收式制冷机的COP达1.20左右，三级吸收式制冷机的COP可达1.70左右。根据这三个 COP 值，可以计算出单级、两级和三级吸收式制冷机每生产 1kW 制冷功率，所需要的加热功率分别为 1.43kW、0.83kW 和 0.59kW。

表 9-1 单级、两级和三级太阳能溴化锂吸收式制冷系统的比较（每千瓦制冷功率）

类型	COP 典型值	热源温度/℃	集热器类型	所需的加热功率/kW	所需的集热器面积/m^2
单级	0.70	85	平板或真空管	1.43	7.48
两级	1.20	130	真空管/CPC	0.83	5.07
三级	1.70	220	聚光型	0.59	4.49

从表 9-1 还可看到，为了提高吸收式制冷机的 COP，必须相应地提高发生器的热源温度。对于单级、两级和三级太阳能溴化锂吸收式制冷系统，其需要的热源温度分别为 85℃、130℃和 220℃。为了提供这样的热源温度，单级吸收式制冷系统可以采用常规的平板集热器或真空管集热器，两级吸收式制冷系统需要采用带复合抛物面反射镜（CPC）的真空管集热器，而三级吸收式制冷系统则必须采用聚光型集热器。根据这三种集热器的典型热性能数据，可以估算出单级、两级和三级吸收式制冷系统每生产 1kW 制冷功率，所需的集热器面积分别为 7.48m^2、5.07m^2 和 4.49m^2。

当然，从表面上看，使用两级和三级吸收式制冷机的 COP 值提高，生产相同制冷功率所需要的加热功率降低，而且所需要的集热器面积也随之减少。但是，由于太阳能集热器的成本在太阳能吸收式制冷系统的成本中占有较大的比重，而产生较高温度的带 CPC 真空管集热器和聚光型集热器的成本都比常规平板集热器或真空管集热器的成本高很多，使两级和三级太阳能吸收式制冷系统的成本也比单级太阳能吸收式制冷系统的成本高很多。因此，降低高温太阳能集热器的成本，将为使用高 COP 吸收式制冷系统铺平道路。

9.4 太阳能吸附式制冷系统

9.4.1 连续式制冷系统和间歇式制冷系统

根据制冷系统的运行方式，一般可以分为连续式制冷系统和间歇式制冷系统两种。凡是发生-冷凝和蒸发-吸收（或吸附）两个过程同时进行的，称为连续式制冷系统；凡是发生-冷凝和蒸发-吸收（或吸附）两个过程分别在白天和夜间进行的，称为间歇式制冷系统。

9.3 节介绍的太阳能吸收式制冷系统，是将发生-冷凝和蒸发-吸收两个过程同时进行，即连续式制冷系统。本节将要介绍的太阳能吸附式制冷系统，是要将发生-冷凝和蒸发-吸附两个过程分别在白天和夜间进行，即间歇式制冷系统。

9.4.2　太阳能吸附式制冷的工作原理

9.3节介绍的太阳能吸收式制冷系统，实际上是将太阳能集热器与吸收式制冷机联合使用。本节将要介绍的太阳能吸附式制冷系统，则是将太阳能集热器与吸附器合二为一，也可以说是将太阳能系统与制冷机合二为一，结构比较简单。太阳能吸附式制冷系统多用于冰箱、冷藏箱等。

吸附式制冷是利用物质的物态变化来达到制冷的目的。用于吸附式制冷系统的吸附剂-制冷剂组合可以有不同的选择，例如：沸石-水，活性炭-甲醇等。这些物质均无毒、无害，也不会破坏大气臭氧层。

太阳能吸附式制冷系统主要由太阳能吸附集热器、冷凝器、蒸发储液器、风机盘管、冷媒水泵等部分组成，如图9-5所示。

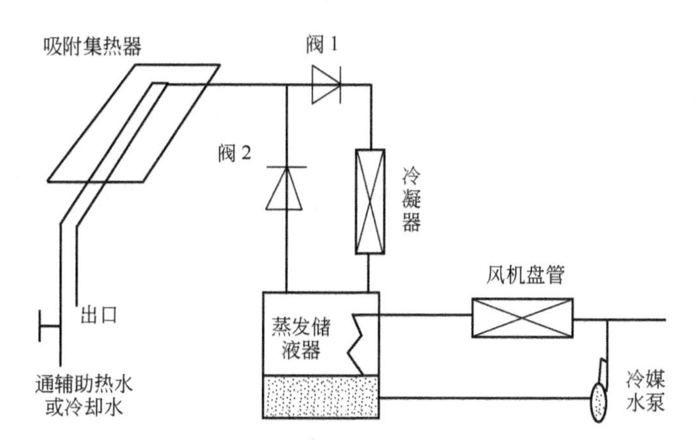

图9-5　太阳能吸附式制冷系统工作原理示意图

白天太阳辐照充足时，太阳能吸附集热器吸收太阳辐射能后，吸附床温度升高，使制冷剂从吸附剂中解吸，太阳能吸附集热器内压力升高。解吸出来的制冷剂进入冷凝器，经冷却介质（水或空气）冷却后凝结为液态，进入蒸发储液器。这样，太阳能就转化为代表制冷能力的吸附势能储备起来，实现化学吸附潜能的储存。

夜间或太阳辐照不足时，环境温度降低，太阳能吸附集热器通过自然冷却后，吸附床的温度下降，吸附剂开始吸附制冷剂，产生制冷效果。产生的冷量一部分以冷媒水的形式从风机盘管（或空调箱）输出，另一部分储存在蒸发储液器中，可在需要时根据实际情况调节制冷量。

对于太阳能吸附集热器，既可采用平板型太阳能集热器，也可采用真空管太阳能集热器。通过对太阳能吸附集热器内进行埋管的设计，可利用辅助能源加热吸附床，以使制冷系统在合理的工况下工作；另外，若在太阳能吸附集热器的埋管内通冷却水，回收吸附床的显热和吸附热，以此改善吸附效果，还可为家庭或用户提供生活用热水。当然，由于吸附床内一般为真空系统或压力系统（这要根据吸附剂-制冷剂的材料而定），因而要求有良好的密封性。

蒸发储液器除了要求满足一般蒸发器的蒸发功能以外，还要求具有一定的储液功能，这可以通过采用常规的管壳蒸发器并采取增加壳容积的方法来达到此目的。

9.5 太阳能除湿式制冷系统

从形式上看，除湿式制冷的原理跟吸附式制冷的原理似乎有些相近，都是利用吸附原理来实现降温制冷的。但是，两者毕竟是不同的。除湿式制冷是利用干燥剂（亦称为除湿剂）来吸附空气中的水蒸气以降低空气的湿度进而实现降温制冷的；而吸附式制冷则是利用吸附剂来吸附制冷剂以实现降温制冷的。

9.5.1 除湿式制冷系统的主要优点

除湿式制冷系统与传统的蒸汽压缩式制冷系统相比，具有以下显著的优点：

① 系统结构简单，无需复杂的部件；

② 节电效果好，电能性能系数很高；

③ 无需氟利昂作为制冷剂，是一种真正的环保型系统；

④ 噪声低，空气品质优良；

⑤ 在常压条件下工作。

9.5.2 除湿式制冷系统的分类

除湿式制冷系统有多种形式。按工作介质划分，可分为固体除湿系统和液体除湿系统；按制冷循环方式划分，可分为开式循环系统和闭式循环系统；按结构形式划分，可分为简单系统和复合系统。

除湿式制冷系统使用的干燥剂是具有吸水性的物质。固体干燥剂有：硅胶、分子筛、氯化锂晶体、活性炭、氧化铝凝胶等；液体干燥剂有：氯化钙水溶液、氯化锂水溶液等。

开式循环系统是通过环境空气来闭合热力循环的，被处理的空气跟干燥剂直接接触。根据系统各部件的不同位置及气流通路的不同连接，开式循环系统又可分为通风型系统、再循环型系统和 Dunkle 型系统等几种。开式除湿系统通常应用于空调，闭式除湿系统通常应用于制冷（制冰）。

在除湿式制冷系统中，除湿器可以分别采用蜂窝转轮结构（对于固体干燥剂）和填料塔结构（对于液体干燥剂）两种。

9.5.3　太阳能除湿式制冷系统的工作原理

下面简要介绍的太阳能除湿式制冷系统，是以开式再循环型系统为例，系统分别采用固体干燥剂和转轮除湿器。

太阳能除湿式制冷系统主要由太阳能集热器、转轮除湿器、转轮换热器、蒸发冷却器、再生器等几部分组成，如图 9-6 所示。

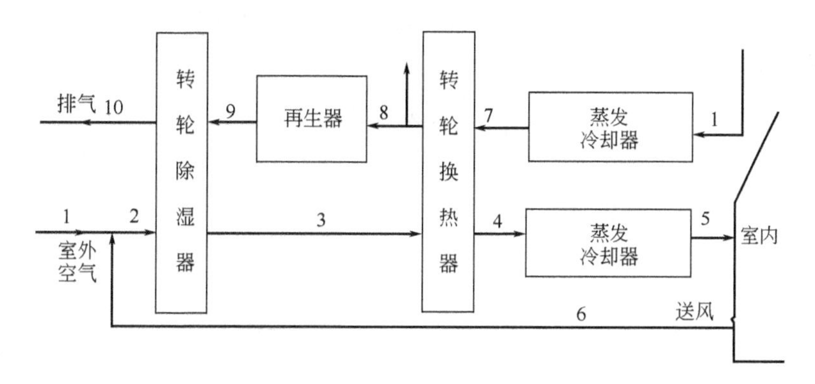

图 9-6　太阳能除湿式制冷系统工作原理示意图

蜂窝转轮结构的除湿器，通常由波纹板卷绕而成的轴向通道网组成。呈细微颗粒状的干燥剂均匀地涂布在波纹板面上，庞大的内表面积使干燥剂能与空气充分接触。转轮的迎风面可以分成工作区和再生区，它们分别与处理空气（湿空气）和再生空气（干空气）相接触，两区中间被密封隔离。转轮以大约 8r/h 的速度缓慢旋转，它的扇形迎风面连续地从工作区移动到再生区，又从再生区返回到工作区，从而使除湿过程和再生过程周而复始地进行。

太阳能除湿式制冷系统工作时，待处理的湿空气 2 进入转轮除湿器，被干燥剂绝热除湿，此时由于空气中水蒸气的潜热转化为显热，因而成为温度高于进口温度的干燥的热空气 3。干燥的热空气经过转轮换热器被冷却至状态 4，再经过蒸发冷却器进一步冷却到要求的状态 5，然后送入室内，使室内达到降温制冷的目的。

室外空气 1 经过蒸发冷却器后被冷却至状态 7，再进入转轮换热器去冷却干燥的热空气，同时自身又达到预热状态 8。此空气在再生器内被加热到需要的再生温度 9，然后进入转轮除湿器，使干燥剂得以再生。干燥剂中的水分释放到再生气流里，此湿热的空气 10 最终排放到大气中去。

太阳能集热器可为再生器提供热源，使吸湿后的干燥剂得以加热进行再生。太阳能除湿式制冷系统既可以采用平板型太阳能集热器，也可以采用真空管太阳能集热器。

9.6 太阳能蒸汽压缩式制冷系统

9.6.1 蒸汽压缩式制冷的工作原理

蒸汽压缩式制冷是一种传统的制冷方式。蒸汽压缩式制冷机主要由压缩机、冷凝器、节流阀、蒸发器等几部分组成，各部分之间用管道连接成一个封闭系统，如图 9-7 所示。

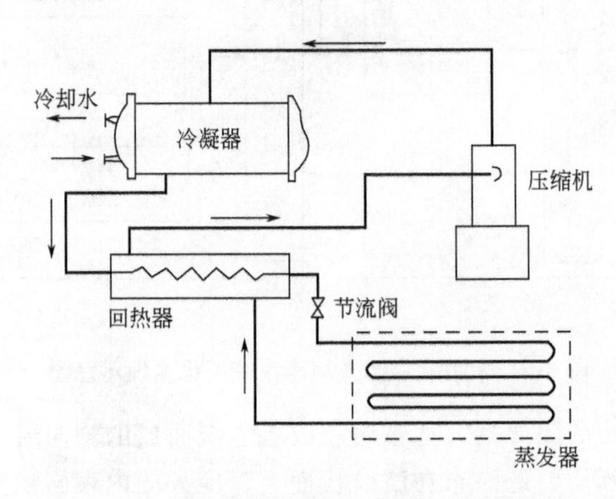

图 9-7 蒸汽压缩式制冷机工作原理示意图

当蒸汽压缩式制冷机工作时，压缩机将蒸发器所产生的低压（低温）制冷剂蒸气吸入压缩机汽缸内，经压缩后，制冷剂蒸气压力升高（温度也升高）到稍大于冷凝压力，然后再将高压制冷剂蒸气排至冷凝器。在冷凝器内，温度和压力较高的制冷剂蒸气与温度较低的冷却介质（水或空气）进行热交换而冷凝成液体。这部分液体经节流阀节流降压（同时降温）后进入蒸发器，在蒸发器内吸收待冷却物体的热量而汽化。这样，待冷却物体便得到冷却，从而实现了制冷的目的。蒸发器所产生的制冷剂蒸气又被压缩机吸走。因此，制冷剂在系统中经过压缩、冷凝、节流、汽化这样四个过程，完成一个制冷循环。如果循环不断进行，便实现连续制冷。

蒸汽压缩式制冷机常用的制冷剂有氨、氟利昂以及氟利昂的混合物等。对制冷剂的基本要求包括：在大气压力下，制冷剂的蒸发温度低；在蒸发器内，制冷剂的压力稍高于大气压力；制冷剂的单位容积制冷能力尽可能大；制冷剂的临界温度高，凝固温度低等。

制冷压缩机的形式很多，根据它的工作原理可以把它分为容积式制冷压缩机和离心式制冷压缩机两大类。

容积式制冷压缩机是靠改变压缩机工作腔的容积周期性地吸入、压缩来输送制冷剂蒸气的。它又有活塞式、螺杆式、滑片式、滚动转子式等几种形式。

离心式制冷压缩机是靠离心力的作用来吸入、压缩和输送制冷剂蒸气的。由于它的结构跟蒸汽透平类似，故而又称为透平式制冷压缩机。

9.6.2　太阳能蒸汽压缩式制冷的工作原理

如果说，常规的蒸汽压缩式制冷机中的压缩机是由电机驱动的，蒸汽压缩式制冷系统中的压缩机是由热机驱动的。

太阳能蒸汽压缩式制冷系统主要由太阳能集热器、蒸汽轮机和蒸汽压缩式制冷机等三大部分组成，它们分别依照太阳能集热器循环、热机循环和蒸汽压缩式制冷机循环的规律运行，如图9-8所示。

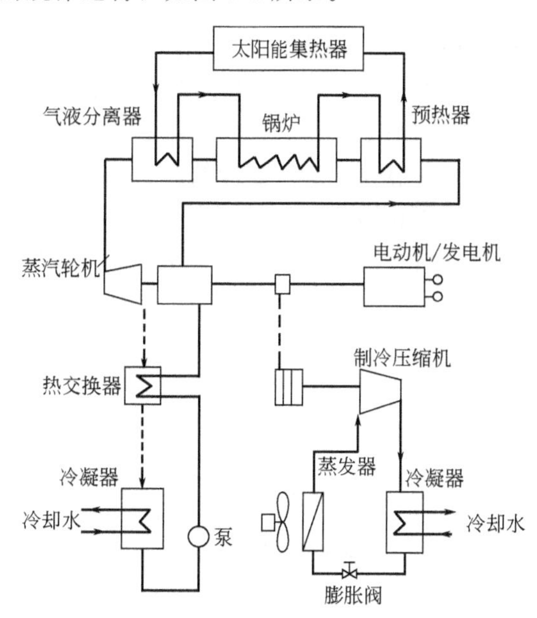

图9-8　太阳能蒸汽压缩式制冷系统工作原理示意图

太阳能集热器循环由太阳能集热器、汽液分离器、锅炉、预热器等几部分组成。在太阳能集热器循环中，水或其他工质首先被太阳能集热器加热至高温状态，然后依次通过气液分离器、锅炉、预热器，在这些设备中先后几次放热，温度逐步降低，水或其他工质最后又进入太阳能集热器再进行加热。如此周而复始，使太阳能集热器成为热机循环的热源。

热机循环由蒸汽轮机、热交换器、冷凝器、泵等几部分组成。在热机循环中，低沸点工质从气液分离器出来时，压力和温度升高，成为高压蒸汽，推动蒸汽轮机旋转而对外做功，然后进入热交换器被冷却，再通过冷凝器而被冷凝成液体。该液态的低沸点工质又先后通过预热器、锅炉、气液分离器，再次被加热成高压蒸汽。由此可见，热机循环是一个消耗热能而对外做功的过程。

蒸汽压缩式制冷机循环由制冷压缩机、蒸发器、冷凝器、膨胀阀等几部分组成。在蒸汽压缩式制冷机循环中，蒸汽轮机的旋转带动了制冷压缩机的旋转，然后再经过上述蒸汽压缩式制冷机中的压缩、冷凝、节流、汽化等过程，完成制冷机循环。在蒸发器外侧流过的空气被蒸发器吸收其热量，从较热的空气变为较冷的空气，这较冷的空气被送入房间内从而达到降温空调的效果。

9.7 太阳能蒸汽喷射式制冷系统

9.7.1 蒸汽喷射式制冷的工作原理

9.6 节已经介绍了蒸汽压缩式制冷，本节将要介绍的蒸汽喷射式制冷则与之不同。前者是通过消耗机械能作为补偿来实现制冷的，而后者是利用具有一定压力的蒸汽消耗热能作为补偿来实现制冷的。

蒸汽喷射式制冷机主要由蒸汽喷射器、蒸发器、冷凝器等几部分组成，如图 9-9 所示。其中，蒸汽喷射器又包括喷嘴、吸入室、混合室、喉部和扩压室等部分，如图 9-10 所示。

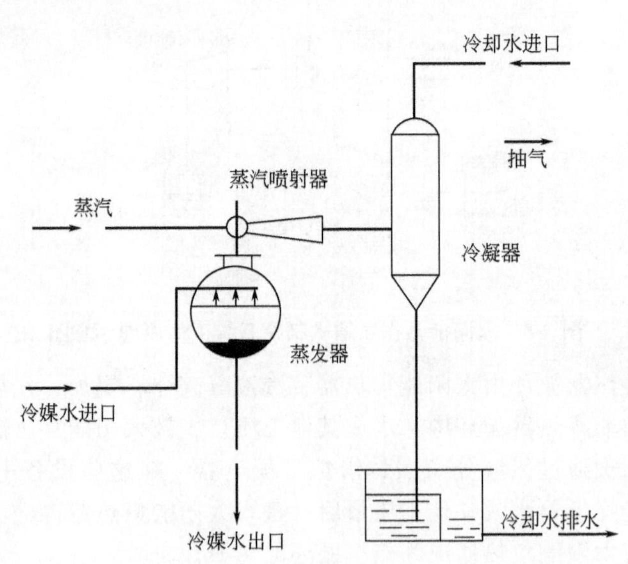

图 9-9 蒸汽喷射式制冷的工作原理示意图

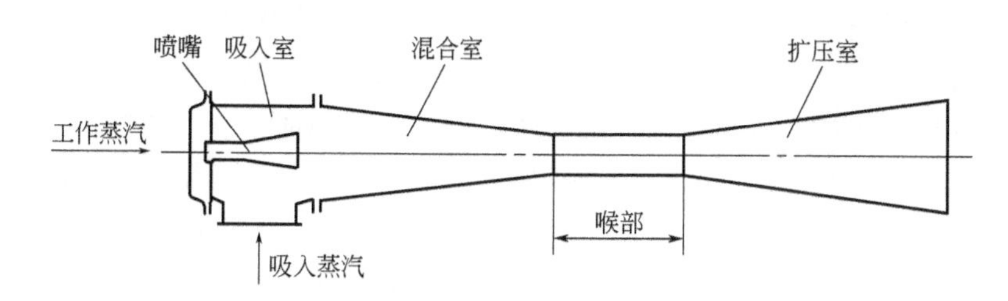

图 9-10　蒸汽喷射器结构示意图

当蒸汽喷射式制冷机工作时，一定压力（通常为 0.4～0.8MPa）的蒸汽通过蒸汽喷射器的喷嘴，在喷嘴出口处得到很高的流速（通常为 1 000～1 200m/s），并降低到很低的压力，于是便将蒸发器抽成一定的低压。循环水泵将制冷系统的空调回水送入蒸发器后，进行喷淋。在蒸发器中，部分空调回水在低压下蒸发成水蒸气。这部分水在汽化时，从未汽化的水中吸收热量，从而使那部分未汽化的水的温度降低，成为空调的冷媒水。冷媒水流过空调箱（或风机盘管），使周围空气的温度降低，进入房间后就达到降温空调的效果。

由于蒸发器中的蒸汽连续地被蒸汽喷射器抽走，使蒸发器始终保持一定的真空，这样就使空调回水在蒸发器中不断地蒸发而得到冷却。

蒸汽喷射器将从蒸发器抽来的蒸汽送入喷射器的混合室，在混合室与工作蒸汽混合。混合蒸汽进入喷射器的扩压室后，速度降低，压力升高，使混合蒸汽的动能变成势能，然后进入冷凝器。混合蒸汽被冷却水冷凝后成为液体，从冷凝器的底部排入冷却水池。

9.7.2　太阳能蒸汽喷射式制冷的工作原理

太阳能蒸汽喷射式制冷系统主要由太阳能集热器和蒸汽喷射式制冷机两大部分组成，如图 9-11 所示。它们分别依照太阳能集热器循环和蒸汽喷射式制冷机循环的规律运行。

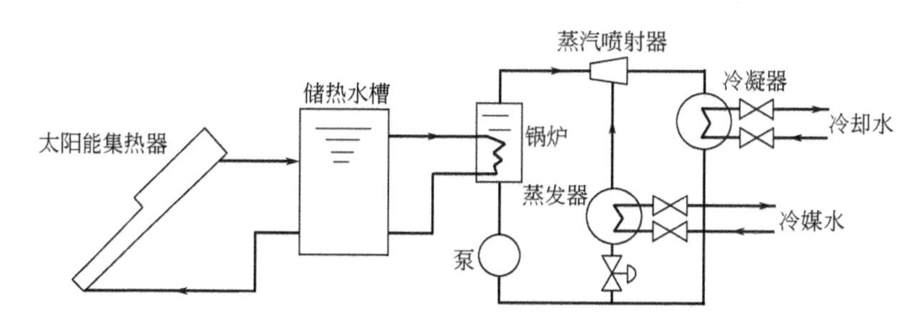

图 9-11　太阳能蒸汽喷射式制冷系统工作原理示意图

太阳能集热器循环由太阳能集热器、锅炉、储热水槽等几部分组成。在太阳能集热器循环中，水或其他工质先后被太阳能集热器和锅炉加热，温度升高，然后再去加热低沸点工质至高压状态。低沸点工质的高压蒸气进入蒸汽喷射式制冷机后放热，温度迅速降低，然后又回到太阳能集热器和锅炉再进行加热。如此周而复始，使太阳能集热器成为蒸汽喷射式制冷机循环的热源。

蒸汽喷射式制冷机循环由蒸汽喷射器、冷凝器、蒸发器、泵等几部分组成。在蒸汽喷射式制冷机循环中，低沸点工质的高压蒸气通过蒸汽喷射器的喷嘴，因流出速度高、压力低，就吸引蒸发器内生成的低压蒸汽，进入混合室。此混合蒸汽流经扩压室后，速度降低，压力增加，然后进入冷凝器被冷凝成液体。该液态的低沸点工质在蒸发器内蒸发，吸收冷媒水的热量，从而达到制冷的目的。

9.8 中国太阳能空调系统实例简介

为要将太阳能空调技术付诸实际应用，根据“九五”国家科技攻关计划任务的要求，北京市太阳能研究所和中国科学院广州能源研究所，曾于20世纪末分别在中国北方和南方各建成一套太阳能空调示范系统。现将两套太阳能空调示范系统的情况简要介绍如下。

9.8.1 中国北方地区太阳能空调示范系统

(1) 安装地点概况

北京市太阳能研究所于1999年9月在山东省乳山市建成一套大型太阳能空调及供热综合示范系统，见彩图10。

乳山市位于山东半岛的东南端，北接烟台，西临青岛，南濒黄海。该地区有较好的太阳能资源，年平均日太阳辐照量为17.3MJ/m^2。当地夏季最高气温33.1℃，冬季最低气温−7.8℃，夏季和冬季分别有制冷和采暖的要求，因此是安装太阳能空调系统的合适地点。

乳山市银滩旅游度假区利用本地区自然条件，大力发展旅游事业，正在筹建“中国新能源科普公园”。科普公园计划建造包括风能馆、太阳能馆等在内的8个馆、厅。太阳能空调系统就建在科普公园内的太阳能馆。

在装有太阳能空调系统的太阳能馆全面建成后，人们不仅可以参观到太阳能科普展品，增长太阳能科普知识，而且可以了解到最新的太阳能技术，并且在参观和娱乐的同时亲身感受到太阳能空调和采暖的舒适环境。

(2) 主要技术性能

太阳能空调及供热综合示范系统经过冬、春、夏三季的运行和测试，达到如下主要技术性能：

制冷、供热功率	100kW
空调、采暖面积	1 000m^2
热水供应量（非空调采暖季节）	32m^3/d
太阳能集热器	
类型	热管式真空管集热器
采光面积	540m^2
平均日效率	35%～40%（空调、采暖时） 51%（提供热水时）
制冷机	
类型	单级溴化锂吸收式
热媒水温度	88℃
冷媒水温度	8℃
性能系数（COP）	0.70

（3）系统组成

太阳能空调及供热综合系统主要由热管式真空管集热器、溴化锂吸收式制冷机、储热水箱、储冷水箱、生活用热水箱、循环水泵、冷却塔、空调箱、辅助燃油锅炉和自动控制系统等几部分组成，如图9-12所示。

（4）系统设计

① 太阳能与建筑结合。鉴于太阳能空调示范系统是用于科普公园内的太阳能馆，因而在系统设计中，就要充分体现太阳能馆的特色，使太阳能与建筑融为一体，建筑设计不但要造型美观、新颖别致，而且还要满足太阳能集热器安装的要求。

如彩图10所示，新建筑物的南立面采用大斜屋面结构，倾角35°。太阳能空调系统所需要的大部分集热器都安装在朝南的大斜屋面上，集热器与建筑物相得益彰。

② 热管式真空管集热器。由北京市太阳能研究所研制成功的热管式真空管集热器具有热效率高、耐冰冻、启动快、保温好、承压高、耐热冲击、运行可靠、维修方便等诸多优点，是组成高性能太阳能空调系统的重要部件。

为了使真空管集热器一天内接收到更多的太阳辐射能，该系统真空管采用了半圆弧状的弯曲吸热板。经国际上权威的瑞士太阳能技术研究所（SPF）检测，这种具有弯曲吸热板的热管式真空管集热器的瞬时效率方程为

$$\eta=0.7356-1.78\frac{T_m-T_a}{G_k}-0.013G_k\left(\frac{T_m-T_a}{G_k}\right)^2$$

另外，这种集热器的入射角修正系数也明显优于平面吸热板，从而使弯曲吸热板真空管集热器的全天得热量比平面吸热板真空管集热器提高10%以上。

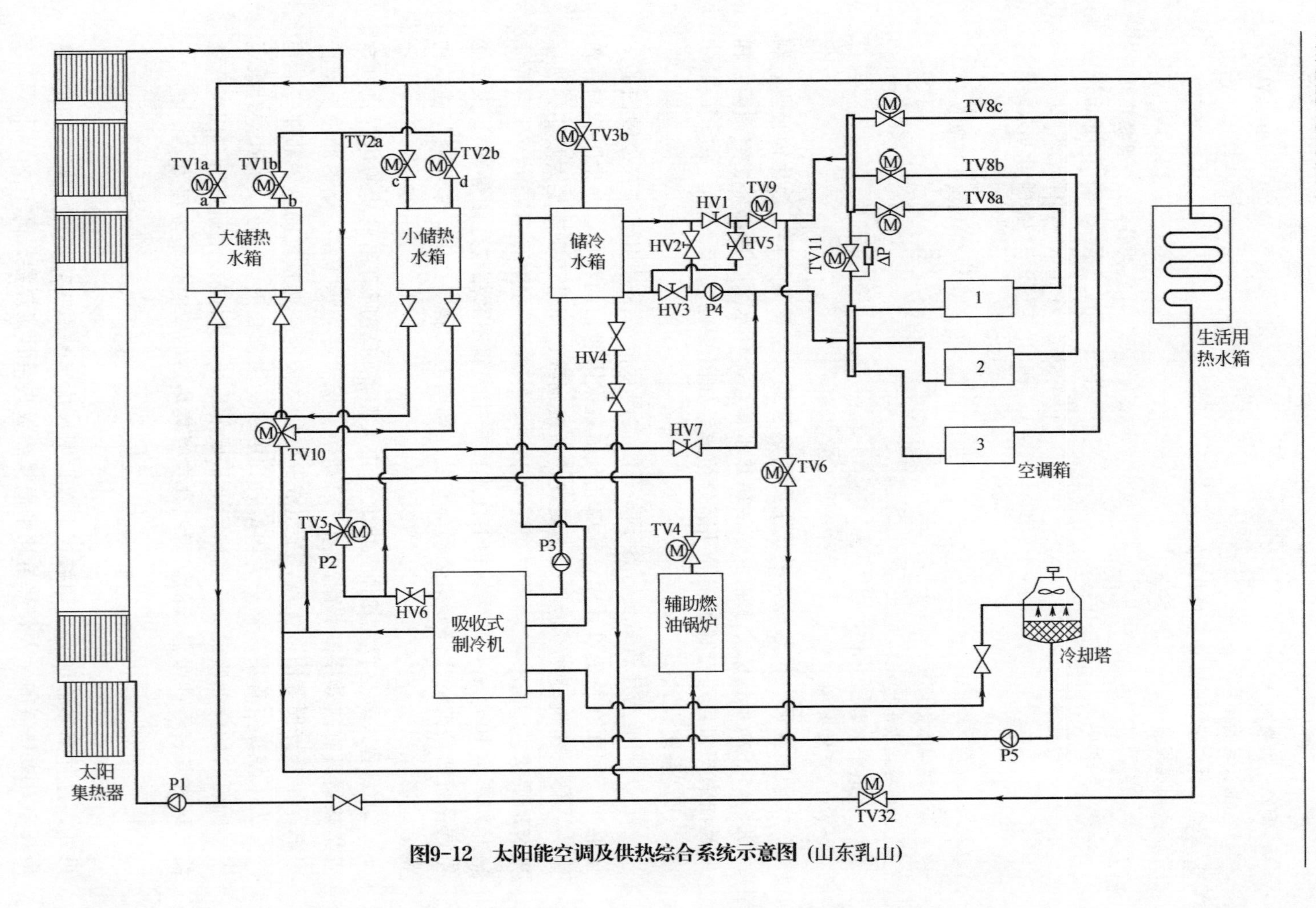

图9-12 太阳能空调及供热综合系统示意图（山东乳山）

该系统的集热器阵列由2 160支热管式真空管组成，总采光面积540m^2，总吸热体面积364m^2。这些真空管集热器按9排布置，其中7排布置在大斜屋面上，2排布置在楼顶平面上。为了减少流动阻力，集热器阵列采取了前4排并联，后5排并联，然后两部分再串联起来。

③ 储热水箱。为了保证系统运行的稳定性，使制冷机的进口热水温度不受太阳辐照瞬时变化的直接影响，太阳能集热器出口的热水首先进入储热水箱，再由储热水箱向制冷机供热。此外，储热水箱还可以把太阳辐射能高峰时暂时用不了的能量以热水的形式储存起来以备后用。

该系统与一般太阳能空调系统的不同之处在于设置了大、小两个储热水箱。大储热水箱容积为8m^3，主要用来储存多余的热能；小储热水箱容积为4m^3，主要用来保证系统的快速启动，使每天早晨经集热器加热的热水温度，在夏季尽快达到制冷机所需要的运行温度，在冬季尽快达到采暖所需要的工作温度。

另外，储热水箱的内部结构也进行了特殊设计，使其产生明显的温度分层，以便最大限度地利用高温热水，同时也加快了空调系统的启动速度。

④ 储冷水箱。储冷水箱是根据对建筑物供冷的特点而设置的。尽管储热水箱可以储存能量，但它的能力毕竟是有限的。将制冷机产出的低温冷媒水储存在容积为6m^3的储冷水箱内，可以更多地储存能量，而且低温冷水利用起来也比较方便。

设置储冷水箱还有一个更重要的原因。制冷机的热媒水进口温度是88℃左右，冷媒水出口温度是8℃左右。假设夏天的环境温度是30℃，则储热水箱中热水温度与环境温度的温差为58℃，明显大于环境温度与储冷水箱中冷水温度的温差22℃。这就是说，将接收到的多余太阳辐射能产生冷水储存在储冷水箱中，其热损失要比以热水形式储存在储热水箱中低得多。

⑤ 辅助燃油锅炉。太阳能系统的运行不可避免地要受到气候条件的影响。为了保证系统可以全天候发挥空调、采暖功能，辅助的常规能源系统是必不可少的。燃油（或燃气）锅炉具有启动快、污染小、便于自动控制等优点，因而该系统采用了辅助燃油热水锅炉，在白天太阳辐照量不足或夜间需要继续用冷或用热时，即可通过控制系统自动启动燃油锅炉，以确保系统持续、稳定地运行。

⑥ 自动控制系统。该系统旨在用太阳能部分地替代常规能源以达到空调、采暖及提供生活热水的目的，因此太阳能系统的启动、富余太阳能的储存以及太阳能与常规能源之间的切换等都显得尤为重要，而这些功能必须由一套安全可靠、功能齐全的自动控制系统来完成。

另外，自动控制系统还可解决太阳能系统的防过热和防冻结问题。夏季，当储热水箱内的水温达到94℃且储冷水箱内的水温也达到7℃时，控制系统就会自动切换相应的阀门，让热水流经生活用热水箱中的换热器，以降低太阳能系统的温度。冬季，当太阳能系统管路最低温度处的温度达到4℃时，控制系统就会自动开启循环水泵一定时间，使储热水箱中的热水流入管路，从而避免管路冻结。

为太阳能空调系统专门设计的自动控制系统由传感器、电动阀、网络控制模块和操作工作台等几部分组成。

(5) 系统性能

系统的性能测试是按不同的季节进行的：冬季测试在1999年1～3月，过渡季节测试在1999年5月，夏季测试在1999年6～8月。

① 制冷性能。根据定义，太阳能集热器的平均日效率是：在白天一定时间范围内，集热器累积的热量与同一时间范围内投射在集热器上累积太阳辐照量之比。测试结果表明，该系统采用的太阳能集热器的平均日效率在40%左右。

测试结果还表明，该系统在没有辅助加热的情况下，可以提供100kW左右的制冷功率。

在测试过程中已经发现，制冷机的COP随着制冷机进口热水温度和流量的变化而变化。测试结果表明，在单纯利用太阳能的情况下，该系统COP变化范围为0.50～0.71。

系统的制冷效率可定义为：在一定时间范围内的系统制冷量与同一时间范围内的累积太阳辐照量之比。测试结果表明，该系统的制冷效率较高，这是因为热管式真空管集热器在较高工作温度时仍具有较高的热效率，而且较高的热水温度又能保证制冷机较高的COP。

表9-2将若干天5个参数的测量结果进行了汇总。

表9-2 累积太阳辐照量、集热器得热量和平均日效率、系统制冷量和制冷效率

日期	累积太阳辐照量/MJ	集热器得热量/MJ	集热器平均日效率/%	系统制冷量/MJ	系统制冷效率/%
1999年6月25日	7 389.2	3 264.9	44.2	1 625.6	22.0
1999年9月14日	3 019.2	1 242.8	41.2	695.9	23.0
1999年9月15日	6 489.4	2 620.1	40.4	1 440.5	22.2
1999年9月16日	7 081.3	2 832.5	40.0	1 777.4	25.1
1999年9月24日	4 521.9	1 853.6	41.0	1 141.6	25.2

夏季测试结果表明，由于设置了大、小两个储热水箱，小储热水箱的上层

温度在早晨 9:15 就能达到 88℃，满足制冷机的要求。而且在 9:20 开始用热之后，即使返回的热水使下层水温立即降低了 3℃，而上层水温仍保持不变。

② 采暖性能。在冬季，由于环境温度比较低，而太阳能集热器的工作温度又比较高（约 60℃），因而集热器的热损失相对来说比较大，这也就使得集热器平均日效率比夏季要低一些。表 9-3 列出了几天 4 个参数的测试结果。从表中可以看出，集热器平均日效率一般维持在 33%左右，最高可达 35%。

表 9-3　累积太阳辐照量、集热器得热量和平均日效率、白天最低环境温度

日　期	累积太阳辐照量/MJ	集热器得热量/MJ	集热器平均日效率/%	白天最低环境温度/℃
1999 年 1 月 15 日	5 973.2	1 859.9	31.1	−2.9
1999 年 1 月 16 日	5 799.5	1 840.7	31.7	−2.1
1999 年 2 月 25 日	2 857.4	953.3	33.4	4.8
1999 年 2 月 26 日	3 549.0	1 251.7	35.3	7.2
1999 年 2 月 27 日	8 899.8	2 966.6	33.3	0.5
1999 年 3 月 1 日	6 235.3	2 175.3	34.9	6.9

冬季测试结果同样表明，小储热水箱的升温也很快，在早晨 9:30 之前就可以达到 55℃左右，以满足采暖的要求。

③ 供热水性能。该系统过渡季节的功能比较简单——用太阳能加热生活热水，所以它的测试也比较简单——只需要测出生活用热水箱内的温升，就可以计算出系统的平均日效率。

据初步测算，该系统在太阳辐照较好的条件下，每天可以产生 45℃生活热水 30t 左右。但是，一方面考虑到 $30m^3$ 水箱的体积太大，与建筑物不协调；另一方面考虑到用户可能在上午就要用热水，所以该系统采用了一个 $10m^3$ 的生活用热水箱。

1999 年 5 月 25 日进行了供热水性能测试。早晨 8:00 生活用热水箱内的平均水温为 19.2℃，至 10:30 就加热到了 44.2℃，已经是适合于使用的温度。表 9-4 详细地记录了这天上午生活用热水箱内温度和累积太阳辐照量的情况。

从表 9-4 可见，截止到上午 10:30，单位面积上累积太阳辐照量为 $5.83MJ/m^2$，集热器阵列的累积太阳辐照量为 2 122.1MJ，生活用热水箱累积的热量为 1 089.6MJ，所以集热器平均日效率就是 51.3%。再根据以上这些数据推算出，该系统全天可以提供温度 45℃左右的生活热水 $32m^3$。

测试结果表明，该系统完全具备夏季空调、冬季采暖、过滤季节提供生活热水的能力。

表 9-4 生活用热水箱内温度变化和累积太阳辐照量

（1999 年 5 月 25 日）

时 间	生活水箱内温度/℃				累积太阳辐照量/(MJ/m²)
	上层	中层	下层	平均	
8:00	19.8	19.5	16.4	19.2	0.00
8:30	25.6	24.3	21.8	23.9	0.94
9:00	30.3	29.3	26.6	29.7	1.94
9:30	35.1	34.2	31.7	33.7	3.02
10:00	40.1	39.2	36.8	39.7	4.31
10:30	45.7	44.7	42.2	44.2	5.83

（6）系统设计特点

综上所述，该系统设计具有如下一些特点。

① 太阳能与建筑有机地结合。整个太阳能馆的总体设计既使得建筑物造型美观、新颖别致，又能满足集热器安装的要求。依据这个原则，建筑物的南立面采用大斜屋顶结构，一则斜面的面积比平面大得多，可以布置更多的集热器；二则在斜面上布置集热器时无需考虑前后遮挡问题，而且造型也非常美观。斜屋顶倾角取 35°，与当地纬度接近，有利于集热器充分发挥作用。

② 热管式真空管集热器提高了制冷和采暖效率。热管式真空管集热器具有效率高、耐冰冻、启动快、保温好、承压高、耐热冲击、运行可靠等诸多优点，是组成高性能太阳能空调系统的重要部件。热管式真空管集热器可为高 COP 的溴化锂制冷机提供 88℃的热媒水，从而提高了整个系统的制冷效率；这种集热器还可在北方寒冷的冬季有效地工作，保证系统为建筑物提供充足的暖气。

③ 大小两个储热水箱加快了每天制冷或采暖进程。根据一天内太阳辐照度变化的固有特点，储热水箱不仅可以使系统稳定运行，还可以把太阳辐照高峰时的多余能量以热水形式储存起来。该系统与一般太阳能空调系统的不同之处在于设置了大、小两个储热水箱。小储热水箱主要用于保证系统的快速启动。测试结果表明，在夏季和冬季晴天的早晨，小储热水箱内水温就能分别达到 88℃和 60℃，从而满足制冷和供暖的要求。

④ 专设的储冷水箱降低了系统的热量损失。尽管储热水箱可以储存能量，但它的能力毕竟是有限的。该系统专门设计了一个储冷水箱。在白天太阳辐照充裕的情况下，可以将制冷机产生的冷媒水储存在储冷水箱内，其优点在于这种情况下的系统热量损失显然要比以热媒水形式储存在储热水箱中低得多，因

为夏季环境温度与冷媒水温度之间的温差要明显小于热媒水温度与环境温度之间的温差。

⑤ 配套的辅助锅炉使系统可以全天候运行。所有太阳能系统的运行都不可避免地要受到气候条件的影响。为使系统可以全天候发挥空调、采暖功能，辅助的常规能源是必不可少的。该太阳能空调系统选用了辅助燃油热水锅炉，在白天太阳辐照量不足以及夜间需要继续用冷或用热时，可随即启动辅助锅炉，确保系统持续稳定地运行。

⑥ 系统运行及各工况之间切换均能自动控制。在利用太阳能部分地替代常规能源的系统中，系统启动、能量储存以及太阳能与常规能源之间切换等功能的自动化都显得尤为重要；另外，该系统设置了几个储水箱，如何在不同的工况下自动启用不同的水箱，走不同的管路，也是系统正常运行的关键；再则，太阳能系统还必须可靠地解决自动防过热和防冻结的问题。因此，该系统设计了一套安全可靠、功能齐全的自动控制系统。

9.8.2　中国南方地区太阳能空调示范系统

（1）应用对象

中国科学院广州能源研究所于 1998 年 6 月在广东省江门市建成一套大型太阳能空调热水示范系统。太阳能空调系统建造在一栋 24 层综合大楼上，该大楼是一座多功能综合性商用、办公大楼，有写字楼、营业厅、招待所、运动娱乐场所、培训中心等。利用太阳能全年提供大楼每天所需的大量的生活用热水，除此之外，还在夏天以太阳能热水制冷，提供其中一层空调。

（2）系统简介

该太阳能空调热水系统如图 9-13 所示。

以平板集热器收集太阳能产生热水，分别储存在制冷及生活热水水箱中。运行中，优先把太阳能输入制冷用热水箱，其温度比生活热水要高。采用一台 100kW 的两级吸收式制冷机，以太阳能热水作为能源输入制冷机制冷。采取中央空调的方式，制取的 9℃左右的冷媒水送到用户的风机盘管，然后返回冷媒水箱。当天气不好、水温不足时，用一台燃油热水炉辅助加热，保证系统能全天候运行。生活热水则直接输送到用户。系统全自动采集数据和控制运行。

（3）主要技术特点

① 太阳能集热器。为了保证平板集热器能满足制冷空调的要求，又不失其简单价廉的特点，通过研究、试验，采取了一些简易而有效的技术改进措施。其中最主要的是增加一块能耐较高温度的透明隔热板，通过抑制自然对流减少表面的热损失。试验及目前使用的结果证明，这种集热器的热性能确实很好。它保证了在太阳辐射强的时候，能持续提供制冷机制冷用的热水；在太阳

辐射较弱的时候，也可以产生足够的生活用热水。

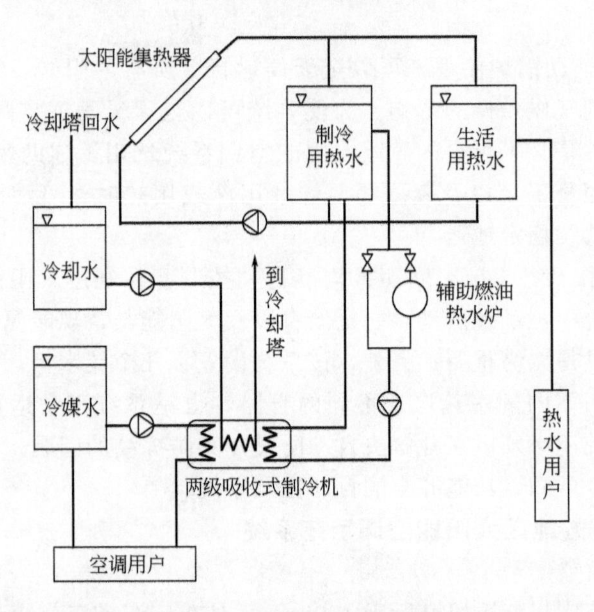

图 9-13　太阳能空调热水系统示意图（广东江门）

② 制冷机。制冷机采用一种两级溴化锂吸收式制冷机。该制冷机的一个重要特点是驱动热源温度低，只需要 65～75℃，适应温度范围广，在 60℃的情况下仍能以较高的制冷能力稳定地运行；另一个特点是热水的利用温差大，达 12～17℃。市场上普通的单级溴化锂吸收式制冷机的热源温度一般要求 88℃以上，热水利用温差只有 6～8℃。

③ 自动控制系统。自动控制系统采用先进的可编程控制器（PLC）及工业控制微机。

（4）主要技术参数

太阳能集热系统

集热器	高效平板集热器
集热面积	500m^2
日供生活热水	30m^3
热水温度	55～60℃（供生活用热水）
	65～75℃（供制冷机热源热水）

制冷系统

制冷机	两级溴化锂吸收式制冷机
制冷能力	100kW
热源温度	75℃

冷媒水温度　9℃

供空调用户面积　600m^2

辅助能源系统　燃油热水炉

自动控制系统　可编程控制器及工业控制微机

(5) 系统运行情况

太阳能空调热水系统于1998年6月正式投入使用。系统初步运行调试结果令人满意。

① 太阳能集热器系统效率高。在2、3月份太阳辐射很弱的阴天，也可以满足生活热水的要求（高于45℃），很少需要燃油炉辅助加热。4月份开始供空调，在太阳辐射并不特别强的天气下，也很容易满足制冷机热源水温要求。

② 制冷机初步调试结果表明，各项指标均超过设计要求。制冷能力可达112kW（设计为100kW），冷媒水可低至6℃（设计工况为9℃），热源水温在60～65℃仍能很稳定地制冷（设计为75℃），COP初步测算可大于0.4。1998年4月9日正式向办公楼试供冷。供冷运行结果表明，可以满足一层（面积超过600m^2）办公室和会议室的空调需要。

表9-5列出的是几个有代表性的运行工况数据。

表9-5　制冷机运行数据

日期	时间	热媒水		冷媒水			冷却水		COP测算值
		进口温度/℃	出口温度/℃	进口温度/℃	出口温度/℃	制冷量/kW	进口温度/℃	出口温度/℃	
4月29日	13:00	62.0	51.9	11.1	6.8	81.8	29.2	32.9	0.453
5月4日	12:00	69.1	55.7	15.5	10.1	102.8	29.6	35.7	0.434
5月4日	15:30	69.6	56.0	13.5	9.7	91.3	30.1	35.8	0.410
5月5日	13:00	69.1	56.9	12.0	7.5	86.6	29.6	35.1	0.397
5月6日	10:00	62.6	52.2	14.4	10.1	81.8	29.1	33.9	0.440
5月7日	11:30	70.8	56.8	15.1	9.5	106.5	29.2	35.7	0.426
5月8日	11:00	66.4	54.1	17.3	12.0	100.8	29.9	35.5	0.458
5月8日	15:30	73.6	59.7	14.5	9.8	109.4	30.6	36.9	0.437

从表9-5数据可见，制冷机的驱动温度低，设计热源温度为75℃，实际运行在65～75℃范围内都能达到设计要求；热源温度低至60℃左右时，仍有较高的制冷能力；热源热水利用温差大，可高达15℃；制冷能力可超过设计指标；冷媒水温度可低至6～7℃，性能系数（COP）较高。

该大楼中央空调的冷水机组投入使用以后，太阳能空调系统节能效果突出。大楼的某些部门，如计算机室、控制室、档案室等需要昼夜不停地开空调，一些办公室、会议室在假日和晚上也需要开空调。这些局部的需要功率都不大，但如果开动中央空调的冷水机组，每小时耗电的费用就要过千元。利用太阳能空调系统正好解决问题。白天开动太阳能制冷机组，把7℃左右的冷媒水储存起来，当需要的时候直接以冷媒水供空调，其效果相当于节省了中央空调的耗能。由此可见，虽然目前太阳能空调还不能取代常规空调，但其节能、省电的优势显示了它的存在价值，而且也能够解决实际问题。

9.9 太阳能空调技术经济分析

正如9.1节中提到，虽然太阳能空调可以显著减少常规能源的消耗，大幅度降低运行费用，但由于太阳能集热器在整个太阳能空调系统成本中占有较高的比例，造成太阳能空调系统的初始投资偏高，更何况空调在全年的应用时间一般都只有几个月，因此从这个意义上说，单纯的太阳能空调系统显然是不经济的。

然而，一些太阳能空调系统（譬如太阳能吸收式空调系统）除了可以夏季提供制冷空调以外，还可以冬季提供采暖以及全年提供生活热水。换句话说，同一套太阳能系统可以兼有空调、采暖和热水等多项功能，这就大大提高了太阳能系统的利用率，因此从这个意义上说，太阳能空调系统也可以具有较好的经济性。

下面，以北京市太阳能研究所建立的太阳能吸收式空调及供热综合系统为例，对太阳能空调供热综合系统的经济性做一些粗略的分析。该系统的制冷、供热功率为100kW，空调、采暖建筑面积为1 000m^2，热水供应量（非空调采暖季节）为32m^3/天，使用的热管式真空管太阳能集热器为540m^2。

9.9.1 太阳能综合系统与常规能源系统的设备比较

一套常规能源吸收式空调供热综合系统通常主要由锅炉、交换罐、制冷机、空调箱、通风道、生活用热水箱等组成。

一套太阳能吸收式空调供热综合系统通常主要由太阳能集热器、锅炉、储热水箱（交换罐）、制冷机、储冷水箱、空调箱、通风道、生活用热水箱等组成。

从上述对比可以看出，太阳能空调供热综合系统与常规能源空调供热综合系统相比，在设备方面主要增加了太阳能集热器、储冷水箱和控制系统（控制系统的功能包括控制太阳能集热器系统的循环以及控制太阳能不足时锅炉的自动启动与切换等）。

9.9.2 太阳能综合系统需增加费用的估算

太阳能集热器　　60.0万元

集热器支架及基础	3.2万元
管道（包括水泵和管件等）及保温	2.2万元
储冷水箱	4.0万元
安装、运输等	5.0万元
控制系统	9.0万元
其他	3.0万元
合计	86.4万元

9.9.3　太阳能替代常规能源消耗费用的估算

（1）采暖期消耗常规能源费用的估算

设定冬季平均环境温度为－2℃（指目前太阳能系统的安装地），若达到室内平均温度18℃，则所需蒸汽量为197.25吨/月。蒸汽价格85元/吨。按采暖期3.5个月计算。

采暖期耗能费用为：85元×197.25×3.5＝58 682元

（2）空调期消耗常规能源费用的估算

为简化计算，根据经验数据，一般空调负荷是采暖负荷的1.5倍。按空调期3个月计算。

空调期耗能费用为：85元×197.25×1.5×3＝75 448元

（3）生活热水常规能源消耗费用的估算

设春秋两季每天产生45℃的热水32m^3，若自来水温度13℃，则使用期所需要热量为707 436×10^8kJ，换算成耗电量为196 510度。每度电费0.60元。按使用期5.5个月计算。

生活热水耗能费用为：0.60元×196 510＝117 906元

（4）太阳能替代常规能源消耗费用的估算

以上三项全年总费用为：

58 682＋75 448＋117 906＝252 036（元）

若按太阳能保证率60％计算，则太阳能替代常规能源消耗费用合计为：

252 036×60％＝151 222（元）

9.9.4　投资回收期估算

864 000÷151 222＝5.7（年）

综上所述，从经济性上分析，太阳能空调供热综合系统每年可节省常规能源消耗费用15.1万元。在太阳能系统上的投资，约5～6年的时间就可收回。尽管以上估算方法和选用数据可能有些粗糙，但不会影响所得结论。

因此可以认为，开发和推广太阳能空调及供热系统，从经济上是可行的，从节省常规能源及加强环境保护方面来看，更是收益无穷。

第 10 章

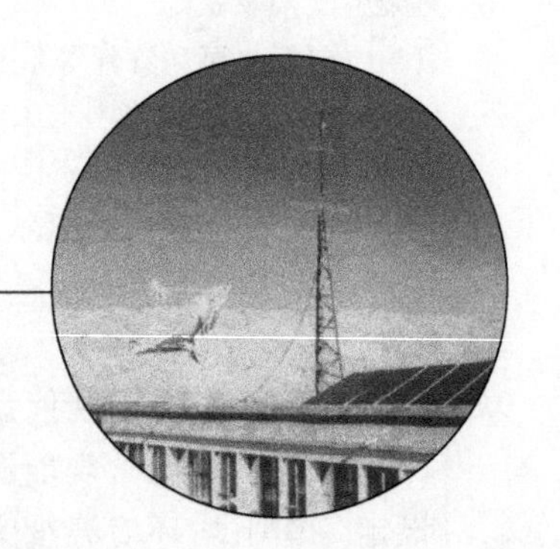

太阳能热发电系统

通过水或其他工质和装置将太阳辐射能转换为电能的发电方式，称为太阳能发电。太阳能发电目前主要有两种基本途径：一种是先将太阳辐射能转换为热能，然后再按照某种发电方式将热能转换为电能，即太阳能热发电；另一种是通过光电器件直接将太阳辐射能转换为电能，即太阳能光发电。

本章将对太阳能热发电系统的工作原理、系统组成、基本类型及发展现状与未来展望等内容加以介绍。太阳能热发电技术可分为两大类型：一类是利用太阳热能直接发电，如利用半导体材料或金属材料的温差发电，真空器件中的热电子和热离子发电，碱金属的热电转换，以及磁流体发电等。其特点是发电装置本体无活动部件。但它们目前的功率均很小，有的仍处于原理性试验阶段，尚未进入商业化应用，因此这里不作介绍。另一类是太阳能热动力发电，利用太阳能集热器将太阳能收集起来，加热水或其他工质，使之产生蒸气，驱动热力发动机，再带动发电机发电；也就是说，先把热能转换成机械能，然后再把机械能转换为电能。这种类型已达到实际应用的水平，美国、西班牙等国家已建成具有一定规模的实用电站，下面的介绍即为这种类型的太阳能热发电系统。

10.1　太阳能热发电系统工作原理

太阳能热发电系统与火力发电系统的工作原理基本上是相同的，其主要区别在于热源不同，前者以太阳能为热源，后者则以煤炭、石油和天然气等化石燃料为热源。因此，下面首先对火力发电系统工作原理加以简介，然后介绍太阳能热发电系统工作原理。

10.1.1　火力发电系统工作原理

所谓火力发电，就是将从煤炭、石油和天然气等燃料所得到的热能变换成机械能，再带动发电机转动产生电能的发电方式。火力发电有汽轮机发电、内燃机发电和燃气轮发电等方式。通常所说的火力发电，主要是指汽轮机发电，也就是利用燃料在锅炉中燃烧得到的热能将水加热成为蒸汽，蒸汽冲动汽轮机，汽轮机带动发电机发出电力。火力发电系统由锅炉、汽轮机、发电机等主要设备和许多附属设备组成，如图 10-1 所示。

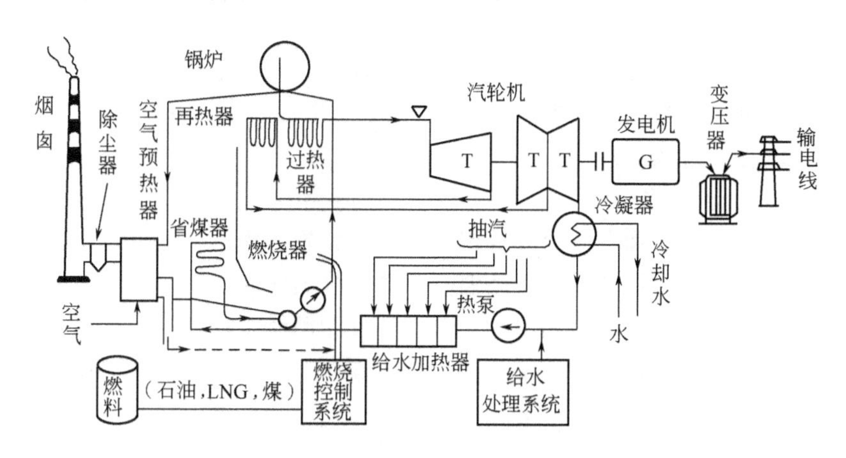

图 10-1　火力发电系统设备组成

（1）蒸汽的能量

在一定压力下将水加热至沸腾，只要有一部分水还未蒸发成蒸汽，水和蒸汽就都保持一定的温度不变，直到全部水都蒸发为水蒸气。这时的温度称为饱和温度，压力称为饱和压力，饱和温度下的蒸汽称为饱和蒸汽。混合着一些水分的饱和蒸汽称为湿饱和蒸汽，不含水分的饱和蒸汽称为干饱和蒸汽。保持压力不变，继续加热饱和蒸汽，当温度超过饱和温度后，就成为了过热蒸汽。

在热能发电过程中，是将燃料燃烧产生的热量被水吸收，成为水或蒸汽的热能。在热力学中，以焓来表征蒸汽或水持有的热能，以 0℃时 1kg 水所持有的热量作为比较的基准，单位为 kJ/kg。

根据热力学定律，对于气体分子的体积和分子的相互作用可忽略不计的理想气体，其压力 p（kg）、比体积 c（m^3/kg）和温度 T（K）之间存在如下关系

$$\frac{p_1 c_1}{T_1}=\frac{p_2 c_2}{T_2}=R\text{（常数）}$$

即

$$pc=RT$$

式中，R 称为气体常数。

对于蒸汽来说，在同温同压下其比容较理想气体要小，因而引入压缩性系

数 z，则可得蒸汽的状态方程为

$$pc=zRT$$

显然，一定容积的蒸汽随着温度的增加，对其容器的膨胀压力会愈来愈大。根据热力学定律，热能与机械能可互相转换，设两者的交换值为 Q（J），则

$$Q=\Delta U+W$$

式中，W 为膨胀功率；ΔU 为蒸汽内能的变化量。火力发电中利用蒸汽来交换电能正是高温高压蒸汽所产生的 W。

(2) 火力发电的原理

图 10-2 表示蒸汽做功的过程。燃料燃烧产生的热能将锅炉中的水加热产生湿饱和蒸汽，湿饱和蒸汽通过输汽管时继续加热成为干饱和蒸汽，再经过过热器进一步加热成为过热蒸汽，高温高压的过热蒸汽通过汽轮机喷嘴后，压力和温度降低，体积膨胀，流速增高，热能转变为动能，推动汽轮机转动，由汽轮机带动发电机旋转发电。汽轮机排出的低温低压蒸汽送进凝汽器凝结成水，再送入锅炉循环使用。

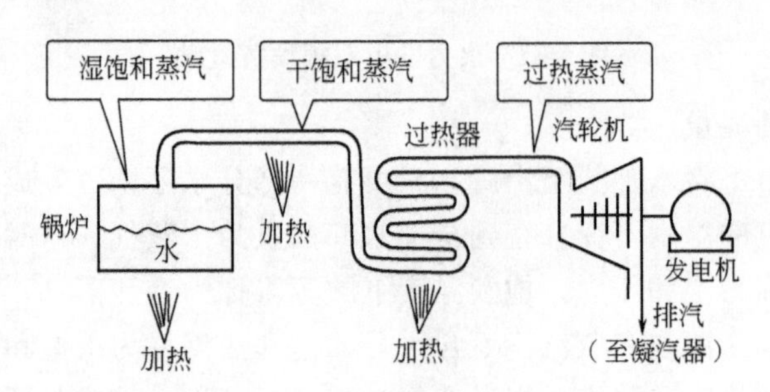

图 10-2　蒸汽做功的过程

火力发电过程中，燃料的热能要经过锅炉、汽轮机和发电机才能转变为电能，在锅炉和汽轮机等处都有能量损失，其热效率只有 30%～40%左右。

(3) 火力发电过程的热流程

提高火力发电效率的关键，是采取措施更加有效地利用热能。下面通过热循环来考察火力发电过程中热能的演变。蒸汽火电厂的热循环包括朗肯循环、回热循环和再热循环。

① 朗肯循环。是现代蒸汽动力装置的基本热力循环。因系由苏格兰工程学教授朗肯对卡诺循环进行改进而成，故称为朗肯循环。如图 10-3(a) 所示，火电厂的燃料燃烧产生热量，将送进锅炉的水（给水）加热成为蒸汽。为有效地利用锅炉的燃烧热，锅炉内设有过热器，把蒸汽进一步加热为过热蒸汽。过

热蒸汽进入汽轮机后膨胀做功，将一部分热能转换为推动汽轮机旋转的动能，成为低温低压蒸汽从汽轮机排出（排汽）进入凝汽器，经冷却后又凝结成水。整个热循环为给水→蒸汽→排汽→凝水→给水。图 10-3(b) 是表示这一过程的热循环图。

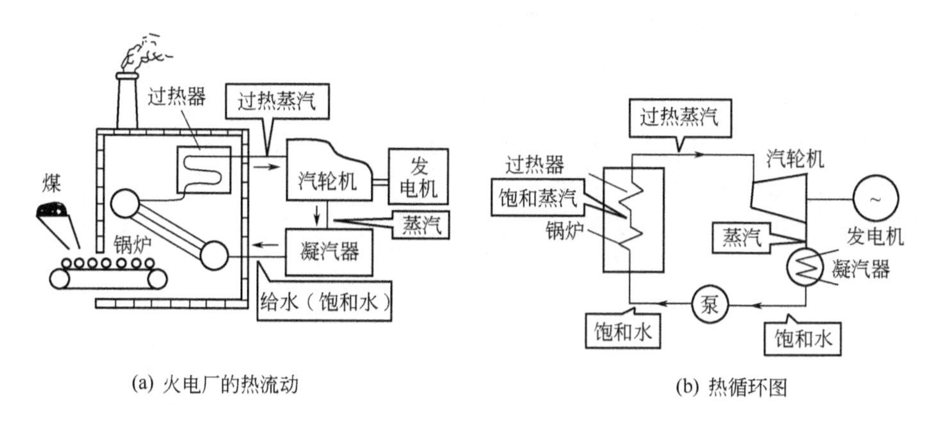

(a) 火电厂的热流动　　　(b) 热循环图

图 10-3　朗肯循环

② 回热循环。是现代蒸汽动力装置普遍采用的一种热力循环，是在朗肯循环基础上对吸热过程加以改进而成。在朗肯循环中，汽轮机排汽所含的蒸发热在凝汽器中丢失，这部分热量很大。如图 10-4 所示，为提高热效率，在汽轮机内膨胀的过程中抽出一部分蒸汽，用来加热锅炉的给水，这个热循环就称为回热循环。它不仅减少了凝水器中丢失的热量，并且还提高了通过汽轮机的过热蒸汽的温度及压力，从而使整个系统的热效率提高。

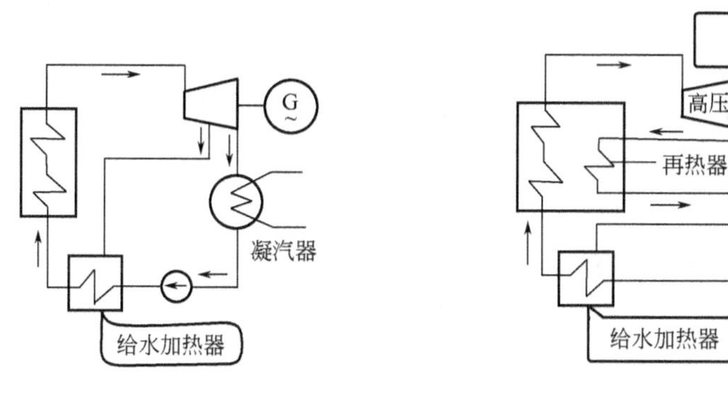

图 10-4　回热循环　　　**图 10-5　再热循环**

③ 再热循环。过热蒸汽在汽轮机高压缸中膨胀至某一中间压力后全部返回锅炉再度加热，然后引入汽轮机中低压缸继续做功的一种水汽循环。在图

10-5 所示的再热循环过程中，汽轮机分为高压和低压两级，高压级的排汽全部引出后送到锅炉的再热器中再加热，然后再送到低压级继续做功。通过再热循环可以最大限度地利用蒸汽的热能。通常用于 10 万千瓦以上的汽轮发电机组。

（4）火力发电系统的能量转换过程

图 10-6 归纳了火力发电系统能量转换的全过程，即煤炭、石油和天然气等燃料包含的化学能在燃烧即氧化反应过程中以热量的形式释放出来，热量加热锅炉中的水和蒸汽，成为蒸汽所包含的热能。高温高压的蒸汽在汽轮机中膨胀做功，转化为高速气流，推动汽轮机旋转，热能转换为机械能。最后，由汽轮机带动发电机旋转发电，输出电能。这就是火力发电系统发电的整个能量转换过程。

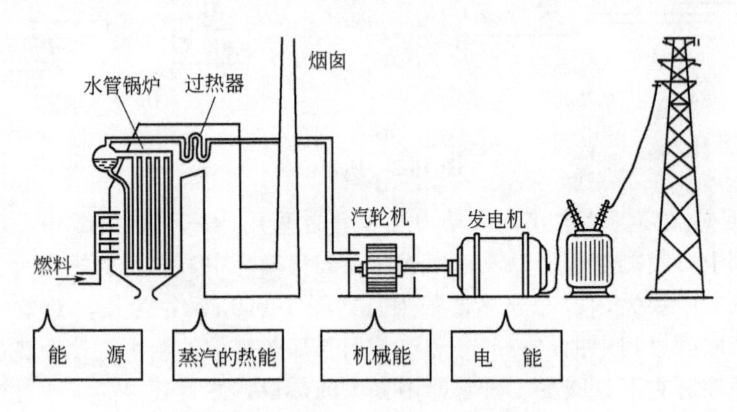

图 10-6　火力发电系统的能量转换过程

10.1.2　太阳能热发电系统基本工作原理

在介绍了火力发电系统工作原理之后，再阐述太阳能热发电系统的工作原理，就简单容易了。所谓太阳能热发电，就是利用聚光集热器把太阳能聚集起来，将某种工质加热到数百摄氏度的高温，然后经过热交换器产生高温高压的过热蒸汽，驱动汽轮机并带动发电机发电。从汽轮机出来的蒸汽，其压力和温度均已大为降低，经过冷凝器冷凝结成液体后，被重新泵回热交换器，又开始新的循环。由于整个发电系统的热源来自于太阳能，因而称为太阳能热发电系统。

利用太阳能进行热发电的能量转换过程，首先是将太阳辐射转换为热能，然后是将热能转换为机械能，最后是将机械能转换为电能。整个系统的效率也将由这 3 部分的效率所组成。为使读者得到关于太阳能热发电系统的基本概念，下面首先介绍一下理想热机的卡诺循环。它是法国工程师卡诺于 1824 年首先提出的，故称为卡诺循环。该循环是由绝热压缩（工质温度由 T_2 提高至 T_1）、定温吸热（工质在 T_2 下从同温度的高温热源吸取热量 Q_1）、绝热膨胀（工质温度从 T_1 降至 T_2）、定温放热（工质在 T_2 下向外部低温热源定温排出热量 Q_2）4 个过程组成的一个可逆循环（见图 10-7）。在相同的界限温度（T_1 和 T_2）间，卡诺循环热效最高 $\eta=1-\frac{T_2}{T_1}$。任何实际的热力循环由于不可逆损失与非定温传热，不可能达到如此高的热效率，故卡诺循环是一个理想的循环。卡诺循环的研究，使热能转变为功的过程成为可能，并对提高实际循环的热效率提出了方向。

将热能转换为机械功的条件及理论上可得到的最大转换效率，已由热力学第二定律和上面介绍的卡诺循环原理所阐明。热力学第二定律表明，任何热机都不可能从单一热源吸取热量并使之全部变为机械功。所以，热机从热源吸取的热量中必有一部分要传递给另一低于热源温度的物体，称为冷源，如图 10-8 所示。

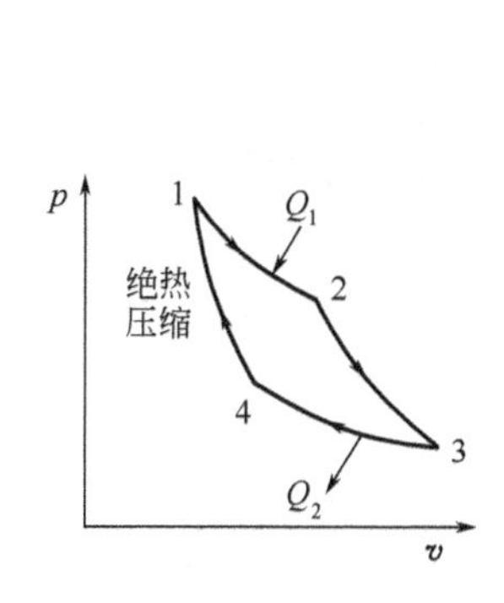

图 10-7　卡诺循环

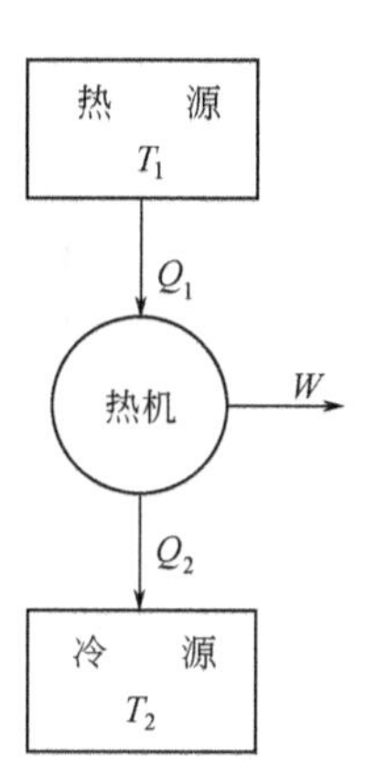

图 10-8　理想热机示意图

理想热机的效率与热源、冷源的温度之间的关系，可由卡诺循环定理给出

$$\eta_m=\frac{W}{Q_1}=\frac{Q_1-Q_2}{Q_1}=\frac{T_1-T_2}{T_1}$$

式中，η_m 为理想的热机效率；W 为热机输出的机械功；Q_1 为热源向热机供给的热量；Q_2 为热机向冷源排出的热量；T_1 为热源温度（K）；T_2 为冷源温度（K）。

由上式可知，要提高热机效率 η_m，热源温度 T_1 应尽可能高，冷源温度 T_2 应尽可能低。对于太阳能热发电系统来说，冷源（即冷凝器）的温度主要取决于环境，而在实际应用中冷源的温度是很难低于环境温度的。因此，提高热机效率的主要途径，是提高热源的温度，这就需要采用聚光集热器。但温度过高也会带来诸多问题，如对结构材料的要求苛刻，对聚光跟踪的精度要求高，集热器的热效率随着温度的增加而减少等，所以过于提高热源的温度也并不总是有利的。

太阳能热发电系统的总效率 η_s 为集热器效率 η_c、热机效率 η_m 和发电机效率 η_e 的乘积，即

$$\eta_s = \eta_c \eta_m \eta_e$$

由于太阳能的不稳定性，系统中必须配置蓄能装置，以便夜间或雨雪天时提供热能，保证连续供电。也可考虑组成太阳能与常规能源相结合的混合型发电系统，用常规能源补充太阳能的不足。

10.2 太阳能热发电系统组成

太阳能热发电系统由集热子系统、热传输子系统、蓄热与热交换子系统和发电子系统所组成，如图 10-9 所示。

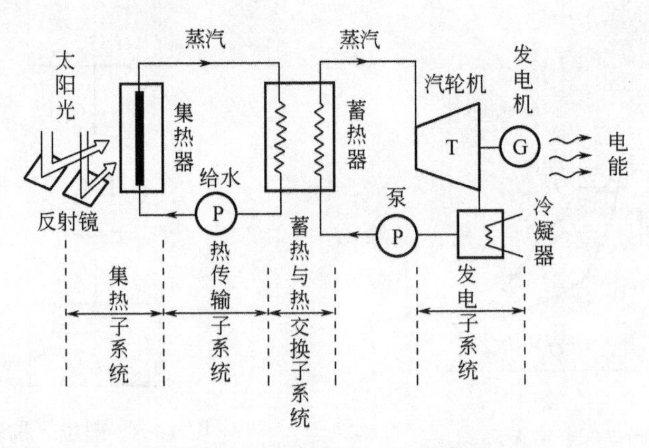

图 10-9 太阳能热发电系统组成

10.2.1 集热子系统

吸收太阳辐射能转换为热能的装置。主要包括聚光装置、接收器和跟踪机构等部件。不同的功率和不同的工作温度有其合适的结构。100℃以下的小功率装置，多为平板式集热器。有的装置为增加单位面积上的受光量，而外加反射镜。由于工作温度低，其系统效率一般在 5%以下。对于在高温条件下工作的太阳能热发电系统来说，必须采用聚光集热装置来提高集热温度，从而提高系统效率。聚光集热器主要有以下几种类型。

① 复合抛物面反射镜聚焦集热器，需季节性调整其倾角。

② 线聚焦集热器，常采用单轴跟踪的抛物柱面反射镜聚光。

③ 固定的多条槽型反射镜聚焦集热装置和固定的半球面反射镜线聚焦集热装置，其吸热管都需跟踪活动。

④ 点聚焦方式，它提供了最大可能的聚光度，并且成像清晰，但需配备全跟踪机构。

⑤ 菲涅尔透镜，常用硬质或软质透明塑料模压而成，可做成长的线聚焦装置或圆的点聚焦装置，要相应配置单轴跟踪机构或全跟踪机构。

⑥ 塔式聚光集热装置，它是大功率集中式太阳能热发电系统的主要聚光集热器的结构方式。

上述集热器的聚光倍率和工作温度如表 10-1 所列。

表 10-1　各种集热器的聚光倍率和工作温度

集　热　器　类　型	聚光倍率	工作温度/℃
平板集热器及附加平面反射镜	1～1.5	<100
复合抛物面反射镜聚焦集热器	1.5～10	100～250
菲涅尔透镜线聚焦集热器	1.5～5	100～150
菲涅尔透镜点聚焦集热器	100～1 000	300～1 000
柱状抛物面反射镜线聚焦集热器	15～50	200～300
碟式抛物面反射镜点聚焦集热器	500～3 000	500～2 000
塔式聚光集热器	1 000～3 000	500～2 000

构成聚光装置反射面的主要材料是反射镜面，如把铝或银蒸镀在玻璃上，或者蒸镀在聚四氟乙烯及聚酯树脂等膜片上。对于玻璃反射镜，可蒸镀在镜子的正面或反面。镀在正面，反射率高，没有光透过玻璃的损失，但不易保护，寿命较短。镀在反面，尽管由于阳光必须透过玻璃会引起一些损失，但镀层易保护，使用寿命较长，因而目前应用较多。

接收器的主要构成部件是吸收体。其形状有平面状、点状、线状，也有空腔结构。在吸收体表面往往覆盖选择性吸收面，如：经过化学处理的金属表面；由铝-钼-铝等类多层薄膜构成的表面；用等离子体喷射法在金属基体上喷镀特定材料后所构成的表面等。它们对太阳光的吸收率 α 很高，而在吸收体表面温度下的辐射率 ε 则很低。对同样的聚光比，$\frac{\alpha}{\varepsilon}$越大（即吸收率 α 越大，反射率 ε 越小），接收器所能达到的温度越高。还可在包围吸收体的玻璃等的表面镀上一定厚度的钼、锡、钛等金属制成选择性透过膜。这种膜能使可见光区域的波长几乎全部透过，而对红外区域的波长则几乎完全反射。这样，吸收体吸收了太阳辐射并变成热能再以红外线辐射时，此膜即可将热损耗控制在最低限度。

为使聚光器、接收器发挥最大的效果，反射镜应配置跟踪太阳的跟踪机构。跟踪的方式，有反射镜可以绕一根轴转动的单轴跟踪，有反射镜可以绕两根轴转动的双轴跟踪。实现跟踪的方法，有程序控制式和传感器式。程序控制式，是预先用计算机计算并存储设置地点的太阳运行规律，然后依据程序以预定的速度转动光学系统，使其跟踪太阳。传感器式，是用传感器测出太阳入射光的方向，通过步进电机等驱动机构调整反射镜的方向，以消除太阳方向同反射镜光轴间的偏差。

10.2.2 热传输子系统

对于热传输子系统的基本要求是：

(1) 输热管道的热损耗小；

(2) 输送传热介质的泵功率小；

(3) 热量输送的成本低。

对于分散型太阳能热发电系统，通常是将许多单元集热器串、并联起来组成集热器方阵，这就使得由各个单元集热器收集起来的热能输送给蓄热子系统时所需要的输热管道加长，热损耗增大。对于集中型太阳能热发电系统，虽然输热管道可以缩短，但却要将传热介质送到塔顶，需消耗动力。传热介质根据温度和特性来选择，目前大多选用在工作温度下为液体的加压水和有机流体，也有选择气体和两相状态物质的。为减少输热管道的热损失，目前主要有两种做法：一种是在输热管外面包上陶瓷纤维、聚氨基甲酸酯海绵等导热系数很低的绝热材料；另一种是利用热管输热。

10.2.3 蓄热与热交换子系统

由于地面上的太阳能受季节、昼夜和云雾、雨雪等气象条件的影响，具有间歇性和随机不稳定性，为保证太阳能热发电系统稳定地发电，需设置蓄热装置。蓄热装置常由真空绝热或以绝热材料包覆的蓄热器构成。可把太阳能热发电系统的蓄热与热交换系统分为下面 4 种类型。

(1) 低温蓄热

以平板式集热器收集太阳热和以低沸点工质作为动力工质的小型低温太阳能热发电系统，一般用水蓄热，也可用水化盐等。

(2) 中温蓄热

指 100～500℃的蓄热，但通常指 300℃左右的蓄热。这种蓄热装置常用于小功率太阳能热发电系统。适宜于中温蓄热的材料有高压热水、有机流体（在 300℃左右可使用导热油、二苯基氧-二苯基族流体、稳定饱和的石油流体和以酚醛苯基甲烷为基体的流体等）和载热流体（如烧碱等）。

（3）高温蓄热

指 500℃以上的高温蓄热装置。其蓄热材料主要有钠和熔化盐等。

（4）极高温蓄热

指 1 000℃左右的蓄热装置。常用铝或氧化锆耐火球等做蓄热材料。

10.2.4　发电子系统

由热力机和发电机等主要设备组成，与火力发电系统基本相同。应用于太阳能热发电系统的动力机有汽轮机、燃气轮机、低沸点工质汽轮机、斯特林发动机等。这些发电装置，可根据集热后经过蓄热与热交换系统供汽轮机入口热能的温度等级及热量等情况选择。对于大型太阳能热发电系统，由于其温度等级与火力发电系统基本相同，可选用常规的汽轮机，工作温度在 800℃以上时可选用燃气轮机；对于小功率或低温的太阳能热发电系统，则可选用低沸点工质汽轮机或斯特林发动机。

低沸点工质汽轮机是一种使用低沸点工质的朗肯循环热机，一般把它的热温度设计为 150℃。过去常用氟利昂做工质，现在多用丁烷和氨等。来自蓄热与热交换系统的热能送入气体发生器，使加压的液体工质蒸发，然后被引至汽轮机膨胀做功。压力下降后的低压气体经冷凝器冷却并液化，再由泵将加压的工质送回气体发生器（图 10-10）。

斯特林发动机又称为热气机，因其是 1816 年由苏格兰人罗伯特・斯特林所发明而得名。它是一种由外部供热使气体在不同温度下做周期性压缩和膨胀的闭式循环往返式发动机，具有可适用于各种不同热源、无废气污染、效率高、振动小、噪声低、运转平稳、可靠性高和寿命较长等优点。其主要部件有加热器、回热器、冷却器、配气活塞、动力活塞及传动机构等（图 10-11）。

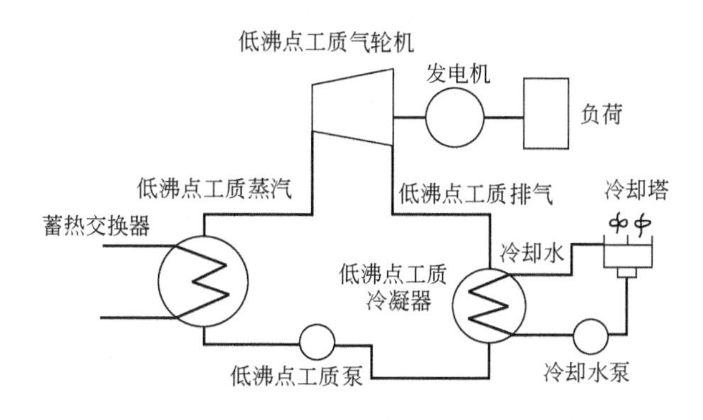

图 10-10　低沸点工质汽轮发电机组方框图

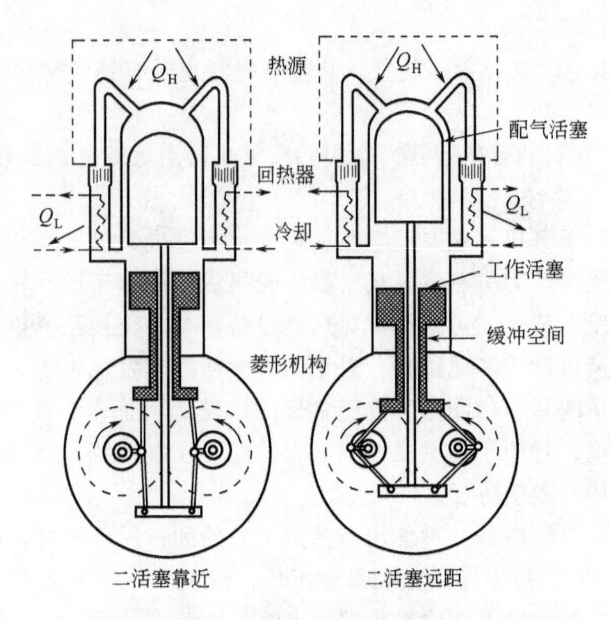

图 10-11　斯特林发动机结构示意图

10.3　太阳能热发电系统基本类型

自从 1950 年前苏联设计建造了世界第一座塔式太阳能热发电小型试验装置和 1976 年法国在比利牛斯山区建成世界第一座电功率达 100kW 的塔式太阳能热发电系统之后，20 世纪 80 年代以来，美国、意大利、法国、前苏联、西班牙、日本、澳大利亚、德国、以色列等国相继建立起各种不同类型的试验示范装置和商业化试运行装置，促进了太阳能热发电技术的发展和商业化进程。据不完全统计，仅在 1981～1991 年 10 年期间，全世界就共建成了 500kW 以上的太阳能热发电系统 20 多座。据国家能源局 2012 年发布的《太阳能发展“十二五”规划》中的数据，到 2010 年底，全球已实现并网运行太阳能热发电站的总装机容量为 110 万千瓦，在建项目装机容量约为 1200 万千瓦。世界现有的太阳能热发电系统大致可分为槽式线聚焦系统、塔式系统和碟式系统 3 大基本类型。

10.3.1　槽式线聚焦系统

利用槽形抛物面反射镜将太阳光聚焦到集热器对传热工质加热，在换热器内产生蒸汽，推动汽轮机带动发电机发电的系统。其特点是聚光集热器由许多分散布置的槽形抛物面镜聚光集热器串、并联组成，如图 10-12 所示。载热介质在单个分散的聚光集热器中被加热或形成蒸汽汇集到汽轮机［图 10-12(a)］；或者汇集到热交换器，把热量传递给汽轮机回路中的工质［图 10-12(b)］。

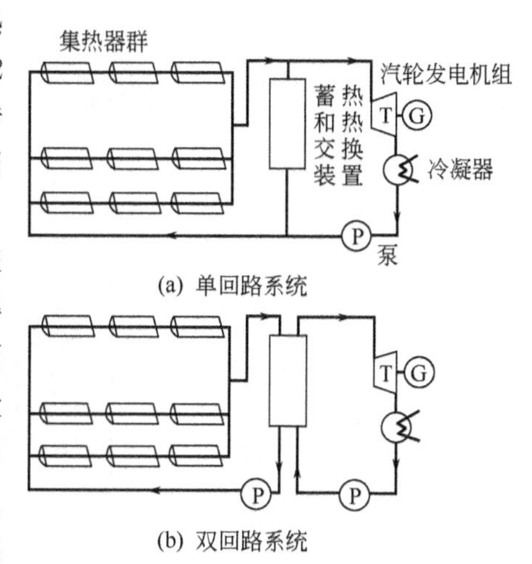

(a) 单回路系统

(b) 双回路系统

图 10-12　槽式抛物面镜线聚焦太阳能热发电系统基本结构

槽形抛物面镜集热器是一种线聚焦集热器，其聚光比较塔式系统低得多，吸收器的散热面积也较大，因而集热器所能达到的介质工作温度一般不超过 400℃，属于中温系统。这种系统，容量可大可小，不像塔式系统只有大容量才有较好的经济效益；其集热器等装置都布置于地面上，安装和维护比较方便；特别是各聚光集热器可同步跟踪，使控制成本大为降低。主要缺点是能量集中过程依赖于管道和泵，致使输热管路比塔式系统复杂，输热损失和阻力损失也较大。

美国与以色列联合的鲁兹（LUZ）公司于 1980 年开始研制开发槽式线聚焦系统，5 年后实现了产品化，可生产 14～80MW 的系列化发电装置。该公司于 1985～1991 年间先后在美国加利福尼亚州南部的莫罕夫（Mojave）沙漠地区建成的 9 座大型商用槽式抛物面镜线聚焦太阳能热发电系统（SEGSⅠ～SEGSⅨ），是这一类型的典型。

图 10-13 所示为这一系统的原理。它是利用线性聚焦的抛物面槽技术，由太阳辐射作为一次能源的中压、朗肯循环蒸汽发电系统。系统中的太阳能收集器场装有相当数量的太阳能集热器组合单元，每个组合单元由若干槽式抛物面镜线聚焦集热器组成，装配成50～96m 长的单元。例如 80MW 的 SEGS Ⅷ太阳能收集器场包括 852 个长 96m 的太阳能集热器组合单元，排列成 142 个环路。由 1 台计算机分别控制这些组合单元跟踪太阳，使其全天都能将阳光准确地反射到集热钢管上。集热钢管内装有传热流体，先由反射的太阳辐射加热到 391℃，然后被输送到动力装置，在传统的热交换系统中把热量传递给水，将水加热成过热蒸汽，驱动汽轮发电机组发电。

鲁兹公司先后研制开发了 3 种太阳能集热装置。反射镜、真空集热管和跟踪机构是其 3 大关键部件。反射镜采用低铁玻璃加热成型，背面镀银再涂以保护层。镜片用高强度黏结剂黏附在支架的托盘上。LS-1 和 LS-2 集热器元件由

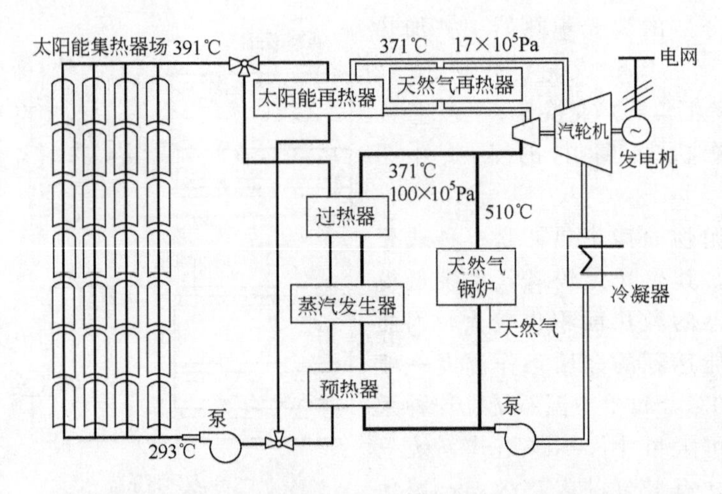

图 10-13 槽式抛物面镜线聚焦太阳能热发电系统原理示意图

带铬黑表面的不锈钢管和抽真空的玻璃外套管构成，铬黑表面的吸收率为0.94，在300℃时反射率为0.24。LS-3采用的不锈钢管外表面涂覆有光谱选择性吸收涂层，太阳光吸收率为0.96，在350℃时的反射率为0.19，明显优于铬黑。玻璃套管上有双层减反射涂层，太阳光透过率为0.965。不锈钢管与玻璃套管之间抽成0.013Pa真空，并用可伐合金及不锈钢波纹管封接，保证夹层真空密封，以降低在高温下运行的热损失，并保护涂层表面不被氧化。夹层中装有吸气剂，使真空得以长期保持。集热器的载热工质为一种合成油，并加有防冻剂，具有热容大和凝固点低等特点。集热装置采用单轴跟踪。起动运行时，由一个轴编码器确定集热装置绕轴的初始位置，定位系统的设计精度为0.1°。然后，通过太阳辐射传感器闭环跟踪系统，使集热装置对准太阳，把太阳光线聚焦到集热管上。反射镜架结构和驱动系统能保证在9m/s以下的风速时有正常的跟踪精度，在20m/s的风速下可保证在某个降低的精度下运行。太阳能集热器场控制系统由中央控制室的场地监控装置和每个集热器组合单元的微处理器组成。场地监控装置监测日照、风速和传热流体的流动状态，并传送给所有集热器的微处理器。从太阳能集热器场输出的热流体经过热交换器，产生过热高压蒸汽，进入汽轮机。在系统中还包括一个并联的天然气锅炉，用以补充太阳能的不足，维持汽轮机满容量运行，提供峰值输出。由于锅炉系统产生的蒸汽压力与太阳能系统相同，汽轮机用同一常规入口。

这9座电站的总容量为353.8MW，年发电为10.8亿度[1]，其中：SEGS

[1] 1度=1千瓦时=1kW·h。

Ⅰ为 13.8MW，SEGS Ⅱ ～SEGS Ⅶ 各为 30MW，SEGS Ⅷ 和 SEGS Ⅸ 各为 80MW。这 9 座电站均与南加州爱迪生电力公司联网。随着技术的不断提高，其系统效率已由初始的 11.5%提高到 13.6%，建造费用已由 1 号电站的 4 490 美元/kW 下降到 8 号电站的2 650美元/kW，发电成本已由 24 美分/(kW·h) 下降为 8 美分/(kW·h)。基于此，LUZ 公司雄心勃勃地计划，到 2000 年将在加州建成总装机容量达 800MW 的槽式电站，并将发电成本降到 5～6 美分/(kW·h)，在经济上使槽式电站可与常规热力电站竞争。令人遗憾的是，1991 年 LUZ 公司宣告破产，使这一计划告吹。

10.3.2　塔式系统

又称集中型系统。它是在很大面积的场地上装有许多台大型反射镜，通常称为定日镜，每台都各自配有跟踪机构，准确地将太阳光反射集中到一个高塔顶部的接收器上。接收器上的聚光倍率可超过 1 000 倍。在这里把吸收的太阳光能转换成热能，再将热能传给工质，经过蓄热环节，再输入热动力机，膨胀做功，带动发电机，最后以电能的形式输出。主要由聚光子系统、集热子系统、蓄热子系统和发电子系统等部分组成，如图 10-14 所示。

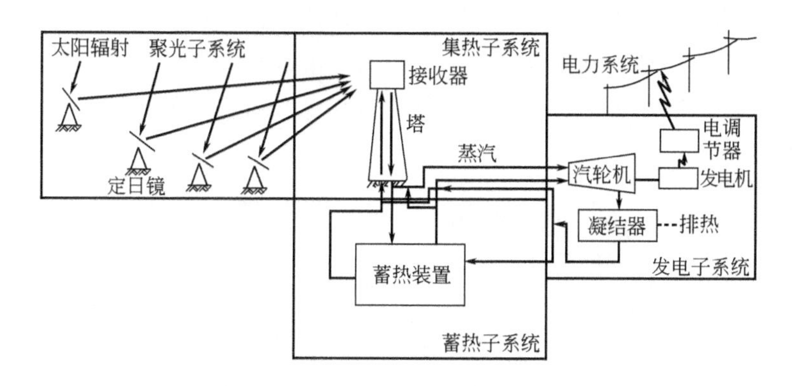

图 10-14　塔式太阳能热发电系统

塔式热发电系统的关键技术有如下 3 个方面。

(1) 反射镜（又称定日镜）及其自动跟踪

由于这一发电方式要求高温、高压，对于太阳光的聚焦必须有较大的聚光比，需用千百面反射镜，并要有合理的布局，使其反射光都能集中到较小的集热器窗口。反射镜的反光率应在 80%以上，自动跟踪太阳要同步。

(2) 接收器

也叫太阳能锅炉。要求体积小，换能效率高。有垂直空腔型、水平空腔型和外部受光型等类型。对于垂直空腔型和水平空腔型来说，由于反射镜反射光可以照射到空腔内部，因而可将锅炉的热损失控制到最低限度，但最佳空腔尺寸与场地的布局有关。外部受光型吸收体的热损耗要比上述两种类型大些，但适合于大容量系统。

（3）蓄热装置

应选用传热和蓄热性能良好的材料作为蓄热工质。选用水汽系统具有许多优点，为工业界和使用者所熟悉，有大量的工业设计和运行经验，附属设备也已商品化。但腐蚀问题是其不足之处。对于高温的大容量系统来说，可选用钠做热传输工质，它具有优良的导热性能，可在 3 000kW/m^2 的热流密度下工作。

1981 年 12 月，美国在加州南部巴斯托（Barstow）附近的沙漠地区建成一座称为“太阳Ⅰ号”的塔式太阳能热发电系统。该系统的反射镜阵列，由 1 818面反射镜环包括接收器总高达 85.5m 的高塔排列组成。起初，采用水-蒸汽系统，发电功率为 10MW（图 10-15）。1992 年装置经过改装，用于示范熔盐接收器和蓄热装置。由于增加了蓄热装置，使太阳塔输送电能的负荷因子可高达 65%。熔盐在接收器内由 288℃加热到 565℃，用来发电。之后，又开始建设“太阳Ⅱ号”电站，于 1996 年 4 月建成并开始并网运行。该电站在运行 2 年之后进行了评估。其发电实践不仅证明了熔盐技术的正确可行性，而且促进了 30～200MW 塔式系统进入商业化的进程。此后，以色列 Weizmanm 科学

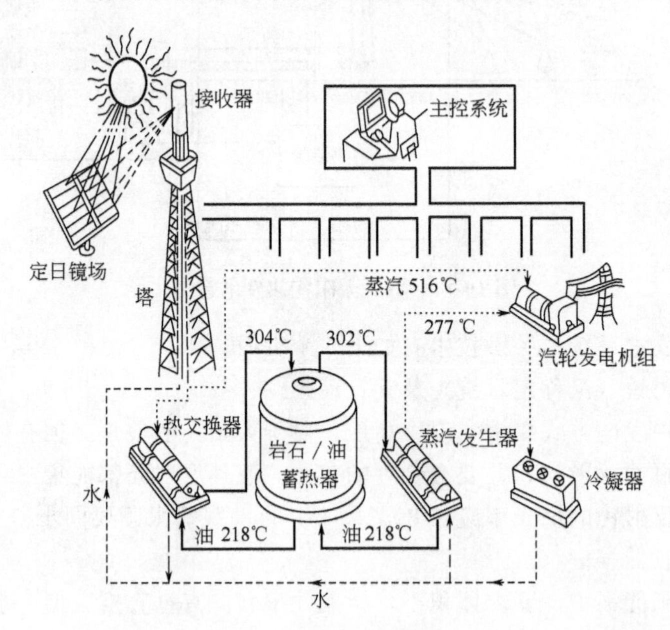

图 10-15 “太阳Ⅰ号”塔式太阳能热发电系统工作原理

研究院对此系统又进行了改进。用一组独立跟踪太阳的反射镜，将阳光反射到固定在塔顶部的初级反射镜——抛物面镜上，然后由其将阳光向下反射到位于它下面的次级反射镜——复合抛物面聚光器（CPC），最后由 CPC 将阳光聚集在其底部的接收器。通过接收器的气体被加热到 1200℃，推动 1 台汽轮发电机组，500℃左右的排气再用于推动另 1 台汽轮发电机组，从而使系统的总发电效率可达 25%～28%。

10.3.3　碟式系统

也称为盘式系统。主要特征是采用盘状抛物面镜聚光集热器，其结构从外形上看类似于大型抛物面雷达天线。由于盘状抛物面镜是一种点聚焦集热器，其聚光比可以高达数百到数千倍，因而可产生非常高的温度。这种系统可以独立运行，作为无电边远地区的小型电源，一般功率为 10～25kW，聚光镜直径约 10～15m；也可用于较大的用电户，把数台至十数台装置并联起来，组成小型太阳能热发电站。图 10-16 所示为碟式抛物面镜点聚焦集热器并联布置的小型太阳能热发电站。图 10-17 所示为碟式抛物面镜点聚焦集热器小型太阳能热发电装置。

图 10-16　碟式抛物面镜点聚焦集热器并联布置的小型太阳能热发电站

在上述 3 种类型太阳能热发电系统中，目前槽式线聚系统已进入商业化阶段，其他两种类型尚处于试验示范阶段，但其商业化前景看好。这 3 种类型的系统，既可单纯应用太阳能运行，也可安装成为与常规燃料联合运行的混合发电系统。上述 3 种类型太阳能热发电系统的主要性能参数列于表10-2 中。

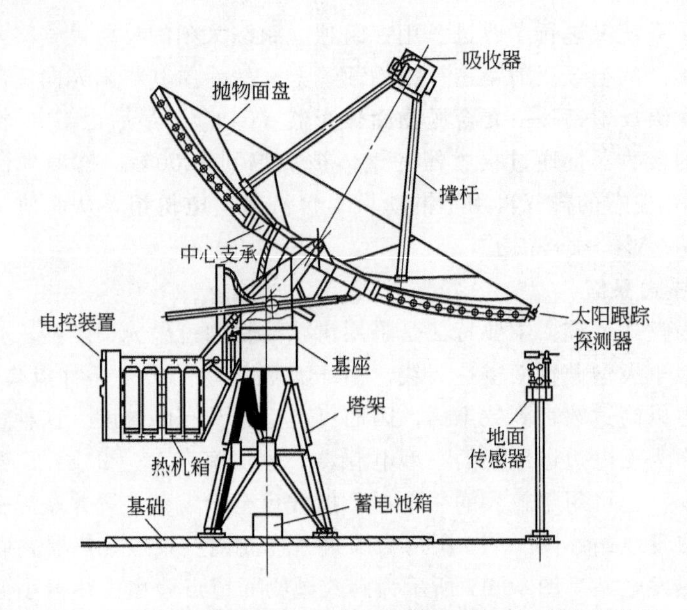

图 10-17 碟式抛物面镜点聚焦集热器小型太阳能热发电装置

表 10-2 3 种类型太阳能热发电系统主要性能参数

参 数	槽式系统	塔式系统	碟式系统
规模	30～100MW	30～200MW	5～25kW
运行温度/℃	390/734	565/1 049	750/1 382
年容量因子/%	23～50	20～77	25
峰值效率/%	20	23	24
年净效率/%	11～16	7～20	12～25
商业化情况	已商业化	试验示范阶段	试验示范阶段
技术开发风险	低	中	中
可否储能	有限制	可以	蓄电池
可否组成混合系统	可以	可以	可以
发电成本电价/[美分/(kW·h)]	15～25	18～23	70～90
电站比投资/(美元/kW)	3000～5000	5000～6000	6000～8000

10.4 太阳能热发电系统发展现状与未来展望

10.4.1 发展现状

太阳能热发电系统，不耗用化石能源，无污染物排放，是与生态环境和谐的清洁能源发电系统。自 20 世纪 80 年代初研究试验成功以后，经过不断发展与改进，前些年美国已有 11 座大型商用系统在并网运行，总装机容量约为 36.5 万千瓦；在日本、法国、以色列、意大利、西班牙、德国、前苏联、澳大利亚等国也积极开展了研究开发工作，并建设了试验示范系统。研究开发与试验示范表明，10.3 节介绍的几种类型发电系统，在技术上是可行的，在经济上也将会是有前景的。它们是：30MW 以上线聚焦抛物面槽式系统；30MW 以上点聚焦塔式系统；几千瓦至几十千瓦采用燃气轮机或斯特林发动机的点聚焦抛物面碟式系统。前两种，一般与大电网并网运行；后一种，一般供用户作为独立电源使用，但同时也可并网使用。

（1）槽式系统

在 20 世纪 70 年代末和 80 年代初，美国、西欧、以色列和日本等国都做了很多研究开发工作，取得了较大进展，特别是美国已有 9 座大型系统投入商业并网运行，总装机容量达 35.38 万千瓦（表 10-3）。此外，西班牙、日本等国的示范电站也取得很好成果，起到了试验示范作用。1981 年国际能源机构（IEA）在西班牙南部的阿尔梅里亚建设了 2 座额定功率各为 500kW 的太阳能热发电系统，其中的 SSPS-DOS 即为槽式系统。该系统使用了 164 台槽式抛物面镜，其中东西型 80 台、南北型 84 台，集热总面积 5 362m^2，用油（HT-43）做集热介质和蓄热介质，蓄热容量为 0.75MW・h，汽轮机进口蒸汽温度为 285℃、压力为 25×10^{5}Pa。建设费用为 2 800 万马克。日本于 1981 年在四国香川县仁尾町海边建设了 2 座装机容量各为 1 000kW 的太阳能热发电站，其中之一即为平面镜-曲面镜混合聚光的槽式系统。该系统的平面镜共有 25 台镜架，每台镜架上有 5 排反射镜，每排装有 4.5m^2 的平面镜 20 块。由每台镜架上的 100 块平面镜把太阳光反射到一组共 5 台的槽式抛物面镜上。位于抛物面焦线处的集热管互相串联。这样的混合聚光单元共 25 个。平面反射镜总共 2 480块、总面积 11 160m^2，槽式抛物面镜共 125 台。集热介质为水-蒸汽。汽轮机进口蒸汽温度为 346℃、压力为 14×10^{5}Pa。蓄热介质为混合盐加压力水，蓄热容量为 3MW・h。建设费用为 50 亿日元。于 1981 年 9 月投入运行试验。由于当地日照条件较差，系统利用率低，经济性差，在取得许多试验数据后，于 1984 年停止运行。

（2）塔式系统

20 世纪 80 年代世界上已建成的塔式太阳能热发电系统如表 10-4 所列。它们基本上都是试验电站，目的是为设计建设更大型的商用电站提供技术和经济上的依据。从表 10-4 可以看出，这些电站的建设费用都相当昂贵，经济上的竞争力差。在这些电站中，日本的仁尾电站和法国的 THEMIS 电站，由于当地日照条件较差，系统利用率低，经济效益差，在运行两三年取得一定试验数

表 10-3　美国 9 座槽式太阳能热发电系统技术参数与运行性能

项目		SEGS Ⅰ	SEGS Ⅱ	SEGS Ⅲ	SEGS Ⅳ	SEGS Ⅴ	SEGS Ⅵ	SEGS Ⅶ	SEGS Ⅷ	SEGS Ⅸ
站址(均在加州)		Daggett	Daggett	Kramer Junction	Kramer Junction	Kramer Junction	Kramer Junction	Kramer Junction	Harper Lake	Harper Lake
投运年份		1985	1986	1987	1987	1988	1989	1989	1990	1991
额定电功率/MW		13.8	30	30	30	30	30	30	80	80
集热面积/$10^4 m^2$		8.296	18.899	23.030	23.030	25.055②	18.800	19.428	46.434	48.396
介质入口温度/℃		240	231	248	248	248	293	293	293	293
介质出口温度/℃		307	316	349	349	349	391	391	391	391
蒸汽参数/(℃/Pa)	太阳能			327/43	327/43	327/43	371/100	371/100	371/100	371/100
	天然气	$417/37\times10^5$	$510/105\times10^5$	$510/105\times10^5$	$510/100\times10^5$	$510/100\times10^5$	$510/100\times10^5$	$510/100\times10^5$	$371/100\times10^5$	$371/100\times10^5$
透平循环效率/%	太阳能	31.5①	29.4	30.6	30.6	30.6	37.5	37.5	37.6	37.6
	天然气		37.3	37.4	37.4	37.4	39.5	39.5	37.6	37.6
汽轮机循环方式		无再热	无再热	无再热	无再热	无再热	再热	再热	再热	再热
镜场光学效率/%		71	71	73	73	73	76	76	80	80
从太阳能到电能的年平均转换效率/%③				11.5	11.5	11.5	13.6	13.6	13.6	
年发电量/10^6 kW·h		30.1	80.5	92.78	92.78	91.82	90.85	92.65	252.75	256.13

①包括天然气过热；②1988 年建成时为 233 120m^2；③按太阳总辐射能量计。

表 10-4 20 世纪 80 年代世界上已建成的塔式太阳能热发电系统

项目 \ 国家或机构	欧共体	国际能源机构	日本	美国	法国	西班牙	前苏联
站名	EURELICS	SSPS-CRS	仁尾	SOLAR ONE	THEMIS	CESA-1	CЭC-5
额定电功率/MW	1	0.5	1	10	2.5	1	5
站址	意大利西西里岛	西班牙南部阿尔梅利亚	香川县仁尾町	加州巴斯托	法国南部比利牛斯山中	西班牙南部阿尔梅利亚	克里米亚黑海海滨
年日照时间/h	3 000	3 000	2 200	3 500	2 400	3 000	2 320
设计最大辐照度/(kW/m^2)	春分正午时 1.0	春分正午时 0.92	夏至午后时 0.75	冬至午后时 0.9	春分正午时 1.04	春分正午时 0.92	夏至午后 2 时 0.9
定日镜面积和台数	$52m^2\times70$ 台 $23m^2\times112$ 台	$29.3m^2\times93$ 台	$16m^2\times807$ 台	$39.9m^2\times1\,818$台	$53.7m^2\times200$ 台	$36\sim40m^2\times300$ 台	$25m^2\times1\,600$ 台
反射镜总面积/m^2	6 216	3 655	12 912	72 540	10 740	11 400	40 000
聚光集热方式	集中型空腔受光	集中型空腔受光	集中型空腔受光	集中型外部受光	集中型空腔受光	集中型空腔受光	集中型外部受光
集热介质	水-蒸汽	钠	水-蒸汽	水-蒸汽	混合盐(HITEC)	水-蒸汽	水-蒸汽
蓄热介质	混合盐(HITEC)	钠	压力水	石+油(HT-43)	混合盐(HITEC)	混合盐(HITEC)	压力水
蓄热容量/h	0.5	2	3	7MW×4	3.3	3	
涡轮蒸汽条件/(℃/Pa)	$510/65\times10^5$	$500/102\times10^5$	$187.1/12\times10^5$	$510/101\times10^5$	$430/40\times10^5$	$520/98\times10^5$	$250/40\times10^5$
投运时间	1981 年 4 月	1981 年 8 月	1981 年 8 月	1982 年 4 月	1983 年 6 月	1983 年 6 月	1985 年 9 月
建设费用/(10^6 美元)	25	17.1	21.9	140	23.6	18	
每千瓦投资/(10^4 美元)	2.50	3.42	2.19	1.40	0.944	1.8	

据后即停运。西班牙的 SESA-1 电站、欧共体的 EURELICS 电站及国际能源机构（IEA）的 SSPS-CRS 电站均进行了较长期的研究试验工作。其中西班牙还同德国合作，利用 CESA-1 电站的集热器进行试验，研究气体冷却塔式聚光型系统，称为 GAST 计划。在表 10-4 中所列电站中，美国的“太阳Ⅰ号”和“太阳Ⅱ号”是性能发挥得最好的电站。“太阳Ⅰ号”电站，即使没有辅助热源，也可昼夜连续运行 33.6h，是其他系统不可比的。建成以后，经过两年的初试和评估期，并入南加州电网正常发电。在整个 50 个月（包括正常发电的 3 年和每星期 5 天的 14 个月）的运行期，累计净发电 3.7 万度。1994 年 10 月，又完成了“太阳Ⅱ号”电站的设计，并于 1996 年 4 月投入并网发电。“太阳Ⅱ号”电站除掉了“太阳Ⅰ号”电站的全部水-蒸汽热传输系统（包括接收器、管道和热交换器）和油-岩石储热系统，安装了新的熔化硝酸盐系统（包括接收器、2 个箱式储热系统和蒸汽发生器系统），增添了部分反射镜，并改进了主控系统。具体地说，与“太阳Ⅰ号”电站相比，有如下特点。

① 在镜场南部增加了 108 台双轴跟踪的反射镜，每台镜面 $95m^2$，共 $10\,260m^2$，加上原来的1 818台反射镜，总面积为$82\,980m^2$。由于增加了反射镜面积，使接收器可接收的太阳辐射量达到了商业接收器的水平，减少了电站早晨启动的时间，并可为储能系统提供更多的能量。

② 用 43MW（热）圆柱形的硝酸盐接收器替换了水-蒸汽接收器，不但更加坚实，而且可容许更高的辐射量。新的接收器，直径 5.1m，高 6.2m，从反射镜接收到的平均辐照度 为 $0.4MW(热)/m^2$。它在 24 块面板上安装了 768 根内径 2.6cm、壁厚 0.12cm 的不锈钢管。进入接收器的熔化盐温度为 288℃，流出温度为 565℃。

③ 用硝酸盐储热系统替换了油-岩石储热系统。该系统可储存电站 3h 满负荷运行的热量。它包括一个热盐箱（565℃）和一个冷盐箱（288℃）。热盐箱内径 11.6m、高 8.4m，用不锈钢材制造。冷盐箱直径 11.6m、高 7.8m，用碳素钢材制造。箱的外部均绝热。用于这一系统的硝酸盐约 60 万千克。

④ 增加了一个 35MW（热）的蒸汽发生器，在此利用硝酸盐的热能产生 512℃的蒸汽，驱动汽轮发电机组。

⑤ 对控制系统进行了改进，把原有的和新增的反射镜结合在一个反射镜阵列控制器中。“太阳Ⅱ号”电站共耗资 4 850 万美元，其中：用于电站设计、建设和检验的费用为 3 900 万美元；用于 1 年试验评估阶段和两年电力生产阶段的运行及维护费用为 950 万美元。“太阳Ⅱ号”电站是美国太阳能热发电计划中最令人瞩目的一个项目，但仍是试验电站，是推进塔式系统商业化进程的先导工程，其目的是为建设更适合商业规模的 30～200MW（电）的塔式系统

提供经验和数据，减少技术上和经济上的风险，使电站的建设费用降低到投资者可以接受的水平（图 10-18）。

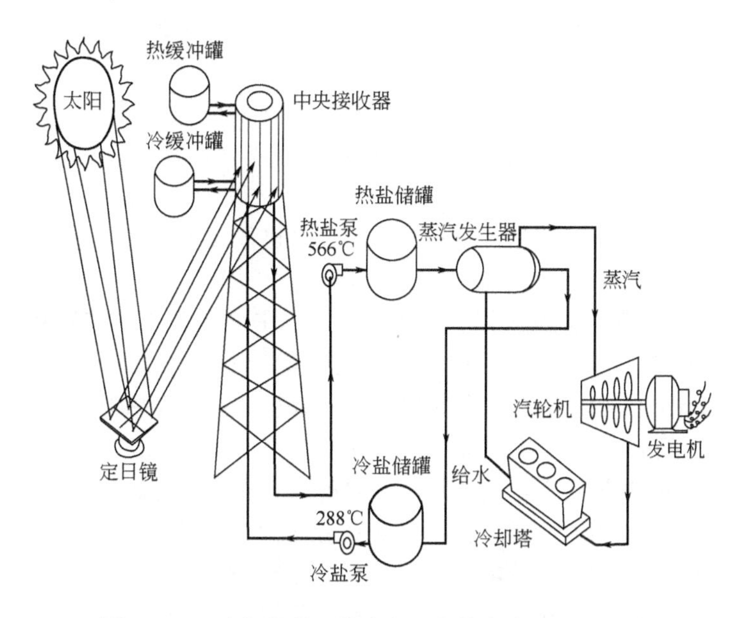

图 10-18 “太阳Ⅱ号”塔式太阳能热发电系统示意图

（3）碟式系统

现代碟式热发电系统在 20 世纪 70 年代末到 80 年代初，首先由瑞典 USAB 和美国 Advanco Corporation、MDAC、NASA 及 DOE 等开始研发，大都采用 Silver/glass 聚光镜、管状直接照射式集热管及 USAB4-95 型热气机。在 1984 年，美国 Advanco Corporation 研制了一套 25kW 碟式斯特林热发电系统，最高太阳能-电能转换效率为 29.4%。以后，MDAC 曾开发了 8 套碟式斯特林热发电系统，净效率大于 30%；后来，它将硬件和技术全部转让给了 SEC；SEC 于 1986～1998 年间进行了试验，年平均效率达 12%。德国 SBP 公司于 1984～1988 年间建立了 2 套碟式热发电系统，安装于沙特阿拉伯的利亚德附近，当入射光辐照度为 1 000W/m^2 时，净输出 53kW，效率达 23.1%。进入 20 世纪 90 年代以来，美国和德国的某些企业和研究机构，在政府有关部门的资助下，用项目或计划的方式加速碟式系统的研发步伐，以推动其商业化进程。美国“太阳能热发电计划”与 Cummins 公司合作，于 1991 年开始研制开发 7kW 碟式-斯特林商用发电系统。该碟式抛物面镜点聚焦集热器-斯特林系统，是由许多镜子构成的抛物面反射镜组成，接收器在抛物面的焦点上，接收器内的传热工质被加热到 750℃左右，驱动热力机带动发电机发电。5 年共投入资金1 800万美元。1996年Cummins公司向电力部门和工业用户共交付了7台系统，1997年生产25台以上。Cummins公司预计，自1998年起的10年内可生产1 000台以上。该系统适用于边远地区作为独立电站。美国“太阳能热发电计划”还同时开发了25kW的碟式发电系统。25kW是经济规模，因此成本更低，更适宜于较大规模的离网和并网应用。该装置于1996年在电力部门进行实验，1997年开始运行。这种系统，光学效率高，启动损失小，年净效率高达29%，具有一定的优势。

德国、澳大利亚和以色列的一些公司等，也开展了许多研发工作。

1981年5月，我国湘潭电机厂与美国太空电子公司（ESSCO）合作，开展了5kW碟式太阳能热发电装置的开发试制。其点聚焦集能装置是直径7.3m的抛物面反射镜。它是利用雷达天线的构架设计而成。反射面上贴有反光薄膜。置于焦点处的接收器是一种直热式的单管换热器，管内通有导热油，温度可达390℃。然后，再引出到旋转轴构架上的热机箱，经过热交换器将热能传给热机回路中的甲苯工质，进入热机的温度为371℃。这个采用有机工质的兰金循环热机是用单级轴流汽轮机直接驱动高速交流电机，其转速为每分钟4万～6万转、2 000Hz、发电功率6.5kW。经过整流，可得到22V、25A左右的直流输出，并配有蓄电池储能。装置中还附有交流逆变器，以供给自用的交流电能。整套设备的能量转换和跟踪系统由微型计算机控制。两台试制样机经过一段时间的试运行，于1987年4月进行了技术鉴定，结束了试制工作。它既可以作为大功率分散式太阳能热发系统的一个单元，也可以作为小功率电源单独使用。

（4）我国太阳能热发电简况

20世纪70年代末，我国有些科研院所和高等院校，如中国科学院电工研究所、上海机械学院和天津大学等，也对太阳能热发电开展了应用基础研究工作，并在天津和上海分别建立了功率为1kW的塔式太阳能热发电模拟试验装置和功率为1kW的平板式低沸点工质太阳能热发电模拟试验装置进行实验。20世纪80年代初，湘潭电机厂与美国太空电子公司合作，试制了2台5kW碟式抛物面点聚焦太阳能热发电装置样机。在“八五”、“九五”和“十五”期间，原国家科委和现在的科技部，均将大型太阳能热发电关键技术列入国家重点科技攻关计划，将碟式小型太阳能热发电装置的研制列入863计划，安排中国科学院电工研究所等单位进行科技攻关和研究开发。2005年，南京海河大学研制了1座70kW塔式热发电系统，并于2007年6月通过了验收。2010年10月，中国科学院电工研究所于北京市延庆县动工建设1MW塔式太阳能热发电站，现已投入试验运行。2011年5月，内蒙古鄂尔多斯市50MW槽式太阳能热发电站国家能源局特许权项目开标，大唐集团新能源公司中标建设与经营该项目。目前全国有许多企业和研究机构正在积极开展太热能热发电设备的研发和试验电站的建设。但从总体上来说，截至目前，我国太阳能热发电技术尚处在试验示范阶段，等待进入商业化的应用。

10.4.2　未来展望

太阳能热发电技术同其他太阳能利用技术一样，也在不断完善和发展提高，但其商业化程度目前还远未达到太阳能热水器和太阳能电池发电的水平。20 世纪 90 年代以来，美国能源部通过“太阳能热发电计划”，对上面介绍的 9 套槽式线聚焦系统进行了考察和分析，确定了系统运行、维修的优化方案，对分系统的自动化、可靠性以及集热器的对准和净化等进行了分析。认为槽式电站的运行和维修成本可以降低 30%左右，已可步入商业化应用。目前美国能源部正通过“太阳能热发电计划”积极推动太阳能热发电技术的商业化进程。该计划的主要内容为：

① 太阳能热发电系统和部件的研究与开发；

② 与太阳能电力工业合作，开发适合于现在和未来的太阳能热发电技术；

③ 对未来的用户开展宣传和培训，使其认识太阳能热发电技术的意义，重点是帮助太阳能产业界开发商品化的产品，改进现有的技术，使之进入近期市场；

④ 大力降低太阳能热发电设备的造价和成本。

欧洲也制订了积极推进太阳能热发电技术的计划，主要内容为：

① 研制开发低成本、高效率的 100～200MW 的槽式系统和塔式系统；

② 开发与建立 1～5MW 碟式太阳能-燃油混合系统；

③ 在欧洲南部和北非建立太阳能热发电示范工程；

④ 制订系统和部件的研制开发计划，包括系统和部件的优化设计；

⑤ 对于新系统的试验和改进；

⑥ 开发 30MW 级的工业化太阳能热发电系统；

⑦ 大力开拓应用市场。

从上述美国和欧洲的太阳能热发电现状和计划可以看出，这些工业发达国家正处于太阳能热发电商业化的前夕，政府和工业界正联合采取措施推动其商业化进程。专家们预测，2020 年左右，太阳能热发电系统将在发达国家实现商业化，并逐步向发展中国家因地制宜地扩展。市场咨询机构 Frost Su Ilivan 公司公布的《全球太阳能市场研究报告》中称：2009 年全球太阳能热发电系统装机容量已达 817MW，其中北美地区约占 62.3%的市场份额。

进入 21 世纪以来，美国、欧盟等发达国家和地区以及中国等主要发展中国家，均十分重视太阳能热发电技术的发展。

① 据国际能源机构（IEA）预测，到 2015 年，全球太阳能热发电的累计装机容量将达 24.5GW，五年的复合增速为 90%；到 2020 年，太阳能热发电的成本，有望降至 10 美分/(kW·h) 以下。

② 欧盟在 2010 年 6 月发布的《太阳能热发电 2025》报告称，到 2025 年，欧洲太阳能热发电的累计装机容量将达到 6000 万～10000 万千瓦；太阳能热发电的成本，目前为 27 欧分/(kW·h)，预计到 2015 年可降为 10 欧分/(kW·h)。

③ 2009 年美国能源部在其发布的《太阳能热发电研究计划》中宣布，到 2015 年其太阳能热发电成本，将由 2008 年没有蓄热的 13～16 美分/(kW·h)，下降为 2015 年 6h 蓄热的 9～12 美分/(kW·h)，到 2020 年实现蓄热 18h 的成本降到 6 美分/(kW·h)。2009 年美国在一系列激励政策的推动下，重新启动太阳能热发电市场，在建项目规模达到 500MW，规划项目规模超过 10GW。

④ 中国也十分重视太阳能热发电技术的研发与应用。2012 年国家发改委发布的《可再生能源发展“十二五”规划》和国家能源局发布的《太阳能发电“十二五”规划》及《新能源产业“十二五”规划》中提出：开展太阳能热发电示范项目建设，提高高温集热管、聚光镜、蓄热装置等关键部件的技术研发、系统集成和装备制造能力，到 2015 年装机容量达到 100 万千瓦，到 2020 年装机容量达到 300 万千瓦，实现产业化和规模化发展。

各工业发达国家虽然均在采取措施、制定规划积极研究和发展太阳能热发电技术，但对其经济性也有不同的看法。由于在地面上所接受的太阳辐射的能量密度低，所以太阳能热发电系统的集热面积要比相同容量火电厂煤场的占地面积约大 10 倍。发电系统要获得很高的系统效率，必须采用高倍率的聚光集热装置，致使单位容量的造价很高，其发电成本目前尚难以与火力发电相竞争。但随着新技术、新材料和新工艺的不断发展，研究开发工作的更加深入，应用市场的不断扩大，太阳能热发电系统的造价是完全有可能大为降低的。同时，随着常规能源的涨价和资源的逐步匮乏，以及大量燃用化石能源对环境影响的日益突出，发展太阳能热发电技术将会逐渐显现出其经济社会的合理性。特别是在常规能源匮乏、交通不便而太阳能资源丰富的边远地区，当需要热电联合开发时，采用太阳能热发电技术是有利的、可行的。

在太阳能热发电系统的 3 种基本类型中，槽式抛物面线聚焦系统，将是近期在世界范围内推进太阳能热发电系统商业化应用的突破口和重点。应紧紧围绕这一重点，下大力气提高系统的技术水平，改进完善工艺，降低成本，增强可靠性和安全性，促进其商业化发展。据国际权威机构统计，截至 2009 年末，全世界已投入运行的槽式系统占整个太阳能热发电系统的 88%；在建的槽式系统，占整个太阳能热发电系统的 97.5%。

此外，近年有的发达国家还开展了一种称之为“太阳能烟囱”的太阳能热发电方式的研究试验。“太阳能烟囱”发电系统（SCP），主要由烟囱集热器（平面温室）和发电机及储能装置组成，由被温室加热的空气经温室中心和烟囱底部产生气流，带动发电机而发电。1982 年德国科研人员在西班牙马德里南部的 Manzanares 建成一座 50kW 太阳能烟囱示范项目，首次把大型温室热气流推动涡轮机发电的概念变为现实，其主要技术数据如表 10-5 所列。这之后，在此基础上，Eviro Mission 公司开始在澳大利亚悉尼以西 600km 处，建造 200MW 的太阳能烟囱发电站。它的烟囱高1 000m、直径 130m，建于直径为7 000m的平面温室的中心。其关键技术，是在温室的内外创造一定的温差，使大型圆形玻璃温室内的空气定向运动到中心的倾斜天花板处产生一个近恒速的风流，通过安装在烟囱底部的 32 个闭式叶轮机昼夜连续发电。设计年发电量为 700GW·h。总投资约为 3.95 亿美元。这种方式的最大特点是没有聚光系统，不但可利用漫射光，而且避免了因聚光带来的各项技术难题。

表 10-5 西班牙 Manzanares“太阳能烟囱”发电系统（SCP）主要技术数据

项目	技术数据	项目	技术数据
烟囱高度	194.6m	设计新空气温度	302K
烟囱半径	5.08m	设计温升	20K
大棚(集热器)高度	1.85m	大棚效率	32%
大棚半径	122m	风力机效率	83%
风力机直径	10m	负载下的迎风速度	9m/s
风力机转速	100r/min	空载下的迎风速度	15m/s
发电机转速	1000r/min	最大输出功率	50kW
设计太阳辐照度	$1000W/m^2$		

第11章

太阳能光伏发电系统

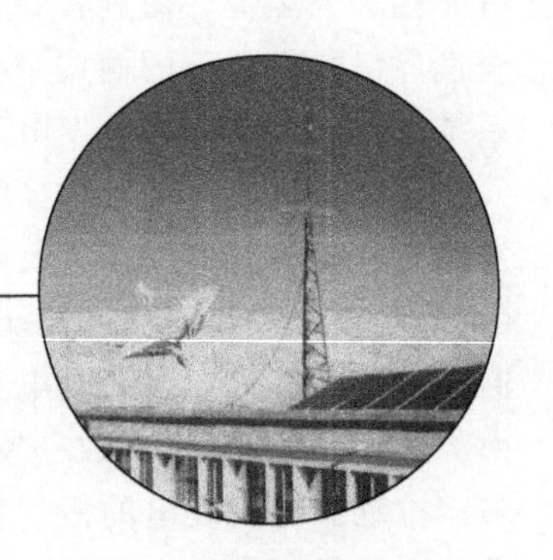

本章从以下几个方面对太阳能光伏发电系统做一综述性的技术简介。首先，对太阳能光伏发电工作原理、运行方式、系统组成、主要应用和发展前景做一概述；其次，对于太阳能光伏发电的技术基础与核心部件太阳能电池和太阳能电池方阵加以介绍；第三，对太阳能光伏发电系统主要平衡设备控制器、蓄电池组、逆变器等分别加以介绍；第四，对太阳能光伏发电系统的设计、安装与管理维护加以介绍；最后，介绍几个中国太阳能光伏发电系统工程应用的实例。

11.1 太阳能光伏发电工作原理、运行方式、系统组成、主要应用和发展前景

11.1.1 太阳能光伏发电的工作原理

太阳能光伏发电的能量转换器是太阳能电池（solar cell），又称光伏电池。太阳能电池发电的原理是光生伏打效应（photovoltaic effect）。当太阳光（或其他光）照射到太阳能电池上时，电池吸收光能，产生光生电子-空穴对。在电池内建电场作用下，光生电子和空穴被分离，电池两端出现异号电荷的积累，即产生“光生电压”，这就是“光生伏打效应”。若在内建电场的两侧引出电极并接上负载，则负载就有“光生电流”流过，从而获得功率输出。这样，太阳的光能就直接变成了可以付诸实用的电能。

可把上述太阳能电池将光能转换成电能的工作原理概括为如下3个主要过程：①太阳能电池吸收一定能量的光子后，半导体内产生电子-空穴对，称为“光生载流子”，两者的电性相反，电子带负电，空穴带正电；②电性相反的光生载流子被半导体p-n结所产生的静电场分离开；③光生载流子电子和空穴分别被太阳能电池的正、负极所收集，并在外电路中产生电流，从

而获得电能。

11.1.2　太阳能光伏发电的运行方式

通过太阳能电池将太阳辐射能直接转换为电能的发电系统称为太阳能电池发电系统又称为太阳能光伏发电系统。这种发电方式以资源无限、清洁低碳、可以再生的太阳辐射能为“燃料”，到处阳光，到处电，发展快速，前景广阔，未来美好。太阳能光伏发电目前工程上广泛使用的光电转换器件晶体硅太阳能电池，生产工技术成熟，已进入大规模产业化生产。截止到 2012 年底，世界光伏发电系统的总装机容量已达 100GW，应用于工业、农业、科技、文教、国防和人民生活的各个领域。预计 21 世纪中叶，太阳能光伏发电将发展为重要的发电方式，在世界可持续能源结构中将占有相当的比例。

地面太阳能光伏发电系统的运行方式，根据其与电网的关系，可分为离网系统和联网系统两大类。未与公共电网相连接的太阳能光伏发电系统称为离网型太阳能光伏发电系统，又称为独立型太阳能光伏发电系统，主要应用于远离公共电网的无电地区和一些特殊处所，如为公共电网难以覆盖的边远偏僻农村、牧区、海岛、高原、荒漠的农牧渔民提供照明、看电视、听广播等的基本生活用电，为通信中继站、沿海与内河航标、输油输气管道阴极保护站、气象台站、公路道班以及边防哨所等特殊处所提供电源。与公共电网相连接的太阳能光伏发电系统称为联网型太阳能光伏发电系统，它是太阳能光伏发电进入大规模商业化发电阶段、成为电力工业组成部分之一的重要方向，是当今世界太阳能光伏发电技术发展的主流趋势。特别是其中的光伏电池与建筑相结合的分布式联网屋顶太阳能光伏发电系统，是众多发达国家竞相发展的热点，发展迅速，市场广阔，前景诱人。

为给农村不通电乡镇及村落广大农牧渔民解决基本生活用电和为特殊处所提供基本工作电源，经过 40 多年的努力，离网型太阳能光伏发电系统在我国已有很大的发展，今后仍将继续快速发展。近年来，联网型太阳能光伏发电系统成为我国光伏发电的重点，国家出台一系列方针政策，制订规划，采取措施，大力推进，快速发展。

截止到 2012 年底，我国太阳能光伏发电的总装机容量已达到 7GW。国家“十二五”规划到 2015 年太阳能发电总装机容量将达到 35GW 以上（包括太阳能热发电 1GW）。

11.1.3　太阳能光伏发电系统的组成

11.1.3.1　离网型太阳能光伏发电系统的组成

离网型太阳能光伏发电系统根据用电负载的特点，可分为直流系统、交流系统和交直流混合系统等几种。其主要区别是系统中是否带有逆变器。一般来说，离网型太阳能光伏发电系统主要由太阳能电池方阵、控制器、蓄电池组、直流/交流逆变器等部分组成。离网型太阳能光伏发电系统的组成框图，如图11-1所示。

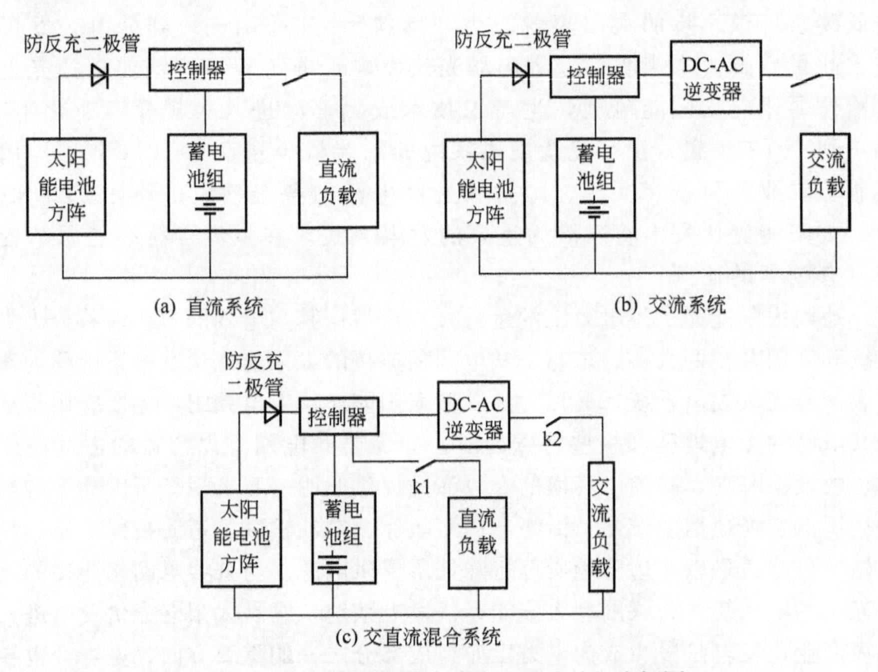

图 11-1　离网型太阳能光伏发电系统的组成框图

（1）太阳能电池方阵

太阳能电池单体是光电转换的最小单元，目前常见的规格尺寸主要有125mm×125mm、150mm×150mm和156mm×156mm等多种。它的工作电压为0.45～0.5V，工作电流大约为25～30mA/cm²，目前的厚度为180～220μm，一般不能单独作为电源使用。将太阳能电池单体进行串并联并封装后，就成为太阳能电池组件，其功率一般为几瓦、几十瓦甚至数百瓦，是可以单独作为电源使用的最小单元。太阳能电池组件再经过串并联并装在支架上，就构成了太阳能电池方阵，可以满足负载所要求的输出功率（见图11-2）。

一个太阳能电池只能产生大约0.45V电压，远低于实际应用所需要的电压。为了满足实际应用的需要，需把太阳能电池连接成组件。太阳能电池组件包含一定数量的太阳能电池，这些太阳能电池通过导线连接。一个组件上，太阳能电池的标准数量是36个或40个，这意味着一个太阳能电池组件大约能产生16V的电压，正好能为一个额定电压为12V的蓄电池进行有效的充电。

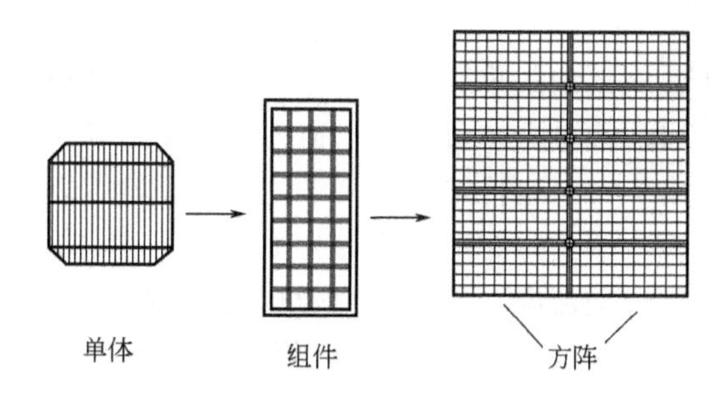

图11-2 太阳能电池单体、组件和方阵

通过导线连接的太阳能电池被密封成的物理单元，称为太阳能电池组件，具有一定的防腐、防风、防雹、防雨等的能力，广泛应用于各个领域和系统。当应用领域需要较高的电压和电流而单个组件不能满足要求时，可把多个组件组成太阳能电池方阵，以获得所需要的电压和电流。

(2) 防反充二极管

又称阻塞二极管。其作用是避免由于太阳能电池方阵在阴雨天和夜晚不发电时或出现短路故障时，蓄电池组通过太阳能电池方阵放电。它串联在太阳能电池方阵电路中，起单向导通作用。要求其能承受足够大的电流，而且正向电压降要小，反向饱和电流要小。一般可选用合适的整流二极管。

(3) 蓄电池组

其作用是储存太阳能电池方阵受光照时所发出的电能并可随时向负载供电。太阳能电池发电系统对所用蓄电池组的基本要求是：①自放电率低；②使用寿命长；③深放电能力强；④充电效率高；⑤少维护或免维护；⑥工作温度范围宽；⑦价格低廉。目前我国与太阳能电池发电系统配套使用的蓄电池主要是铅酸蓄电池。配套200A·h以上的铅酸蓄电池，一般选用固定式或工业密封免维护铅酸蓄电池；配套200A·h以下的铅酸蓄电池，一般选用小型密封免维护铅酸蓄电池。

(4) 控制器

是光伏发电系统的核心部件之一。光伏电站的控制器一般应具备如下功能：①信号检测；②蓄电池最优充电控制；③蓄电池放电管理；④设备保护；⑤故障诊断定位；⑥运行状态指示。

光伏发电系统在控制器的管理下运行。控制器可以采用多种技术方式实现其控制功能，比较常见的有逻辑控制和计算机控制两种方式。智能控制器多采用计算机控制方式。

（5）逆变器

逆变器是光伏发电系统的重要平衡设备。由于太阳能电池方阵和蓄电池组发出的是直流电，当负载是交流负载时，逆变器是不可缺少的。对逆变器的基本要求是：①能输出一个电压稳定的交流电。无论是输入电压出现波动，还是负载发生变化，它都要达到一定的电压稳定精确度，静态时一般为±2%。②能输出一个频率稳定的交流电。要求该交流电能达到一定的频率稳定精确度，静态时一般为±0.5%。③输出的电压及其频率在一定范围内可以调节。一般输出电压可调范围为±5%，输出频率可调范围为±2Hz。④具有一定的过载能力。一般能过载125%～150%。当过载150%时，应能持续30s；当过载125%时，应能持续1min及以上。⑤输出电压波形含谐波成分应尽量小。一般输出波形的失真率应控制在7%以内，以利于缩小滤波器的体积。⑥具有短路、过载、过热、过电压、欠电压等保护功能和报警功能。⑦启动平稳，启动电流小，运行稳定可靠。⑧换流损失小，逆变效率高。一般应在85%～90%以上。⑨具有快速的动态响应。逆变器按运行方式，可分为独立运行逆变器和联网逆变器。独立运行逆变器用于独立运行的太阳能电池发电系统，为独立负载供电。联网逆变器用于联网运行的太阳能电池发电系统，将发出的电能馈入电网。逆变器按输出波形又可分为方波逆变器和正弦波逆变器。方波逆变器，电路简单，造价低，但谐波分量大，一般用于几百瓦以下和对谐波要求不高的离网系统。正弦波逆变器，成本高，但可以适用于各种负载。从长远看，正弦波逆变器是发展的主流。

（6）测量设备

对于小型太阳能电池发电系统，只要求进行简单的测量，如蓄电池电压和充放电电流，测量所用的电压表和电流表一般就装在控制器上。对于太阳能通信电源系统、管道阴极保护系统等工业电源系统和中大型太阳能光伏电站，往往要求对更多的参数进行测量，如太阳辐射、环境气温、充放电电量等。有时甚至要求具有远程数据传输、数据打印和遥控功能，这就要求为太阳能电池发电系统配备数据采集系统和微机监控系统。

11.1.3.2 联网型太阳能光伏发电系统的组成

联网型太阳能光伏发电系统可分为集中式大型联网光伏系统（以下简称为大型联网光伏电站）和分散式中小型联网光伏系统（以下简称户用联网型光伏系统）两大类型。大型联网光伏电站的主要特点是所发电能被直接输送到电网上，由电网统一调配向用户供电。建设这种大型联网光伏电站，投资巨大，建设期长，需要复杂的控制和配电设备，并要占用大片土地，因而受到一定制约。而户用联网型光伏系统，特别是与建筑结合的用电侧分布式屋顶联网型光伏系统，由于具有许多优越性，建设容易，投资不大，许多国家又相继出台了一系列激励政策，因而在各发达国家备受青睐，发展迅速，成为主流。下面重点介绍户用联网型光伏系统。

户用联网型光伏系统的主要特点，是所发的电能直接分配到用户的用电负载上，多余或不足的电力通过连接电网来调节。根据联网型光伏系统是否允许通过供电区变压器向主电网馈电，分为可逆流与不可逆流联网型光伏发电系统。可逆流系统，是在光伏系统产生剩余电力时将该电能送入电网，由于是同电网的供电方向相反，所以称为逆流；当光伏系统电力不够时，则由电网供电（见图 11-3）。这种系统，一般是为光伏系统的发电能力大于负载或发电时间同负荷用电时间不相匹配而设计的。户用联网型光伏系统，由于输出的电量受天气和季节的制约，而用电又有时间的区分，为保证电力平衡，一般均设计成可逆流系统。不可逆流系统，则是指光伏系统的发电量始终小于或等于负荷的用电量，电量不够时由电网提供，即光伏系统与电网形成并联向负载供电。这种系统，即使当光伏系统由于某种特殊原因产生剩余电能，也只能通过某种手段加以处理或放弃。由于不会出现光伏系统向电网输电的情况，所以称为不可逆流系统（见图 11-4）。

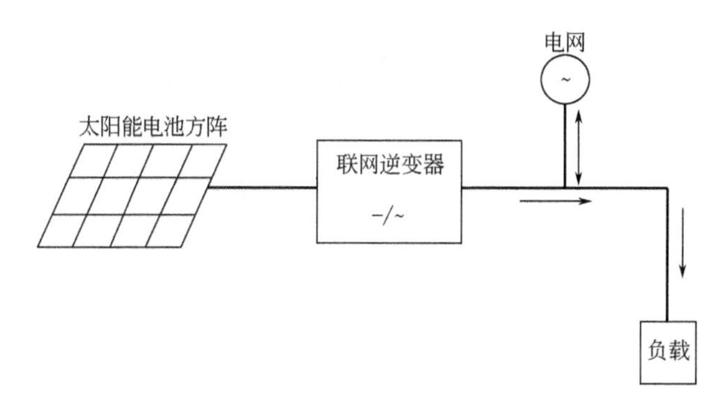

图 11-3　可逆流系统

用户联网型光伏系统又有家庭系统和小区系统之分。家庭系统，装机容量较小，一般为 1～5kWp，为自家供电，由自家管理，独立计量电量。小区系统，装机容量较大些，一般为 50～300kWp，甚至 1～10MW，为一个小区或一栋建筑物供电，统一管理，集中分表计量电量。

根据联网型光伏系统是否配置储能装置，又可分为有储能装置和无储能装置联网型光伏发电系统。配置少量蓄电池的系统，称为有储能系统（见图 11-5）。不配置蓄电池的系统，称为无储能系统（见图 11-6）。有储能系统主动性较强，当出现电网限电、掉电、停电等情况时仍可正常供电。

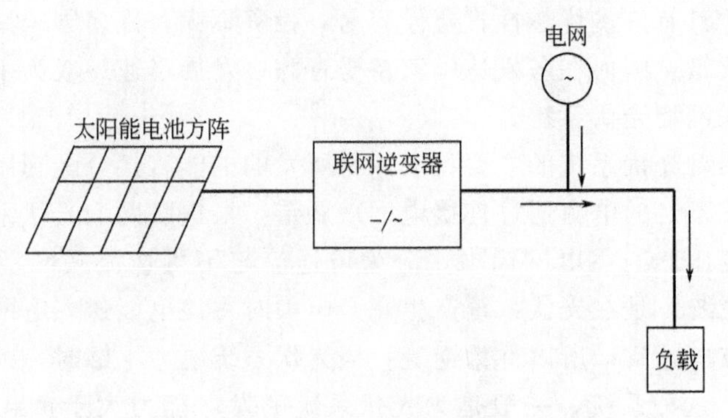

图 11-4　不可逆流系统

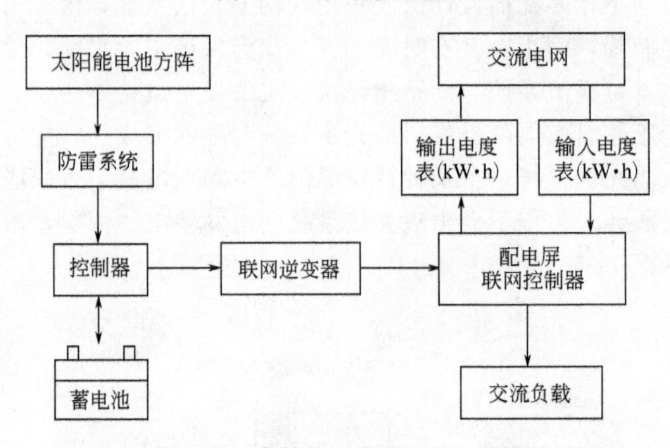

图 11-5　有储能（带蓄电池）系统

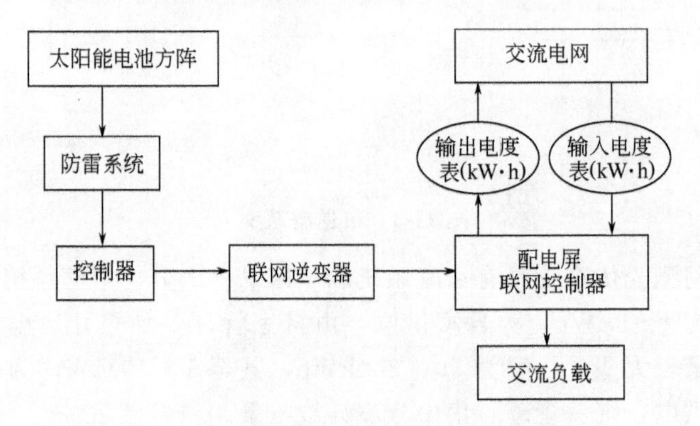

图 11-6　无储能（不带蓄电池）系统

用户联网型光伏系统通常是白天光伏系统发电量大而负载耗电量小，晚上光伏系统不发电而负载耗电量大。将光伏系统与电网相连，就可将光伏系统白天所发的多余电力“储存”到电网中，待用电时随时取用，省掉了储能蓄电池。其工作原理是：太阳能电池方阵在太阳光辐照下发出直流电，经逆变器转换为交流电，供用电器使用；系统同时又与电网相连，白天将太阳能电池方阵发出的多余电能经联网逆变器逆变为符合所接电网电能质量要求的交流电馈入电网，在晚上或阴雨天发电量不足时，由电网向用户供电。用户联网型光伏系统所带负载的电压，在我国一般为单相 220V 和三相 380V，所接入的电网为低压商用电网。

典型用户联网型光伏系统主要由太阳能电池方阵、联网逆变器和控制器 3 大部分构成，如图 11-7 所示。

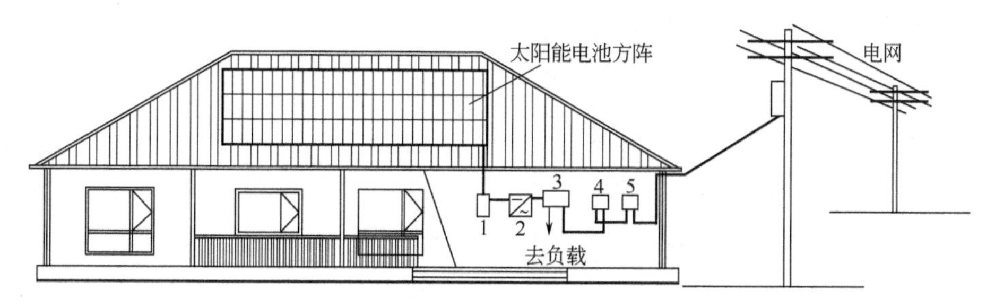

图 11-7　典型用户联网型光伏系统示意图

1—直流汇流箱；2—联网逆变器；3—配电交流箱；
4—电表（向电网输出）；5—电表（从电网引入）

按照接入电网电压等级，可将联网型太阳能光伏发电系统分为：

① 低压系统。接入 0.4kV 低压电网。

② 中压系统。接入 10～35kV 电压电网。

③ 高压系统。接入 66kV 以上电压等级电网。

关于联网型太阳能光伏发电系统的构成，可做如下概括：

① 低压用户侧联网型太阳能光伏发电系统，从功能上主要由下列设备和部件构成：

a. 光伏方阵系统：包括光伏方阵、支架、基础和汇流箱等。

b. 功率调节器：包括联网逆变器和配电设备等。

c. 电网接入单元：包括继电保护装置和电能计量装置等。

d. 主控和监视设备：包括数据采集、现场显示、远程传输和监控装置等。

e. 配套部件：包括电缆、线槽和防雷接地装置等。

可绘成图 11-8 的方框示意图。

② 中高压输电网联网型太阳能光伏发电系统，从功能上主要由下列设备和部件构成：

a. 光伏方阵系统：包括光伏方阵、支架（跟踪和固定）、基础和汇流箱等。

b. 功率调节器：包括联网逆变器和配电设备等。

c. 电网接入系统：包括升压变压器、继电保护装置和电能计量装置等。

d. 主控和监视设备：包括数据采集、现场显示、远程传输和监控装置等。

e. 通信系统：包括通道、交换设备及不间断电源等。

f. 配套部件：包括电缆、线槽和防雷接地装置等。

g. 土建工程设施：包括机房、护栏和道路等。

可绘成图 11-9 的方框示意图。

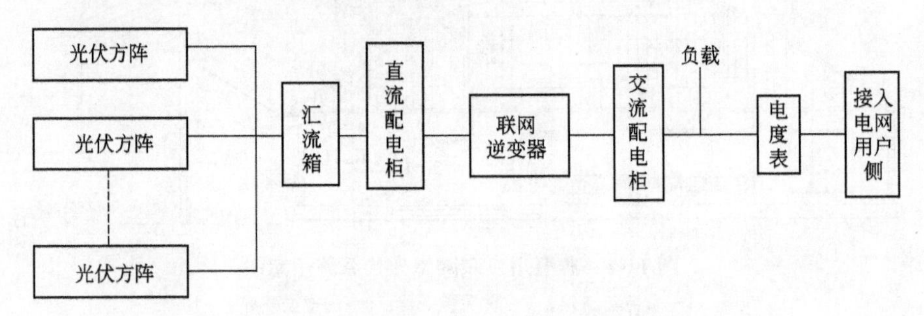

图 11-8 低压用户侧联网型太阳能光伏发电系统方框示意图

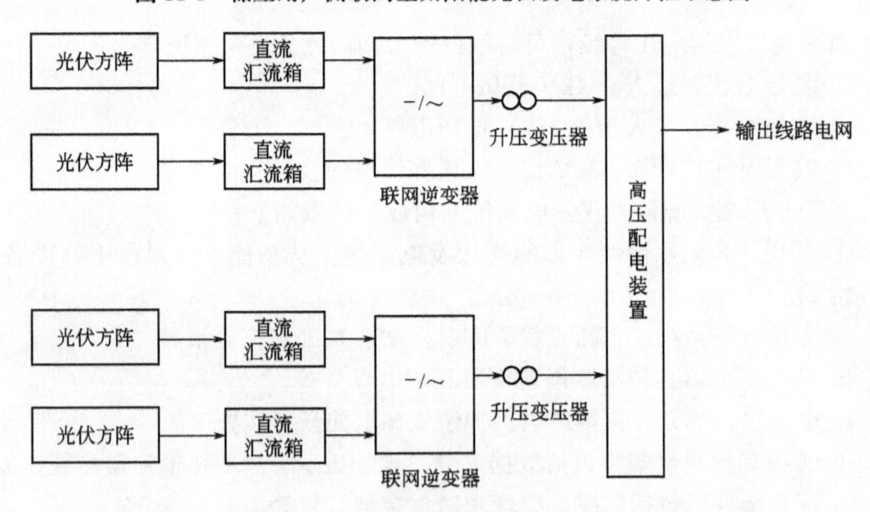

图 11-9 中高压输电网联网型太阳能光伏发电系统方框示意图

（1）太阳能电池方阵

太阳能电池方阵是联网型光伏系统的主要部件，由其将接收到的太阳光能直接转换为电能。目前工程上应用的太阳能电池方阵多为由一定数量的晶体硅太阳能电池组件按照联网逆变器输入电压的要求串、并联后固定在支架上组成。用户联网型系统的光伏方阵一般都用支架安装在建筑物的屋顶上，如能在住宅或建筑物建设时就考虑方阵的安装朝向和倾斜角度等要求，并预先埋好地脚螺栓等固定元件，则光伏方阵安装时就将方便和快捷。

用户联网型光伏系统光伏器件的突出特点和优点是与建筑相结合，目前主要有如下两种形式。

① 建筑与光伏系统相结合（BAPV）。

作为光伏与建筑相结合的第一步，是将现成的平板式光伏组件安装在建筑物的屋顶等处，引出端经过逆变和控制装置与电网连接，由光伏系统和电网并联向用户供电，多余电力向电网反馈，不足电力向电网取用。

② 建筑与光伏组件相结合（BIPV）。

光伏与建筑相结合的进一步目标，是将光伏器件与建筑材料集成化。建筑物的外墙一般都采用涂料、马赛克等材料，为了美观有的甚至采用价格昂贵的玻璃幕墙等，其功能是起保护内部及装饰的作用。如果把屋顶、向阳外墙、遮阳板甚至窗户等的材料用光伏器件来代替，则既能作为建筑材料和装饰材料，又能发电，一举两得，一物多用，使光伏系统的造价降低，发电成本下降。这就对光伏器件提出了更高、更新的要求，应具有建筑材料所要求的隔热保温、电气绝缘、防火阻燃、防水防潮、抗风耐雪、重量较轻、具有一定强度和刚度且不易破裂等性能，还应具有寿命与建材同步、安全可靠、美观大方、便于施工等特点。如果作为窗户材料，并要能够透光。美国、日本、德国等发达国家的一些公司、研究机构和高校，在政府的资助下，经过一些年的努力，研究开发出不少这类光伏器件与建筑材料集成化的产品，有的已在工程上应用，有的在试验示范，并且还在进一步研究开发更新的品种。目前已研发出的品种有：双层玻璃大尺寸光伏幕墙，透明和半透明光伏组件，隔热隔音外墙光伏构件，光伏屋面瓦、砖及卷材，大尺寸、无边框、双玻璃屋面光伏构件，面积达 $2m^2$ 左右代替屋顶蒙皮的光伏构件，光伏电池不同颜色、不同形状、不同排列的构件，屋面和墙体柔性光伏构件等。

光伏建筑一体化系统的形式有多种多样，图 11-10 所示为几种形式的示意图。

光伏建筑一体化系统的关键技术问题之一，是设计良好的冷却通风，这是因为光伏组件的发电效率随其表面工作温度的上升而下降。理论和试验证明，在光伏组件屋面设计空气通风通道，可使组件的电力输出提高 8.3%左右，组件的表面温度降低 15℃左右。此外，光伏建筑物之间的距离、树木对光伏系统的影响、光伏方阵的维护与清洁及光伏系统的防雷保护等问题，也是光伏建筑一体化在设计中必须考虑的问题。

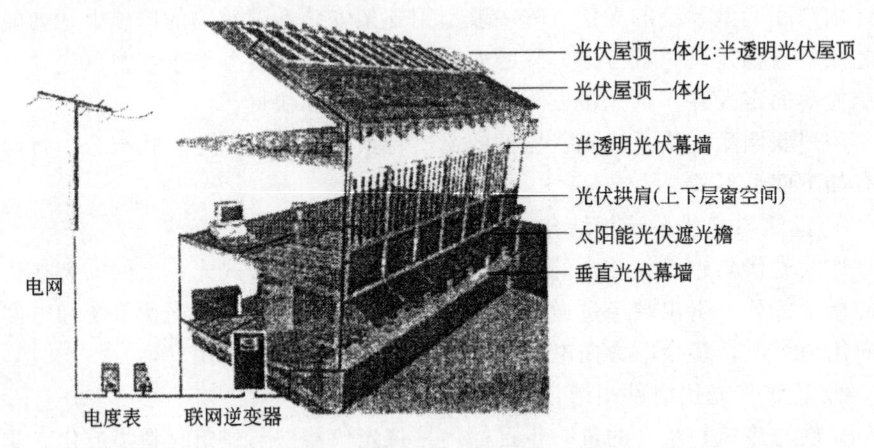

图 11-10　光伏建筑一体化的几种形式

(2) 联网逆变器

① 联网逆变器功能　联网逆变器是联网型光伏发电系统的核心部件和技术关键。联网逆变器与独立逆变器不同之处是，它不仅可将太阳能电池方阵发出的直流电转换为交流电，并且还可对转换的交流电的频率、电压、电流、相位、有功与无功、同步、电能品质（电压波动、高次谐波）等进行控制。它具有如下功能。

a. 自动开关。根据从日出到日落的日照条件，尽量发挥太阳能电池方阵输出功率的潜力，在此范围内实现自动开始和停止。

b. 最大功率点跟踪（MPPT）控制。对跟随太阳能电池方阵表面温度变化和太阳辐照度变化而产生出的输出电压与电流的变化进行跟踪控制，使方阵经常保持在最大输出的工作状态，以获得最大的功率输出。

c. 防止单独运行。系统所在地发生停电，当负荷电力与逆变器输出电力相同时，逆变器的输出电压不会发生变化，难以察觉停电，因而有通过系统向所在地供电的可能，这种情况叫做单独运转，又称为孤岛效应。在这种情况下，本应停了电的配电线中又有了电，这对于保安检查人员是危险的，对整个系统也有可能造成损坏，因此要设置防止单独运行功能。

d. 自动电压调整。在剩余电力逆流入电网时，因电力逆向输送而导致送电点电压上升，有可能超过商用电网的运行范围，为保持系统的电压正常，运转过程中要能够自动防止电压上升。

e. 异常情况排解与停止运行。当系统所在地电网或逆变器发生故障时，及时查出异常，安全加以排解，并控制逆变器停止运转。

② 联网逆变器构成　联网逆变器主要由逆变器和联网保护器两大部分构成，如图 11-11 所示。

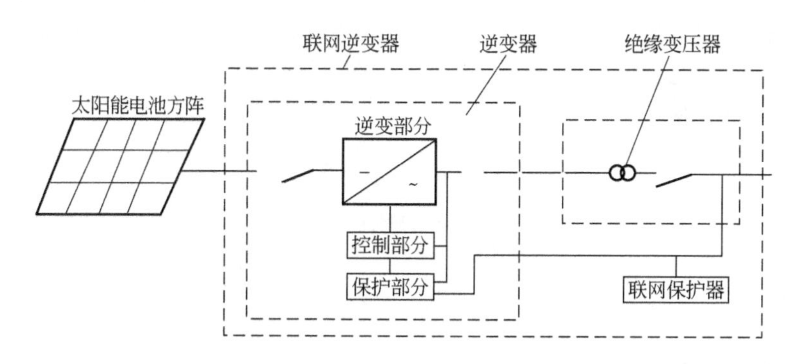

图 11-11　联网逆变器构成（绝缘变压器方式）

a. 逆变器包括 3 个部分：逆变部分，其功能是采用大功率晶体管将直流高速切割，并转换为交流；控制部分，由电子回路构成，其功能是控制逆变部分；保护部分，也由电子回路构成，其功能是在逆变器内部发生故障时起安全保护作用。

b. 联网保护器是一种安全装置，主要用于频率上下波动、过欠电压和电网停电等的监测。通过监测如发现问题，应及时停止逆变器运转，把光伏系统与电网断开，以确保安全。它一般装在逆变器中，但也有单独设置的。

③ 联网逆变器回路方式　已进入实用的主要有电网频率变压器绝缘方式、高频变压器绝缘方式和无变压器方式 3 种。电网频率变压器绝缘方式，采用脉宽调制（PWM）逆变器产生电网频率的交流，并采用电网频率变压器进行绝缘和变压。它具有良好的抗雷击和削除尖波的性能。但由于采用了电网频率变压器，因而较为笨重（见图 11-12）；高频变压器绝缘方式，体积小，重量轻，但回路较为复杂（见图 11-13）；无变压器方式，体积小，重量轻，成本低，可靠性能高，但与电网之间没有绝缘。除第一种方式外，后两种方式均具有检测直流电流输出的功能，进一步提高了安全性。无变压器方式，在成本、尺寸、重量及效率等方面具有优势。该回路由升压器把太阳能电池方阵的直流电压提升到无变压器逆变器所需要的电压。逆变器把直流转换为交流。控制器具有联网保护继电器的功能，并设有联网所需手动开关，以便在发生异常时把逆变器同电网隔离（见图 11-14）。

④ 最大功率点跟踪（MPPT）技术　太阳能电池方阵的输出随太阳辐照度和太阳能电池方阵表面温度而变动，因此需要跟踪太阳能电池方阵的工作点

并进行控制，使方阵始终处于最大输出，以获取最大的功率输出。采用最大功率点跟踪（MPPT）技术就是起这种作用。每隔一定时间让联网逆变器的直流工作电压变动一次，测定此时太阳能电池方阵输出功率，并同上次进行比较，使联网逆变器的直流电压始终沿功率变大的方向变化。图 11-15 所示为 MPPT 控制原理示意图。

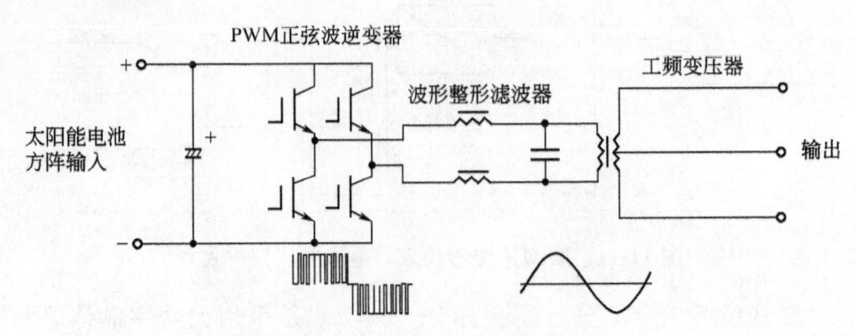

图 11-12 电网频率变压器绝缘方式

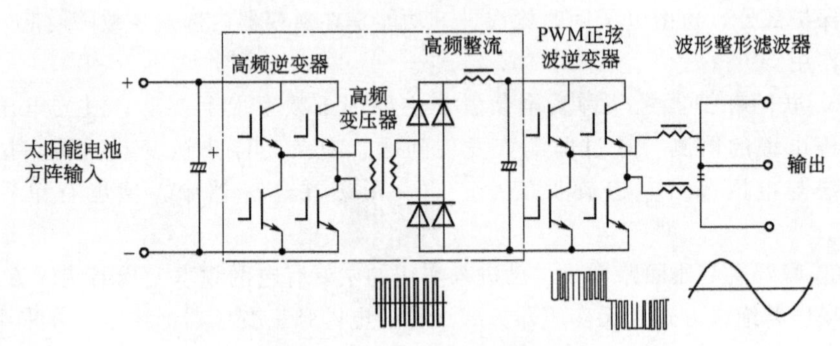

图 11-13 高频变压器绝缘方式

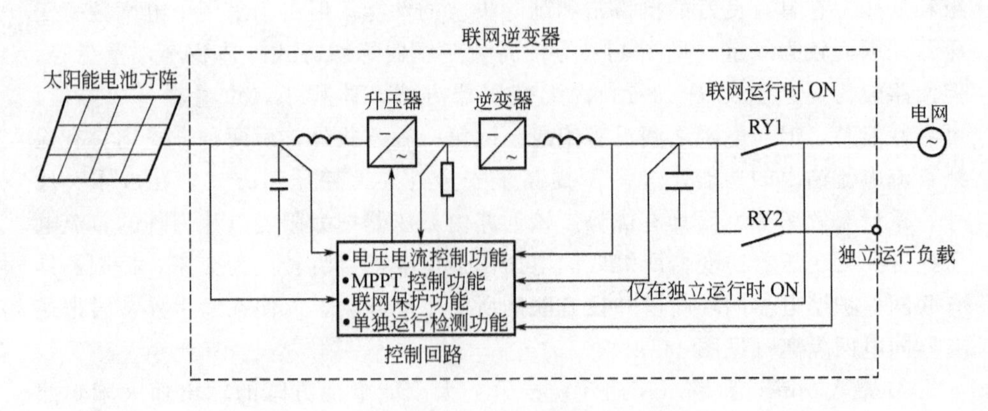

图 11-14 无变压器方式联网逆变器回路构成

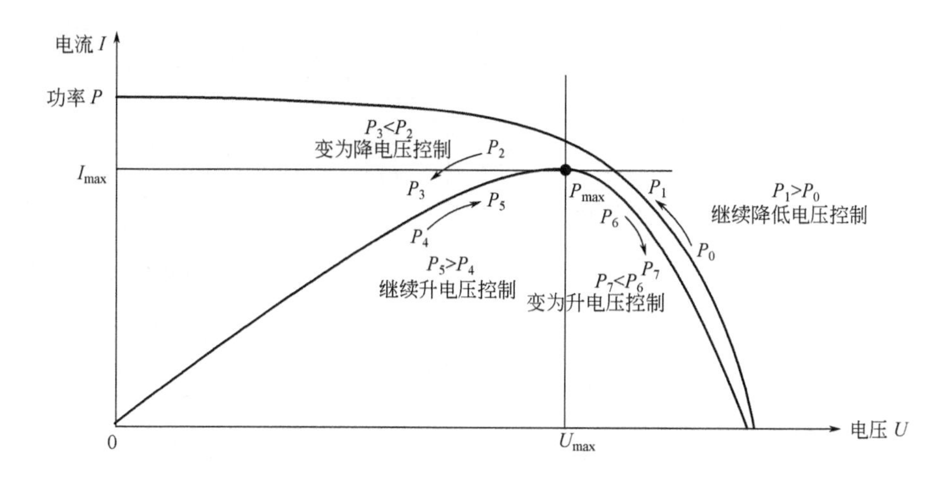

图 11-15　MPPT 控制原理示意图

(3) 太阳能自动跟踪装置

我国的西北部地区，拥有丰富的太阳能资源和广阔的荒漠地及开阔地土地资源，在这里积极有序地建设一批大型联网太阳能光伏电站，对进一步开拓我国太阳能光伏发电应用市场具有重要意义。在大型联网光伏电站的工程建设中，采用太阳能自动跟踪装置，可使光伏方阵始终保持与太阳光线垂直，消除固定式光伏方阵的余弦损失，使光伏方阵接收更多的太阳辐射能，提高发电量，从而降低发电成本，是一项值得积极推广的技术。太阳能自动跟踪装置，一般可分为双轴跟踪式、单轴跟踪式和准双轴跟踪式等几类。既跟踪太阳方位角又跟踪仰角的跟踪装置，叫双轴跟踪装置；只跟踪方位角不跟踪仰角的跟踪装置，叫单轴跟踪装置。其中单轴跟踪式又分为水平单轴跟踪和斜单轴跟踪两种。它们共同的特点是使光伏方阵的表面法线依照太阳的运动规律做相应的运动，使太阳光的入射角减小，提高太阳辐射能的利用率。我国若干工程应用的数据表明：装设双轴跟踪装置的电站，投资成本比固定式电站约增加 15%，而电站的发电量约可增加 30%～40%；如果是装设斜单轴跟踪装置，其投资成本约比固定式电站增加 3%～5%，而电站的发电量约可增加20%～30%。可见，大型联网太阳能光伏电站采用太阳能自动跟踪装置效益明显。

11.1.4　太阳能光伏发电系统的主要应用

太阳能光伏发电系统可分为独立太阳能光伏发电系统和联网太阳能光伏发电系统，其主要应用分类如图 11-16 所示。

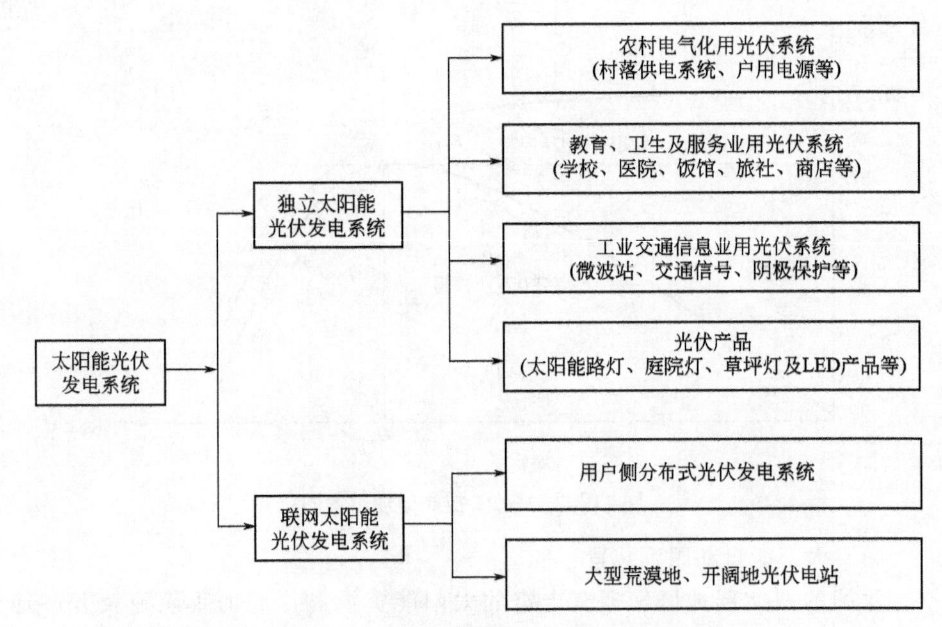

图 11-16　太阳能光伏发电系统应用分类

工业交通信息业的应用主要有：微波中继站；光缆通信系统；无线寻呼台站；卫星通信和卫星电视接收系统；农村程控电话系统；部队通信系统；铁路和公路信号系统；灯塔和航标灯电源；气象、地震台站；水文观测系统；水闸阴极保护和石油天然气管道阴极保护等。

在农村和边远地区的主要应用有：村落独立光伏电站；小型风光混合发电系统；太阳能户用系统；太阳能照明灯；太阳能水泵；农村社区（学校、医院、饭馆、旅社、商店等）供电系统等。

对于联网光伏发电系统来说，主要用于用户侧分布式联网光伏发电系统和大型荒漠地、开阔地光伏电站。这类应用已经成为光伏发电市场的主流，目前已约占到世界光伏发电市场份额的85％以上。

太阳能光伏发电也应用于一些太阳能商品及其他场合，包括：太阳能路灯；太阳能钟；太阳能庭院灯；太阳能草坪灯；太阳能喷泉；太阳能城市景观亮化工程；太阳能信号标识；太阳能广告灯箱、科普灯箱等；太阳帽；太阳能充电器；太阳能手表、计算器；太阳能汽车换气扇；太阳能自行车；太阳能电动汽车；太阳能游艇；太阳能玩具等。

下面为太阳能光伏发电系统应用的一些举例，供参考。

（1）光伏直流照明系统

图 11-17 所示为典型的太阳能直流照明系统，表 11-1 所列为太阳能直流

照明系统的设备配置和技术性能。

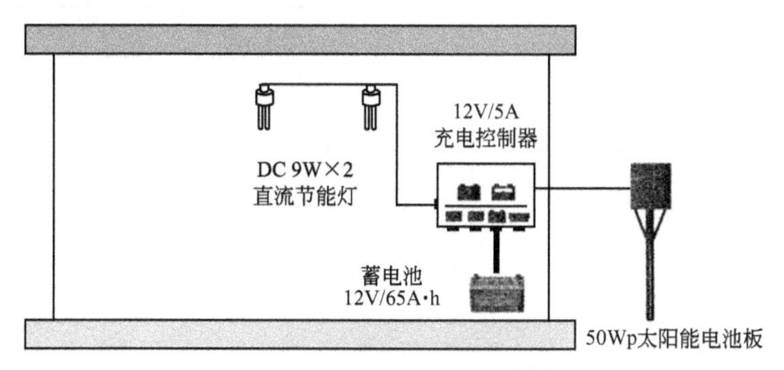

图 11-17　典型的太阳能直流照明系统

表 11-1　太阳能直流照明系统的设备配置和技术性能

设　　备	型　号	技术参数	数　　量
太阳能电池组件	S-50D	17V/2.95A/50Wp	1 块
支架	SS-50-1.5	高 1.5m	1 套
阀控式密封铅酸蓄电池	6GFM-65	12V/65A·h	1 块
直流节能灯	DC12-9	12V/9W	3 只(1 只备用)
充电控制器	JK 12/5-5	12V/5A	1 台

(2) 光伏交流户用电源

图 11-18 所示为典型的太阳能光伏交流户用电源系统，表 11-2 所示为太阳能光伏交流户用电源的设备配置和技术性能。

(3) 光伏卫星电视系统

图 11-19 所示为典型的太阳能卫星电视系统，表 11-3 所列为太阳能卫星电视系统的设备配置和技术性能。

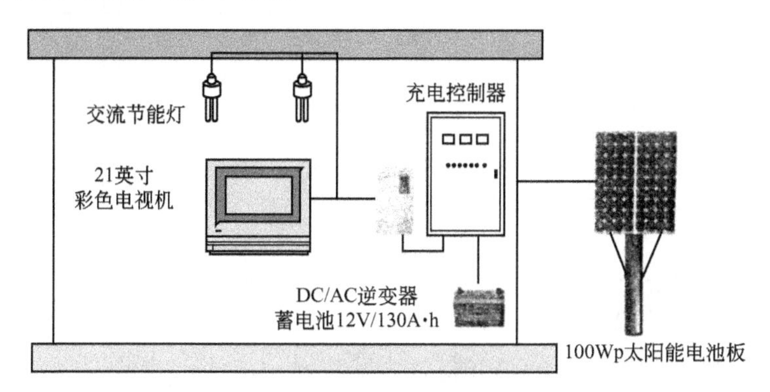

图 11-18　典型的太阳能光伏交流户用电源系统

表 11-2　太阳能光伏交流户用电源的设备配置和技术性参

设　　备	型　号	技术参数	数　　量
太阳能电池组件	S-50D	17V/2.95A/50Wp	2 块
支架	SS-100-1.5	高 1.5m	1 套
阀控式密封铅酸蓄电池	6GFM-65	12V/65A・h	2 块
逆变器	SQ12-100	12V/100V・A	1 台
交流节能灯	AC-9W	220V/9W	3 只(1 只备用)
充电控制器	JK 12/10-10	12V/10A	1 台
21 英寸彩色电视机			1 台

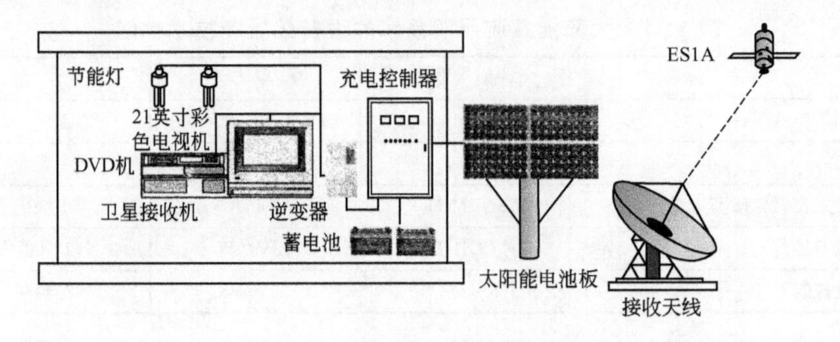

图 11-19　典型的太阳能卫星电视系统

表 11-3　太阳能卫星电视系统的设备配置和技术性能

设　　备	型　号	技术参数	数　　量
晶体硅太阳能电池组件	S-50D	17V/2.9A/50Wp	4 块
支架	SS-200-1.8	高 1.8m	1 套
阀控式密封铅酸蓄电池	6GFM-65	12V/65A・h	4 块
逆变器	SQ24-500	24V/500V・A	1 台
交流节能灯	AC-9W	220V/9W	3 只(1 只备用)
充电控制器	JK 24/10-10	24V/10A	1 台
卫星接收系统	1.5m 天线,馈源,高频头,卫星接收机,21 英寸彩色电视机,录像机		1 套

(4) 独立村落光伏电站

图 11-20 所示为典型的独立村落光伏电站，表 11-4 所列为 20kW 独立村落光伏电站设备配置和技术参数。

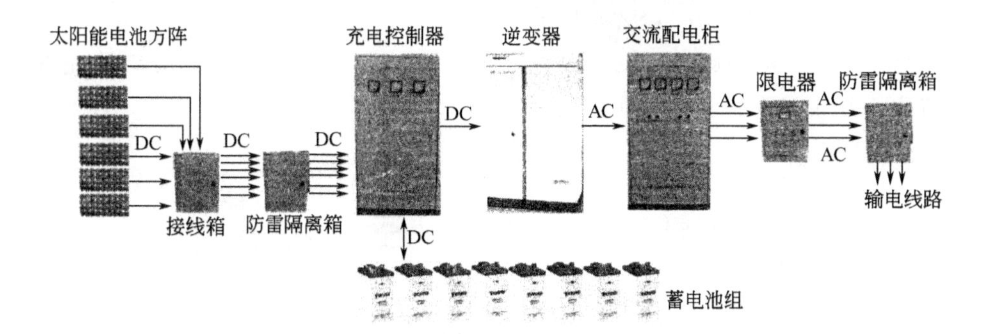

图 11-20 独立村落光伏电站

表 11-4 20kW 独立村落光伏电站设备配置和技术参数

土 建 工 程			
项 目	技术特性	数 量	备 注
机房	被动式太阳房	$135m^2$	
方阵场	水泥基础+电缆沟	$450m^2$	
长途电话线路	拨号	1 条	
柴油机房	普通砖混结构	$50m^2$	
厕所	土坯房	$15m^2$	
水井	深 20～30m	1 眼	
围墙	网围栏	400m	
接地	接地电阻<10Ω	10 个子方阵	
输电线路	干线 $35mm^2$ 支线 $16mm^2$	干线 1 000m 支线 2 000m	干线 3 相 4 线，支线单相
进户线和电表箱		150 户	
机 电 设 备			
项 目	型 号	技术参数	数 量
太阳能电池组件(含支架)	S80D	80Wp(17V)	252 块(18 串，14 并)
蓄电池	GFM800	2V/800A・h	220 只(110 只串联，2 组并联)
充电控制器	JKCK-220V/100A	220V/100A	1 台
逆变器	SN220-20K	220V/20kV・A	1 台
交流配电柜	JKPD380/100-3CH	3 相 100A	1 台
方阵接线箱	JKX-2-1	2 路入/1 路出	7 个
电子限电装置	JKXB-50A3CH	3 相 50A	1 只
防雷隔离箱	JKFL-7	7 路	2 只(输入/输出)
高效节能灯	AC-9W	220V/9W	2 400 盏
计算机数据采集系统	JKSC-Ⅱ	Fix 平台	1
备用柴油机组	闭式水冷	55kW	1(可选)台
整流充电系统	JKZL-60K-3CH	60kW	1(可选)台
电缆			若干
电站用工具、仪表			1 套

(5) 集中型直流总线村落光伏电站

图 11-21 所示为典型的风光混合发电系统，表 11-5 所列为 60kW 风光混合发电系统设备配置和技术性能。

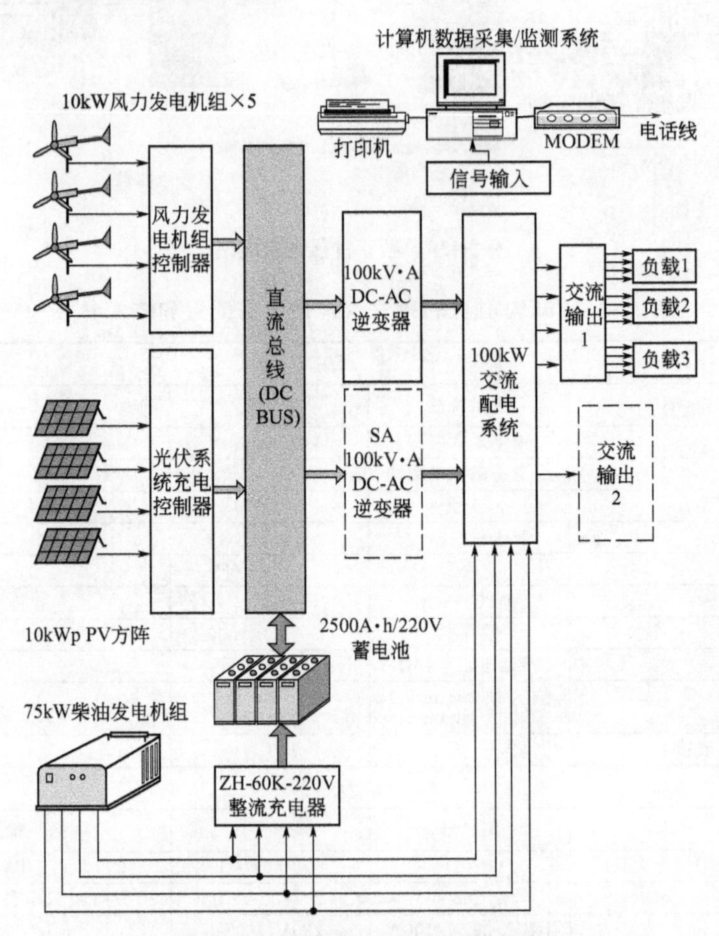

图 11-21 典型的风光混合发电系统

表 11-5 60kW 风光混合发电系统设备配置和技术性能

设　备	技术特性	数　量	说　明
控制室和蓄电池室	被动式太阳房	$80m^2$	
柴油机房	砖混结构	$50m^2$	
风力发电机组机座和电缆沟道	混凝土结构	5 个机座，600m 电缆沟	
太阳能电池方阵基础和电缆沟道	混凝土结构	10kWp 方阵基础，120m 电缆沟	
防雷接地	接地电阻小于 10Ω	7 套	5 台风电机组塔架及太阳能电池方阵和控制室

续表

设　　备	技术特性	数　　量	说　　明
用户配电箱及进户线	进户线 $4mm^2$，进户电表 2.5A	120 户	
风力发电机组	10kW/台	5 台	XBWL F10a-R220
风力机塔架	钢制	5 个	
太阳能电池组件		10kWp	ASE-300-DGF/50
太阳能电池方阵支架	镀锌钢架	6 组	3A
蓄电池	固定型铅酸蓄电池	220V/1 000A·h	GGM-1 000×110 只
风力机控制器	10kW	5 台	XBWL VCS-10
光伏控制器和直流总线	光伏控制器 10kW，直流总线 60kW	1 台	ZK-5K-220V
DC/AC 逆变器	80kV·A(三相、正弦)	1 台	SA80K
整流充电器	60kV·A	1 台	ZH-60K-220V
交流配电系统	60kW	1 台	JP-60K-3CH
输出配电箱	60kW(双路)	1 台	JPX-60K-3CH
风速风向测试系统		1 套	EL15，ENR，HYA-W，Pole，Cable
微机监控系统	Fix 平台	1 套	PII 300
柴油发电机组	75kW (闭式水冷)	1 台	R4100D-75GF
电缆		若干	
专用工具、仪表		1 套	

(6) 交流总线混合发电系统

交流 (AC) 总线的混合发电系统适合于边远地区多种发电装置联合供电、用户居住分散的较大型村落电站，更适合于 24h 连续供电。

AC 总线需要有一个由以蓄电池为基础的直流总线建立起来的可再生能源发电系统，直流 (DC) 总线通过双向逆变器建立起三相交流微电网，即交流总线。其他发电装置可以就近安装在各个负载群附近，以联网方式与交流总线连接，扩容方便，连接新的负载也方便，整体运行效率远高于 DC 总线，如图 11-22 所示。

AC 总线由与蓄电池连接的双向逆变器建立，当白天日照很强或风力很大时，AC 总线上的负荷不足以消耗 AC 总线上发电设备的电力，多余的电力将通过双向逆变器为蓄电池充电；当负载需求大于 AC 总线上发电设备的出力时，如夜间太阳能电池方阵不发电时，蓄电池将通过双向逆变器向 AC 总线供电。

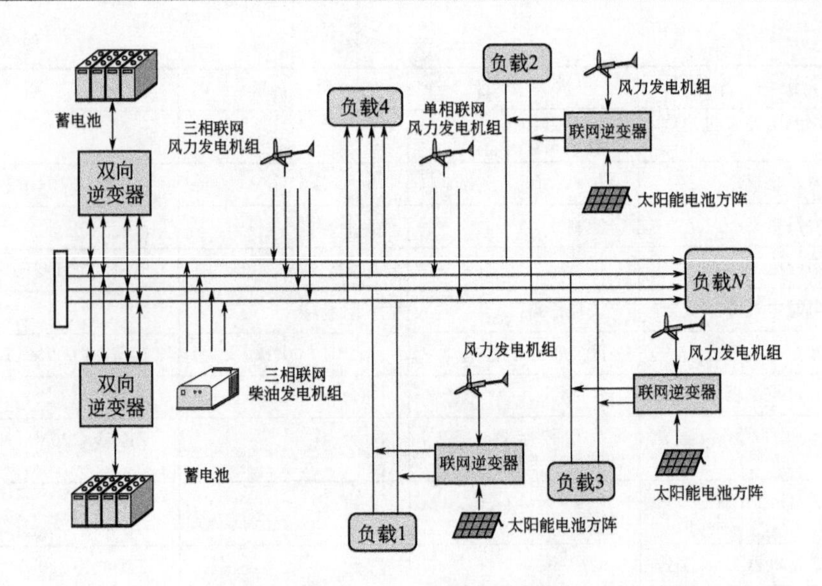

图 11-22　AC 总线混合发电系统

（7）光伏水泵系统

典型的太阳能光伏水泵系统如图 11-23 所示，其直流系统和交流系统的技术参数分别如表 11-6 和表 11-7 所列。

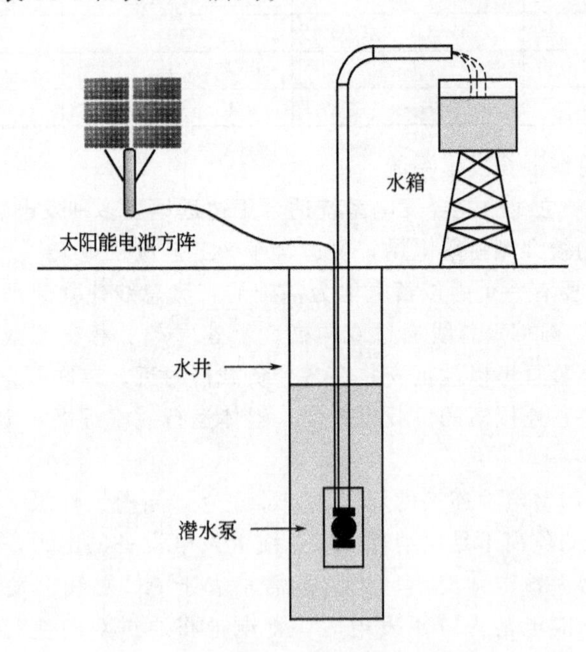

图 11-23　典型的太阳能光伏水泵系统

表 11-6　直流太阳能水泵技术参数

设　　备	技 术 参 数	设　　备	技 术 参 数
太阳能电池组件/Wp	1100	流量/(m^3/d)	20
水泵功率/W	750	水箱体积/m^3	30
水泵特点	直流 MPPT	对应日照资源	5kW・h/(m^2・d)
扬程/m	30	设计日供水	20m^3

表 11-7　交流太阳能水泵技术参数

设　备	技　术　参　数
太阳能电池组件	共 96 块 75Wp 组件，其中：32 块串联（工作电压 545V），三组并联（额定工作电流 13.2A）；总功率 7 200Wp
水泵	万事达 R95-VC-55 水泵，电机 5.5kW，额定电流 13.7A，扬程 3m^3/280m、4m^3/255m、5m^3/180m
变频器	西门子 MICROMASTER Eco 变频器：额定功率 7.5kW，额定输出电压三相 380V（AC），额定输出电流 18A
电抗器	配置电抗器主要是因为电缆线较长（150m 左右，总扬程为 120m），以防输出电路存在的分布电容对变频器造成损坏，在短距离时可以不配（小于 50m）
控制器	主要负责变频器的稳定运行和机泵干打保护，其可根据太阳辐照度的变化自动改变频率给定，以稳定方阵电压
水位探头	水箱装满水位探头，防止水箱装满仍在泵水；机井水位下限探头，防止水泵无水干打
水箱体积/m^3	40m^3
当地日照资源	6kW・h/d
设计日供水	120m 扬程，30m^3/d

（8）太阳能路灯

图 11-24 所示为典型的太阳能路灯（庭院灯）的结构，表 11-8 所列为太阳能路灯（庭院灯）的系统配置。

表 11-8　太阳能路灯（庭院灯）的系统配置

太阳能路灯		太阳能庭院灯	
太阳能电池组件	140～160Wp	太阳能电池组件	70～80Wp
蓄电池	24V/80～100A・h	蓄电池	12V/80～100A・h
控制器	24V/10A	控制器	12V/10A
电光源及灯具	35W 高压钠灯或金属卤化物灯	电光源及灯具	18W 节能灯
灯杆	6～8m	灯杆	4～5m
每日工作时间	8h	每日工作时间	8h

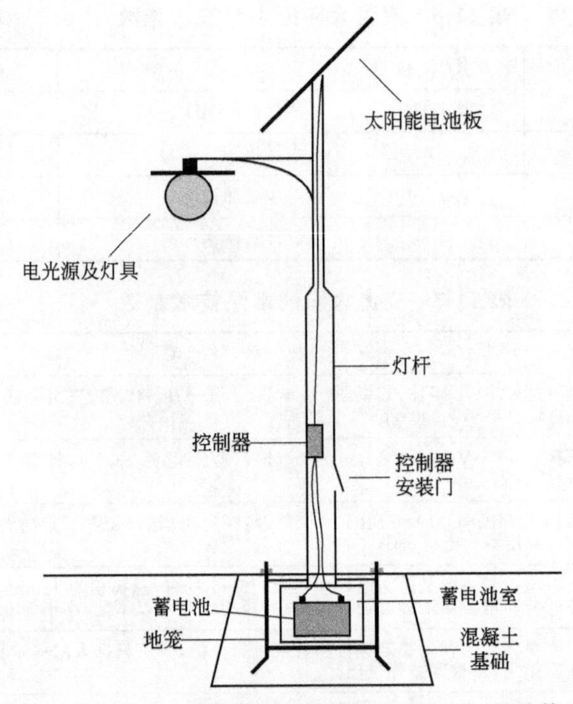

图 11-24　典型的太阳能路灯（庭院灯）的结构

(9) 与建筑结合的分布式联网光伏发电系统

图 11-25 所示为典型的与建筑结合的分布式联网光伏发电系统。

图 11-25　典型的与建筑结合的分布式联网光伏发电系统

1—太阳能电池方阵；2—保护装置；3—线缆；4—联网逆变器；5—用电、发电计量电度表

（10）大型中压联网光伏电站

图 11-26 所示为典型的大型中压联网光伏电站，其设备配置如表 11-9 所列。

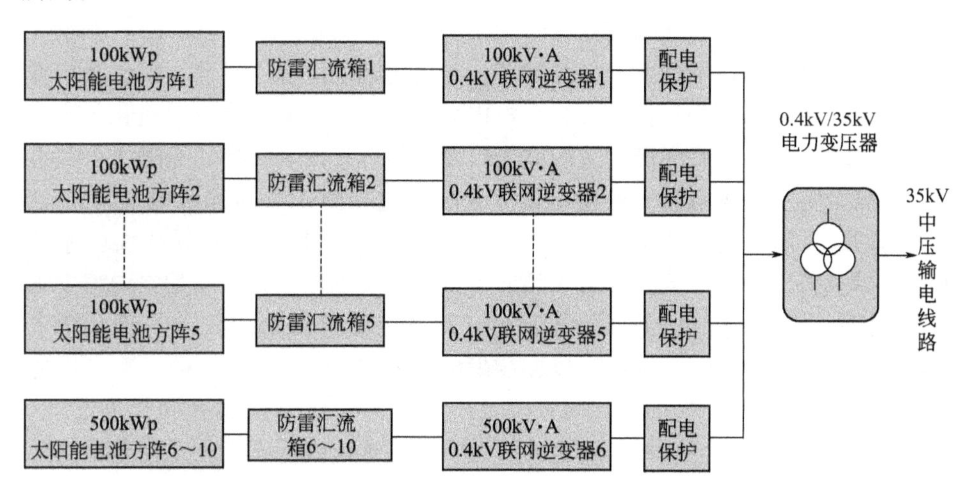

图 11-26　典型的大型中压联网光伏荒漠电站

表 11-9　1MW 中压联网光伏电站的设备配置

编号	项　　目	技　术　参　数
1	太阳能电池方阵(可以固定安装,也可以采用向日自动跟踪系统)	S-165DJ-T 12 块串联为一组,额定工作电压 420V,52 组并联为 100kWp 子方阵,共 10 个子方阵
2	方阵汇流箱	每 4 组一个汇流箱,共 130 个汇流箱
3	联网逆变器	100kVA×10 台
4	配电设备	汇流、检测单元
5	变压器	2 000kVA(0.4kV/35kV)三相全密封电力变压器 1 台
6	电网接入系统	开关、断路器及保护装置
7	电站占地	42 000m^2(63 亩),征地 100 亩
8	数据采集、显示和远程通信系统	一套
9	机房	500m^2。也可以不建机房,全部采用户外安装的设备,做到无人值守
10	围栏(或围墙)、大门	高 1.8～2.0m、全长 1200m,大门 1 座
11	方阵基础	混凝土太阳能电池方阵基础
12	电缆	若干

注：1 亩＝666.67m^2。

11.1.5　太阳能光伏发电系统的发展前景

太阳能电池最早应用于空间，至今宇宙飞船和人造卫星等空间飞行器的电力，仍然主要依靠太阳能光伏发电系统来供给。20 世纪 70 年代以后，太阳能电池在地面得到广泛应用，目前已遍及生活照明、铁路交通、水利气象、邮电通信、广播电视、阴极保护、农林牧业、旅游餐饮、文化教育、医疗卫生、家庭民生、军事国防、联网调峰等各个领域。功率级别，大到 100kW～10MW 的太阳能光伏电站，小到手表、计算器、儿童玩具的电源。随着太阳能光伏发电成本的进一步降低，它将进入更大规模的工业应用领域，如海水淡化、光电制氢、电动汽车充电系统等。太阳能光伏发电的远景发展目标，是进入公共电力的大规模应用，成为重要的发电方式之一，包括中心联网光伏电站、风-光混合电站、电网末梢的延伸光伏电站、用户侧分布式屋顶联网光伏发电系统等。展望未来，人们甚至设想出大型的宇宙光伏发电计划，即在太空中建立太阳能光伏发电站。大气层外的阳光辐射比地球上要高出 30%以上，而且由于宇宙空间没有黑夜，空间电站可以连续发电。一组 14km×4km 的巨型太阳能电池方阵，在空间可产生8 000MW电力，一年的发电量将达 800 亿度之巨。空间太阳能光伏电站可以将所发出的电力，通过微波源源不断地送回地球供人类使用。

随着太阳能电池新材料领域科学技术的发展和太阳能电池更先进生产工艺技术的进步，一方面晶体硅太阳能电池的效率更高、成本更低，另一方面性能稳定、转换效率高、寿命长、成本低的薄膜太阳能电池等新型太阳能电池将被研发成功并投入商品化的工业生产。

太阳能光伏发电与火力、水力、油气发电比较具有许多优点，如安全可靠、无噪声、无污染、资源随处可得、不受地域限制、不消耗化石燃料、无机械转动部件、故障率低、维护简便、可以无人值守、建站周期短、规模大小灵活、无需架设输电线路、可以方便地与建筑结合等。因此，无论从近期还是远期，无论从能源环境的角度还是从满足边远地区和特殊应用领域需求的角度考虑，太阳能光伏发电都具有吸引力。我国已成功地在边远地区建立起数千座中小型独立乡村光伏电站，已在荒漠地和一些城市建立起总装机容量约达 6GW 的中大型联网光伏电站。

目前，太阳能光伏发电系统大规模应用的突出障碍，是其成本尚高。预计 21 世纪 30 年代左右，太阳能光伏发电的成本将会下降到同常规能源相当。届时，太阳能发电将成为人类电力需求的重要来源之一。

11.2 太阳能电池及太阳能电池方阵

太阳能电池是太阳能光伏发电的基础和核心，下面做一概括介绍。

11.2.1　太阳能电池及其分类

太阳能电池是一种利用光生伏打效应把光能转变为电能的器件，又叫光伏器件。物质吸收光能产生电动势的现象，称为光生伏打效应。这种现象在液体和固体物质中都会发生。但是，只有在固体中，尤其是在半导体中，才有较高的能量转换效率。所以，人们又常常把太阳能电池称为半导体太阳能电池。

什么叫半导体？自然界中的物质，按照它们导电能力的强弱，可分为3类：①导电能力强的物体叫导体，如银、铜、铝等，其电阻率在10^{-8}～$10^{-6}\Omega \cdot cm$的范围内；②导电能力弱或基本上不导电的物体叫绝缘体，如橡胶、塑料等，其电阻率在10^{8}～$10^{20}\Omega \cdot cm$的范围内；③导电能力介于导体和绝缘体之间的物体，就叫做半导体，如锗、硅、砷化镓、硫化镉等，其电阻率为10^{-5}～$10^{7}\Omega \cdot cm$。

半导体的主要特点，不仅仅在于其电阻率在数值上与导体和绝缘体不同，而且还在于它的导电性具有如下两个显著的特点：①电阻率的变化受杂质含量的影响极大。例如，纯硅中磷杂质的浓度在10^{26}～$10^{19}cm^{-3}$范围内变化时，它的电阻率就会从$10^{-5}\Omega \cdot cm$变到$10^{4}\Omega \cdot cm$；室温下，在纯硅中掺入百万分之一的硼，电阻率就会从$2.14\times10^{3}\Omega \cdot cm$减小到$0.004\Omega \cdot cm$左右。如果所含杂质的类型不同，导电类型也不同。②电阻率受光和热等外界条件的影响很大。温度升高或光照射时，均可使电阻率迅速下降。例如，锗的温度从200℃升高到300℃，其电阻率就要降低一半左右。一些特殊的半导体，在电场和磁场的作用下，电阻率也会发生变化。

半导体材料的种类很多，按其化学成分，可分为元素半导体和化合物半导体；按其是否有杂质，可分为本征半导体和杂质半导体；按其导电类型，可分为n型半导体和p型半导体。此外，根据其物理特性，还有磁性半导体、压电半导体、铁电半导体、有机半导体、玻璃半导体、气敏半导体等。目前获得广泛应用的半导体材料有锗、硅、硒、砷化镓、磷化镓、锑化铟等，其中以锗、硅材料的半导体生产技术最为成熟，应用得最多。

太阳能电池多为半导体材料制造，发展至今，业已种类繁多，形式各样。

可用各种方法对太阳能电池进行分类，如按照结构的不同分类、按照材料的不同分类、按照用途的不同分类、按照工作方式的不同分类等。下面对按照结构和材料进行的分类加以介绍。

（1）按照结构的不同分类

① 同质结太阳能电池。由同一种半导体材料所形成的p-n结或梯度结称为同质结。用同质结构成的太阳能电池称为同质结太阳能电池，如硅太阳能电池、砷化镓太阳能电池等。

② 异质结太阳能电池。由两种禁带宽度不同的半导体材料形成的结称为异质结。用异质结构成的太阳能电池称为异质结太阳能电池，如氧化锡/硅太阳能电池、硫化亚铜/硫化镉太阳能电池、砷化镓/硅太阳能电池等。如果两种异质材料晶格结构相近，界面处的晶格匹配较好，则称为异质面太阳能电池，如砷化铝镓/砷化镓异质面太阳能电池。

③ 肖特基太阳能电池。利用金属-半导体界面的肖特基势垒而构成的太阳能电池，也称为MS太阳能电池，如铂/硅肖特基太阳能电池、铝/硅肖特基太阳能电池等。其原理是基于金属-半导体接触时，在一定条件下可产生整流接触的肖特基效应。目前已发展成为金属-氧化物-半导体（MOS）结构制成的太阳能电池和金属-绝缘体-半导体（MIS）结构制成的太阳能电池。这些又总称为导体-绝缘体-半导体（CIS）太阳能电池。

④ 多结太阳能电池。由多个p-n结形成的太阳能电池，又称为复合结太阳能电池，有垂直多结太阳能电池、水平多结太阳能电池等。

⑤ 液结太阳能电池。用浸入电解质中的半导体构成的太阳能电池，也称为光电化学电池。

（2）按照材料的不同分类

① 硅太阳能电池。系指以硅为基体材料的太阳能电池，有单晶硅太阳能电池、多晶硅太阳能电池等。多晶硅太阳能电池又有片状多晶硅太阳能电池、铸锭多晶硅太阳能电池、筒状多晶硅太阳能电池、球状多晶硅太阳能电池等多种。

② 化合物半导体太阳能电池。系指由两种或两种以上元素组成的具有半导体特性的化合物半导体材料制成的太阳能电池，如硫化镉太阳能电池、砷化镓太阳能电池、碲化镉太阳能电池、硒铟铜太阳能电池、磷化铟太阳能电池等。化合物半导体主要包括：a. 晶态无机化合物（如Ⅲ-Ⅴ族化合物半导体砷化镓、磷化镓、磷化铟、锑化铟等，Ⅱ-Ⅵ族化合物半导体硫化镉、硫化锌等）及其固溶体（如镓铝砷、镓砷磷等）；b. 非晶态无机化合物，如玻璃半导体；c. 有机化合物，如有机半导体；d. 氧化物半导体，如MnO、Cr_2O_3、FeO、Fe_2O_3、Cu_2O等。

③ 有机半导体太阳能电池。系指用含有一定数量的碳-碳键且导电能力介于金属和绝缘体之间的半导体材料制成的太阳能电池。有机半导体可分为3类：a. 分子晶体，如萘、蒽、芘（嵌二萘）、酞菁酮等；b. 电荷转移络合物，如芳烃-卤素络合物、芳烃-金属卤化物等；c. 高聚物。

④ 薄膜太阳能电池。系指用单质元素、无机化合物或有机材料等制作的薄膜为基体材料的太阳能电池。通常把膜层无基片而能独立成形的厚度作为薄膜厚度的大致标准，通常规定其厚度约为1～2μm。这些薄膜通常用辉光放

电、化学气相沉积、溅射、真空蒸镀等方法制得。目前主要有非晶硅薄膜太阳能电池、多晶硅薄膜太阳能电池、化合物半导体薄膜太阳能电池、纳米晶薄膜太阳能电池、微晶硅薄膜太阳能电池等。非晶硅薄膜太阳能电池是指用非晶硅材料及其合金制造的太阳能电池，也称为无定形硅薄膜太阳能电池，简称 α-Si 太阳能电池。目前主要有 PIN（NIP）非晶硅薄膜太阳能电池、集成型非晶硅薄膜太阳能电池、叠层（级联）非晶硅薄膜太阳能电池等。

按照太阳能电池的结构来分类，其物理意义比较明确，因而我国目前的国家标准将其作为太阳能电池型号命名方法的依据。

此外，按照应用还可将太阳能电池分为空间用太阳能电池和地面用太阳能电池两大类。地面用太阳能电池又可分为电源用太阳能电池和消费品用太阳能电池两种。对太阳能电池的技术经济要求因应用而异：空间用太阳能电池的主要要求是耐辐照性好、可靠性高、光电转换效率高、功率面积比和功率质量比优等；地面电源用太阳能电池的主要要求是光电转换效率高、坚固可靠、寿命长、成本低等；地面消费品用太阳能电池的主要要求是薄小轻、美观耐用等。

11.2.2　太阳能电池的工作原理、特性及制造方法

(1) 太阳能电池的工作原理

太阳能是一种辐射能，它必须借助于能量转换器才能变换成为电能。这个把光能变换成电能的能量转换器，就是太阳能电池。太阳能电池是如何把光能转换成电能的？下面以业已广泛应用于工业化生产的单晶硅太阳能电池为例做一简单介绍。

太阳能电池工作原理的基础，是半导体 p-n 结的光生伏打效应。所谓光生伏打效应，简言之，就是当物体受到光照时，物体内的电荷分布状态发生变化而产生电动势和电流的一种效应。当太阳光或其他光照射半导体 p-n 结时，就会在 p-n 结的两边出现电压，叫做光生电压。这种现象，就是著名的光生伏打效应。使 p-n 结短路，就会产生电流。

众所周知，物质的原子是由原子核和电子组成的。原子核带正电，电子带负电。电子就像行星围绕太阳转动一样，按照一定的轨道围绕着原子核旋转。单晶硅的原子是按照一定的规律排列的。硅原子的外层电子壳层中有 4 个电子，如图 11-27 所示。每个原子的外层电子都有固定的位置，并受原子核的约束。它们在外来能量的激发下，如在太阳光辐射时，就会摆脱原子核的束缚而成为

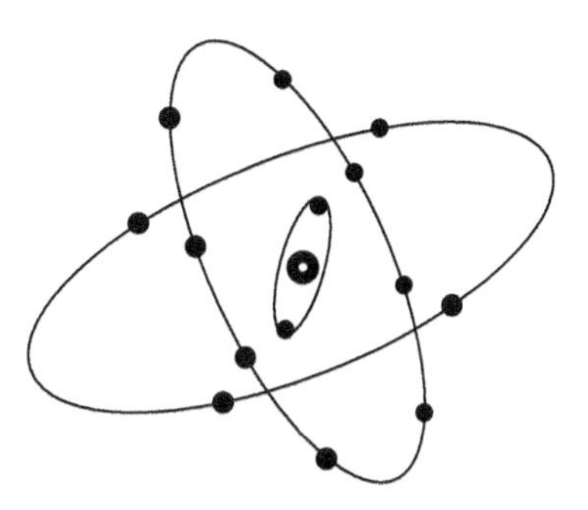

图 11-27　硅原子结构示意图

自由电子，并同时在它原来的地方留出一个空位，即半导体物理学中所谓的"空穴"。由于电子带负电，空穴就表现为带正电。电子和空穴就是单晶硅中可以运动的电荷。在纯净的硅晶体中，自由电子和空穴的数目是相等的。如果在硅晶体中掺入能够俘获电子的硼、铝、镓或铟等杂质元素，那么它就成了空穴型半导体，简称 p 型半导体。如果在硅晶体中掺入能够释放电子的磷、砷或锑等杂质元素，那么它就成了电子型的半导体，简称 n 型半导体。若把这两种半导体结合在一起，由于电子和空穴的扩散，在交界面处便会形成 p-n 结，并在结的两边形成内建电场，又称势垒电场。由于此处的电阻特别高，所以也称为阻挡层。当太阳光照射 p-n 结时，在半导体内的电子由于获得了光能而释放电子，相应地便产生了电子-空穴对，并在势垒电场的作用下，电子被驱向 n 型区，空穴被驱向 p 型区，从而使 n 区有过剩的电子，p 区有过剩的空穴；于是，就在 p-n 结的附近形成了与势垒电场方向相反的光生电场，如图 11-28 所示。光生电场的一部分抵销势垒电场，其余部分使 p 型区带正电、n 型区带负电；于是，就使得在 n 区与 p 区之间的薄层产生了电动势，即光生伏打电动势。当接通外电路时，便有电能输出。这就是 p-n 结接触型单晶硅太阳能电池发电的基本原理。若把几十个、数百个太阳能电池单体串联、并联起来，组成太阳能电池组件，在太阳光的照射下，便可获得相当可观的输出功率的电能。

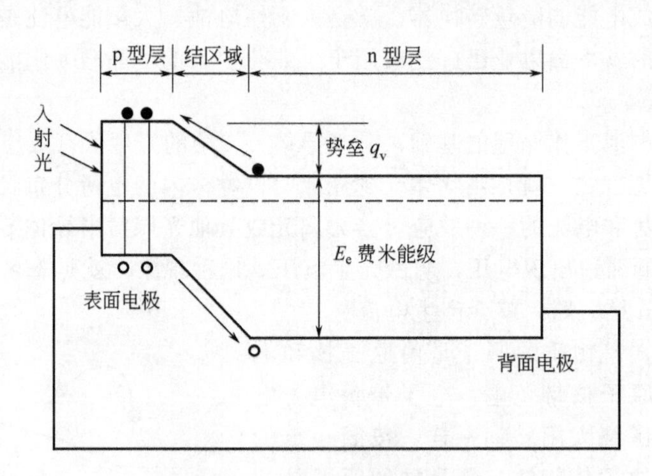

图 11-28　太阳能电池的能级图

为便于对上面的介绍加以理解，这里将介绍中涉及的几个半导体物理学的术语作一简介。

① 能带。固体量子理论中用来描述晶体中电子状态的一个重要物理概念。在一个孤立的原子中，电子只能在一些特定的轨道上运动，不同轨道的电子能

量不同。所以，原子中的电子只能容许取一些特定的值，其中每个能量称为一个能级。晶体是由大量原子有规则的排列组成的，其中各个原子相同能量的能级，由于相互作用，在晶体中变成了能量略有差异的能级，看上去像一条带子，所以称为能带。原子的外层电子在晶体中处于较高能带，内层电子则处于低能带中。能带中的电子已不是围绕各自的原子核做闭合轨道运动，而是为各原子所共有，在整个晶体中运动。

② 载流子。指的是运载电流的粒子。无论是导体还是半导体，其导电作用都是通过带电粒子在电场的作用下定向运动（形成电流）来实现的，这种带电粒子就叫作载流子。导体中的载流子是自由电子。半导体中的载流子有两种，即带负电的电子和带正电的空穴。如果半导体中的电子数目比空穴大得多，对导电起重要作用的是电子，则把电子称为多数载流子，空穴称为少数载流子。反之，便把空穴称为多数载流子，电子称为少数载流子。

③ 空穴。半导体中的一种载流子。它与电子的电荷量相等，但极性相反。晶体中完全被电子占据的能带叫满带或价带，没有被电子占满的能带叫空带或导带，导带和价带之间的空隙，称为能隙或禁带。如果由于外界作用（例如热、光等），使价带中的电子获得能量而跳到了能量较高的导带中去，就出现了很有趣的效应，即这个电子离开后，便在价带中留下一个空位。根据电中性原理，这个空位应带正电，其电量与电子相等。当空位附近的电子移动过来填充这个空位时，就相当于空位向相反方向移动。其作用很相似于荷正电粒子的运动，通常称它为正空穴，简称空穴。所以，在外电场的作用下，半导体中的导电，不仅由于电子运动，而且也包括空穴运动所做的贡献。

④ 施主。凡掺入纯净半导体中的某种杂质的作用是提供导电电子的，就叫作施主杂质，简称施主。对硅来说，若掺入磷、砷、锑等元素，所起的作用就是施主。

⑤ 受主。凡掺入纯净半导体中的某种杂质的作用是接受电子的，或称提供了空穴的，就叫作受主杂质，简称受主。对硅来说，如掺入硼、镓、铝等元素，所起的作用就是受主。

⑥ p-n 结。在一块半导体晶片上，通过某些工艺过程，使一部分呈 p 型（空穴导电），另一部分呈 n 型（电子导电），则该 p 型和 n 型界面附近的区域，就叫作 p-n 结。p-n 结具有单向导电性能，是晶体二极管的基本结构，是许多半导体器件的核心。p-n 结的种类很多：按材料分，有同质结和异质结；按杂质分，有突变结和缓变结；按工艺分，有成长结、合金结、扩散结、外延结和注入结等。

（2）太阳能电池的基本电学特性

① 太阳能电池的极性。太阳能电池一般制成 p^{+}/n 型结构或 n^{+}/p 型结构

(见图 11-29)。其中，第一个符号，即 p^+ 和 n^+，表示太阳能电池正面光照层半导体材料的导电类型；第二个符号，即 n 和 p，表示太阳能电池背面衬底半导体材料的导电类型。

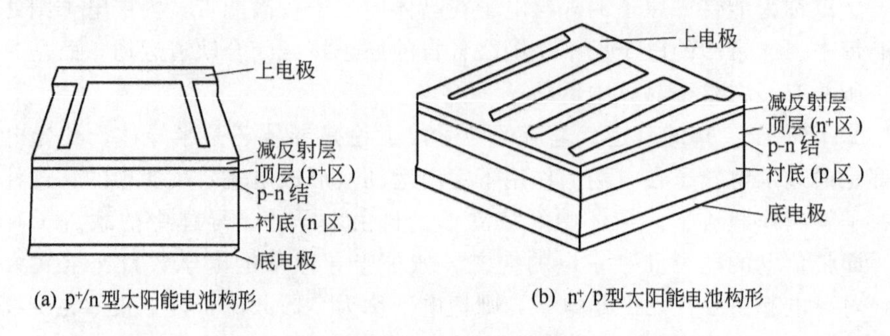

图 11-29　太阳能电池构形

太阳能电池的电性能与制造电池所用的半导体材料的特性有关。在太阳光照射时，太阳能电池输出电压的极性，p 型一侧电极为正，n 型一侧电极为负。

当太阳能电池作为电源与外电路连接时，太阳能电池在正向状态下工作。当太阳能电池与其他电源联合使用时，如果外电源的正极与电池的 p 电极连接，负极与电池的 n 电极连接，则外电源向太阳能电池提供正向偏压；如果外电源的正极与电池的 n 电极连接，负极与电池的 p 电极连接，则外电源向太阳能电池提供反向偏压。

② 太阳能电池的电流-电压特性。太阳能电池的电路及等效电路如图 11-30 所示。其中，R_L 为电池的外负载电阻。当 $R_L=0$ 时，所测的电流为电池的短路电流 I_{sc}。什么是短路电流 I_{sc}？将太阳能电池置于标准光源的照射下，在输出端短路时，流过太阳能电池两端的电流，叫作太阳能电池的短路电流。测量短路电流的方法，是用内阻小于 1Ω 的电流表接在太阳能电池的两端。I_{sc}值与太阳能电池的面积大小有关，面积越大，I_{sc}值越大。一般来说，$1cm^2$ 太阳能电池的 I_{sc}值约为 16～30mA。同一块太阳能电池，其 I_{sc}值与入射光的辐照度成正比；当环境温度升高时，I_{sc}值略有上升，一般温度每升高 1℃，I_{sc}值约上升 78μA。当 $R_L\to\infty$时，所测得的电压为电池的开路电压 U_{oc}。什么是开路电压 U_{oc}？把太阳能电池置于 $100mW/cm^2$ 的光源照射下，在两端开路时，太阳能电池的输出电压值，叫作太阳能电池的开路电压。可用高内阻的直流毫伏计测量。太阳能电池的开路电压，与光谱辐照度有关，与电池面积的大小无关。在 $100mW/cm^2$ 的太阳光谱辐照度下，单晶硅太阳能电池的开路电压为

450～600mV，最高可达 690mV。当入射光谱辐照度变化时，太阳能电池的开路电压与入射光谱辐照度的对数成正比，当环境温度升高时，太阳能电池的开路电压值将下降，一般温度每上升 1℃，U_{oc}值约下将 2～3mV。I_D（二极管电流）为通过 p-n 结的总扩散电流，其方向与 I_{sc}相反。R_s 为串联电阻，它主要由电池的体电阻、表面电阻、电极导体电阻和电极与硅表面间接触电阻所组成。R_{sh}为旁漏电阻，它是由硅片边缘不清洁或体内的缺陷引起的。一个理想的太阳能电池，R_s 很小，而 R_{sh}很大。由于 R_s 和 R_{sh}是分别串联与并联在电路中的，所以在进行理想电路计算时，它们都可以忽略不计。此时，流过负载的电流 I_L 为

$$I_L = I_{sc} - I_D$$

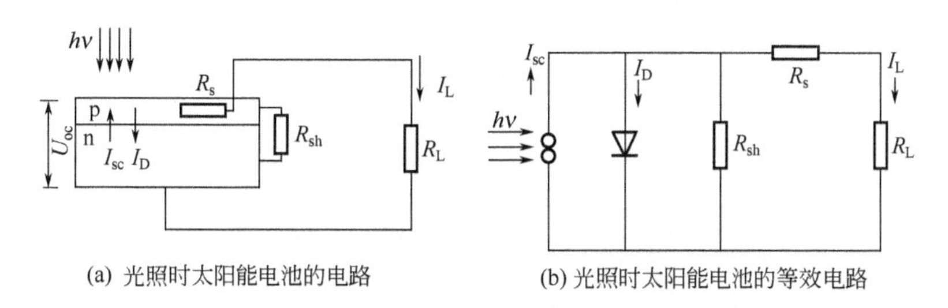

图 11-30　太阳能电池的电路及等效电路

理想的 p-n 结特性曲线方程为

$$I_L = I_{sc} - I_o \left[e^{qV/(Ak_B T)} - 1 \right]$$

式中　I_o——太阳能电池在无光照时的饱和电流；

q——电子电荷；

k_B——玻耳兹曼常数；

A——常数因子（正偏压大时 A 值为 1，正偏压小时 A 值为 2）。

当 $I_L = 0$ 时，电压 U 即为 U_{oc}，可用下式表示

$$U_{oc} = \frac{Ak_B T}{Q} \ln\left(\frac{I_{sc}}{I_o} + 1\right)$$

根据以上两式作图，就可得到太阳能电池的电流-电压关系曲线。这个曲线，简称为 I-U 曲线，或伏-安曲线，如图 11-31 所示。

图 11-29 中曲线 a，是二极管的暗伏-安特性曲线，即无光照时太阳能电池的 I-U 曲线；曲线 b，是电池接受光照后的 I-U 曲线，它可由无光照时 I-U 曲线向第Ⅳ象限位移 I_{sc}量得到。经过坐标变换，最后即可得到常用的光照 I-U 曲线，如图 11-32 所示。

I_{mp}为最大负载电流，U_{mp}为最大负载电压。在此负载条件下，太阳能电

池的输出功率最大，在电流-电压坐标系中对应的这一点，称为最大功率点；对应的负载，称为最大负载。

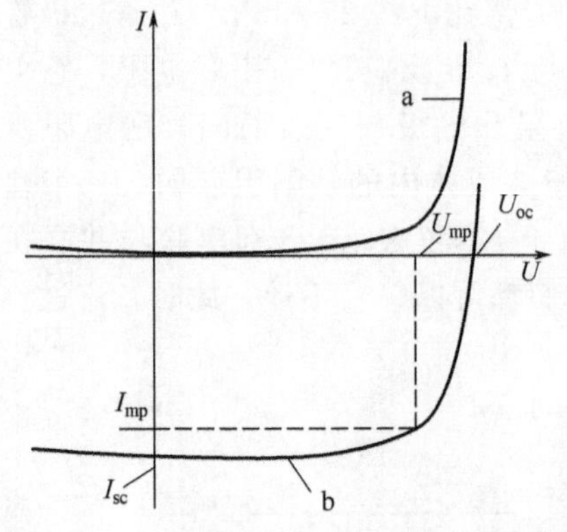

图 11-31　太阳能电池的电流-电压关系曲线

a—未受光照；b—受光照

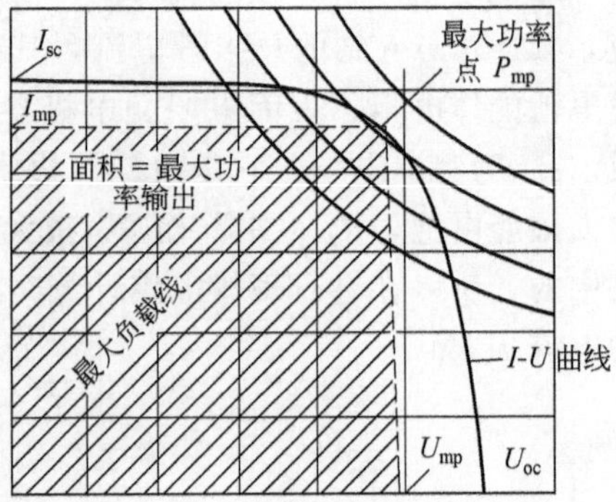

图 11-32　太阳能电池的 *I-U* 曲线

评价太阳能电池的输出特性，还有一个重要参数，叫做填充因子（FF）。它与开路电压、短路电流和负载电压、负载电流的关系式为

$$FF=\frac{U_{mp}I_{mp}}{U_{oc}I_{sc}}$$

③ 太阳能电池的光电转换效率。太阳能电池的光电转换效率用 η 表示，指的是太阳能电池的最大输出功率与照射到电池上的入射光的功率之比。

太阳能电池的光电转换效率，主要与它的结构、结特性、材料性质、电池的工作温度、放射性粒子辐射损坏和环境变化等有关。计算表明，在大气质量为 AM1.5 的条件下测试，目前硅太阳能电池的理论转换效率的上限值为 33%左右；商品单晶硅太阳能电池的转换效率一般为 14%～18%，高效单晶硅太阳能电池的转换效率为 20%～24%。

④ 太阳能电池的光谱响应。太阳光谱中，不同波长的光具有的能量是不同的，所含的光子的数目也是不同的。因此，太阳能电池接受光照射所产生的光子的数目也就不同。为反映太阳能电池的这一特性，引入了光谱响应这一参量。

太阳能电池在入射光中每一种波长的光能的作用下，所收集到的光电流与相对于入射到电池表面的该波长光子数之比，叫做太阳能电池的光谱响应，又称为光谱灵敏度。

太阳能电池的光谱响应，与太阳能电池的结构、材料性能、结深、表面光学特性等因素有关，并且它还随环境温度、电池厚度和辐射损伤而变化。

几种常用的太阳能电池的光谱响应曲线如图 11-33 所示。

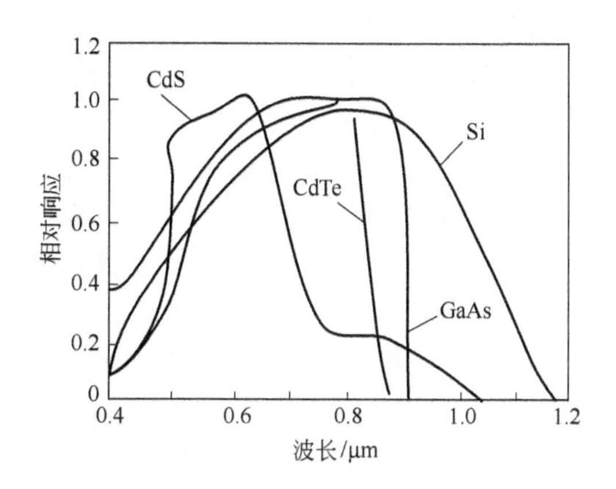

图 11-33　太阳能电池光谱响应曲线

(3) 太阳能电池的制造方法

太阳能电池的种类很多，目前应用最多的是单晶硅和多晶硅太阳能电池。它们技术上成熟，性能稳定可靠，转换效率较高，已产业化大规模生产。单晶硅太阳能电池的结构如图 11-34 所示，实际上，它是一个大面积的半导体 p-n 结。上表面为受光面，蒸有铝银材料做成的栅状电极；背面为镍锡层做成的背电极。上下电极均焊接银丝作为引线。为了减少硅片表面对入射光的反射，在电池表面上蒸镀一层二氧化硅或其他材料的减反射膜。

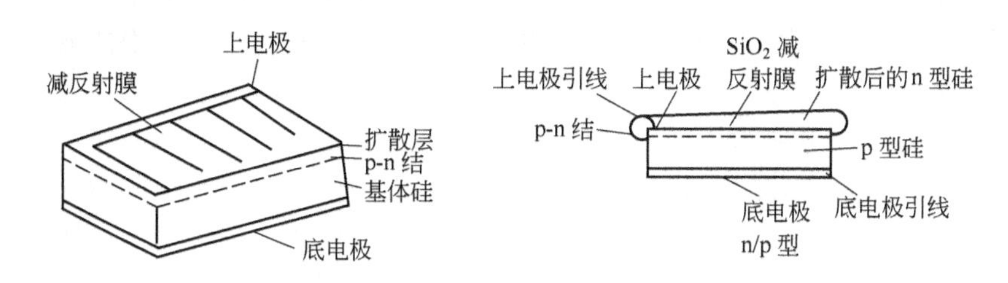

图 11-34　单晶硅太阳能电池结构示意图

下面简要地介绍一下单晶硅太阳能电池的一般制造方法。

① 硅片的选择。硅片是制造单晶硅太阳能电池的基本材料，它可以由纯度很高的硅单晶棒切割而成。选择硅片时，要考虑硅材料的导电类型、电阻率、晶向、位错、寿命等。硅片通常加工成方形、长方形、圆形或半圆形，厚度约为 0.18～0.25mm。

② 硅片的表面准备。切好的硅片，表面脏且不平。因此，在制造电池之前，要先进行表面准备。表面准备一般分为 3 步。

a. 用热浓硫酸作初步化学清洗。

b. 在酸性或碱性腐蚀液中腐蚀，每面大约蚀去 15～30μm。

c. 用王水或其他清洗液再进行化学清洗。在化学清洗和腐蚀后，要用高纯的去离子水冲洗硅片。

③ 扩散制结。p-n 结是单晶硅太阳能电池的核心部分。没有 p-n 结，便不能产生光电流，也就不称其为太阳能电池。因此，p-n 结的制造是最重要的工序。制结方法有热扩散、离子注入、外延、激光和高频电注入等法。通常多采用热扩散法制结。此法又有涂布源扩散、液态源扩散和固态源扩散之分。其中固态氮化硼源扩散，设备简单，操作方便，扩散硅片表面状态好，p-n 结面平整，均匀性和重复性优于液态源扩散，适合于工业化生产。它通常采用片状氮化硼作源，在氮气保护下进行扩散。扩散前，氮化硼片先在扩散温度下通氧 30min，使其表面的三氧化二硼与硅发生反应，形成硼硅玻璃沉积在硅表面，硼向硅内部扩散。扩散温度为950～1 000℃，扩散时间为 15～30min，氮气流量为 2 000mL/min。

④ 除去背结。在高温扩散过程中，硅片的背面也形成了 p-n 结，必须把背结去掉。除背结的常用方法有化学腐蚀法、磨片法和蒸铝或丝网印刷铝浆烧结法等。

⑤ 蒸镀减反射膜及绒面处理。光在硅表面的反射损失率约为 1/3。为减少硅表面对光的反射，还要用真空镀膜法或气相生长法或其他化学方法，在已制好的电池表面蒸镀一层二氧化硅或二氧化钛或五氧化二钽减反射膜。其中二氧化硅膜工艺成熟，制作简便，为目前生产上所常用。它可提高太阳能电池的光能利用率，增加电池的电能输出。镀上一层减反射膜可将入射光的反射率减少到 10％左右，而镀上两层减反射膜则可将反射率减少到 4％以下。减少入射光反射率的另一个办法，是采用绒面技术。电池表面经绒面处理后，增加了入射光投射到电池表面的机会，第一次没有被吸收的光经折射后投射到电池表面的另一晶面上时，仍可能被吸收。

⑥ 腐蚀周边。扩散过程中，在硅片的四周表面也有扩散层形成，通常它在腐蚀背结时即已去除，所以这道工序可以省去。若钎焊时电池的周边沾有金属，则仍需腐蚀，以去除金属。这道工序对电池的性能影响很大，任何微小局部的短路，都会使电池变坏，甚至成为废品。腐蚀周边最简单的方法是把硅片的两面掩蔽好，再放入腐蚀液中腐蚀 30s。目前工业化生产用等离子干法腐蚀，在辉光放电条件下通过氟和氧交换作用，去除含有扩散层的周边。

⑦ 制作上、下电极。为使电池转换所获得的电能能够输出，必须在电池上制作正负两个电极。电池光照面上的电极，称作上电极。电池背面的电极，称作下电极。上电极通常制成栅线状，这有利于对光生电流的收集，并使电池

有较大的受光面积。下电极布满在电池的背面，以减小电池的串联电阻。制作电极的方法主要有真空蒸镀、化学镀镍、铝浆印刷烧结等。铝浆印刷烧结是目前商品化生产中大量采用的方法。其工艺为，把硅片置于真空镀膜机的钟罩内，真空度抽到足够高时，便凝结成一层铝薄膜，其厚度控制在 30～100nm。然后，再在铝薄膜上蒸镀一层银，厚度约 2～5μm。为便于电池的组合装配，电极上还需钎焊一层锡-铝-银合金焊料。此外，为得到栅线状的上电极，在蒸镀铝和银时，硅表面需放置一定形状的金属掩膜。上电极栅线密度一般为 2～4 条/cm，多的可达 10～19 条/cm，最多的可达 60 条/cm。用丝网印刷技术制作上电极，既可降低成本，又便于自动化连续生产。所谓丝网印刷，是用涤纶薄膜制成所需电极图形的掩膜，贴在丝网上，然后套在硅片上用银浆、铝浆印刷出所需电极的图形，经过在真空和保护气氛中烧结，形成牢固的接触电极。

⑧ 检验测试。经过上述工序制得的电池，在作为成品电池入库前，均需测试，以检验其质量是否合格。在生产中主要测试的是电池的伏-安特性曲线，从它可以得知电池的短路电流、开路电压、最大输出功率以及串联电阻等参数。

⑨ 单晶硅太阳能电池组件的封装。在实际使用时，要把单片太阳能电池串、并联起来，并密封在透明的外壳中，组装成太阳能电池组件。组件的封装工艺是用金属导电带将太阳能电池焊接在一起，电池片上下两侧均为乙烯-醋酸乙烯酯（EVA）膜，最上面是钢化白玻璃，背面是聚氟乙烯（PVF）复合膜。将各层材料按顺序叠好后，放入真空层压机进行热压封装。最上层的玻璃为低铁钢化玻璃，透光率高，并且经长期紫外线照射也不会变色。EVA 膜中加有抗紫外剂和固化剂，热压处理中固化形成具有一定弹性的保护层，并保证电池与玻璃紧密接触。PVF 复合膜具有良好的耐光和防潮及防腐性能。经层压封装后，再于四周加上密封条，装上经过氧化的铝合金框，即制成太阳能电池组件。这种密封成的组件，可以满足使用中对防冰雹、防风、防尘、防湿、防腐等条件的要求，保证在户外条件下的使用寿命在 20 年以上。把组件再进行串、并联，便组成了具有一定输出功率的太阳能电池方阵。

上面介绍的仅是一种传统的单晶硅太阳能电池制造方法，有些工厂根据自己的实际条件也采用了其他一些工艺，但均大同小异。为进一步降低太阳能电池的成本，目前很多工厂已采用不少制作太阳能电池的新工艺、新技术。例如，在电池的表面采用选择性腐蚀，使表面反射率降低；采用丝网印刷化学镀镍或银浆烧结工艺制备上、下电极；用喷涂法沉积减反射膜；并进而在太阳能电池的制作中免掉使用高真空镀膜机等。这些，都可使太阳能电池的工艺成本大幅度降低，产量大幅度提高。其他如离子注入、激光退火、激光掺杂、分子束外延等新工艺也都有应用。

11.2.3 太阳能电池方阵的设计和安装

（1）太阳能电池方阵的设计

单体太阳能电池不能直接作为电源使用。在实际应用时，是按照电性能的要求，将几十片或上百片单体太阳能电池串、并联连接起来，经过封装，组成一个可以单独作为电源使用的最小单元，即太阳能电池组件。太阳能电池方阵，则是由若干个太阳能电池组件串、并联连接而排列成的阵列。

太阳能电池方阵可分为平板式和聚光式两大类。平板式方阵，只需把一定数量的太阳能电池组件按照电性能的要求串、并联起来即可，不需加装汇聚阳光的装置，结构简单，多用于固定安装的场合。聚光式方阵，加有汇聚阳光的收集器，通常采用平面反射镜、抛物面反射镜或菲涅尔透镜等装置来聚光，以提高入射光谱辐照度。聚光式方阵，可比相同功率输出的平板式方阵少用一些单体太阳能电池，使成本下降；但通常需要装设向日跟踪装置，有了转动部件，从而降低了可靠性。

太阳能电池方阵的设计，一般来说，就是按照用户的要求和负载的用电量及技术条件计算太阳能电池组件的串、并联数。串联数由太阳能电池方阵的工作电压决定，应考虑蓄电池的浮充电压、线路损耗以及温度变化对太阳能电池的影响等因素。在太阳能电池组件串联数确定之后，即可按照气象台提供的太阳年辐射总量或年日照时间的10年平均值计算确定太阳能电池组件的并联数。太阳能电池方阵的输出功率与组件的串、并联数量有关，组件的串联是为了获得所需要的电压，组件的并联是为了获得所需要的电流。关于太阳能电池发电系统及太阳能电池方阵设计与计算的一般方法将在下面介绍。

（2）太阳能电池方阵的安装

平板式地面型太阳能电池方阵被安装在方阵支架上，支架被固定在水泥基础或其他基础上。对于方阵支架和固定支架的基础以及与控制器连接的电缆沟道等的加工与施工，均应按照设计进行。对太阳能电池方阵支架的基本要求主要有以下几点。

① 应遵循用材省、造价低、坚固耐用、安装方便的原则进行太阳能电池方阵支架的设计和生产制造。

② 光伏电站的太阳能电池方阵支架，可根据应用地区实际和用户要求，设计成地面安装型或屋顶安装型。

③ 太阳能电池方阵支架应选用钢材或铝合金材制造，其强度应达到可承受10级大风的吹刮。

④ 太阳能电池方阵支架的金属表面，应镀锌或镀铝或涂防锈漆，以防止生锈腐蚀。

⑤ 太阳能电池方阵支架应考虑当地纬度和日照资源等因素设计。也可设计成按照季节变化以手动方式调整太阳能电池方阵的向日倾角和方位角，以更充分地接受太阳辐射能，增加发电量。

⑥ 太阳能电池方阵支架的连接件，包括组件和支架的连接件、支架与螺栓的连接件以及螺栓与方阵场的连接件，均应以电镀钢材或不锈钢材制造。

太阳能电池方阵的发电量与其接受的太阳辐射能成正比。为使方阵更有效地接收太阳辐射能，方阵的安装方位和倾角很为重要。好的方阵安装方式是跟踪太阳，使方阵表面始终与太阳光垂直，入射角为 0。其他入射角都将影响方阵对太阳光的接收，造成更多的损失。对于固定式安装来说，损耗总计可高达 8%。比较好的可供参考的方阵接收角 φ 为：全年平均接收角 φ 为使用地的纬度$+5°$；一年可调整接收角两次，一般可取：$\varphi_{春分}=$使用地纬度$-11°45'$；$\varphi_{秋分}=$使用地纬度$+11°45'$。这样，接收损耗就有可能控制在 2%以下。方阵斜面取多大角度为好，是一个较复杂的问题。为减小设计误差，设计时应将从气象台获得的水平面上的太阳辐射能换算到方阵斜面上。换算方法是将方阵斜面接收的太阳辐射能作为使用地纬度、倾角和太阳赤纬的函数。对此，这里不加详述。简单的办法是，把从气象台获得的所在地平均太阳总辐射量作为计算的 φ 值，接收角采用每年调整两次的方案，与水平放置方阵相比，经计算，太阳总辐射量增益均约为 6.5%左右。

11.3　控制器

11.3.1　控制器的功能

控制器是对太阳能光伏发电系统进行控制与管理的设备，是太阳能光伏发电平衡系统（balance of system，BOS）的主要组成部分之一。在小型光伏发电系统中，控制器主要起防止蓄电池过充电和过放电的作用，因而也称为充放电控制器。在大中型光伏发电系统中，控制器担负着平衡管理光伏系统能量、保护蓄电池以及整个光伏系统正常工作和显示系统工作状态等重要作用。控制器既可以是单独使用的设备，也可以和逆变器制作成为一体化机。

大中型控制器应具备如下功能。

① 信号检测。检测光伏系统各种装置和各个单元的状态和参数，为对系统进行判断、控制、保护等提供依据。需要检测的物理量有输入电压、充电电流、输出电压、输出电流、蓄电池温升等。

② 蓄电池最优充电控制。控制器根据当前太阳能资源状况和蓄电池荷电状态，确定最佳充电方式，以实现高效、快速地充电，并充分考虑充电方式对

蓄电池寿命的影响。

③ 蓄电池放电管理。对蓄电池组放电过程进行管理，如负载控制自动开关机、实现软启动、防止负载接入时蓄电池组端电压突降而导致的错误保护等。

④ 设备保护。光伏系统所连接的用电设备在有些情况下需要由控制器来提供保护，如系统中逆变电路故障而出现的过电压和负载短路而出现的过电流等，如不及时加以控制，就有可能导致光伏系统或用电设备损坏。

⑤ 故障诊断定位。当光伏系统发生故障时，可自动检测故障类型、指示故障位置，为对系统进行维护提供方便。

⑥ 运行状态指示。通过指示灯、显示器等方式指示光伏系统的运行状态和故障信息。

11.3.2 控制器的控制方式和分类

光伏系统在控制器的管理下运行。控制器可以采用多种技术方式实现其控制功能，比较常见的有逻辑控制和计算机控制两种方式。智能控制器多采用计算机控制方式。

(1) 逻辑控制方式

是一种以模拟和数字电路为主构成的控制器。它通过测量有关的电气参数，由电路进行运算、判断，实现特定的控制功能。逻辑控制方式的控制器，按电路方式的不同，可分为并联型控制器、串联型控制器、脉宽调制型控制器、多路控制器、两阶段双电压控制器和最大功率点跟踪（MPPT）型控制器等多种；按放电过程控制方式的不同，可分为常规过放电控制型和剩余电量（SOC）放电全过程控制型。

(2) 计算机控制方式

能综合收集光伏系统的模拟量、开关量状态，有效地利用计算机的快速运算、判断能力，实现最优控制和智能化管理。它由硬件线路和软件系统两大部分组成。硬件线路和软件系统相互配合、协调工作，实现对光伏系统的控制和管理。硬件线路以CPU（中央处理器）为核心，由电流和电压检测电路、各种状态检测电路获取系统及部件的有关电流、电压、温度及各单元工作状态和运行指令等信息，通过模拟输入通道和开关输入通道将信息送入计算机；另一方面，计算机经过运算、判断所发出的调节信号、控制指令通过模拟输出通道和开关输出通道送往执行机构，执行机构根据收到的命令进行相应的调节和控制。软件系统是针对特定的光伏系统而设计的应用程序，它由调度程序和若干实现专门功能的软件模块或函数组成。调度程序根据系统的当前状态，按照设定的方式完成有关信息的检测、运算、判断、控制、管理、告警、保护等一系列功能，根据设计的充电方式进行充电控制和放电管理。由于计算机中的单片机价格低廉、设计灵活、性能价格比高，因此目前设计生产的大中型光伏系统用的控制器大多采用单片机技术来实现控制功能。更由于许多离网光伏系统多安装在边远偏僻地区，对光伏系统的运行控制与管理提出了遥测、遥控、遥信等诸多新功能的要求，目前控制器的研发、生产正朝着智能化、多功能化的方向快速发展。

11.3.3 常见控制器的基本电路和工作原理

（1）并联型充放电控制器

又称为旁路型控制器。它利用并联在光伏方阵两端的机械或电子开关器件控制充电过程。当蓄电池充满时，把光伏方阵的输出分流到旁路电阻器或功率模块上去，然后以热的形式消耗掉；当蓄电池电压回落到一定值时，再断开旁路并恢复充电。由于这种方式消耗热能，多用于小型（如12V/12A以内）光伏系统。这类控制器的优点是结构简单、不受电源极性影响，但缺点是易于引起热斑效应。

单路并联型充放电控制器的电路原理，如图11-35所示。

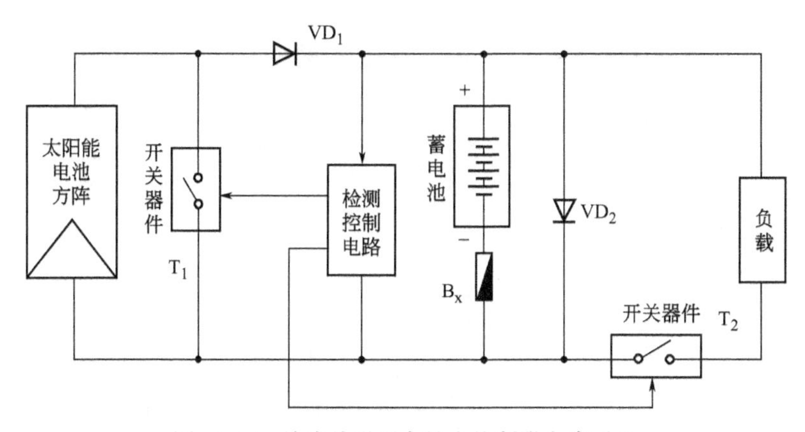

图11-35 单路并联型充放电控制器电路原理

并联型充放电控制器充电回路中的开关器件 T_1 并联在太阳能电池方阵的输出端，当蓄电池电压大于“充满切离电压”时，开关器件 T_1 导通，同时二极管 VD_1 截止，则太阳能电池方阵的输出电流直接通过 T_1 旁路泄放，不再对蓄电池进行充电，从而保护蓄电池不会出现过充电，起到“过充电保护”作用。

VD_1 为“防反充电二极管”，只有当太阳能电池方阵输出电压大于蓄电池电压时，VD_1 才能导通，反之 VD_1 截止，从而保证夜晚或阴雨天时不会出现蓄电池向太阳能电池方阵反向充电，起到“防反向充电保护”作用。

开关器件 T_2 为蓄电池放电开关，当负载电流大于额定电流出现过载或负载短路时，T_2 关断，起到“输出过载保护”和“输出短路保护”作用。同时，当蓄电池电压小于“过放电压”时，T_2 也关断，进行“过放电保护”。

VD_2 为“防反接二极管”，当蓄电池极性接反时，VD_2 导通，使蓄电池通过 VD_2 短路放电，产生很大电流快速将保险丝 B_X 烧断，起到“防蓄电池反接保护”作用。

检测控制电路随时对蓄电池电压进行检测，当电压大于“充满切断电压”时，T_1 导通，进行“过充电保护”；当电压小于“过放电电压”时，T_2 关断，进行“过放电保护”。

(2) 串联型充放电控制器

利用串联在回路中的机械或电子开关器件控制充电过程。当蓄电池充满时，开关器件断开充电回路，蓄电池停止充电；当蓄电池电压回落到一定值时，再接通充电回路。串联在回路中的开关器件，还可以在夜晚切断光伏方阵，取代防反充二极管。这类控制器，结构简单，价格较低，并且一般不会引起热斑效应。当光伏系统作为负电源用于通信系统使用时，其开关电路的设计将有所改变。

单路串联型充放电控制器的电路原理，如图 11-36 所示。

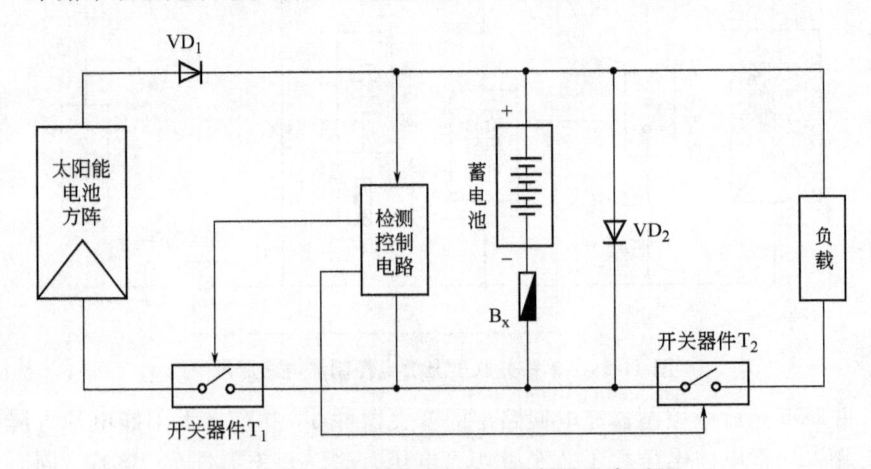

图 11-36　单路串联型充放电控制器电路原理

串联型充放电控制器和并联型充放电控制器电路结构相似，唯一区别在于开关器件 T_1 的接法不同，并联型控制器 T_1 并联在太阳能电池方阵输出端，而串联型控制器 T_1 是串联在充电回路中。当蓄电池电压大于“充满切断电压”时，T_1 关断，使太阳能电池方阵不再对蓄电池进行充电，起到“过充电保护”作用。其他元件的作用和并联型充放电控制器相同，不再重复。

（3）多路充电控制器

光伏方阵分成多个支路接入控制器，一般用于 5kW 以上中大功率光伏系统。当蓄电池充满时，控制器将光伏方阵逐路断开；当蓄电池电压回落到一定值时，控制器再将光伏方阵逐路接通，实现对蓄电池组充电电压和电流的调节。这种控制方式，属于增量控制法，可以近似地达到脉宽调制控制的效果，路数越多增幅越小，越接近线性调节。但路数越多设备成本越高，所以在确定光伏方阵接入路数时，应综合考虑控制效果和控制器成本价格之间的关系。

多路充电控制器的电路原理，如图 11-37 所示。

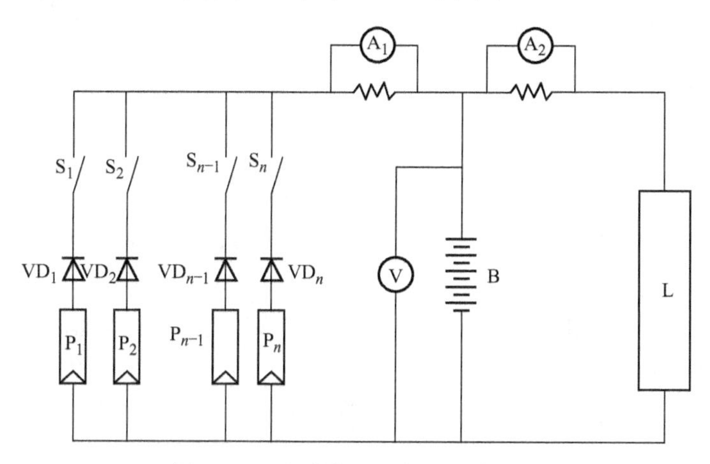

图 11-37 多路充电控制器电路原理

当蓄电池充满时，控制电路将控制机械或电子开关从 S_1 至 S_n 顺序断开太阳能电池方阵支路 P_1 至 P_n。当第 1 路 P_1 断开后，如果蓄电池电压已低于设定值，则控制电路等待；直到蓄电池电压再次上升到设定值，再断开第 2 路 P_2，再等待；如果蓄电池电压不再上升到设定值，则其他支路保持接通充电状态。当蓄电池电压低于恢复点电压时，则被断开的太阳能电池方阵支路依次顺序接通，直到天黑之前全部接通。图 11-37 中，VD_1 至 VD_n 是各个支路的防反充二极管，A_1 和 A_2 分别是充电电流表和放电电流表，V 为蓄电池电压表，L 表示负载，B 为蓄电池组。

（4）脉宽调制（PWM）型控制器

又称为 DC-DC 直流变换器。它以 PWM 脉冲方式开关光伏方阵的输入。当蓄电池趋向充满时，脉冲的频率和时间缩短。研究表明，这种充电过程的平均充电电流的瞬时变化更符合蓄电池当前的荷电状态，能够增加光伏系统的充电效率，约比简单断开式控制器的充电效率高 15%左右，并可延长蓄电池的总循环寿命。其缺点是控制器自身将带来大约 4%～8%的损耗。

脉冲宽度调制开关用于DC-DC转换的充电控制电路，如图11-38所示。由于这种调制开关的复杂性和高成本，在小型光伏发电系统中应用较少。

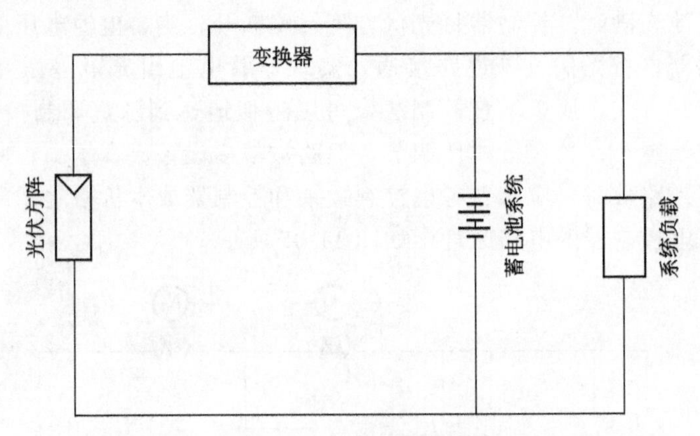

图11-38　用于DC-DC变换器的调制开关电路

采用脉冲宽度调制DC-DC转换原理的控制器具有如下特点，适宜在大型光伏系统中采用。

① 输给DC-DC变换器的光伏方阵电压能够随着可能使用的升高的或降低的变换器而改变。这对于在那些光伏方阵和蓄电池分置间隔较大的地方特别有用。光伏方阵电压在一个中心点上能被提高或降低到蓄电池的电压值，以减少电缆中的功率损失。

② 能向蓄电池提供良好控制的充电特性。

③ 能用于追踪光伏方阵的最大功率点。

(5) 最大功率点跟踪（MPPT）型控制器

由太阳能电池方阵的电压和电流检测后相乘得到的功率，判断方阵此时的输出功率是否达到最大，若不在最大功率点运行，则调整脉宽、调制输出占空比、改变充电电流，再次进行实时采样，并作出是否改变占空比的判断。通过这样的寻优过程，可保证方阵始终运行在最大功率点。这种类型的控制器可使方阵始终保持在最大功率点状态，以充分利用方阵的输出能量。同时，采用PWM调制方式，使充电电流成为脉冲电流，可以减少蓄电池的极化，提高充电效率。

(6) 智能型控制器

① 智能型控制器一般结构。智能型控制器的基本结构是以CPU为核心，各功能部件通过系统总线与CPU相连，各部分共同在软件系统指挥下完成信号检测、控制调节、系统管理、操作显示、联机通信等任务。其结构框图如图11-39所示。

CPU 用于执行程序代码，控制外部设备和功能执行机构的工作；存储器用于存放专门设计的应用程序（即程序指令），也可存储一些重要数据；模/数转换是将检测电路获得的电压、电流、温度等信号转变成计算机可以接受的数字信号；数/模转换是将计算机运算、判断、处理后生成的数字信号表达的指令转换为模拟电压、电流信号，对控制参数进行调节；光电隔离是将来自各单元电路和装置的开关状态经光电隔离后送入计算机，同时也将计算机的指令经光电隔离后送到开关控制及各种执行机构，对系统进行控制；键盘和显示部分用于接受操作者的指令、输入参数和显示系统运行状态及有关参数；通信接口用于实现联网通信，使光伏发电系统具有三遥功能，以便于联网监控管理。

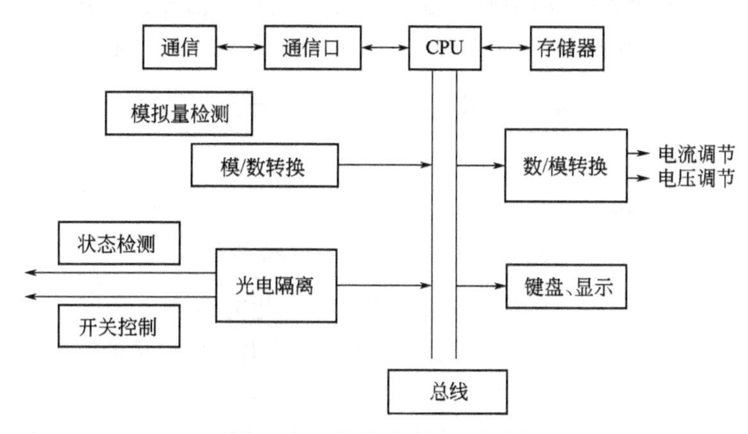

图 11-39　智能控制原理框图

② 模拟信号测量。光伏发电系统中光伏方阵的 *I-U* 特性、蓄电池电压、充电电流、输出电压、输出电流、环境温度等都为模拟量，需要由检测电路将这些物理量测准，然后由模/数转换电路将测到的模拟信号转换为数字信号才能被计算机接受。模拟信号测量电路如图 11-40 所示。

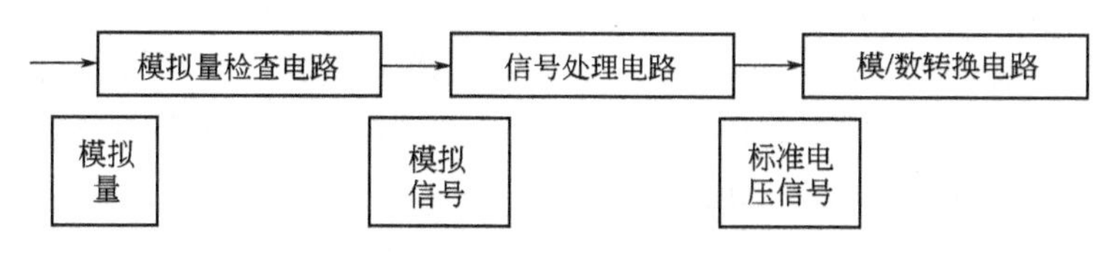

图 11-40　模拟信号测量电路框图

模拟量检测电路测出模拟信号，即模拟量及其变化，由信号处理电路将模拟信号转换为标准的电压信号，再由模/数转换电路将标准电压转换为数字信号。通常用于实现数/模转换的方法，主要有 A/D 转换和 V/F 转换两种。

③ 状态检测。状态检测是为了获取各检测点的工作状态，如各单元电路

是否正常、电气和环境参数是否已超越报警、输出是否短路等。状态信号一般为开关型二值信号。为防止电气故障损坏计算机，通常需要对这种开关型二值信号采用光电隔离。状态信号检测电路框图，如图 11-41 所示。

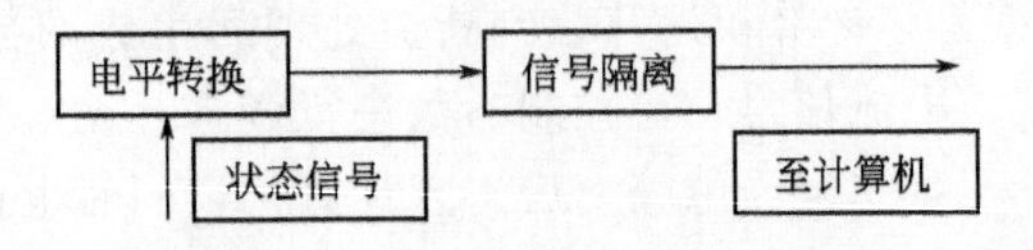

图 11-41　状态信号检测电路框图

④ 开关控制输出。图 11-42 所示为开关控制输出电路框图。由计算机输出的开关控制命令被锁存器锁存，经过光电隔离后对信号进行驱动放大，再送到功率电子开关、继电器等需要开关控制信号的部件，实现通断控制。

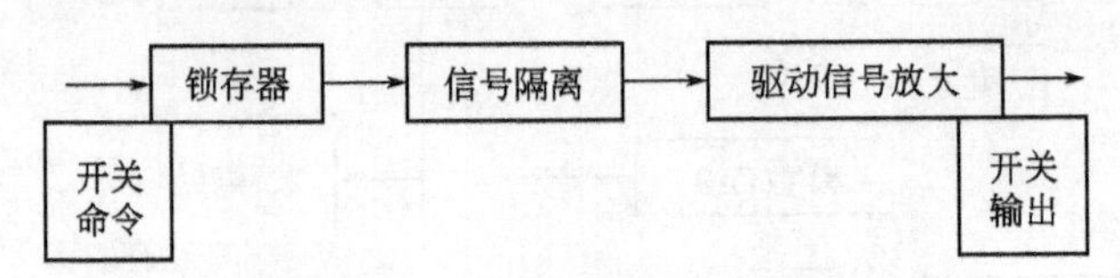

图 11-42　开关控制输出电路框图

⑤ 模拟调节输出。光伏发电系统实现最优化充放电，既可充分利用太阳能，又可保护蓄电池延长使用寿命。这些电压、电流模拟量的调节，由计算机输出控制信号通过调节电路来实现。计算机发出的数字信号与调节电路可接受的模拟信号间需要模/数转换，并通过功率放大，以驱动调节电路完成调节任务。

模/数转换有多种方式：图 11-43 中(a) 和 (b) 所示为采用 D/A 转换器将数字转换为模拟电压；图 11-43(c) 所示为采用 PWM 方式输出脉冲宽度调制信号，由积分电路积分后获得模拟电压。图 11-43(a) 中的每一路输出使用一个 D/A 转换器，结构清楚。图 11-43(b) 中多路应用一个 D/A 转换器，减少了 D/A 转换器的数量，但需要用多路切换开关和保持器，结构较复杂，而且还要求计算机周期性更新保持器内容，以保证输出电压在期望值上不需要用 D/A 转换器；图 11-43(c) 的电路，结构简单，便于实现隔离，成本也低。

⑥ 操作管理与数据、状态显示。光伏发电系统的操作管理需要用户干预调整，而系统状态及各种数据又都需用户知道，因而光伏发电控制系统需要配置操作键盘、按钮和显示设备。为使操作运行尽可能简单、直观，避免复杂的操作，在系统的运行由已设定的程序控制的情况下，如发生意外或故障，控制器完全能够自行处理，只在必要时给出运行状态显示即可。因此，操作管理可不必使用键盘，只需几个按钮即可将信息通过数字输入口送入计算机。

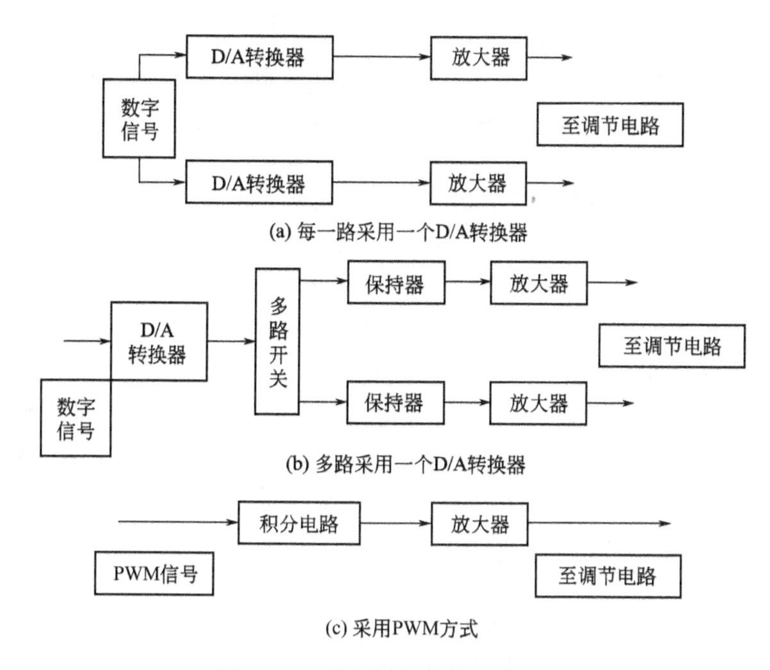

图 11-43　模拟调节输出电路框图

数据显示可使用多种方法。当信息量较小时，采用 LED 或 LCD 显示器即可。

⑦ 联机通信。联机通信是太阳能光伏发电系统实现遥信、遥测、遥控功能的基础。通过联机通信，可以根据远端采集系统的运行数据向系统下达控制命令，实现对分散在不同区域的光伏发电系统及相关设备进行集中控制管理。联机通信是借助计算机来实现的。根据系统运行环境的差异和对通信速率的要求，联机通信可采用无线通信或有线通信等多种手段，也可采用 RS232 或 RS-485LAPD 高速数据链路、DDN（Digital & Data Network）网及 Modem 等。

11.3.4　控制器的主要技术参数

（1）系统电压

也称额定工作电压。是指光伏发电系统的直流工作电压。小型控制器一般为 12V 和 24V，中、大功率控制器多为 48V、110V、220V。

（2）最大充电电流

是指太阳能电池方阵输出的最大电流。根据功率大小分为 5A、6A、8A、10A、12A、15A、20A、30A、40A、50A、70A、100A、150A、200A、250A、300A 等多种规格。

（3）太阳能电池方阵输入路数

小功率控制器一般都是单路输入。大功率控制器都是由太阳能电池方阵多路输入，一般可输入 6 路，最多可输入 12 路、18 路。

（4）电路自身损耗

控制器的电路自身损耗也是其主要技术参数之一，又称空载损耗（静态电流）或最大自消耗电流。为了降低控制器的损耗，提高光伏系统的转换效率，控制器的电路自身损耗要尽可能低，最大不得超过其额定充电电流的 1%。

（5）蓄电池的过充电保护电压（HVD）

也称为充满断开电压或过电压关断电压。一般可根据需要及蓄电池类型的不同，设定在 14.1～14.5V（12V 系统）、28.2～29V（24V 系统）和 56.4～58V（48V 系统）之间，典型值分别为 14.4V、28.8V 和 57.6V。蓄电池过充电保护的关断恢复电压（HVR）一般设定在 13.1～13.4V（12V 系统）、26.2～26.8V（24V 系统）和 52.4～53.6V（48V 系统）之间，典型值分别为 13.2V、26.4V 和 52.8V。

（6）蓄电池的过放电保护电压（LVD）

也称为欠电压断开电压或欠电压关断电压。一般可根据需要及蓄电池类型的不同，设定在 10.8～11.4V（12V 系统）、21.6～22.8V（24V 系统）和 43.2～45.6V（48V 系统）之间，典型值分别为 11.1V、22.2V 和 44.4V。蓄电池过放电保护的关断恢复电压（LVR），一般设定在 12.1～12.6V（12V 系统）、24.2～25.2V（24V 系统）和 48.4～50.4V（48V 系统）之间，典型值分别为 12.4V、24.8V 和 49.6V。

（7）蓄电池的充电浮充电压

一般为 13.7V（12V 系统）、27.4V（24V 系统）和 54.8V（48V 系统）。

（8）温度补偿

控制器一般都应具有温度补偿功能，以适应不同的环境工作温度，为蓄电池设置更为合理的充电电压。控制器的温度补偿系数应满足蓄电池的技术要求，其温度补偿值一般为－20～－40mV/℃。

（9）工作环境温度

控制器的使用或工作环境温度范围随厂家的不同，一般在－20～＋50℃之间。

（10）保护功能

① 控制器的输入、输出电路都应具有短路保护电路，提供短路保护功能。②控制器要具有防止蓄电池向太阳能电池方阵反向充电的保护功能。③太阳能电池方阵或蓄电池接入控制器，当极性接反时，控制器要具有保护电路的功

能。④控制器输入端应具有防雷击的保护功能。⑤在控制器的太阳能电池方阵输入端施加 1.25 倍的标称电压持续 1h，控制器不应该损坏；使控制器充电回路电流达到标称电流的 1.25 倍持续 1h，控制器也不应该损坏。

11.3.5　控制器的选择、安装和使用、维护

（1）选择

选择控制器应注意如下主要技术指标：①系统电压，即蓄电池电压；②输入最大电流及输入路数；③输出最大电流；④蓄电池过充电保护门限；⑤蓄电池过放电保护门限；⑥辅助功能，包括保护功能以及通信、显示、数据采集和存储等功能。

控制器的系统电压，与蓄电池的电压应一致。控制器的最大输入电流，取决于太阳能电池方阵的电流。控制器的输入路数，小型系统一般只有一路太阳能电池方阵输入，中大型系统通常采用多路太阳能电池方阵输入。控制器的输出电流，取决于输出负载的电流，通常即逆变器的电流。

（2）安装

太阳能光伏发电系统用控制器的安装比较简单，只需将太阳能电池方阵、蓄电池组与输出负载（交流系统即为逆变器）接好即可。接线的顺序，一般为：蓄电池组→太阳能电池方阵→负载。连接太阳能电池方阵，最好是在早晚太阳光较弱时进行，以避免拉弧。

（3）使用

控制器是自动控制设备，安装好后即可自动投入工作，不需人工操作。平时，只需工作人员注意观察控制器面板上的表头和指示灯，即可根据说明书的说明判断控制器的工作状态。需要观察的主要有：①蓄电池电压；②充电电流；③放电电流；④蓄电池是否已经充满；⑤蓄电池是否已经过放电等。

（4）维护

控制器的维护比较简单，除擦拭清洁外，只需定期或不定期检查接线、工作指示及控制门限等即可。

11.4　铅酸蓄电池

蓄电池是离网型太阳能光伏发电系统的重要配套设备，其功能是储存太阳能电池方阵受光照时所发出的电能并可随时向负载供电。目前我国与离网型太阳能光伏发电系统配套使用的储能蓄电池主要是铅酸蓄电池中的阀控式密封铅酸蓄电池，因此下面对其作一简介。至于锂离子电池等新型电池，也是很有发

展前景的电池，这里从略。

11.4.1 阀控式密封铅酸蓄电池定义及特点

(1) 阀控式密封铅酸蓄电池定义及分类

① 利用物质的化学反应或物理变化而在两极间产生电位差的装置，定义为电池，有利用化学作用的化学电池、利用热作用的热电偶、利用太阳辐射能的太阳能电池、利用放射能的原子能电池、利用化学原料所具有的化学能的燃料电池等。

② 实现化学能与电能之间相互转换的化学反应器或换能装置，称为电化学装置。电化学装置按其能量转换形式，分为化学电池和电解池两大类。把化学能转换为电能的电化学装置，称为化学电池；把电能转换为化学能的电化学装置，称为电解池。

③ 化学电池是一种将化学能转变为电能的装置。或者说，化学电池是通过物质的化学反应和电的相互作用达到化学能和电能相互转化的"电化学反应器"或称"能量转换器"。由于化学电池是借助于氧化反应中所释放出来的化学能直接转换为可以利用的电能，是一种可提供直流电能的化学能源，故通常又称其为化学电源。

④ 化学电池可分为原电池和蓄电池两大类。原电池是一种只能用来放电，且在放电之后不能用一般充电方法获得复原的化学电池。原电池的活性物质只能使用一次，在放电完毕就可被废弃，故又称为一次电池。例如，丹聂尔电池、干电池等。蓄电池是一种放电之后可以用与放电电流方向相反的电流通过电池进行充电重新获得复原而再次使用的化学电池，又称为二次电池，如铅酸蓄电池、镉镍蓄电池等。

⑤ 传统的蓄电池一般可分为酸性（电解液为硫酸）铅蓄电池和碱性（电解液为苛性钾或苛性钠）镉镍蓄电池等类。

⑥ 铅酸蓄电池按照工作环境，可分为移动式和固定式两大类。固定式铅酸蓄电池按照电池槽结构，又可分为半密封式及密封式两种。密封式又有防酸式及消氢式之分。依据电解液数量，还可把铅酸蓄电池分为贫液式和富液式两大类。密封式电池均为贫液式，半密封式电池均为富液式。依据排气方式，密封式铅酸蓄电池又可分为排气式和非排气式两种。

⑦ 阀控式密封铅酸（VRLA）蓄电池是一种新型的铅酸蓄电池。1986 年后，国际电工委员会（IEC）的 TC21 标准规定，非排气式密封蓄电池有密封型和气阀调节式两种。装有密封排气阀的密封铅酸蓄电池，称为阀控式密封铅酸（VRLA）蓄电池。它按电解液吸附方式主要可分为吸收式玻璃纤维（AGM）和胶体（Gel）两种类型。按照电池容量，可将 VRLA 蓄电池分为大

型、中型和小型 3 种：单体电池容量 200A·h 及以上的为大型；20～200A·h 的为中型；20A·h 及以下的为小型。VRLA 蓄电池可分为单体式（2V）电池和 200A·h 及以下容量电池组成的 6V（3 个 2V 单体电池组成）和 12V（6 个 2V 单体电池组成）的组合式电池。为便于调整电池的电压，国内外有的蓄电池生产企业，在 6V 组合电池中抽出 1 个成为 4V 电池，在 12V 组合电池中抽出 1 个成为 10V 电池。如有这种要求，应在订货时特别说明。其外形尺寸与同容量的 6V 和 12V 电池相同。

（2）阀控式密封铅酸蓄电池的特点

阀控式密封铅酸蓄电池，在正常使用过程中不需加酸加水，管理维修简单；在正常使用过程中无酸雾排出，不会污染环境，也不会腐蚀设备；可以与其他设备安装于一室，节省建筑面积和建筑投资；体积小，安装易，既可立放工作，也可卧放工作，电池组可进行积木式安装。其在结构上具有如下特点：

① 采用吸液能力强的超细玻璃纤维材料制作隔板，具有良好的干、湿态弹性，使较高浓度的电解液全部被其储存，而电池内无游离酸（贫液）；或者使用电解液与硅溶胶组合为触变胶体。

② 正板栅采用铅钙或低锑多元合金制作，具有良好的抗腐蚀、抗蠕变特性；负板栅采用铅钙合金制作，提高了析氢过电位。

③ 负极容量相对于正极容量过剩，使其具有吸附氧气并将其复合成水的功能，从而抑制氢氧气发生的速率。

④ 电池盖上装有能自动关闭的单向排气阀，当电池在某些情况下（例如过充电时）析出过多气体或在长期运行中残存有气体时，气体上升到一定压力，此阀就打开予以泄放，随后减压关闭。

（3）常用名词术语

① 电动势。电池正极电极电位与负极电极电位之差，称为电池电动势。

② 电池电压。电池两极间的电位差，称为电池电压。电池电压通常分为开路电压、放电电压和充电电压。

③ 开路电压。电池两极之间无电流通过时，称为电池开路。电池开路时正、负极间的电位差，称为开路电压，以 U_o 表示。

④ 放电电压。电池把化学能转变为电能的过程，称为电池放电。电池放电时正、负极间的电位差，称为放电电压，以 U_r 表示。

⑤ 充电电压。电池从外电源输入电能使其转换为化学能的过程，称为电池充电。电池充电时正、负极之间的电位差，称为充电电压，以 U_c 表示。

⑥ 充电终止电压。电池充电所允许的最高电压，称为充电终止电压。

⑦ 电池容量。处于完全充电状态的电池在一定放电条件下放电到规定的终止电压时所能给出的电量，称为电池容量，以符号 C 表示。常用的单位为安培小时，简称安时，其符号为 A·h。电池容量通常分为理论容量、标称容量和额定容量。理论容量是指电池的活性物质全部参加成流反应所给出的电量，常以 C_t 表示。而标称容量或公称容量，则只反映电池容量的近似值。额定容量是指设计和制造电池时，按标准规定保证电池在一定的放电条件下应放出的最低限容量（A·h），也称保证容量。

⑧ 电池内阻。电流通过电池内部时所受到的阻力，称为电池内阻，包括欧姆电阻和极化电阻。电池内阻的存在，使电池的工作电压总是小于电池的电动势。

⑨ 电池自放电。电池在开路时在电池内部自发反应而引起的化学能损失，称为电池自放电。

⑩ 放电率。电池放电时的速率。不同用途的蓄电池规定其额定容量的放电速率不同。固定用电池为 10 小时率，用 C_{10}（A·h）表示；汽车起动用电池为 20 小时率，用 C_{20}（A·h）表示；内燃机车用电池为 5 小时率，用 C_5（A·h）表示。

⑪ 电池寿命。在规定条件下，电池的有效使用期限，称为电池寿命，包括使用寿命和循环寿命两方面的内容。在规定条件下，蓄电池的有效寿命期限，称为电池使用寿命。在使用寿命期内，电池经历的全充电和全放电的次数，称为电池循环寿命或使用周期。VRLA 蓄电池在循环使用时，容量下降到额定容量的 50%时，蓄电池完成的充放电循环次数，称为循环寿命。其循环寿命随电池放电深度的增大而迅速降低。VRLA 蓄电池在放电深度（10 小时率放电）为 80%，即每次放出的电量为额定容量的 80%时，循环寿命应大于 600 次；而当放电深度为 20%时，则循环寿命应大于 3600 次。因此，为延长 VRLA 蓄电池寿命，应尽量避免深度放电。保证电池长寿命的基本前提条件，是电池正极板栅厚度应不低于 5mm，正极板栅应采用低锑合金和适合循环使用的铅钙锡多元合金材料制造。

（4）铅酸蓄电池产品型号和含义

① 铅酸蓄电池产品型号，按我国标准规定，由以下 4 个部分组成。

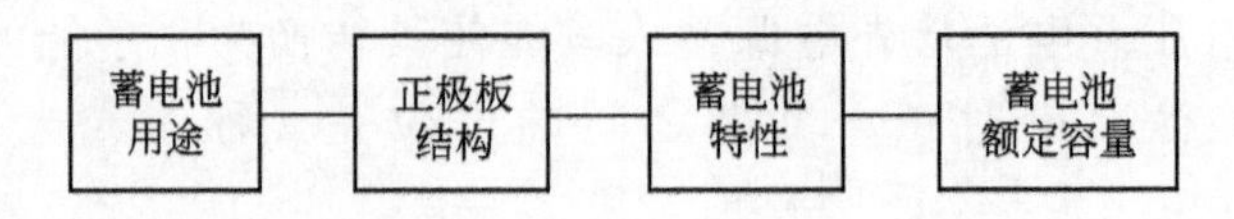

② 用于铅酸蓄电池的汉语拼音字母的含义见表 11-10。

表 11-10 铅酸蓄电池汉语拼音字母含义

汉语拼音字母		含 义	汉语拼音字母		含 义
表示电池用途的字母	Q	起(qi)动用	表示电池特征的字母	A	干(gan)荷式
	G	固(gu)定用		F	防(fang)酸式
	D	电(dian)池车用		F	阀(fami)控式
	N	内(nei)燃机车用		W	无(wu)需维护
	T	铁(tie)路客车用		J	胶(jiao)体电液
	M	摩(mo)托车用		D	带(dai)液式
	KS	矿(kuang)灯(酸性)用		J	激(ji)活式
	JC	舰(jian)船(chuan)用		Q	气(qi)密式
	B	航标(biao)灯用		H	湿(shi)荷式
	TK	坦克(tanke)用		B	半(ban)密封式
	S	闪(shan)光灯用		Y	液(ye)密式
	Z	电动自(zi)行车用		M	密(mi)封式
				S	水(shui)激活式

③ 产品型号含义，举如下 3 例加以说明。

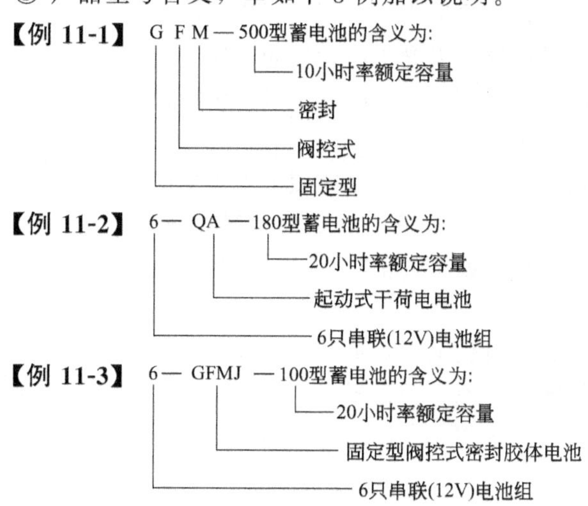

11.4.2 阀控式密封铅酸蓄电池工作原理

(1) 概述

阀控式密封铅酸蓄电池的电解液为硫酸溶液。充电时，正极板上的硫酸铅生成有效物质二氧化铅（PbO_2），负极板上的硫酸铅生成有效物质绒状铅（Pb）。两极板在电解液中发生化学反应，使正极板缺少电子，负极板多余电子。这样，正、负极板间产生电位差，即蓄电池的电动势。

蓄电池放电是将化学能转变成电能的过程。电池放电时，正极发生还原反应，负极发生氧化反应。因此，蓄电池放电时正极板为阴极，负极为阳极。蓄电池充电则是将电能转变成化学能的过程。其工作原理与电解池相同，电池的正极与外直流电源的正极相连，电池的正极发生氧化反应，正极为阳极；电池的负极与外直流电源的负极相连，电池的负极发生还原反应，负极为阴极。由此可见，蓄电池的电极极性采用正、负极名称时，不随电池的充放电改变而发生变化，即电池的正极仍然是正极，电池的负极仍然是负极。电池的正极和负极是由组成电极的材料的性质所决定的，当一个电池的正极和负极确定以后就不会发生改变，正极将永远是正极，负极将固定是负极。

无论是电池还是电解池的两个电极，其中电位较高的电极是正极，而电位较低的电极是负极；阳极总是发生氧化反应，而阴极总是发生还原反应。对于电池的电极名称，习惯上采用正、负电极；而对于电解池，则常采用阴、阳极名称。正、负电极是以电极电位的高低来区分。而阴、阳极则是以在电极上所发生的化学反应来区分。

被氧化是物质提供电子的过程，被还原是物质接受电子的过程。在这些过程中，有物质提供（失）电子，就必有另外的物质接受（得）电子。化学上把这种得失电子的反应，称为氧化还原反应。在氧化还原反应中，失电子的过程叫做氧化，得电子的过程叫做还原；失电子的物质叫还原剂，得电子的物质叫氧化剂。氧化和还原是同时发生、同时进行的，两者总是相伴而生，而且失电子的总数必定等于得电子的总数。

传统的铅酸蓄电池有两大主要缺点：一是在使用寿命期间，需不断加水维护；二是由于富液有漏酸危险，不能任意方向放置。VRLA 蓄电池就是为克服这两大缺点而研究开发的一种新型铅酸蓄电池。采用吸收电解液的多孔超细玻璃纤维隔板和使用氧气循环技术，是 VRLA 蓄电池的技术关键。由于在蓄电池中氧首先析出，又可以在铅电极上以较高的速率还原，因此设计了应用氧循环或氧复合技术的密封铅酸蓄电池，其正极上析出的氧可在负极上被还原而消失。由于充电时负极进行阴极过程，所以这种电池也称为阴极吸收式密封铅酸蓄电池。

(2) 放电过程中的电化学反应

当蓄电池与外电路接通时，在蓄电池电动势作用下，电路中便产生电流。放电电流由蓄电池的正极板经外电路流向负极板。在蓄电池内部，电解液的硫酸分子电离，产生氢正离子和硫酸根负离子；在电场力作用下，氢离子移向正极，硫酸根离子移向负极，形成离子流。电流的方向，是从负极流向正极。

在负极板上，硫酸根离子与铅离子结合，生成硫酸铅，其化学反应式为

$$Pb + H_2SO_4 \longrightarrow PbSO_4 + 2H^+ + 2e$$

在正极板上，电子自外电路流入，与四价的铅正离子结合，变成二价的铅正离子，并立即与正极板附近的硫酸根负离子结合，生产硫酸铅。同时，移向

正极板的氢正离子和氧负离子结合，形成水分子，其化学反应式为

$$PbO_2 + H_2SO_4 + 2H^+ + 2e \longrightarrow PbSO_4 + 2H_2O$$

放电时总的化学反应式为

$$PbO_2 + Pb + 2H_2SO_4 \longrightarrow 2PbSO_4 + 2H_2O$$

由上述可知，蓄电池在放电过程中，正、负极板上都形成了硫酸铅。由于硫酸铅导电性能差，增加了极板之间的电阻，以致影响电池容量。由于电解液中的硫酸逐渐减少，水分增加，使得电解液的相对密度降低。

(3) 充电过程中的化学反应

电池充电时，在蓄电池内部，充电电流由正极板流向负极板。在电流的作用下，正、负极板上的硫酸铅及电解液中的水被分解。充电时的化学反应式为

在正极板

$$PbSO_4 + 2H_2O \longrightarrow PbO_2 + SO_4^{2-} + 4H^+ + 2e$$

在负极板

$$PbSO_4 + 2e \longrightarrow Pb + SO_4^{2-}$$

总的化学反应式

$$2PbSO_4 + 2H_2O \longrightarrow PbO_2 + 2H_2SO_4 + Pb$$

即在充电过程中，在正极板上的硫酸铅被硫酸根氧化失去电子而还原为二氧化铅（PbO_2）；在负极板上的硫酸铅被氢离子还原为铅（Pb）。在化学反应中，吸收了两个水分子，而析出了两个分子的硫酸。所以，充电时电解液的相对密度增大，蓄电池内阻减少，电动势增大。

综上所述，在放电和充电的循环过程中，可逆反应式为

$$PbO_2 + 2H_2SO_4 + Pb \underset{\text{充电}}{\overset{\text{放电}}{\rightleftharpoons}} 2PbSO_4 + 2H_2O$$

(4) 阀控式密封铅酸蓄电池内部氧循环的特点

VRLA 蓄电池是在铅酸蓄电池的基础上发展起来的，具有内部氧循环抑制氢气产生的特点，可具体表述如下。

① 正极产生氧气。在 VRLA 蓄电池恒流充电后期或过充电时，电池电压上升，电解水开始，在正极上产生氧气。反应式如下

$$4H_2O \longrightarrow 4H^+ + 4OH^-$$

$$4OH^- \longrightarrow 2H_2O + 4e + O_2\uparrow$$

$$\overline{\qquad\qquad\qquad\qquad\qquad\qquad}$$

$$2H_2O \longrightarrow 4H^+ + 4e + O_2\uparrow$$

O_2 迁移到负极表面。

② 负极上的反应。

a. 铅与氧的反应。当氧从不流动的电解液隔板的空隙穿过，到达多孔的

绒状铅负极表面时，Pb 与 O_2 发生化合反应并放出热量，即

$$2Pb+O_2 \longrightarrow 2PbO$$

b. 氧化铅与硫酸反应。PbO 与电解液中的 H_2SO，发生化学放热反应，生成硫酸铅与水，即

$$2PbO+2H_2SO_4 \longrightarrow 2PbSO_4+2H_2O$$

c. 硫酸铅的还原反应。在充电时负极板的硫酸铅转化成绒状铅，反应式为

$$2PbSO_4+4H^++4e \longrightarrow 2Pb+2H_2SO_4$$

负极的总反应式为

$$O_2+4H^++4e \longrightarrow 2H_2O$$

这个反应为去极化反应，它使氢的发生受到抑制。

从上述一系列反应可以看出，在电解液中 H_2O 先在正极上产生 O_2，再在负极上产生 H_2O，即正极产生的氧被负极（阴极）吸收了，所以这种电池又称阴极吸收式密封固定型铅酸蓄电池。这种氧循环在电池内部没有增加压力。铅酸蓄电池充电时，O_2、H_2 气体不是同时产生的，正极上活性物质 $PbSO_4$ 被氧化成 PbO_2 达 70％时开始产生 O_2，而负极活性物质 $PbSO_4$ 被还原成绒状 Pb 达 90％时才有 H_2 产生。电池设计时，过去由于采用过量的负极活性材料，导致氢气的产生，目前大都采用提高析氢电位的板栅材料，以尽量避免氢气的产生，在整个化学反应期间，使负极永远处于不饱和状态，达不到析氢过电位，因而无氧气产生，形成单纯的氧循环，从而使电池达到密封的目的。

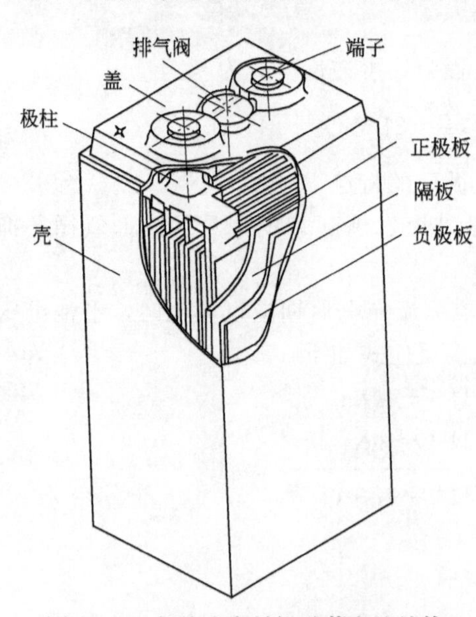

图 11-44 阀控式密封铅酸蓄电池结构

11.4.3 阀控式密封铅酸蓄电池结构及生产工艺流程

11.4.3.1 阀控式密封铅酸蓄电池结构

阀控式密封铅酸蓄电池主要由极板、隔板、电解液、电池壳和盖、排气阀以及端子等组成，如图 11-44 所示。

(1) 极板

负极活性物质为绒状 Pb，与稀硫酸溶液构成难溶盐电极；正极活性物质为 PbO_2 与稀硫酸溶液构成氧

化还原电极。正极板，通常固定式电池采用涂膏式或管式极板，移动式电池采用涂膏式极板。负极板，通常采用涂膏式极板。正板栅，由 Pb-Ca 合金或低锑合金制成，负板栅由 Pb-Ca-Sn 合金制成。

极板是在板栅上敷涂由活性物质和添加剂制造的铅膏，经固化、化成等工艺处理而成。板栅由于支撑极板的活性物质，又用作导电体，因而要求其硬度、机械强度和电性能等要好，它是保证电池寿命的主要因素之一。板栅筋条有垂直形和放射形等结构，要求电流分布均匀。板栅的厚度要保证机械强度和耐腐蚀条件较好，但太厚极板内阻较大，会影响放电性能（见表 11-11）。

表 11-11　低锑合金正板栅厚度与电池寿命关系

正板栅厚度/mm	深循环寿命/次	预计正常浮充寿命/年
2.0	150	2
3.0	257	4
3.4	400	6
4.5	800	12
5.2	1200	20

（2）隔板

其作用是防止正、负极板短路，但要允许导电离子畅通，同时要阻挡有害物质在负极间窜通。对隔板的要求为：a. 隔板材料应具有绝缘和耐酸好的性能，在结构上应具有一定的孔率。b. 由于在某些极板中含锑、砷等物质，容易溶解于电解液，如扩散到负极上将会发生严重的析氢反应，因此要求隔板孔径要适当，以起到隔离作用。c. 隔板和极板采用紧密装配，要求机械强度好、耐氧化、耐高温、化学特性稳定。d. 隔板起酸液储存器的用，使电解液大部分被吸收在隔板中，并被均匀、迅速地分布，而且可以压缩，并在湿态和干态条件下保持着弹性，以起保持导电和适当支撑活性物质的作用。隔板要吸收足够的电解液，应具有相对小的高曲径通路而防止枝晶生长，相当高的孔率以使电阻降低，在使用中应保持对电解液的吸收性以防干竭，不会增加析气速率的杂质和增大自放电率的杂质，耐酸腐蚀和抗氧化能力强。

VRLA 蓄电池普遍采用超细玻璃纤维棉隔板和混合式隔板。超细玻璃纤维棉由直径在 3μm 以下的玻璃纤维棉压缩成型以卷式出厂，由隔膜制造厂或电池制造厂根据极板尺寸切割后使用。混合式隔板，是以玻璃纤维棉为主，混入少量合成纤维（聚酯、聚乙烯、聚丙烯纤维等）。胶体 VRLA 蓄电池的极板隔离则采用专用隔板。VRLA 蓄电池内部氧循环的先决条件是电解液在隔膜中不饱和，使氧能顺利地从正极经过空隙到负极。

目前 VRLA 蓄电池电解液不流动的方法有两种，也就是说有两种电解液的保持体；一种是超细玻璃纤维棉（AGM）隔板，一种是触变性凝胶（Gel)。

第一种，超细玻璃纤维棉（AGM）隔板。

① AGM 及其作用。含硼硅酸盐的超细玻璃纤维棉（AGM）的直径在 μm 级，约为 0.4～4μm，孔率可达 93%以上，利用小孔的毛细作用，能吸收满足电池反应所需要的电解液。这种纤维能析出少量的 SiO_2，使电解液略呈胶状，在一定的压力下，紧压极板板面，使极板上活性物质既不易脱落，又有一定空间，保持 10%左右的孔隙作为 O_2 的复合通道，使正极析出氧的速度与负极吸收氧的速度相当，当电池充电电压达到 2.4V/单体时，即转入浮充电，充电电压 2.25V/单体（25℃），充电电流不会超过 $0.02C_{10}$ A，这样气体还原效率接近 100%，能确保密封。

AGM 隔板在 VRLA 蓄电池中是很关键的部件，其主要作用为：a. 吸收电解液；b. 提供正极析出的氧气向负极扩散的通道；c. 防止正、负极短路。

② 优点：a. 自放电小。在 25℃环境温度下储存 3 个月，自放电率<2%。b. 充电效率高。c. 内阻较小。由于极群装配紧密，内阻较小，一般为 0.2～0.4mΩ，因而适合大电流放电。d. 气体复合率较高。由于贫液式设计，气体复合率较高，约大于 95%，因而无酸雾逸出。e. 初期容量较高。第 3 个循环周期即可达到 100%以上的额定容量。总之，由于 AGM 具有以上优点，使得采用 AGM 技术的 VRLA 蓄电池发展迅猛，目前国内外生产的 VRLA 蓄电池以采用 AGM 技术为主流。

第二种，触变性凝胶（Gel)。

① Gel 及其作用和制备方法。早期试制及生产的 VRLA 蓄电池，所用的电解液保持体内均采用 Gel。其成分主要是 SiO_2，它与 H_2SO_4 混合前为悬浊液，混合后成为一种稳定的胶体，即触变性凝胶，硫酸被吸收在其中。它在凝固期间收缩形成裂纹，裂纹宽与 AGM 的孔径在一个数量级上，为氧气复合提供通道。胶体电池在使用初期，由于裂纹较少，氧气复合率较低，有较多的酸雾逸出。随着电池的使用，裂纹增加，氧的复合率提高。Gel 的制备方法有中和法、硅溶胶法和气相二氧化硅法 3 种。其中用气相二氧化硅法制备的胶体电解质的稳定性较好，因而采用较多。

② 优点：a. 深放电的恢复特性较好；b. 几乎不存在电解液的分层现象；c. 在较高的环境温度下 Gel 电池较 AGM 电池有较长的使用寿命；d. 正极板制成塑料套管式极板，使用寿命长。

(3) 电解液

由纯水和纯净的浓硫酸配制而成。电解液除与极板上的活性物质起电化学作用外，还能起离子导电作用。在25℃时，电解液密度在1.28～1.30之间。

（4）电池壳、盖

对电池壳、盖的要求为：a. 耐酸腐蚀，抗氧化；b. 密封性能好，水气蒸发泄漏小，氧气扩散渗透小；c. 机械强度好，耐振动，耐冲击，耐挤压；d. 蠕动变形小，阻燃。

VRLA蓄电池的壳、盖，以前多用SAN（聚苯乙烯-丙烯腈聚合而成的树脂），近年来主要采用ABS（丙烯腈、丁二烯、苯乙烯的共聚物）、PP（聚丙烯或其聚合物）和PVC（塑化聚氯乙烯）等材料。

采用PP材料制造的电池壳、盖，击穿电压高，介电强度高达2.6×10^{6} V/m，且不受湿度和频率的影响，槽内水气保持性能较SAN、ABS和PVC好；但槽内氧气保持性能差，硬度也小。

（5）排气阀

一种自动开启和关闭的排气阀，又称安全阀，具有单向性，内有防酸雾垫。其作用为：a. 在正常充电状态，排气阀关闭；b. 电池如因过充电等原因产生气体使阀到达开启压时，打开阀门，及时排除盈余气体，以减少电池内压；c. 气压超过定值时放出气体减压后自动关闭，不允许空气中的气体进入电池内，以免加速电池的自放电，因而要求排气阀具有单向性。

排气阀主要由安全阀门、排气通道、防爆过滤片等部件组成。常用的排气阀有胶帽式、伞式和胶柱式3种结构。从可靠性来看，实践证明，胶柱式最好，伞式次之，胶帽式较差。近年出现了一种新型排气阀，称为“唇形阀”，多余的气体可通过类似嘴唇形状的结构部分排除，开启、闭合压力相当精确，但制造工艺要求高。

（6）端子

接线端子应由铅、铅合金或铜铸造，并含有能进行机械连接的螺纹芯件（内螺纹或外螺纹）。该芯件的制备，应保证与端子进行有效的电气和机械连接，需采用长的机械密封轨道。应选择收缩率小的密封材料，以使极柱密封结构良好。

11.4.3.2　*阀控式密封铅酸蓄电池生产工艺流程*

不做详细介绍，仅将阀控式密封铅酸蓄电池的生产工艺流程列成图11-45。

11.4.4　阀控式密封铅酸蓄电池技术性能要求

VRLA蓄电池是铅酸蓄电池的一种。我国于1991年颁发的GB/T 13337.1—1991《固定型防酸式铅酸蓄电池技术条件》，是铅酸蓄电池设计、制造和运行共同遵守的国家标准。IEC1990年制订、1995年颁发的IEC 896-2

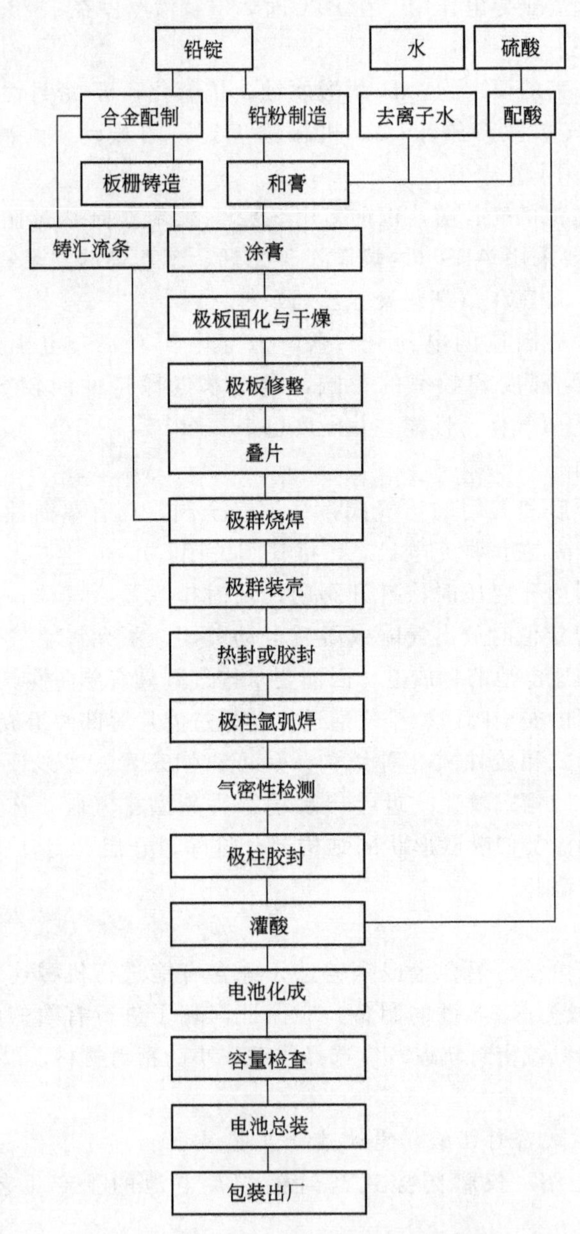

图 11-45 VRLA 蓄电池生产工艺流程

(1996-11)《固定型铅酸蓄电池的一般要求和测试方法第二部分：阀控型》，是目前我国制造和使用 VRLA 蓄电池共同遵守或参考的重要规定。英国于 1987 年颁发了 BS 6290—1987《铅酸固定型单体蓄电池和蓄电池组（阀控密封型规范)》。日本于 1992 年颁发了 JISC 8708—1992《固定型密封铅酸蓄电池（阀控式)》。我国通信行业使用 VRLA 蓄电池广泛，邮电部于 1996 年颁发了 YD/T 799—1996《通信用阀控式密封铅酸蓄电池技术要求和检验方法》；信息产业部于 2002 年 2 月颁发了 YD/T 799—2002《通信用阀控式密封铅酸蓄电池》代替 YD/T 799—1996 标准。随后，原电力工业部也于 1997 年和 2000 年先后颁发了 DL/T 637《阀控式密封铅酸蓄电池订货技术条件》。近年，国家质量监督检验检疫总局相继发布了 GB/T 19638.2—2005《固定型阀控式密封铅酸蓄电池》和 GB/T 19639.1—2005《小型阀控密封式铅酸蓄电池技术条件》等国家标准。

根据以上标准和规范，归纳提出以下关于 VRLA 蓄电池技术性能要求。

（1）结构

正、负极板端子应便于连接，并有明显标志。端子应用螺柱、螺母连接。电池间连接电压降 $\Delta U \leqslant 10$mV。

（2）容量

① 容量保持率。完全充电后的蓄电池，在（25±5)℃的环境中，静放 28d 后，其容量保持率不低于 96%。

② 10 小时率的容量。第 1 次循环不低于 $0.95C_{10}$，第 3 次循环应达到 C_{10}；3 小时率和 1 小时率的容量，应分别在第 4 次循环和第 5 次循环以前达到。

③ 电池容量性能应符合表 11-12 所列指标。

表 11-12　VRLA 蓄电池容量

放电率/h	单体电池放电终止电压/V	电池容量/%	放电电流/A
10	1.80	100	$0.1I_{10}$
3	1.80	75	$2.5I_{10}$
1	1.75	55	$5.5I_{10}$

（3）气密性

电池应能承受 50kPa 的正压和负压而不破裂、不开胶，压力释放后壳体无残余、无变形。

（4）对排气阀的要求

① 应具有自动开启和关闭的功能，动作准确；②开启时不允许有酸雾逸出；③阀的寿命与电池一致；④开阀压应为 10～35kPa，闭阀压应为 3～15kPa。

（5）充电性能

① 蓄电池在使用前一般应进行补充充电，在（25±5)℃时，单体电池以

2.35V 进行充电。

② 蓄电池均衡充电，单体电池电压为 2.30～2.35V。每组蓄电池中，各单体电池间开路电压最高值与最低值的差值不大于 20mV。

③ 蓄电池浮充单体电压为 2.20～2.27V。

④ 蓄电池最大充电电流不大于 $2.5I_{10}$A，各项指标应正常。

⑤ 防爆性能。蓄电池在充电过程中遇有明火，电池内部不引燃、不引爆。

⑥ 封口剂性能。采用封口剂的电池，在温度为－30～＋65℃之间时，封口剂不应有裂纹与溢流现象。

⑦ 在环境温度－15～＋45℃条件下，蓄电池应能正常使用。

⑧ 自放电损失。每天小于 0.14%。

⑨ 防酸雾性能。在规定的试验条件下，蓄电池在充电过程中，内部产生的酸雾被抑制，不向外部泄放。每安时（A·h）充电电量析出的酸雾应不大于 0.025mg。

⑩ 耐过充电性能。蓄电池所有活性物质达到充电状态，称为完全充电。电池已达完全充电后的持续充电，称为过充电。按规定要求，电池应有一定的过充电的能力。

⑪ 使用寿命。在环境温度不超过 30℃全浮充状态下正常运行，2V 系列蓄电池的折合浮充寿命不低于 8 年，6V 以上系列蓄电池的折合浮充寿命不低于 6 年。

11.4.5 阀控式密封铅酸蓄电池安装与检验

（1）阀控式密封铅酸蓄电池安装

① 阴极吸收式电池可立式或卧式安装（极板与地面垂直），胶体式电池宜立式安装。

② 蓄电池容量为 300A·h 及以下时，可柜式安装，也可布置在蓄电池室内平放或用架构安装；蓄电池容量在 300A·h 及以上时，应布置在蓄电池室内平放或架构安装。

③ 柜式安装，根据电池大小，可按 3 层、4 层、5 层布置，每层间距为 400～500mm，底层距离地面为 250mm 及以上。

④ 布置在专门蓄电池室内时，可如一般铅酸蓄电池那样，或布置在砌筑平台上，或制作蓄电池架构固定电池。电池架构应根据电池尺寸制作，一般以单层和双层架构为宜。

⑤ 对蓄电池室的要求为：a. VRLA 蓄电池运行特性与寿命和环境温度直接有关。电池预期寿命在 26℃时，可达 8～12 年；如温度经常在 35℃时，则

预期寿命仅为 4～6 年。因此，蓄电池室要设计成被动式太阳房，以保持环境温度处于 5～30℃之间（见图 11-46）。b. 电池在正常时无气体逸出，但在严重过充电时，也可能有氧气和氢气排在大气中。因此，蓄电池室要有通风设施。蓄电池柜也要有良好的通风。c. 蓄电池室的空调通风孔及取暖器不要直接对着蓄电池，尽量使蓄电池的各部位温差不超过 3℃。蓄电池室应避免阳光直接照射，要远离火源。蓄电池不能置于有机溶剂和腐蚀性气体的环境中。d. 蓄电池室应有通道。两侧均装有蓄电池时，通道宽度应在 1m 以上。一侧装蓄电池时，通道宽度应不小于 0.8m。e. 蓄电池组引出线与建筑物或接地体之间的距离，不应小于 50mm。f. 蓄电池室的窗户，应安装毛玻璃或涂有带色涂料的玻璃，以免阳光直射到蓄电池上。g. 蓄电池室照明灯的亮度要适中，宜选用普通防酸的安全灯具。应有一套事故照明灯。室内照明线路应暗敷或采用防酸绝缘导线。h. 蓄电池排与排的连接，或引出端的导体，应采用铜导体或单根绝缘铜绞线，导体截面与蓄电池引至直流柜的电缆的压降之和应不超过 $1\%V_N$。i. 蓄电池应通过连接端子板与电缆连接，不要采取电缆直接与蓄电池接线柱连线。

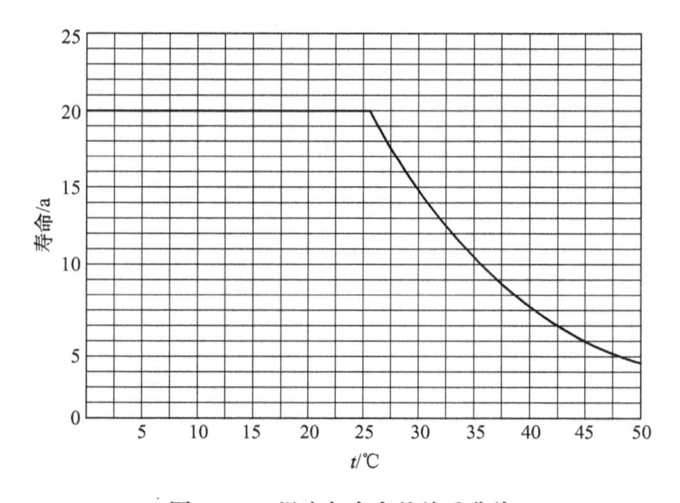

图 11-46　温度与寿命的关系曲线

⑥ 蓄电池在安装时，应注意的事项主要有：a. 因阀控式密封铅酸蓄电池系以成品出厂，电池内已有酸液并已充电，所以在运输和安装过程中，应小心搬运，防止短路，杜绝摔、砸、撞、倒立、反接等现象的发生。b. 蓄电池在安装前可在 0～35℃的环境温度下存放，其时间不能超过 6 个月，6 个月必须补充电一次。储存期在 3～6 个月的蓄电池，安装前应进行充电试验。蓄电池的存放地点，应干燥、清洁和通风。c. 为防止蓄电池组发生电击危险，在装

卸导电连接条时，应使用绝缘工具；在安装和搬运蓄电池时，要戴绝缘手套。搬运蓄电池，只能使用吊带，不能使用钢丝绳等；搬运时不得触动极柱和排气阀。d. 连接条脏污或连接条连接不紧密，有可能引起蓄电池打火，甚至引起火灾，因此要保持连接条在连接处的清洁，并一定要拧紧连接条。单体电池应采用不锈钢或钢螺钉、螺栓及镀锡铜排连接片和平垫圈，应串联连接。e. 蓄电池之间、蓄电池组之间及蓄电池组与直流屏之间的连接，应合理方便，电压降尽量小，不同性能、不同容量的蓄电池不能互连使用；安装末端连接件和接通蓄电池系统之前，应认真检查蓄电池系统的总电压和正、负极，以确保安装正确。f. 蓄电池与充电装置和放电装置或负载连接时，电路开关应断开，并要确保连接正确，即蓄电池正极与充放电装置正极连接、蓄电池负极与充放电装置负极连接。g. 蓄电池和设备应保持清洁，要用湿布擦拭而不能用有机溶剂（如汽油等）清洗外部。不能使用二氧化碳灭火器扑灭火灾，可用四氯化碳之类的灭火器具。

(2) 阀控式密封铅酸蓄电池检验

蓄电池安装完毕后，应作投运前的验收试验，所试项目达到技术要求，方可投入试运行。在24h试运行中，如一切正常，接收单位即可接收。交接试验的项目为：

① 绝缘电阻测量

a. 电压为220V的蓄电池组，绝缘电阻不小于200kΩ。

b. 电压为110V的蓄电池组，绝缘电阻不小于100kΩ。

c. 电压为48V的蓄电池组，绝缘电阻不小于50kΩ。

② 耐压试验。蓄电池回路的电气设备引出线工频耐压2kV耐压1min，应不闪络、不击穿。

③ 容量试验。电池组的恒流充电电流和恒流放电电流均为$1I_{10}$（$0.1C_{10}$ A)。标称电压2V的电池，放电终止电压为1.8V；标称电压为6V的组合式电池，放电终止电压为5.25V；标称电压为12V的组合式电池，放电终止电压为10.5V。在三次充电放电循环之内，若达不到额定容量的100%以上，此组电池为不合格，应更换。在放电终止时，标称电压为2V的电池组中，单体电压不足1.8V的电池数，不应超过电池总数的5%，最低电压不得低于1.75V；标称电压为6V或12V的电池组中，单体电压不足5.25V或10.5V的电池数，不应超过电池总数的5%。

11.4.6 阀控式密封铅酸蓄电池管理与维护

必须按照生产厂家的说明书进行管理与维护，使电池始终按照规定的技术指标保持良好的运行状态。

(1) 基本使用要求

① 蓄电池的使用温度：25℃（5～35℃）。

② 蓄电池的浮充电压：2.23～2.25V。

③ 蓄电池的最终浮充电流：0.001C_{10}以下。

④ 蓄电池的均衡电压：2.35V（2.33～2.40V）。

⑤ 蓄电池的均衡充电电流：0.2C_{10}以下。

⑥ 新安装的电池，应进行补充电和放电测试，容量在 95%以上方可投入使用。

⑦ 配套使用的控制器对蓄电池组应具有过放电和过充电的保护功能，同时并应具有温度补偿功能。

(2) 经常检查项目

① 端电压；

② 连接处有无松动、腐蚀现象；

③ 电池壳体有无渗漏和变形；

④ 极柱、排气阀周围是否有酸雾逸出。

(3) 充放电

① 在初次使用前不需进行初充电，但应进行补充充电，并做一次容量试验。补充充电应采用恒压充电方法，充电电压应按产品说明书规定进行。补充充电的电压和充电时间为：单体电池电压 2.30V 时，充电时间为 24h；单体电池电压 2.35V 时，充电时间为 12h。这一充电时间适用于环境温度 25℃，如高于 25℃则应缩短充电时间，低于 25℃则应增加充电时间。

② 如遇下列情况之一，也应对电池组进行均衡充电：a. 浮充电压有 2 只低于 2.18V/单体；b. 放出了 20%以上的额定容量；c. 搁置停用时间超过了 3 个月；d. 全浮充运行已达 3 个月。

③ 蓄电池的放电：a. 每年应以实际负荷做一次核对性放电试验，放出额定容量的 30%～40%；b. 每 3 年做一次容量试验，使用 6 年以后缩短为每年做一次；c. 蓄电池每次放电期间，应每小时测量一次端电压（单体电池和电池组）、放电电流和环境温度。

④ 浮充电运行。

a. 蓄电池组平时均应处于浮充电状态。

b. 蓄电池浮充电电压采用说明书规定的上限值。浮充电时全电池组各电池端电压的最大压差值应不大于 0.05V。

c. 每月应对各电池的端电压和环境温度测量一次。

⑤ 周期维护项目。

a. 每月应进行：全面清洁；测量各电池端电压和环境温度。

b. 每季应进行一次补充充电。

c. 每年应进行一次下列内容的操作：检查引线及端子的接触情况，测量馈线、母线、电缆及软连接接头电压降；核对性放电试验；校正仪表；每3年进行一次容量试验，10小时率的放电深度为80%。

11.4.7 阀控式密封铅酸蓄电池常见故障与处理方法

（1）VRLA蓄电池常见故障

可归纳为如下4类：

① 电池失效。可将电池失效的主要原因绘成图11-47。

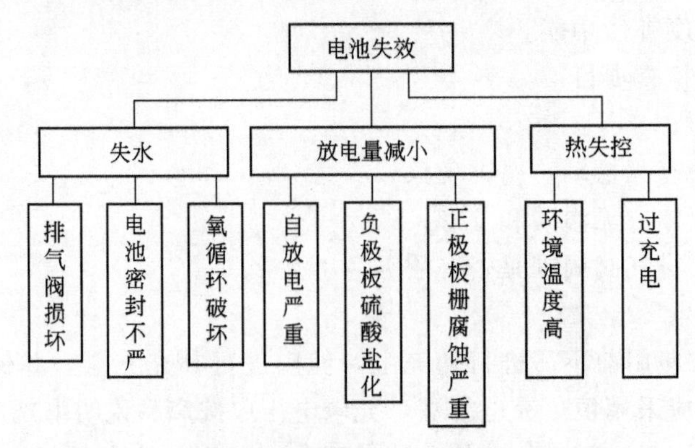

图11-47 电池失效主要原因

② 硫酸盐化。可将负极板硫酸盐化的主要原因绘成图11-48。

③ 正极板栅腐蚀。可将正极板栅腐蚀的主要原因绘成图11-49。

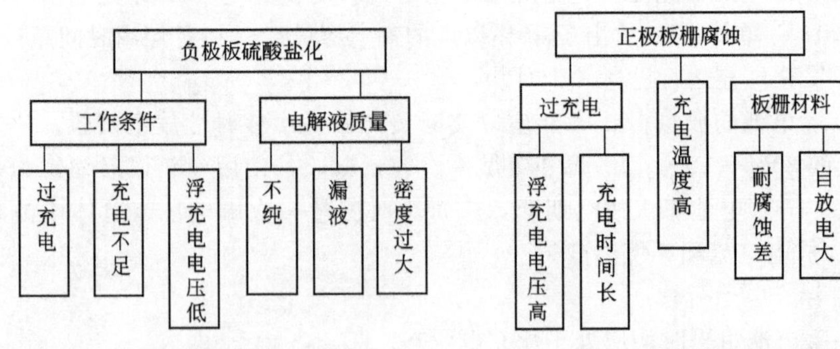

图11-48 负极板硫酸盐化主要原因　　**图11-49 正极板栅腐蚀主要原因**

④ 自放电。可将电池自放电严重的主要原因绘成图11-50。

（2）VRLA蓄电池常见故障处理方法

① 浮充电电压不均。可能原因：电池内阻不均。处理方法：进行均衡

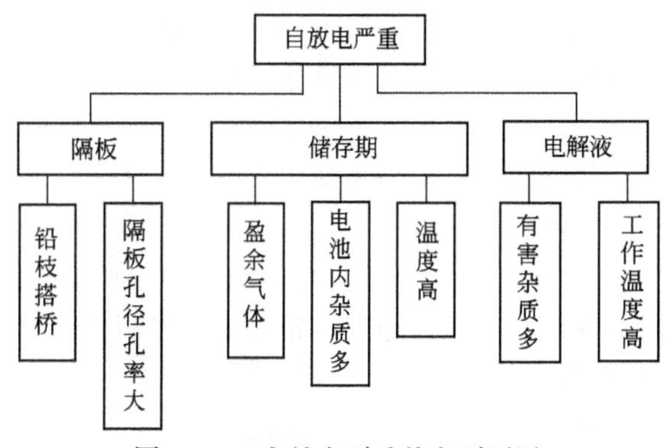

图 11-50　自放电严重的主要原因

充电。

② 电池壳体胀肚。造成的主要原因：充电电流过大，充电电压超过了 2.4V×n，电池内部有短路或局部放电，温升超标，排气阀打不开。处理方法：减少充电电流，降低充电电压，检查排气阀是否堵死。

③ 电池渗液。可能原因：浮充电电压过高，温度过高；制造质量有缺陷；遇到外伤。处理方法：与生产工厂联系更换。

④ 电池极柱或外壳温度过高。造成的主要原因：连接螺栓松动，浮充电电压过高。处理方法：紧固螺栓，检查和调整浮充电电压。

⑤ 电池浮充电电压忽高忽低。可能原因：连接螺栓松动。处理方法：紧固螺栓。

⑥ 电池容量不足。可能原因：电池放电后未及时充电长期欠电压，或频繁地长时间放电又没有足够时间充足电，而造成电池过放电且长时间欠电压；浮充电电压长期过高，造成失水严重。处理方法：进行均衡充电，若不能排除，应与生产厂家联系。

⑦ 电池对地漏电。可能原因：电池盖上灰尘或渗液的残留物导电。处理方法：清洁电池盖；电池系统与地加绝缘板。

⑧ 运行中浮充电电压正常，但一放电，电压即很快下降到终止电压。造成原因：电池内部失水、干涸，电解液变质。处理方法：更换电池。

11.5　逆变器

11.5.1　逆变器的概念

通常，把将交流（AC）电能变换成直流（DC）电能的过程称为整流，把完成整流功能的电路称为整流电路，把实现整流过程的装置称为整流设备或整流器。与之相对应，把将直流（DC）电能变换成交流（AC）电能的过程称为逆变，把完成逆变功能的电路称为逆变电路，把实现逆变过程的装置称为逆变设备或逆变器。

现代逆变技术是研究逆变电路理论和应用的一门科学技术。它是建立在工业电子技术、半导体器件技术、现代控制技术、现代电力电子技术、半导体变流技术、脉宽调制（PWM）技术等学科基础之上的一门实用技术。它主要包括半导体功率集成器件及其应用、逆变电路和逆变控制技术3大部分。

11.5.2 逆变器的作用

太阳能电池方阵在阳光照射下产生直流电，然而以直流电形式供电的系统有很大的局限性。例如，日光灯、电视机、电冰箱、电风扇等大多数家用电器均不能直接用直流电源供电，绝大多数动力机械也是如此。此外，当供电系统需要升高电压或降低电压时，交流系统只需加一个变压器即可，而在直流系统中升降压技术与装置则要复杂得多。因此，除特殊用户外，在离网型光伏发电系统中都需要配备逆变器。逆变器一般还具有自动稳频稳压功能，可保障光伏发电系统的供电压量。综上所述，逆变器已成为离网型光伏发电系统中不可缺少的重要配套设备。

光伏发电系统与公共电网连接共同承担供电任务，是光伏发电进入大规模商业化发电阶段、成为电力工业组成部分之一的重要方向，是当今世界光伏发电技术发展的主流。截止到2012年底，世界联网光伏发电系统的总装机容量已占到世界光伏发电总装机容量的85%以上。联网逆变器是联网光伏发电系统的最基本构成部件之一，必须通过它将光伏方阵输出的直流电能变换成为符合国家电能质量标准各项规定的交流电能，才能并入电网，才允许联网。

11.5.3 逆变器的分类

逆变器的种类很多，可按照不同的方法进行分类。

① 按逆变器输出交流电能的频率分，可分为工频逆变器、中频逆变器和高频逆变器。工频逆变器一般指频率为50～60Hz的逆变器；中频逆变器的频率一般为400Hz到十几千赫；高频逆变器的频率一般为十几千赫到兆赫级(MHz)。

② 按逆变器输出的相数分，可分为单相逆变器、三相逆变器和多相逆变器。

③ 按逆变器输出电能的去向分，可分为有源逆变器和无源逆变器。凡将逆变器输出的电能向公共电网输送的逆变器，称为有源逆变器；凡将逆变器输出的电能输向某种用电负载的逆变器，称为无源逆变器。

④ 按逆变器主电路的形式分，可分为单端式（包括正激式和反激式）逆

变器、推挽式逆变器、半桥式逆变器和全桥式逆变器。

⑤ 按逆变器主开关器件的类型分，可分为普通晶闸管（也称为可控硅SCR）逆变器、大功率晶体管（GTR）逆变器、功率场效应晶体管（VMOS-FET）逆变器、绝缘栅双极晶体管（IGBT）逆变器和MOS控制晶体管（MCT）逆变器等。又可将其归纳为“半控型”逆变器和“全控型”逆变器两大类。前者，不具备自关断能力，元器件在导通后即失去控制作用，故称为“半控型”，普通晶闸管（SCR）即属于这一类；后者，则具有自关断能力，即元器件的导通和关断均可由控制极加以控制，故称为“全控型”，功率场效应晶体管（VMOSFET）和绝缘栅双极晶体管（IGBT）等均属于这一类。

⑥ 按逆变器稳定输出参量分，可分为电压型逆变器（VSI）和电流型逆变器（CSI）。前者，直流电压近于恒定，输出电压为交变方波；后者，直流电流近于恒定，输出电流为交变方波。

⑦ 按逆变器输出电压或电流的波形分，可分为正弦波输出逆变器和非正弦波（包括方波、阶梯波、准方波等）输出逆变器。

⑧ 按逆变器控制方式分，可分为调频式（PFM）逆变器和调脉宽式（PWM）逆变器。

⑨ 按逆变器开关电路工作方式分，可分为谐振式逆变器、定频硬开关式逆变器和定频软开关式逆变器。

⑩ 按逆变器换流方式分，可分为负载换流式逆变器和自换流式逆变器。

⑪ 在太阳能光伏发电系统中，还可将逆变器分为离网型逆变器和联网型逆变器。在联网型逆变器中，又可根据太阳能电池接入方式的不同，分为集中式联网逆变器、组串式联网逆变器和双向联网逆变器等。

11.5.4　逆变器的基本结构

逆变器的直接功能是将直流（DC）电能变换成为交流（AC）电能，其示意图如图 11-51 所示。

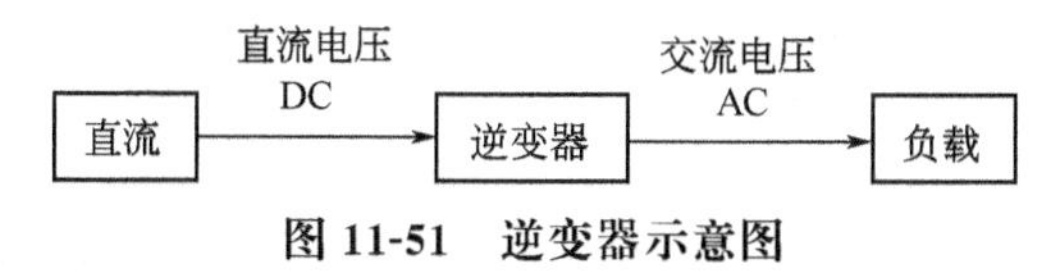

图 11-51　逆变器示意图

逆变装置的核心，是逆变开关电路，简称为逆变电路。该电路通过电力电子开关的导通与关断，来完成逆变的功能。电力电子开关器件的通断，需要一定的驱动脉冲，这些脉冲可以通过改变一个电压信号来调节。产生和调节脉冲的电路，通常称为控制电路或控制回路。逆变装置的基本结构，除上述的主逆变电路和控制电路外，还有保护电路、辅助电路、输入电路、输出电路等，如

图 11-52 所示。

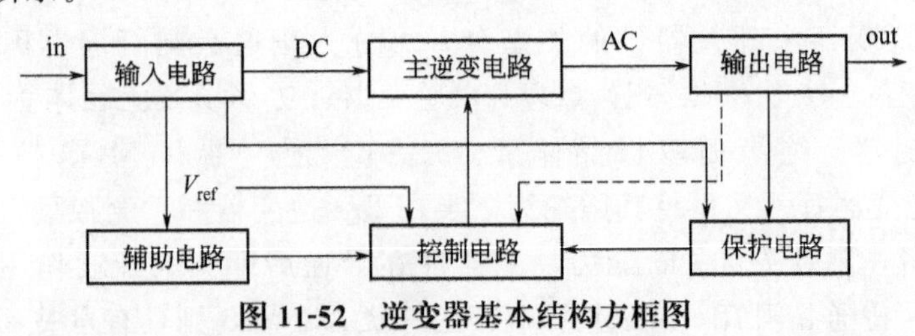

图 11-52 逆变器基本结构方框图

① 输入电路。主要作用是为主逆变电路提供可确保其正常工作的直流工作电压。

② 主逆变电路。是逆变器的核心，它的主要作用是通过半导体开关器件的导通和关断完成逆变的功能。主逆变电路分为隔离式和非隔离式两大类。

③ 输出电路。主要是对主逆变电路输出的交流电的波形、频率、电压、电流的幅值和相位等进行修正、补偿、调理，使之满足使用需求。

④ 控制电路。主要是为主逆变电路提供一系列的控制脉冲来控制逆变开关器件的导通与关断，配合主逆变电路完成逆变功能。

⑤ 辅助电路。主要是将输入电压变换成适合控制电路工作的直流电压。辅助电路还包含了多种检测电路。

⑥ 保护电路。主要包括输入过电压、欠电压保护，输出过电压、欠电压保护，过载保护，过电流和短路保护，过热保护等。

逆变器主要由半导体功率器件和逆变器驱动、控制电路两大部分组成。随着微电子技术与电力电子技术的快速发展，新型大功率半导体开关器件和驱动、控制电路的出现，促进了逆变器技术不断完善和高速发展，向着高频化、节能化、全控化、集成化和多功能化方向前进。

11.5.5 逆变器的主要技术性能及评价选用

(1) 技术性能

表征逆变器性能的基本参数与技术条件内容很多，下面仅对评价逆变器时经常用到的部分参数做一说明。

① 额定输出电压。在规定的输入直流电压允许的波动范围内，它表示逆变器应能输出的额定电压值。一般在输出额定电压为单相 220V 和三相 380V 时，电压波动偏差有如下规定。

a. 在稳态运行时，电压波动范围应不超过额定值的±3%或±5%；b. 在负载突变（额定负载的 0↔50%↔100%）或有其他干扰因素影响的动态情况下，其输出电压偏差不应超过额定值的±8%或±10%。

② 输出电压的不平衡度。在正常工作条件下，逆变器输出的三相电压不

平衡度（逆序分量对正序分量之比）应不超过一个规定值，一般以百分数（%）表示，如5%或8%。

③ 输出电压的波形失真度。当逆变器输出电压为正弦波时，应规定允许的最大波形失真度（或谐波含量）。通常以输出电压的总波形失真度表示，其值不应超过5%（单相输出允许10%）。

④ 额定输出频率。逆变器输出交流电压的频率应是一个相对稳定的值，通常为工频50Hz。正常工作条件下其偏差应在±1%以内。

⑤ 负载功率因数。“负载功率因数”表征逆变器带感性负载或容性负载的能力。在正弦波条件下，负载功率因数为0.7～0.9（滞后），额定值为0.9。

⑥ 额定输出电流（或额定输出容量）。它表示在规定的负载功率因数范围内，逆变器的额定输出电流。有些逆变器产品给出的是额定输出容量，其单位以V·A或kV·A表示。逆变器的额定容量是当输出功率因数为1（即纯阻性负载）时，额定输出电压与额定输出电流的乘积。

⑦ 额定输出效率。逆变器的效率是在规定的工作条件下，其输出功率对输入功率之比，以百分数（%）表示。逆变器在额定输出容量下的效率为满负荷效率，在10%额定输出容量下的效率为低负荷效率。

⑧ 保护。a. 过电压保护。对于没有电压稳定措施的逆变器，应有输出过电压的保护措施，以使负载免受输出过电压的损害；b. 过电流保护。逆变器的过电流保护，应能保证在负载发生短路或电流超过允许值时及时动作，使其免受浪涌电流的损伤。

⑨ 起动特性。它表征逆变器带负载起动的能力和动态工作时的性能。逆变器应保证在额定负载下可靠起动。

⑩ 噪声。电力电子设备中的变压器、滤波电感、电磁开关及风扇等部件均会产生噪声。逆变器正常运行时，其噪声应不超过80dB，小型逆变器的噪声应不超过65dB。

（2）评价选用

为了正确选用光伏发电系统用的逆变器，必须对逆变器的技术性能进行评价。根据逆变器对离网型光伏发电系统运行特性的影响和光伏发电系统对逆变器性能的要求，以下各项是必不可少的评价内容。

① 额定输出容量。额定输出容量表征逆变器向负载供电的能力。额定输出容量值高的逆变器可带更多的用电负载。但当逆变器的负载不是纯阻性时，也就是输出功率小于1时，逆变器的负载能力将小于所给出的额定输出容量值。

② 输出电压稳定度。输出电压稳定度表征逆变器输出电压的稳压能力。

多数逆变器产品给出的是输入直流电压在允许波动范围内该逆变器输出电压的偏差（%），通常称为电压调整率。高性能的逆变器应同时给出当负载由0→100%变化时，该逆变器输出电压的偏差（%），通常称为负载调整率。性能良好的逆变器的电压调整率应≤±3%，负载调整率应≤±6%。

③ 整机效率。逆变器的效率值表征自身功率损耗的大小，通常以百分数（%）表示。容量较大的逆变器还应给出满负荷效率值和低负荷效率值。千瓦级以下的逆变器效率应为80%～85%以上，10kW级以上的逆变器效率应为85%～95%以上。逆变器效率的高低对光伏发电系统提高有效发电量和降低发电成本有重要影响。

④ 保护功能。过电压、过电流及短路保护是保证逆变器安全运行的最基本措施。功能完善的正弦波逆变器还具有欠电压保护、缺相保护及温度越限报警等功能。

⑤ 启动性能。逆变器应保证在额定负载下可靠起动。高性能的逆变器可做到连续多次满负荷起动而不损坏功率器件。小型逆变器为了自身安全，有时采用软起动或限流起动。

以上是选用离网型光伏发电系统用逆变器最基本的评价项目。其他诸如逆变器的波形失真度、噪声水平等技术性能，对大功率光伏发电系统和联网型光伏电站也十分重要。

在选用离网型光伏发电系统用的逆变器时，除依据上述五项基本评价内容外，还应注意以下几点。

① 逆变器应具有足够的额定输出容量和过载能力。逆变器的选用，首先要考虑具有足够的额定容量，以满足最大负载下设备对电功率的需求。对以单一设备为负载的逆变器，其额定容量的选取较为简单，当用电设备为纯阻性负载或功率因数大于0.9时，选取逆变器的额定容量为用电设备容量的1.1～1.2倍即可。在逆变器以多个设备为负载时，逆变器容量的选取要考虑几个用电设备同时工作的可能性，即“负载同时系数”。

② 逆变器应具有较高的电压稳定性能。在离网型光伏发电系统中均以蓄电池为储能设备。当标称电压为12V的蓄电池处于浮充电状态时，端电压可达13.5V，短时间过充电状态可达15V。蓄电池带负载放电终了时端电压可降至10.5V或更低。蓄电池端电压的起伏可达标称电压的30%左右。这就要求逆变器具有较好的调压性能，才能保证光伏发电系统以稳定的交流电压供电。

③ 在各种负载下具有高效率或较高效率。整机效率高是光伏发电用逆变器区别于通用型逆变器的一个显著特点。10kW级的通用型逆变器实际效率只有70%～80%，将其用于光伏发电系统时将带来总发电量20%～30%的电能

损耗。光伏发电系统专用逆变器，在设计中应特别注意减少自身功率损耗，提高整机效率。这是提高光伏发电系统技术经济指标的一项重要措施。在整机效率方面对光伏发电专用逆变器的要求是：千瓦级以下逆变器额定负载效率≥80%～85%，低负载效率≥65%～75%；10kW 级以上逆变器额定负载效率≥85%～95%，低负载效率≥70%～85%。

④ 逆变器必须具有良好的过电流保护与短路保护功能。光伏发电系统正常运行过程中，因负载故障、人员误操作及外界干扰等原因而引起的供电系统过电流或短路，是完全可能的。逆变器对外电路的过电流及短路现象最为敏感，是光伏发电系统中的薄弱环节。因此，在选用逆变器时，必须要求具有良好的对过电流及短路的自我保护功能。

⑤ 维护方便。高质量的逆变器在运行若干年后，因元器件失效而出现故障，应属正常现象。除生产厂家需有良好的售后服务系统外，还要求生产厂家在逆变器生产工艺、结构及元器件选型方面，应具有良好的可维护性。例如，损坏的元器件有充足的备件或容易买到，元器件的互换性好；在工艺结构上，元器件容易拆装，更换方便。这样，即使逆变器出现故障，也可迅速恢复正常。

11.5.6　关于离网型逆变器的简介

11.5.6.1　单相逆变器的电路原理

单相逆变器的基本电路有推挽式、半桥式和全桥式 3 种，虽然电路结构不同，但工作原理类似。电路中都使用具有开关特性的半导体功率器件，由控制电路周期性地对功率器件发出开关脉冲控制信号，控制各个功率器件轮流导通和关断，再经过变压器耦合升压或降压后整形滤波，输出符合要求的交流电。

(1) 推挽式逆变电路

推挽式逆变电路原理如图 11-53 所示。电路由两只共负极连接的功率开关管和一个一次侧带有中心抽头的升压变压器组成。升压变压器的中心抽头接直流电源正极，两只功率开关管在控制电路的作用下交替工作，输出方波或三角波的交流电。由于功率开关管的共负极连接，该电路的驱动和控制

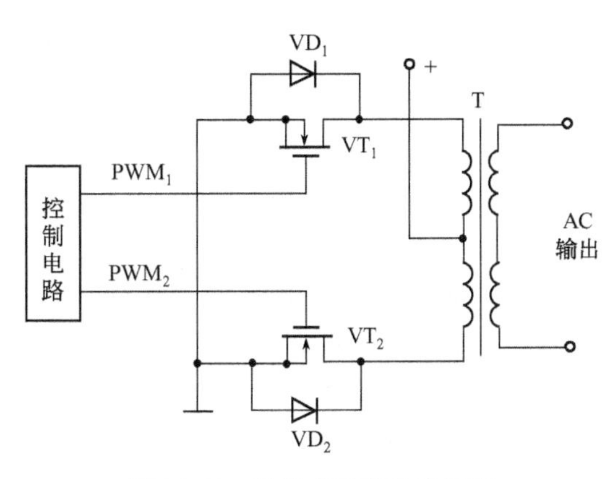

图 11-53　推挽式逆变电路原理

电路可以比较简单；同时由于变压器具有一定的漏感，可限制短路电流，从而提高了电路的可靠性。其缺点是变压器效率低，带感性负载的能力较差，不适合直流电压过高的场合。

（2）半桥式逆变电路

半桥式逆变电路原理如图 11-54 所示。电路由两只功率开关管、两只储能电容器和耦合变压器等组成。该电路将两只串联电容的中点作为参考点，当功率开关管 VT_1 在控制电路的作用下导通时，电容 C_1 上的能量通过变压器一次侧释放，当功率开关管 VT_2 导通时，电容 C_2 上的能量通过变压器一次侧释放，VT_1 和 VT_2 的轮流导通，在变压器二次侧获得了交流电能。半桥式逆变电路结构筛单，由于两只串联电容的作用，不会产生磁偏或自流分量，很适合后级带动变压器负载。但当该电路工作在工频 50Hz 时，需要较大的电容容量，使电路的成本上升，因此该电路更适合用于高频逆变器电路中。

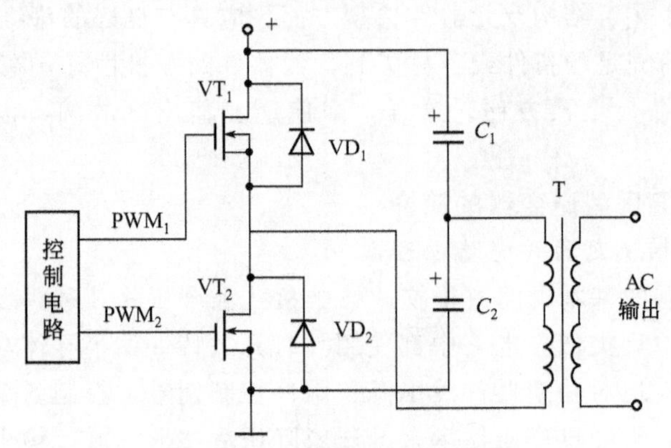

图 11-54　半桥式逆变电路原理

（3）全桥式逆变电路

全桥式逆变电路原理如图 11-55 所示。电路由 4 只功率开关管和变压器等组成。该电路克服了推挽式逆变电路的缺点，功率开关管 VT_1、VT_4 和 VT_2、VT_3 反相，VT_1、VT_3 和 VT_2、VT_4 轮流导通，使负载两端得到交流电能。

上述几种电路都是逆变器的最基本电路，在实际应用中，除了小功率光伏逆变器主电路采用这种单级的（DC-AC）变换电路外，中、大功率逆变器主电路都采用两级（DC-OC-AC）或 3 级（DC-AC-DC-AC）的电路结构形式。一般来说，中、小功率光伏系统的太阳能电池方阵输出的直流电压都不太高，而且功率开关管的额定耐压值也都比较低，因此逆变电压也比较低，要得到 220V 或 380V 的交流电，无论是推挽式还是全桥式的逆变电路，其输出都必须加工频升压变压器。由于工频变压器体积大、效率低、重量大，因此只能在小功率场合应用。随着电力电子技术的发展，新型光伏逆变器电路都采用高频开关技术和软开关技术实现高功率密度的多级逆变。这种逆变电路的前级升压电路采用推挽式逆变电路结构，但工作频率都在 20kHz 以上，升压变压器采用高频磁性材料做铁芯，因而体积小、重量轻。低电压直流电经过高频逆变后变成了高频高压交流电，又轻过高频整流滤波电路后得到高压直流电（一般均在 300V 以上），再通过工频逆变电路实现逆变得到 220V 或 380V 的交流电，整个系统的逆变效率可达到 90%以上。目前大多数正弦波光伏逆变器都采用这种 3 级的电路结构，如图 11-56 所示。其工作过程为：首先，将太阳能电池方阵输出的直流电通过高频逆变电路逆变为波形为方波的交流电，逆变频率一般在几千赫到几十千赫；然后，通过高频升压变压器整流滤波后变为高压直流电；最后，经过第 3 级 DC-AC 逆变为所需要的 220V 或 380V 工频交流电。

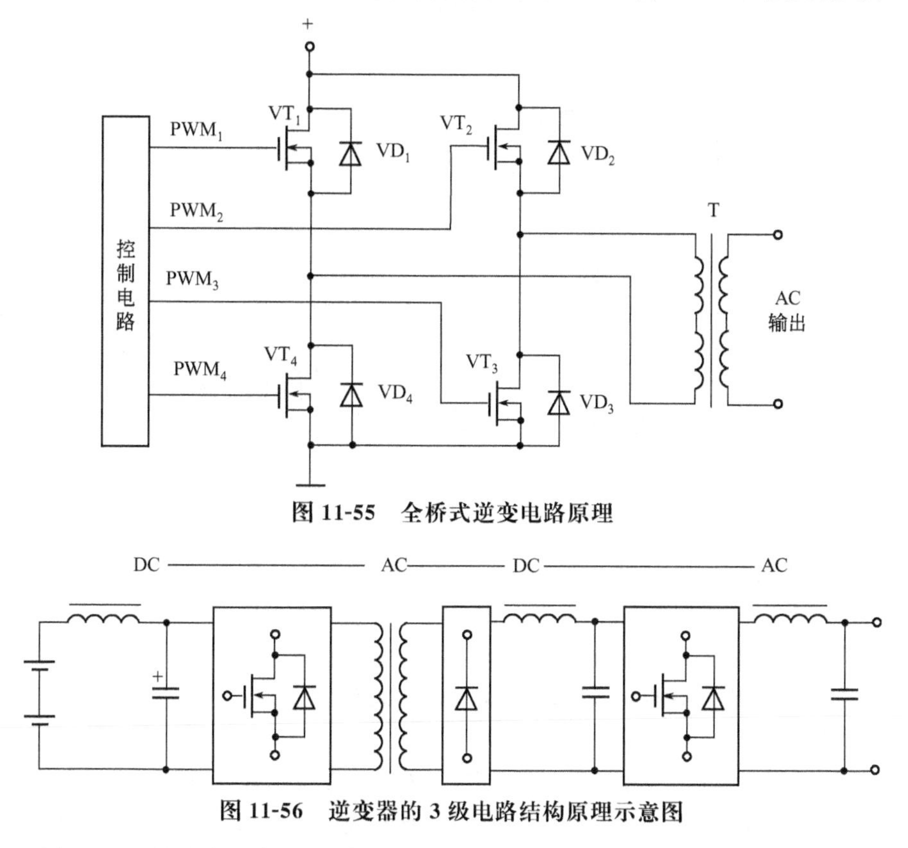

图 11-55　全桥式逆变电路原理

图 11-56　逆变器的 3 级电路结构原理示意图

图 11-57 所示为逆变器将直流电转换成交流电的转换过程示意图。半导体功率开关器件在控制电路的作用下以 1/100s 的速度开关，将直流切断，并将其中一半的波形反向而得到矩形的交流波形，然后通过电路使矩形的交流波形

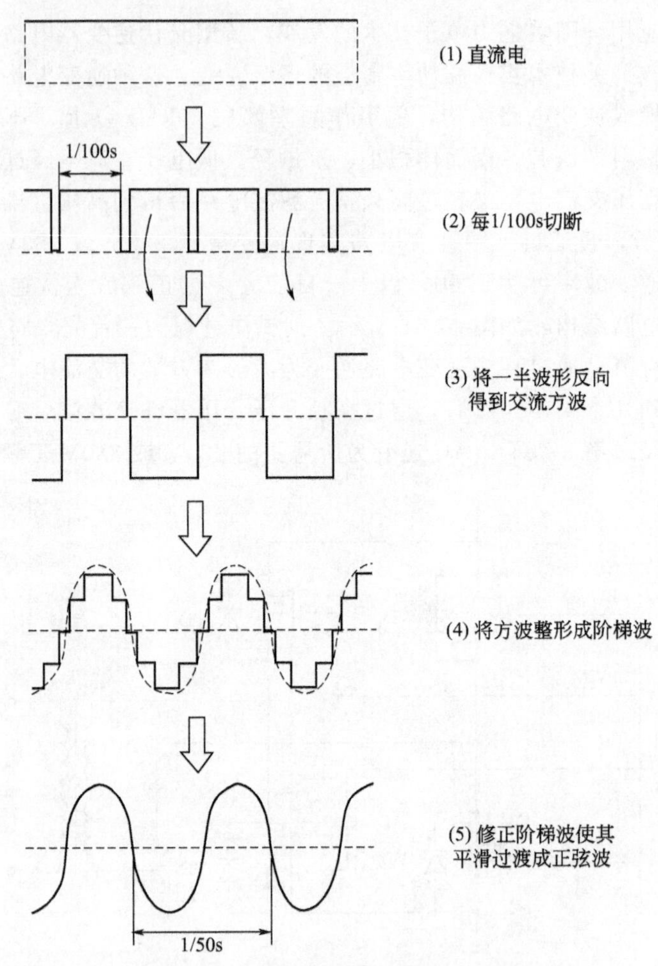

图 11-57 逆变器波形转换过程示意图

平滑，得到正弦交流波形。

(4) 不同波形单相逆变器的优缺点

逆变器按照输出电压波形的不同，可分为方波逆变器、阶梯波逆变器和正弦波逆变器。在太阳能光伏发电系统中，方波和阶梯波逆变器一般都用在小功率的场合。

① 方波逆变器。方波逆变器输出的波形是方波，也叫矩形波。尽管方波逆变器所使用的电路不尽相同，但共同的优点是线路简单、价格便宜、维修方便，其设计功率一般在数百瓦到几千瓦之间。其缺点是调压范围窄，噪声较大，方波电压中含有大量高次谐波，带感性负载如电动机等用电器时将产生附加损耗，因此效率低、电磁干扰大。

② 阶梯波逆变器。也称为修正波逆变器。阶梯波比方波波形有明显改善，波形类似于正弦波，波形中的高次谐波含量少，故能够满足包括感性负载在内的大部分用电设备的需求。当采用无变压器输出时，整机效率高。因阶梯波逆变器价格适中，在对用电质量要求不高的边远地区家用电源中应用较多。其缺点是线路较为复杂。为把方波修正成阶梯波，需要多个不同的复杂电路，产生多种波形相叠加修正才行。这些电路使用的功率开关管也较多，电磁干扰严重，并存在20%以上的谐波失真，在驱动精密设备时会出现问题，也会对通信设备造成高频干扰，在这些场合不宜使用阶梯波逆变器，更不能应用于联网发电的场合。

③ 正弦波逆变器。其输出的波形与交流市电的波形相同。其输出波形好，失真度低，干扰小，噪声低，适应负载能力强，保护功能齐全，整机性能好，效率高，能满足所有交流负载的应用，适合于各种用电场合。其缺点是线路复杂，维修困难，价格较贵。对于联网太阳能光伏发电系统，为使向电网输的电能质量符合国家标准的要求，不污染电网，应务必选用正弦波逆变器。

11.5.6.2 三相逆变器的电路原理

单相逆变器电路由于受到功率开关器件的容量、零线（中性线）电流、电网负载平衡要求和用电负载性质等的限制，容量一般都在100kV·A以下，大容量的逆变电路大多采用三相形式。三相逆变器按照直流电源的性质不同，分为三相电压型逆变器和三相电流型逆变器。

（1）三相电压型逆变器

电压型逆变器就是逆变电路中的输入直流能量由一个稳定的电压源提供，其特点是逆变器在脉宽调制时输出电压的幅值等于电压源的幅值，而电流波形取决于实际的负载阻抗。三相电压型逆变器的基本电路如图11-58所示。该电路主要由6只功率开关器件和6只续流二极管以及带中性点的直流电源构成。图中负载L和R表示三相负载的各路相电感和相电阻。功率开关器件VT_1～VT_6在控制电路的作用下，当控制信号为三相互差120°的脉冲信号时，可以控制每个功率开关器件导通180°或120°，相邻两个开关器件的导通时间互差60°。逆变器3个桥臂中上部和下部开关器件以180°间隔交替导通和关断，VT_1～VT_6以60°的相位差依次导通和关断，在逆变器输出端形成a、b、c三相电压。控制电路输出的开关控制信号可以是方波、阶梯波、脉宽调制方波、脉宽调制三角波和锯齿波等，其中后3种脉宽调制的波形都是以基础波作为载波，正弦波作为调制波，最后输出正弦波波形。

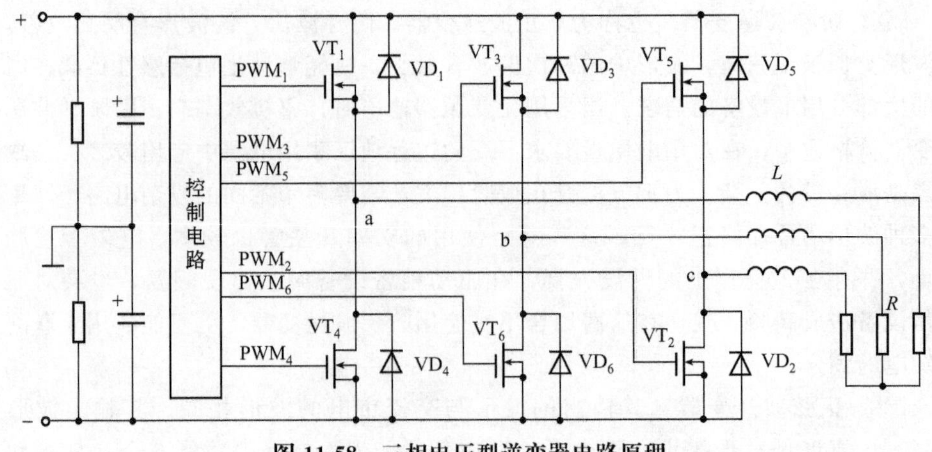

图 11-58　三相电压型逆变器电路原理

（2）三相电流型逆变器

直流输入电源是一个恒定的直流电流源，需要调制的是电流，若一个矩形电流注入负载，电压波形则是在负载阻抗的作用下生成的。在此种逆变器中，有两种不同的方法控制基波电流的幅值：一种是直流电流源的幅值变化法，这种方法使得交流电输出侧的电流控制比较简单；另一种是用脉宽调制来控制基波电流。三相电流型逆变器的基本电路，如图 11-59 所示。该电路由 6 只功率开关器件和 6 只阻断二极管以及直流恒流电源、浪涌吸收电容等构成，R 为用电负载。电流型逆变器的特点是在直流电输入侧接有较大的滤波电感，当负载功率因数变化时，交流输出电流的波形不变，即交流输出电流波形与负载无关。在电路结构上与电压型逆变器不同的是，电压型逆变器在每个功率开关器件上并联了一只续流二极管，而电流型逆变器则是在每个功率开关器件上串联了一只反向阻断二极管。与三相电压型逆变器电路一样，三相电流型逆变器电路也是由 3 组上下一对的功率开关器件构成，但开关动作的方法与电压型的不同。由于在直流输入侧串联了大电感 L，直流电流的波动变化较小，当功率开关器件开关动作和切换时，都能保持电流的稳定性和连续性。因此 3 个桥臂中上边开关器件 VT_1、VT_6、VT_5 中的一个和下边开关器件 VT_2、VT_4、VT_6 中的一个，均可按每隔 1/3 周期分别流过一定值的电流，输出的电流波形是高度为该电流值的 120°通电期间的方波。另外，为防止连接感性负载时电流急剧变化而产生浪涌电压，在逆变器的输出端并联了浪涌吸收电容 C。三相电流型逆变器的直流电源即直流电流源是利用可变电压的电源通过电流反馈控制来实现的。但是，仅用电流反馈，不能减少因开关动作形成的逆变器输入电压的波动而使电流随着波动，所以在电源输入端串入了大电感（电抗器）L。

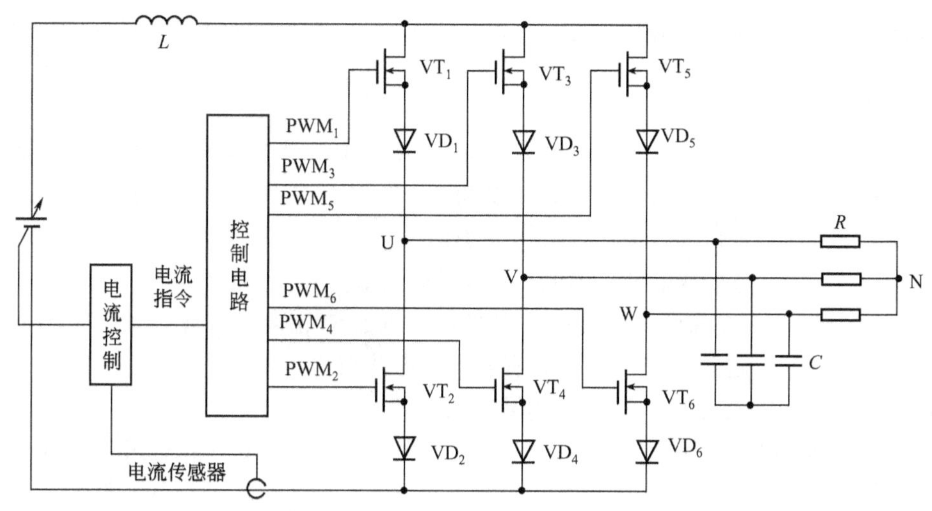

图 11-59　三相电流型逆变器电路原理

11.5.7　关于联网型逆变器的简介

与离网型光伏逆变器相比，联网型逆变器不仅要将太阳能光伏发电系统发出的直流电转换为交流电，还要对交流电的电压、电流、频率、相位与同步等进行控制，也要解决对电网的电磁干扰、自我保护、单独运行以及最大功率点跟踪等技术问题，因此对联网型逆变器有相当高的技术要求。图 11-60 所示为联网型光伏逆变系统的结构示意图。

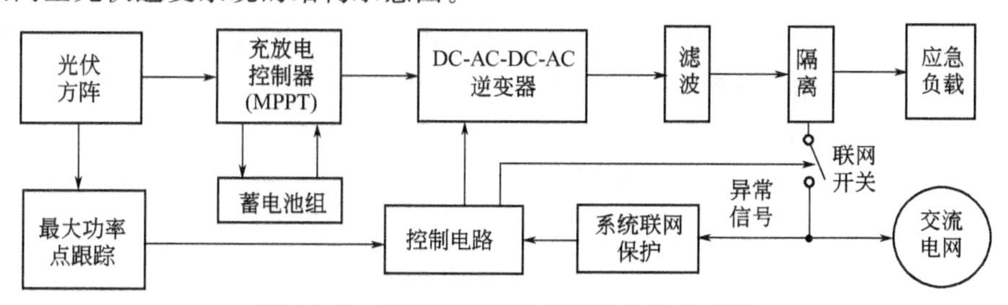

图 11-60　联网型光伏逆变系统结构示意图

11.5.7.1　联网型逆变器的技术要求

① 要求系统能根据日照情况和规定的太阳辐照度，在使太阳能电池方阵发出的电力能有效利用的条件下，对系统进行自动启动和关闭。

② 要求逆变器必须输出正弦波电流。光伏系统馈入公用电网的电能，必须符合国家关于电能质量标准的要求。

③ 要求逆变器在负载和日照变化幅度较大的情况下均能高效运行。光伏系统的能量来自太阳能，而太阳辐照度随着气候而变化，所以工作时输入的直流电压变化较大，这就要求逆变器在不同的日照条件下都能高效运行。同时要

求逆变器本身也要有较高的逆变效率，一般中、小功率逆变器满载时的逆变效率要求达到 85%～90%，大功率逆变器满载时的逆变效率要求达到 90%～95%以上。

④ 要求逆变器能使光伏方阵始终工作在最大功率点状态。太阳能电池方阵的输出功率与日照、温度、负载的变化有关，其输出特性具有非线性关系。这就要求逆变器具有最大功率点跟踪（MPPT）控制功能，即不论日照、温度等如何变化，都能通过逆变器的自动调节实现太阳能电池方阵的最大功率输出。

⑤ 要求具有极高的可靠性：许多光伏发电系统处在边远地区和无人值守与维护的状态，这就要求逆变器具有合理的电路结构和设计，具备一定的抗干扰能力、环境适应能力、瞬时过载保护能力以及各种保护功能。

⑥ 要求有较宽的直流电压输入适应范围。太阳能电池方阵的输出电压会随着负载和太阳辐照度、气候条件的变化而变化。对于配置蓄电池的联网光伏系统，虽然蓄电池对太阳能电池方阵输出电压具有一定的钳位作用，但由于蓄电池本身电压也随着蓄电池的剩余电量和内阻的变化而波动，特别是不接蓄电池的光伏系统或蓄电池老化时的光伏系统，其端电压的变化范围很大。这就要求逆变器必须在较宽的直流电压输入范围内都能正常工作，并保证交流输出电压的稳定。

⑦ 要求逆变器的体积小、重量轻，以便于在室内安装或在墙壁上悬挂。

⑧ 要求在电力系统发生停电时，联网光伏系统既能独立运行，又能防止孤岛效应，能快速检测并切断向公用电网的供电，防止触电事故的发生和损坏系统。待公用电网恢复供电后，逆变器能自动恢复联网供电。

11.5.7.2 联网型逆变器的电路原理

(1) 三相联网型逆变器的电路原理

三相联网型逆变器的输出电压一般为交流 380V 或更高，频率为 50Hz。三相联网型逆变器多用于容量较大的光伏发电系统，输出波形应为标准正弦波，功率因数应接近 1.0。

三相联网型逆变器的电路原理如图 11-61 所示，分为主电路和微处理器电路两个部分。其中，主电路主要完成 DC-DC-AC 的变换和逆变过程，微处理器电路主要完成系统联网的控制过程。系统联网控制的目的是使逆变器输出的交流电压值、波形、相位等保持在规定的范围内，因此微处理器控制电路要完成电网、相位实时检测，电流相位反馈控制，光伏方阵最大功率点跟踪以及实时正弦波脉宽调制信号发生等内容。其具体工作过程为：公用电网的电压和相位经过霍尔电压传感器送给微处理器的 A/D 转换器，微处理器将回馈电流的相位与公用电网的电压相位作比较，其误差信号通过 PID 运算器运算调节后送给脉宽调制器（PWM），这就完成了功率因数为 1 的电能回馈过程。微处理器完成的另一项主要工作，是实现光伏方阵的最大功率输出。光伏方阵的输出电压和电流分别由电压、电流传感器检测并相乘，得到方阵的输出功率，然后调节 PWM 输出占空比，这个占空比的调节，实质上就是调节回馈电压的大小，从而实现最大功率寻优。当 U 的幅值变化时，回馈电流与电网电压之间的相位角 φ 也将有一定的变化。由于电流相位已实现了反馈控制，因此自然实现了相位有幅值的解耦控制，使微处理器的处理过程更简便。

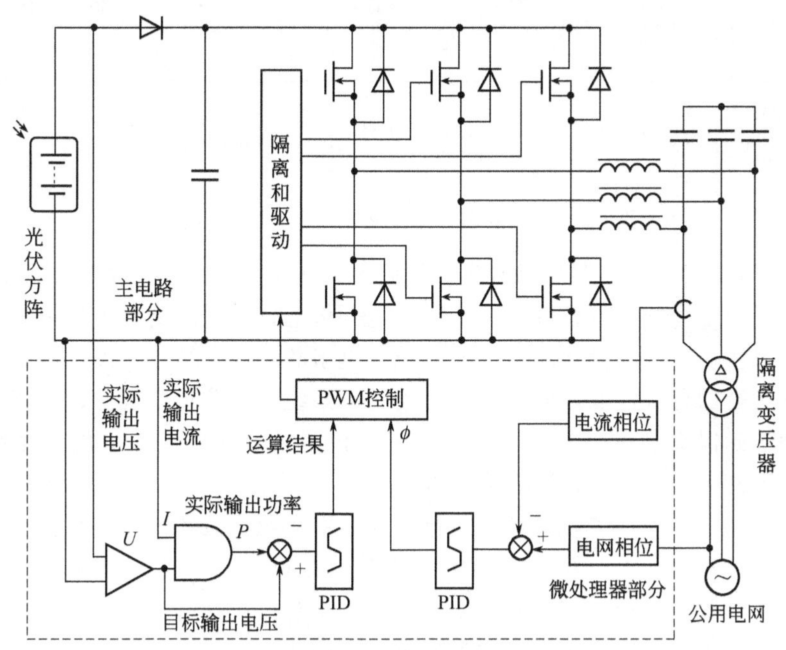

图 11-61　三相联网型逆变器的电路原理示意图

（2）单相联网型逆变器的电路原理

单相联网型逆变器的输出电压为交流 220V 或 110V，频率为 50Hz，波形为正弦波，多用于小型的户用光伏系统。单相联网型逆变器的电路原理，如图 11-62 所示。其逆变和控制过程与三相联网型逆变器基本类似。

（3）联网型逆变器单独运行的检测与防止

在太阳能光伏联网发电过程中，由于光伏发电系统与电力系统并网运行，当电力系统由于某种原因发生异常而停电时，如果太阳能光伏发电系统不能随之停止工作或与电力系统脱开，就会向电力输电线路继续供电，这种运行状态又称为“孤岛效应”。特别是当光伏发电系统的发电功率与负载用电功率平衡时，即使电力系统断电，光伏发电系统输出端的电压和频率等参数也不会快速随之变化，使光伏发电系统无法正确判断电力系统是否发生故障或中断供电，因而极易导致“孤岛效应”的发生。

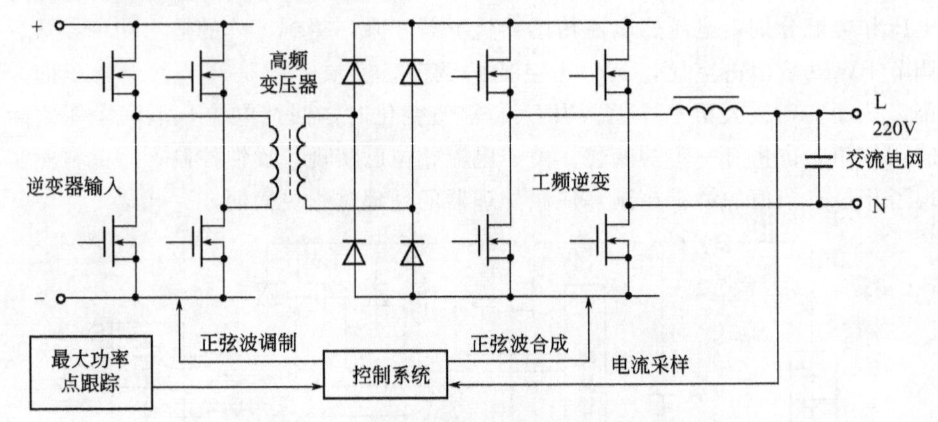

图 11-62　单相联网型逆变器的电路原理示意图

“孤岛效应”的发生会产生严重的后果。当电力系统电网发生故障或中断供电后，由于光状发电系统仍然继续给电网供电，会威胁到电力供电线路的修复及维修作业人员和设备的安全，造成触电事故，不仅妨碍了停电故障的检修和正常运行的尽快恢复，而且有可能给配电系统及一些负载设备造成损害。因此，为了确保维修作业人员的安全和电力供电的及时恢复，当电力系统停电时，必须使光伏系统停止运行或与电力系统自动分离。分离之后，光伏系统自动切换成独立供电系统，可继续运行，为一些应急负载和必要负载供电。

在逆变器电路中，检测出光伏系统单独运行状态的功能称为单独运行检测；检测出单独运行状态，并使太阳能光伏系统停止运行或与电力系统自动分离的功能就叫单独运行停止或“孤岛效应”防止。

单独运行检测功能分为被动式检测和主动式检测两种方式。

① 被动式检测方式。是通过实时监视电网系统电压、频率、相位的变化，从而检测因电网电力系统停电向单独运行过渡时的电压波动、相位跳动、频率变化等参数变化的方法。被动式检测方式有电压相位跳跃检测法、频率变化率检测法、电压谐波检测法、输出功率变化率检测法等，其中电压相位跳跃检测法较为常用。电压相位跳跃检测法的检测原理，如图 11-63 所示。

② 主动式检测方式。主动式检测方式是由逆变器的输出端主动向系统发出电压、频率或输出功率等变化量的扰动信号，并观察电网是否受到影响，根据参数变化检测出是否处于单独运行状态。主动式检测方式有频率偏移方式、有功功率变动方式、无功功率变动方式以及负载变动方式等，较常用的是频率偏移方式。频率偏移方式的工作原理，如图 11-64 所示。

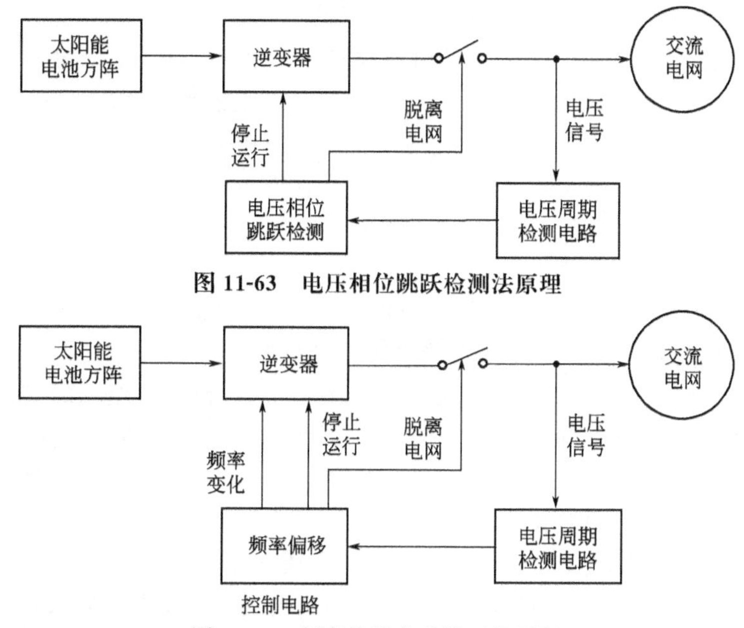

图 11-63　电压相位跳跃检测法原理

图 11-64　频率偏移方式的工作原理

（4）联网型逆变器的开关结构类型

联网型逆变器的成本一般约占整个光伏系统总成本的 10%～15%，其成本的高低主要取决于其内部的开关结构类型和功率电力电子器件。目前的联网型逆变器一般有以下 3 种开关结构类型。

① 带工频变压器的逆变器。这种开关类型通常由功率晶体管（如 MOS-FET）构成的单相逆变桥和后置工频变压器两部分组成，工频变压器既可以轻松实现与电网电压的匹配，又可以起到 DC-AC 的隔离作用。采用工频变压器技术的逆变器，工作稳定可靠，在低功率范围有较好的经济性。缺点是体积大、笨重、逆变效率相对较低。

② 带高频变压器的逆变器。使用高频电力电子开关电路可以显著减小逆变器的体积和重量。这种开关结构类型由一个将直流电压升压到 300 多伏的直流变换器和由 IGBT 构成的桥式逆变电路组成。高频变压器比工频变压器体积、重量都小许多。这种结构类型的设备工作效率较高，缺点是高频开关电路及部件的成本也较高。但总体衡量成本劣势并不明显，特别是高功率应用有相对较好的经济性。

③ 无变压器的逆变器。这种开关结构类型因为减少了变压器环节带来的损耗，因而有相对最高的转换效率，但抗干扰及安全措施的成本将提高。

关于这 3 种类型逆变器的回路方式，在 11.1 节中已有图示，不再重复。

(5) 光伏方阵接入联网逆变器的方式

根据光伏方阵的分布及功率等级，按照接入联网逆变器方式的不同，可将联网逆变器分为集中式联网逆变器、组串式联网逆变器和双向型联网逆变器等。

① 集中式联网逆变器。其特点是将多路光伏电池组串构成的方阵接到一台大型逆变器中。一般是先把若干电池组件串联在一起构成一个组串，然后再把组串通过直流汇流箱汇流，并通过汇流箱集中输出一路或几路后输入到集中式联网逆变器中。当一次汇流达不到逆变器的输入特性和输入路数要求时，还要进行二次汇流。其容量一般为10～1 000kW，主要优缺点为：

a. 由于光伏方阵要经过一次或二次汇流后输入到联网逆变器，该逆变器的最大功率点跟踪（MPPT）系统不可能监控到每一路电池组串的工作状态和运行情况，也就是说不可能使每一组串都同时达到各自的MPPT模式，所以当电池方阵因照射不均匀、部分遮挡等原因使部分组串工作状况不良时，会影响到所有组串及整个系统的逆变效率。

b. 无冗余能力，整个系统的可靠性完全受限于逆变器本身，如出现故障将导致整个系统瘫痪，并且系统修复只能在现场进行，修复时间较长。

c. 通常为大功率逆变器，其为相关安全技术的花费较大。

d. 一般体积较大、重量较重，安装时需要动用专用工具、专业机械和吊装设备，并需安装在专门的配电室内。

e. 与直流侧连接需要较多的直流线缆，其线缆成本和线缆电能损耗相对较大。

f. 可以集中联网，便于管理。在理想状态下，可在相对较低的投入成本下提供较高的效率。

集中式联网逆变器光伏发电系统电气原理如图11-65所示。

② 组串式联网逆变器。即把光伏方阵中每个光伏组串输入到一台指定的逆变器中，多个光伏组串和逆变器又模块化地组合在一起，所有逆变器在交流输出端并联联网。其容量一般为1～10kW。

其主要优缺点有：

a. 每路组串的逆变器都有各自的MPPT功能和孤岛保护电路，不受组串间光伏组件性能差异和局部遮挡的影响，可以处理不同朝向和不同型号的光伏组件，也可以避免部分光伏组件上有阴影时造成的电量损失，提高了发电系统的整体效率。

b. 具有一定的冗余运行能力，即使某个光伏组串或某台联网逆变器出现故障，也只是使系统容量减小，可有效减小因局部故障而导致的整个系统停止工作所造成的电量损失，提高了系统的稳定性。

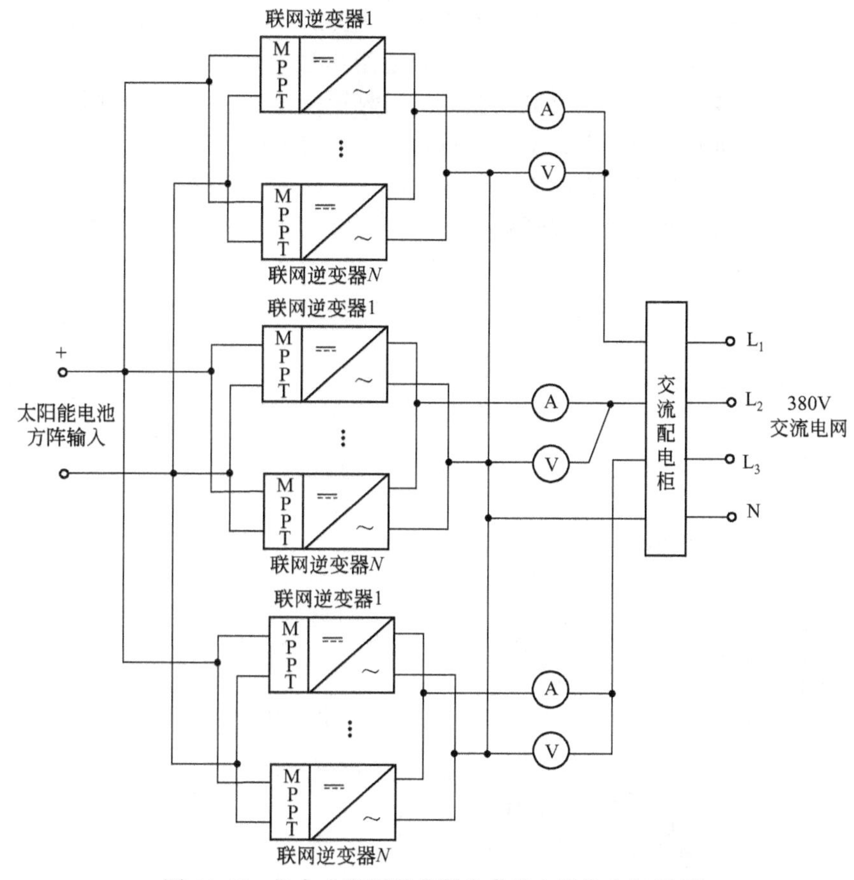

图 11-65　集中式联网逆变器光伏发电系统电气原理

c. 可以分散就近联网，减少了直流电缆的使用，从而减少了系统的线缆成本及线缆电能损耗。

d. 体积小、重量轻，搬运和安装方便，不需要专业工具和设备，也不需要专门的配电室。直流线路连接也不需要直流汇流箱和直流配电柜等。

e. 分散分布于光伏系统中，为了便于管理，对信息通信技术提出了相对较高的要求。

组串式联网逆变器光伏发电系统电气原理如图 11-66 所示。

为同时获得组串式逆变器和集中式逆变器的各自优点，在组串与组串之间引入了“主-从”的概念，从而形成了多组串逆变方式。采用多组串逆变方式使得当处于“主”地位的单一组串产生的电能不能使相对应的逆变器正常工作时，系统将使与其相关联的处于从属地位的几组组串中的一组或几组参与工作，从而生产更多的电能。这种形式的多组串逆变器是借助 DC-DC 变换器把很多组串连接在一个共有的逆变器系统上，并仍然可以完成各组串各自单独的MPPT功能，从而提供了一种完整的比普通组串逆变系统模式更经济的方案。多组串式逆变器系统方案不仅使逆变器应用数量减少，还可以使不同额定值的光伏组串、不同朝向的组串、不同倾斜角和不同阴影遮挡的组串连接在一个共同的逆变器上，同时每一组串都工作在它们各自的最大功率点上，使因组串间的差异而引起的发电量损失减到最小，整个系统工作在最佳效率状态上。其容量一般在3～10kW。

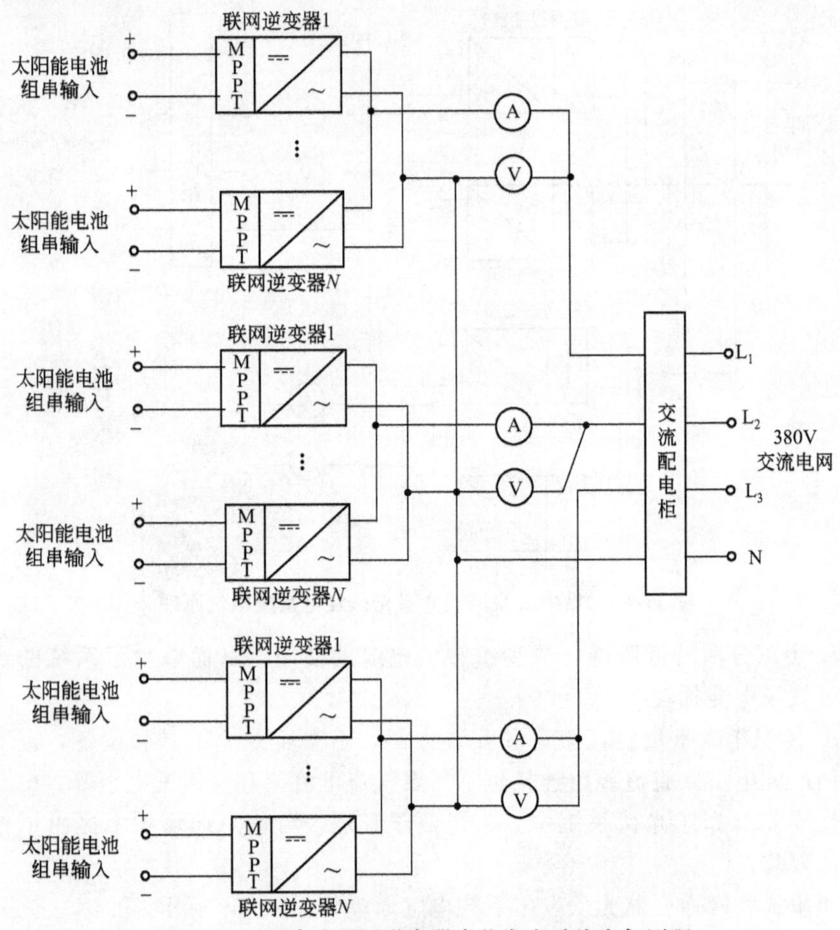

图 11-66　组串式联网逆变器光伏发电系统电气原理

③ 双向联网逆变器。双向联网逆变器是既可以将直流电变换成交流电，也可以将交流电变换成直流电的逆变器。双向联网逆变器主要控制蓄电池组的充电和放电，同时是系统的中心控制设备。双向联网逆变器可以应用到有蓄电功能要求的联网发电系统，蓄电系统用于对应急负载和重要负载的临时供电。

它又可以和组串式逆变器结合构成独立运行的光伏发电系统，其应用如图 11-67 所示。双向联网逆变器由蓄电池组供电，将直流电变换为交流电，在交流总线上建立起电网。组串式逆变器自动检测太阳能电池方阵是否有足够能量，检测交流电网是否满足联网发电条件，当条件满足后进入联网发电模式，向交流总线馈电，系统启动完成。系统正常工作后，双向联网逆变器检测负载用电情况，组串式逆变器馈入电网的电能首先供负载使用。如果有剩余的电能，双向联网逆变器将其变换为直流电给蓄电组池充电；如果组串式逆变器馈入的电能不够负载使用，双向联网逆变器又将蓄电池组供给的直流电变换为交流电馈入交流总线供负载使用。以此为基本单元组成的模块化结构的分散式独立供电系统还可与其他电网联网。

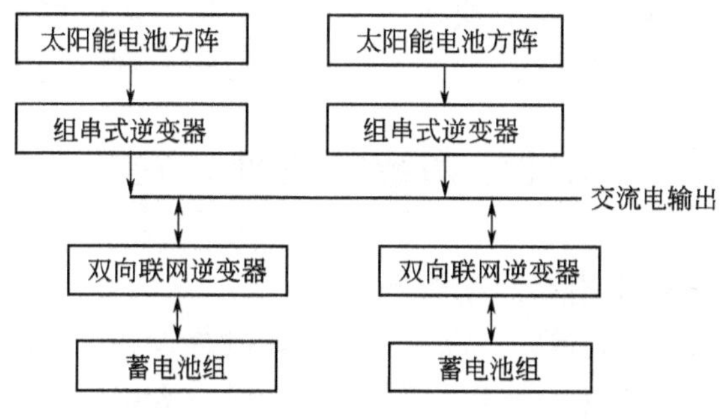

图 11-67　双向联网逆变器的应用

此外，还有由光伏直流建筑模块和集中逆变模块组成的直流模块式联网逆变方式和把联网逆变器和光伏组件集成在一起作为一个光伏发电系统模块的逆变方式等。由于其尚处在研发阶段中，应用较少；这里从略。

11.5.8　光伏系统逆变器的操作使用与维护检修

（1）操作使用

① 应严格按照逆变器使用维护说明书的要求进行设备的连接和安装。在安装时，应认真检查：线径是否符合要求；各部件及端子在运输中有否松动；应绝缘处是否绝缘良好；系统的接地是否符合规定。

② 应严格按照逆变器使用维护说明书的规定操作使用。尤其是：在开机前要注意输入电压是否正常；在操作时要注意开关机的顺序是否正确，各表头和指示灯的指示是否正常。

③ 逆变器一般均有断路、过电流、过电压、过热等项目的自动保护，因此在发生这些现象时，无需人工停机；自动保护的保护点，一般在出厂时已设定好，无需再行调整。

④ 逆变器机柜内有高压，操作人员一般不得打开柜门，柜门平时应锁死。

⑤ 在室温超过 30℃时，应采取散热降温措施，以防止设备发生故障，延长设备使用寿命。

（2）维护检修

① 应定期检查逆变器各部分的接线是否牢固，有无松动现象，尤其应认真检查风扇、功率模块、输入端子、输出端子以及接地等。

② 一旦报警停机，不准马上开机，应查明原因并修复后再行开机，检查应严格按逆变器维护手册的规定步骤进行。

③ 操作人员必须经过专门培训，并应达到能够判断一般故障的产生原因并能进行排除，例如能熟练地更换保险丝、组件以及损坏的电路板等。未经培训的人员，不得上岗操作使用设备。

④ 如发生不易排除的事故或事故的原因不清，应做好事故的详细记录，并及时通知生产工厂给予解决。

11.6 太阳能光伏发电系统的设计、安装与管理维护

11.6.1 太阳能光伏发电系统的设计

分软件设计和硬件设计，且软件设计先于硬件设计。软件设计包括：负载用电量的计算，太阳能电池方阵面辐射量的计算，太阳能电池组件、蓄电池用量的计算和两者之间相互匹配的优化设计，太阳能电池方阵安装倾角的计算，系统运行情况的预测和系统经济效益的分析等。硬件设计包括：负载的选型及必要的设计，太阳能电池组件和蓄电池的选型，太阳能电池方阵支架的设计，逆变器的选型和设计，以及控制、测量系统的选型和设计。对于大中型太阳能光伏发电系统，还要有方阵场的设计、防雷接地的设计、配电设备的设计、低压配电线路的设计以及辅助或备用电源的选型和设件等。软件设计由于牵涉到复杂的辐射量、安装倾角以及系统优化的设计计算，一般是由计算机来完成。

离网型太阳能光伏发电系统设计的基本原则，是在确保系统质量和保证满足负载供电需要的前提下，确定使用最适当的太阳能电池组件功率和蓄电池容量，以尽量减少初始投资。系统设计者应当知道，在光伏发电系统设计过程中作出的每个决定都会影响造价。由于不适当的选择，可轻易地使系统的投资成倍地增加，并且不见得就能满足使用要求。在作出要建立一个离网型光伏发电系统的决定并开始行动之后，可按下述步骤进行设计：计算负载，确定蓄电池容量，确定太阳能电池方阵容量，选择控制器和逆变器，考虑混合发电的问题等。

在设计计算中，需要的基本数据主要有：现场的地理位置，包括地点、纬度、经度和海拔等；安装地点的气象资料，包括逐月太阳总辐射量、直接辐射

量及散射辐射量，年平均气温和最高、最低气温，年最长连续阴雨天，年最大风速及冰雹、大雪等特殊气候情况等。气象资料一般无法作出长期预测，只能根据以往 10～20 年的平均值作为依据。但是很少有离网光伏发电系统建在太阳辐射数据资料齐全的城市，而偏远地区的太阳辐射数据可能并不类似最附近的城市。因此，只能采用邻近某个城市的气象资料或类似地区气象观测站所记录的数据，在类推时要把握好可能偏差的因素。须知，太阳能资源的估算会直接影响到系统的性能和造价。另外，从气象部门得到的资料，一般只有水平面的太阳辐射量，要换算为倾斜面上的辐射量。

可将离网型太阳能光伏发电系统的总体设计内容列成图 11-68 所示框图。

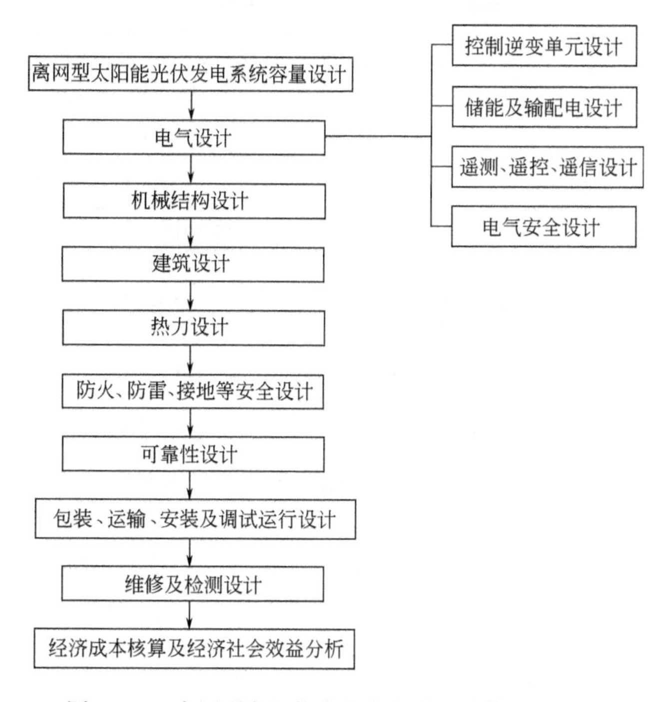

图 11-68　离网型太阳能光伏发电系统总体设计框图

容量设计是太阳能光伏发电总体设计的核心和重点，其设计步骤如图 11-69 所示。

(1) 负载用电量的计算

负载用电量的计算是离网型太阳能光伏发电系统设计的重要内容之一。通常的办法，是列出负载的名称、功率要求、额定工作电压和每天的用电时间。交流负载和直流负载均应分别列出。功率因数在交流功率的计算中可不予考虑。然后，将负载分类和按工作电压进行分组，计算每组的总功率要求。再选

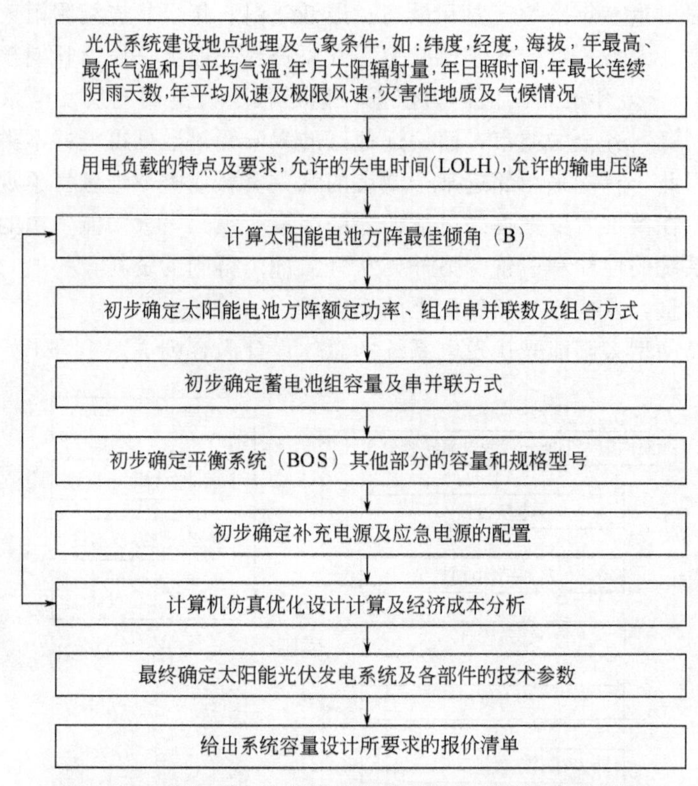

图 11-69　离网型太阳能光伏发电系统容量设计步骤框图

定系统工作电压，计算整个系统在这一电压下所要求的平均电量（A·h），即算出所有负载的每天平均耗电量之和。关于系统工作电压的选择，经常是选最大功率负载所要求的电压。在交流负载为主的系统中，直流系统电压应当考虑与选用的逆变器输入电压相适合。通常离网型太阳能光伏发电系统，交流负载工作在 220V，直流负载是 12V 或其倍数（24V、48V 等）。从理论上说，负载的确定是直截了当的，而实际上负载的要求却往往是不确定的。例如，家用电器所要求的功率可从制造厂商的资料上得知，但对它们的工作时间却并不知道，每天、每周和每月的使用时间很可能估算过高，这样其累计的结果会造成设计的光伏发电系统容量和造价上升。实际上，某些较大功率的负载可安排在不同的时间内使用。在严格的设计中，必须掌握光伏发电系统的负载特性，即每天 24h 中不同时间的负载功率，特别是对于集中的供电系统，了解用电规律即可适时加以控制。

（2）蓄电池容量的确定

系统中蓄电池容量最佳值的确定，必须综合考虑太阳能电池方阵发电量、负荷容量及逆变器的效率等。蓄电池容量 C 的计算方法有多种，一般可通过

下式算出

$$C=\frac{DFP_0}{LUK_a}$$

式中　C——蓄电池容量，W·h；

D——最长无日照期间用电时间，h；

F——蓄电池放电效率的修正系数（通常取 1.05）；

P_0——平均负荷容量，kW；

L——蓄电池的维修保养率（通常取 0.8）；

U——蓄电池的放电深度（通常取 0.5）；

K_a——包括逆变器等交流回路的损耗率（通常取 0.8）。

（3）太阳能电池功率的确定

① 求平均峰值日照时间。将历年逐月平均倾斜方阵上的日总辐射量 I_t 化成 mW/cm^2 表示，除以标准日太阳辐照度，即为平均峰值日照时间（T_m），其计算式为

$$T_m=\frac{I_t}{100}$$

② 确定方阵最佳电流。方阵应输出的最小电流 I_{min} 为

$$I_{min}=\frac{Q}{T_m\eta_1\eta_2\eta_3}$$

式中　Q——负载每天总耗电量；

η_1——蓄电池充电效率，通常取 0.9；

η_2——方阵表面由于尘污遮蔽或老化引起的修正系数，通常可取 0.9；

η_3——方阵组合损失和对最大功率点偏离的修正系数，通常可取 0.9。

由方阵面上各月中最小的太阳总辐射量可算出各月中最小的峰值时间（T_{min}），则方阵应输出的最大电流 I_{max} 为

$$I_{max}=\frac{Q}{T_{min}\eta_1\eta_2\eta_3}$$

方阵的最佳电流 I 介于 I_{min} 和 I_{max} 之间，具体数值可由试验确定。先选定一电流值，方法是按月求出方阵的输出发电量，对蓄电池全年的荷电状态进行试验。求方阵输出发电量（$Q_出$）是

$$Q_出=INI_t\eta_1\eta_2\eta_3/(100\text{mW/cm}^2)$$

式中　N——当月天数。

而各月负载耗电量为

$$Q_负=NQ$$

两者相减，如 $\Delta Q=Q_出-Q_负$ 为正，表示该月方阵发电量大于用电量，能

给蓄电池充电。若 ΔQ 为负，表示该月方阵发电量小于耗电量，要用蓄电池储存的电能来补充，蓄电池处于亏损状态。如果蓄电池全年荷电状态低于原定的放电深度（一般≤0.5），则应增加方阵输出电流；如果荷电状态始终大大高于放电深度允许值，则可减少方阵输出电流。当然，也可以增加或减少蓄电池容量。如有必要，还可以改变方阵倾角的值，以得出最佳的方阵电流 I_m。

③ 确定方阵工作电压。方阵的工作电压输出应足够大，以保证全年能有效地对蓄电池充电。因此，方阵在任何季节的工作电压须满足

$$U=U_f+U_d+U_i$$

式中 U_f——蓄电池浮充电压；

U_d——因阻塞二极管和线路直流损耗引起的压降；

U_i——温度升高引起的压降。

须知，厂商出售的太阳能电池组件所标出的标称工作电压和输出功率最大值（WP），都是在标准状态下测试的结果。由太阳能电池的温度特性曲线可知，当温度升高时，其工作电压有较明显下降，可用下面的公式计算压降 U_i

$$U_i=\alpha(T_{max}-25)U_\alpha$$

式中 α——太阳能电池的温度系数（对单晶硅和多晶硅电池 $\alpha=0.005$，对非晶硅电池 $\alpha=0.003$）；

T_{max}——太阳能电池的最高工作温度；

U_α——太阳能电池的标称工作电压。

④ 确定方阵功率。方阵功率 F=最佳工作电流 $I\times$最佳工作电压 U

这样，只要根据算出的蓄电池容量和太阳能电池方阵电流、电压及功率，参照厂商提供的蓄电池和太阳能电池组件性能参数，就可以选取合适的组件型号和规格。由此可很容易地确定构成方阵的组件的串联数和并联数。

光伏方阵对于荫蔽十分敏感。在串联回路中，单个组件或部分电池被遮光，就可能造成该组件或电池上产生反向电压，因为受其他串联组件的驱动，电流被迫通过遮光区域产生不希望有的加热，严重时可能对组件造成永久性的损坏。采用1个二极管来旁路可以解决这个问题。

在选购太阳能电池组件时，如是用来按一定方式串联、并联构成方阵，设计者或使用者应向厂方提出，所有组件的 I-U 特性曲线须有良好的一致性，以免方阵的组合效率过低。一般应要求光伏组件的组合效率大于95%。

(4) 控制器的选型

根据光伏系统的功率、电压、方阵路数、蓄电池组数和用户的特殊要求等确定选用的控制器类型。一般来说，家用太阳能光伏电源系统采用单路脉宽调制控制器；中小功率光伏电站采用多路控制器；通信和其他工业领域的光伏系

统采用具有通信功能的智能控制器；大型光伏电站采用多功能的智能控制器。

（5）逆变器的选型

根据光伏系统的直流电压确定逆变器的直流输入，根据负载的类型确定逆变器的功率和相数，根据负载的冲击性决定逆变器的功率余量。一般来说，农村离网光伏系统的负载种类很难准确预知，因此选用逆变器时务必留有较充分的余量，以确保系统具有良好的耐冲击性和可靠性。

（6）备用电源的选用

离网光伏系统需配置备用电源时，一般多采用柴油发电机组。其功能，一是当阴雨天过长或负荷过重造成蓄电池亏电时，通过整流设备为蓄电池补充充电；二是当光伏系统发生故障导致无法送电时，由其直接向负载供电。一般来说，只有 20kW 以上的中大型光伏电站和不允许断电的通信等的光伏系统才宜考虑配置柴油发电机组作为备用电源，其容量应与负载相匹配。

（7）数据采集系统的采用

其功能是采集、记录、存储、显示光伏系统所在地的太阳辐射量、环境温度和系统的运行数据等，并加以传送。

（8）实例计算

下面采用光伏组件功率和蓄电池容量的一种简易计算方法假设一个工程实例作一计算，供参考。

【工程实例】 光伏系统负载的合计日耗电量为 10kW·h。光伏系统安装地水平面年太阳辐射量 5 643MJ/m^2，方阵面年太阳辐射量 6 207MJ/m^2。选用 Photowatt 公司 PW500 型光伏组件，其最大功率 47.5Wp、工作电压 17.0V（为 12V 蓄电池充电）、工作电流 2.8A。选用双登电源公司 2V 阀控式密封铅酸蓄电池，设计放电深度 50%、蓄电池储存天数 3d。试计算光伏组件的功率和蓄电池的容量。

① 光伏系统安装地年峰值日照时间和日峰值日照时间的计算

a. 年峰值日照时间为：6 207/3.6=1 724（h）（3.6 为换算系数）

b. 日峰值日照时间为：1 724/365=4.7（h）

② 光伏组件串联数、并联数的计算

a. 组件串联数的计算公式为：组件串联数=系统直流电压/12V（蓄电池电压）

如果系统直流电压为 220V，则组件串联数=220/12≈18（块组件）

b. 组件并联数的计算公式为：

$$\frac{\text{负载日耗电量(W·h)}}{\text{系统直流电压(V)}\times\text{日峰值日照时间(h)}\times\text{系统效率系数}\times\text{组件工作电流(A)}}$$

如果负载日耗电量10kW·h，则组件的并联数＝10 000/[220×4.7×(0.9×0.85×0.9)×2.8]＝5（块组件）（式中，0.9为蓄电池库仑充电效率，0.85为逆变器效率，0.9为20年内组件衰降、方阵组合损失及尘埃遮挡等的综合损失）。

③ 光伏方阵总功率的计算

光伏方阵总功率的计算公式为：组件的串联数×组件的并联数×组件的功率

则方阵的总功率＝18×5×47.5＝4 275（Wp）

④ 蓄电池容量的计算

a. 蓄电池串联数的计算公式为：系统直流电压/蓄电池电压，则蓄电池的串联数＝220/2＝110只

b. 蓄电池容量的计算公式为：负载日耗电量/系统直流电压×蓄电池存储天数/逆变器效率/放电深度

则蓄电池的容量＝10 000÷220×3÷0.85÷0.5＝320（A·h）

11.6.2 关于用户侧分布式联网太阳能光伏发电系统设计的简介

联网型光伏发电系统是世界和中国光伏技术应用的重点和主流，它的设计与安装，同独立型系统有众多共同点，但也有许多不同点和特异处。因此，除本章11.1和11.5等节已涉及的内容外，有必要作如下介绍，重点是简介用户侧分布式联网太阳能光伏发电系统的设计。

首先讲一下什么是分布式发电（DG）。关于分布式发电，目前国际上尚无通用的权威定义。世界能源机构（IEA）的定义为服务于当地用户及当地电网的发电站，包括内燃机、小型或微型燃气轮机、燃料电池装置和光伏发电系统以及能够进行能量控制和需求侧管理的能源综合利用系统。美国电气和电子工程师协会（IEEE）的定义为接入当地配电网的发电设备或储能装置。德国的定义为位于用户附近、接入中低压电网的电源，主要为光伏发电和风力发电系统。我国国家能源局在《分布式发电管理办法》中给出的定义为："分布式发电是指位于用户附近，装机规模较小，电能主要由用户自用和就地利用的可再生能源、资源综合利用发电设施或有电力输出的能量梯级利用多联供系统"。我国国家电网公司在2012年的1560号文发布的《关于做好分布式光伏发电并网服务工作的意见》中给出的定义为："分布式光伏发电是指位于用户附近，所发电能就地利用以10千伏以下电压等级接入网，且单个并网点总装机容量不超过6MW的光伏发电项目。"

在城市中，联网太阳能光伏发电系统的联网点一般在电网的配电侧(400V，230V)，称为分布式联网发电系统。其特点为：并网点在配电侧；电

流是双向的，既可以从电网取电，也可以向电网送电；大部分光伏电量直接被负载消耗，自发自用；分“上网电价”联网方式（双价制）和“净电表计量”联网方式（平价制）。它不同于在输电侧（10kV，35kV，110kV）联网的大型太阳能光伏电站。

（1）BIPV 的建筑形式

光伏与建筑结合可分为如下一些形式：

① 采用普通太阳能电池组件，安装在倾斜屋顶原来的建筑材料之上。

② 采用特殊的太阳能电池组件，作为建筑材料安装在倾斜屋顶上。

③ 采用普通太阳能电池组件，安装在平屋顶原来的建筑材料之上。

④ 采用特殊太阳能电池组件，作为建筑材料安装在平屋顶上。

⑤ 采用普通或特殊太阳能电池组件，作为幕墙安装在建筑物的南立面上。

⑥ 采用特殊的太阳能电池组件，作为建筑幕墙安装在建筑物的南立面上。

⑦ 采用特殊的太阳能电池组件，作为天窗材料安装在建筑物的天窗上。

⑧ 采用普通或特殊的太阳能电池组件，作为遮阳板安装在建筑物上。

（2）BIPV 的专用太阳能电池组件

太阳能电池与建筑相结合不同于单独作为发电装置使用，作为建筑的一部分，除了发电，还要考虑其他的功能。如：使室内与室外隔离；防雨；抗风；隔热；隔噪声；遮阳；美观；作为建筑材料供建筑设计师选用等。

为了与建筑结合和安装方便，要么是将太阳能电池组件制成太阳能电池瓦、砖或卷材，要么是制作专用托架或导轨方便地将普通太阳能电池组件安装在其上。为了便于安装，与建筑结合的太阳能电池组件常常制作成无边框组件，而且接线盒一般安装在组件侧面，而不是像普通组件那样安装在背面。

太阳能电池组件还可以与各种不同的玻璃结合制作成特殊的玻璃幕墙或天窗。如：隔热玻璃组件；防紫外线玻璃组件；隔声玻璃组件；夹层安全玻璃组件；防盗或防弹玻璃组件；防火组件等。

（3）BIPV 对太阳能电池组件提出的一些特殊要求

① 颜色的要求。当太阳能电池组件作为建筑物南立面的幕墙或天窗时，就会对太阳能电池组件的颜色提出要求。对于单晶硅太阳能电池，可以用腐蚀绒面的办法将其表面变成黑色，安装在屋顶或南立面显得庄重，而且基本不反光，没有光污染问题。对于多晶硅太阳能电池组件，不能采用腐蚀绒面的办法，但可以在蒸镀减反射膜时加入一些微量元素，改变太阳能电池表面颜色，可以变成黄色、粉红色、淡绿色等多种颜色。对于非晶硅太阳能电池，其本色已经同茶色玻璃的颜色一样，很适合做玻璃幕墙和天窗玻璃。

② 透光的要求。当太阳能电池组件用作天窗、遮阳板和幕墙时，对于它

的透光性有一定的要求。一般来讲，晶体硅太阳能电池本身是不透光的，当需要透光时，只能将组件用双层玻璃封装，通过调整单体电池之间的空隙来调整透光量。由于单体电池本身不透光，作为玻璃幕墙或天窗时其投影呈现不均匀的斑状。晶体硅太阳能电池组件也可以做成透光型，即在晶体硅太阳能电池上打上很多细小的孔，但制作工艺复杂，成本昂贵。

③ 尺寸和形状的要求。太阳能电池组件与建筑结合，在一些特殊应用场合会对太阳能电池组件的形状提出要求，不再只是常规的方形。如：圆形屋顶要求太阳能电池组件呈圆带状，带有斜边的建筑要求太阳能电池组件也要有斜边，拱形屋顶则要求太阳能电池组件能够有一定的弯曲度等。

(4) BIPV 工程中应注意的几个问题

德国实施光伏屋顶计划取得了丰富经验，但也发现了一些问题。德国大多数光伏建筑都是由专业建筑师设计的，在外观上、在建筑功能上以及在透光性和与建筑和谐一致上，均设计得甚佳，但这些建筑师却忽视了太阳能电池的发电特性，如太阳能电池方阵的朝向、被遮挡和温升等问题。

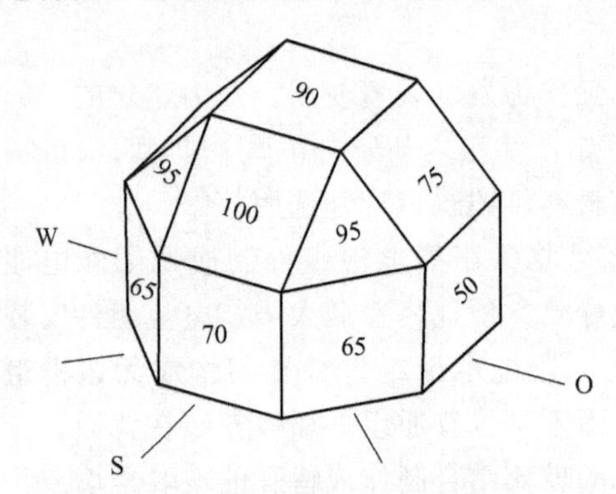

图 11-70　太阳能电池方阵不同朝向的相对发电量

① 太阳能电池方阵安装的朝向。太阳能电池方阵与建筑相结合，有时不能自由选择安装的朝向。不同朝向的光伏方阵的发电量是不同的，不能按照常规方法进行发电量计算。可以根据图 11-70 对不同朝向方阵的发电量进行基本估计。

不同朝向安装的方阵的发电量按图 11-70 有：a. 假定向南倾斜纬度角安装的方阵发电量为 100；b. 其他朝向全年发电量均有不同程度的减少；c. 在不同的地区，不同的太阳辐射条件下，减少的程度是不同的。

② 太阳能电池方阵的遮挡。太阳能电池方阵与建筑相结合，有时也不可避免地受到遮挡。遮挡对于晶体硅太阳能电池的发电量影响较大，而对于非晶硅太阳能电池的影响较小。一块晶体硅太阳能电池组件被遮挡 1/10 的面积，功率损失将达 50%；而非晶硅太阳能电池组件受到同样的遮挡，功率损失仅有 10%，如图 11-71 所示。

③ 太阳能电池方阵的温升和通风。太阳能电池方阵与建筑相结合还应当注意方阵的通风设计，以避免方阵温度过高造成发电效率降低。晶体硅太阳能电池组件的结温超过 25℃时，每升高 1℃功率损失大约 4%。方阵的温升与安

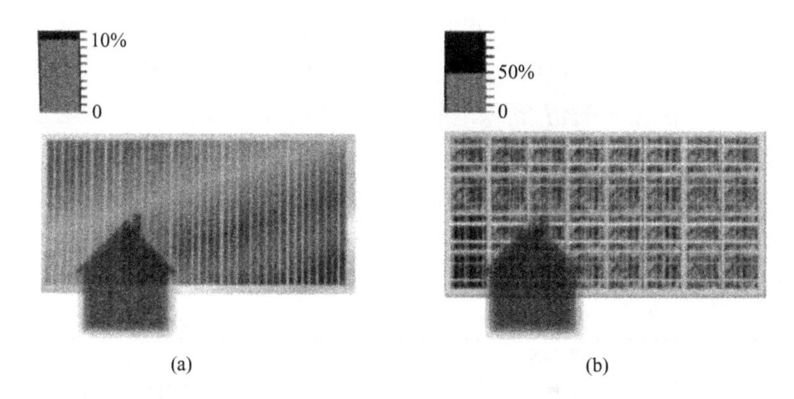

图 11-71 非晶硅（a）和晶体硅（b）太阳能电池组件被遮挡时的功率损失

装位置和通风情况有关。德国太阳能学会就此情况专门进行了测试，以下是不同安装方式和不同通风条件下方阵的实测温升情况：

a. 作为立面墙体材料，没有通风，温升非常高，功率损失 9%；

b. 作为屋顶建筑材料，没有通风，温升很高，功率损失 5.4%；

c. 安装在南立面，通风较差，温升很高，功率损失 4.8%；

d. 安装在倾斜屋顶，通风较差，温升很高，功率损失 3.6%；

e. 安装在倾斜屋顶，有较好的通风，温升很高，功率损失 2.6%；

f. 安装在平屋顶，通风较好，温升很高，功率损失 2.1%；

g. 普通方式安装在屋顶，有很大的通风间隙，温升损失最小。

（5）BIPV 的电气连接方式

德国和荷兰的光伏屋顶计划大多数是安装在居民建筑上的分散系统，功率一般为 1～50kWp 不等。由于光伏发电补偿电价不同于用户的用电电价，所以采用双表制，一块表记录太阳能发电系统馈入电网的电量，另一块记录用户的用电量。这种方式也有一些功率很大的系统，如德国慕尼黑展览中心屋顶 2MWp 的 BIPV 系统和柏林火车站 200kWp 的系统。对于小系统，一般只用 1 台联网逆变器；对于大系统，一般采用多台逆变器。柏林火车站 200kWp 的 BIPV 系统，分为 12 个太阳能电池子方阵，每个子方阵由 60 块 300Wp 的组件构成，每个子方阵连接 1 台 15kV·A 的逆变器，分别联网发电。慕尼黑 2MWp 的 BIPV 项目则不同，2MWp 由 2 个 1MWp 的系统分一期、二期建成。每个 1MWp 的系统采用公共直流母线，3 台 300kV·A 的逆变器按照主从方式工作，当太阳辐照度较弱时只有 1 台逆变器工作，阳光最强时 3 台逆变器都工作，这样就使逆变器工作在高负荷状态，具有更高的转换效率。

联网光伏发电可以采用发电、用电分开计价的接线方式，也可以采用“净电表”计价的接线方式。德国和欧洲大部分国家都采用双价制，电力公司高价收购光伏发电的电量，用户用电则仅支付常规的低廉电价，这种政策称为“上网电价”政策。在这样的情况下，光伏发电系统应当在用户电表之前联入电网。美国和日本采用初投资补贴，运行时对光伏发电不再支付高电价，但是允许用光伏发电的电量抵消用户从电网的用电量，电力公司按照用户电表的净值收费，称为“净电表”计量制度。此时，光伏发电系统应当在用户电表之后接入电网（图 11-72 和图 11-73）。

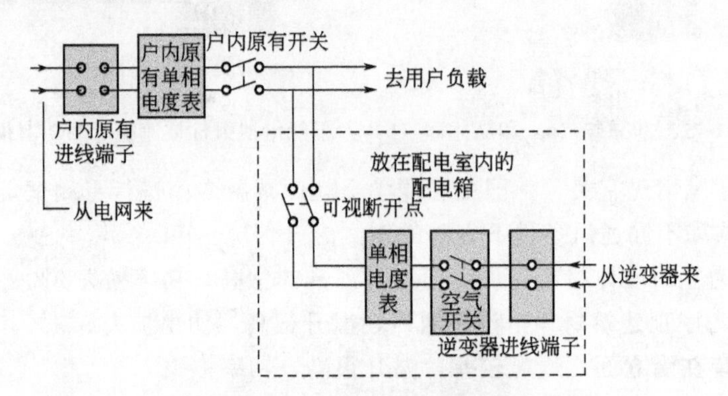

图 11-72　净电表计量单相线路连接

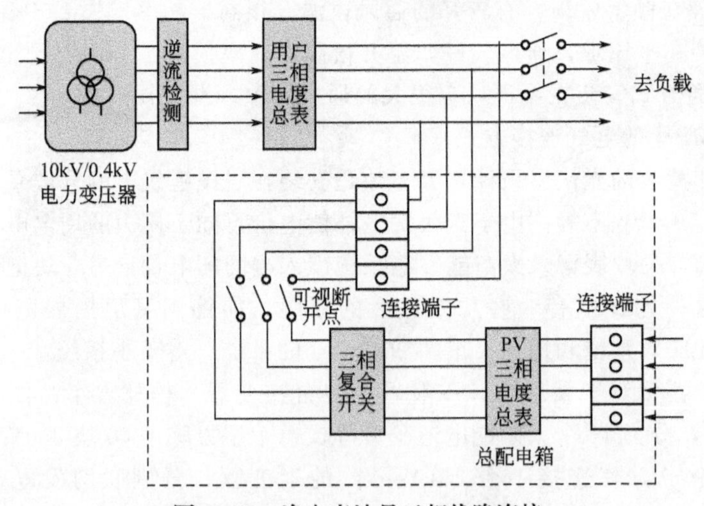

图 11-73　净电表计量三相线路连接

11.6.3　太阳能光伏发电系统的安装与管理维护

11.6.3.1　太阳能电池方阵的安装与管理维护

（1）太阳能电池方阵的构建

单体太阳能电池不能直接作为电源使用。在实际应用时，是按照电性能的要求，将几片或几十片单体太阳能电池串、并联连接起来，经过封装，组成一个可以单独作为电源使用的最小单元，即太阳能电池组件。太阳能电池方阵，则是由若干个太阳能电池组件串、并联连接而排列成的阵列。

太阳能电池方阵可分为平板式和聚光式两大类。平板式方阵，只需把一定数量的太阳能电池组件按照电性能的要求串、并联起来即可，不需加装汇聚阳光的装置，结构简单，多用于固定安装的场合。聚光式方阵，加有汇聚阳光的收集器，通常采用平面反射镜、抛物面反射镜或菲涅尔透镜等装置来聚光，以提高入射太阳辐照度。聚光式方阵，可比相同功率输出的平板式方阵少用一些单体太阳能电池，使成本下降；但通常需要装设向日跟踪装置，有了转动部件，从而降低了可靠性。

太阳能电池方阵的构建，一般来说，就是按照用户的要求和负载的用电量及技术条件计算太阳能电池组件的串、并联数。串联数由太阳能电池方阵的工作电压决定，应考虑蓄电池的浮充电压、线路损耗以及温度变化对太阳能电池的影响等因素。在太阳能电池组件串联数确定之后，即可按照气象台提供的太阳年辐射总量或年日照时数的10年平均值计算确定太阳能电池组件的并联数。太阳能电池方阵的输出功率与组件的串、并联数量有关，组件的串联是为了获得所需要的电压，组件的并联是为了获得所需要的电流。

（2）太阳能电池方阵的安装

平板式地面型太阳能电池方阵被安装在方阵支架上，支架被固定在水泥基础或其他基础上。对于方阵支架和固定支架的基础以及与控制器连接的电缆沟道等的加工与施工，均应按照设计进行。

太阳能电池方阵的发电量与其接受的太阳辐射量成正比。为使方阵更有效地接收太阳辐射能，方阵的安装方位和倾角很为重要。好的方阵安装方式是跟踪太阳，使方阵表面始终与太阳光垂直，入射角为0°。其他入射角都将影响方阵对太阳光的接收，造成更多的损失。对于固定安装来说，损耗总计可高达8%。比较好的可供参考的方阵接收角 φ 为：全年平均接收角 φ 为使用地的纬度+5°；一年可调整接收角两次，一般可取：$\varphi_{春分}$ = 使用地纬度 − 11°45′，$\varphi_{秋分}$ = 使用地纬度 + 11°45′。这样，接收损耗就有可能控制在2%以下。方阵斜面取多大角度为好，是一个较为复杂的问题。为减少设计误差，设计时应将从气象台获得的水平面上的辐射量换算到倾斜面上。换算方法是将方阵斜面接收的太阳辐射量作为使用地纬度、倾角和太阳赤纬的函数。简单的方法是，将从气象台获得的所在地平均太阳总辐射量作为计算的 φ 值，接收角采用每年调整两次的方案。经计算，与水平放置方阵相比，太阳总辐射量的增量一般均约为6.5%左右。

为简便计算，可根据当地纬度按照下列关系粗略地确定固定式太阳能电池方阵的倾角：

纬度0°～25°，倾角等于纬度；

纬度26°～40°，倾角等于纬度加5°～10°；

纬度41°～55°，倾角等于纬度加10°～15°；

纬度＞55°，倾角等于15°～20°。

(3) 太阳能电池方阵的管理维护

可以概括为如下10条。

① 方阵应安装在周围没有高建筑、树木、电线杆等遮挡太阳光的处所，以更充分地接收太阳光。我国地处北半球，方阵的采光面一般应朝南放置，并与太阳光垂直。

② 在方阵的安装和使用中，要轻拿轻放组件，严禁碰撞、敲击、划痕，以免损坏封装玻璃，影响组件性能，缩短使用寿命。

③ 遇有大风、暴雨、冰雹、大雪等情况，应采取措施对方阵进行保护，以免损坏。

④ 方阵的采光面应经常保持清洁，如有灰尘或其他污物，应先用清水冲洗，再用干净纱布将水迹轻轻擦干，切勿用腐蚀性溶剂冲洗、擦拭。遇风沙和积雪后，应及时加以清扫。

⑤ 方阵的输出连接要注意正、负极性，切勿接反。

⑥ 与方阵匹配使用的蓄电池组，应严格按照蓄电池的使用维护方法使用。

⑦ 带有向日跟踪装置的方阵，应经常检查维护跟踪装置，以确保其正常工作。

⑧ 采用手动方式调整角度的方阵，应按照季节的变化调整方阵支架的向日倾角和方位角，以更多地接收太阳辐射能量。

⑨ 方阵的光电参数，在使用中应不定期地按照有关方法进行检测，发现问题应及时解决，以确保方阵不间断地正常供电。

⑩ 方阵及其附属设施周围应加护栏和围墙，以免家畜、宠物或人为等损坏；如安装在高山上，则应安装避雷器，以预防雷击。

11.6.3.2 太阳能光伏发电系统平衡设备的安装与管理维护

与太阳能光伏发电系统配套的蓄电池、控制器和逆变器等平衡设备的安装与管理维护前面已作简介，这里不再重复。

11.7　中国太阳能光伏发电系统应用实例

11.7.1　深圳国际园林花卉博览园1MW联网型太阳能光伏发电系统

（1）工程简述

系统的设计与安装建设由北京科诺伟业科技有限公司承担。于2004年8月30日建成发电并通过竣工验收。

该电站共安装光伏电池组件1MW，年发电能力100万千瓦时，深圳市政府投资6 600万元人民币，是当时我国乃至整个亚洲光伏组件装机容量最大的一座联网型太阳能光伏电站。电站投运以来，运行良好，发电正常，安全可靠，起到了良好的示范作用（图11-74）。

（2）系统设计与安装

分为5个子系统，分别安装在综合展览馆、花卉展览馆、游客服务管理中心、南区游客服务中心4个场馆及北区东山坡。电站安装的晶体硅光伏电池组件，总面积为7 660m^2，总功率为1 000.32kWp。5个安装地点的光伏子系统，均采取就地并入电网的方案。

① 综合展览馆。该子系统共安装光伏组件168.64kWp。992块光伏组件布置于展馆屋顶。每16块串联组成62个SMU光伏组件串联（按10、10、11、11、11、9组合）的直流输出，分别汇集到6个装于屋顶的直流汇流箱。2台SC90逆变器的三相交流输出汇集到控制室的交流配电柜。3个SMU汇流箱的直流输出汇集入1台Sunny Central逆变器，通过首层的KTAP配电柜并入安装于半地下车库配电室1 250kV·A变压器的380V低压母线。

② 花卉展览馆。该子系统共安装光伏组件276.28kWp。1 536块BP3160S光伏组件布置在展馆屋顶不受阴影遮蔽的区域。每16块串联组成96个SMU光伏组件串，与布置在受阴影遮蔽区域的76块BP4170S和110块BP3160S（每8、9或10块串联成一串）组成的20个SPB组件串的直流输出分别汇集到直流汇流箱。6个SMU汇流箱安装在展馆屋顶，每3个汇流箱的直流输出汇集入1台Sunny Central逆变器，其交流输出通过交流配电柜并入安装在本展馆配电室800kV·A变压器的380V低压母线。

③ 游客服务管理中心。该子系统共安装光伏组件144.16kWp。688块组件布置在屋顶不受阴影遮蔽的区域。每16块串联成一串，组成43个SMU组件串，其直流输出（按15、14、14的组合）分别汇集到直流汇流箱。将布置在受阴影遮蔽区域的160块组件（按每8块或9块串联成一串）组成18个SPB组件串。将每两个串联组件（类型和数量相同的SPB组件）串接入1台

(a) 光伏屋顶侧面

(b) 光伏屋顶正面

(c) 北区山坡

图 11-74　深圳园林花卉博览园光伏电站

Sunny Central 逆变器。3 个 SMU 汇流箱安装在该中心的屋顶，其直流输出汇集入安装在首层的配电室，其交流输出通过交流配电柜并入配电室500kV・A 变压器的 380V 低压母线。

④ 南区游客服务中心。该子系统共安装光伏组件 89.6kWp。560 块组件布置在中心的屋顶上。每 16 块串联成一串，组成 35 个 SMU 光伏组件串，其直流输出（按 12、12、11 的组合）分别汇集到中心屋顶的直流汇流箱。3 个 SMU 汇流箱安装在首层控制室。汇流箱将直流输出汇集后，接入 1 台 SC90 逆变器，其交流输出通过交流配电柜并入配电室 500kV・A 变压器的 380V 低压母线。

⑤ 北区东山坡。该子系统共在地面安装光伏组件 321.642kWp。1 620块组件布置在山坡不受阴影遮蔽区域。每 18 块组件串联成一串，共组成 90 个 SMU 光伏组件串，分别汇集后接入一台直流汇流箱。另外，有 306 块组件布置在受阴影遮蔽区域。按每 17 块串联成一串，共组成 18 个 SPB 光伏组件串。12 个 SMU 汇流箱安装在东山坡地面上，其中 6 个直流输出汇集后接入一台 Sunny Central 逆变器，其交流输出通过交流配电柜并入配电室 1 250kV・A 变压器的 380V 低压母线。

（3）工程关键器件与设备的选型

① 光伏组件的选型。按照技术成熟、稳定可靠、转换效率高、寿命长达 25 年以上等原则，工程用的光伏组件，全部选用晶体硅光伏电池组件。依照工程设计要求，选用如下光伏组件：BP 公司生产的 BP4170 S 型 170Wp 单晶硅电池光伏组件和3160S型 160Wp 多晶硅电池光伏组件；京瓷公司生产的 KC 167G 型 167Wp 多晶硅电池光伏组件。工程共计安装使用了6 048块晶体硅电池光伏组件。

② 联网逆变器的选型。按照性能先进、技术成熟、安全可靠、逆变效率高、保护功能全等原则，依照工程设计要求，选用 SMA 公司生产的 SC 125LV 型 125kWp、SC90 型 90kWp 和 SB2500 型 2.5kWp 三种型号规格的联网逆变器。工程共计安装使用了 45 台联网逆变器。

（4）工程设计建设中的几个技术亮点

① 安装于建筑物上的器件与设备，不但要美观大方，更要安全可靠、与建筑物牢固结合、并符合国家有关施工技术装备条件和标准规范的要求。为此，工程采用利用螺栓和型钢将光伏组件固定在建筑物屋面上的方案，同时在设计上并按照深圳市历史上遇到过的严重台风的吹袭加以考虑。

② 确保上网电能符合国家电能质量标准的规定，是联网光伏发电系统在技术上是否合格的基本要求。工程选用 SMA 公司生产的集中型逆变器和串式

逆变器，均配置有高性能的滤波电路，从而保证了逆变器高质量的交流输出，符合国家电能质量标准的规定，对电网不会造成污染。

③ 联网逆变器采用了被动式和主动式的两种孤岛效应检测方法。前者，可实时测出电网电压的幅值、频率和相位，如果发生失电，将在电网电压上述参数上产生跳变信号，据以进行判断；后者，是指对电网参数产生小干扰信号，通过其检测反馈，判断电网是否失电。

④ 3 种规格型号的逆变器均带有隔离变压器，使其直流输入和交流输出之间进行电气隔离。直流侧光伏方阵为“浮地”，正负极与地间电气连接，并且逆变器在运行过程中可实时检测直流正负极的对地阻抗。

⑤ 设置了完善的监测显示手段。一种是由安装在集中型逆变器和 SBC+面板上的 LCD 液晶显示屏上，可分别观察到集中式和串式逆变器的运行参数(包括直流输出电压和电流、交流输出电压和电流、功率和电网频率等)、故障代码和信息。SBC 具有测量环境参数（辐照度、环境温度等）、收集串式逆变器运行信息和与 PC 通信等功能。另一种是通过安装在 5 个子系统太阳能控制室的 PC 机观察电站的运行数据。其中综合展览馆还作为中央监测计算机，实时采集其他各点的运行状况，并在展馆厅入口处的 LED 室内屏上集中显示电站的全貌，还可将电站运行参数发到 Internet，并实时刷新。

(5) 工程的节能减排效益

该电站不消耗化石能源、运行成本低、维护管理费用少、操作使用简单、无污染物排放，是有利于生态环境保护和可持续发展的绿色电站。按照年发电 100 万千瓦时计，每年可节约标准煤 384t，减排 CO_2 170t、SO_2 7.68t、灰渣 101t。

11.7.2 国家体育场（鸟巢）100kW 联网型太阳能光伏发电系统

(1) 项目概况

国家体育场（鸟巢）100kW 联网型太阳能光伏发电系统的光伏电池方阵，分为 7 个子方阵安装于国家体育场（鸟巢）四周的 CP4～CP10 的 7 个安检棚顶部。每个安检棚顶部安装无锡尚德太阳能电力科技有限公司生产的 STP260S-24/vb 型单晶硅光伏电池组件 54 块，总峰值功率约为 15kWp。由于安检棚分布在体育场的四周，每个安检棚的朝向不尽相同，同时安检棚之间的距离又较远，因此该系统采用分单元发电、就地并人电网的方案。即每个安检棚设计为一个联网发电子系统，每个子系统由 54 块光伏组件组成的光伏子方阵通过 3 台 5kW 的联网逆变器与电网并联，实现就地联网发电。该系统每年约可发电 10 万千瓦时，既节约了化石能源，又减少了温室气体排放。

本工程设计建设任务的承担者为无锡尚德太阳能电力科技有限公司。该系统通过 2008 年 8 月 8 日～9 月 17 日北京奥运会和残奥会运行发电的考核，发电正常，安全可靠，技术先进，性能优良，充分体现了“绿色奥运、科技奥运、人文奥运”的理念（图 11-75）。

图 11-75　国家体育场（鸟巢）光伏发电系统外观

（2）工程设计安装中的技术新亮点

① 设计配置了先进的监控装置。为远程监控联网光伏系统的运行状态，系统配置的各台联网逆变器之间通过 RS485 总线与安装在 3 号变压器室的工控机相连接，通过监控软件对光伏系统进行实时监控，并采集系统的当天发电量、月发电量、系统的运行时间等信息，实时显示在显示屏上。

光伏工程的通信系统一般采用 RS485 总线通信，其通信距离的极限仅为 1 200m，而本工程的光伏发电设备分布在鸟巢的周围，其距离达1 000m左右，几乎为系统的极限通信距离，同时在鸟巢中还有其他通信设备，这些通信设备将会互相干扰，影响光伏工程监控系统的质量。为解决这些问题，工程设计施工中采取将通信导线截面加大以降低信号衰降和采取多点接地等措施，避免其他信号的干扰。并且还采取冗余设计和以太网备用通信方案等，以确保通信系统万无一失。

② 设计制造了可靠而实用的光伏组件安装支撑系统。这些支撑系统，具有较全的系列，可适应不同的安装环境和结构，并且美观大方、安全牢固、抗风耐蚀。

③ 采用了可靠的逆功率保护措施。该光伏系统的并网连接点在体育场内 0 层环形通道的 7 个强电井的照明配电柜内。为了安全可靠，光伏系统发出的电能必须就地使用，不能向上一级电网输入电能，因而在光伏并网点设计增加了逆功率保护功能，当联网光伏系统检测到有逆功率产生时（逆功率为光伏系统额定功率 5%时），逆变器能够自动降低功率输出或将部分逆变器与电网断开，

使联网光伏系统输出功率能够与负载功率动态保持平衡，以保护上一级电网的安全。上面所说的逆功率，是指在电网中低一级的电网把没有消耗的电能往高一级的电网输送。如果出现逆功率，对高一级的电网将产生很大的危险，尤其是当高一级电网进行检修等相关作业时，会给高一级电网的工作人员带来很大的危害。因此，鸟巢联网光伏系统的设计，采取了可靠的技术措施确保系统的安全性，要求光伏系统发出的电能必须消耗在本级，不能向上一级电网输送电能。经过研究开发，确定在电路中采用上述逆功率保护器件，以确保在光伏系统出现逆功率时，及时而准确地向光伏系统发出指令，使光伏系统与电网分离，防止出现逆功率。

④ 研发制造了异型光伏组件。为满足鸟巢装饰的要求，需要 12 种不规格的梯形光伏组件 28 块。这些梯形组件的制造不同于常规组件，生产制造中解决了许多工艺技术难点。一是每种组件均需大量的三角形电池片。为达到需要的形状，有时一片电池在划片机上要连续划五、六次才能成功。同时，每片三角形电池片的尺寸又多有不同，划片时需要不断修改划片机程序。二是光伏组件封装需要宽度较大的 TPT，目前没有合适的，只能在工艺上采用现有的 TPT 拼接后裁切的办法解决。在层叠的过程中，由于组件的特殊的三角形状，无法使用模板，每串电池的叠放位置都需仔细测量，以保证外观符合要求。在装框过程中，由于组件为梯形，无法使用现有的装框设备，只能用手工敲装。

⑤ 配置了性能先进的、具有齐全保护功能的联网逆变器。为保障系统的长期稳定运行，配置的高质量、高性能、高效率的联网逆变器均具有过/欠电压保护、过/欠频率保护、电网失压保护、防逆流保护、恢复联网保护、防雷保护、短路保护、防孤岛效应保护等齐全、先进的保护功能。

11.7.3 10kW 联网光伏发电系统

该系统是北京市科委于 2001 年 11 月下达给北京市太阳能研究所的科技项目。该项目于 2002 年 12 月 11 日通过了由北京市科委组织的专家组的验收。

（1）系统构成

由 10kW 太阳能电池方阵、太阳能电池直流配电盘、10kW 联网光伏逆变器和 10kW 联网光伏发电系统显示板 4 大部分组成，如图 11-76 所示。

（2）系统各组成部分主要技术特性

① 太阳能电池方阵。由 50Wp 的多晶硅太阳能电池组件组成总功率为 10kWp 的方阵。主要电性能参数：开路电压 DC510V，短路电流 DC27A，最佳工作电压 DC408V，最佳工作电流 DC25A。方阵连接方式：24 块组件串联，9 组子方阵并联。支架抗风性能：在 20.7m/s 的风速下不损坏。

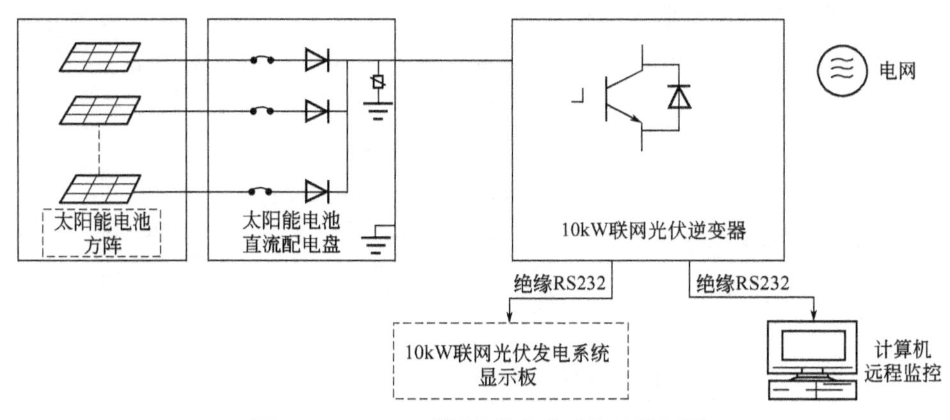

图 11-76　10kW 联网光伏发电系统结构框图

② 太阳能电池直流配电盘。其主要功能是将太阳能电池方阵分为 9 组子方阵并联配送给联网光伏逆变器。每组子方阵均配有防反充二极管，以防止出现逆流现象，保护太阳能电池方阵。装有防雷装置，以防雷击。

③ 10kW 联网光伏逆变器。其主要功能是将太阳能电池方阵发出的直流电逆变成三相交流电送入电网。可对太阳能电池方阵实行最大输出功率点跟踪（MPPT），以提高发电量。具有完善的联网保护功能，以保证系统的安全可靠。主回路采用模块化设计，安装维修方便。直流输入的主要技术参数：额定电压为 DC400V，联网运行电压范围为 DC200～500V，MPPT 动作范围为 200～500V。联网发电运行的主要技术参数：相数/线数为 3 相/4 线，额定容量为 10kW，波形为纯正弦波，逆变效率为＞90%（额定输出时），额定电压为 AC380V±15%，输出频率为 50Hz，输出基波功率因数为＞0.98（额定输入输出时），电流谐波含量为总和＜5%、各次＜3%（在额定输入输出电压谐波含量＜3%时）。

④ 10kW 联网光伏发电系统显示板。可实时显示系统的工作参数，包括：直流输入电压、电流和功率，交流输出电压、电流和功率，以及累计输出电量等，以便及时而直观地了解和掌握系统的运行情况。显示屏具有 RS-232 和 RS-485 两种串行通信接口，通过其中一种通信接口可以和逆变器主机建立数据通信联系，逆变器将有关运行数据传送到显示屏显示。显示屏内部由 1 片微控制器控制。

（3）10kW 联网光伏发电系统的技术特点

该系统的主要技术特点体现在联网逆变器上，这是因为联网逆变器是整个系统的核心部件和技术关键。10kW 联网光伏逆变器的主回路部分，主要由输入断路器、直流噪声滤波器、电容电感、DC/DC 升压器、DC/AC 逆变器、

LC 滤波器、三相变压器、交流噪声滤波器、电能表、接触器和断路器等构成；控制部分包括 DSPCPU 控制板、驱动检测回路、仪表显示面板开关和控制电源等。联网逆变器的结构，如图 11-77 所示。

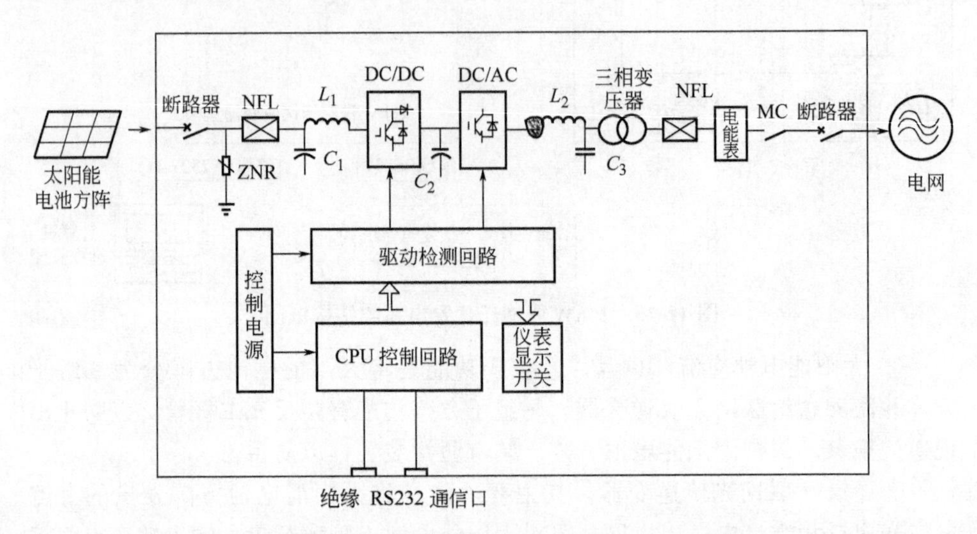

图 11-77　10kW 联网光伏系统联网逆变器结构图

该逆变器采用的国际先进技术有以下几点。

① 三相电流统一控制和空间矢量 PMW 技术，提高了逆变器性能，保证交流输出波形为"纯正弦波"，消除了对电网的污染。

② 往复最大功率点搜寻追踪技术，真正实现了最大功率点跟踪，提高了系统的总发电效率。

③ 被动式和主动式两种"孤岛"检测技术，保证可靠地检出"孤岛"现象，确保人身和设备安全。

④ 模块化的主回路设计，便于设备的组装和维修。

(4) 10kW 联网光伏发电系统电能质量测试

联网光伏发电系统成功的重要标志，是上网的电能质量符合国家标准要求，对电网未造成不良影响。本项目请北京电能质量管理部门北京供电局科技处对 10kW 联网光伏发电系统上网的电能质量进行了测试。测试依据为 GB 15945—1995《电能质量　电力系统频率允许偏差》、GB 12325—1990《电能质量　供电电压允许偏差》、GB 14549—1993《电能质量　公用电网谐波》、GB 15543—1995《电能质量　三相电压允许不平衡度》、GB 12326—2000《电能质量　电压波动和闪变》等当时的国家标准。测试仪器为北京供电局科技处的 Fluke-41 型 B 级单相电能质量测试仪、MEMOBOX686 型 A 级电压质量测试仪和 ACE2000 型 A 级三相电能质量测试仪。测试结论为："光伏发电系统未并网时，电网的电能质量满足国标要求；在光伏发电系统并网输出各种功率的情况下，电网的电能质量仍能满足国标要求，光伏发电系统的投运未对电网电能质量造成不良影响。"电能质量的综合测试数据见表 11-13。

表 11-13　电能质量综合测试数据

类别	频　率 /Hz	电　压 /V	电压畸变率/%	电压不平衡度/%	短时间闪变 P_{st}	长时间闪变 P_{lt}
实测值	49.94～50.08	221.4～229.6	1.82～2.46	0.18～0.33	0.15～0.51	0.15～0.25
国家标准	49.8～50.2	204.0～234.8	5	2	1.0	0.8

11.7.4　输油输气管道阴极保护太阳能光伏电源系统

11.7.4.1　前言

在塔里木盆地中，有一片面积达 30 万平方公里的我国最大的沙漠，这就是闻名世界的塔克拉玛干沙漠。塔克拉玛干的维语意思，就是"进去出不来"。19 世纪末，一位西方探险家曾率驼队横穿这片大沙漠，在既惊险又漫长的路途中，他没有看到任何生灵出没。从此，这片差点让探险家陈尸沙海的地方，便被人们称为"死亡之海"。

塔中 4 油田位于塔克拉玛干沙漠腹地，有 35.7 平方公里的含油面积和达亿吨的石油储量，在整个塔里木盆地至 1996 年为止已探明的油气储量中，它的规模最大。自 1994 年 7 月我国石油工人开始进行试验性开发以来，所设计的 41 口油井，已于 1996 年 7 月全部完钻，并有部分油井投产。截至 1996 年底，塔中 4 到轮南总长达 300 多公里的油气外输管道已全线贯通，集油装置及供水、供电和计算机监控等配套系统正在积极建设中，油田全面投产的条件业已基本具备。

受塔里木石油勘探开发指挥部的委托，国家计委-中国科学院能源研究所及其所属的北京市计科能源新技术开发公司承担了横贯塔克拉玛干沙漠、总长 302.49km 的塔里木油田塔中 4 到轮南输油输气管道阴极保护设备及仪表设备用太阳能电源系统的设计与工程建设任务。工程于 1996 年 5 月签订合同，至 1996 年 11 月安装完毕投入运行，并于 1996 年 12 月通过初验。投运以来，该系统运行正常，设备性能优良，达到合同规定的指标，受到用户好评。

11.7.4.2　阴极保护的意义和原理

金属表面与周围介质发生化学及电化学作用而遭到破坏，叫金属的腐蚀。输油输气管道多为金属材料制造，也存在腐蚀问题。据国外统计，20 世纪 60 年代全世界每年因腐蚀而损耗的金属在 1 亿吨以上，约相当于金属年产量的

10%～20%。1969年英国因腐蚀而造成的经济损失，约占国民经济总产值的3.5%。据美国管道工业1975年的统计，由于腐蚀而造成的直接损失5亿美元。我国的一些地下油气管道投产1～2年后就发生腐蚀穿孔的情况屡见不鲜，油田地下管道的平均腐蚀速度每年在1.5mm以上。管道的腐蚀，不仅会造成穿孔而引起油、气、水跑漏损失以及由于维修所带来的材料和人力浪费，而且还可能因腐蚀穿孔而引起火灾。特别是天然气管道，还可能因腐蚀而引起爆炸。鉴于腐蚀问题的严重性，国内外均对防腐工作十分重视，采取各种措施减轻腐蚀的危害，使国民经济少受损失。

防腐设施是管道工程的重要组成部分。为了保证管道长期安全运行和防止对邻近居民和企业的危害，各国政府和管道企业都制定有管道防腐的制度法规，作为企业必须遵循的准则。

金属管道的腐蚀可分为两大类。一类是化学腐蚀，这种腐蚀是金属表面与周围介质发生纯化学作用而引起的破坏，其特点是在化学作用过程中没有电流产生。另一类是电化学腐蚀，它是指金属表面与周围介质发生电化学反应而引起的破坏，其特点是在腐蚀进行过程中有电流产生。它又可分为原电池腐蚀和电解腐蚀两种。

阴极保护是金属的一种电化学防腐方法，目前广泛用于地下管道保护，如输油管、输气管、水管等。其原理是：金属结构与电解质溶液相接触会形成腐蚀原电池，可简化地表示为图11-77。阴极保护就是要消除金属结构上的阳极区。其方法：一是牺牲阳极的阴极保护，即在待保护的金属管道上连接一种电位更负的金属或合金（如铝合金、镁合金），如图11-77(b)所示，使之形成一个新的腐蚀电池，由于管道上原来腐蚀电池阳极的电极电位比外加的牺牲阳极的电位要正，因此整个管道就成为阴极而被保护起来；二是外加电流的阴极保护，即将被保护金属与外加的直流电源的负极相连，把另一辅助阳极接到电源的正极，使被保护金属成为阴极，如图11-78(a)所示。

本工程所采用的是外加电流阴极保护法。外加电流在管道和辅助阳极间所建立的电位差，显然比牺牲阳极与管道间的电位差大得多，因此，它具有如下优点：可供给较大的保护电流，保护距离长；便于调节电流和电压，适用范围广；辅助阳极的材料只要求有良好的导电性和抗腐蚀性，不消耗有色金属。其缺点是需要外电源和经常的维护管理，对邻近的金属结构有干扰。

阴极保护电源所需功率较小，但要求供电稳定可靠，以保证管道电位控制在一定的保护范围之内。太阳能电池电源，供电稳定可靠，维护量极小，可以无人值守，是理想的阴极保护电源。

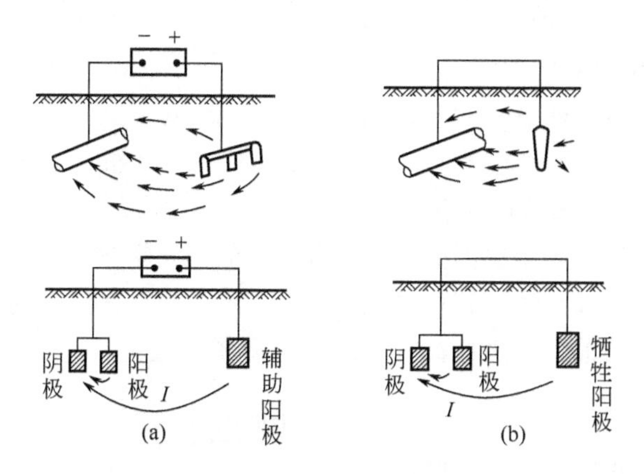

图11-78　阴极保护原理示意图

11.7.4.3　用电负载

塔中4到轮南输油输气管道共有9个子站。1#站和9#站两个首末站由交流电供电。2#～8#站为沙漠腹地站，由太阳能电源供电，均配备独立的太阳能电源系统为阴极保护设备和仪表设备供电。2#～8#站各站的用电负载如下。

（1）阴极保护设备的负载参数

24V直流供电，阴极保护设备的功率为480W，24h连续供电。

（2）仪表设备的负载参数

24V直流供电，仪表设备的功率为200W，24h连续供电。

2#～8#站总用电负载总功率为4 760W。

11.7.4.4　太阳能电源系统的设计与计算

在仔细研究了石油管道设计院所给出的气象地理条件的基础上，根据用电需要进行了太阳能电源系统的设计与计算。

（1）电源容量

① 太阳辐射量参数：

a. 太阳能电池方阵的安装倾角为45°；

b. 当地水平面的全年辐射量为607.086kJ/cm^2；

c. 由PVCAD计算的结果，太阳能电池方阵倾斜面实际获得的年辐射量为671.563 kJ/cm^2；

d. 全年峰值日照时间为1 860.6h。

② 阴极保护设备用电量：

24V，10A，2台同时工作，合计11 520W·h。

I_s＝11 520×0.9×365×1.1/(24×0.85×0.9×1 860.6)＝122（A）

③ 仪表设备用电量：

24V，8.333A，200W，24h 工作，合计 4 800W·h。

I_s＝4 800×0.9×365×1.1/(24×0.85×0.9×1 860.6)＝51（A）

（2）太阳能电源系统的优化设计

各子站太阳能电源系统如图 11-79 所示。应用北京市计科能源新技术开发公司研制的光伏电源系统计算机辅助设计（PVCAD）软件，对塔里木油田塔中 4 到轮南输油输气管道阴极保护太阳能电源系统进行了优化设计。

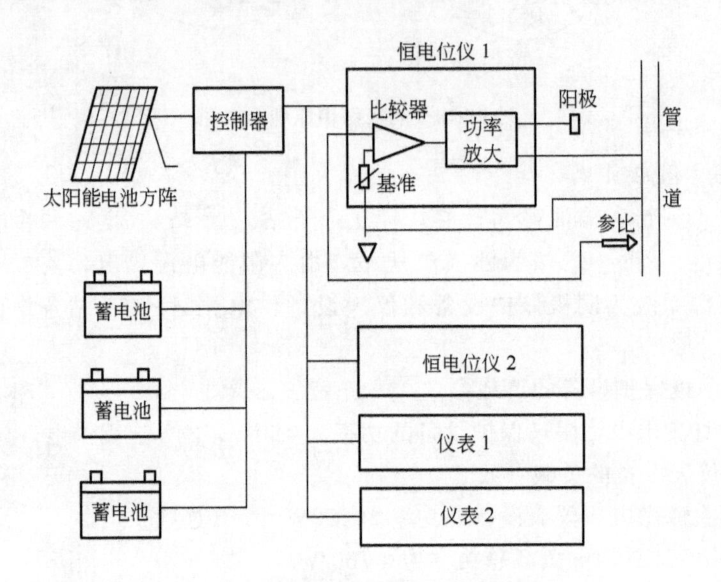

图 11-79　各子站太阳能电源系统框图

① 太阳能电池用量：

a. 每个子站的太阳能电池用量　[(122A＋51A)÷6.9A]×228Wp≈25 个方阵×228Wp＝5 700Wp；

b. 7 个子站的总用量　5 700×7＝39 900（Wp）。

② 控制器的选用：

每个子站选用 24V/180A/6 000W 控制器 1 台，7 个子站共用7 台。

③ 蓄电池容量：

a. (20A＋8.33A)×7d×24h/0.8＝5 949.3A·h，即 6 000A·h；

b. 选用 24V/6 000A·h（2 000A·h×3）阀控式吸液型密封铅酸蓄电池组 7 套；

c. 为冬季防寒，蓄电池应配备保温套，其厚度为 50mm。

11.7.4.5　太阳能电源系统各组成部分的技术特性

(1) 单晶硅太阳能电池组件

选用宁波太阳能电源厂生产的TDB-100-38-P太阳能电池组件。2串3并为一方阵。方阵的技术参数为：峰值电压33V，峰值电流6.9A，峰值功率228W。每个子站由25个方阵组成，总输出电压33V，总输出电流170A，总峰值功率5 700W。

TDB-100-38-P太阳能电池组件的主要技术参数为：峰值电压16.5V，峰值电流2.3A，峰值功率38Wp，外形尺寸1 356mm×298mm×45mm，质量5.56kg，使用温度－45～＋90℃。

(2) 太阳能电源控制器

选用北京市计科能源新技术开发公司生产的TDCK-6000型太阳能电源控制器。

① 工作原理。启动TDCK-6000型太阳能电源控制器，分别接通12路太阳能电池方阵给蓄电池组充电。当蓄电池组电压被充到28V（可调）时，逐一切断12路太阳能电池方阵的充电。当蓄电池组电压降低到26.5V（可调）时，再将12路太阳能电池方阵逐一接通，给蓄电池组充电。

② 主要功能。蓄电池组过充电、过放电控制；超压、过流、短路控制；欠压及故障告警；模拟信号测量；遥信、遥测信号接口。

③ 主要技术参数。输入：太阳能电池方阵12路，蓄电池组3路。输出：DC24V，4路。系统电压24V；充满电压29V；最大允许充电电流180A；蓄电池组过放电压22V；环境温度－10～＋50℃；相对湿度＞94%。

(3) 阀控式吸液型密封铅酸蓄电池组

选用江苏双登电源有限公司生产的CFM系列阀控式吸液型密封铅酸蓄电池组。每站用24V/6 000A・h（2 000A・h×3）蓄电池1套，7个子站共用7套。

该蓄电池组的特点：电解液全吸附于隔膜和极板中，电池内无游离电解液，电池充电时产生的氧气在电池内自行复合。正常使用期间无酸雾和气体溢出，不必为电池加水、加酸。其主要技术特性如下。

① 浮充电压。(2.25±0.02)V/单体（25℃）。

② 壳和盖。阻燃ABS料，厚度达6mm，可在钢壳内组合使用，也可在钢壳外单独使用、任意组合，防止渗透性能极佳，耐冲击，耐振动。

③ 端子。组合式端子结构，插入式大面积铜芯，铜芯直径22mm，适合于大电流放电。

④ 极栅。无镉污染，采用专用铅钙合金。

⑤ 极柱封装。采用专用组合式密封极柱端子设计。

⑥ 包片工艺。采用多层C形横向、U形纵向组合的双向包膜工艺，消除极板应力对隔膜弹性的影响，附着性好，吸酸均匀，极板无污染。

⑦ 排气阀启闭压力。0.02MPa，自动开启。

⑧ 隔膜。超细玻璃纤维。

⑨ 活性物质。专有的四基硫酸铅形成技术。

⑩ 1小时放电容量：>60%C_{10}。

⑪ 3小时放电容量：>80%C_{10}。

⑫ 10小时放电容量（相同重量体积）：>115%C_{10}。

⑬ 1小时终止电压：1.75V（单体）。

⑭ 3小时、10小时终止电压：1.80V（单体）。

⑮ 自放电率：(0.5～0.7)%/周（25℃）。

⑯ 寿命：浮充使用10年以上（25℃），40%的放电深度条件下循环寿命>1 200次。

11.7.5 21世纪中国乡村太阳能示范学校工程

中国的很多山区、牧区、海岛和边疆地区的广大乡村，至今尚有上千万人口仍未用上电。由于没有电，当地的农牧渔民“日出而作，日落而息”，不能用电照明，不能看电视、听广播，学生们不能正常地进行学习，教师们不能很好地进行教学，严重地影响了这些地区经济的发展、生活的改善和教学水平的提高。这些地区，常规能源资源缺乏，人口密度低，居住分散，远离大电网，很难依靠常规能源发电供电，但其太阳能资源却相当丰富，大多处于我国太阳能资源的高值区。因此，充分利用这些地区得天独厚的太阳能资源，有计划地、因地制宜地开发利用太阳能，以解决这些地区广大人民日常生活、文化教育以及部分生产的用电、用热问题，是一种理想的方式和较好的途径。

根据联合国教科文组织工程技术处处长Boris Berkovski先生的建议，中国科学技术协会与联合国教科文组织合作，于1996年在河北省保定市满城县岭西中学成功地进行了“21世纪中国乡村太阳能示范学校”项目首选点的工程建设。

11.7.5.1 概况

岭西中学位于河北省保定市满城县西北25km的太行山麓，是一所初级中学，校舍面积1 790m^2，有教学班10个，在校学生582人，其中住宿生235人。

岭西中学建校于1956年，是保定市的一所重点中学。建校以来为当地培养了上万名有知识的新型农民，并为国家输送了一批又一批可进一步深造的人才，在满城山区经济发展中起了积极作用，做出了贡献。岭西中学地理位置适中，交通方便，师资素质较高，青少年科技活动组织健全。当地日照时间长，太阳能资源较丰富，具有开发利用太阳能的良好条件。

随着社会经济和科学技术的发展，岭西中学计划将尽快地建立起电化教学室、微机教学室，以改善教学条件，提高教学质量。但岭西中学处于半山区和非工业区，用电受到严格限制，每年约有 2/3 的时间停电，教学和生活均受到严重的影响。

为使岭西中学进一步发展提高，在发展满城山区经济中发挥更大的作用，如何解决由于市电不能保证而对教学和生活造成的影响，是其面临的一大难题。为帮助当地解决这一迫切的问题，中国科协和联合国教科文组织合作，确定以岭西中学作为 21 世纪中国乡村太阳能示范学校项目的首选点，采用光伏技术和光热技术解决该校的教学用电和部分生活用电以及部分教学和生活用热问题。在河北省、保定市、满城县三级政府和各有关部门的大力支持下，由满城县科协具体实施，国家计委能源研究所及其所属的北京市计科能源新技术开发公司负责工程设计和技术指导，自 1996 年 3 月开始正式立项，于 6 月中旬在岭西中学成功地建成这一太阳能示范工程。投入使用以来，运行良好，达到技术指标，显示出良好的经济、环境、社会效益，受到广大师生和各方面的好评，推广应用前景广阔。

11.7.5.2　岭西中学所在地的自然气象条件

纬度：38.5°N

经度：115.4°E

海拔：120m

年平均气温：12.3℃

极端最高气温：40.4℃

极端最低气温：－23.4℃

年平均日照时间：2 722.7h

水平面全年总辐射量：563kJ/cm^2

平均日照率：61%

年平均风速：2.5m/s

站址地面条件：浅色碎石地面

最长连续阴雨天数：7d

11.7.5.3　光伏发电

(1) 用电负荷

岭西中学的用负电荷主要有如下两类。

一类是学校教学用电。主要包括教师办公室、教室等的照明用电和微机教学室、电化教学室以及卫星电视接收机等的设备用电。

另一类是生活及后勤用电。主要包括教师宿舍、学生宿舍、伙房、厕所等的照明用电和电风扇、电视接收机、收录机等设备的用电。

岭西中学用电负载的功率及数量如表 11-14 所列。

表 11-14　岭西中学用电负荷

每天用电时间/h	每天耗电量/kW·h	负载种类	单台功率/W	数量/台或只	总功率/kW
5	1.50	21″彩色电视接收机	75	4	0.30
5	1.00	电风扇	50	4	0.20
5	5.00	微型计算机(含打印机)	200	5	1.00
5	0.40	日光灯	40	2	0.08
5	0.80	白炽灯	40	4	0.16
5	1.92	高效节能灯	16	24	0.384
5	2.20	高效节能灯	11	40	0.44
5	1.80	高效节能灯	9	40	0.36
	14.62	合　计			2.924

注：用电的同时率按 0.7 计。

(2) 光伏电站的系统方案

① 电站模式。是以太阳能电池发电为主并辅以交流市电的独立电站。

② 电站制式。光伏发电通过逆变器后，经交流配电屏向负载输出 220V 单相交流电；或将接入交流配电屏的 380V 三相交流电直接向负载供电。

③ 电站规模。太阳能电池组件的峰值功率为 4kWp。

④ 电站的系统配置。由太阳能电池方阵、蓄电池组、控制器、逆变器和交流配电屏等部分组成，其系统配置如图 11-80 所示。

⑤ 电站各组成部分的技术性能。

a. 单晶硅太阳能电池方阵。选用 D1 000×400 型单晶硅太阳能电池组件，其工作电压为 17V，工作电流为 1.9A，功率为 33～35Wp。太阳能电池方阵由 15 块组件串联，8 块组件并联，共计 120 块组件组成，其开路电压为 255V，峰值电流为 15.2A，峰值功率为 4kWp。

b. 固定用铅酸蓄电池组。选用 GGM-500 型固定用铅酸蓄电池，单体标称电压为 2V，容量为 500A·h，共计 96 只。

c. 太阳能电源控制器。选用 TDCK-600 型太阳能电源控制器 1 台。其主要技术特性为：6 路太阳能电池方阵输入；每路太阳能电池方阵额定充电电流为 15A；控制器为 2 路 192V 输出；具有防反充功能，当太阳能电池方阵不向蓄电池充电时可阻断蓄电池电流流向太阳能电池方阵。

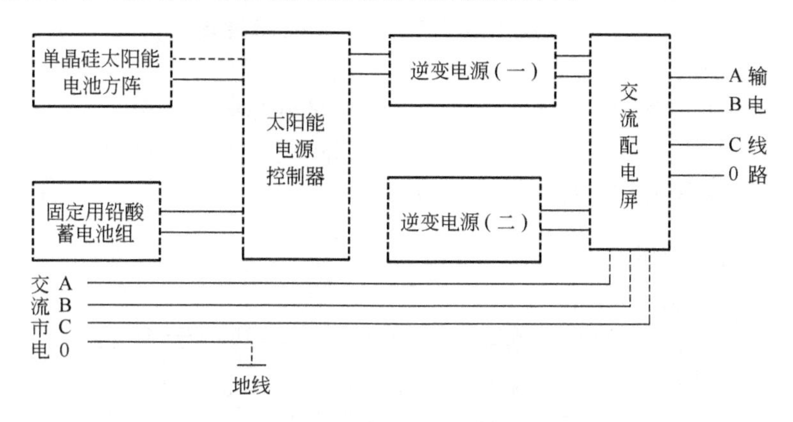

图 11-80　太阳能光伏电站系统框图

d. 逆变器。选用 JK-2-3000 型逆变电源。该系统采用 2 台3 000V・A逆变器双套冗余输出。其主要技术参数为：直流输入电压为 DC192V；直流电压允许波动范围为 DC170～240V；逆变器输出为 AC220V，单相，双路；额定功率为3 000V・A×2；输出波形为正弦波；谐波失真度＜3%；输出频率为(50±1)Hz；逆变效率＞80%；工作温度为 0～40℃；环境湿度＜90%；模拟显示包括直流输入电压、直流输入电流、1# 逆变器输出电压、2# 逆变器输出电压、1# 逆变器输出电流、2# 逆变器输出电流；具有短路、过流、超压和欠压的保护及告警功能。

e. 交流配电屏。选用 JK-3-20K 型交流配电屏 1 台。其主要技术特性为：1# 逆变器和 2# 逆变器配电功率各为 3kW、单相，市电配电功率为 20kW、三相四线制；1# 逆变器和 2# 逆变器均带 10A（20A）单相电度表作其发电度数记录；具有供电互锁功能，选择 1# 逆变器、2# 逆变器或市电供电时，有且仅有其中一种可被接入输电线路负载供电，其他无法接入。

⑥ 电站的工作原理。太阳辐射能通过太阳能电池方阵转换成电能。太阳能电池方阵的输出经太阳能电源控制器给蓄电池组充电。太阳能电源控制器的直流输出连接逆变器，通过逆变器将直流电变换为交流电。逆变器输出的两路和学校原有的市电，最后经由交流配电屏选择控制输出，通过低压输电线路向学校负载供电。

11.7.5.4　光热利用

根据学校的迫切需要及资金可能，建成了如下 3 种光热利用示范项目。

① 被动式太阳房。总建筑面积 160m²，用作微机教学室和光伏电站的控制配电室及蓄电池室。在冬季最冷的天气，太阳房的室内温度，白天保持在8～10℃，夜间也不会降到0℃以下。

② 太阳能浴室。选用铜铝复合管板式太阳能集热器建成集热面积约为10m² 的太阳能浴室，每天可供20多人洗澡。

③ 太阳灶。装设截光面积约为 2.4m²、煮水热效率约为70％、额定功率约为1 200W的太阳灶2台，可为教师和部分学生提供饮用开水。

整个工程的示意图如图 11-81 所示。

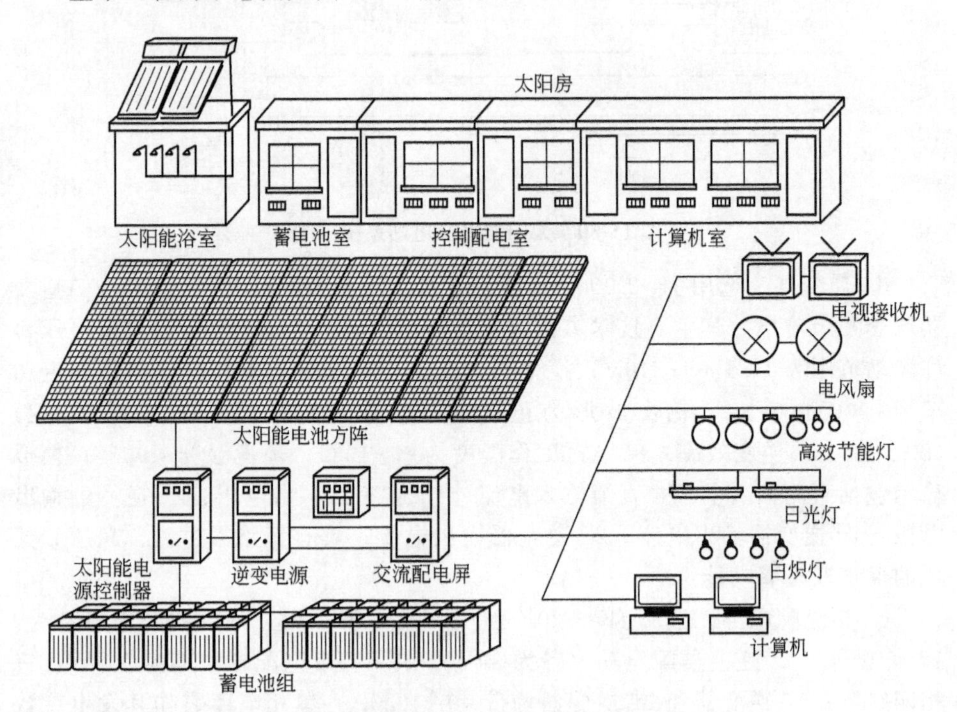

图 11-81　21 世纪中国乡村太阳能示范学校工程示意图

11.7.5.5　经济、环境、社会效益

这一太阳能示范工程的建成，使岭西中学的教学和生活条件有了很大改观，经济、环境、社会效益十分显著。光伏电站的建成，解决了学校多年来头痛的教学用电问题，可以保证常年不间断地供电。由于有了光伏电站，用电有了保证，学校配上了微机，开展了电化教学，能经常收看到电视，改善了教学条件，使教育质量大为提高。在经济上，初步估算，一年可节约数千元的电费和煤炭费，在乡村学校来说，是一个不小的数目。在环保上，太阳能清洁干净，减少了煤炭的燃用，有利于环境保护。据测算，1台1.5m² 的太阳能热水器，一年可节省煤炭约600kg。在一年中可以节电1 200kW·h，少排粉尘3kg，少排CO_2 18kg，少排SO_2 2kg。

通过这一示范工程的建成和投入使用，使学生们增长了可再生能源利用的知识和环境保护意识。学校可利用这一示范工程开展有关太阳能利用的多种科普活动，向学生普及科学知识。特别是通过学生可以把利用可再生能源和注意保护环境的观念及知识传播给他们的家长，从而在广大农村中产生学习科学技术、保护生态环境的连锁反应，其意义十分深远。

11.7.6　深圳联网户用太阳能光伏示范系统

(1) 背景

联网户用太阳能光伏系统是非常有发展前景的可再生能源利用方式之一。在国外，联网户用光伏发电系统已经在政府的推动下得到长足的发展，如日本从1994年即开始推广民用住宅屋顶光伏工程，而我国城市中的BIPV户用光伏发电系统还在试验性阶段，大范围应用尚待逐步展开。深圳市能联电子有限公司建设的联网户用太阳能光伏系统在这方面做了大胆的探索，建成了2.5kW的BIPV联网户用光伏系统和8m^2的太阳能热水系统。

(2) 系统介绍

安装于深圳市区一栋20层住宅楼的楼顶。2.5kW的BIPV联网光伏系统产生的电能通过双向逆变器供给该用户的部分家电负载的用电需求。当太阳能发电量大于等于即时的负载需求时，可直接由太阳能供给负载的电能需求，并且可将多余的电能返给电网；当太阳能不足以满足负载需求时，由市电供给负载的需求，并可同时给蓄电池充电；当市电故障时，可以由蓄电池给交流家电负载供电。此系统可以实现完全的系统遥控遥测功能，可以利用一台PC兼容机和调制解调器实现上述的远程通信。为了实现安全的数据传输和控制指令的传输，在该系统中使用了远程系统控制软件AES-LINK。图11-82所示为可进行遥控遥测的系统连接原理。

(3) 系统配置

① 使用了32块由深圳市能联电子有限公司提供的无边框光伏组件，峰值功率2 560Wp。组件安装在屋顶的斜面上，朝向正南方，倾斜角度为20°。采用的是多晶硅太阳能电池，组件呈深蓝色，与屋顶斜面上所铺设的蓝色瓦片颜色协调一致。组件采用8串联×4并联的连接方式，最大工作电压140.8V，最大工作电流18.20A。

② 使用由深圳华达电源有限公司提供的GMF-200型深放电阀控式密封铅酸蓄电池，总共采用该蓄电池单体54只组成200A·h/108V蓄电池系统。

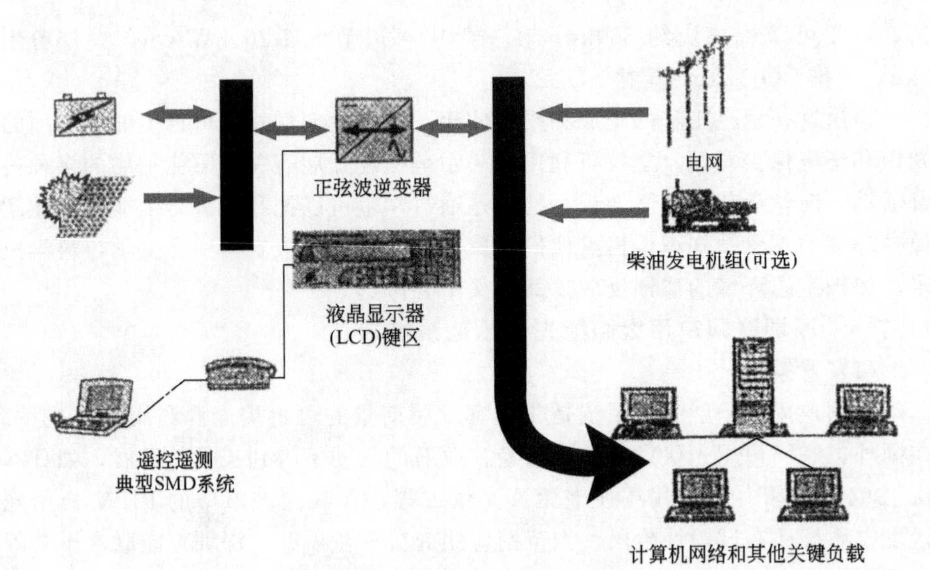

图 11-82　遥控遥测的系统连接原理

③ 该户用联网光伏系统的核心设备为 AES 公司生产的单相 SMD 逆变器系统。SMD 逆变器系统为联网逆变器，输出波形为正弦波。它内含一个双向逆变器和三块性能优良的微处理器，可以为本地负载提供合格的电源，并可作为一个在线的 UPS（不间断电源）工作。该逆变器系统提供了有关系统资源的广泛的数据采集系统，包括历史数据记录、数据累计计量记录以及历史事件记录。

④ 该系统主要是供给一户住宅的部分家用电器负载的用电要求，光伏发电系统供电负载的每天耗电量约为 7.55kW·h。

(4) 系统分析

使用壳牌太阳能公司 PV Designer 专业光伏设计软件对已安装的联网发电系统进行了系统发电分析。系统的理论年平均发电量为3 227.3kW·h。该系统实际上包含了独立系统和联网系统两种工作模式。下面将该系统与独立系统及联网系统（无蓄电池）的性能作一比较。

① 相对于独立光伏系统

a. 负载缺电率。因为在联网系统中使用了市电，显然在考虑相同成本的情况下，该系统的负载缺电率比独立光伏系统要低。

b. 成本比较。在考虑相同的负载缺电率的情况下，为了满足年平均每天 7.55kW·h 的用电量的需要以及 5 天的自给天数，需要安装 3.6kW 的独立光伏系统才能满足实际需要。该独立系统的设计项目和成本见表 11-15。

表 11-15　独立系统的设计项目和成本

项目	成本/元	项目	成本/元
光伏组件(3.6kW)	115 200.00	汇线盒和控制柜	3 000.0
蓄电池(400A・h)	36 000.00	电缆	2 000.00
控制器和逆变器	60 000.00	安装	3 000.00
组件支架	7 200.00		

这样，独立光伏系统的初始投资为226 400.00元，而该系统的初始投资为161 520.00元。为了满足同样负载需求，该系统的初始投资仅为独立系统初始投资的 71.34%。考虑 20 年工作寿命，根据下面所使用的经济分析算法，认为蓄电池 5～6 年更换一次，则在使用寿命中更换蓄电池 3 次。考虑到控制器和逆变器的维护成本约为初始成本的 20%，可以计算出使用该独立系统发电成本为 5.81 元/kW・h，大大高于本系统的发电成本。

c. 系统维护。在本系统中，蓄电池长期处于浮充状态，从而会延长蓄电池的使用寿命。而独立系统蓄电池的充放电次数要高于本系统，所以蓄电池的维护和更换次数也要高于本系统。

② 相对于联网系统（无蓄电池）

a. 负载缺电率。因为联网系统（无蓄电池）中没有安装蓄电池，所以在无太阳能输入并且市电故障的时候，系统会停止给负载供电，而本系统中在该情况下可以由蓄电池供电，所以联网系统（无蓄电池）的负载缺电率要高于本系统。

b. 系统维护。因为没有蓄电池，所以联网系统（无蓄电池）的系统维护要比本系统简单。

（5）减排效益

以该系统中的光伏发电系统为例，利用光伏发电，每发10 000度电就可以替代 4tce，这样就避免了 4tce 的二氧化碳、二氧化硫、氮氧化物和烟尘的排放。表 11-16 所列为相关的减排系数和单位减排效益。

表 11-16　减排系数和单位减排效益

参　　数	CO_2	SO_2	NO_x	烟尘
排放系数/t・tce^{-1}	0.726(t-C)	0.022	0.01	0.017
单位减排效益/元・t^{-1}	208.5	1 260	2 000	550

对于太阳能光伏系统，根据上述所计算的该系统的年发电量3 227.3kW・h，可以计算得出在 20 年内该系统的累计发电量为 64 546kW・h，即相当于少用 25.82tce。对于太阳能光热系统，平均每年相当于少用4 035.36kW・h的电，该系统的使用寿命为 15 年，在 15 年中累计可以节约用

电60 530.4kW·h，相当于少用24.21tce。这样，在两个系统的寿命周期内，总共相当于减少使用50tce，其累计减少的各项有害物质排放以及由此产生的效益，见表11-17。

表11-17 太阳能光伏系统和太阳能热水系统的有害物质减排及效益

参　数	CO_2	SO_2	NO_x	烟尘
减少排放/t	36.3(t-C)	1.10	0.5	0.85
减排效益/元	7 568.55	1 386.00	1 000.00	467.50

光电和光热总的减排效益为10 422.05元。

第12章

太阳能其他利用技术

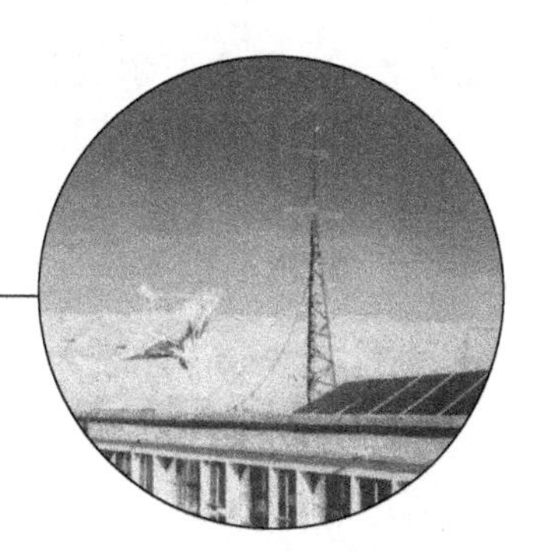

12.1 太阳能海水淡化技术

12.1.1 概述

地球上总的水量约为 $1.5\times10^{18}m^3$，但其中97.3%都是苦咸的海水，在剩下2.7%的淡水中，有很大一部分为冰山，分布在地球两极的冰雪地带，只有0.7%的淡水分布在江、河、湖泊中，供人类饮用及农作物灌溉使用，远远不能满足需要。另外，随着世界人口的增加，特别是工业用水的增加，许多城市用水日渐紧张。因此海水淡化技术越来越被人们所重视。由于该技术可以节约大量的常规能源，又因设备比较简单，且具有较好的经济效益，对弥补淡水资源及开发和保卫沿海岛屿具有重要战略意义。世界上最早的太阳能蒸馏器，是1872年瑞典工程师为智利设计并制造成功的第一个太阳能海水淡化技术装置。其集热面积为4 450m^2，日产淡水17.7t，相当每天每平方米产淡水4kg。它可供应一个村庄的用水，该装置一直应用了38年，1910年停止运行。

1977年，我国南方某研究所在海南岛上建成一座集热面积为385m^2 的太阳能海水蒸馏试验装置，日产淡水1t左右，相当2.6kg/(m^2·d)。1979年在西沙群岛安装了一座集热面积为50m^2 的小型太阳能蒸馏器，日产淡水0.2t，相当4kg/(m^2·d)。1982年又在浙江省舟山群岛的嵊泗岛再建成一座128m^2的顶棚式太阳能海水淡化装置，日产淡水300kg饮用水和700kg生活用水。

太阳能海水淡化技术，基本上可分两大类型，即顶棚式（或叫热箱式）海水淡化装置和利用集热器淡化装置（包括聚光与非聚光），此外美国的内华达大学还开发了一种新的太阳池蒸馏海水淡化系统。在所设计的具有人工盐梯度分层的太阳池水中，温度可以达到52.2℃，该热量是在太阳池下新发生的，全天24h之内均可以利用，直接加热海水，使海水汽化变成淡水。

12.1.2 顶棚式海水淡化装置

顶棚式海水淡化装置如图 12-1 所示。

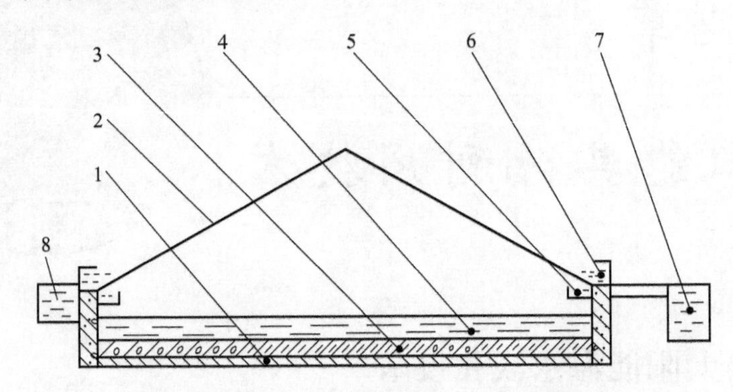

图 12-1 顶棚式海水淡化装置示意图

1—保温层；2—玻璃盖板；3—水泥池；4—海水；5—集水槽；
6—雨水沟；7—淡水集水箱；8—雨水收集箱

该装置的工作原理是：太阳光透过顶棚玻璃盖扳 2 照射到涂有黑色的水泥池 3 底，光线经黑体吸收，变为热能传递给水。由于池子四周用保温层 1 密封，实为一个水泥热箱，海水 4 的温度逐渐升高，使水不断蒸发。同时，玻璃盖板是斜坡式，当上升的水蒸气遇到较凉的玻璃顶棚时，立即冷凝成水珠，并受重力影响下移，汇聚成较大水珠，逐渐流入玻璃板下沿的集水槽内 5，再集中流到淡水集水箱内 7，这种水实为蒸馏水，如要饮用，还应矿化处理。另外，顶棚的外侧也可收集天然降水（雨水），进入雨水沟 6 内，再进入雨水收集箱内。内外汇集的都是淡水。经过蒸发后的池内剩水，逐渐变成浓食盐卤，如果量大，也可产生副产品食盐或作其他综合利用。

12.1.3 平板集热器式海水淡化装置

图 12-2 所示为平板集热器式海水淡化装置示意图。该装置可以处理任何一种原水，它可以用不符合饮用水的自来水、河水、湖水甚至是海水。原水通过进水口 1，进入集热器，其进入的水量可由电子控制器根据集热器内的温度来进行调节，进入集热器的原水被黑色滤绒材料 4 吸收并经阳光照射后蒸发，然后在较冷的玻璃盖板 2 内侧冷凝，流入淡水出口 7，剩余未蒸发的原水带着吸附绒上的盐分和杂质从出口 8 流出。集热器外壳 6 材料要求采用不锈钢板及保温材料 3 制作而成，固定在支撑架 5 上以确保生产的淡水质量和产品的使用寿命。该装置由于集热器内部温度高于顶棚内的温度，显然其单位集热面积淡水产量要高。

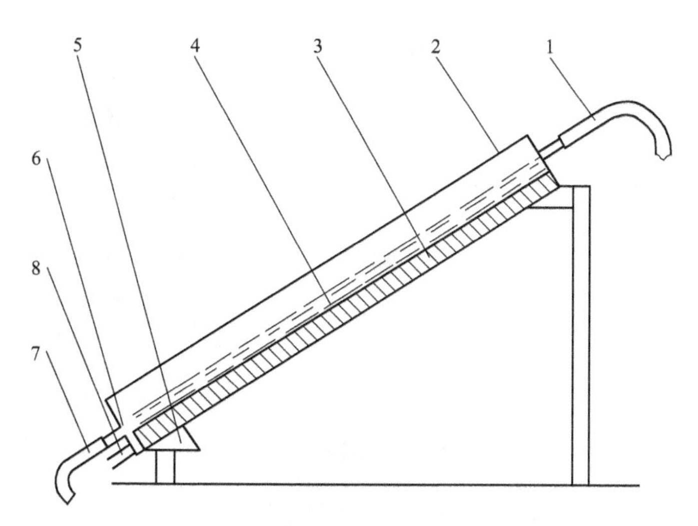

图 12-2　平板集热器式海水淡化装置示意图

1—原水进水口；2—玻璃盖板；3—保温层；4—黑色滤绒；
5—支撑架；6—集热器外壳；7—淡水出口；
8—盐或杂质出口

12.1.4　真空管集热器式海水淡化装置

为提高海水淡化系统的效率，一些高等院校和科研机构在海军的配合下，研制成 80m^2 采光面积、真空管集热器海水淡化装置，如图 12-3 所示。其特点是具有三效回热和内系统自动平衡功能，自动实现蒸汽与淡水的分离，每天产淡水达 500～700kg，相当于顶棚式海水淡化装置产水量的 2～3 倍。其工程运行原理如图 12-4 所示。

图 12-3　海南岛的太阳能海水淡化装置

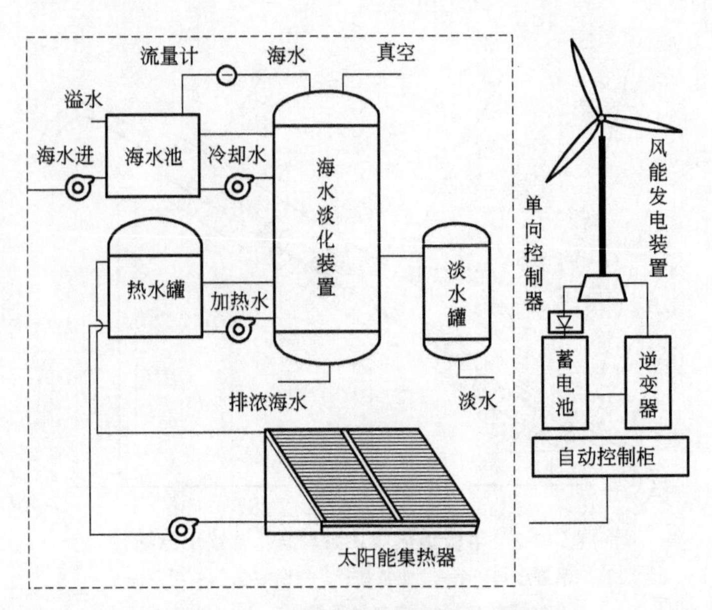

图 12-4　全天然能源驱动海水淡化装置

该系统的特点是：

① 采用全天然能源驱动（风能和太阳能）；

② 系统实现了全自动化运行；

③ 对原水要求低，海水、苦咸水一样能被淡化；

④ 系统封闭运行，淡水纯度高。

12.2　太阳池技术

太阳池是一种具有一定浓度梯度的盐水池，它具有太阳能集热器和蓄热的双重功能。由于它构造简单，操作方便，价格低廉，并且易于大规模使用，近年来日益引起世界各国的重视，目前已有 20 多个国家和地区从事机理研究和实际应用，发展比较迅速。

12.2.1　太阳池的一般特性

由于水对长波辐射几乎是不透明的，所以当太阳辐射进入池内后，红外部分在水面以下几厘米的范围内就全部被吸收掉了，而可见光和紫外线则可穿透清水达数米的深度，并由被涂黑的池底所吸收。因为水是热的非良导体，所以池底所吸收的热量很少能通过传导散失到大气中去，同时，池水和池底作为辐射源，由于它们的温度都比较低（＜100℃），所以辐射的波长多在远红外区，全部都被水本身吸收掉，辐射热损失也极小。因此，关键就在于控制池内的盐水浓度，使由浓度梯度所造成的正密度梯度（即池顶为清水，池底为饱和盐水溶液，池水密度从上而下越来越大）超过由温度梯度所造成的负密度梯度（即池顶温度与大气温度相同，池底由于不断吸收太阳能而温度逐渐升高，所以池水密度从上而下越来越小），使池水在竖直方向基本上不会发生对流，因此通过对流产生的热损失也很小。这样太阳辐射除了在池水表面层发生反射损失外，进入池内的部分基本上全部被池水和池底所吸收，只有少量热量通过四壁和底部散失给土壤。总之，太阳池是一种水平放置的大型集热器，由于它的蓄热量较大，因此可以作为长期（跨季度）蓄热使用。

12.2.2　太阳池的设计、建造和运行

比较理想的建造太阳池的地区应该具备下列条件：太阳辐射资源比较丰富（年辐射总量在 4 200MJ/m^2 以上）、盐资源比较丰富（年产量在 1.6×10^6t）、全年日平均气温≤0℃的天数少于 60 天、全年暴雨（日降水量≥50mm）的天数少于 5 天、全年平均大风（风力在 8 级以上）的天数少于 50 天、地下水位深度>5m 且地下水流速<1m/d。

太阳池的运行，一般分为充池和维护两个方面。在充池时，通常做法是用若干层浓度不同的盐水溶液来充满整个太阳池：先从底部用接近于饱和的溶液开始，朝上逐层变稀，直至顶部用清水为止。

在以一定速度连续提取热量的条件下，太阳池的蓄热能力表现在底层盐水溶液的温度变化的幅度上。底层的温度变化越小，表明太阳池的蓄热能力越大。只要下部对流区的厚度超过 0.5m，底层温度日变化量即在±2℃以下。因此，太阳池很适宜于作为温度基本恒定的低温热源加以利用。

12.2.3　太阳池的应用

12.2.3.1　太阳池的应用

（1）采暖空调

以美国俄亥俄州迈阿密斯堡的太阳池供暖系统为例，该太阳池的面积为 2 000m^2，深度为 3m，四壁倾斜成 45°角以便更多地收集太阳能，在下部对流区中放置热交换器以提取所需的热量。它的造价约为 30 美元/m^2，低于燃油的价格。每年夏季可为游泳池提供 8.4×10^5MJ 的热量，冬季可为一俱乐部提供 1.7×10^5MJ 的采暖热量。如果配用热泵，将太阳池的表面清水层设计成为冷源，底层作为热源，则在夏季还可以用于空调。该太阳池全年的收集效率约为 15%。

（2）工农业生产用热

① 农业生产用热。太阳池在工业生产用热方面最有前景的用途就是制盐，其单位面积产盐量可比普通露天晒盐的方法高出两倍。同时，因为采用密闭式蒸发器制盐，盐的质量可以大幅度提高，从而降低了精盐的成本。此外，由于

利用太阳池的制盐场即使在阴雨天气也可继续工作，结果就相当于增大了制盐场地的有效面积。需要说明的是，利用太阳池还可以进行海水淡化，主要适用于低纬度地区。

② 农业生产用热。

a. 温室加热。美国俄亥俄州一个面积为156m²、深为3.6m的太阳池可以在冬季满足一座98m²的温室热负荷需要，这座太阳池在池面用框架支撑的塑料覆盖。

b. 用于粮食干燥。由于粮食干燥只需35～40℃的低温，所以采用太阳池干燥粮食十分适宜，并且大部分地区的太阳池都能胜任。

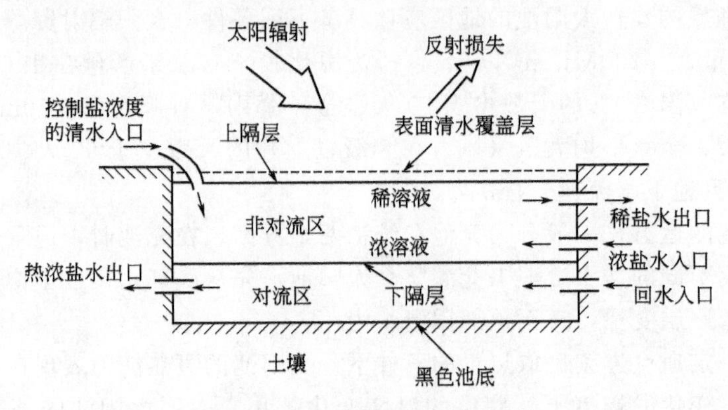

图 12-5　典型太阳池的剖面结构

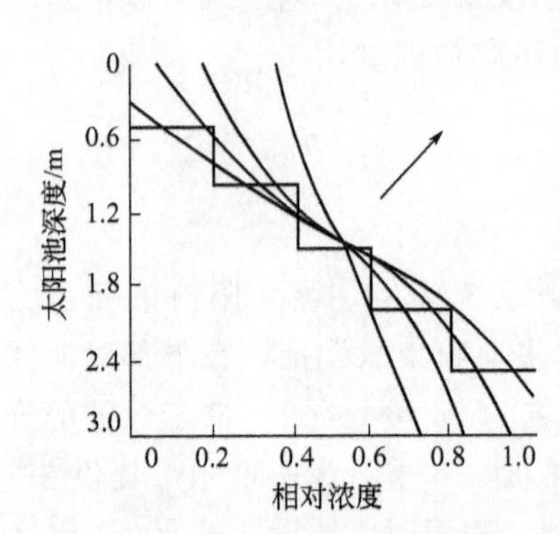

图 12-6　太阳池内各层盐水溶液相对浓度分布变化过程

c. 为沼气池加热。我国大部分地区位于温带，气温和地温条件均不足以使广大农村地区数百万个户用沼气池全年都处于最有利的中温（30～35℃）发酵状态。利用太阳池为沼气供热，可以使全国大部分地区的户用沼气池在春、夏、秋三季的产气率提高一倍以上，并且冬季也能实现低温（15～20℃）发酵，从而可使沼气池的全年产气量大幅度提高，缓解农村地区的常规能源的缺乏。

图 12-5 所示为典型太阳池的剖面结构，其中上部对流区的厚度为0.2～0.3m，中部非对流区（或称梯度区）的厚度为1.2～1.3m中部对流区的厚度为1.0～1.5m。图 12-6 所示为太阳池内各层盐水溶液相对浓度分布变化过程。

在正常情况下，太阳池内各层盐水温度分布的变化过程如图 12-7 所示。

上部对流区的温度均匀分布，略高于环境温度；中部梯度的温度自上而下呈线性递增；下部对流的温度大部分均匀分布，只是靠近池底处略低，这是由于池水向土壤散热的结果，这个散热量约为 0.9MJ/(m²·d)，仅占一般中纬度地区每天投射在水平表面的平均太阳辐照度 20～22MJ/(m²·d) 的 4%～5%。

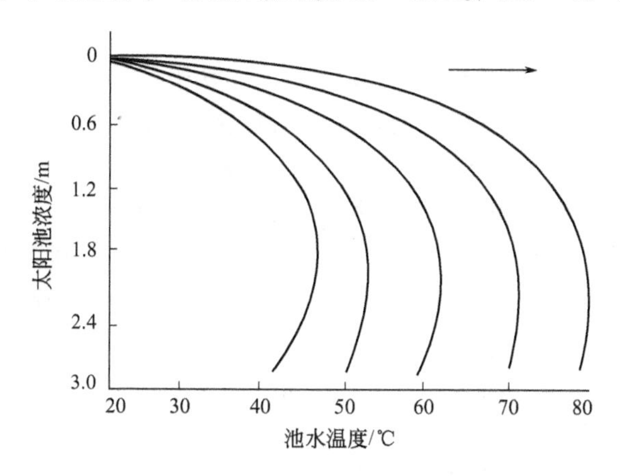

图 12-7　太阳池内各层盐水温度分布的变化过程

d. 为水产品越冬养殖供热。由于我国政府有关部门明令规定自 1991 年起即不得在近海海域捕捞虾苗，以便保护虾资源，因此全部养殖场都不得不改为人工养殖，其多采用燃煤锅炉供热。因一则不少养殖场缺乏常规能源，无法保证虾安全越冬；二则利用锅炉供热，不仅温度分布很不均匀，且温度波动幅度较大，很难满足虾越冬对水温（10～12℃）特别是水温波动幅度（≤±2℃）的严格要求，所以虾成活率一般都较低。而采用面积为 300～500m²、深为 3m 的太阳池，即使在严冬，池底部温度仍可保持在 30℃以上，且昼夜温度波动幅度≤±2℃，即使连续数日阴雨（雪）天气也不会产生显著影响。因此，太阳池可以完全满足虾越冬对水温及其波动幅度的要求，并可保证养虾池水温分布均匀。

(3) 以色列太阳池热动力发电站简介

以色列奥尔马特汽轮机公司在美国加州东圣伯纳第诺地区一个干涸湖泊上，建造了当时世界上最大的太阳池热动力发电站，其总净发电功率为 48MW，第一组 12MW 机组于 1985 年建成，整座电站于 1987 年 12 月全部建成并投入运行。

这座电站有 4 个盐水湖，每个面积 48×10^4m²，池深 3.6～4.8m，可供 1～2 组汽轮发电机组发电。池底的浓盐水温度可达 93.3℃。用泵将热盐水抽出，通过热交换器加热氟利昂，产生蒸汽，驱动低沸点工质汽轮发电机组发电。汽轮机排出的蒸汽经凝汽器凝结后，返回热交换器再行加热。系统运行温度可达82.8℃。该电站与爱迪生电网并网运行。

由于太阳池本身的诸多独特优点，特别适合于建造大容量太阳池热动力发电站并网运行。我国西部地区就有这样的天然盐水湖，适合于开发太阳池热动力发电系统。

12.2.3.2 太阳池应用受到一定限制的几个方面

① 在高纬度地区，这种只能水平设置的太阳池对于接收太阳辐射非常不利。作为补救措施，可以考虑在太阳池的北壁（对位于南半球的太阳能来说，应为南壁）上加设反射镜以增加所接收到的太阳辐射。但是，对于大型太阳池来说，则不宜采用这种措施，因为如果反射镜面积过小，所起的作用不大；而如果反射镜面积较大，则由于防风所需的支撑结构过于复杂，成本大幅度提高，显然经济上并不可行。

② 由于决定太阳池成本的最主要因素是盐的价格（占总成本的1/3左右），所以在缺盐地区建造太阳池经济性不佳。

③ 在有些离地表较浅处的地下存在流动含水层的地区不宜建造太阳池，因为这将会带来两个问题：一是地下含水层的流动会带走大量热量从而造成严重的热损失；二是万一太阳池发生意外事故而泄露就会造成水源污染。

④ 大型太阳池只能建造在土壤贫瘠、又无矿藏的地区。对于太阳池（面积超过1 000m^2）可能引起的局部气候和生态方面的影响，也应予以考虑。

总之，太阳池是一种能够大规模和长期（跨季度）吸收和储存太阳能的装置，在太阳辐射资源和盐资源比较丰富、地下含水层离地面较深和流速较慢、不占用耕牧地、不影响矿藏开采以及不用过多考虑气候和生态变化的地区，是一种很有开发应用前景的太阳能利用技术。

12.3 太阳能菲涅尔透镜技术

12.3.1 概述

菲涅尔透镜是一种应用十分广泛的光学器件，其设计和制造涉及多个技术领域，包括光学工程，高分子材料工程，CNC机械加工，金刚石车削工艺，镀镍工艺、模压、注塑及浇铸等工艺。

菲涅尔透镜是由法国物理学家奥古斯汀·菲涅尔（Augustin Fresnel）发明的。他在1822年最初使用这种透镜设计成一个玻璃菲涅尔透镜系统（灯塔透镜）。透过它发射的光线可以在32km以外看到。

菲涅尔透镜（Fresnel lens）是像放大镜一样的聚光光学器具，以略微不同的三角形角度加工成同心环或直线状平面，使照射到任何一个环上或直线上的太阳光聚焦到同一点或同一直线。

菲涅尔透镜多是由聚烯烃材料注压而成的薄片，也有玻璃制作的。镜片表面一面为光面，另一面记录了由小到大的同心圆或同轴直线的点聚焦菲涅尔透镜（圆形）及带聚焦菲涅尔透镜（带形），如图 12-8 和图 12-9 所示。它的纹理是利用光的干涉及绕射和根据相对灵敏度和接收角要求设计的。透镜的工艺要求很高，一片优质的透镜必须是表面光洁，纹理清晰，且面积较大，其厚度随用途而异，多在 1mm 左右。

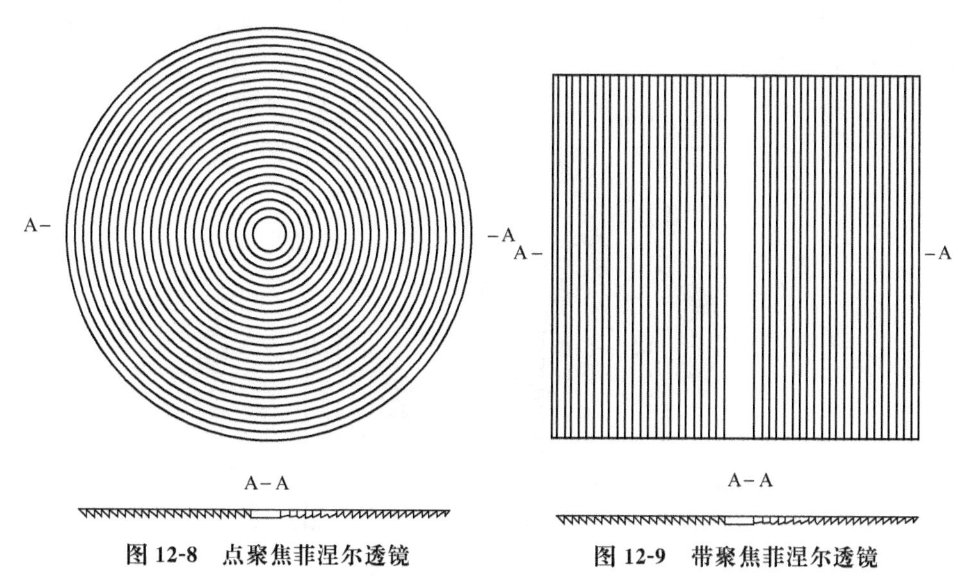

图 12-8　点聚焦菲涅尔透镜　　**图 12-9　带聚焦菲涅尔透镜**

12.3.2　菲涅尔透镜的应用

菲涅尔透镜应用于多个领域。包括投影显示（投影电视、投影仪）；聚光聚能（太阳能聚光装置，聚光灯、太阳灶、聚光电池等）；航空航海（灯塔）；检测仪器（激光检测、红外探测）；照明光学系统（车灯、交通标志、光学着陆系统）。

我国从 20 世纪 70 年代直到 90 年代，对菲涅尔透镜开展了研发，有人采用模压方法加工大面积的柔性透明塑料菲涅尔透镜，也有人采用组合成型刀具加工直径 1.5m 的点聚焦菲涅尔透镜，结果都不大理想。近来有人采用模压方法加工线性玻璃菲涅尔透镜，但加工精度不够，尚需进一步提高。

菲涅尔透镜在很多时候相当于红外线及可见光的凸透镜，效果较好，但成本比普通的凸透镜低很多。

菲涅尔透镜的作用是聚焦，即将太阳光折射在某一点或某一线上，使太阳光辐照强度增加几倍到几十倍。这可以极大地降低成本并以此研制价格比较低廉的聚光太阳能集热器。它可用来产生高温或进行热发电，还可和光伏电池联合组成热电联产的太阳能装置。

12.3.3 菲涅尔透镜的研发生产

① 深圳市某薄膜有限公司可用PMMA和PVC材料制作的菲涅尔透镜，尺寸从100mm到1300mm，厚度为2～5mm，其规格有方形、圆形，光线透过率93%以上，聚光倍数在500～1000倍以上。

② 山东省某光学仪器有限公司可用PMMA材料制作的菲涅尔透镜有三种规格：

a. 圆形菲涅尔透镜(1 100±1)mm×(1 100±1)mm，厚为(5±0.5)mm，如图12-10所示。

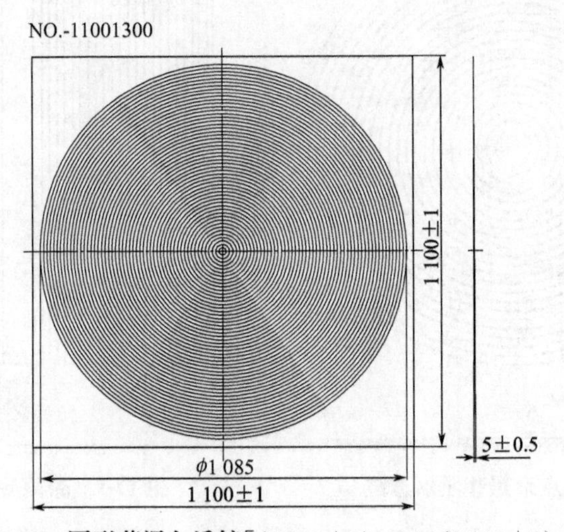

图12-10　圆形菲涅尔透镜[(1 100±1)mm×(1 100±1)mm]

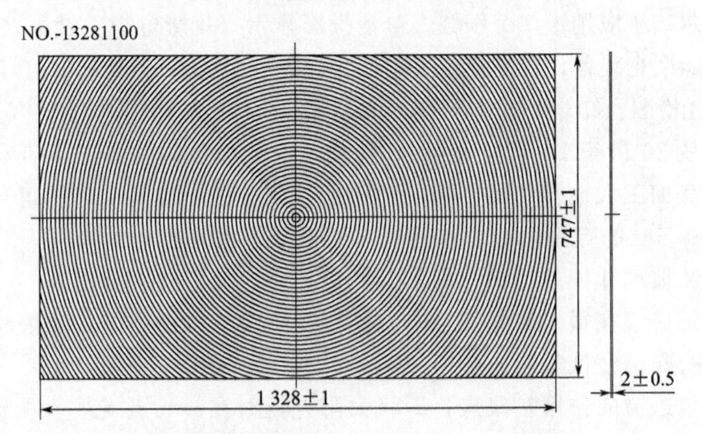

图12-11　方形菲涅尔透镜[(1 328±1)mm×(747±1)mm]

b. 方形菲涅尔透镜(1 328±1)mm×(747±1)mm，厚为 (2±0.5)mm，如图 12-11 所示。

c. 方形菲涅尔透镜(1 439±1)mm×(809.5±1)mm，厚为 (2±0.5)mm，如图 12-12 所示。

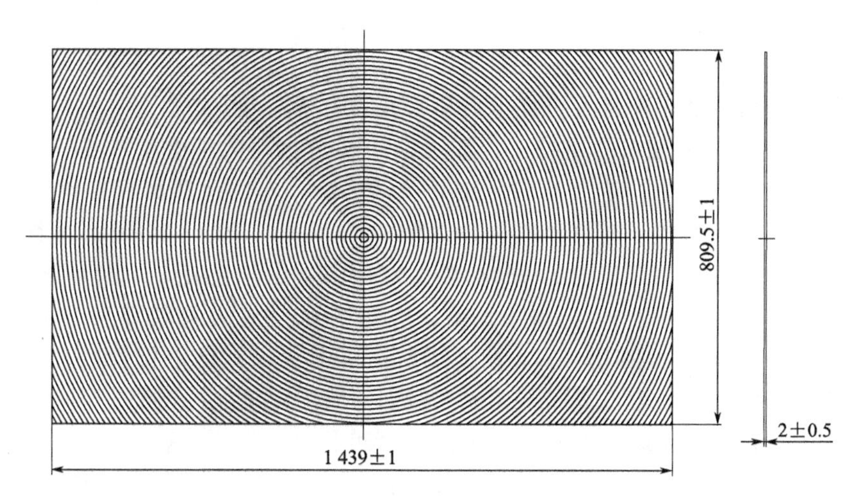

图 12-12　方形菲涅尔透镜 [(1 439±1)mm×(809.5±1)mm]

③ 北京某科技有限公司最近研发成功菲涅尔透镜（专利号：ZL200920004742.6)，它是一种带聚焦太阳能聚光器，可将焦斑聚成带状，且带状焦斑内温度均匀，这种带状焦斑聚光器在国内外属于首创。

带聚焦菲涅尔透镜的问世将推动太阳能中高温使用领域的快速发展，改变目前太阳能中高温使用靠反射镜的单一局面。

该菲涅尔透镜的优点是：①可使接收器受热均匀，传热快，大大提高了单位面积的有用得热量，且不产生光污染环境现象；②运行安全，不会因局部高温而烧坏接收器；③耐候性好，跟踪简单灵活，也不会积雪、积尘；④便于标准化、规模化生产，而且制造成本也比较低廉，可用来安放在光伏电池、真空管上，以提高光伏电池的输出功率，增加真空管的聚光能量。

该带聚焦菲涅尔透镜的技术参数如下：

聚光张口 2400mm；光焦比为 38∶1；焦斑宽度 60mm；焦斑长度 600mm ×n（可成倍拼接)；焦距 1600mm；透光率 82%～86%；焦斑温度 300～350℃；接收器宽度 70mm。

12.4 太阳能高温炉

12.4.1 概述

早在公元15世纪，就有人用聚光镜将阳光聚集起来，把它照在钻石上，居然使坚硬的钻石熔化了。

第二次世界大战以后，一个名叫特朗布的法国人，他利用军事探照灯的抛物面镜作为聚光器，造出了世界上最早的太阳能高温熔炼炉。

1970年，在特朗布的主持下，在法国南部的比利牛斯山麓建成了一座巨型太阳能高温冶炼炉。该太阳炉足有9层楼房高，其巨大凹面反射镜由9000块小型玻璃排列而成，其总面积达2 500m^2，输入功率为1 800kW，凹面反射镜的焦距为18m。在距反射镜130m处的对面山坡上，设有8个台阶共63组（每组有180块镜片）的平面反光镜。这些平面反光镜每块镜片的面积为50cm×50cm，其反光率为0.8。凹面反射镜由电子计算机进行控制，不断地跟踪太阳而转动。平面反光镜将阳光反射到凹面反射镜上，经聚光以后形成直径为30～60cm的光斑，光斑处的最高温度可达3 200℃。这座太阳能高温炉每年可使用180天左右。如今，这座太阳能高温炉已经被改造成一座太阳能热电站，其发电能力为1 000kW。可见太阳能高温炉与太阳能热电站，它们对于太阳能的利用在基本原理上是相同的，二者可以互相改建。

由于太阳能高温炉的温度高，升温和降温都很快，因而它是研究试制导弹、核反应堆等所需高温材料的有效手段也是对核爆炸高温区进行模拟的理想场所。另外，对材料的熔点、热膨胀、比热容、高温电导率、热离子反射、高温光反应以及高温冶金、高温焊接和高温热处理等方面的研究，太阳能高温炉都将大有用武之地。

当然，太阳能高温炉也有美中不足之处，主要是由于天气情况及季节、夜晚等诸多因素的影响，使它的实际应用受到了一定的限制。

太阳能高温炉可根据不同形式的聚光方式研制成不同的类型，常用的太阳能高温炉有旋转抛物面聚光镜式、球状聚光透镜式两大类。

12.4.2 旋转抛物面聚光镜式高温炉

太阳能焊接机和高温炉采用精确的旋转抛物面聚光镜，可以把太阳光聚集到一个很小的焦面上，使焦面的温度很高。利用焦面的高温，可以进行金属焊接或熔炼，也可以加热水使之成为蒸汽，太阳能高温炉如图12-13所示。

该太阳能高温炉可用来研究材料在高温下或某些特殊条件下的物理、化学及力学性能，研究高温保护涂层的抗氧化、热震、热扩散性能，甚至可模拟做高空飞行器重返大气层服役条件的试验……太阳能高温炉与其他加热方式相比，加热温度高、速度快、干净，能配合任何气体和任何材料加热等。

1986年湖南某机电厂引进美国技术研发成功，直径5m的旋转抛物面式5kW的太阳能发电装置，它与太阳能高温炉基本类似。

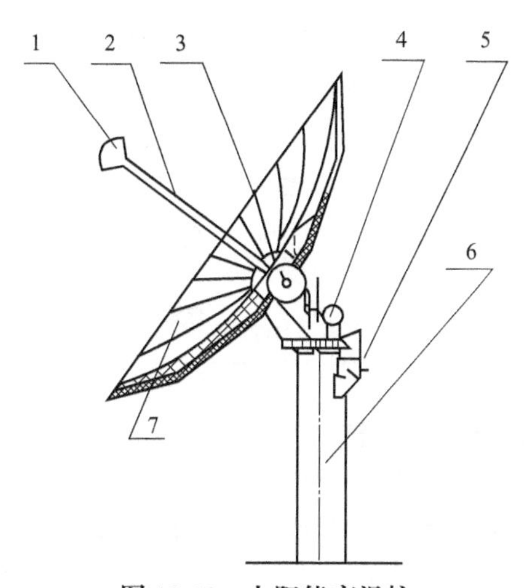

图12-13　太阳能高温炉

1—吸热装置；2—吸热支撑管道；3—俯仰机构；4—俯仰电机；5—水平转动电机；6—支架；7—聚光镜

12.4.3　球状高温炉

球状高温炉就是由多块球面梯形聚光透镜拼接搭在球冠形不锈钢框架上，组成一个大面积高温聚光器，从而获得高温光源。

图12-14和图12-15所示为两种太阳能高温炉。

图12-14　轻便型太阳能高温炉

图12-15　3m点焦聚光集热器样机

（1）轻便型太阳能高温炉

图12-14所示为一种轻便型太阳能高温炉样机，球冠直径1.7m，截光面积2.1m^2，热功率1.2kW，焦距2.2m，聚焦比400，透明塑料板质量12.6kg。该装置由大型聚光透镜、光能吸收转换锅、支撑机架及阳光跟踪机

构组成，看起来非常轻便简捷，操纵灵活，价格低廉。

（2）中型太阳能高温炉

国 12-15 所示为球冠直径 3m 的中型太阳能高温炉。截光面积 $7m^2$，名义功率 4.2kW，得热功率 2.75kW，焦距 4.2m，聚焦比 80～100，质量 250kg，透明塑料板质量 40kg，焦点温度 1 000℃。

12.5 太阳能混凝土构件养护

12.5.1 概述

我国建筑行业遍布城市农村，凡是从事该行业的人都知道混凝土构件的养护技术将直接影响到构件的强度和质量。

通常养护一般有自然养护、蒸汽养护、热拌混凝土热模养护、远红外或电加热养护。自然养护成本低，简单易行，但养护时间长，我国南方多用自然养护，但在北方冬季则一般无法进行自然养护。

影响混凝土构件（亦称砼构件）质量有三个主要因素：一是构件的水泥、沙和石子的配合比例要进行优选；二是捣固的密实性；三是养护技术。但前两个因素人们还比较重视，而对养护技术往往被人忽视。例如养护浇水间隔时间随意性大，不能保持混凝土表面的长期湿润，不能降低混凝土内温度，使构件质量埋下隐患。

蒸汽养护可以缩短养护时间，模板周转率相应提高，一般是在立窑，坑窑和隧道窑内完成的，占用场地大大减少，蒸汽养护的过程可分为静停、升温、恒温、降温等四个阶段。这四个阶段一般是在立窑、坑窑和隧道窑内完成的。

① 静停阶段是指混凝土预制构件成型后在室温下停放养护。时间为 2～6h，以防止物件表面产生裂缝和疏松现象。

② 升温阶段是构件的吸热阶段，升温速度不宜过快，以免物件表面和内部产生过大温差而出现裂纹。

③ 恒温阶段是升温后温度保持不变的时间。此时混凝土强度增长最快，这个阶段应保持 90%～100%的相对湿度，最高温度不得大于 95℃，时间为 3～8h。

④ 降温阶段是物件散热过程，降温速度不宜过快，每小时不得超过 10℃，出池后，构件表面与外界温度不得大于 20℃。

为了降低常规能源的消耗，降低养护成本，缩短养护周期，近年来研制开发出一种很适合我国国情的太阳能养护混凝土构件的新技术。

该新技术的应用有好几种形式，如覆盖透明塑料的太阳能养护膜或玻璃罩、本质骨架棚式罩顶为双层透明塑料薄膜的带式养护罩，以及相变蓄热混凝土养护系统。

12.5.2　太阳能混凝土构件养护池

① 太阳能混凝土构件养护池一般建于地面上，如图 12-16 所示，用砖 1 砌成池状，地上面罩的单层或双层玻璃（或透明塑料薄膜）盖板 4，玻璃盖板要做成一定的坡度，以增加日照面积和便于排水。

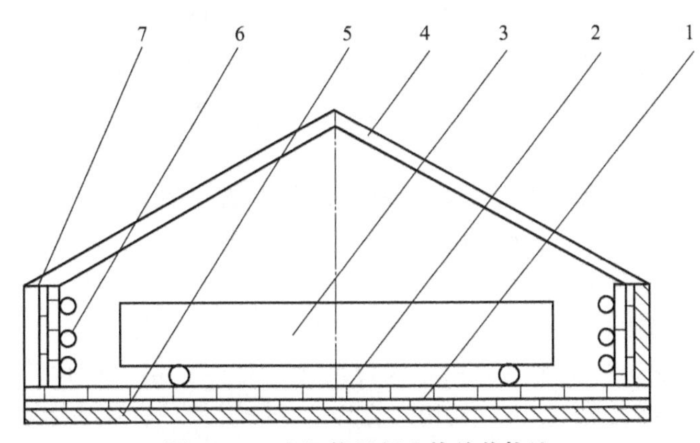

图 12-16　太阳能混凝土构件养护池

1—砖；2—黑色涂料；3—混凝土构件；4—盖板；5—保湿夹层；6—蒸汽排管；7—密封条

② 池壁和池底应设保湿夹层 5，并用掺黑色涂料 2 的水泥砂抹面，在池壁和池顶交接处设有泡沫塑料密封条 7，以加强玻璃罩与池壁之间的密封。

③ 这种太阳能养护池夏季池内最高温度可达 85℃，相对湿度可保持在 70%～80%，夜间池外温度为 20℃，池内混凝土砌块温度仍可保持在 35℃以上，这种混凝土构件 3 的养护方式其养护周期可缩短 5～8d，冬季池内可增加辅助热源，如增加蒸汽排管 6 等加热措施。

12.5.3　太阳能混凝土构件养护罩

① 太阳能混凝土构件养护罩是在混凝土构件上方加透明罩，使罩保持一定的温度和湿度。养护罩透光材料和罩形的选择，应能使太阳辐射能量最大程度地照射到罩内，并能较为长久地保存面罩内的热量。

② 选择透光材料，其光学性能应以能够最大限度地透过可见光和红外线为先决条件，这样可充分地利用太阳能，即使在阴天，也可使罩内温度高于自然气温。

③ 混凝土构件在太阳能养护罩内养护时，外层用透明的塑料薄膜作为采光材料，朝向阳光，内层用黑色塑料皮作为吸热材料，罩到混凝土构件上，中间夹以 20～30cm 高度的空气层以起到保温和吸收辐射能的作用。

④ 这种养护方法的养护周期，夏季 1～2d，秋季 2～3d，冬季 3～6d，与自然养护相比，养护周期可缩短 1/3～2/3，提高了劳动生产率。

12.5.4 太阳能混凝土构件养护棚

① 这种养护设施利用太阳的辐射能并附加一些简易的暖气设备，可在严寒的冬季用来养护混凝土。太阳能养护棚可采用钢骨架和木骨架，每个骨架上部搁置钢或竹、木杵条，骨架四周和顶上铺单层透明塑料膜（事先可用电烙铁把单幅的塑料薄膜烫粘起来）。在铺好的薄膜上沿纵向钉木压条，以利排水。

② 整个结构要保证大雪时不被压塌，在大棚的两端用 240mm 砖墙封上，并设置推拉门，以便利用人力车运输制品，在大棚内还设置有散热片，以备在严寒天气和夜晚气温降低时补充热量。

③ 在初冬，白天可不加热，在最寒冷的月份，每天下午 4 时开始加热，次日上午 8 时停止，经测试，在晴天室外温度为－5℃时，养护棚内温度能保持在 10℃，夜间可保持在 0℃以上。在棚内生产的混凝土砌块，5～6d 即可达到规定的强度出棚。

北京市某建筑公司建成的太阳能混凝土构件养护窑与该种养护棚十分相似，全长为 78m，宽为 44m，使用高度为 1.35m。养护窑顶采用双层充氮钢化玻璃，窑体用蛭石保温，窑内温度达 70～80℃。这座养护窑每年可养护 28cm 厚的外墙板 $(4\sim5)\times10m^3$，费用比常规养护低 30%～40%，养护质量较好，表面光洁，强度均匀，如图 12-17 所示。

图 12-17 太阳能混凝土构件养护窑外观及养护情况

这种太阳能混凝土构件养护窑，适用于我国大部分地区，在湖北、黑龙江等省进行过试验。

12.6　太阳能辐射种子和医疗应用

12.6.1　太阳能辐射种子

阳光对植物种子的作用是不可低估的。我国农村历来有在播种之前晒种的习惯。晒种可以减少种子的水分，使种皮透水、透气性变好，并有加快种子的后熟作用，提高种子的发芽率；阳光还能杀死种子上的病菌，减少作物苗期病害；用聚集的阳光间歇照射种子，可以促进作物的生长发育，提高产量，诱发突变，对突变体的后代进行照射，还可固定和加强变异。

利用太阳能照射种子是近年来兴起的一项简便而有效的种子处理方法。前苏联用此法照射棉花、水稻、小麦、马铃薯、胡萝卜、西瓜、甜瓜、番茄等，结果表明，棉花、水稻种子的发芽率可以分别提高 22%～27%和 25%，甜瓜产量增加 15%～20%，瓜类、番茄幼苗经照射后产量增加 21.8%，而且生育期缩短。试验还表明，阳光照射种子还可提高农产品质量，印度还研制成功了太阳光富集、脉冲照射仪解决了阳光照射容易烧焦种子的问题，并指出照射效果取决于太阳光的辐射强度、辐射时间和脉冲次数。

山西省研制的太阳能聚光种子处理器，主要由条形平面反射器（聚光镜）和滚筒式照射器组成。聚光镜采光面积为 1.5m^2，聚光后光强约为自然照射的 40 倍。滚筒的转速为 70～100r/min，可按不同种子调节其转速，以控制温度。太阳能聚光种子处理器如图 12-18 所示。

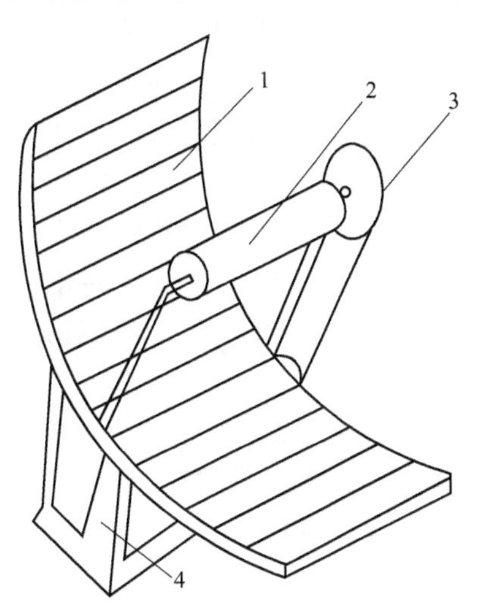

图 12-18　太阳能聚光种子处理器

1—条形平面反射器；2—种子滚筒；3—转轴；4—支架

山西省夏县、临猗、稷山等县，自 1977 年以来，经过连续三年太阳能种子处理试验，已对棉花、玉米、小麦、谷子、大豆和蔬菜等多种作物进行了对比试验，初步摸索到一些规律。例如，稷山县利用太阳能种子处理器照射棉籽后再试点进行播种，从 4 个试点情况看，太阳能聚光照射的棉种一般棉种提前出苗 2～3 天，单株成铃多 1～2 个，平均增产 10.47%。

图 12-19 上海南汇县种子处理器

用类似方法，在上海市南汇县、河南虞县及江苏省的一些地方，也对太阳辐射种子进行了研究，目前正在从育种机理进行探讨，以确定不同作物不同剂量的辐射，并与同位素育种、激光育种等方法进行比较（图 12-19）。

12.6.2 太阳能理疗器

红外线治疗疾病是世界上公认的一种有效治疗方法。因太阳光谱中红外线占 51.4%，因此用太阳能进行理疗具有推广应用的可行性。

太阳能理疗器可治疗多种疾病，包括风湿性关节炎、腰肌劳损、坐骨神经痛、肩周炎、皮肤病等。我国古代医术对于曝光疗法早有论述。公元前 3～5 世纪（西汉至战国前），中国医学名著《黄帝内经素问》中记载："平旦人气生，日中而阳气隆。" 1765 年成书的《本草纲目拾遗》中也有写道："太阳火，除湿止澼寒舒经络补脾养胃"，"夫太阳灸背即暖"，"以体暴之则血和痛去"。同样，国外有类似的说法，大约公元前 25 年，古希腊曾有人提出日光浴治疗问题。近代物理疗法很多，红外线治疗已得到世界的公认，用太阳能进行理疗是十分合理的。

吉林某学院研制一种太阳能理疗器（图 12-20）于 1977 年 9 月开始进行临床试验，2 年多时间内，治疗了一百多例患者，其中包括风湿性关节炎、腰肌劳损、坐骨神经痛、末梢神经炎、肩关节、周围炎、腱鞘炎等多种疾病，近期有疗效的病人为 95.1%。这种理疗器结构简单，主要部件有偏轴聚集镜（采光面积为 0.7m^2）、多层镀滤光镜（红外透射率 70%）、机架（57cm，长度可在 265cm 以内调节）和轮式结构。其主要技术性能：谱线范围 0.7～2.5μm；治疗部位的红外线率为 100～30MW/m^2；治疗温度 37～45℃；治疗光斑面积为 100～400cm^2。聚集中太阳能量示意图如图 12-20 所示。

直接利用太阳能射线，还可治疗一些皮肤病，如黑痣、蜘蛛痣、鸡眼等。其原理就是采用塑料平面透镜（菲涅尔透镜）聚光，形成 X 形交叉光束，在光束不同截面上，辐射能量是不同的，对皮肤的作用也有差异，其截面大致可分为五个区域；Ⅰ区，气化爆破；Ⅱ区，烤灼炭化；Ⅲ区，烤焦干瘪；Ⅳ区，发泡；Ⅴ区，热感红斑（图 12-20）。

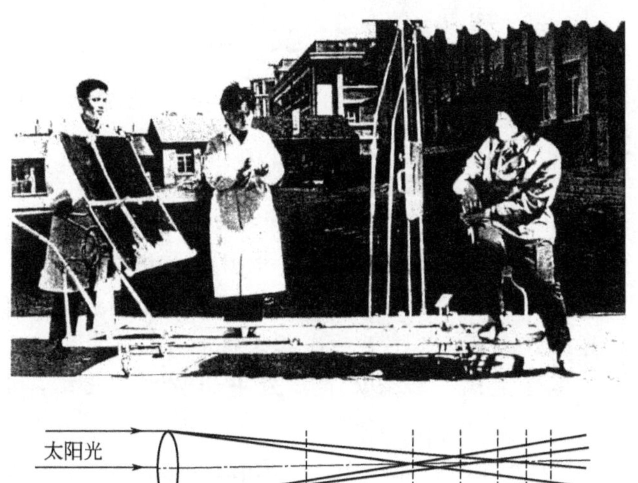

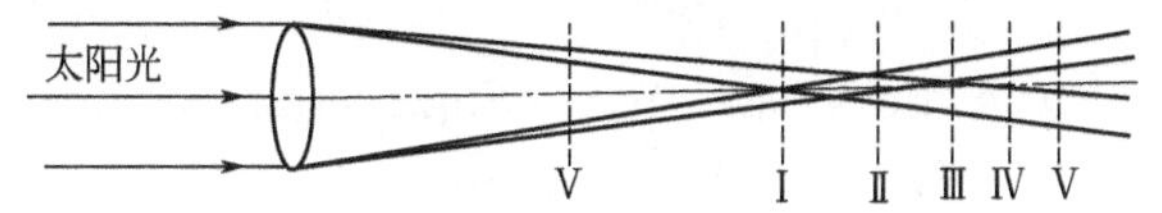

图 12-20　吉林某学院试制的太阳能理疗器

参考文献

[1] 中国太阳能学会主编．太阳能学报特刊．北京：太阳能学报编辑部，1999.

[2] [日] 田中俊六著．太阳能供冷与供暖．王荣光等译．北京：中国建筑工业出版社，1982.

[3] 谢建主编．太阳能利用技术．北京：中国农业大学出版社，1999.

[4] 罗运俊．太阳热水器与太阳灶．北京：化学工业出版社，1999.

[5] 项立成，赵玉文，罗运俊．太阳能的热利用．北京：宇航出版社，1990.

[6] 王长贵，郑瑞澄主编．新能源在建筑中的应用．北京：中国电力出版社，2003.

[7] J A Duffie，W A Beckman．Solar Engineering of Thermal Processes. New York：John Wiley & Sons，1980.

[8] 杨磊．制冷原理与技术．北京：科学出版社，1988.

[9] 戴永庆主编．溴化锂吸收式制冷技术及应用．北京：机械工业出版社，1997.

[10] 杨善勤．民用建筑节能设计手册．北京：中国建筑工业出版社，1997.

[11] 刘鉴民著．太阳能利用原理-技术-工程．北京：电子工业出版社，2010.

[12] 王炳忠．太阳能——未来能源之星．北京：气象出版社，1990.

[13] [美] 丹尼尔·D·希拉著．太阳能建筑——被动式采暖和降温．薛一冰，管振忠等译．北京：中国建筑工业出版社，2008.

[14] 贯振航主编．新农村可再生能源实用技术手册．北京：化学工业出版社，2009.

[15] 张春阳主编．太阳能热利用技术．杭州：浙江科学技术出版社，2009.

[16] 王长贵，崔容强，周篁主编．新能源发电技术．北京：中国电力出版社，2003.

[17] 赵富鑫，魏彦章主编．太阳电池及其应用．北京：国防工业出版社，1985.

[18] 王长贵，王斯成主编．太阳能光伏发电实用技术．第2版．北京：化学工业出版社，2009.

[19] 李钟实编著．太阳能光伏发电系统设计施工与维护．北京：人民邮电出版社，2010.

[20] 张兴，曹仁贤等编著．太阳能光伏并网发电及其逆变控制．北京：机械工业出版社，2010.

图1　新能源综合示范楼

图2　家用平板太阳能热水器

图3　热管真空管热水工程

图4　平板太阳能热水工程（云南）

图5　大型住宅真空管热水工程（四平）

图6　真空管热水工程（北京）

图7　真空集热管生产车间

图8　箱式聚光太阳灶

图 9　太阳房

图 10　太阳能空调系统（山东）

图 11　国家体育馆 100kWp 太阳能光伏并网电站

图 12　深圳国际园林花卉博览园 1MWp 太阳能光伏并网电站

图 13　西藏羊八井 100kWp 太阳能光伏并网电站

图 14　上海世博会光伏建筑展馆